# 壳寡糖生物功能及应用

白雪芳　曲天明　李　帅　著

吉林科学技术出版社

图书在版编目（CIP）数据

壳寡糖生物功能及应用 / 白雪芳，曲天明，李帅著
. -- 长春 ：吉林科学技术出版社，2022.4
ISBN 978-7-5578-9336-1

Ⅰ. ①壳… Ⅱ. ①白… ②曲… ③李… Ⅲ. ①寡糖—
研究 Ⅳ. ①Q533

中国版本图书馆 CIP 数据核字（2022）第 088835 号

壳寡糖生物功能及应用

著　　白雪芳　曲天明　李　帅
出 版 人　宛　霞
责任编辑　王明玲
封面设计　李　宝
制　　版　宝莲洪图
幅面尺寸　185mm×260mm
开　　本　16
字　　数　160 千字
印　　张　7.25
印　　数　1-1500 册
版　　次　2022 年 4 月第 1 版
印　　次　2023 年 3 月第 1 次印刷

出　　版　吉林科学技术出版社
发　　行　吉林科学技术出版社
地　　址　长春净月高新区福祉大路 5788 号出版大厦 A 座
邮　　编　130118
发行部电话 / 传真　0431—81629529　81629530　81629531
81629532　81629533　81629534
储运部电话　0431—86059116
编辑部电话　0431—81629520
印　　刷　三河市嵩川印刷有限公司

书　　号　ISBN 978-7-5578-9336-1
定　　价　38.00 元

# 前　言

《壳寡糖生物功能及应用》是一本系统、全面介绍壳寡糖来源、制备方法、生物功能及各领域开发应用的科普类著作，本书的编写者是长期从事壳寡糖研究、开发的专家，希望通过本书让广大读者，特别是壳寡糖领域的关注者更好地了解壳寡糖的系统概念、专业知识，从而更好地促进壳寡糖知识的普及与产业的发展。

糖生物学、糖生物工程，是继基因工程、蛋白质工程之后，生命科学研究的最前沿领域，糖生物工程被国际科技界称为第三代生物技术。糖是蕴藏最大生命信息量的生物活性分子，参与了细胞生命活动的全部过程，包括疾病的发生和发展，人类的生老病死都与“糖”密切相关。如果说糖生物学、糖生物工程是一顶皇冠，那么，对壳寡糖的研究和应用就是皇冠上最耀眼的明珠。

自20世纪90年代以来，壳寡糖的研究、应用已涵盖并涉及了医药、保健、食品、种植业、养殖业、日用化工、环境保护、工业、国防等众多领域，对壳寡糖的研究成果屡屡见诸国际国内的学术期刊。在国内众多的壳寡糖科研机构中，中国科学院大连化学物理研究所天然产物与糖工程研究组（1805）成就斐然、蜚声中外，在20多年研究、制备、开发应用壳寡糖的过程中，承担并完成了国家“九五”到“十三五”科技攻关、“863”计划及自然科学基金等重要项目，通过了“甲壳素生物降解制备低聚氨基葡萄糖的生产工艺”等一系列科研成果的鉴定验收，成功研究开发了壳寡糖保健食品、壳寡糖植物疫苗、壳寡糖饲料添加剂，在壳寡糖研究、壳寡糖普及应用、壳寡糖产业发展方面做出了显著贡献。

2021年，是中国共产党成立100周年，是全面建成小康社会之年，是“十四五”开局之年。“十四五”规划和2035年远景目标纲要，进一步细化了“十四五”时期全面推进健康中国建设的目标任务。壳寡糖的推广应用，是健康中国建设的题中应有之义。

《壳寡糖生物功能及应用》系统、全面地介绍了壳寡糖的来源与制备方法，壳寡糖在医疗、保健食品、家禽养殖业、渔业、农业、精细化工、护肤化妆品、保鲜等领域中的功能与应用，深入浅出、全面翔实，可以很好地起到普及壳寡糖知识，提高民众疾病预防意识，促进壳寡糖产业发展的作用。

我国已全面建成小康社会，之前已进入老龄化社会，没有全民健康，就没有全面小康。壳寡糖的普及与推广应用是提高国民健康水平、健康养老水平的重要举措，老龄化社会、小康社会、和谐社会，基础是健康社会。

习近平主席强调：“健康是促进人的全面发展的必然要求，是经济社会发展的基础条件，是民族昌盛和国家富强的重要标志，也是广大人民群众的共同追求。”

愿本书在普及、推广壳寡糖知识的同时，能够为更多热爱生活的人送去健康、平安和幸福。

# 目录

# 第一章　绪论

到目前为止，关于甲壳素、壳聚糖、壳寡糖、氨基葡萄糖、N- 乙酰氨基葡萄糖等的研究和产品已经有很多很多。虽然这些功能糖具有类似的或相同的单元结构，但是，它们又有着自己的独特之处，有的适合于医学材料开发，有的适合于保健食品，有的适合于工业应用等。本书试图用简单，但又不失科学性和准确性的语言来介绍一下壳寡糖的功能和应用。

第一，在医药健康领域，壳寡糖具有增强机体免疫力、调节酸碱平衡、调节荷尔蒙分泌、降血脂、降血压、降血糖、防癌抗癌、抗氧化和抗炎症等多项生理功效，被誉为人类赖以生存的“第六要素”；

第二，在农业领域，壳寡糖具有诱导植物抗病、促生长、抗逆（抗旱、抗寒、抗涝等）以及降低农药残留物等多种功效，被称为新一代的“植物疫苗”；

第三，在畜牧养殖和水产养殖领域，壳寡糖可以提高动物的免疫力，因为壳寡糖抑菌、天然无毒而且容易被吸收等特点，因此，壳寡糖在动物饲料添加剂的应用上表现出了很大的市场潜力，被认为是最有希望替代抗生素的几个饲料添加剂产品之一；

另外，壳寡糖在食品保鲜、化妆品业等许多领域，都体现出了独特的应用潜质。

从国内外 18 个数据库文献专利统计，自 1967 年第一篇壳寡糖文献报道到 2019 年 12 月为止，国内外关于壳寡糖公开发表的论文专利共计 6908 篇（其中论文 5578 篇，专利 1330 件），以日本、韩国及中国的文献专利报道居多。随着人们对壳寡糖认识的不断加深，壳寡糖相关产品也相继被开发并应用到了我们的日常生活中。

壳寡糖如此神奇，那么什么是壳寡糖？壳寡糖来源于哪里？壳寡糖的结构是怎样的？壳寡糖有哪些理化和生化特性？壳寡糖有哪些功效？壳寡糖是如何发挥其功效的？壳寡糖的结构和其功效是否有联系？如果壳寡糖的结构和功能有联系，它们之间的作用机理又是什么？

笔者结合三十年来在壳寡糖的基础研究和应用方面的积累，以及国内外最新的研究报道，针对壳寡糖进行一个通俗、简易、全面的介绍。主要内容包括壳寡糖的来源和制备，以及壳寡糖在健康食品、动物饲料添加剂、农业等各个方面的功能和应用。

首先，追根溯源，回顾一下壳寡糖的发现和研究历史：

1945 年，广岛原子弹事件后，有学者发现，小螃蟹能够“死里逃生”。

1891 年，EmilFischer 对葡萄糖的右旋构型的证明，之后以对葡萄糖酵解和糖原异生作用研究为代表的生物化学发展阶段是糖化学研究中的鼎盛时期。

美国国家药物食品药品管理局（FDA）称甲壳素为二十世纪人类发现的完全无毒的抗肿瘤新材料。

二十世纪八十年代初，日本将来源于螃蟹壳中的甲壳素用于癌瘤的治疗。日本国际健康研究所所长金子今朝夫，在其著作《七种最佳抗癌食品》中，把甲壳素摆在灵芝、刺五加、螺旋藻、蜂胶、啤酒糟等之首。

1985 年，美国科学家费兹应用单克隆抗体技术确认，糖蛋白和糖脂组成的糖链可以对抗癌症。

1986 年，美国能源部资助佐治亚大学创建了复合糖类研究中心，建立复合糖类数据库，相关的计算机计划也称为“糖库计划”。

1988 年，牛津大学德威克教授在当年的《生化年评》中撰写了以“糖生物学”为题的综述，这标志了糖生物学这一新的分支学科的诞生。

1989 年，日本创办了《糖科学与糖工程动态》杂志。

二十世纪九十年代，日本和韩国分别将甲壳素和壳聚糖列为天然食品添加剂。

1990 年，牛津大学将糖生物学推向生命科学前沿的重大事件发生 / 研制成功了 N- 糖链的结构分析仪。进而发现 E- 选凝素（E-selectin）首次阐明了炎症过程有糖类和相关的糖结合蛋白参与。进入血液循环系统的癌细胞可能借助了类似于上述的机制穿过血管，进而导致肿瘤的转移。出现了以这一基础研究的成果为依据的开发和生产抗炎和抗肿瘤药物的热潮。

1991 年，由科学技术厅、厚生省、农林水产省和通商产业省联合实施“糖工程前沿计划”，总投资百亿日元，为期 15 年。同时，成立了“糖工程研究协议会”作为协调机构。这协议会编辑出版了专著《糖工程学》。

1992 年，将 Glycobiology Unit 改称为糖生物学研究所。

1993 年首届“糖工程”会议上称，生物化学中最后一个重大的前沿，糖生物学的时代正在加速来临。美国每隔二年召开一次“糖工程”会议。

1994—1998 年，欧盟的研究计划中有一项“欧洲糖类研究开发网络”计划。其目的是携带欧洲各国的糖类研究和开发，以强化欧洲在糖类基础研究以及将研究成果转化为商品方面与美国、日本的竞争能力。

1996 年，在米兰召开的第 18 届国际糖化学讨论会上，Von Boeckel 等报告合成了肝素中抗凝活性碎片——五糖的模拟物，其活性是天然产物的 2 倍，因此，他获得了以糖化学先驱 Whistler 命名的奖项。

1996 年，全国第一个糖工程研究课题组，中国科学院大连化学物理研究所天然产物与糖工程课题组（603 之后改为 1805）成立。

1996 年，中国科学院大连化学物理研究所天然产物与糖工程课题组承担了，中国科学院“九五”重点项目“活性寡聚糖生物农药制备及生产技术”；1999 年，科技成果通过鉴定（中科院成字〔1999〕第042号）；2000年12月，获大连市科技进步一等奖。

1996年，中国科学院大连化学物理研究所天然产物与糖工程课题组承担了国家科委“九五”攻关项目“甲壳素生物降解制备低聚氨基葡萄糖的生产工艺”；2000年，科技成果通过鉴定（中科院成字〔2000〕第029号）；2002年，获辽宁省科学技术二等奖。

1997年，在苏黎世召开的第14届糖复合物国际年会上，出现了“免疫糖生物学”、“神经糖生物学”和“植物糖生物学”等新的分支学科，新的前沿领域。2007年英国“Nature”杂志中六篇文章报道的近20年来糖化学和糖生物学的研究主要进展。

2000年，由北京科技电影制片厂投资摄制完成一部“寡聚糖生物农药”科教片，向全国发行。

2001年，Scripps研究所正式启动NIH/ NIGM基金资助的“功能糖组学”研究项目。

2001年，日本启动一项计划4年完成的人体细胞糖链的研究，仅糖基转移酶的克隆就投资80亿日元。

2001年，壳寡糖保健食品“奥利奇善胶囊”获得卫生部颁发的保健食品证书（卫食健字（2001）第0039号）。

2001年，壳寡糖生物农药“2%氨基寡糖素水剂（好普）”获得农业部农药临时登记证（LS2001432）。

2001年，中国科学院大连化学物理研究所与大连凯飞化学股份有限公司合作生产壳寡糖生物农药，一次试车成功，实现了产业化。

2001年和2002年，中国科学院大连化学物理研究所天然产物与糖工程课题组承担了国家高技术研究发展计划（863计划）“寡糖诱导植物防御反应及其抗病毒新农药研制”；2005年课题通过会议验收。

2001年出版的美国“Science”杂志，汇编了7篇综述和6篇简介组成一个专辑“糖和糖生物学”。出版专辑文章报道糖化学及糖生物学的研究进展。

2001年和2005年，中国科学院大连化学物理研究所天然产物与糖工程课题组承担了国家科技攻关计划“十五”“十一五”项目“发酵工程关键技术研究与重大产品开发”寡糖新产品开发——壳寡糖；2006年和2010年通过总结验收。

2002年，韩国国家食品药品管理局（KFDA）将壳聚糖、壳寡糖和氨基葡萄糖列为机能性健康食品。

2003年，“一种酶法降解壳聚糖与膜分离偶合生产壳寡糖的方法”技术，获国家发明专利。

2004年，壳寡糖保健食品“久康奇善胶囊”获国家食品药品监督管理局保健食品证书（国食健字20040355号）。

2005年，以开发生产壳寡糖等产品为主的高新技术企业——大连中科格莱克生物科技有限公司在生产基地隆重举行开工庆典仪式。这标志着由大连化物所开发并拥有自主知识产权的年产30吨壳寡糖生产线正式启动。

2006年，美国能源部投资2.5亿美元建立以生物质能源转化“国家新能源中心”，投资巨大，走在糖领域研究和应用的国际前列。

2006年，“寡糖素cos”获得中华人民共和国农业部饲料和饲料添加剂新产品证书（新饲证字〔2006〕01号）。

2006年，全国糖生物学学术会议在大连召开。

2007年，“一种具有免疫调节作用的保健食品及其制备方法”技术，获得国家发明专利。

2007年、2008年、2009年、2010年、2011年，第一、二、三、四、五届糖生物学与糖工程学术年会相继召开。

2008年，中国壳寡糖与人类未来健康工程在北京人民大会堂启动。

2008年，辽宁省“碳水化合物研究重点实验室”在大连建立。

2009年，壳寡糖保健食品“格莱克牌格莱克胶囊”，获国家食品药品监督管理局国产保健食品批准证书（国食健字G20100009）。

2010年，中国科学院大连化学物理研究所首次提出了“壳寡糖——植物疫苗”的概念。

2010年，“糖链结构与糖生物学专题研讨会”在大连召开。

2010年，中科院管华诗院士“海洋特征寡糖的制备技术”项目，获得国家科学技术发明一等奖。获得国家农业部壳寡糖饲料和饲料添加剂新产品证书和肥料证书。

2015年，壳寡糖获得国家食品卫生监督局新资源食品证书。

2020年中国科学院大连化物所基于动态共键化学的方法，精确捕获了唾液酸糖链，为生物化学提供了一种可以精确捕捉与癌症、免疫疾病发生密切相关的糖链信息新策略。

## 第一节　糖生物学与糖工程简介

糖是自然界中最丰富的生物资源，是蕴藏最大生命信息量的生物活性分子，它参与了调控生殖、生长、发育、调节、遗传、进化等生命过程。因此，糖类也是科学家最先研究的生物分子之一。在20世纪初，科学家就同时开创了肽类和糖类的研究。但是，由于糖类虽然资源丰富，但结构非常复杂，致使糖类的研究在半个多世纪中几乎处于停滞的状态。

人类有40亿~50亿个细胞，这些细胞又组成了许许多多的细胞集团。每个集团的细胞以不同的方式相互识别和互相作用，细胞和基质之间也存在着相互识别和相互作用，集团之间又相互识别、相互作用和相互制约，调节和控制着高等生物沿着固有的空间轴和时间轴井然有序地发展。在如此复杂的发展过程中所需的巨大的“生物信息”只能由所含信息量比核酸和蛋白质大几个数量级的糖链分子来承担。这就导致了“糖生物学”的诞生。

随着生命科学的发展，科学家们发现种类繁多的糖类直接参与了所有重要的生命活动，信息繁多，功能复杂，贯穿生物体的生老病死。它们之所以能够编码海量的生物信息，源于其千变万化的结构，糖链分支机构的羟基链接位点多，糖苷键存在的立体异构体形式构成的糖衣成为蛋白质丰富的功能信息载体，可以调节细胞生长发育、细胞间的通讯、分化、代谢、免疫识别、繁殖受精等重要的生命过程。因此，糖类的研究于20世纪的最后十多年中，迎来了一个重要的发展阶段，糖生物学（glycobiology）的崛起，曾被预言为二十一世纪是糖的世纪。

国际糖生物工程讨论会设3个分支：分别为糖生物学、糖化学和糖生物工程。糖生物学，包括糖蛋白和糖脂合成的分子生物学、糖基转移酶的分子生物学、细胞内的通路和投送受体、分化发育和基因治疗、免疫学和神经生物学、寄主和病原体的相互作用、糖基化和疾病；糖化学，涉及的内容有化学合成、组合合成、酶法合成、分子相互作用和结构分析、数据库和网络；糖生物工程，有关的方面为：发展糖药物的重组工具、表达系统、宿主和载体、宿主细胞的糖基化工程、糖蛋白生产系统、生物工程工序、药理学和诊断、重组和天然糖蛋白的糖信号及其在体内的命运和靶向性、质控和分子技术、法规条例。

近几十年来在糖类研究方面已取得不少进展。研究结果已确证，糖类作为信息分子在受精、发生、发育、分化，神经系统和免疫系统衡态的维持等方面起着重要作用；炎症和自身免疫疾病、老化、癌细胞的异常增殖和转换、病原体感染、植物和病原体相互作用、植物与根瘤菌共生等生理和病理过程都有糖类的介导。近年来，欧美的研究确认寡糖及寡糖衍生物参与生物体受精、生长、发育、分化、免疫、神经系统的识别与调控过程，在人体的衰老、癌症过程中也起调节作用。大部分欧美国家、韩国及日本厂商在各自的领域中直接利用壳寡糖进行高端生产，涉及的领域包括抗癌药物、保健食品、新型农药、美容化妆品等各个方面。

## 一、糖生物学

糖与蛋白质、脂类是组成细胞的重要成分，但由于糖链结构的复杂多变，物理和化学分析手段的滞后，20世纪70年代以前，人们对糖的认识停留在糖是细胞的组成成分及细胞能量代谢的主要来源的水平。随着生物学研究的发展及研究技术的进步，尤其是糖生物学的兴起，人们对糖在生命活动中的作用的认识逐渐深入，糖不仅是细胞的组成成分和能量来源，也是重要的信息分子并参与生命活动的调控。

糖生物学是研究糖类在生物学中的作用，阐明在生物学中诸多与糖类有关现象的一门科学。糖生物学的主要研究内容可以概括为三个方面。首先是糖类的结构研究；其次是这些结构是怎样形成的，其糖类的生物合成，与此相应的是它们又如何被降解的，即糖类的代谢；最后，糖类在生物体中有哪些功能，这些功能和其结构的关系如何。

糖类的结构复杂多变，致使很少几种单糖形成的、不长的糖链结构就可以蕴藏巨大的信息量。各种类型病原体的寄主专一性也是由寄主细胞表面的糖链结构不同所决定。不同结构的糖链作为信号，决定了分子和细胞的定位和靶向。例如，禽流感和人流感一般不会交叉感染就是因为家禽和人细胞表面的糖链结构不同。

糖链在细胞膜分布众多，如同一层糖被覆盖在细胞表面，参与并调节一系列生物过程，包括细胞信号传递和细胞增殖等。最新研究发现，人类冠状病毒利用自身的刺突蛋白来识别细胞表面的唾液酸糖链，进而接触并感染宿主。

糖链的生物学功能是通过糖链对蛋白质功能的修饰、糖缀合物糖链与蛋白质的识别来实现的。可以预见，随着糖链在生命活动中的功能和调控机制研究的深入，必将极大地促进功能基因组学和蛋白组学的研究。因此，糖生物学是全面揭示生命本质所不可缺少的分支，是 21 世纪生命科学研究的重要组成部分。

## 二、糖链

人们早就发现细胞表面存在非常多的糖链，但由于糖链结构的复杂性，对糖的研究远远滞后于蛋白质和核酸的研究。随着分析手段的进步和分子生物学、细胞生物学的发展，近 20 年来糖链的结构功能研究才成为可能，大量的糖链结构及其生物学功能被揭示，使得糖研究成为生命科学研究中又一新的前沿和热点，也产生了一门新的学科——糖生物学。糖生物学就是研究糖链结构功能关系的学科。糖链的生物学功能是通过糖链对蛋白质功能的修饰、糖缀合物糖链与蛋白质的识别来实现的。

在多细胞生物的细胞外表面覆盖着一层糖链，通常也称为糖被。糖蛋白上多分支 N-糖链（分支数可为 2 ~ 5）则像树上粗大的树枝，O- 糖链是细小的树枝；膜糖蛋白的胞外肽链如树干，穿越质膜的肽段和胞内肽段则是树根；糖蛋白的根深而叶茂。而糖脂的脂质插入脂双层的外层，其糖链犹如小草。在细胞表面还包裹着一层作为细胞间质组分的蛋白聚糖。最近发现一些蛋白聚糖也能整合到质膜中。这些不同组成和结构的糖蛋白、糖脂和蛋白聚糖被统称为糖复合物。在细胞表面形成分支的糖链宛如天线，正是它们在细胞间传递信息。这些糖链参与了细胞间的黏附，例如作为细菌、病毒等病原体的受体，或是作为激素等信息分子的接受体。归根结底，糖链的共同特点是介导专一的“识别”和“调控”生物学的过程。

### （一）糖链的研究

1. 糖结构的研究

糖链的结构具有惊人的多样性、复杂性和微观不均一性，其一级结构的内容不仅包括糖基的排列顺序，还包括各糖基的环化形式、各糖基本身异头体的构型、各糖基间的连接方式以及分支结构的位点和分支糖链的结构。

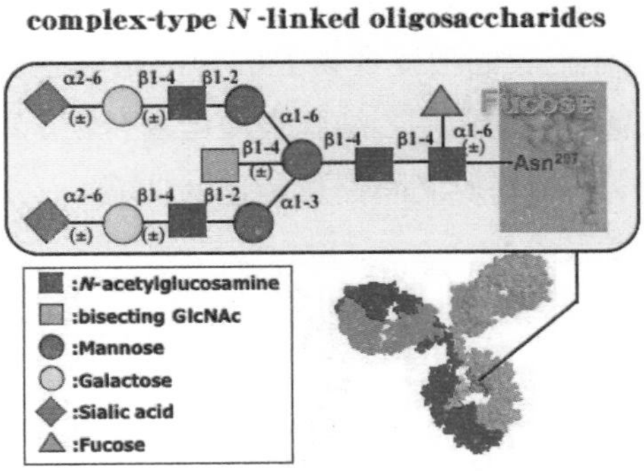

complex-type N-linked oligosaccharides
α2-6
β1-4
β1-2
α1-6
β1-4
β1-4
β1-4
α1-6
α1-3
Asn297
Fucose
:N-acetylglucosamine
:bisecting GlcNAc
:Mannose
:Galactose
:Sialic acid
:Fucose

图 1–1 人类 IgGzhong Fc 区 N– 连结寡糖链的代表结构

2. 糖链功能的研究

糖特别是糖复合物中糖链的功能多种多样，如从空间上调节糖复合物的空间结构、保护多肽链 不被蛋白酶水解、防止与抗体识别等。近年来的研究表明：糖链作为信息分子涉及多细胞生命的全部空间和时间过程，如精卵识别、组织器官形态形成、老化、癌变等，在血液和淋巴循环中起着动态的更为灵敏的信号识别和调控作用，涉及多种严重疾病的发生过程，如炎症和自身免疫病等。

Molecular Recognition Involves Cell-Surface Carbohydrates
Bacterium
Virus
Toxin
Cancer Cell
Lectin
Glycoprotein
Glycolipid
Hormone
Antibody
Enzyme

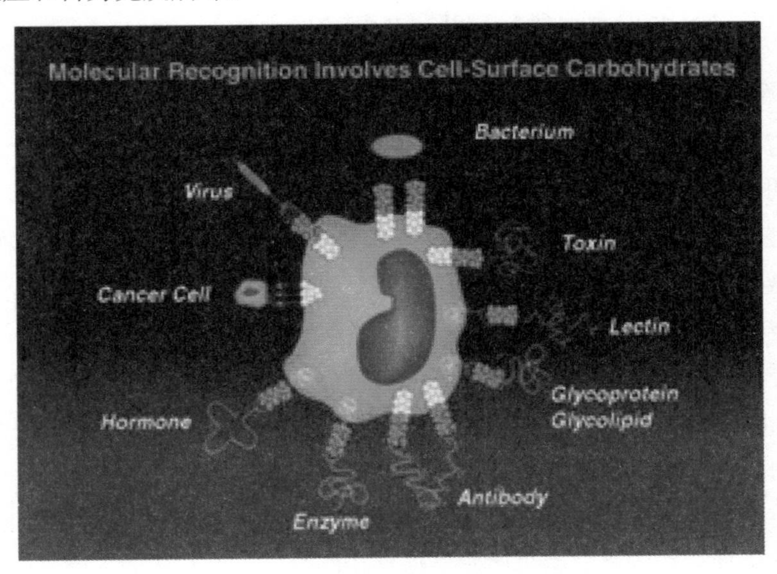

图 1–2 细胞的糖链分子

3. 糖链在生物信息传达中的作用和传达方式的研究

目前，人们已经发现许多糖链特别是糖缀合物在生物信息传达中发挥着重要的作用，如在糖蛋白（目前研究的重点）中，糖链对蛋白质的功能起修饰作用，通过影响蛋白质的整体构象从而影响由构象决定的所用功能，如正确折叠、细胞内定位、抗原性、细胞 - 细胞黏附和结合病原体等；在糖脂中人们已经证明了血型的决定物质是糖链。蛋白聚糖主要有维持或抑制细胞生长以及在正常发育和病理条件下结合、贮存及向靶细胞释放生长因子和参与信号转导等作用。细胞表面糖复合物上的糖链是信息功能的承担者，发挥着细胞 - 细胞和细胞 - 胞外基质信息传递的作用。细胞表面糖复合物上的糖链是信息功能的承担者。发挥着细胞 - 细胞和细胞 - 细胞基质之间信息传递的功能。

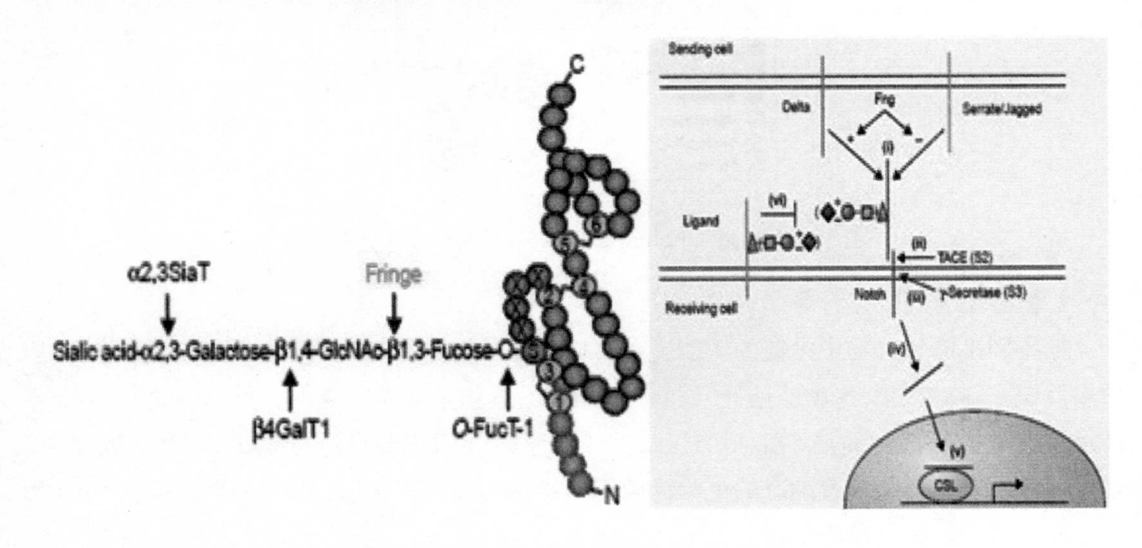


图 1-3 和糖基化有关的信号转导

## （二）糖链的作用

1. 糖链与微生物感染的关系

研究表明，病原细菌在哺乳动物组织细胞靶位上的黏附是感染的关键步骤。大多数微生物在细胞表面的黏附是由糖链介导的；另外，多种糖缀合物及糖链广泛存在于微生物中，这些糖链在微生物与动植物的相互作用中起到至关重要的作用。

2. 糖链在免疫系统中的作用

有关研究表明，几乎所有与免疫相关的关键分子都是糖蛋白。在细胞免疫系统中，糖链与 MHC 抗原和 TCR 复合物的折叠、质量控制和组装有关，糖脂和 GPI 蛋白抗原是由 CDl 所呈递的，其详细分子机制还不清楚。

3. 糖链与代谢疾病

许多细胞生理功能所必需的蛋白质是糖基化修饰的，糖基化的不同又常导致蛋白功能的改变。许多疾病就与细胞表面糖基化的改变有关，影响人类健康的主要疾病均与糖缀合物糖链的合成与代谢相关。

4. 糖链在细胞黏附和迁移过程中的作用

细胞的生命活动分为两种：管家活动和社会活动。管家活动主要由磷酸化控制，而细胞的社会活动则由糖基化来调控。细胞的黏附和迁移是由糖链来调控的，糖链在细胞癌变和迁移中起重要作用。因此，糖链结构在癌症诊断及预防上有极高的应用价值。从抑制癌细胞增殖及转移相关糖链的生成、抗黏附和增强抗肿瘤免疫功能等方面用糖类或其衍生物抑制癌瘤的生长与转移已在动物实验中取得明显效果，未来用于人类肿瘤治疗有很乐观的前景。

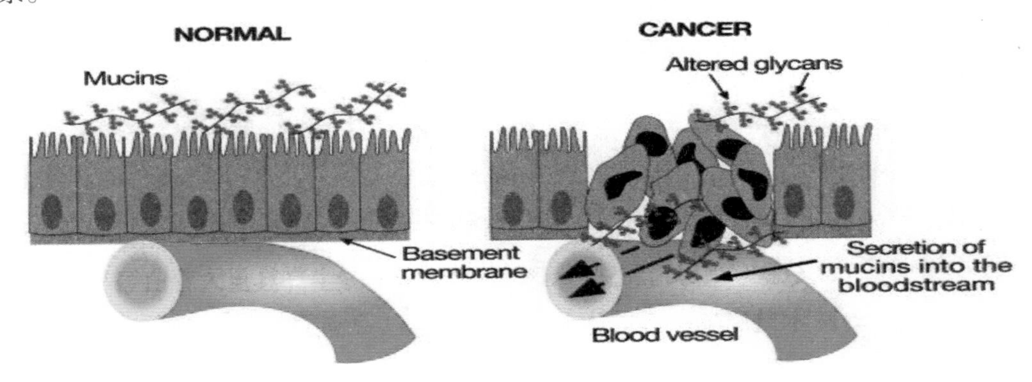


图 1-4 正常细胞与癌变细胞表面的糖链变化

## 二、糖工程学

糖类是自然界中最丰富的可再生资源，近几年糖生物学的快速发展，为糖类的开发和利用提供了相应的理论基础。为此，在糖生物学崛起和发展的同时，糖工程学的发展也十分迅猛。

糖工程学是如何合理地使用糖类的分支学科。其涉及的内容大致可分为两大部分：与糖化学相关的是对巨大的糖类资源的开发利用；与糖生物学密不可分的则是如何研发糖类药物、营养品和保健品，并用于疾病的预防和治疗。

由于糖生物学的发展，发现了很多低分子量的糖类，以及它们的衍生物同样具有明确的生物学活性，特别是可以开发成为药物。因此，除了分离制备外，还可以通过合成的方法得到小分子的糖类。早年主要是利用化学合成的方法，尽管产量很低，但是已可用作药物。就糖类的化学合成而言，糖化学是其基础。利用化学方法不仅可以合成小分子糖类及其衍生物，而且可以对糖类进行不同的化学修饰，以期符合人们的需要。

在机体中，糖类的代谢，包括合成和降解，都是在酶促下进行的，因此，生产糖类及其衍生物时，也很自然地利用糖生物学提供的代谢知识，使用不同的酶来进行。最简单的是使用糖苷水解酶的可逆反应。当反应系统中加入了有机溶剂和浓度较大的无机盐时，因水的活度降低，糖苷键水解和合成的平衡偏向于合成。通过蛋白质工程，可以将糖苷水解酶中参与水解的、作为离去基团的氨基酸残基突变，可以更加有利于糖苷键的合成。虽然利用糖基转移酶也可以合成糖类，但是必须源源不断地提供糖基的供体。目前已经可以做到这一点。

在对微生物和植物体内糖类合成和降解途径有深入的了解后，人们开始利用基因工程的方法，人为地干预糖类的合成和降解，以期得到人们所需要的产物。例如，植物中淀粉有直链和支链两类，它们的性状都有明显的差异，它们的生物合成途径也各不相同。合成直链淀粉仅需要一个酶，而合成支链淀粉却需要九个酶协同。因此，通过改变这些酶的表达量，可以改变作物中直链淀粉和支链淀粉的比例，也可以改变支链淀粉的性能。同样原理，改变微生物中糖降解代谢途径中，不同酶的活性和表达情况，可以累积三羧酸循环中的某些中间物，例如琥珀酸的累积。得到这种类型的突变工程菌株后，就可能达到生物转化的工程化。

生物炼油，将生物质转化为石油和乙醇是糖工程中一个最大的热点。在生物质转化中，除了得到燃料外，还可以得到许多有用的化工原料的中间体。糖工程中另一个热点是化学和/或酶学方法大规模地生产糖类及其衍生物的，以此满足产业化的需要。

# 第二节　甲壳素、壳聚糖与壳寡糖

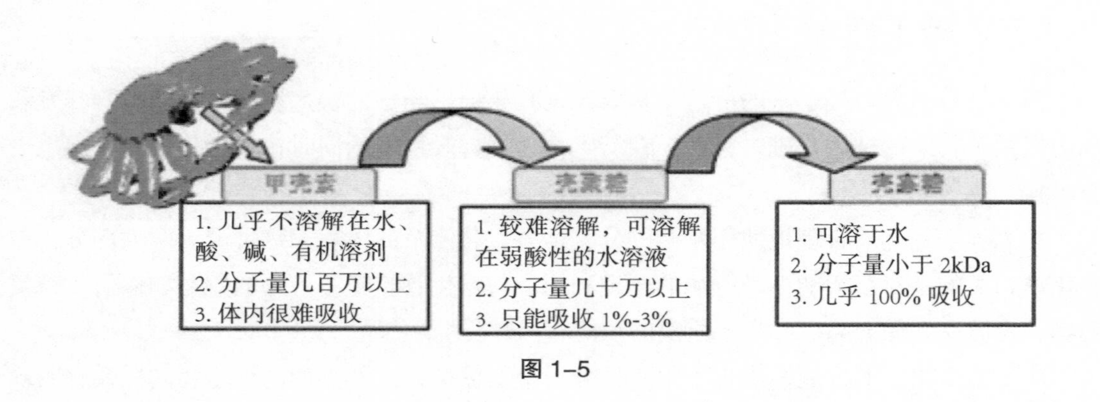


图 1–5

## 一、甲壳素

自 1811 年法国的一位科学家 H. Braconnot 第一次发现这种在当时看来类似真菌纤维素的物质以来，人们研究甲壳素的历史已经整整 200 年。而从 1811 年发现这种物质到研究清楚其结构，前后用了将近 100 年。甲壳素是由 N- 乙酰氨基葡萄糖通过 β1-4 糖苷键连接形成的生物大分子，就结构而言，它与纤维素非常类似，不同的仅是每个糖残基中 C2 上的取代基：在甲壳素中是 N- 乙酰氨基（$-NH-CO-CH_3$）；在纤维素中是羟基（-OH），如图 1-6。

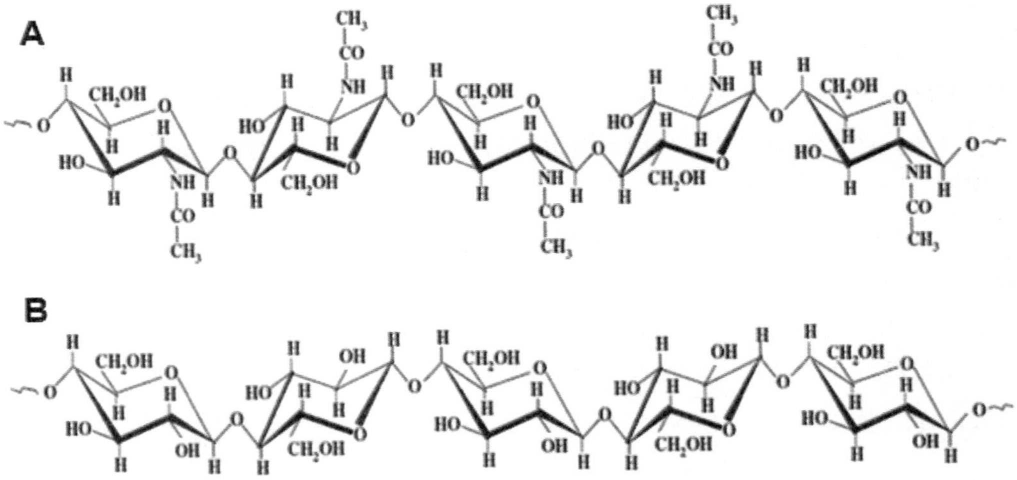

图 1–6 甲壳素（A）和纤维素（B）结构

甲壳素根据英文名 chitin 也称几丁质。它在自然界的总生物质量，仅次于纤维素，作为可再生资源，每年可获得的量不下于亿吨。而且来源丰富，除了最为常见的虾和蟹外，已经利用的还有酵母等真菌的细胞壁和蚕蛹。一些可以研究和饲养的昆虫，例如蝗虫，也有可能作为开发利用的甲壳素的原材料。为此，甲壳素、壳聚糖和壳寡糖完全是一个可持续发展的生物工程产业。

最近十几年，随着技术的进步，尤其是分子生物学手段的成熟，甲壳素在生物内（譬如真菌细胞壁和昆虫外壳）的合成路径已经研究清楚。另外，甲壳素在生物体中的网络框架也在最近几年被模拟分析出来。研究证明，甲壳素并不是以游离的状态存在的，而是与其他结构物质整合在一起的。甲壳动物，如虾、蟹壳中的甲壳素是与蛋白质共价结合，以糖胺聚糖与蛋白质形成的复合糖类的形式存在，同时伴生碳酸钙。在昆虫和其他无脊椎动物中，甲壳素通过共价和非共价键的形式与特定的蛋白质结合形成复合糖类。在真菌的细胞壁中，甲壳素常与 β- 葡聚糖共价结合。在有的生物体内，甲壳素还有可能与酚类及脂类分子结合。甲壳素在生物体中的主要作用是结构保护和防止外来物质的侵入。

甲壳素可应用于纺织、印染、化工、造纸、食品、化妆品、农业、环保、塑料等领域。甲壳素用于环保型无甲醛织物整理，可降低皱缩率、改善手感，并能增加布料的可染性和抗静电性，织物在印花染色后再涂上一层含甲壳素的固色剂，可使织物不褪色，改善色调，提高染料的附着牢度。用甲壳素和淀粉等原料制成的薄膜，具有强度高、可天然降解，是替代目前大量使用的塑料薄膜的环保型产品。

自然界中的甲壳素作为低等动物的保护层时，经常与碳酸钙，甚至磷酸等，成为生物矿物质。它是由 N- 乙酰氨基葡萄糖通过 β1-4 连接形成的生物大分子，一般约有 5000 个糖基，即其分子质量约 1000 kD。因此，它们整个分子表现为伸展的长链结构。分子中每个糖基中 C2、C3 和 C6 的所有取代基都是平伏取向，因此，这些长链的分子间非常容易形成氢键，而且氢键的密度非常高，此外，每个糖残基形成吡喃环的环之间又可发生疏水的相互作用。诸多氢键和强烈疏水相互作用，最终导致纤维素和甲壳素都可以成为排列异常密集的纤维束，而且可表现出某些类似于晶体的排列。这样的结构特征导致了它们不溶于水的特性。这也是它们分别出现于微生物细胞壁，以及低等动物的表面，成为结构保护层的物质基础。

甲壳素不溶于水、碱、一般的酸和有机溶剂，只溶于部分浓酸，这在很大程度上制约了其在各个领域的应用。在人体内，依靠人体胃肠道中的甲壳素酶、溶菌酶等的作用少部分分解，因此其吸收率较低，服用量较大，产生的服用反应也高达 70% 以上。但是，如果对甲壳素进行化学处理，脱掉其中的乙酰基，就变成了壳聚糖，壳聚糖可以溶于稀酸，比甲壳素进了很大的一步。

## 二、壳聚糖

壳聚糖是甲壳素脱乙酰化后得到的产物，即是氨基葡萄糖通过 β1-4 连接形成的大分子。总体上看，壳聚糖的结构和纤维素更类似，因为 C2 是一个氨基，和羟基一样，也是极性基团。然而，羟基是中性的，而氨基则是碱性的。这样，使得壳聚糖在中性水溶液中成了一种多聚阳离子，同时也表现出另一个明显的不同其母体甲壳素的特性，即溶解度得到改善，尤其在酸性溶液中。目前不同来源的壳聚糖由于原料和制备的不同，因此，不同的产品具有不同的脱乙酰度，其结果必然影响到产品的性质，也决定了不同的产品仅能适用于某些场合和某种目的。

壳聚糖的应用非常广泛。单就医药方面的应用而言，它们在很多方面表现出难以想象的效果。但是，由于壳聚糖体现出得功效的机理还不太清楚，它们似乎作为作保健品更甚于作为药品。

壳聚糖可用作辅助性治疗药剂及功能性保健品的添加剂。壳聚糖对人体各种生理代谢具有广泛调节作用，可强化人体免疫功能。对甲亢、更年期综合征、各种妇科疾病、肝炎、肾炎、内分泌失调等有一定辅助治疗效果，并能减轻放疗、化疗后的副作用。壳聚糖制成小球作为吸附剂可治疗高血脂病。用壳聚糖配以其他药物可制成免疫促进剂、抗肿瘤剂、药物缓释剂、降胆固醇剂、凝血剂、合成生化剂及各种保健品添加剂等。在新型卫生敷料中壳聚糖也大有作为。它能制成可吸收手术缝纫线、人造皮肤、止血棉、止血纱布、过滤材料等。这种敷料用于手术后创口、体表溃疡、褥疮、烧烫伤等可促进创面愈合，有特殊治疗效果。

## 三、壳寡糖

近十几年来，甲壳素、壳聚糖的研究已在国内外广泛开展，它们在抗肿瘤、防治病原微生物等方面的功能越来越受到人们的重视。但由于其水溶性差，生物利用度低，在开发应用上受到了很大限制。为此，通过化学法、物理法和酶法将壳聚糖降解为分子量较小的壳寡糖（Chitosan Oligosaccharide / Chitooligosaccharide），其不但水溶性好（水溶性大于99%），易于为人体吸收，还具有抗氧化、抑菌、抗肿瘤、抗炎、调节血脂、血糖、增强免疫、活化肠道菌群等多种生理作用，显示了比壳聚糖更为优越的生物活性。

甲壳素是由 N- 乙酰 -2- 氨基 -2- 脱氧 -D- 葡萄糖以 β-1，4 糖苷键连接而成的多糖，在浓碱或酶的作用下，脱去 N 上的乙酰基，成为壳聚糖（Chitosan），壳聚糖经降解，成为分子量很低的壳寡糖。

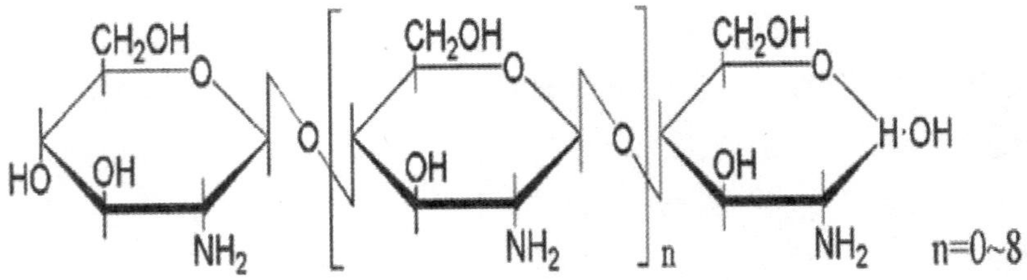

图 1-7 壳寡糖分子结构式

甲壳素是天然产物，而壳寡糖是壳聚糖降解的产物，它们的聚合度一般在 20 以下。第一，壳寡糖因其原料的丰富和多样性，是其他任何一种寡糖无法与之相比的。第二，壳寡糖是目前仅知的唯一碱性寡糖。而不论是细菌表面还是动物细胞表面几乎都是酸性的环境。就这点而言，壳寡糖可以说是非常具有“个性”的。也正因为壳寡糖是碱性分子，因此，对它们的作用机制做出解释时，同样需要排除正电荷的作用。

壳寡糖具有多种重要的生物学活性，如抑菌、抗氧化、诱导植物抗病性，以及在动物上的抗病毒、抑制肿瘤、降血脂、调节免疫等，已被广泛地研究和应用。目前，国内外对于该类技术产品的生产需求也正日益扩大。除了出口西欧北美等地区作为食品添加剂，制造香烟箔片胶之外；更广泛地用作生物制药，尤其是其良好的抗肿瘤效果，可以作为早期癌症的治疗药物；此外，壳寡糖具有降血压、降血糖及降胆固醇作用；增强免疫力和减肥的功能；还能提高食品的保水性；可作为功能性食品添加剂用于饮料、糕点及保健品的生产；同时，其作为植物的生长调节剂和新型生物农药，安全无害、不产生抗药性、使用剂量低、价格便宜，在抗病虫害和促进作物生长方面也有显著的作用，是一种全新的绿色生态产品。对于生产无公害绿色粮食、蔬菜、水果，促进我国农业可持续发展都具有重大意义；而壳寡糖极好的保湿性和抗菌抑菌能力使其作为化妆品独巨防衰老、美白和保湿三大功效，可用于制备高级化妆品；此外，壳寡糖在化工及其他科学研究中也有很大用途。

# 第二章　壳寡糖的来源及其制备方法

## 第一节　壳寡糖的来源

既然壳寡糖的功能如此多，应用价值如此大，那么壳寡糖到底来源于哪里呢？自然界中并不存在天然的壳寡糖，也就是说壳寡糖不能从生物体内直接分离得到。但是，我们可以通过不同的方法制备得到壳寡糖。目前，我们所谓的壳寡糖主要是由壳聚糖经过化学或者酶法降解所得，而壳聚糖则是由甲壳素通过脱乙酰基得到的，也就是说，壳寡糖来源于甲壳素。

甲壳素（Chitin），也叫几丁质，是一种自然界中广泛存在的生物多糖，每年自然界中合成的甲壳素多达 100 亿 ~1000 亿吨。甲壳素，在自然界的生物质中总量位居第二，仅次于纤维素。纤维素主要来自植物，而甲壳素主要来自动物。

甲壳素的来源非常广泛，譬如甲壳纲动物（虾、蟹）的甲壳，昆虫的甲壳和围食膜、某些真菌（酵母、霉菌）和少量植物的细胞壁中。甲壳素的工业化生产始于 20 世纪 30 年代，至 90 年代进入大发展时期，尤其是中国，成了甲壳素和壳聚糖的生产大国和出口大国。工业上生产的甲壳素主要来自虾壳和蟹壳。虾壳和蟹壳中一般含甲壳素 20%~30%，有的高达 50%~80%。

图 2–1 来源丰富的甲壳素

然而，尽管自然界中存在大量甲壳素，人们每年可获得的甲壳素只可能有几十万吨，真正能生产出来的甲壳素估计仅数万吨。这是因为甲壳素在不断被合成出来的同时，几乎以相等的速率消失，或者说是被降解。环境中的微生物，主要是细菌和真菌，其中有很多属能产生甲壳素酶，参与了环境中甲壳素的降解。

# 第二节　壳寡糖的特性和分子结构

通常认为，糖是人体中主要提供热量与能量的物质。每克葡萄糖在人体内氧化产生 4 千卡能量，人体所需要的 70% 左右的能量由糖提供。但有一种糖并不是我们通常所吃的普通的糖，而是一种功能糖。

所谓的功能糖，其实是指功能性低聚糖、功能性膳食纤维、功能性糖醇等几种具有特殊生理功效的物质的统称。其中，功能性低聚糖属于寡糖，由于人体肠道内没有水解它们的酶系统，因而它们不被消化吸收而直接进入大肠内。这种特性使得它们可以优先为双歧杆菌所利用，是双歧杆菌的增殖因子。壳寡糖就是功能糖的一种。

壳寡糖又称低聚葡萄糖胺、低聚氨基葡萄糖等，是由氨基葡萄糖经 β-1，4- 糖苷键连接而成的聚合物，其结构如图 2-2 所示。

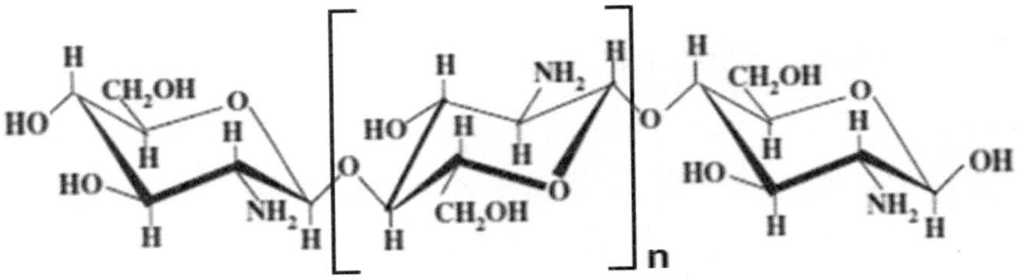

图 2-2 壳寡糖的分子结构（$2<n<20$）

长期以来，壳寡糖的分子量范围规定很模糊，相对分子量从几百到几万的氨基葡萄糖聚合物都被称为“壳寡糖”，而相对分子量几百的“壳寡糖”与相对分子量几万的“壳寡糖”从理化性质到生物活性都有很大的差异，很容易引起混乱，因此本文中所讨论的壳寡糖是指聚合度 2-20 的氨基葡萄糖聚合物。

绝大多数寡糖是中性分子，另有一些是酸性寡糖，例如寡聚半乳糖醛酸和肝素的片段。而只有壳寡糖是目前仅知的唯一碱性寡糖。而不论是细菌表面还是动物细胞表面几乎都是酸性的环境。由于氨基的存在，壳寡糖是一种碱性物质，可以吸附溶液中的 $H^+$，许多无机酸、有机酸和酸性化合物，都能被壳寡糖吸附结合。当壳寡糖被吸收进机体后，可以吸附机体内的酸性物质，使体内环境向偏碱性方向改变，改善体内环境。

壳寡糖的一般物理性质与壳聚糖具有较大的差异。由于分子量降低，壳寡糖的溶解性大大提高，即使 pH 值在 10 以上，壳寡糖仍可溶于水中，而壳聚糖只能溶解于酸性溶液中，水溶性的增强是影响壳寡糖一些生理活性的至关重要的因素，只有溶于水，才有可能被生物体吸收和利用，表现出生理活性。但壳寡糖也不具有壳聚糖的一些高分子化合物的性质，如成膜性、形成高黏度溶液等。

壳寡糖的溶液性质，尤其是壳寡糖在溶液中的稳定性，对于壳寡糖的应用具有重要意义。

壳寡糖的残糖基在 $C_2$ 上有氨基，在 $C_3$ 上有一个羟基，从构象上来看，它们都是平伏键，这种结构特征，使得其对具有一定离子半径的金属离子具有螯合作用。一些离子半径较小的金属离子，如碱金属和碱土金属离子，与壳寡糖没有螯合作用，而离子半径较大的金属离子与壳寡糖分子的螯合作用强度，随着离子半径的增大而逐渐加强。利用这种特性，可将壳寡糖作为机体内某些重金属离子的清除剂，如铜离子、铅离子等，也可以预先将壳寡糖与某些金属离子螯合，如锌离子等，作为这些离子的补充剂，既补充了这些离子，又有壳寡糖的保健作用，一举两得。

## 第三节　壳寡糖的制备方法

### 一、壳寡糖酶的制备工艺

壳聚糖酶（EC3.2.1.99）广泛分布于细菌、放线菌、真菌、动植物等生物群中，其主要作用在于β-1，4 氨基葡萄糖苷键，以内切作用方式水解壳聚糖生成其低聚产物。壳聚糖酶仅能作用于甲壳素脱乙酰化的产物，但来源于不同微生物的壳聚糖酶对不同脱乙酰度的壳聚糖和壳聚糖衍生物有不同特异性。

以壳聚糖为原料，研究用壳聚糖酶、脂肪酶、纤维素酶、菠萝蛋白酶、溶菌酶、6036 酶等降解制备壳寡糖的方法。经过几十种材料的试验和选择，在大量反复研究的基础上确定以壳聚糖酶或 6036 酶为降解酶，考察了底物浓度、酶量、温度、pH 值、溶解介质等因素对降解反应的影响，确认了该过程实现工业化生产的可行性。进一步筛选获得 1805-2 酶。该酶降解效率高，具有脱乙酰基及壳聚糖内切酶功能，降解产物脱乙酰度高，聚合度在 3-8 之间。降解产物利用核磁共振法确定脱乙酰度 96.18%。经质谱分析，该产物为全脱乙酰壳寡糖。

构建出壳聚糖酶基因的毕赤酵母整合表达质粒，选出整合有壳聚糖酶基因的毕赤酵母基因工程菌株，在胞外大量产生壳聚糖酶。在发酵体系中，壳聚糖酶活力可达到 1mL 发酵液 24h 内可降解 100 kg 脱乙酰度在 85% 以上的壳聚糖，产生聚合度主要在 2~10 范围内的壳寡糖。

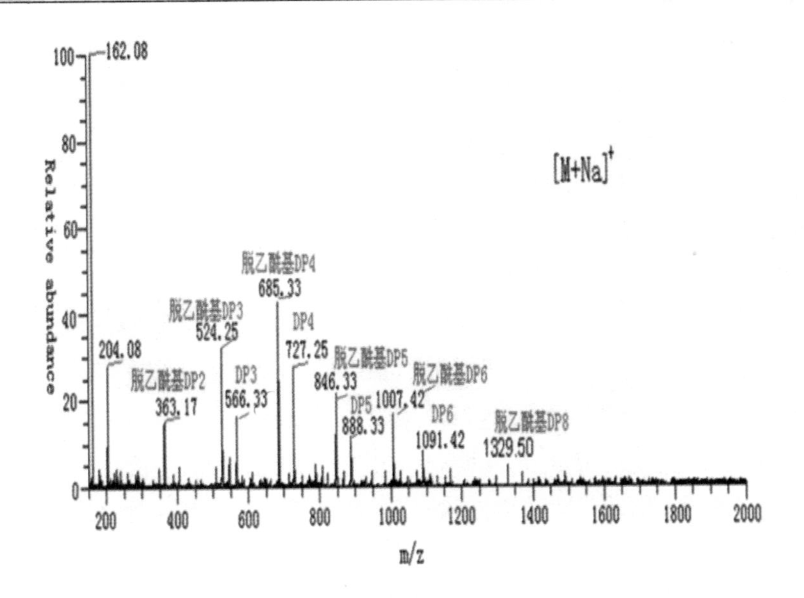


图 2-3 重组壳聚糖酶降解产物质谱

## 二、壳寡糖生产工艺

甲壳素、壳聚糖、壳寡糖都称为甲壳类物质。甲壳素不溶于水、碱、一般的酸和有机溶剂，只溶于部分浓酸，是一个非常“顽固”的多糖高分子，这在很大程度上限制了其应用。对甲壳素进行化学处理，脱掉其中的乙酰基，就变成了壳聚糖，壳聚糖已经溶于稀酸，比甲壳素进了一步，但壳聚糖还是大分子，不溶于水。把壳聚糖降解为小分子，就是壳寡糖。壳寡糖可以直接溶于水，因此，壳寡糖在人体或者动物体内的吸收率大为增加。

壳寡糖的制备主要有两种方式：一种是通过降解壳聚糖，制得含有一系列不同聚合度的壳寡糖；另一种是采用化学合成或酶合成的方法，由单糖合成得到特定聚合度的寡糖，满足一些特殊要求的壳寡糖的应用。目前，壳寡糖的生产都采用第一种方式，而化学合成或酶合成法仍处于实验室研究阶段，一些工业化生产的技术问题需要解决。

降解壳聚糖制备壳寡糖的方法有多种，这些方法可以归并为三类：物理降解法、化学降解法和生物降解法。

1. 物理降解法

物理降解法是指利用加热、加压、微波、超声、射线等物理方法降解壳聚糖制备壳寡糖的方法。主要包括以下四种方法：

（1）加热法。在不加任何溶剂和催化剂情况下，加热几丁质和壳聚糖至 120~180℃，无定形的几丁质和壳聚糖可以被有效降解，而具有晶体结构的几丁质和壳聚糖则不能被降解。

（2）微波法。中国科学院海洋研究所的研究人员利用微波辐射能量，在电解质存在下降解壳聚糖，得到较低聚合度的壳寡糖产物。降解反应在 3~12 分钟内即可完成。

（3）超声法。超声波能够大大加速壳聚糖的降解反应，但超声波对壳聚糖降解速度的影响与降解条件（如氧化剂、温度等）有较大关系。

（4）γ-射线法。γ-射线可有效地降解壳聚糖，但在某些物质存在时，如乙酸、过硫酸钾等，降解产物的结构和物理性质发生改变。

2. 化学降解法

化学降解法是一类广泛应用于大规模生产的方法，主要为酸降解法和氧化降解法。

（1）酸降解法。壳聚糖在酸性溶液中是不稳定的，会发生长链的部分水解，即糖苷键的断裂，形成各种相对分子质量大小不等的片段，过度水解时则糖苷键完全断裂，成为单糖——氨基葡萄糖。因此，早期的壳寡糖制备方法的研究，都采用酸水解方法，通过选择酸以及控制酸水解的过程，获得期望得到的分子量范围的壳寡糖。通常用于降解壳聚糖的酸是盐酸和硫酸。

利用强酸降解壳聚糖的方法，工艺操作简单，但降解条件较难控制，操作环境污染严重，降解产品主要为单糖和双糖，活性较高的寡糖含量较低。而且，盐酸在降解壳聚糖的同时，对所生产的单糖分子结构具有较强的破坏作用。

鉴于强酸对壳聚糖的降解过于剧烈，有人提出用乙酸、亚硝酸及磷酸等较弱的酸对壳聚糖进行降解，譬如利用浓磷酸水解法制备壳寡糖。但是该方法反应周期和控温比较麻烦，且产率也不高。用氢氟酸降解壳聚糖，能得到较高产量的低聚合度壳寡糖，只是反应条件比较苛刻。此外，亦有亚硝酸或亚硝酸盐降解酸性溶液中的壳聚糖的报道。相对于其他酸水解法来说，此法反应条件温和、速度快、收率可达 90% 以上，且降解产物的相对分子质量可通过改变亚硝酸加入量来控制，所以在制备聚合度在 5-9 的壳寡糖方面是可行的。但是使用亚硝酸降解壳聚糖时，所得到的产物相对分子质量分布比较宽，另外制备过程中污染也比较严重，有待于进一步改进其制备工艺。

（2）氧化降解法。氧化降解法是近年来国内外研究比较多的壳聚糖降解方法。其中的双氧水（$H_2O_2$）氧化降解因为成本低、降解速度快、产率高、对环境相对友好等优点而倍受关注。

$H_2O_2$ 降解过程是利用 $H_2O_2$ 在水溶液中形成的各种游离基团，其中高活性的游离基团具有极强的氧化性能，它们攻击壳聚糖上那些带有活泼自由氨基的糖苷键，致使其解聚。

$H_2O_2$ 降解法得到的壳寡糖，其平均分子量与降解反应条件密切相关。壳寡糖的收率受 $H_2O_2$ 浓度、温度、pH 值及反应时间的影响。譬如，升高温度和提高 $H_2O_2$ 浓度即可缩短反应时间，又可以提高收率，但过高的温度和过高的 $H_2O_2$ 浓度使水解反应过度，产物中单糖和二糖的比例较大，寡糖收率降低。

随着研究的深入，人们也发现了 $H_2O_2$ 降解法存在的问题。譬如，$H_2O_2$ 氧化降解壳聚糖过程中，$H_2O_2$ 的用量、反应温度高及反应时间如果控制不好，都会引起氨基含量迅速下降。所以，通过这个方法来获得高品质的壳寡糖比较困难。

3. 生物酶降解法

生物酶降解法是指利用壳聚糖酶降解壳聚糖，从而得到壳寡糖的方法。该方法自二十世纪八十年代出现以来，得到了广泛重视，国内外研究工作十分活跃。

生物酶降解法，同化学降解法相比，具有明显的优势：一、反应条件温和，对设备要求不苛刻；二、降解过程及降解产物相对分子质量分布易于控制；三、壳寡糖产率高；四、不造成环境污染；五、生产工艺多样性等。如果结合一些过程工程的技术，如固定化酶技术或超滤技术等，可以实现经济的大规模的壳寡糖连续生产。

除了上述优势以外，利用生物酶法生产得到的壳寡糖与化学法得到的壳寡糖相比，还有一个最大的优点，就是生物法所得壳寡糖对人体健康绝对安全。因此，生物酶降解法被认为是制备壳寡糖最有前途的方法。

生物酶降解法制备壳寡糖最重要的部分就是工具酶的选择和使用。目前，据文献报道，能够水解壳聚糖的酶有至少 30 种，包括壳聚糖酶、几丁质酶、脂肪酶、蛋白酶、溶菌酶、淀粉酶、纤维素酶等。这些酶的共同点在于能够利用壳聚糖为底物，切断其 β-(1，4)- 糖苷键。这些酶主要来源于细菌、真菌等微生物。

生物酶降解法制备壳寡糖存在的主要问题是成本问题。虽然能够降解壳聚糖的工具酶有很多种，有些已经商品化，但是，这些酶制剂价格昂贵，为发展带来了阻力。另外，这些酶制剂未必具有很高的水解活性、很强的降解能力。所以，如何得到高效价廉的工具酶是生物降解法制备壳寡糖过程中最关键的一步。

## 第四节　壳寡糖的酶法生产工艺

利用生物酶法将壳聚糖水解成壳寡糖后，还有一个问题，就是如何将可溶的壳寡糖从酶反应体系中分离纯化出来。为了解决这个问题，中科院大连化学物理研究所的研究团队开发了一种膜分离技术，并采用该技术与酶降解体系相耦合，生产壳寡糖。

该工艺过程是先用酶降解壳聚糖，当酶降解反应进行到一定程度时，将酶解液从反应釜泵入超滤膜分离器中，使小于膜切割分子量的分子透过膜，未透过部分返回反应釜继续酶解；透过超滤器的酶解液再泵入纳滤器，将单糖、二糖和大量的水透过纳滤膜，未透过部分为活性壳寡糖的浓缩液。这种反应分离耦合方式，即时将反应产物从反应体系中分离，有效地控制了壳寡糖在酶作用下的进一步降解及产物对反应的抑制作用，加快了降解进程和控制了降解程度。

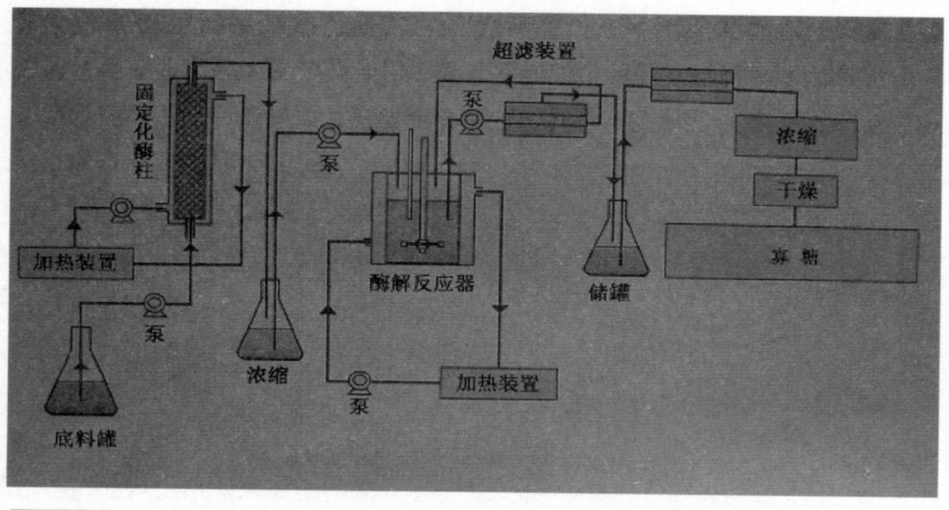

图 2-4 膜分离与酶降解相耦合的生产工艺

这个工艺可以批式操作，也可以连续操作，通过选择不同切割分子量的超滤膜及不同的膜操作参数，可得到不同聚合度的寡糖。

# 第五节　壳寡糖质量的评价指标和检测方法

经研究证明，不同聚合度或不同分子量的壳寡糖，其生理活性差异很大。因此，壳寡糖产品质量的评价指标，除了常规的一些指标，如水分、灰分、糖含量等指标外，还必须检测产品的分子量。该指标包含了两个含义：一是产品的平均分子量；二是产品中各聚合度寡糖的分布，即各聚合度寡糖的含量。通过该指标的检测，控制产品中有生理活性的壳寡糖的含量。为了检测产品中各聚合度寡糖的含量，常用的方法是高效液相色谱法或质谱法。

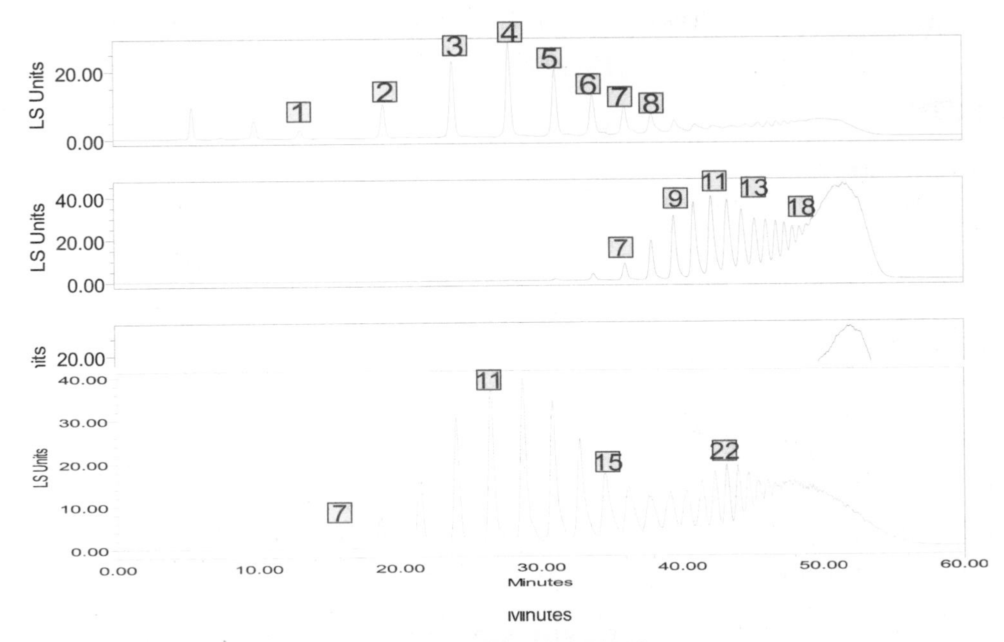


图 2-5 不同聚合度的壳寡糖制备

## 一、高效液相色谱法

高效液相色谱法是定量分析低聚糖类及其他糖类最常用的方法。该方法具有快速、方便、分辨率高、分离效果好、重现性好和不破坏样品等优点，但该方法需要标准品作参照。一般糖类物质在紫外光区间没有吸收，常用的高效液相色谱的紫外检测器无法使用。早期糖类物质的检测多采用示差检测器，但示差检测器不能进行梯度洗脱，因而检测到的聚合度范围比较低，通常只能检测聚合度八以下的壳寡糖。

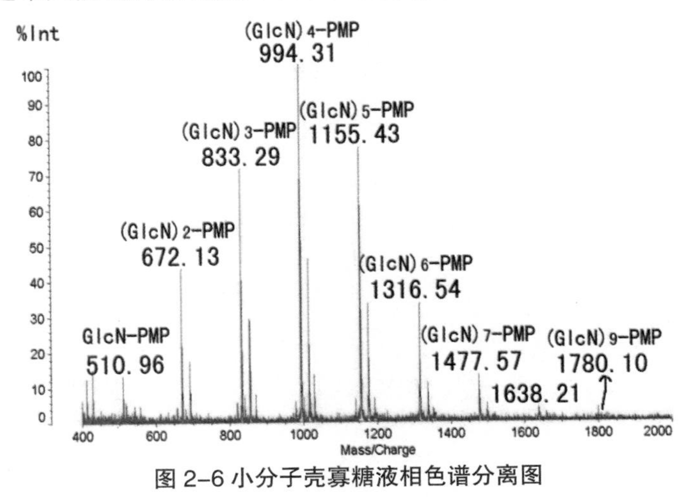


图 2-6 小分子壳寡糖液相色谱分离图

中科院大连化学物理研究所的研究团队率先使用电雾式检测器配合一种自主研发的色

谱分析柱，按照壳寡糖的聚合度来洗脱分离，检测到的壳寡糖，其聚合度范围可达 20 以上。另外，他们采用电雾式检测器配合一种自主研发的色谱制备柱，能够制备聚合度 18 以下的壳寡糖单体。

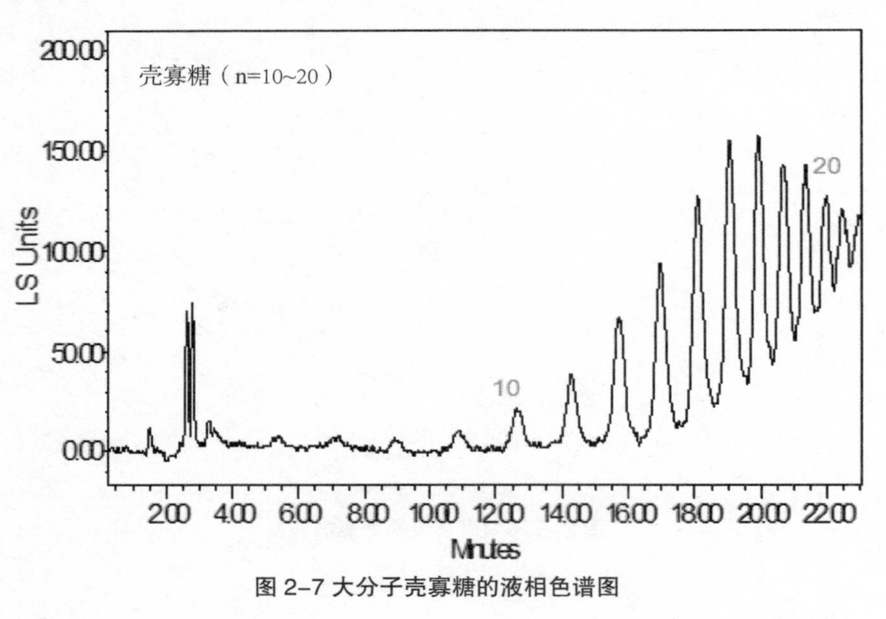

图 2-7 大分子壳寡糖的液相色谱图

## 二、质谱法

质谱法是壳寡糖聚合度及分子量的检测的最有效方法。利用时间飞行质谱（TOF-MS）可以直接测定壳寡糖的分子质量，并可检测壳寡糖是否带有 N- 乙酰基，质谱法的缺点是设备昂贵，限制了该方法的应用。

# 第六节　壳寡糖的分离纯化

## 一、新型壳寡糖分离材料及其合成技术

该技术在寡糖等强极性化合物的分离分析和纯化制备中取得了很好结果，发展的新型醇基和脲基寡糖分离材料的合成技术及键合相结构属于原创性成果，具有结构简单，分离选择性和分辨率较高，合成方法简单，容易规模化制备的优点。本技术处于世界先进水平。

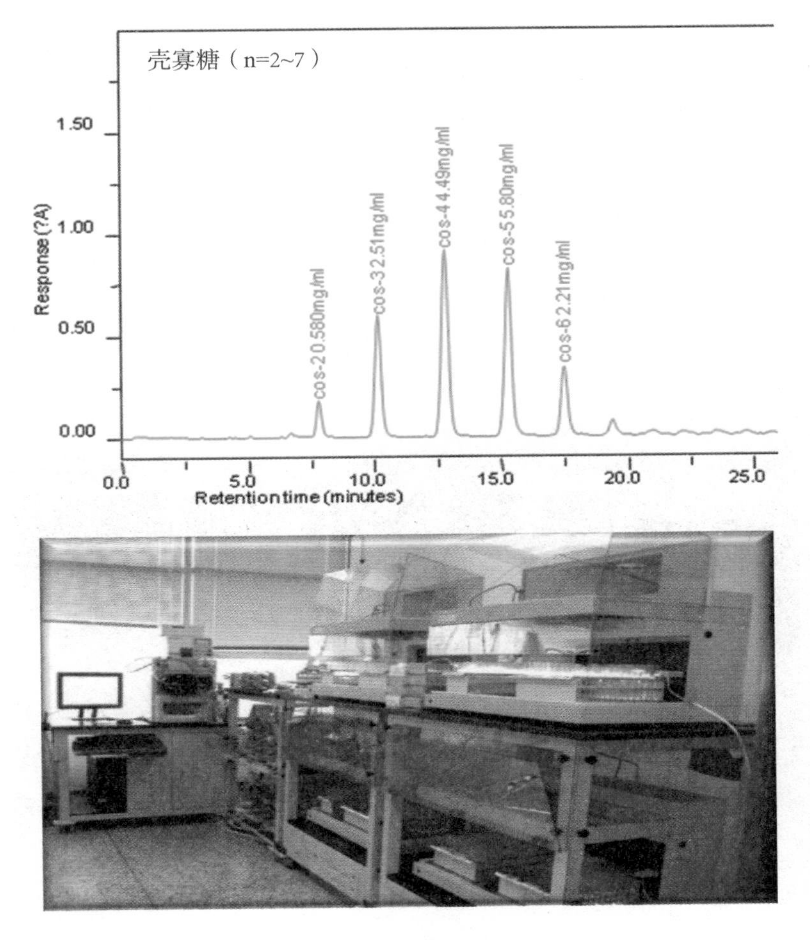


图 2-8 壳寡糖的含量

## 二、高效、高通量纯化分离技术用于壳寡糖纯化分离

针对壳寡糖的分离难题，采用高效、高通量纯化分离技术来实现壳寡糖的纯化，以制备壳寡糖纯化合物，该技术在寡糖的纯化分离中显示出强大的分离能力，采用四通道平行分离，实现质谱、蒸发光散射双检测及组合触发，实现了寡糖单一化合物的分离和大规模制备。特别是在聚合度较高的寡糖分离上表现出很高的分离分辨率，分离纯化获得了 5 种壳寡糖纯化合物，部分纯化合物的数量达到了 10g 级规模，可满足生物活性研究需要。通过推动技术工艺向着产业化发展，同时大大提高壳寡糖生产产品的质量，并结合增强免疫和抗肿瘤活性的筛选，对于开发新型高效的增强免疫和抗肿瘤活性药物，带来不可估量的经济效益和社会效益。

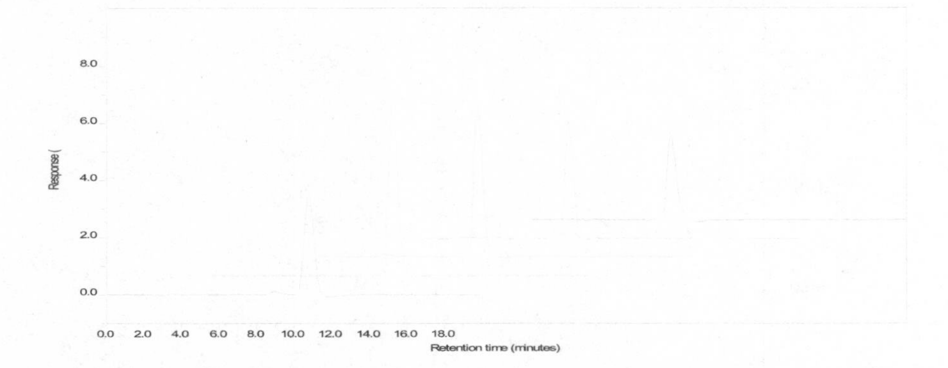

图 2–9 壳寡糖单体（标准品）

# 第三章　壳寡糖在医疗和健康食品中的功能与应用

自然界存在着大量具有生物活性的糖类化合物资源。以虾、蟹壳为原料，经脱钙、脱蛋白质、脱色及脱乙酰基反应后，运用酶生物技术和先进分离技术制备而成的壳寡糖产品．具有水溶性好、生物活性高、功能作用大、应用领域广、易被人体吸收等突出特点。由于壳寡糖具有许多特殊的理化性质，能与生物体细胞有良好的生物兼容性，无毒、易被生物体所分解，以及生理功能而被广泛地应用在医药卫生、保健食品、食品加工、化妆品、纺织、环保、农业、饲料、环保等领域。

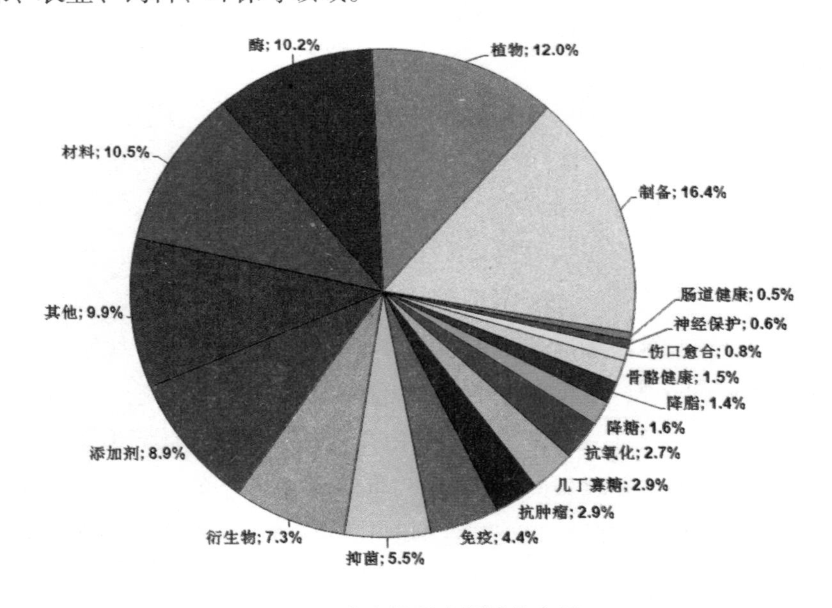


图 3–1 壳寡糖研究领域分布图

壳寡糖在医药领域具有多方面的生物活性，在预防和治疗多种疾病中具有巨大的应用潜力。早在 1985 年 Suzuki 等就用几丁六糖对小鼠进行抗肿瘤测试，得到了明显效果；1997 年，国内学者又用低分子壳聚糖口服液对临床患者进行辅助治疗，发现白细胞、淋巴细胞的总数保持稳定，T 淋巴细胞的数量显著上升，也说明了低分子壳多糖的抗肿瘤辅助疗效。因此，它可作为早期肿瘤的治疗药物。目前的细胞水平实验表明壳寡糖对很多种的肿瘤细胞，例如，S180 肉瘤细胞、Lewis 肺癌细胞、Hela 宫颈癌细胞系、人白血病

K562 细胞株、结肠癌 LoVo 细胞株等癌细胞具有明显的杀伤效果。而对于杀伤肿瘤的机理大致可分为以下两种观点：一种是壳寡糖通过诱导肿瘤细胞坏死来抑瘤，另一种是通过诱导肿瘤细胞凋亡来实现。

寡糖在医疗保健领域具有巨大的需求空间，随着人们生活水平的提高，食品功能化的发展势在必行，寡糖在保健品领域的应用已经得到广泛的认可，国外寡糖的年销售额近 5 亿美元，日本的寡糖年市场也近 4 万吨，销售额近 1.8 亿美元。我国在“十五”期间已经有所发展，主要为异麦芽寡糖、果寡糖等，其规模已达 2 万吨，销售额有 2 亿多元，而从全国保健食品销售额来看，近年寡糖类产品的销售超过 25 亿元，壳寡糖作为保健品的开发将具有更大市场。

壳寡糖在机能性食品上的应用上最受到瞩目，其具有多项生理调节机能，包括无毒性的抗癌效果、改善消化吸收机能、降低脂肪及胆固醇摄取、降低高血压、强化免疫力等。前景用途包括：开发增强人体免疫力；防止老化，成年病、肥胖病、脂血病；调节生理机能及吸附体内重金属等机能食品。目前，寡糖主要应用在食品领域，全球功能食品市场总值超过 400 亿美元。寡糖具有促进双歧杆菌增殖、消除疲劳、促进钙吸收、增强机体免疫力等功能，又具有低甜度、低热值、低黏度、保湿性等特性，所以被广泛应用于各类保健品、饮品及奶制品。

壳寡糖作为自然界中唯一的碱性多糖，生物活性高，无毒、无副作用，可被人体快速吸收。目前，在日、韩、美、法、俄等国家都已将其开发为保健食品。国内也已经有部分厂商开始将壳寡糖应用到其产品制造中。如国内的化妆品牌大宝中就使用了大量壳寡糖。目前仅由大连中科格莱克生物科技有限公司的壳寡糖为原料生产的保健食品“奥利奇善”“久康奇善”“派其安”等产品，对壳寡糖年需要量达到 20 吨左右。此外，还有不少的新型的绿色生物农药及饲料添加剂对壳寡糖的需求是不可忽视的一块巨大市场。

对于人和其他动物来说，壳寡糖一方面可以激活动物的免疫系统，通过增强巨噬细胞、中性粒细胞等免疫细胞的活性，促进干扰素、白介素和肿瘤细胞坏死因子等多种细胞因子的产生，使动物增强对微生物浸染的抵抗力量，抑制肿瘤细胞的生长。另一方面，壳寡糖可以作为一种功能食品，与食品中脂类结合抑制其在肠道中的吸收起到降血脂的作用，在血液中可以通过抑制凝血酶原 I（ACE）的活性来调节血压，通过清除体内过多的自由基，起到对细胞膜和核酸抗氧化的保护作用。壳寡糖在功能食品中已有许多应用，其保健作用如下。

图 3–2 功能糖生物活性

科学研究证明，壳寡糖具有机体整体调节功能。日韩及欧美医学界将壳寡糖称为继蛋白质、脂肪、碳水化合物、维生素和矿物质五大生命要素之后的“第六生命要素”。有人将壳寡糖的功能归结为以下六点：

补充人体必需的生命要素；

调节免疫、调节 pH 值、调节内分泌；

降血脂、降血糖、降血压；

抑制癌细胞生长、抑制癌细胞转移、抑制癌毒素；

增强肝脏机能、增强机体清除自由基、增殖肠道有益菌；

排除体内多余有害的胆固醇和氯离子、排除重金属有害离子、排除体内毒素、排除多余的脂肪。

本章尽量全面而且通俗地介绍一下壳寡糖到底有哪些功能，并进一步解释为什么壳寡糖有这样的功能，其中的原理是什么。

## 第一节　壳寡糖与自由基

人为什么会生病？有些医生说与膳食、睡眠、情感、形体、心理、知识、运动、环境等因素密切相关。还可以往前追溯吗？科学家发现，人体生病除遗传、外因（如车祸等）

致病原因外，自由基的产生，与许多疾病的发生有关。根据美国著名的 U.C.Daviesu 医学中心综合各国的研究后，列举了 100 多种和自由基有关的疾病。

什么是自由基？氧气，人体每分钟都需要，但是，在人体利用的过程中，也会带来疾病。1 个分子氧气是由 2 个氧原子组成的，而两个以上的原子组合在一起，它的外周电子就一定要配对，一个氧原子有 8 个电子，一个氧分子就有 16 个电子。当发生空气污染、吸烟、病毒和细菌入侵、情绪不良等情况时，可以使某些氧分子只得到一个电子，这种因得到电子不能配对的物质，科学家们称之为“氧自由基”。

自由基有什么危害？据报道，城市里的正常人每天产生一亿个自由基。自由基对细胞和组织的损伤是其致病的基础，譬如：自由基摧毁细胞膜，使细胞不能吐故纳新，并丧失了对细菌和病毒的抵御能力；自由基攻击正在复制中的基因，造成基因突变，诱发癌症；自由基使人体产生过敏反应，出现如红斑狼疮等自体免疫疾病；自由基作用于人体内酶系统，使皮肤失去弹性出现皱纹及囊泡；类似的作用使体内毛细血管脆性增加，容易破裂，导致静脉曲张、水肿等疾病的发生；自由基侵蚀机体组织，可激发人体释放各种炎症因子，导致各种非菌类炎症；自由基侵蚀脑细胞，引起老年痴呆；自由基氧化血液中的脂蛋白造成胆固醇向血管壁的沉积，引起心脏病和中风；自由基引起关节膜及关节滑液的降解，从而导致关节炎；自由基侵蚀眼睛晶状体组织引起白内障；自由基侵蚀胰脏细胞引起糖尿病。总之，如果能够消除体内过多的自由基，对于多种自由基引起的及老化相关疾病都能够预防。

人体自身的免疫系统（如淋巴细胞、白细胞、抗体、脾脏等）有一定清除自由基和修复细胞的能力。外界因素变化使免疫力下降，会导致自由基聚集。自由基要寻找配对电子，具有很强的攻击力，它在体内是引起多种疾病的罪魁祸首。

科学家们发现要降低自由基的损害，就要从抗氧化做起。自由基不仅存在于人体内，也来自人体外，因此降低自由基危害的途径也有两条：一是利用内源性自由基清除系统清除体内多余的自由基；二是发掘外源性抗氧化剂——自由基清除剂，阻断自由基对人体的入侵。

大量研究已经证实，人体内本身就具有清除多余自由基的能力，这主要是靠内源性自由基清除系统，它包括超氧化物歧化酶（SOD）、过氧化氢酶、谷胱甘肽过氧化物酶等一些酶和维生素 C、维生素 E、还原型谷胱甘肽、beta- 胡萝卜素和硒等一些抗氧化剂。酶类物质可以使体内的活性氧自由基变为活性较低的物质，从而削弱它们对肌体的攻击力。酶的防御作用仅限于细胞内，而抗氧化剂有些作用于细胞膜，有些则是在细胞外就可起到防御作用。这些物质就深藏于我们体内，只要保持它们的量和活力，它们就会发挥清除多余自由基的能力，使我们体内的自由基保持平衡。但是，生物环境的恶化、不良的生活习惯以及机体的衰老和衰退等会造成这个内源性自由基清除体系能力变弱，这就需要外源性的清除自由基物质的补充。

在自然界中，可以作用于自由基的抗氧化剂范围很广，种类极多。国内外已陆续发现许多有价值的天然抗氧化剂。大量研究证实，壳寡糖是一种很好的抗氧化剂，对自由基具有很强的清除作用。譬如，根据韩国研究人员的报道，脱乙酰度 90%、分子量 5kDa 的壳寡糖具有非常高的自由基清除活性，而且其清除效果与所用壳寡糖的浓度呈依赖关系。

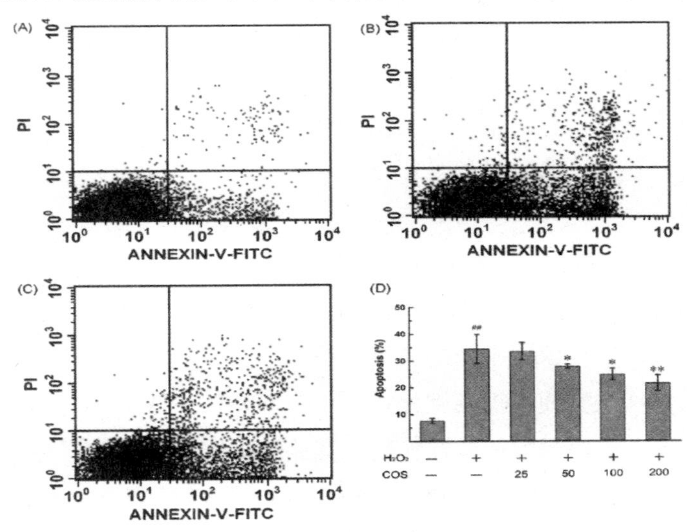


图 3–3 壳寡糖对过氧化氢引起的细胞凋亡的抑制作用

为什么壳寡糖具有这样好的抗氧化效果？首先，壳寡糖自身就是一个还原性物质，能直接清除自由基；其次，也是最主要的一点，相对于其他外源性的抗氧化剂，壳寡糖最大的特点是它能增强人体内的内源性抗氧化剂的活性，进而清除体内多余的自由基。

譬如，壳寡糖能够显著提高肝脏金属硫蛋白的含量。肝脏金属硫蛋白是体内清除自由基能力最强的一种蛋白质，其清除羟自由基（另外一种自由基）的能力约为 SOD 的 10000 倍，而清除氧自由基的能力约是谷胱甘肽的 25 倍，具有很强的抗氧化活性，在体内可以作为补体抗氧化剂。因此，可以说壳寡糖具有间接抗氧化的能力。

2020 年，报道了壳寡糖对衰老相关的肝功能障碍的抗氧化作用。他们研究发现在 D-半乳糖处理的小鼠中，壳寡糖可显著减弱肝脏功能生物标志物和氧化应激生物标志物的含量，并降低了肝脏组织中的抗氧化酶活性。此外，壳寡糖处理显著上调了 Nrf2 及其下游靶基因的表达。同时体外实验也表明，壳寡糖处理可通过激活 Nrf2 抗氧化信号。这些数据表明，壳寡糖可以通过激活 Nrf2 抗氧化剂信号传导来防御 D- 半乳糖诱导的肝衰老，这可能为预防和治疗衰老相关的肝功能障碍提供新的思路。最后，我们认为壳寡糖是一种理想的抗氧化剂。

## 第二节　壳寡糖能提高人体免疫力

我们所处的世界充斥着各种各样的微生物、寄生虫等致病原。因此，免疫系统对于我们来说就尤为重要。当有病原体试图侵入人体时，免疫系统就开始做出反应了。为了抵御病原体的攻击，人体有三道防线。起初，皮肤会对入侵者产生屏障作用，黏膜则可分泌一些抗菌物质参与保护，这也是人体的第一道防线。当病原体突破了最初的防线后，结缔组织内的某些白细胞和吞噬细胞就进入活跃状态，表现为吞噬杀伤功能增强，分泌细胞因子大大增多，诱使感染区域产生炎症反应，外观上来看局部则会呈现出红、肿、热、痛等发炎的特征。多数感染会在这些炎症反应消退后被清除，这是人体的第二道防线。第三道防线则是由免疫器官和免疫细胞借助血液循环和淋巴循环而组成的，可分为细胞免疫和体液免疫。

人体 80% 以上的疾病都与免疫力有关，在组成人体的数十亿细胞王国中，起监控平衡作用的免疫细胞有 T 细胞、B 细胞、K 细胞、NK 细胞等，它们制约病原体或突变细胞对机体的危害，使人体始终保持平衡的健康状态，但寡糖链的功能缺损会使各种免疫细胞的活性和功能降低，甚至会使免疫细胞死亡，免疫平衡被破坏，体内各种病原体不会被清除，同时会有细胞突变成癌细胞，诱发肿瘤，直接对机体造成危害。

早在 20 年前，日本的研究人员 Shigeo Suzuki 发表专利称，壳寡糖和几丁寡糖可以激活人体和动物的巨噬细胞的免疫活性，可以用作人类和动物的免疫调节剂（Immunopotentiating agents）。壳寡糖通过嵌合反应可以直接修复人体各种免疫细胞的糖链功能，使免疫细胞在分化过程中各种类的免疫细胞数量增加、活性提高，作用增强，使吞噬细胞能力增进 3~5 倍，从根本上调节人体的免疫平衡。同时，壳寡糖进入人体后，形成阳离子基团，与人体细胞有亲和性，能够通过细胞免疫、体液免疫和非特异性免疫等多条途径全面调节人体免疫力。与其他的免疫增强剂相比，壳寡糖和几丁寡糖最大的优点在于其具有生物可降解性和生物相容性，而且无毒副作用。

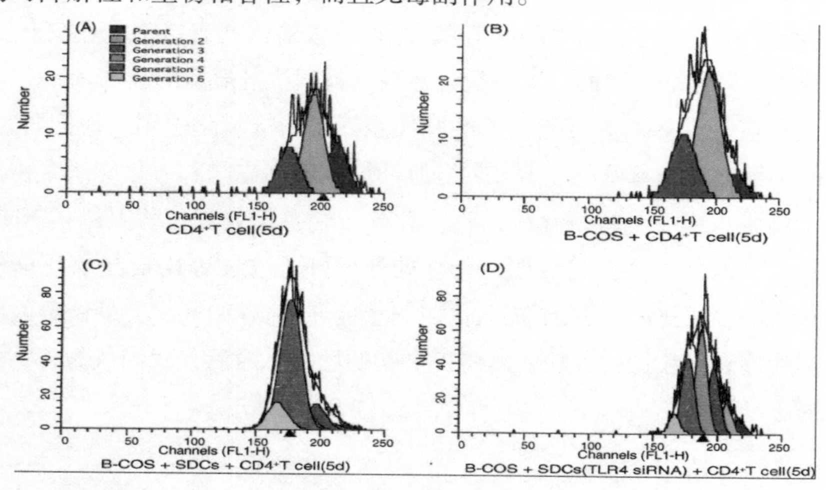


图 3–4 壳寡糖促进树突状免疫细胞成熟

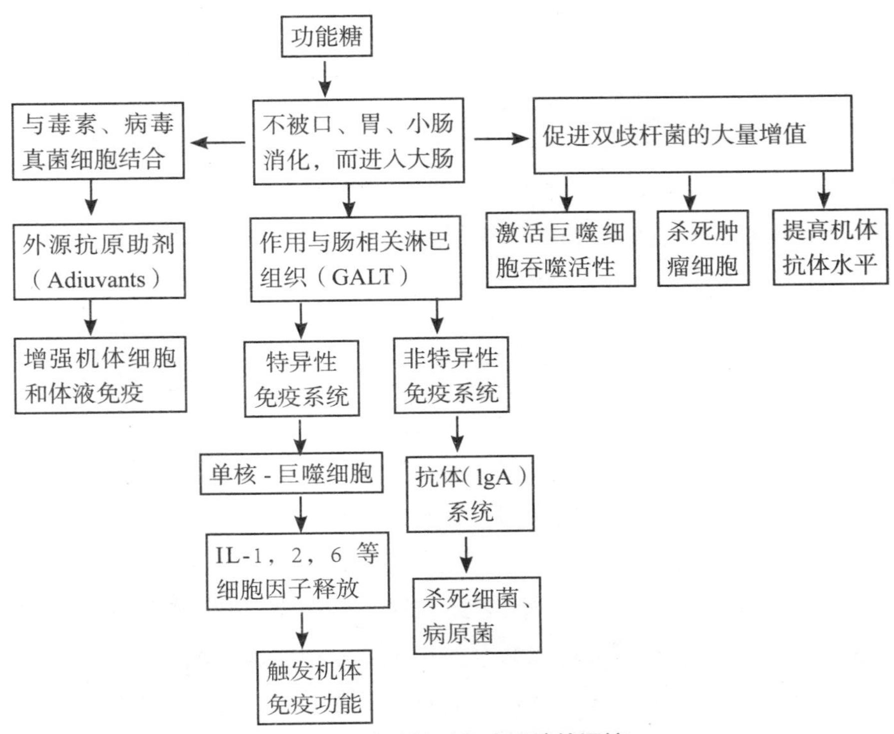


图 3–5 功能糖对免疫系统的调控

对壳寡糖和几丁寡糖在免疫调节方面的研究已经成为一个热门领域，不断有新的研究成果出现。同时，也不断伴随新的产品被推出，譬如由中国科学院大连化学物理研究所研制，中科惠泽糖生物工程有限公司生产销售的壳寡糖“奥利奇善胶囊”就是一款能够调节免疫力的产品。

# 第三节　壳寡糖与癌症

肿瘤（Tumor）可分为良性肿瘤和恶性肿瘤，而恶性肿瘤就是癌症。人们对于癌症这种凶残而又难治的疾病早已毫不陌生，但是大概很少有人知道，人的一生，患癌的概率究竟有多少?

答案也许会出乎你的预料。根据美国的调查，如果你是男性，这个概率大概是 44.29%，最终死于癌症的可能性为 23.2%；如果你是女性，终生患癌的概率则为 37.76%，死于癌症的可能性为 19.58%。中国的数字没有那么详细，但患癌风险也在 30% 左右。

癌细胞其实是从一个“叛变”的细胞发展而来。经过长时间的壮大发展，当癌变细胞数目达到 10 亿的时候，肿瘤组织的重量才大约为 1 克。可见，癌症的发展是一个长期的过程。当癌组织还处于单个细胞阶段或者很小的时候，现在的技术手段很难及时发现。因此，一个肉眼可见的癌灶，其发展过程可能已过了数年甚至数十年。

通常情况下，医学上有三大癌症治疗手段：手术、化疗和放疗。放疗就是用各种不同能量的射线照射肿瘤，以抑制和杀灭癌细胞的一种治疗方法。然而，放疗杀灭肿瘤细胞的同时，也杀伤正常细胞。而且放疗过程中生成大量自由基团，给机体带来了更大的危害。壳寡糖能在很大程度上降低放疗给患者带来的副作用，因为壳寡糖能有效清除自由基团，加速其排泄，减少这些自由基团在体内的时间，从而减轻其对患者造成的伤害。放疗对癌细胞和正常细胞没有分辨能力，所以，多次放疗后，患者的免疫力会迅速下降。壳寡糖能提高人体的免疫力，所以，壳寡糖可以配合在放疗过程中，以促进患者的恢复。

如果说放疗是电疗，那么化疗就是药物治疗，利用药物在全身范围内控制癌细胞的转移。但是化疗药物一般都有毒性反应，化疗后，细胞组织发生变异，产生的中间酸性代谢产物会加重肝脏和肾脏的负担。壳寡糖是一种可以被人体很好吸收的碱性分子，所以它能够与多种有害的酸性物质结合形成复合物，将有害物质排泄出来，可起解毒作用。

如果能在癌细胞出现之前进行干预，对健康显然更有意义。征服癌症的根本还是要弄清为什么有正常细胞叛变为癌细胞。癌细胞的增殖不受控制，并不像正常细胞那样只能分裂有限的次数，一旦癌变的魔鬼之门被打开，细胞就仿佛获得了永驻青春的力量。其结局便是癌组织的疯狂生长，四处侵犯转移，影响脏器正常工作，抢夺机体营养直至死亡。

近些年来，不少研究表明壳寡糖能抑制癌细胞的生长。譬如，壳寡糖对人结肠癌LoVo细胞株生长有抑制作用；壳寡糖能导致S180肉瘤细胞的凋亡；壳寡糖对患S-180腹水癌的小白鼠有明显的抑制肿瘤的作用，其抑瘤率最高可达99.5%；壳寡糖可以通过增强T细胞及NK细胞活性调节免疫功能；壳寡糖可以诱导HL-7肿瘤细胞凋亡，达到抗肿瘤的作用。

另外，壳寡糖对肝癌也有一定的抑制作用。我国为肝癌高发国家，每年有上百万的肝癌患者，壳寡糖抗肝癌生长和转移作用研究将为临床治疗提供理论基础和新药来源。

图 3–6 功能糖抗肿瘤作用机制

目前，越来越多的研究报道了壳寡糖对多种癌症的抗肿瘤作用，包括 S180，结肠肿瘤等。2019 年的最新研究发现聚合度 2-6、脱乙酰度为 98% 的壳寡糖对原位肝肿瘤具有抑制作用和免疫调节作用。 通过结合生物成像系统，作者测定了壳寡糖在体内对 LM3 和 HepG2 原位肝肿瘤的抗肿瘤作用。 LM3 细胞和 HepG2 标志改变的 mRNA 差异分析表明，壳寡糖通过 NF- κ B 通路抑制肝癌，该通路调节 PI3K / Akt，p38 MAPK，p53 和线粒体凋亡信号通路。该项研究表明壳寡糖可以发展成为肝肿瘤的优秀抗肿瘤候选药物。

研究人们还对壳寡糖抑制肿瘤细胞生长的机理进行了探索。实验数据显示，随着壳寡糖浓度的增加，凋亡抑制基因 Bcl-2 的表达逐渐下降，而凋亡诱导基因 Bax 的表达逐渐升高。由此我们可以推断出，通过调节肿瘤细胞相关基因的表达来诱导肿瘤细胞凋亡是壳寡糖抗肿瘤作用机制之一。

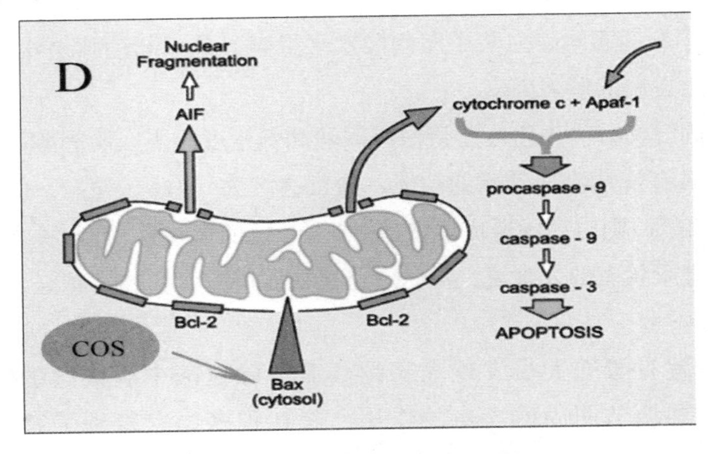


图 3–7 壳寡糖抗肿瘤作用机制

癌组织生长需要大量营养和氧，新肿瘤血管的生成是肿瘤增长和转移的前提条件。如果能有效抑制肿瘤血管生成，将在很大程度上抑制肿瘤的生长和转移。目前已经有不少的癌症治疗相关药物被开发出来，其中有一些新型药物就是通过抑制肿瘤血管的生成，进而减慢肿瘤生长速度。

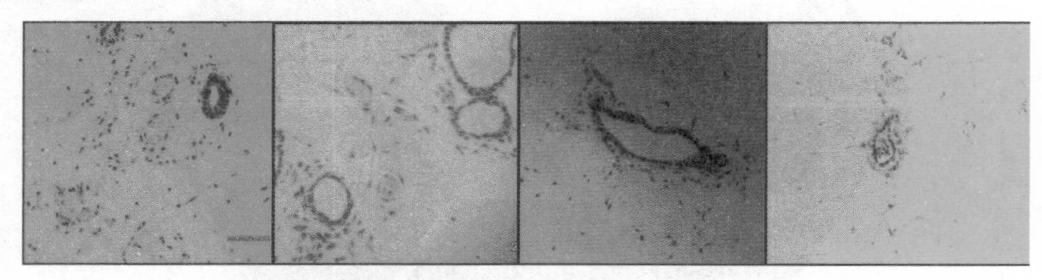

图 3-8 壳寡糖抑制肿瘤细胞血管内皮细胞迁移及血管形成

研究表明，壳寡糖对肿瘤血管生成的抑制作用非常明显，而且这种抑制作用具有壳寡糖浓度依赖性。壳寡糖除了抑制血管的生成，还可以抑制人脐静脉内皮细胞的迁移和生长，这些研究结果表明壳寡糖具有被开发成肿瘤血管生成抑制剂的潜质。

## 第四节　壳寡糖与高血脂

近些年以来，由于人们饮食结构不合理，运动量不足，长期吸烟喝酒，体重指数超标等原因导致了高血脂、高血压、高血糖疾病群体的迅速扩大。高血脂、高血压、高血糖给人们，尤其是老年人，带来了一系列的健康问题，甚至危及生命。高血脂、高血压、高血糖被人们习惯性地称为“三高”，并且已经成为人们关注的健康方面的焦点问题。

高血脂是指血中胆固醇（Cholesterol）或甘油三酯过高或高密度脂蛋白过低，现代医学称之为血脂异常。胆固醇在体内有着广泛的生理作用，但当其过量时会导致高胆固醇血症，对机体产生不利的影响。血浆中胆固醇水平过高，是引起动脉粥样硬化的危险因子，是心脑血管病发生发展的危险因素。

事实上，胆固醇又分为高密度脂蛋白胆固醇和低密度脂蛋白胆固醇两种，前者对心血管有保护作用，具有清洁疏通动脉的功能，通常称之为“好胆固醇”，也有人称之为“血管清道夫”，后者偏高，则对动脉造成损害，增加冠心病的危险性，通常称之为“坏胆固醇”。所以对于处于亚健康状态的人来说，高密度脂蛋白胆固醇含量越高越好，而低密度脂蛋白胆固醇越低越好。

早在 1988 年就有研究人员发现壳寡糖具有清除血液中胆固醇的作用。目前，壳寡糖能够降血脂和调节胆固醇含量的作用已经在很多国家得到了官方的认证。很多相应的壳寡糖降胆固醇保健食品已经被开发出来，譬如韩国 Kittolife 公司开发出来的“CHITOOLIGOSACCHARIDE FACOS PRIME”和中国科尔生物医药科技有限公司的“金多莱”等。

**表 3–1 壳寡糖对正常的和诱导的血糖、血脂的影响**

| | 正常大鼠 | | 糖尿病大鼠 | |
|---|---|---|---|---|
| | 空白组 | 壳寡糖组 | 空白组 | 壳寡糖 |
| 禁食状态 | | | | |
| 血糖 | 90.0 ± 10 | 102.0 ± 14 | 111.0 ± 15a | 90.0 ± 16b |
| 甘油三酯 | 81.3 ± 19.9 | 69.5 ± 30.4 | 78.9 ± 26.9 | 65.9 ± 22.4 |
| 胆固醇 | 145.0 ± 21.7 | 133.2 ± 34.8 | 150.0 ± 26.2 | 122.0 ± 33.2 |
| 喂食状态 | | | | |
| 血糖 | 120.0 ± 11.5 | 125.0 ± 10 | 135.0 ± 18 | 133.0 ± 14 |
| 甘油三酯 | 198.6 ± 134.9 | 124.0 ± 21.4 | 222.2 ± 80.5 | 114.0 ± 32.6b |
| 胆固醇 | 140.1 ± 12.4 | 124.0 ± 10.7 | 126.8 ± 18.4 | 111.9 ± 13.4 |

壳寡糖能够降血脂和调节体内胆固醇含量，主要有以下三点原因：

壳寡糖具有碱性，能吸附血清中低密度脂蛋白胆固醇，并将其排出体外，从而降低血清中低密度脂蛋白胆固醇的含量；

壳寡糖能增加高密度脂蛋白胆固醇，即有益胆固醇的含量；

壳寡糖能妨碍脂肪的吸收，减少胆汁酸的第二次利用，避免二次胆汁酸致癌物的伤害。

## 第五节　壳寡糖与高血压

高血压是心血管疾病中最致命的因素之一，在中国，1991 年对 15 岁以上 94 万人进行抽样调查，高血压患病率为 11.26%，与 1979—1980 年相比，10 年间患病率增加 25%。另据流行病学调查显示，在中国，高血压患者目前正以每年新增 300 万人的速度发展，仅上海地区就有 120 万名患者，且有继续增加的趋势。高血压人群已日益成为现代都市人的一大健康杀手，应引起我们足够的重视。

许久以来，高血压蛋白酶 - 血管紧张素系统（Renin-angiotension system，RAS）作为体内血液环境的中心枢纽已经为人们重视。血管紧张素转换酶（Angiotension I-converting enzyme，ACE）为 RAS 系统最重要的调节枢纽。在体内，从肝脏分泌的血管紧张素 I（Angiotension I）由 ACE 切断转化为血管紧张素 II（Angiotension II），血管紧张素 II 促使血管收缩，造成血压。另一方面，血浆中的激肽释放酶切断激肽原蛋白，产生舒缓激肽（Bradykinin），舒缓激肽促进血管扩张，从而使血压下降。而 ACE 使舒缓激肽分解，钝化血管舒缓激肽，从而具有高血压的生理症状。

从上面可以看出，ACE 一方面产生了使血压上升的血管紧张素 II，另一方面，使具有血管舒张作用的舒缓激肽分解，这两方面都造成了血压的升高。所以，如果抑制了 ACE 的活性，就可抑制血压的升高，或者使血压下降。

研究人员对不同脱乙酰度（分别为 90%、75% 和 50%）和不同分子量（高、中、低分子量分别为 10、5、1KDa）的壳寡糖进行了抑制 ACE 活性。结果显示，ACE 抑制活性与壳寡糖的使用剂量有关。使用剂量越高，活性越强。此外，与脱乙酰度有关。九种壳寡糖中，脱乙酰度为 50%，分子量 5KDa 的壳寡糖具有最强的 ACE 抑制活性。

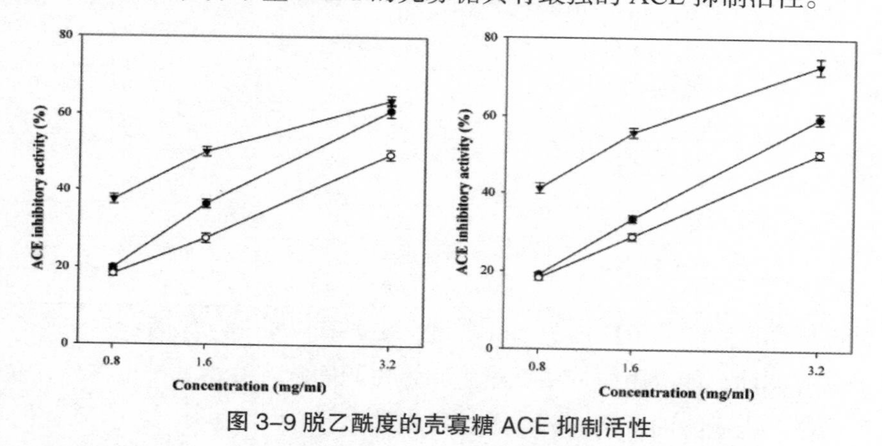


图 3–9 脱乙酰度的壳寡糖 ACE 抑制活性

研究人员又对壳寡糖及其衍生物的 ACE 抑制活性进行了比较。壳寡糖在浓度为 5mg/mL 时，其抑制 ACE 活性为 53.4%，而在相同浓度下，CCOS-3（一种壳寡糖的衍生物）的抑制率为 94.3%。这说明对壳寡糖进行修饰也是提高其活性的一个办法。

## 第六节　壳寡糖与糖尿病

糖尿病（Diabetes）是一种血液中葡萄糖容易堆积过多的疾病。国外给它的别名叫“沉默的杀手”，四十岁以上的中年人染患率特别高。在日本，十人当中就有一位糖尿病患者。一旦患上糖尿病，人体的免疫功能会减弱，进而容易感染由感冒、肺炎、肺结核所引起的各种感染疾病，而且不易治愈，并且选择性地破坏细胞，吞噬细胞。抗癌细胞的防御机能会大大减弱，致使癌细胞活跃、聚集。一旦得了糖尿病，寿命会减去十多年。因此，许多人对糖尿病谈之色变。

糖尿病又可大致分为 I 型糖尿病、II 型糖尿病、妊娠糖尿病和其他特殊类型的糖尿病。其中 II 型糖尿病所占比例约为 95%。胰岛素（Insulin）是人体胰腺 B 细胞分泌的身体内唯一的降血糖激素。在 II 型糖尿病患者中普遍存在胰岛素抵抗。所谓的胰岛素抵抗就是指体内周围组织对胰岛素的敏感性降低，外周组织如肌肉、脂肪对胰岛素促进葡萄糖的吸收、转化、利用发生了抵抗。

研究发现，壳寡糖可减慢糖尿病人对糖的吸收，活化胰岛细胞功能，促进胰岛素分泌和释放，降低血糖和尿糖，使糖耐量趋于正常化胰岛素的释放，对 II 型糖尿病具有一定的治疗作用。

表 3-2 壳寡糖对大鼠血浆糖耐量和 AUC 的影响

| 组别 | 浓度 mg/Kg | 血浆糖耐量（mmol/L） | | | | AUCmmol/L | AUC% |
|---|---|---|---|---|---|---|---|
| | | 0h | 0.5h | 1h | 02h | | |
| 空白组 | -- | 2.75 ± 1.14b | 6.27 ± 1.99b | 5.78 ± 1.99b | 5.34 ± 1.06b | 21.66 ± 6.18 b | 17.69 |
| Met | 200 | 4.42 ± 1.72 | 28.01 ± 4.71 | 32.98 ± 2.98 | 25.64 ± 4.26 | 105.33 ± 3.74 | 86.05 |
| 造模组 | -- | 4.08 ± 1.40 | 30.20 ± 5.14 | 38.41 ± 3.41 | 32.54 ± 4.41 | 122.40 ± 12.05 | 100 |
| COS- 高 | 1500 | 7.01 ± 1.99 | 23.88 ± 5.86 | 27.04 ± 6.81b | 17.88 ± 7.41b | 85.79 ± 23.90 b | 70.09 |
| COS- 中 | 500 | 5.54 ± 1.77 | 22.05 ± 0.79a | 28.17 ± 2.19b | 17.01 ± 3.00b | 84.08 ± 5.93 b | 68.69 |
| COS- 低 | 250 | 5.03 ± 0.51 | 25.62 ± 3.28 | 27.18 ± 2.72b | 17.17 ± 4.42b | 86.07 ± 8.06 b | 70.32 |

壳寡糖作为一种碱性分子，能够中和生物体内的酸性化物质，提高体液 pH 值，进而提高胰岛素的活性，提高自身降糖能力。有数据表明，pH 值每升高 0.1，胰岛素活性可以上升 30%。壳寡糖具有显著提高大鼠胰岛细胞增殖的作用，可以明显地促进胰腺 β- 细胞和胰岛素的释放，降低血糖和尿糖，使糖耐量趋于正常化。

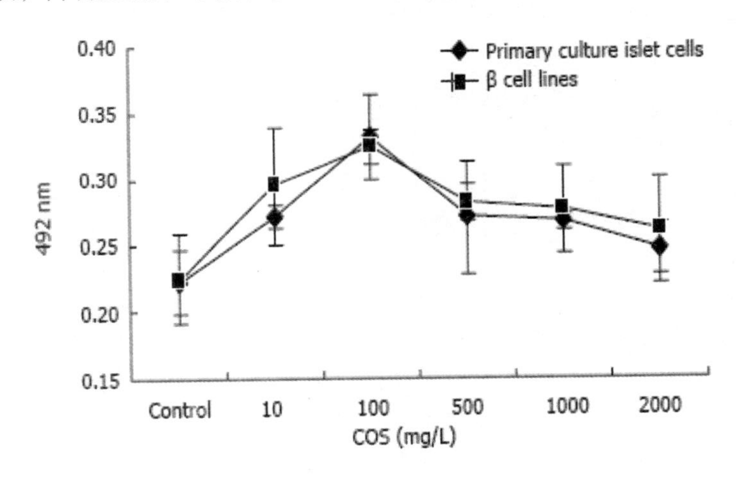


图 3-10 壳寡糖对原代培养的胰岛细胞和 β- 细胞的影响

此外，有研究表明低分子量壳聚糖可降低血清中血糖含量，提高有效血中生化参数，且呈剂量依赖关系。

2018 年，相关人员研究了壳寡糖对 2 型糖尿病的影响。用壳寡糖处理野生型或糖尿病小鼠三个月，壳寡糖治疗可显著降低糖尿病小鼠的血糖和逆转胰岛素抵抗，并伴有抑制炎症介质，下调脂肪生成和抑制白色脂肪组织中的脂肪细胞分化的作用。此外，壳寡糖处理通过促进艾克曼菌和抑制幽门螺杆菌，抑制了糖尿病小鼠中 occludin 蛋白的减少并减轻了肠道营养不良。进一步研究发现壳寡糖调节细菌与炎症，高血糖和血脂异常呈正相关。基于微生物群组成的功能分析表明，壳寡糖处理可调节肠道微生物群的代谢途径。表明壳寡糖治疗显著改善了糖尿病小鼠的葡萄糖代谢并重塑了肠道菌群失衡，为壳寡糖在糖尿病治疗中的应用提供了证据。

## 第七节　壳寡糖与心肌梗死

心肌梗死（Myocardial infarction）是一种常见的、严重危害人类身心健康的疾病，由冠状动脉粥样硬化引起血栓形成、冠状动脉的分支堵塞，使一部分心肌失去血液供应而坏死的病症。目前临床上治疗的方法主要为药物溶栓、经皮穿刺腔内冠状动脉成型术 + 支架术及冠状动脉旁路移植术，严重时需进行心脏移植。但这些方法均存在一定的不足，如何使受损的心肌细胞进行有效的保护，已成为目前治疗心肌梗死和提高患者生存的关键。

科学家们通过研究发现壳寡糖对心肌具有一定的保护作用。在动物实验中，首先利用注射异丙肾上腺素（Iso）对动物的心肌细胞造成了严重的损伤，然后加入不同浓度的壳寡糖，结果发现壳寡糖对受损心肌细胞均具有一定的保护作用，其中以 800μg/mL 的保护作用最为显著（$P<0.01$）。

表 3–3 壳寡糖保护心肌细胞的数量和形态

| 组别 | 糖浓度（μg/mL） | n | MTT（X ± S） | LDH（U/L）（X ± S） |
|---|---|---|---|---|
| 对照组 | -- | 8 | 1.36 ± 0.015 | 1241 ± 40 |
| Iso 损伤组 | -- | 8 | 0.52 ± 0.022 | 2023 ± 32 |
| COS-1 | 200 | 8 | 0.69 ± 0.017 | 1607 ± 16 |
| COS-2 | 400 | 8 | 0.77 ± 0.012 | 1384 ± 7 |
| COS-3 | 600 | 8 | 0.80 ± 0.009 | 1374 ± 6 |
| COS-4 | 800 | 8 | 1.10 ± 0.013 | 958 ± |
| COS-5 | 1000 | 8 | 0.96 ± 0.009 | 862 ± 20 |
| COS-6 | 1200 | 8 | 0.81 ± 0.022 | 1926 ± 7 |
| COS-7 | 1500 | 8 | 0.78 ± 0.013 | 1659 ± 12 |
| COS-8 | 2000 | 8 | 0.74 ± 0.008 | 1315 ± 6 |

## 第八节　壳寡糖与酒精肝

肝细胞是人体的重要细胞之一，具有分泌、解毒、排泄、生物转化等功能。随着人们生活水平的提高，患酒精肝的人越来越多，并且呈年轻化趋势。酒精肝是酒精性脂肪肝的简称，是因长期的过度饮酒致使肝脏中的乙醇（酒精）和乙醛含量大幅提高，最后使肝细胞反复发生脂肪变性、坏死的一种酒精性肝病。据统计，在中国，每年酒精性肝病患者在 200 万名以上。

酒精经肝脏代谢后产生乙醛，这个“乙醛”正是损害肝脏的罪魁祸首。有毒的乙醛在血液中达到一定浓度，就会干扰肝脏的分解能力，造成酒后头痛、恶心，损伤肝细胞，最终可导致酒精性肝硬化。

壳寡糖可以提高肝脏功能促进解毒作用，有助于乙醛被迅速分解，变成无毒物质，解除乙醇和乙醛对肝细胞的直接损伤，缩短酒精及其代谢产物在体内的停留时间，减少了肝脏对这些物质的吸收，降低了单位时间内血液中的酒精浓度，使醉酒现象出现迟缓，醉酒程度减轻，明显缩短醒酒时间，加快酒后运动失调的恢复，降低血清中酒精的浓度。

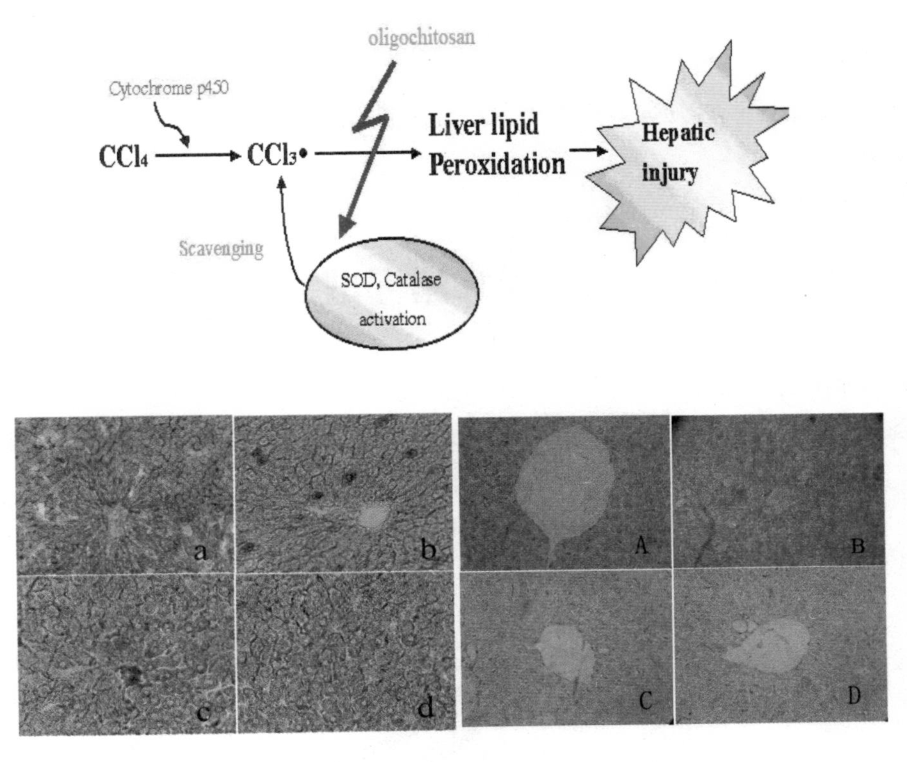


图 3-11 壳寡糖对 CCL4、酒精导致的大、小鼠的急、慢性肝损伤具有保护作用

# 第九节　壳寡糖如何调节肠胃功能

壳寡糖是一种阳离子动物纤维，可以促进肠道的蠕动，清除肠道内的宿便和毒素，从而使肠胃功能得到有效的调节。

壳寡糖进入肠道后，可以增殖肠道内的双歧杆菌等有益菌群，使双歧杆菌在肠内占绝对优势，同时抑制有害菌群的生长繁殖。

壳寡糖在胃中少量被胃酸溶解形成凝胶，可以对胃壁创面形成保护膜，防止胃酸的刺激和腐蚀，使创面免受再度损伤，可以活化黏膜细胞，促进溃疡面愈合。

根据壳寡糖的这一功能，它可以添加到饮料中，用来改善肠道健康，也可以和天然乳酸菌粉搭配在一起用作膳食补充剂。

## 第十节　壳寡糖如何改善睡眠质量

壳寡糖可以改善红细胞的聚集，增强脑部的供氧能力，从而在一定程度上改善睡眠质量。另外，失眠多数是心理因素造成的，包括焦虑、压抑等造成神经衰弱，影响到生理时钟的自律性规则，而这些病理过程均属于体质酸化的范围，会影响到人体的内分泌。壳寡糖的功能之一，就是将体质向碱性推动，对内分泌及自律神经的调节有一定作用，从而改善睡眠质量。

## 第十一节　壳寡糖促进关节健康

骨折是临床上常见病、多发病，骨折愈合是机体结缔组织的一种再生修复过程，是一种影响因素众多、极其复杂的生理过程，除了个人健康状况、骨折部位、固定方法等影响因素外，药物及多种生长因子在骨折的愈合中起着不可忽视的作用。

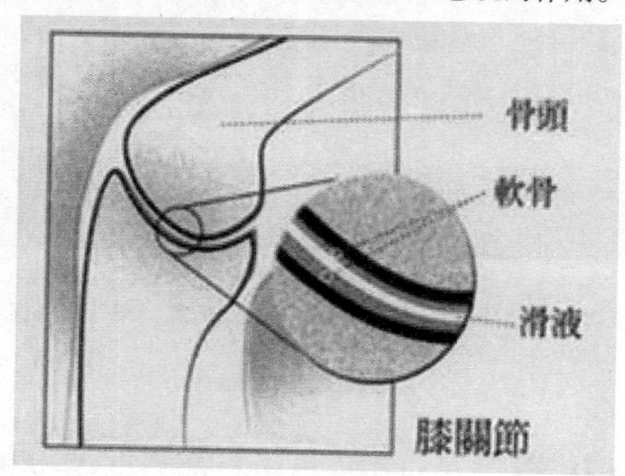


图 3–12 骨关节炎

壳寡糖可以通过某种机制促使成骨细胞的活性增高，使骨形态发生蛋白（BMP）在骨折修复早期表达增强，同时表达时相对提前，从而促进骨折修复。BMP 是成骨细胞分泌的一种重要的细胞因子，能诱导血管周围游走的、未分化的间充质细胞分化增殖为骨质细胞，在骨改建和骨折愈合中具有重要作用。

另据报道，壳寡糖和磷酸化壳寡糖均有加速钙吸收的作用。分子量在 1KDa 以下的磷酸化壳寡糖具有较强的抑制磷酸钙沉淀的作用。因此，在钙强化奶中可以加入磷酸化壳寡糖，从而增加钙吸收率。

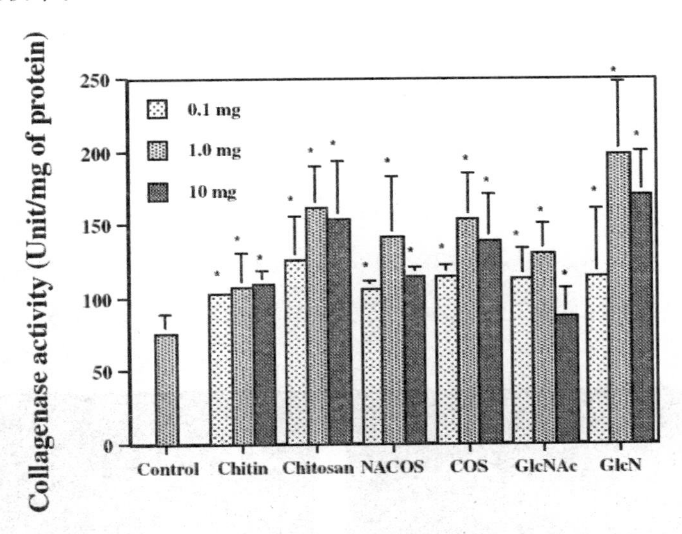


图 3-13 壳寡糖不同浓度对胶原酶活性的影响

2019 年，研究者研究了壳寡糖对骨重塑的作用。他们评估了壳寡糖对脂多糖诱导的小鼠骨吸收的影响。将相应的试剂注入小鼠的头骨，两周后处死。取下颅骨进行显微计算机断层扫描，评估并记录骨损伤和破骨细胞形成的区域。结果显示在脂多糖引起的颅骨吸收过程中进行壳寡糖治疗可显著减少骨破坏面积。他们还观察到随着壳寡糖浓度的增加，骨破坏面积和破骨细胞数量呈剂量依赖性降低。该研究结果表明壳寡糖可以抑制脂多糖诱导的小鼠颅骨损伤，显示了其在溶骨性疾病中的治疗潜力。

## 第十二节　壳寡糖如何减肥

壳寡糖还具有抗肥胖的效果。一份来自韩国食品研究院的动物实验报告称，同时摄取壳寡糖和高脂肪的小鼠，相对于只摄取同样数量的高脂肪的小鼠，其体重增加量、肝重量及肾脏周边的脂肪重量明显减少；血清 AST 数值也明显减少；脂肪组织中的脂肪细胞的体积变小；壳寡糖的摄取浓度在 3% 时为佳。另一份来自韩国首尔圣母医院的临床试验报告称，壳寡糖具有明显地减少腹部脂肪（内脏脂肪 + 皮下脂肪）的效果。

## 第十三节　壳寡糖与脑健康

阿尔茨海默氏病（Alzheimer’s disease，AD），也就是所谓的老年痴呆症，是一种由于脑的神经细胞死亡而造成的神经性疾病。AD 的发生是典型的渐进过程，其最初症状可能会被认为是由于年迈或普通的健忘所致。

随着病情的发展，患者的认知能力，包括决策能力和日常活动能力逐渐丧失，同时可能出现性情改变以及行为困难，到了晚期，会出现失智现象，并最终导致死亡。AD 被认为是由于 β 型淀粉样肽（β-amyloid peptide，Aβ）变成纤维状堆积物和不溶性斑块，从而导致记忆严重丧失和脑细胞死亡。很多科学家认为，如果能找到一种抑制剂，抑制一种叫作 β- 分泌酶的关键酶，就可以抑制 Aβ 的积累，进而抑制 AD。

据报道，浓度 0.01%~0.02%、相对分子量小于 3KDa，脱乙酰度大于 90% 的壳寡糖对 AD 模型细胞中的 β- 分泌酶具有明显的抑制作用，由此可见，壳寡糖可能对于 AD 有一定的防治作用。

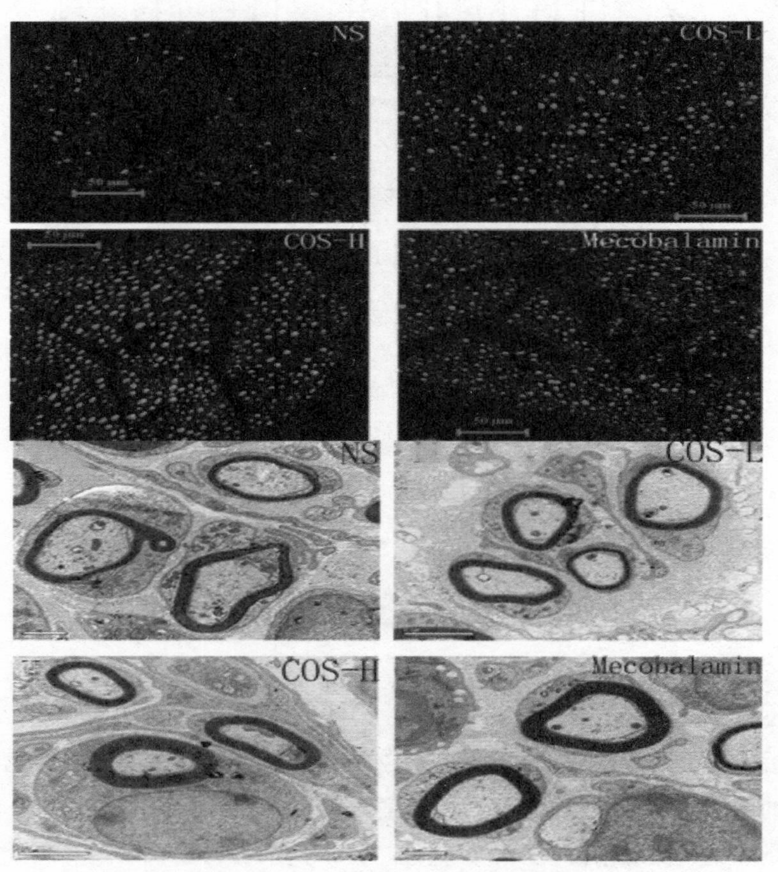


图 3–14 壳寡糖抑制由谷氨酸钠引起的原代海马神经元的损伤

β- 淀粉样蛋白聚集体可通过多种途径导致氧化应激、神经炎症及神经元损失。因而通过抑制 β- 淀粉样蛋白的聚集或将有毒的 β- 淀粉样蛋白聚集体分解成无毒形式来降低 β- 淀粉样蛋白的神经毒性，被认为是阿尔茨海默氏病的有效治疗方法。2020 年的研究发现，壳寡糖在体外和体内均表现出良好的血脑屏障穿透能力，并且可以以剂量和聚合度依赖的方式有效地干扰 β- 淀粉样蛋白聚集，进而减轻 β- 淀粉样蛋白介导的神经毒性和神经炎症，其中壳 6 糖单体在防止 β- 淀粉样蛋白构象转变为富含薄片的结构方面表现出最好的效果。该研究结果表明了壳寡糖在阿尔兹海默症治疗中的潜在作用。

另外，新生儿缺氧缺血性脑损伤（HIBD）是全世界新生儿死亡和永久性神经系统残疾的主要原因之一，尚无有效的治疗策略。2017 年研究者研究了壳寡糖在新生儿 HIBD 治疗中的作用。在他们的研究中，发现壳寡糖可改善早期的神经反射行为，显著减少了脑梗死体积并减轻了神经元细胞的损伤和变性。此外，壳寡糖显著降低了 MDA，乳酸水平，并增加了 SOD，GSH-Px 和 T-AOC。壳寡糖减弱了缺氧缺血诱导的白细胞介素 -1β（IL-1 beta），肿瘤坏死因子 α（TNF-alpha）表达的上调，同时它显著增加了白细胞介素 10（IL-10）。这些结果均表明壳寡糖对新生大鼠缺氧缺血性脑损伤具有神经保护作用，显示壳寡糖可能是治疗新生儿缺氧缺血性脑损伤的潜在疗法。

## 第十四节　壳寡糖与激素

我们知道生物机体的新陈代谢是一个完整统一的体系。机体代谢的协调配合，关键在于它存在有精密的调节机制。代谢的调节概括地可以划分为三个不同水平：分子水平、细胞水平和整体水平。多细胞生物受到整体水平上调节，主要包括激素的调节和神经的调节。这里所谓的激素就是荷尔蒙（hormone），激素对我们来说并不陌生。激素对我们每个人来说都非常重要，激素的分泌甚至可能和一切的生理机能的缺失所造成的疾病都有联系。

2002 年，在世界抗衰老会议上，意大利的凯奇博士——一位工作超过三十年的肿瘤专家指出：人类的机体衰老实际上是一种生理机能缺失所造成的疾病，其最根本的原因是人体内生命的源泉——激素分泌不足。凯奇博士认为，通过补充激素，老化现象是可以中止，甚至回转的，人类平均寿命 150 岁并不是梦想。

美国反老化医学院院长郎诺 · 克兹博士在一份研究报告中指出，人类在 20 岁左右是青春的巅峰时期，也是分泌系统功能最顶峰的时期。之后荷尔蒙分泌以每 10 年下降 15% 的速度逐年减少。激素的减少影响到其他系统的运作，使身体所有器官的功能下降。30 岁之前，人体内分泌系统可以自动调节，激素的微量减少不足以影响到其他生理机能，但到 30 岁左右，体内激素的分泌量只有巅峰期的 85%，缺失 15% 的激素分泌量引起其他器官功能衰退，人体各器官组织开始老化萎缩，皮肤明显暗淡、精神不佳，生理机能的缺失会引起容颜上的衰老及心理失落。50 岁时，已经大约有 40% 的功能丧失了。到 60 岁时，激素分泌量只有 1/4 左右，到 80 岁时，只余下 1/5 不到了。女性激素浓度决定女性的青春。血液中女性激素浓度高的女性比激素浓度低的同龄女性可以年轻 8 岁之多。

目前，来自一份韩国 ECOBIO 公司的报告指出，壳寡糖是一种纯天然的荷尔蒙分泌促进剂。这份报告指出，他们通过动物实验证明，壳寡糖能明显地上调年轻小鼠和年老小鼠的激素分泌量。对于年轻小鼠，壳寡糖能将激素分泌量提高 50%，而对于年老小鼠，壳寡糖能将激素分泌量提高 30%。他们认为，壳寡糖最大的优点在于它是一种内源性激素分泌促进剂，不会对机体带来任何负面的影响。

## 第十五节　壳寡糖与鼾症防治

打鼾（医学术语为鼾症、打呼噜、睡眠呼吸暂停综合症）是一种普遍存在的睡眠现象，目前大多数人认为这是司空见惯的，还有人把打呼噜看出睡得香的表现。其实打呼噜是健康的大敌，由于打呼噜使睡眠呼吸反复暂停，造成大脑、血液严重缺氧，形成低氧血症，而诱发高血压、脑心病、心律失常、心肌梗死、心绞痛。夜间呼吸暂停时间超过 120 秒容易在凌晨发生猝死。

打呼噜的原因有很多，其中一个最根本的原因可能是激素分泌量减少，导致夜间睡眠时支撑咽部通道的肌肉过于松弛，进而导致咽部组织堵塞，使上气道塌陷，当气流通过狭窄部位时，产生涡流并引起振动，从而出现鼾声，影响人的身体健康。据韩国 ECOBIO 公司的一份报告称，他们公司在欧洲销售的壳寡糖产品最初只是用来促进激素的分泌，后来不断有很多顾客反映，持续服用一段时间的壳寡糖，原先很严重的鼾症减轻了很多。这虽然是个意外的收获，可是也证明了壳寡糖确实有治疗鼾症的效果。

## 第十六节　壳寡糖促进伤口愈合

体外与体内实验研究表明，壳寡糖有助于口腔黏膜的康复，推测可能是壳寡糖可以促进成纤维细胞的增殖。经体内全身使用壳寡糖可以改善伤口愈合。同样，几丁质、壳聚糖和它们的低聚物、单体都能增加成纤维细胞中 I 型胶原酶（MMP-1）的释放。此外，低分子量壳聚糖复合物、低分子量壳聚糖和人表皮生长因子（EGF）都有很好的促进伤口愈合的效果，这些物质具有促有丝分裂的作用。

虽然壳寡糖、几丁寡糖、氨基葡萄糖、壳聚糖、几丁质都可以在不同程度上促进伤口的愈合，但是壳聚糖、壳寡糖、氨基葡萄糖这三类脱乙酰化程度高的糖与几丁质和几丁寡糖比较，对胶原酶的活性增加更明显。

比较壳寡糖处理的伤口和未经壳寡糖处理的伤口第 7 天的组织切片发现，经壳寡糖处理后，在伤口的周围更多的成纤维细胞被激活，胶原纤维趋向于伤口的垂直方向，而未经壳寡糖处理的伤口周围成纤维细胞活化的较少，胶原纤维趋向于伤口的水平方向。

# 第十七节　壳寡糖的抑菌作用

壳聚糖具有天然、广谱的抗菌活性，能抑制一些真菌和细菌的生长繁殖。壳寡糖为其降解产物，同样也具有抑菌作用。但是两者的抑菌原理却并不同。

壳寡糖对真菌的抑制机理研究报道很少，但是，壳聚糖对真菌的抑菌机理研究报道比较多。壳聚糖抑制真菌生长的机理主要有两种看法：第一，壳聚糖通过影响细胞壁中相关酶的活性，造成细胞壁的破坏从而抑制菌体的生长。真菌经过壳聚糖处理后，其细胞壁不规则增厚或是变薄甚至破裂。第二，壳聚糖与细胞膜的直接相互作用，造成膜透性增加、胞内物质的外泄以至于菌体死亡。

壳寡糖对细菌也有一定的抑制效果。研究人员通过从菌体超微形态的变化和细胞膜透性的变化两方面对壳寡糖的抑菌机理进行了探索，认为壳寡糖可能是通过与细菌细胞壁和外膜中带负电的分子结合来起作用的。

对于革兰氏阳性菌，壳寡糖是通过带正电的氨基与菌体细胞壁肽聚糖中的 N- 乙酰 - 胞壁酸以及谷氨酸和磷壁酸等相结合导致细胞壁变形甚至破裂，使细胞膜直接受到外界环境渗透压的冲击，造成胞质中重要成分的外泄，最终导致菌体死亡。

对于革兰阴性菌，壳寡糖可以与其外膜脂多糖中带负电的 O- 特异抗原性的寡糖重复单元结合，阻止营养物质进入细胞，从而使细菌因缺乏营养而死亡。

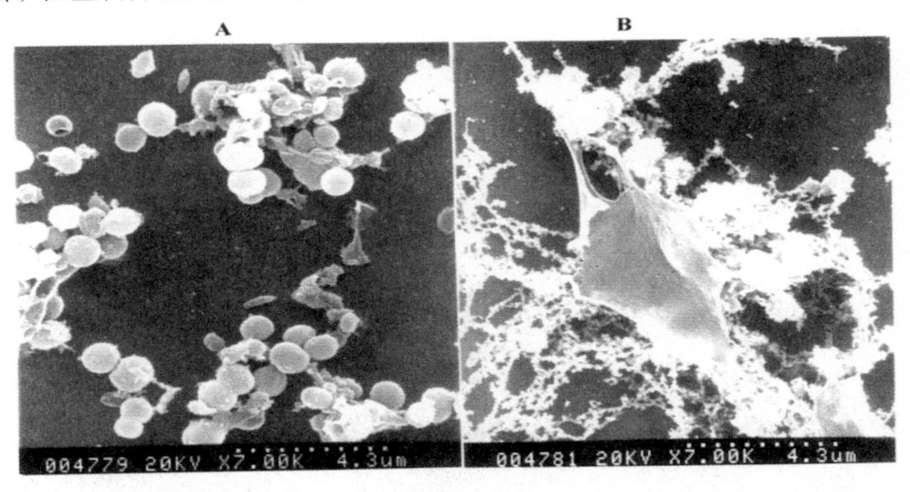


图 3–15 壳寡糖处理 30min 对 Actinobacillus actinomycetemcomitans 影响

最近，利用激光共聚焦显微镜（CLSM）逐层扫描成像的技术，研究人员发现平均分子量 2.2-5kDa 的壳寡糖和平均分子质量为 8kDa 的低分子质量壳聚糖都可以很快进入大肠杆菌（E.coli）的细胞内，而平均分子量为 9.3kDa 的低分子质量壳聚糖则堆积在 E.coli 细胞壁上，不能进入细胞。这些结果间接地反映出了壳寡糖与壳聚糖在抑菌机理方面存在着巨大的差异。

壳寡糖在菌体细胞内可能存在多个作用位点，因为壳寡糖在胞内的分布均匀，并没有呈现出集中在某些区域（核区）的现象。但是，也有研究人员认为壳寡糖在大肠杆菌的胞内很可能是与DNA结合，通过影响DNA的复制和RNA的合成而起到抑菌的作用，但是至今还没有壳寡糖与菌体中DNA直接相互作用的直接证据。

除了DNA之外，壳寡糖还有可能与细胞内的各种酶和其他分子相互作用。譬如有人在实验中发现壳寡糖在很低浓度下就可以抑制卡氏棘阿米巴蠕虫多胺生物合成中的关键酶—鸟氨酸脱羧酶（ornithine decarboxylase，ODC）的活性。由于ODC在细菌多胺的合成中同样起着重要的作用，因此，壳寡糖很有可能通过抑制细菌ODC的活性而影响菌体的生长和繁殖。

据报道，壳寡糖还有一定的螯合金属离子的能力，它能影响多种依赖金属离子的酶的活性。另外，在进入菌体后壳寡糖很可能直接对内质网、线粒体等多种细胞器的膜结构造成破坏和影响。

总之，尽管壳寡糖可以进入细菌细胞已经得到了证实，但是，壳寡糖在细菌细胞内确切的作用位点及其抑菌机理还没弄明白。

## 第十八节　壳寡糖抗病毒作用

病毒是由一个核酸分子（DNA或RNA）与蛋白质构成的非细胞形态，靠寄生生活的介于生命体及非生命体之间的有机物种，它既不是生物亦不是非生物。它是由一个保护性外壳包裹的一段DNA或者RNA，借由感染的机制，这些简单的有机体可以利用宿主的细胞系统进行自我复制，但无法独立生长和复制。病毒可以感染几乎所有具有细胞结构的生命体。第一个已知的病毒是烟草花叶病毒，由马丁乌斯•贝杰林克于1899年发现并命名，迄今已有超过5000种类型的病毒得到鉴定。

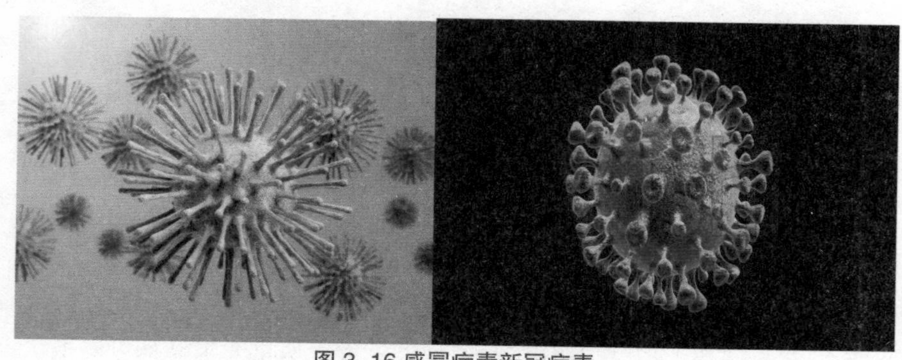

图 3–16 感冒病毒新冠病毒

壳寡糖（聚合度15）可以引起噬菌体1-97A失活，主要是通过黏合微粒。具体来讲包括使噬菌体头部释放DNA，破坏并黏附噬菌体微粒。分子量的大小对抗病毒活性有一定的影响。壳寡糖（聚合度2—7）对哺乳动物具有预防感冒、预防上呼吸道感染的作用，并且可以缓解感染病症。

## 第十九节　壳寡糖与药品的比较

壳寡糖虽然不是药品，但对于许多棘手的现代病的隐患却有着绝佳的改善和愈合效果。因为它并非针对某种疾病发挥疗效，而是通过调整整个身体的生理机能，使生理活动处于最佳的平衡状态，以保持身体健康。通过与药品的比较（表3-4）可以看出，壳寡糖在治疗方法、显效时间、用量、副作用、使用时间、适应性和并用性等方面都有着与药品明显不同之处。

表3–4 壳寡糖与药品的比较

| | 药品 | 壳寡糖 |
|---|---|---|
| 治疗法 | 对症治疗 | 整体调节 |
| 显效时间 | 即时见效 | 调节功能 |
| 用量 | 严格规定 | 依个人体质差异，自由调节 |
| 副作用 | 有（一般情况） | 没有 |
| 使用周期 | 不可长期使用 | 可长期服用 |
| 适应性 | 针对某种特殊疾病或器官 | 对根本性问题加以解决 |
| 并用性 | 需谨慎的与其他药物合用 | 增强药物治疗效果，降低毒副作用 |

# 第四章　壳寡糖在畜牧养殖业和渔业中的功能与应用

大量的研究报道已经证实壳寡糖在动物体内具有抑制微生物生长、提高免疫机能、降低胆固醇和血脂、抗肿瘤、抗凝血和促进组织修复等多种生物活性。基于这些功能，壳寡糖已经广泛地应用于保健食品领域，在本书第二章里已经做了具体的介绍。同样，壳寡糖的这些生物学活性在养殖业也可以起着重要的作用，本章重点介绍一下壳寡糖在畜牧养殖和水产养殖等领域的功能、应用及意义。

## 第一节　中国饲料行业发展的现状

目前，食品安全问题已经成为全世界范围内备受关注的热点问题，尤其在中国。长期以来，在规模化养殖过程中，大量的生长素和抗生素等违禁饲料添加剂的应用，对畜禽产品和水产养殖产品所造成的危害，已经让人们谈食色变。一位饲料经销商透露，其实我国大部分动物饲料在生产过程中就已经添加了抗生素，用来防病免疫。浙江大学医学院第一医院的肖永红教授等专家调查发现，中国每年生产抗生素原料大约 21 万吨，其中就有 9.7 万吨抗生素用于畜牧养殖业，占年总产量的 46.1%。

关于抗生素，北京饲料工业协会会长谢仲权介绍说，“20 世纪 60 年代，西方国家将生产抗生素的废渣用作饲料喂猪，可使猪或其他动物长得更快。后来，他们把所有抗生素发酵残渣都用作家禽、家畜的饲料添加剂。”这种添加剂是人工合成的，在动物体内无法得到有效降解，形成了抗生素残留。另外，中国农业科学院饲料研究所副所长齐广海研究员认为，饲料中抗生素的长期使用和滥用带来的负面影响主要体现在：一是病菌产生耐药性问题；二是引起动物免疫机能下降，死亡增多；三是畜禽产品中的药物残留问题，直接危害人类的健康。

浙江大学医学院第一医院教授肖永红介绍，那些直接摄入和动物体内残留的抗生素，都会加快人们体内细菌的耐药速度，进而导致超级细菌的形成。2010 年在我国宁夏省某县级医院出生的两名新生儿和福建一名老年患者身上，发现三株携带 NDM-1 耐药基因的细菌，也就是所谓的超级细菌。英国卡迪夫大学的医学专家帝莫西 · 沃尔什表示，现在没有任何万无一失的办法杀死 NDM-1 这种超级细菌，致死率非常高。

从 2000 年之后，超级细菌增加的速度非常快，而正是抗生素泛滥的环境加快了耐药菌的形成。2006 年 1 月，欧盟就已全面禁止在饲料中使用生长素、抗生素作为饲料生长添加剂。2008 年，就有政协委员曾向两会提交提案称，在中国，抗生素被普遍用于牲畜的饲料添加剂，造成了食物污染，当人食用了这些含有抗生素残留物的奶和肉制品时，会导致体内病菌耐药性明显上升。提案认为“抗生素比三聚氰胺更可怕”，并呼吁制定法规对滥用抗生素做出规范。

由此可见，生长素和抗生素等违禁饲料添加剂的使用，不仅造成了畜禽产品的品质下降，而且对人类健康构成了日益严重的威胁。抗生素等药物添加剂的大量使用也使细菌耐药性等问题摆在了人们的面前。人们已经对饲料安全也即食品安全在世界范围内达成了共识。因此，近几年人们非常关注无毒、无害、无残留、无污染并能代替抗生素作用的绿色饲料添加剂的应用，开发高效价廉的绿色饲料添加剂已经成为目前饲料行业的研究热点，世界各国都投入了大量人力和财力进行研究。

就中国的饲料行业而言，一方面，我国饲料工业是我国工业体系中重要的支柱产业之一，已跃居世界第二生产大国。饲料添加剂工业从 80 年代初期开始起步，目前年产量为 25 万吨，年产值 50 亿元，然而无论从品种上、数量上，仍远远满足不了我国饲料工业发展的需要，每年半数以上饲料添加剂依赖进口。另一方面，我国目前在养殖业使用的饲料添加剂几乎都含有过量的抗生素、防虫防霉剂等对人类有害的物质，因此，欧盟自 1996 年 8 月停止从我国进口禽肉以来，至今仍维持着对我国的进口禁令。所以，相对于世界其他国家，我国的饲料行业更需要一种新的、绿色、高效、价廉的替代品来替代抗生素等有害饲料添加剂。

## 第二节　健康养殖

健康养殖是一种以人为本、以产业的可持续发展为目标，实现养殖、畜禽、水产品安全和环境协调发展的生产模式，其核心是养殖动物的健康、养殖环境的健康和消费者的健康。

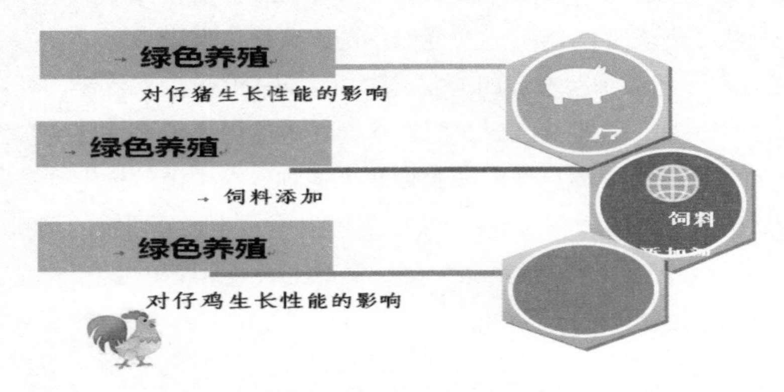


图 4-1 壳寡糖在绿色养殖领域中的应用研究

北京大兴区推广“生态环保养猪模式”，用北京洪天力药业有限公司研发的“天然植物免疫增强剂”替代抗生素，既解决了猪肉中的药物残留问题，又提高了出栏率，改善了猪肉品质。与化学合成物相比，天然物用于饲料添加剂的优势主要有：一是其营养既可以促进肌肉生长，又能调控肉的品质，避免了只注重提高畜禽鱼的生长速度而忽略肉质改善的缺陷；二是天然添加剂在畜禽鱼体内发挥有效作用后可被分解，没有毒害与残留；三是不产生抗药性，可长期使用。

前面我们提到，抗生素替代品的研制已经成为各国饲料行业的专家学者们的研究热点。到目前为止，受到广泛关注的抗生素替代品主要有微生态制剂、酶制剂、寡糖、抗菌肽等。

## 第三节　寡糖饲料添加剂

自从 1960 年科学家们发现寡糖可作为免疫助剂以来，经过近 40 年的发展，寡糖已经被广泛应用于畜牧养殖和水产养殖行业。在日本，约有 40% 的仔猪饲料中含有寡糖，这些糖可选择性地刺激后肠中的有益细菌（双歧杆菌和乳酸杆菌）的生长，防止病原体的滋生，从而有益于断奶仔猪的免疫状况；寡糖还具有促进有害病菌（如沙门氏菌）迅速从肠道排出并抑制其向主要脏器转移的作用，寡糖能够促进畜禽生长、提高母畜泌乳量，提高仔畜成活率，也是霉变饲料中霉菌毒素最好的吸附剂，吸附率可达 88%，应用十分广泛。另外，寡糖作为饲料添加剂，无毒副作用，对制粒、膨化、氧化和储运等恶劣条件都具有较高的耐受性，因此寡糖被认为是健康养殖中抗生素的最佳替代产品之一。

寡糖作为饲料添加剂具有广阔的市场，全球市场在 100 多亿美元。目前我国用作饲料添加剂的多糖和寡糖主要有木寡糖、低聚壳寡糖、半乳甘露寡糖、果寡糖、甘露寡糖、麦芽糊精和壳寡糖等。不同种类的寡糖作为饲料添加剂，适用的范围也不同。低聚壳聚糖可以用在猪、鸡和水产养殖动物等方面，而壳寡糖目前主要应用在仔猪、肉鸡、肉鸭、虹鳟鱼等畜牧和水产养殖中。

由中国科学院大连化学物理研究所研制，大连中科格莱克生物科技有限公司生产的寡糖素——COSII 饲料添加剂，经过大量的动物实验证实可以部分替代抗生素的使用，目前已经被广泛应用于多种畜牧业生产中。该 COSII 饲料添加剂以壳寡糖为主要原料，其在猪、家禽、水产品等方面的实际应用情况及其效果表明，壳寡糖确实具有显著的促进生长及改善养殖动物品质的功效。另外，壳寡糖还可以从提高机体免疫力、优化肠道菌群进而调节肠道健康、促进消化、调节营养平衡、促生长、降血脂等多方面作用实现其功能，被认为是一种非常有前景的绿色新型饲料添加剂。

饲料和饲料添加剂

新

新产品证书

新饲证字　(2006) 01　号

经审查，该产品安全、有效、不污染环境，符合《新饲料和新饲料添加剂管理办法》的规定，特发此证。

产品名称：壳寡糖（寡糖β-(1-4)-2-氨基-2-脱氧-D-葡萄糖）“寡糖素-COS”　　产品类别：新饲料添加剂

申 请 人：北京格莱克生物工程技术有限公司　　适用范围：猪、鸡

二〇〇六年五月

图 4-2 绿色新型饲料添加剂

## 第四节　壳寡糖在家禽养殖业中的应用

根据世界粮农组织统计，中国家禽饲养数量世界第一，鸡鸭鹅存栏数量分别为 41 亿多只、6 亿多只和 2 亿多只，直接从事养殖生产的农民人数为 1370 万人，家禽行业总产值为 2415 亿人民币，农民从养禽业上获得的纯收入达 271 亿元人民币。由此可见，家禽类产品是畜牧生产的重要组成部分，壳寡糖在养禽业中也有很好的使用效果。壳寡糖具有促进双歧杆菌生长的功能。研究结果表明它能调节动物肠道内微生物的代谢活动，改善肠道微生物区系分布，促进双歧杆菌生长繁殖，从而提高机体免疫力，使肠道内 pH 值下降，抑制肠道有害菌生长，产生 B 族维生素，分解致癌物质，促进肠蠕动，增进蛋白质吸收。

### 一、壳寡糖在肉鸡养殖中的应用

针对饲养量最多的肉鸡，研究人员利用壳寡糖替代常用抗生素（如金霉素）添加到日粮中，发现壳寡糖组增重更明显，平均日增重等相关数据更佳；在张丽的研究生论文中，

以艾维茵肉仔鸡为试验对象，通过研究消化器官生长发育、免疫功能、肠道微生态、营养物质利用率、组织器官矿物元素分布以及生长性能等指标，探讨了壳寡糖对肉仔鸡的影响作用。其结果表明：饲料中添加壳寡糖能够提高肉仔鸡消化吸收功能，增强免疫功能，改善肉品质，促进肉仔鸡生长。

图 4-3 壳寡糖在肉鸡饲养中的应用

壳寡糖能促进肉仔鸡生长发育。研究人员将壳寡糖和抗生素（金霉素）做了对比，其结果表明：壳寡糖具有比金霉素更显著的促生长作用。壳寡糖在饲料中适宜的添加剂量为 100 mg/kg。法氏囊指数、脾脏指数和胸腺指数反映了机体三个主要免疫器官的生长发育。饲料中添加壳寡糖进行喂食的肉仔鸡，其脾脏指数、法氏囊指数及胸腺指数均显著高于不添加壳寡糖的实验组和添加金霉素的实验组。

壳寡糖能提高肉仔鸡的免疫能力。我们知道，壳寡糖对动物机体非特异性免疫及特异性免疫均有不同程度的促进作用，是一种良好的免疫调节剂。研究人员发现在肉鸡的饲料中添加壳寡糖，肉鸡的免疫指标 IgG、IgA 和 IgM 均有大幅度的提高，50~100 mg/kg 时效果最好。免疫球蛋白 IgA、IgG 和 IgM 是主要的外周血保护物质，可抵御病原微生物的感染。添加壳寡糖提高了肉仔鸡血清中的一些反应免疫能力的细胞因子 IL-1β、IL-2 和 IL-6 的水平，从而增强肉仔鸡的细胞免疫。

此外，研究人员还发现，在肉鸡的喂养过程中使用添加壳寡糖的饲料能够促进肉鸡的消化功能。以艾维因品种肉仔鸡为研究对象，在日粮中添加 1‰的壳寡糖，能通过改善肉仔鸡的消化能力，抑制肉仔鸡的肠道菌，进而提高生产性能。

另外，饲料中添加壳寡糖不但可以促进肉仔鸡的生长发育，还能够优化肉仔鸡的营养结构。有研究表明饲料中添加壳寡糖可以提高肉仔鸡中的蛋白含量和微量元素等营养成分。由于壳寡糖分子中含有游离氨基，且氨基邻位是羟基，所以可借氢键或盐键形成具有类似网状结构的笼形分子，从而对金属离子有着稳定的吸附能力。研究人员通过试验表明，喂食壳寡糖饲料的肉仔鸡，其胸肌中钙、锌、铁和元素含量均有显著提高，而腿肌中钙、锌、铁、磷和锰元素含量均比对照组增加。

东港市种畜场在饲料中添加寡糖素——COSII 后发现鸡群死亡率明显降低（降低 2.56%），饲料转化率大大提高（提高 11%），每只鸡增收 0.81 元，按养殖 10000 只肉鸡计算，可增加经济效益 8100 元，经济效益十分可观。

通过在肉鸡饲料中添加寡糖素——COSII 来喂养肉鸡，不仅可以提高养殖户的经济效益，更重要的是给老百姓提供了无抗生素的绿色肉鸡，有效解决了老百姓的“餐桌污染”问题。因此，我们认为寡糖素——COSII 饲料添加剂是可以替代抗生素，值得大力推广和使用的产品。

## 二、壳寡糖在蛋鸡养殖中的应用

北京德青源企业最初将壳寡糖饲料添加剂应用到 10 万只蛋鸡的养殖中，增加鸡蛋风味、大大延长鸡蛋保质期，在蛋鸡饲养中减少或完全替代抗生素的使用，增加蛋壳密度，降低次品蛋的数量，极大地改善了鸡蛋的品质。饲料中添加了壳寡糖后鸡蛋的胆固醇含量明显下降（n=6）

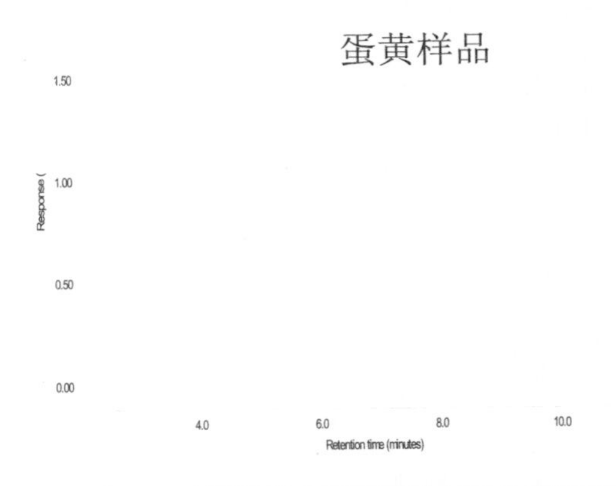


图 4-4 鸡蛋样品中壳寡糖的 HPLC 检测结果

公司现欲准备扩大壳寡糖饲料添加剂的使用范围，打算到年底推广到 20 万只以上的一个饲用范围，将绿色科技应用到中国品牌鸡蛋的生产中。

## 三、壳寡糖在北京肉鸭养殖中的应用

研究者们发现，对于北京肉鸭等经济禽类，在饲料中添加壳寡糖也对鸭肉品质、生产性能和免疫能力有改善和提高效果。宋涛在其 2005 年的硕士研究生论文中，选用健康一日龄北京商品代肉用雏鸭 510 只，在肉鸭的日粮中添加不同水平的壳寡糖，考察了其对北京肉鸭生长性能、脂肪沉积以及肉品质的影响，其结果表明：

在育雏期，向日粮中添加壳寡糖的公鸭（基础日粮 +50-300g/t 壳寡糖），其血清中的甘油三酯水平降低了（20.00%~37.14%）。壳寡糖在基础日粮中添加的量越多，血清中的甘油三酯水平降低得越大。这说明壳寡糖有降甘油三酯的效果。

在育雏期，向日粮中添加壳寡糖的公鸭（基础日粮 +100-300g/t 壳寡糖），其血清中的胆固醇水平降低了（16.74%~18.26%）。壳寡糖在基础日粮中添加的量越多，血清中的胆固醇水平降低得越大。这说明壳寡糖有降胆固醇的效果。

在育雏期和育肥期，向日粮中添加壳寡糖的公鸭（基础日粮 +50-300g/t 壳寡糖），其腹脂率、肌间脂肪率、肌间脂肪宽度及皮下脂肪厚度有明显的降低，而且这些指标降低的幅度随着壳寡糖在基础日粮中添加的量的增多而变大。这说明壳寡糖有降腹脂的效果。

**表 4–1 北京肉鸭血清生化指标的影响**

| 指标 | 阶段 | 壳寡糖添加水平 | | | | |
|---|---|---|---|---|---|---|
| | | 0 | 50 | 100 | 200 | 300 |
| 总胆红素（μmol/L） | 1 | 1.7 ± 0.60a | 1.8 ± 0.10a | 2.0 ± 0.45a | 1.8 ± 0.31a | 1.5 ± 0.29a |
| | 2 | 2.3 ± 0.42a | 1.9 ± 0.31a | 2.2 ± 0.85a | 2.7 ± 0.44a | 2.7 ± 0.21a |
| 血糖（mmol/L） | 1 | 9.0 ± 0.2a | 8.8 ± 0.21a | 7.8 ± 0.56a | 7.8 ± 1.05a | 7.8 ± 0.67a |
| | 2 | 6.2 ± 0.56abc | 7.5 ± 0.47ac | 5.7 ± 0.87ab | 7.8 ± 0.47c | 5.5 ± 1.18 b |
| 总蛋白（g/L） | 1 | 33.6 ± 1.7aA | 29.1 ± 2.09b | 27.8 ± 1.46b | 27.0 ± 3.71B | 25.8 ± 1.40B |
| | 2 | 28.2 ± 3.52a | 26.2 ± 5.21a | 30.9 ± 1.30a | 30.5 ± 5.01a | 31.6 ± 2.80a |
| 白蛋白（g/L） | 1 | 12.6 ± 0.57A | 10.5 ± 1.16aBc | 9.3 ± 0.56bB | 10.8 ± 0.07C | 9.2 ± 0.41bB |
| | 2 | 9.5 ± 1.46abc | 8.2 ± 2.27a | 9.7 ± 0.40abc | 11.3 ± 0.78c | 8.7 ± 1.23ab |
| 球蛋白（g/L） | 1 | 20.9 ± 1.19a | 18.6 ± 0.97ab | 17.5 ± 1.27ab | 17.1 ± 3.73ab | 16.6 ± 1.02b |
| | 2 | 18.8 ± 2.17ab | 18.0 ± 3.05a | 21.2 ± 0.93ab | 23.2 ± 4.52b | 22.9 ± 2.25b |
| A/G | 1 | 0.60 ± 0.017a | 0.56 ± 0.037a | 0.53 ± 0.035a | 0.66 ± 0.074a | 0.56 ± 0.016a |
| | 2 | 0.50 ± 0.039a | 0.45 ± 0.071ab | 0.46 ± 0.009ab | 0.50 ± 0.074a | 0.38 ± 0.056b |
| 胆固醇（mmol/L） | 1 | 6.6 ± 0.15A | 6.2 ± 0.55A | 5.5 ± 0.15B | 5.4 ± 0.10B | 5.4 ± 0.25B |
| | 2 | 4.9 ± 0.38a | 4.8 ± 0.16a | 4.5 ± 0.05a | 4. 5 ± 0.05a | 4.2 ± 0.30b |
| 甘油三酯（mmol/L） | 1 | 0.7 ± 0.07A | 0.6 ± 0.10aB | 0.5 ± 0.07aB | 0.5 ± 0.08B | 0.4 ± 0.02bB |
| | 2 | 0.5 ± 0.06aA | 0.4 ± 0.03b | 0.4 ± 0.01B | 0.4 ± 0.02B | 0.4 ± 0.03B |
| 高密度脂蛋白胆固醇（mmol/L） | 1 | 3.4 ± 0.17a | 3.4 ± 0.28a | 3.1 ± 0.18a | 3.4 ± 0.39a | 3.1 ± 0.15a |
| | 2 | 1.9 ± 0.23AB | 1.6 ± 0.43A | 2.0 ± 0.16AB | 2.3 ± 0.13bB | 1. ± 0.35aAB |
| 极低密度脂蛋白胆固醇（mmol/L） | 1 | 0.3 ± 0.10a | 0.3 ± 0.01a | 0.2 ± 0.06a | 0.3 ± 0.06a | 0.3 ± 0.01a |
| | 2 | 0.20 ± 0.10a | 0.17 ± 0.06a | 0.17 ± 0.06a | 0.2 ± 0.00a | 0.2 ± 0.00a |
| 低密度脂蛋白胆固醇（mmol/L） | 1 | 2.57 ± 0.21a | 2.57 ± 0.25a | 2.35 ± 0.21a | 2.3 ± 0.42a | 2.4 ± 0.21a |
| | 2 | 1.9 ± 0.57a | 1.8 ± 0.70a | 2.2 ± 0.15a | 2.5 ± 0.46a | 2.34 ± 0.51a |
| TC/HC | 1 | 1.9 ± 0.08A | 1.8 ± 0.07aAB | 1.8 ± 0.07aAB | 1.6 ± 0.16bB | 1.8 ± 0.06A |
| | 2 | 2.6 ± 0.51ab | 3.1 ± 0.99bB | 2.3 ± 0.20a | 2.0 ± 0.08aA | 2.5 ± 0.57a |

综上所述，无论是肉鸭血清生化指标，还是腹脂等最终脂肪沉积指标，都证明了壳寡糖对降低北京肉鸭的脂肪沉积有明显的效果。在北京肉鸭日粮中添加 300g/t 的壳寡糖时降脂作用效果最好，而当其用量达到 100g/t 时，亦能显著降低肉鸭脂肪沉积。

在当前肉科学研究的热门领域中，畜禽肉品质的研究一直是关注的热点。肉品质的指标主要包括肉色、肌间脂肪、嫩度、pH 值、蛋白质的溶解度、滴水损失、系水力、剪切力、电导率、脂肪酸、肌苷酸等。其中肉色、pH 值、系水力和嫩度是肉品质的重要指标。

对肉色的影响，在育雏期和育肥期，日粮中添加壳寡糖 100g/t 和 200g/t 可显著增加母鸭肌肉的亮度。添加 50g/t 和 100g/t 的壳寡糖可改善肌肉黄度。

对 pH 值的影响，在育雏期和育肥期，日粮中不同水平的壳寡糖对北京肉鸭肌肉 pH 值的值影响差异不显著。

对滴水损失的影响，在育雏期，添加 50~300g/t 壳寡糖均可显著改善公鸭的肌肉滴水损失。

## 四、壳寡糖在鹌鹑中的应用

陈虹等（2006）通过向日粮中添加壳寡糖，研究了壳寡糖对蛋用鹌鹑生长性能、免疫功能和肠道菌群影响。试验结果表明：日粮中添加适量壳寡糖可以改善鹌鹑消化系统和免疫系统功能，提高生长性能，以添加 0.05% 效果较好。

在雏鹑日粮中分别添加 0.05% 的壳寡糖和 5 mg/kg 的黄霉素，均起到良好的提高雏鹑生产性能的效果。

此外，向日粮中添加壳寡糖能够加强鹌鹑的机体免疫功能。实验表明，日粮中添加壳寡糖还可显著提高雏鹑的胸腺、脾脏和腔上囊的相对重量，而胸腺、脾脏和腔上囊都是禽类的主要免疫器官。

表 4–2 壳寡糖对鹌鹑免疫器官相对重量和新城疫抗体效价的影响 mg/g

| 组别 | 胸腺 | 脾脏 | 腔上囊 | 抗体效价 |
| --- | --- | --- | --- | --- |
| 对照 | 1.39 ± 0.08Bb | 0.35 ± 0.02 B | 1.10 ± 0.06 b | 5.57 ± 0.37 b |
| 抗生素 | 1.55 ± 0.12 b | 0.52 ± 0.04 A | 1.36 ± 0.13 a | 6.67 ± 0.33 a |
| 壳寡糖 | 1.94 ± 0.15 Aa | 0.61 ± 0.03 A | 1.37 ± 0.07 a | 6.80 ± 0.37 a |

壳寡糖增强机体免疫力的机理可能在于：第一，寡糖能与某些毒素、病毒和真核细胞的表面结合而作为这些外源抗原的佐剂，能减缓抗原的吸收速度，增加抗原的效价。第二，寡糖通过刺激肝脏分泌能与其结合的蛋白而影响免疫系统，这种糖蛋白与细菌荚膜相黏结并触发一连串的补体，这对加强免疫功能起重要作用。第三，寡糖的营养作用是机体免疫的重要影响因素之一，由此认为，寡糖增进动物免疫也可能是通过营养素的间接影响。

## 五、壳寡糖在仔猪上的应用

断奶仔猪的培育是养猪的重要环节之一，是发展猪只数量、提高质量、降低成本、增加效益的关键。但是，由于仔猪断奶时期，断奶仔猪缺乏母源抗体保护和受断奶应激的影响，极易受到各种病原的侵袭，造成断奶仔猪发病率高、死亡率高，导致许多养猪场亏损甚至破产。所以，如何降低仔猪的发病率和死亡率是一个关键的问题。

图 4–5

过去养猪业普遍采用壳寡糖在仔猪饲养中的应用向猪饲料中添加抗生素的方式饲养仔猪，被称为“三鲜汤”。刚开始使用抗生素，仔猪可以健康生长，但时间一长，猪产生了抗药性，还是会生病。这也是为什么现在仍然时不时会有猪病发生的一个原因。

开原市畜牧局和开原市动物疫病预防控制中心使用绿色饲料添加剂寡糖素——COSII代替抗生素，添加在断奶仔猪饲料中做实际应用试验。试验结果表明：在断奶仔猪日粮中，添加 200mg/kg 寡糖素——COSII 产品，可以大大提高仔猪日增重，饲料转化率提高 4%左右，并可以大大降低仔猪死亡率。同时，寡糖素——COSII 还是国家提倡使用的绿色饲料添加剂，它安全，无药残，无任何副作用。另外，在辽宁开原、葫芦岛等地的实际应用也证明了此种功效，同时壳寡糖对促进育肥猪生长，提高母猪受孕率也有很好的效果。

表 4–3 壳寡糖对仔猪营养物质消化率的影响

| | 负对照 | 金霉素 | 壳寡糖 | SEM | P-value |
|---|---|---|---|---|---|
| 干物质（DM） | 81.86 | 82.42 | 83.96 | 0.74 | 0.56 |
| 钙（Ca） | 63.58 | 65.89 | 69.37 | 1.94 | 0.53 |
| 磷（P） | 58.68b | 62.59 ab | 66.62 a | 1.50 | 0.07 |
| 粗蛋白（CP） | 77.16 | 82.18 | 80.54 | 1.33 | 0.33 |
| 消化能（DE） | 78.33 | 82.68 | 82.81 | 1.10 | 0.17 |

研究人员发现，在断奶仔猪的日粮中添加 20mg/kg 壳寡糖产品，不但可以提高仔猪的免疫能力，还可以促进仔猪的消化吸收，提高对于营养物质的消化率。有数据表明壳寡糖对干物质、钙、粗蛋白及磷的消化率有明显的提高。

壳寡糖可能是通过增加小肠绒毛的长度和高度来帮助机体增加营养物质和矿物质的吸收。微绒毛是小肠的特有结构，它的高矮和密度大小直接影响小肠的吸收面积。微绒毛的高度增加，密度加大，可使小肠吸收面积扩大，有利于营养物质的吸收。研究人员通过实验发现喂食壳寡糖的仔猪组，其回肠微绒毛密度加大，同时也有变细、变高的倾向。这种变化可能与壳寡糖抑制了肠道微生物、改善了肠内环境、有利于微绒毛的生长发育等原因有关。

# 第五节　壳寡糖在水产养殖业中的应用

## 一、壳寡糖应用于对虾的饲养中

凡纳滨对虾（Litopemaeus vannamei）是目前世界养殖产量最高的三大虾种之一，1994—1995年在中国引种并试养成功。近年来凡纳滨对虾的养殖规模不断扩大，但由于养殖密度大，养殖环境不断恶化，病害的发生也日益频繁，影响了虾的成活和生长，给养殖业带来了巨大的经济损失。抗生素虽然能够有效预防和治疗各种疾病，但是其产生的一系列的副作用同样给养殖带来了灾难。近年来国内外专家拟通过应用免疫增强剂提高对虾自身非特异免疫力，以达到增强对虾抗病力的目的。

研究人员发现，向饲料中添加壳寡糖可以使凡纳滨对虾细胞免疫和体液免疫因子总体活力达到较高水平，可显著提高凡纳滨对虾的生长率和成活率。另外，中科院大连化学物理所的研究人员通过试验证明，壳寡糖对对虾血细胞吞噬有显著的增强作用，壳寡糖的浓度为1~5ppm时增强效果最为明显。

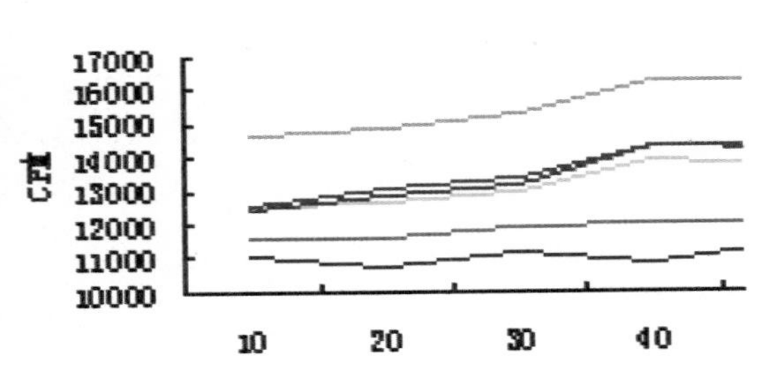


图4-6 壳寡糖对对虾血细胞活性氧的检测

江苏昆山市水产技术推广站的工作人员通过采用向饲料中添加壳寡糖的方式来养殖青虾。结果发现亩产比对照组高出12.6千克，增加32.14%，其中7厘米以上的大规格青虾高出10.7千克，增加41.63%，成活率增加7.05%，养殖亩效益增加40.73%。他们认为，在河蟹及其他淡水甲壳类养殖品种的养殖过程中，也可以采用壳寡糖添加技术，但是寡糖的具体添加量和方法有待进一步探索。

## 二、壳寡糖应用于罗非鱼的饲养

罗非鱼（Tilapia）肉味鲜美，肉质细嫩，含有多种不饱和脂肪酸和丰富的蛋白质，在日本，称这种鱼为“不需要蛋白质的蛋白源”。

研究人员发现饲料中添加 0.5%~1.0% 的壳寡糖（平均分子量小于 5000，脱乙酰度大于 90%）能有效提高罗非鱼的体重和饲料利用率，然而，添加过量的壳寡糖（如超过 2.0%）则会降低罗非鱼的饲料利用效率。

壳寡糖对罗非鱼体内脂肪代谢也有一定的调节作用。而且调节效果与壳寡糖使用的剂量成一定的比例关系。饲料中添加 0.5% 的壳寡糖能有效地促进罗非鱼的肝体比重和肝脂含量，而其他剂量的壳寡糖对罗非鱼肝脏脂肪含量和肝比重的影响显著性则有不同程度的下降或消失。

此外，壳寡糖还可提高罗非鱼肝组织内抗超氧阴离子自由基和超氧化物歧化酶（SOD）的活性。

**表 4–4 壳寡糖可提高罗非鱼肝组织内抗超氧阴离子自由基和超氧化物歧化酶的浓度**

| 组别 | 抗超氧阴离子自由基浓度（U/gprot） | 超氧化物歧化酶浓度（U/ml） |
|---|---|---|
| A | 828.390 ± 86.617 | 356.282 ± 35.832 |
| B | 622.459 ± 42.542 | 265.670 ± 14.006 |
| C | 570.728 ± 113.10 | 220.573 ± 10.665 |
| D | 687.659 ± 173.206 | 227.780 ± 20.900 |
| E | 625.845 ± 143.860 | 190.475 ± 43.312 |

## 三、壳寡糖应用于虹鳟鱼的饲养

虹鳟鱼属冷水性鱼类，是我国目前较为高档的一种食用鱼。由于疾病，特别是病毒病的原因，养殖虹鳟在苗种阶段的死亡率很高，一般在 30% ~ 100% 之间，这给我国虹鳟养殖者造成了很大的经济损失，每年的损失估计在上千万元。

为了提高虹鳟鱼苗种的存活率，减少养殖者的经济损失，研究人员以虹鳟幼鱼为实验对象，在其饲料中分别添加不同浓度的壳寡糖，并考察了壳寡糖对虹鳟鱼种的肠道菌群和非特异性免疫功能的影响。之前，大量的研究已经证实，鱼类肠道内存在着正常的细菌群落。正常菌群在宿主体内生存和增殖，对维持宿主组织器官的正常结构和功能具有十分重要的作用。

实验结果表明，向饲料中添加壳寡糖的虹鳟感染死亡率下降了很多，说明壳寡糖能够提高虹鳟幼鱼的抗病能力。从机理上来解释，可能是壳寡糖在肠道中诱导出了更多能利用其作为唯一碳源的肠道菌群。

另一组试验数据表明，壳寡糖完全同其他碳水化合物一样能被虹鳟代谢掉，并不会对其风味造成不良的影响，其蛋白、脂肪、水分和灰分之间没有显著差异。同时，循环系统的血糖并未受到壳寡糖的影响，但是其中的皮质醇与壳寡糖密切相关，壳寡糖组皮质醇的含量显著低于对照组，这意味着使用壳寡糖可以通过降低皮质醇的含量来提高虹鳟的抗病力。

饲料中添加 0.02% 和 0.04% 的壳寡糖可以显著促进白细胞吞噬细菌的能力，即可以提高单位白细胞吞噬细菌的数量，这说明壳寡糖可以促进虹鳟非特异性免疫功能。

**表 4–5 壳寡糖对虹鳟白细胞功能的影响**

| 组别 | 杀菌功能 | 吞噬百分率 | 吞噬指数 |
|---|---|---|---|
| COS-10mg/Kg | 9.11 ± 2.01 | 12.44 ± 3.01 | 2.46 ± 0.69ab |
| COS-20mg/Kg | 7.89 ± 2.01 | 12.56 ± 2.12 | 2.54 ± 0.09a |
| COS-40mg/Kg | 9.44 ± 1.39 | 12.67 ± 3.38 | 2.57 ± 0.50a |
| 空白组 | 7.78 ± 3.02 | 14.11 ± 3.01 | 1.78 ± 0.28b |

# 第六节　壳寡糖饲料添加剂的生产制备

壳寡糖饲料添加剂成果来源于国家“九五”“十五”科技攻关计划课题（96-C03-01-01、2001BA708B04-03、2004BA713B04-04），同时得到中科院创新工程前沿项目的支持（KSCX2-3-02-04），此外还受到 2011 年国家自然科学基金的资助（NO. 31072065）。其中国家“九五”科技攻关计划“甲壳素生物降解制备低聚氨基葡萄糖生产工艺研究”项目，2000 年通过科技成果鉴定（中科院成字〔2000〕第 029 号）;国家“十五”科技攻关计划“寡糖新产品开发——壳寡糖”项目 2005 年通过科技成果验收。同时申请四项有关壳寡糖生产工艺的专利（申请号：00110009.2、01136841.1、01136891.8、200410087507.1），其中两项被授予专利权“一种酶法降解壳聚糖与膜分离耦合生产壳寡糖的方法”，发明专利证书号:第 128182 号;“酶法制备不同聚合度低聚糖的调控方法”, 发明专利证书号:第 170076 号。该生产工艺利用甲壳类动物多糖为原料，确定了酶解的工艺条件，探讨了控制寡聚糖聚合度的策略，采用酶工程、生化反应分离耦合技术和纳米滤膜浓缩和纯化技术等新工艺制备壳寡糖；在 2011 年国家自然科学基金的资助下，我们正在深入开展壳寡糖抑制生猪炎症反应及改善生猪生长性能中作用的研究。中国科学院大连化学物理研究所和大连中科格莱克公司联合开发的寡糖素 COSII 已获得中华人民共和国农业部饲料和饲料添加剂新产品证书（新饲证字〔2006〕01 号），每吨料中添加 20~30 克既有替代抗生素的作用，促进动物的生长，2010 年我们拿到寡糖素 COSII 预混合饲料的生产制备许可证。可以说，壳寡糖饲料添加剂现已形成了一条成熟、可行、易于放大、具有我国自主知识产权的新技术和生产工艺。

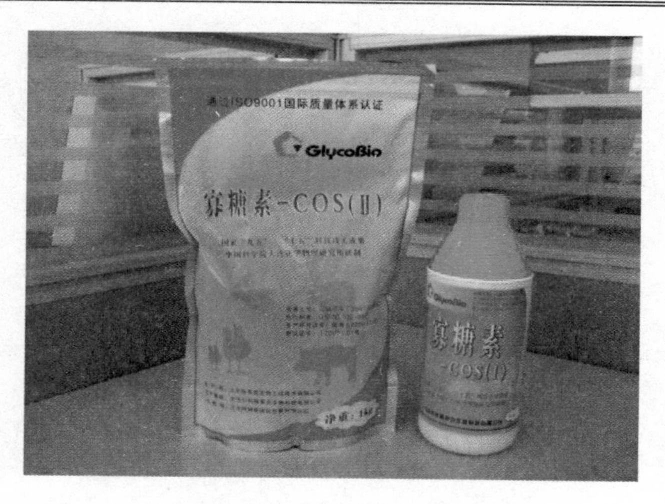


图 4–7 寡糖素 COS Ⅱ预混合饲料

## 第七节　壳寡糖饲料添加剂的质量控制

由于海洋生物制剂壳寡糖的活性受其聚合度和脱乙酰化程度的影响，不同聚合度的壳寡糖活性差异比较大。因此，作为饲料添加剂的壳寡糖，其质量标准直接决定了它对动物饲养中的作用效果。目前，寡糖类饲料添加剂产品鱼龙混杂，因此行业迫切需要制定《壳寡糖饲料添加剂》国家标准。

2007 年农业部将壳寡糖饲料添加剂大连格莱克公司的企业标准转化为行业标准。2008 年公司受农业部委托参与负责起草《壳寡糖饲料添加剂》国家标准的制定。本标准规定了壳寡糖（寡糖素）的定义、技术要求、试验方法、检验规则、标签、包装、运输、贮存和保质期。适用于以壳聚糖为原料，经壳聚糖水解酶水解制成的壳寡糖，作为饲料添加剂。壳寡糖饲料添加剂国家标准的完成，将推动及规范新型绿色饲料添加剂产业的发展。

壳寡糖饲料添加剂产品提供黑龙江、吉林、辽宁、山东、北京等 20 个省市，目前已得到比利美英伟营养饲料有限公司、深圳中牧饲料有限公司、北京德青源农业科技股份有限公司等多家公司的认可，并得到了大力的应用推广。壳寡糖饲料添加剂寡糖素 COSII 在调节动物消化道吸收功能、优化消化道微生物菌群、加快机体新陈代谢、调节饲养动物的免疫力、促进畜禽快速生长等方面具有独特功效。壳寡糖作为新型饲料添加剂，围绕饲料工业发展和食品安全的国计民生重大战略问题，进行多学科的交叉与融合，解决海洋寡糖工程和糖生物学在畜禽生产中的重大技术和科学问题，为生产安全、放心、无污染的畜禽产品提供保证。壳寡糖新型绿色饲料添加剂高新技术尽快转化为生产力，加快推动国家产业技术发展的新政策，符合养殖户的健康养殖新理念，满足老百姓餐桌的安全的新愿望，有利于促进我国绿色环保饲料产业和畜牧业健康养殖的形成和发展。

# 第五章　壳寡糖在农业中的应用

1798 年，英国医生爱德华·琴纳发现种牛痘可以预防天花，这一成果标志着免疫学蒙昧时代的结束。十九世纪中期以后，病原生物学飞速发展，以巴斯德和科赫为代表的一批杰出的病原生物学家发现多种致病微生物。人们也终于观察到当感染过某种病原体并痊愈后，人体会对该病原微生物产生免疫现象。巴斯德将灭活的炭疽杆菌制成死菌苗进行预防接种，用于疾病预防。至此，人们才初步理解了疫苗（Vaccine）的作用机制。

到了现在，疫苗对于我们每个人来说已经不再陌生，为了预防和控制传染病，我们很多人都被接种过疫苗，譬如说乙肝疫苗、流感疫苗等。另外，畜牧养殖业也大量使用疫苗来预防传染病，如猪瘟疫苗、猪口蹄疫疫苗等。总的来说，疫苗是一种接种后可以引起机体对特定疾病产生免疫力的生物制剂。

在动物体内有一套复杂的免疫系统，这套免疫系统能识别并杀死一些试图侵入机体内的致病菌（细菌、病毒等）。当病原菌在侵入动物机体内时，它作为一种抗原会引起动物体内各种免疫细胞相互作用，使淋巴细胞中的 B 细胞分化增殖而形成浆细胞，浆细胞可产生分泌抗体。抗体的主要功能是与这些外来抗原相结合，从而有效地清除侵入机体内的微生物、寄生虫等异物，这种结合可以使抗原失活，也就是使病原菌失去致病的能力。抗原与抗体之间就好像钥匙和锁的关系一样，一种抗原往往只能对应一种抗体。在遭受感染时，动物体产生针对性的抗体，而当感染清除以后，动物为了记住病原体的样子，会把相应的抗体保存下来。

疫苗保留了病原菌刺激动物体免疫系统的特性，但就其本身而言，对动物体的伤害很小，因为疫苗在制作的过程中，其致病性已经被消除或者非常大幅度地降低。当动物体接触到这种不具有伤害性的病原菌后，免疫系统便会产生一定的保护物质，如免疫激素、特殊抗体等；当动物再次接触到这种病原菌时，动物体的免疫系统便会依循其原有的记忆，制造更多的保护物质来阻止病原菌的伤害。

我们都知道动物有免疫防御系统，其实，植物也有免疫。早在 100 多年前，人们就观察到，当用致病菌来感染植物时，植物会产生对相关病害的防御作用。植物长期在自然环境中生长，不像动物那样，可以到处移动。因此，植物在抵御环境胁迫或者病虫害的长期斗争过程中，进化出了自己独特的自身免疫防御系统。早期植物免疫诱导的概念是指当植物受到第一个病原物侵染后，一般不能受第二个病原物侵染，这种因为受第一次侵染而获得免疫能力被称为“获得免疫”或诱导抗病性。后续的研究发现，植物在一定的生物或非生物因子的刺激或作用下，免疫系统被激活对病原物具有更强的抵抗性。

植物免疫和动物免疫都相同的地方，也有不少相异的地方。其中，植物体系中的激发子（elicitor）有与动物体系中的抗原相吻合的功能。动物免疫中的抗原，指的是刺激动物产生免疫防御反应活性的分子或病原等；相对应地，植物免疫中的激发子，指的是一类能激活植物产生防御反应的特殊化合物。寡糖素、糖蛋白、蛋白质或多肽都可以成为激发子。激发子被细胞膜上的激发子受体接受，通过细胞的信号系统转导，诱导抗病基因活化，从而使细胞合成与积累植保素。

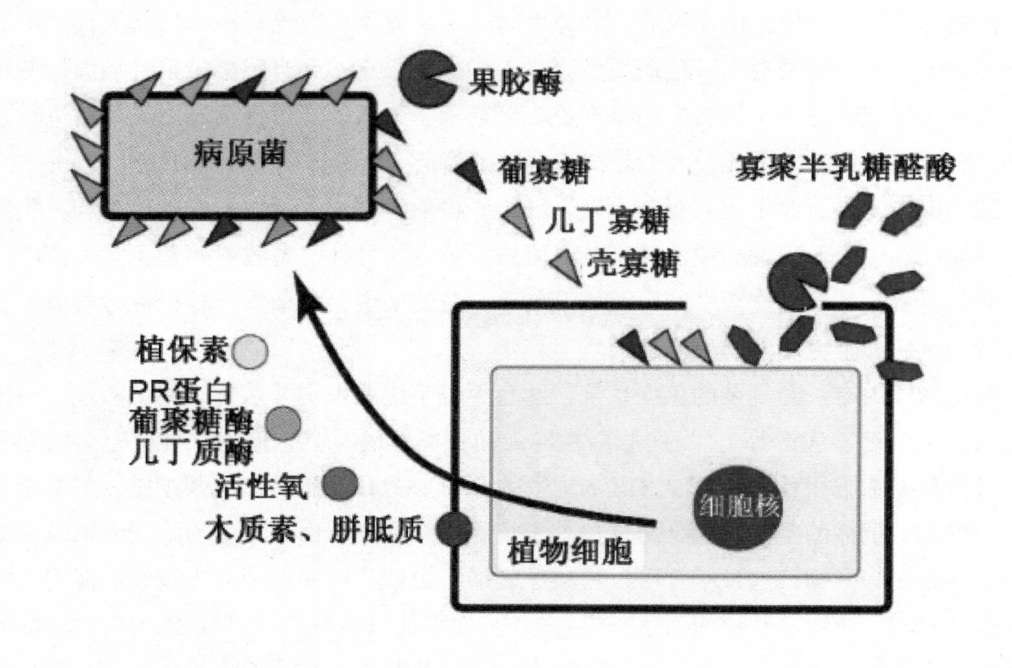


图 5-1 植物与病原菌互作中产生的寡糖信号

关于“植物—激发子—病害”这一研究领域的具体工作，是从 20 世纪 50 年代开始的，科学家们发现真菌、病毒、细菌均能诱导植物产生免疫力。自那时起，激发子成了植物免疫的研究重点。到了 20 世纪 80 年代，植物免疫的研究进入了分子水平阶段。2006 年 11 月著名的《自然》杂志上刊登了一篇关于植物免疫系统的综述文章，对植物免疫系统做了一个系统而且深刻的解析。

寡糖是一类有效的植物疫苗。寡糖可以模仿病毒、细菌、真菌入侵植物细胞，诱导植物产生抗体物质，从而产生广谱抗性，抑制病原物生长。目前研究比较多的寡糖主要有几丁寡糖、葡寡糖、寡聚半乳糖醛酸和壳寡糖。

其中，壳寡糖作为一种新型疫苗类的生物农药，有着巨大的应用前景。它不仅可以调控植物生长、发育、繁殖等方面，还可以诱导激活植物免疫系统，提高植物抗病毒能力，兼有药效和肥效双重生物调节功能的特点。此外，壳寡糖生物农药具有环境相容性好（环境中易分解，无残留影响，对环境和生态平衡无不良影响）、超高效（用量少，一般每亩地用量为 0.5~2.0 克）、安全性好（以农副产品为原料的纯生物制剂，安全无毒）、不会引起抗药性等优点。

通过多年对壳寡糖在生物农药领域应用和作用机理的系统研究，中国科学院大连化学物理研究在 2010 年发表的一篇综述文章中，对壳寡糖在植物免疫方面的机理做了一个全面的总结，提出了“壳寡糖是新一代的植物疫苗”的概念。

在应用方面，由中国科学院大连化学物理研究所与大连凯飞化学股份有限公司合作，以壳寡糖为原料生产的新型生物农药“好普”，该产品目前已在全国近二十个省、市推广应用，仅辽宁、海南、陕西三省推广面积就达到 14.3 万公顷，直接和间接经济效益超过亿元。此外，中国科学院大连化学物理研究所与海南正业中农高科股份有限公司合作，以壳寡糖为原料生产的新型生物农药“海岛素”，该产品具有很好的诱导植物抗病、抗逆以及促生长的效果。

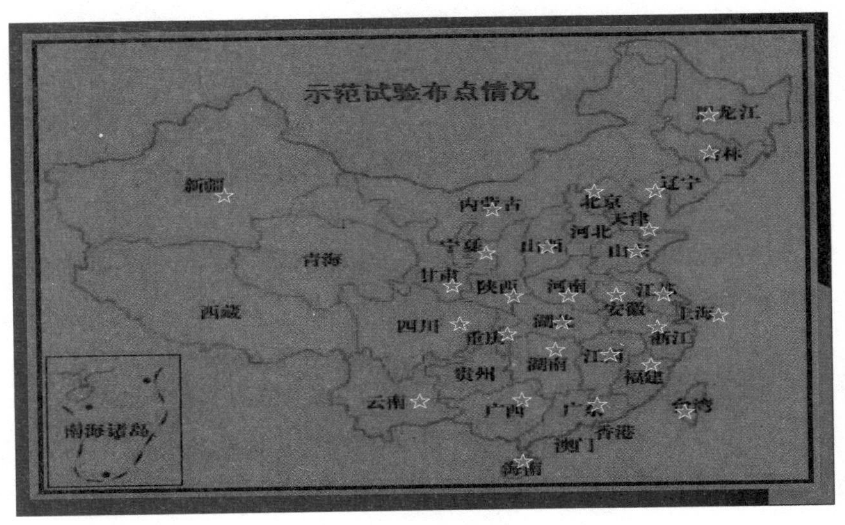


图 5–2 示范试验布点情况

过去，在我国，由于长期使用化学农药，病虫害的抗药性越来越强，传统农药的用量越来越大，对生态环境保护和资源的可持续开发与利用造成较大负面影响。一直以来，人们都在努力寻找新型的生物农药来替代化学农药。壳寡糖正是我们所需要的新型生物农药。

壳寡糖植物疫苗能有效防治作物病害，同时大幅度降低了防治费用，已经表现出很好效果，具有广泛的前景。在植物未受病害危害前进行免疫接种，使植物获得免疫抗性，这将是从源头上减少化学农药对环境和农产品污染的新趋势和重要手段。给植物“打疫苗”让它产生抗性，增强其应对后续病原菌入侵的敏感性，达到防治病害的效果。这就像给人接种疫苗一样，“预防为主，综合防治”，防患于未然，将病害扼杀于摇篮之中，比传统的植物得病后再进行防治的方法要高明、先进得多。

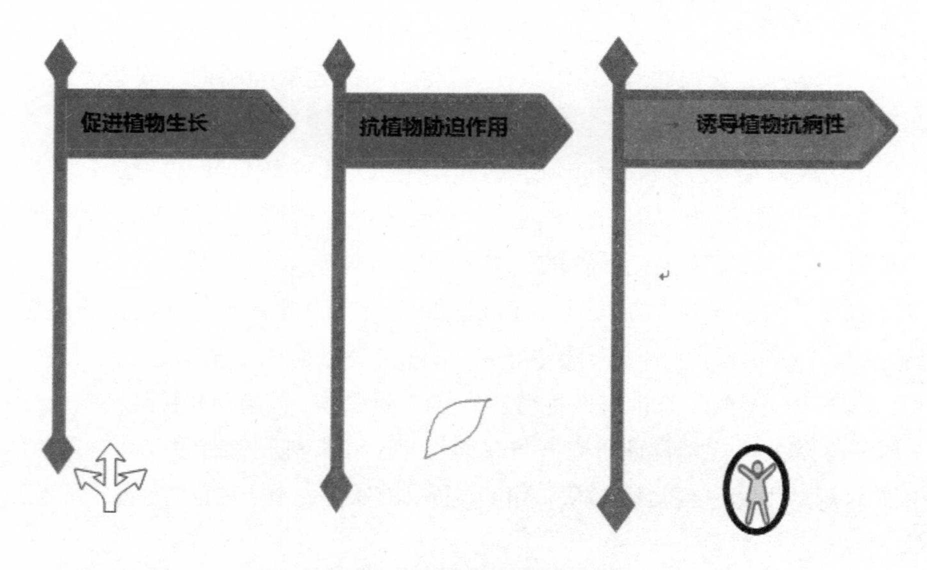


图 5-3 壳寡糖植物疫苗的作用

# 第一节　壳寡糖在诱导植物抗病方面的效果

## 一、壳寡糖在粮食作物中的应用

### （一）对水稻的诱导抗性

稻瘟病和纹枯病是水稻的重要病害，在世界范围内每年造成上亿千克产量损失，高发病时甚至可以减产 50%。壳寡糖能够诱导水稻对这些病害产生抗性。其诱导抗病的效果与其平均分子量有很大的关系。相对分子质量为 1500 的壳寡糖诱导效果最佳，而相对分子质量为 500 的壳寡糖诱导效果最差。壳寡糖诱导后接种稻瘟病菌的植株抗性明显增强，病斑级别下降，侵染速度减慢。

图 5-4 壳寡糖浸种处理对水稻生长的影响

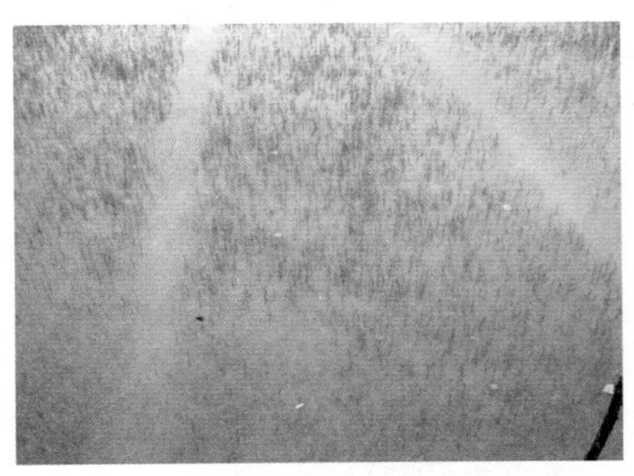

图 5-5 壳寡糖浸种未处理对水稻生长的影响

### （二）对小麦的诱导抗性

近年来，由于小麦品种、栽培制度、肥水条件的改变，小麦病害逐渐加重，已成为小麦高产、稳产的重大障碍。壳寡糖能够提高小麦的抗病能力。日本京都大学的研究人员利用壳寡糖处理燕麦时，发现其能够诱导燕麦的某种关键酶的活性提高，从而增强其抗病能力。

### （三）对玉米的诱导抗性

来自沈阳农业大学植物保护学院的报告称，他们利用壳寡糖溶液浸种的方式，可以很好地防治玉米丝黑穗病。而来自广东增城市农业局植保站的报告称，他们也采用同样的壳寡糖溶液浸种的方式，很好地防治玉米大小斑病。

## 二、壳寡糖在经济作物中的应用

### （一）壳寡糖对烟草的诱导抗性

壳寡糖能有效防治烟草病害，这一结果得到了中科院大连化物所、中国农科院青州烟草所，云南烟草所，沈阳化工研究院农药生物测定中心以及意大利、古巴等国科学家的实验证实，而且，其防病效果在 71.3%~91.86%。喷施壳寡糖的烟草，其幼苗叶片浓绿、粗壮，根系发达，抗逆性明显增强。另外，农业部烟草产业产品质量监督检验测试中心分析表明，壳寡糖处理过的烟草的品质也有一定程度的提高。

表 5-1 壳寡糖对烟草花叶病的防效

| 处理 | | 叶片防效 | 叶片防效 |
|---|---|---|---|
| 1 | 壳寡糖 50ppm | 73.3 | 68.9 |
| 2 | 咪鲜胺 100ppm | 69.80 | 64.1 |
| 3 | 苯醚甲环唑 100ppm | 75.0 | 72.2 |
| 4 | 咪鲜胺 100ppm+ 壳寡糖 50ppm | 71.4 | 65.9 |
| 5 | 咪鲜胺 33ppm+ 壳寡糖 50ppm | 65.9 | 58.6 |
| 6 | 咪鲜胺 10ppm+ 壳寡糖 50ppm | 61.8 | 51.0 |
| 7 | 苯醚甲环唑 100ppm+ 壳寡糖 50ppm | 80.7 | 75.43 |
| 8 | 苯醚甲环唑 33ppm+ 壳寡糖 50ppm | 69.0 | 54.61 |
| 9 | 苯醚甲环唑 10ppm+ 壳寡糖 50ppm | 78.2 | 72.0 |
| 10 | 水 | - | - |

和其他生物农药相对，壳寡糖的另一优点是其使用方法非常简单。将壳寡糖粉剂溶于蒸馏水中，配制成一定浓度的壳寡糖溶液，在苗期喷施于烟草叶片上即可。

### （二）壳寡糖对棉花的诱导抗性

壳寡糖具有很好的防治棉花黄萎病的效果，这也与其诱导抗性有关。1998 年辽宁省农药检定所应用壳寡糖防治棉花黄萎病药 50 倍，防效为 56.5%。1999 年辽宁省农药检定所应用壳寡糖水剂防治棉花黄萎病 128 倍，防效为 85.5%。1999 年陕西省农科院植保所应用壳寡糖水剂防治棉花黄萎病 100μg/ml 浸种 +100μg/ml 喷雾，防效为 60%。2000 年江苏农科院植保所应用壳寡糖水剂防治棉花黄萎病 200 倍，防效为 33.3%。2020 年，新疆棉花种植户使用糖链植物疫苗，解药害效果神奇。

### （三）壳寡糖对油菜的诱导抗性

中科院大连化学物理研究所的报告称，壳寡糖具有很好的诱导油菜防治菌核病。他们发现使用 50μg/ mL 的壳寡糖溶液预处理油菜植株，可以提高抗菌核病能力，其抗性可持续一周以上，防效可达到 72. 1%。

### （四）壳寡糖对胡椒的诱导抗性

花叶病是胡椒的主要病害，海南胡椒发病率一般在 10%左右，严重时可达 70%以上。一份来自海南省植保站的报告称，通过喷施壳寡糖的方法，可以很好地防治胡椒花叶病，防治效果高达 82.5%。

## 三、壳寡糖在蔬菜中的应用

### （一）壳寡糖对辣椒的诱导抗性

苍山县植物保护站的一份报告称：壳寡糖在幼苗期施用后，对辣椒的炭疽病、病毒病、褐斑病等病害有较好的预防作用。另外，壳寡糖对作物安全、无药害、无副作用，能有效地促进作物的正常生长发育，喷施壳寡糖后的辣椒，生长正常，保花效果也非常明显。这个结果在后来陆续得到了大连市植物保护站、海南省植物保护站、重庆市植物保护植物检疫站、中科院大连化学物理所的试验证实。

### （二）壳寡糖对番茄的诱导抗性

大连市植物保护站的报告称，壳寡糖对番茄晚疫病有较理想的防治效果，比进口“大生”600 倍液药效要高。另外，经田间观察，壳寡糖处理对番茄没有药害现象。对番茄早疫病有较好的防治效果，在试验浓度下对作物安全，可以在大田进行推广应用，浓度以 500~800 倍为宜，间隔 7 天左右；于发病初期喷施。

表 5-2 氨基寡糖防治番茄病毒病田间试验结果

| | | | | | | | | | |
|---|---|---|---|---|---|---|---|---|---|
| | | | | | | | | | |
| | | | | | | | 防效 | 增产量 | 增产量 |
| | （Kg） | （%） | （%） | （%） | （%） | 0.05 | 0.01 | （Kg） | （%） |
| 2% 氨基寡糖 | 300 | 200 | 0.0 | 3.45 | 75.1 | 5.11 | 74.5b | B3889 | 16.7 |
| | 400 | 200 | 0.0 | 3.89 | 72.0 | 5.84 | 70.8c | C3834 | 15.0 |
| | 500 | 200 | 0.0 | 5.06 | 63.4 | 7.39 | 63.1d | D3667 | 10.02 |
| 0.0% 病毒 A | 500 | 200 | 0.0 | 3.22 | 76.7 | 4.72 | 76.4a | A3926 | 17.8 |
| 清水对照 | - | 200 | 0.0 | 13.8 | - | 20.5 | | 3334 | |

## （三）壳寡糖对黄瓜的诱导抗性

中国农业科学院蔬菜花卉研究所和福建省南平市植保检站的田间试验报告称，壳寡糖对黄瓜霜霉病有明显的防治效果，且对黄瓜生长无不良影响，未见药害。他们认为壳寡糖作为一种新型诱导剂，并非抑制病原菌孢子的萌发，而是激活植物体内的防御系统，使植株本身产生了对多种病原菌的抗性，达到引导植株产生抗病的结果。

图 5-6 壳寡糖防治黄瓜根结线虫盆栽防治试验

根结线虫病是蔬菜生产上的重要病害之一，蔬菜根结线虫病的生物防治是一种安全有效的方法。中科院大连化物所应用壳寡糖防治黄瓜根结线虫盆栽防治试验，结果表明：壳寡糖能有效地降低根结线虫引起的植株死亡率。壳寡糖处理后的黄瓜，其死亡率降低了69.23%、平均株高增加 48.86%。

## （四）壳寡糖对胡萝卜的诱导抗性

核盘菌使得胡萝卜在放置 3d 以上时就开始腐烂。据报道，平均聚合度为 7、浓度为 0.2% 的壳寡糖能够诱导胡萝卜对核盘菌产生抗性。

## （五）壳寡糖对白菜的诱导抗性

据中国农业科学院蔬菜花卉研究所的报告称，壳寡糖能够很好地诱导大白菜对软腐病的抗性。田间药效试验报告，在未见病株前开始连续用 300 倍壳寡糖水剂诱导 5 次，其防治效果可达 66.90%。

### （六）壳寡糖对茄子、花菜、莴笋的诱导抗性

海南省植物保护站的报告称，壳寡糖具有很好的防治茄子病毒病的效果。

湖北武汉市农业局植保站的报告称，壳寡糖对花菜黑腐病的防治效果可达 64.2%。

四川省德阳植保站的报告称，壳寡糖防治莴笋霜霉病的防治效果为 66.8%。

### （七）壳寡糖对瓜类的诱导抗性

壳寡糖对瓜类枯萎病有一定的防治效果，保护效果好于治疗效果。壳寡糖与乙蒜素等农药混用，可以提高化学农药的防治效果，并降低化学农药的使用量。广东东莞市农业局植保的报告称，壳寡糖防治冬瓜枯萎病的防治效果可达 92.86%。

## 四、壳寡糖在水果中的应用

### （一）壳寡糖对苹果的诱导抗性

壳寡糖对苹果花叶病也有一定的防效。中科院大连化物所进行的田间防治试验，结果表明：壳寡糖对苹果花叶病防效可达 93.85%。和未经壳寡糖处理的对照组相比，可以实现增产 21%~23%，是防治苹果花叶病较理想的药剂。

另外，壳寡糖对导致苹果落叶的褐斑病也有明显的防治效果。

### （二）壳寡糖对葡萄的诱导抗性

宁德市植保站的报告称，壳寡糖对防治葡萄霜霉病有很好的效果。

### （三）壳寡糖对西瓜的诱导抗性

广东省肇庆市农作物病虫测报站的报告称，壳寡糖对于防治西瓜蔓枯病有很好的效果。

### （四）壳寡糖对番木瓜、香蕉的诱导抗性

海南省植保站的报告称，壳寡糖对于防治番木瓜环斑病有很好的效果。番木瓜环斑病毒侵染引起的为全株性病害，试验调查的各番木瓜产地都发生严重环斑病。在症状显现初期，喷施了壳寡糖后，病毒症状缓解，其系统扩展显著被抑制，新生茎叶症状轻微或不表现症状，环斑病得到有效控制。经现场检查和调查，证实喷施壳寡糖，有以下明显变化：全株茎叶病情减轻；新叶叶柄和嫩茎无病斑或明显减少；果实无症状或症状显著减轻。

### （五）壳寡糖对火龙果的诱导抗性

2019 年大连使用三种壳寡糖诱抗剂对火龙果溃疡病，进行诱抗试验，结果表明，5% 氨基寡糖素水剂诱导抗性效果最好。

### （六）壳寡糖对樱桃的诱导抗性

2019 年大连使用海之星植物疫苗，樱桃植株根系好，长势壮病害少，果实膨大快，口感好，上市早。

## 第二节　壳寡糖对植物生长发育的调节

随着人们对环境污染、食品安全和人类自身健康的日益重视，寻找新的具有促进作物生长作用的天然产物已成为可持续发展农业的重要课题。近年来，有报道称，壳寡糖对植物生长具有促进作用。譬如，壳寡糖对油菜也具有促生长作用，经壳寡糖处理后的油菜，其增产幅度在4.33%~9.67%。壳寡糖对植物生长的机理还不是很清楚。但是根据现有报道，壳寡糖的促生长作用与其平均分子量有很大的关系。

有研究报道称，壳寡糖对作物的种子萌发和幼苗的生长有促进作用。其促进作用的大小随着壳寡糖的平均分子质量及浓度的不同而有较大的差异。

研究人员采用平均分子质量分别为3000、5000、10000的壳寡糖0.3%（w/v）溶液处理黑麦草种子进行发芽试验。结果表明：三种不同分子量壳寡糖溶液处理黑麦草种子，均可提高黑麦草种子的发芽率、发芽指数和活力指数，其中，以平均分子质量为10000的壳寡糖对种子活力的影响最好。 韩国的研究人员通过试验证实，壳寡糖对水稻幼苗的生长有很好的促进作用。

壳寡糖镧或铈的配合物也有较大的促进作物生长作用。据报道，壳寡糖-镧和壳寡糖-铈配合物也可提高蔬菜、水稻种子的发芽率，促进作物的营养生长，能提高水稻产量3.3%，提高黄瓜产量12%~15%。

2020年新疆使用中科禾一海之星植物疫苗，棉花产量与对照相比提高了1倍。

## 第三节　壳寡糖诱导植物抗逆性

植物在生长过程中，不仅会遇到各种各样的病虫害侵袭，还会受到外界环境的影响。干旱、寒冷、洪涝等自然逆境也会对植物的产量、质量造成严重的影响，有统计数据显示，这些逆境非生物胁迫对植物生产造成的影响，甚至要大于病虫害等生物胁迫。实践工作中发现，壳寡糖处理植物，除了防治病害外，还具有很好的抗逆作用，尤其是针对植物抗旱与抗寒。

### 一、壳寡糖诱导植物抗旱性

干旱是制约农业生产的一个全球性问题，全球约43%的耕地受到干旱、半干旱的威胁。我国是干旱频发地区，在自然条件下干旱胁迫严重影响了作物生长发育，不仅影响了作物的产量，而且限制了植物的广泛分布，因此，提高作物的抗旱能力已经成为现代农业研究工作中急需解决的关键问题之一。

抗旱方面的研究日益受到人们的关注。目前已有较多的研究涉及耐旱机制、抗旱基因工程和外施化学物质诱导作物抗旱。近几年，有研究报道，壳寡糖可以诱导植物的抗旱性。

壳寡糖是一个有效的植物抗蒸腾剂，因为它可以诱导植物叶片上的气孔关闭。气孔结构在植物生命活动中起着极其重要的作用，作为植物与环境之间气体和水分变换的门户，既避免了干旱下植物水分的过度散失，又保证了植物光合作用的进行，因而一直受到人们的重视。许多生物和非生物胁迫因子（如渗透胁迫、黑暗、高 $CO_2$ 浓度和机械伤害等）都能诱导气孔关闭。降低气孔开度，不但可以有效地减少蒸腾作用，还可使叶片保持较高的相对含水量，有利于植物抗旱。

另外，我们知道，植物在干旱的胁迫下，其叶片净光合速率会降低，导致歉收。有研究报道，壳寡糖能够明显提高植物在干旱条件下的光合效率。

壳寡糖诱导植物抗旱的信号转导的机制还不很清楚。但是，有证据显示，壳寡糖提高植物的抗旱性与抗旱相关基因表达有密切关系。

LEA 蛋白是植物体内一种可减缓干旱作用的蛋白质。在干旱环境下，多数植物能诱导 LEA 蛋白的产生。虽然 LEA 蛋白的抗旱机制还不清楚，但大量试验已能够证实第 3 组 LEA 蛋白抗旱功能的真实性。组成该蛋白质的大多数氨基酸残基为碱性、亲水性氨基酸残基，这些氨基酸残基可以重新定向细胞内的水分，束缚盐离子，从而避免干旱胁迫时细胞内高浓度离子的累积所引起的损伤，同时也可防止组织过度脱水。

壳寡糖对第 3 组 LEA 蛋白也具有一定的诱导作用，这个结果在壳寡糖处理的油菜等作物的抗旱实验中得到了证明。

## 二、壳寡糖诱导植物抗寒性

低温冷害是农作物生长期间，遭到低于其生育适温的连续或短期的低温影响，使农作物生育延迟，甚至死亡的一种气象灾害，是我国农业生产上主要气象灾害之一。

为了减少低温冷害对农作物的影响，人们采取了多种措施，包括培育抗寒冻品种；适地适种，树盘培土，覆盖薄膜保暖，熏炯驱寒等；使用影响植物生长的激素如脱落酸、矮壮素等来调节植物代谢活动；以及施加有保温作用的化学试剂，如煤油乳剂和农业泡沫精等。

在众多植物抗冻剂中，寡糖类药剂是一种可以提高植物自身抗冻性的“植物疫苗”。施加了寡糖的植物，会激发自身的抗冻能力，抵御一定的低温侵袭。壳寡糖作为植物抗逆剂的功能是中科院大连化学物理研究所的研究人员在实践中逐渐总结发现的，并在近两年成为壳寡糖在农业上的应用开发热点。

## 三、壳寡糖诱导植物抗寒的应用效果

壳寡糖可以提高植物自身抗冻性的效果在实际应用中也得到了证实。中科院大连化学物理研究所于 2010 年在陕西的蒲城，针对果树进行了大面积的示范，示范面积近 10 万亩。而 2010 年陕西的寒害不同于往年，从 4 月 11-14 日出现了一次历史少见的阴雨雪、低温、风、倒春寒和霜冻天气，其中，西安飘起 49 年不遇的“四月飞雪”，全省 20 个县出现了自 1961 年以来 4 月中旬历史同期最低气温的极值。此次天气过程给该省大部分处于萌芽期、花期和幼果期的各类果树造成了严重影响，已被确定为特大型气象灾害。

此间官方发布的数据显示，陕西省共有 22 个县（区）211 个乡（镇）受灾，受灾人口近 400 万人。大部分地区梨树、杏树、桃树、苹果树受冻严重，其中苹果不同程度遭受冻害面积超过 100 万亩；猕猴桃 30 万亩；梨受害面积 12 万亩。寒害在蒲城主要发生在梨的幼果期，花前喷施一次壳寡糖，发生冻害后，补喷一次壳寡糖，不仅提高坐果率 50%，还有修复果面由于冻害造成的伤害，花前喷一次的果树，果面冻伤梨占 80%，而补喷一次的果树，果面冻伤梨仅占 20%。

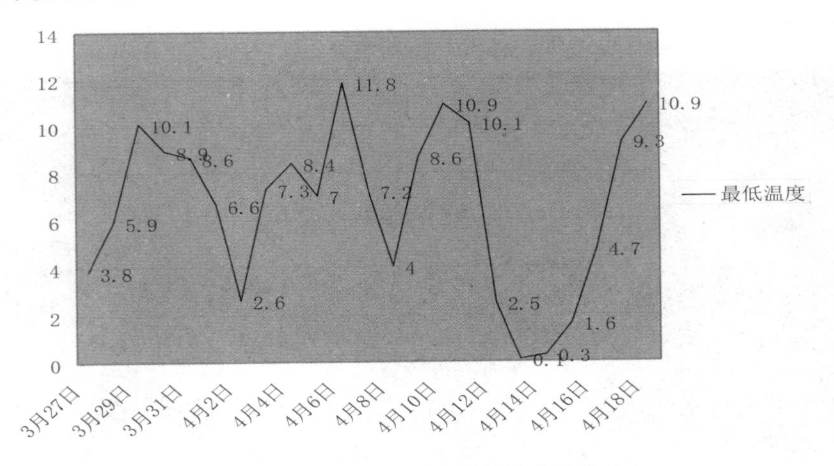


图 5-7　2010 年酥梨花期最低温度（陈庄）

图 5-8　生态梨

党睦镇孝通村 2010 年示范 1400 亩，梨长势喜人。去年没用寡糖，冻害造成严重损失的果农，今年用寡糖，坐果率及产量有大幅度提高。经检测酥梨达到了绿色标准，实现了陕西酥梨的首次出口，已出口至澳大利亚 200 余吨。

图 5-9　未喷壳寡糖喷壳寡糖

寡糖植物疫苗应用于茶叶抗冻试验。

此外，壳寡糖对诱导提高木瓜的抗冷害效果也非常显著，使用壳寡糖复配药剂的木瓜，3 周后开花结果数明显增加。

## 第四节　壳寡糖在农业中的其他作用

除了上述的促生长、防治病虫害、逆境防御等主要作用外，作为对植物进行综合改善的药剂，壳寡糖还具有改善植物品质、促进植物降低农药残留等作用。

中科院大连化学物理研究所在不同环境下多个试验茶园的结果均显示，壳寡糖农用制剂在茶树上具有促进生长（增产 30%），降低农残（喷施壳寡糖的茶树上的联苯菊酯含量，比未经壳寡糖处理的，要低 9/10 倍左右），改善品质（提高茶多酚含量，清香显著，茶叶叶片大而且肥厚等），产期提前（茶叶采收可以提前一周）等功效。

农药被植物吸收后，并非一直残留在植物体内，而是会被植物体内某些酶慢慢“消化”。只是这种过程的速度没有我们所期望的那样迅速，导致农产品采收后还存在一定的农药残留。中科院大连化学物理研究所的研究人员认为，壳寡糖能够降低农药残留的机理可能是诱导植物体内的某些参与农药降解的基因的表达和某些酶活性的提高。这些基因“指导”下合成的酶蛋白能把农药逐渐转化为水溶性物质或低毒、无毒物质，有的则被直接排出体外。

2020 年，广州市果树科学研究所将壳寡糖技术应用于番木瓜种植生产中，可以有效促进番木瓜苗期生长，茎秆粗壮，后期抗台风倒伏。

# 第六章　壳寡糖在精细化工领域中的应用

## 一、壳寡糖在化妆品中的应用

壳寡糖来源于生物提取物，其特殊的分子结构决定了壳寡糖具有优良的保湿增湿性能，同时可抑制皮肤表面细菌，活化表皮细胞，增强皮肤弹性，从而应用于美容、化妆、护肤、抗衰老等精细化工领域。日、韩等国利用壳寡糖的特殊功能已研制出多种日化产品。壳寡糖的绿色天然的特性符合世界日化产品的发展趋势，含天然活性物质的化妆品顺应回归自然、科学美容的消费趋势，具有很大的发展潜力。

夏文水等人在 1996 年的研究表明，相对分子质量 150 和 300 的低聚壳聚糖不但具有优良的水溶性，而且其吸湿和保湿性能均高于 HA（透明质酸）、乳酸钠及甘油等传统化妆品原料。小相对分子质量的低聚壳聚糖还可以渗透进皮肤毛囊，消除由于微生物积累而引起的黑色素及色斑等。而其本身可以抑制引起黑色素形成的酪氨酸酶的活性。此外，低聚壳聚糖分子结构中的游离氨基可与重金属产生螯合作用，对金属离子予以封锁从而提高化妆品质量。可见，低聚壳聚糖可以用于开发高级的保湿和美白化妆品。

甲壳低聚糖作为化妆品材料效果很好。杜予民在 2000 年的报道中指出低聚氨基葡萄糖可完全溶于水中，具有较好的保湿、吸湿性能，并有显著的抑菌作用，这也预示低聚氨基葡萄糖将在食品、化妆品和医药等行业中具有极其美好的应用前景。邵健等人 2000 年研究水溶性甲壳质衍生物可开发出皮肤护理剂、毛发加工保护剂和防晒剂。

伏国庆等人 2007 年研究水溶性壳聚糖和壳寡糖都有一定的吸湿、保湿性能，但存在差异。水溶性壳聚糖的吸湿性、保湿性能强与壳寡糖；随着壳寡糖分子量的降低，其吸湿、保湿性能增强，其吸湿、保湿性能与其氢键有关。水溶性壳聚糖和壳寡糖对铜绿假单胞菌、粪肠菌和肺炎克伯菌都有一定的的抑制作用，其抑菌作用强弱与分子量和浓度有关。

## 二、壳寡糖在保鲜中的应用

蒋挺大 1995 年研究壳寡糖中含有大量的 -NH2 和 -OH，可与多种金属离子形成配合物。脂肪食品中若含有金属离子，则会对脂肪自动氧化起加速作用。另外与脂肪食品（如鲜肉）中的活性氧发生反应，清除掉引起氧化反应的活性氧。壳寡糖具有良好的水溶性，可以与鲜肉中游离脂肪酸充分接触，形成稳定的复合物，该复合物又可与几倍于其体积的脂肪结合，形成稳定的结构。这样，低聚壳聚糖通过结合游离脂肪酸而起到抗脂肪水解的作用。

蔡俊 2005 年对不同分子量的壳低聚糖在酿造酱油中的抗菌效果进行了研究。研究结果表明，壳低聚糖能有效抑制酿造酱油中的腐败菌，其抑菌率为 CLP-2 最高，CLP-4 最低，在 36h 内 CLP-2 对酿造酱油的抑菌率都超过 90%，最低用量的 CLP-4 比山梨酸钾的抑菌效果好，壳低聚糖的加入能使酿造酱油中的细菌总数迅速下降，在实际应用中可加入 0．1% 的用量。

姚评佳等人 2006 年利用 60Coy 射线辐照合成一种壳寡糖基聚合物。以壳寡糖基聚合物溶液为保鲜剂，在芒果上进行保鲜试验。本试验发现 1% ~ 2%的壳寡糖基聚合物水溶液对芒果具有很好的保鲜效果。

以壳寡糖为主要成分，复配以其他具有防腐、抗氧化作用的天然物质，制备而成的天然生物防腐剂，应用于食品中具有防腐、增稠、抗氧化等综合作用，可有效延长产品保质期，减少化学防腐剂对人体的危害作用，是安全、高效、新型的天然食品添加剂。

# 第七章　壳寡糖的吸收利用及安全性评价

壳寡糖良好的生物相容性和生物降解性使其具有药用和生物医用潜力。根据目前已有的报道，通过口服或者灌胃，壳寡糖具有抗肿瘤、抗突变、抗氧化、降血糖、降血压、调节血脂、保护肝脏、提高机体免疫力、抗菌、抗病毒等很多作用。壳寡糖在体内吸收、分布、代谢和排泄过程的研究具有重要意义，这些体内的动力学、吸收、分布和代谢数据，不仅有助于了解壳寡糖在体内的作用机理、作用过程，还可作为壳寡糖药物开发的指导，为临床安全、有效用药奠定基础。

## 第一节　壳寡糖的吸收及利用

哺乳动物产生的内源性消化糖的酶（主要是唾液淀粉酶、胰淀粉酶）对糖的消化主要作用于β-1，4 糖苷键，而对其他类型的糖苷键不能分解或分解能力较弱。壳寡糖是由 N-乙酰 -D- 葡萄糖胺以 β-1，4 糖苷键结合而成的寡糖，不能被哺乳动物胃酸和消化酶降解。然而实验表明壳寡糖的水溶性大于 99%。壳寡糖在体内主要在小肠被吸收，而其吸收的方式是以被动扩散的方式透过小肠上皮细胞的间隙进入体内，从而到达身体的各个部位，发挥其生理功能。

壳寡糖的吸收、分布研究一直是一个热点，但进展缓慢，难点主要在于高灵敏度检测方法的建立。目前仅有几篇文献报道了有关壳聚糖和壳寡糖吸收的研究，均是采用带有发色基团的壳聚糖和壳寡糖作为实验材料。

Onishi 等用异硫氰酸荧光素（FITC）标记壳聚糖，并采用腹膜注射法将标记产物异硫氰酸荧光素壳聚糖（FTC-Chi）注射到小鼠体内，来研究壳聚糖在体内的降解和分布情况，发现 FTC-Chi 在注射后 1、4、24h 快速到达肾脏和尿液中，而几乎不分布到肝、脾和血液等肾以外的组织，在 14 h FTC-Chi 在尿中的含量最高。Shimoda 等给大鼠口服用 FTC 标记的壳聚糖微粒（FTC-MS），结果表明 2h 后 30% 的 FTC-MS 到达胃；5h 后 FTC-MS 广泛分布在小肠各段，而在胃中的含量低于 10%；8h 后 FTC-MS 则主要集中在小肠末端。Takishima 等试验发现 FTC-chi 在小肠前段和中段的停留时间超过 8h。

Chae 等采用异硫氰酸荧光素（fluorescein isothiocyanate，FITC）标记可溶性壳聚糖（分子质量分别为 3.8，7.5，13，22，230 kDa），通过 Caco-2 单层细胞模型以及 20mg/kg 剂量

灌胃大鼠，在 30min 后，发现除 230kDa 壳聚糖外，都达到最大的血药浓度，其中 3.8kDa 壳聚糖的血药浓度为 20.23μg/ml。

Chen 等人利用对氨基苯甲酸乙酯（p-aminobenzoic ethyl ester，ABEE）标记的壳寡糖结合 HPLC 进行了壳寡糖药物代谢动力学的研究，其中每个标记的壳寡糖的检测限都在 0.5μmol/L 左右，研究发现，当口服剂量在 30 mg/kg 时，大约 lh 后，壳二糖、壳三糖出现在大鼠血液中，且在血浆中浓度最高；而剂量在 300mg/kg 时血液中都没有出现壳四糖和壳五糖。在静脉注射 100mg/kg 后，对壳二糖和壳三糖的药物代谢动力学研究结果表明，两种糖从身体随着一室模型被清除，从二者总的体清除率（$224 \pm 43$ 和 $155 \pm 26$ml/h/kg）和分布量（$107 \pm 15$ 和 $65 \pm 9$ml/kg）来讲，壳二糖比壳三糖高；对于所有的检测剂量（30、100 和 300mg/kg），壳二糖的绝对口服生物药效高于壳三糖。壳二糖和壳三糖的第一吸收速率常数都低于 1.0$h^{-1}$，而且也都低于清除速率常数（分别是 $2.2 \pm 0.3$、$2.7 \pm 0.1h^{-1}$），说明壳二糖和壳三糖的吸收是缓慢的，他们也由此得出各种低分子质量的壳寡糖中，仅有壳二糖和壳三糖能被胃肠道略微吸收。

Zeng 等人研究发现壳聚糖的吸收和分布与其分子质量和水溶性显著相关，随着分子质量的降低和水溶性的增加，吸收增加。他们用异硫氰酸荧光素标记了四种不同分子质量和脱乙酰度的壳聚糖（HCS 分子质量 $7.60 \times 10^5$，脱乙酰度 85.5%，MCS 分子质量 $3.27 \times 10^4$，脱乙酰度 85.2%，COS 分子质量 $0.99 \times 10^3$，脱乙酰度 85.7%，WSC 分子质量 $3.91 \times 10^4$，脱乙酰度 52.6%）。他们的试验结果表明壳聚糖分布在肝、肾、脾、胸腺、心脏和肺。而且壳寡糖相对是更容易被吸收和代谢的。

由于这几篇文献在研究壳寡糖的体内吸收、代谢时所采用的是带有不同发色团标记的壳寡糖，虽然方便了检测，但由于壳寡糖本身的分子质量较小，加上发色团后，使得壳寡糖的分子质量发生明显变化，表面亲水性质亦均发生了改变，可能会对壳寡糖真实的体内吸收、代谢过程产生重要的影响；同时本身药物的血药浓度低，受到检测灵敏度低的影响，可能会对结果的判断有很大的影响。因此出现了上述文献中所得到的结论存在有一定的矛盾。所以，在研究壳寡糖的吸收与分布中高灵敏度检测方法的建立是一个关键问题。同时文献中并没有阐述壳寡糖的吸收机制，这是一个深入研究开发壳寡糖必须解决的课题。

## 第二节 壳寡糖的安全性评价

壳寡糖作为功能性食品和添加剂的研究刚刚起步。研究人员对壳聚糖 / 壳寡糖系列物质的安全性作了系统评价，为壳寡糖作为功能食品的应用奠定了基础。

皮肤刺激和过敏反应试验结果表明壳聚糖原液对家兔皮肤无刺激和过敏反应。角结膜刺激试验表明壳聚糖原液对兔眼无刺激性。肌肉刺激试验表明壳聚糖原液对兔肌肉无刺激性。经皮肤吸收性测试，涂上软膏后，测定转移到血和尿中的壳聚糖浓度，没有经皮肤深层次吸收性。

石玲等人对 20 只小鼠最大耐受量试验达 4980mg/kg b.w，急性毒性试验（1660mg/kg b.w）未出现小鼠死亡和明显副作用，长期毒性试验 90d 亦情况良好，体重增加，血常规、肾功能及血糖血脂均与对照组相似，组间比较无显著差异（$P>0.5$），系统尸解后内脏器官亦无特殊病理学变化。小鼠口服壳聚糖 LD50 大于 16g/kg，无急性和长期毒性。程东等试验也证明小鼠 LD50 均大于 10.0g/kg，可见壳聚糖属无毒物质；通过 Ames 试验、精子畸形试验和微核试验一组短期诱变试验，从不同遗传学终点和靶细胞的角度，对受试物的遗传毒性试验均为阴性，即壳聚糖未显示有遗传毒性作用；饲养试验中小鼠的生长状态良好，脏器指数亦在正常值范围，与对照组差异无统计学意义。贾文英等人也得出相同研究结果。曹晶通过对壳聚糖的细胞毒性试验、溶血和过敏性实验表明壳聚糖无细胞毒性，不溶血，不致敏，生物相容性好。依据 ISO 标准检测认为壳聚糖无致突变作用。田昆仑采用细胞生长抑制法测定壳聚糖与水溶性的异丁基壳聚糖、羧甲基壳聚搪的细胞毒性，结果显示壳聚糖及其水溶性衍生物无细胞毒性。然而 Carreno- Gomez 指出壳聚糖的盐类有细胞毒性，且盐酸盐 > 谷氨酸盐 > 乳酸盐。而且分子质量越大，毒性越大，并指出戊二醛交联的壳聚糖微球具细胞毒性。

随着研究深入，人们发现壳聚糖经水解生成的低聚合度的壳寡糖具有较高的溶解度、易被吸收利用，更显示其独特的生理活性和功能性质。

Kim 等研究了壳寡糖对大鼠的亚急性毒性。分别用 500、1000、2000mg · $kg^{-1}$ · $d^{-1}$ 对 SD 大鼠灌胃 4 周，结果显示，对照组和实验组不仅在行为、外表、体重、食物消耗等方面均无显著性差异，而且在尿分析、血液学和组织病理学等方面也无显著性差异，提示壳寡糖的亚急性毒性非常小。赵玉清等对壳寡糖进行了初步的安全性研究。大鼠 、小鼠给药后，前 10d 内，小鼠和大鼠的活动、外观及行为无异常变化，给药后不影响食量；大鼠、小鼠的生长发育基本正常。在第 10d 到第 20d 内，给壳寡糖的雄性小鼠死亡三只，死亡时，药物在小鼠体内的累计量分别为 14.36g/kg，15.32g/kg，14.28g/kg，平均药物累计量为 14.65g/kg。除此之外，其他小鼠的生活状态均未出现异常变化。同时研究了壳寡糖对大鼠的亚急性毒性，分别采用一日 500，1 000，2 000mg/kg 给药，四周后观察结果显示，对照组和实验组不仅在行为、外表、体重、食物消耗等方面均无显著性差异，而且在尿分析、血液学和组织病理学等方面也无显著性差异。提示壳寡糖的亚急性毒性非常小。

壳聚糖、壳寡糖作为功能性食品无毒、安全。开发有特殊功能的壳聚糖 / 壳寡糖系列功能食品将给人类健康带来巨大影响。

# 第三节　发展前景

甲壳素（几丁质）普遍存在于植物中的低等藻类、菇类和真菌的细胞壁，以及动物中的昆虫、甲壳类外层表皮，其中以虾蟹外壳为最常见来源。根据文献报道，全球虾蟹壳年产量近亿万吨，贝类、壳类年产几丁质 123 万吨，发酵副产品中的丝状菌类年产几丁质 43 万吨，几丁质可谓取之不尽，用之不竭。目前，全世界从事甲壳素开发的企业已达上千家，甲壳素的研究开发已成为世人瞩目的科技领域和获利颇丰的新兴产业。

甲壳素的研究开发及其商业产品已出现了全球竞争趋势，并将继续保持稳定的高速发展。开发利用具有无污染、无残留、不产生耐药性，同时可提高动物免疫力，增加动物对疾病抵抗力的新型绿色饲料添加剂已成为当前畜牧业发展的必然趋势。

壳寡糖是由甲壳质脱乙酰化的产物壳聚糖降解获得，资源相当丰富，壳寡糖不但水溶性好，易被人体吸收，并且具有抑菌、抗肿瘤、调血脂、调节免疫等多种生理功能，其开发应用已成为生物技术领域的新热点之一。

壳寡糖是一种良好的生物源农药，能够诱导植物产生抗病性，具备一定的杀菌效果，并能够提高其他一些杀虫剂的杀虫效果。我国一些科研院所在壳寡糖应用于农作物的病虫害防治等方面也取得了一些研究成果，如中国科学院大连化学物理研究所承担的“863”计划课题“海洋寡糖抗植物病毒生物新农药的研制”。他们利用海洋动物多糖为原料，应用现代分子生物学、生农药学学报 Vol. 8 物化工及分析化学新方法，在筛选不同来源的降解酶、确定酶解工艺条件以及研究海洋寡糖抗病毒机理的基础上，研制出的壳寡糖生物源农药对番茄和烟草病毒病的平均防治效果为 64.1%，取得了防治番茄、烟草病毒病的农业部农药登记证书。因此，有必要对壳寡糖进行更广泛深入的研究，使这一宝贵的天然资源得到更好的开发和利用。

植物诱导抗病性具有抗病谱广、持续时间较长、可控的抗病性表达时间和空间，最为重要的是目前发现大部分的诱导物对环境无污染，这些特点决定了植物诱导抗病性应该具有良好的应用前景。诱导激活剂从最初的生物诱导剂到目前的种种化学诱导剂，人们在研究其信号传递机理的同时，正致力于高效化学诱导剂的研究，以减轻大量使用农药给环境和食品造成的污染，将其广泛应用于大田生产中的前景十分乐观。

寡糖素是国际最新发现的一类信号分子，也是研究最多、最细致的一类信号物质，具有调控植物生长、发育、繁殖、防病和抗病等方面的功能，能够刺激植物的免疫系统反应，激活防御反应和调控植物生长，产生具有抗病害的活性物质，抑制病害的形成，特别是不同来源的寡聚糖可针对不同的病原菌，从而可开发出针对各类病害的系列寡聚糖农药，解决基因工程遗传育种也很难解决的病原菌生态变异小种的问题，是一种全新的产品，因此该类产品具有十分广阔的应用及市场前景。另外，寡糖类生防农药原料来源丰富、生产成本低、药效高、无毒、无公害，因此无论是寡糖生防农药的生产企业，还是农业生产都将获得巨大的经济效益。同时寡糖应用于海珍品养殖及畜产品养殖病害防治的前景极为广阔。我们相信随着21世纪糖生物学的兴起，寡糖素的研究与应用必将很快迎来一个激动人心的时期。

壳寡糖饲料添加剂是一种新型的绿色饲料添加剂，发展时间较短，刚刚起步，目前正处于快速发展期，壳寡糖饲料添加剂已被人们逐步认识，其饲用功效也被认可并正被人们接受。壳寡糖作为一种安全、无残留的绿色饲料添加剂，具有增殖动物肠道有益菌菌群，提高动物免疫力，改善饲料转化率及动物生产性能，促进吸收优化营养结构等功效，在某些方面的作用效果已经赶上甚至超过了抗生素，是饲料添加剂中极具发展潜力的品种之一。若对壳寡糖的作用机理进行深入细致的研究，解决好提高壳寡糖利用率的措施、不同动物在不同生理状态下的最佳添加量和添加方式、与其他营养因素之间的相互关系等问题，开发研制出降低生产成本的新技术，同时对其作用机理进行更深入的探讨，势必会加快壳寡糖饲料添加剂的应用步伐。我们坚信，壳寡糖饲料添加剂产品一定会越来越为人们所认知，在未来能更好地发挥自己的效用，为我国的绿色农业做出更大的贡献。

# 第八章　壳寡糖在社会推广中的应用

## 第一节　壳寡糖与人类未来健康工程

人民群众的卫生健康状况，历来是党和政府重点关注的问题。进入 21 世纪，在建立城乡新型医疗卫生保障体系，深化医疗卫生体制改革的同时，开始全面推行预防为主的方针，走“预防为主，人人健康”发展道路。但是，目前有相当数量的中国民众都处于亚健康状态，随着时代的快速发展变化，中国人的医疗保健意识也必须与时俱进，得到相应的提升和加强。这就需要建立教育、传播、推广、普及的平台，去引领人们走向健康、科学的生活状态。

全面提高全民健康意识和身体素质，保障人民群众的身体健康，提高人民群中的生活质量，是党和政府的责任，也是医药卫生行业和健康产业工作者的责任。“中国卫生健康万里行”活动努力落实国家《全民科学素质行动计划纲要》，以“节约能源资源，保护生态环境，保障安全健康”为活动宗旨；以开展大型科普活动为主要形式，开展传染性疾病预防和慢性非传染性疾病防控等科普宣传和健康教育，围绕安全健康宣传和普及安全用药、食品营养、运动安全等各类健康科普知识展开宣传。

“壳寡糖与人类未来健康工程”是“中国卫生健康万里行”的重要组成部分，是一项利国利民的全民健康工程，是在全国范围内开展糖生物学、糖生物工程科技成果推广与人类健康科普宣传等公益活动，积极推动国家发改委公众营养改善壳寡糖（OLIGO）项目并作为其重要组成部分的一项全民健康工程。

“壳寡糖与人类未来健康工程”的宗旨和目的，是贯彻党的十七大精神，落实“十一五”、“十二五”规划，使广大民众树立健康观念，增强疾病预防意识，延长国民健康，延长人均预期寿命，积极推动建设和谐社会。

图 8-1 壳寡糖与人类未来健康工程

## 一、壳寡糖与人类未来健康工程的启动

2008 年 1 月 23 日，由中华预防医学会、中国未来研究会、中国生物工程学会糖生物工程专业委员会、中国科学院大连化学物理研究所壳寡糖研究中心、保健时报社共同主办的“中国卫生健康万里行•壳寡糖与人类未来健康工程”，在北京人民大会堂正式启动。

出席“中国卫生健康万里行•壳寡糖与人类未来健康工程”启动仪式暨新闻发布会的领导和专家有：第九届全国政协副主席王文元，国家民政部原副部长、中国未来研究会会长张文范，国家卫生部原副部长、全国政协教科文卫委员会副主任、卫生部全国卫生产业企业管理协会会长孙隆椿，国家卫生部原副部长、中国保健协会理事长张凤楼，国家人事部原副部长、中国老科学技术工作者协会会长程连昌，中华预防医学会副会长兼秘书长蔡继明，国家中医药管理局原局长齐谋甲，中华预防医学会副秘书长、保健时报社社长高峻璞，中国人民解放军保健局原局长杜玉奎，中国科学院院士、中科院微生物所研究员、博士生导师张树政教授，中国生物工程学会副理事长兼秘书长、清华大学生物与食品化工研究所所长、博士生导师曹竹安教授，中国科学院生命科学与生物技术局局长、中国科学院研究员、博士生导师康乐教授，中央保健委员会专家、全军科委心血管内科专业委员会顾问、国家食品药品监督管理局药品评审专家、博士生导师李天德教授，中国化学会甲壳素专业委员会主任委员、武汉大学资源与环境学院博士生导师杜予民教授，中国生物工程学会糖生物工程专业委员会主任委员、中科院微生物研究所研究员、博士生导师金城教授，中国生物化学与分子生物学学会糖复合物专业委员会主任委员、复旦大学医学院博士生导师顾建新教授，中国生物工程学会糖生物工程专业委员会副主任委员、国家科技部中国生物技术发展中心研究员林锦湖教授，中国生物工程学会糖生物工程专业委员会副主任委员、中科院大连化学物理研究所研究员、1805 课题组组长杜昱光……

图 8-2“中国卫生健康万里行 · 壳寡糖与人类未来健康工程”正式启动

工程启动仪式由中国第一位电视播音员、第一位电视主持人、中央电视台著名节目主持人沈力老师与高峻璞副秘书长联袂主持。

十数家新闻媒体参加了工程启动仪式。

在工程启动仪式上，张文范会长向“壳寡糖与人类未来健康工程”执行委员会副主任杜昱光授旗，孙隆椿会长向“壳寡糖与人类未来健康工程”专家委员会主任林锦湖授牌。张树政院士、张文范会长、程连昌会长、孙隆椿会长、张凤楼理事长、蔡继明副会长共同开启工程启动球，“中国卫生健康万里行 • 壳寡糖与人类未来健康工程”正式启动。

图 8-3“中国卫生健康万里行 · 壳寡糖与人类未来健康工程”正式启动

## 二、领导、专家对壳寡糖与人类未来健康工程寄予厚望

参加工程启动仪式的领导和专家们，纷纷发表讲话，对“壳寡糖与人类未来健康工程”的启动表示热烈祝贺，并对工程的推广寄予厚望。

国家民政部原副部长、中国未来研究会会长张文范在讲话中指出：“党的十七大报告指出‘健康是人全面发展的基础，关系千家万户的幸福’。‘壳寡糖与人类未来健康工程’是一个面向全国、关乎民生、关乎现在和未来的健康工程。知识创造健康，科学改变体质，壳寡糖的普及与推广是提高人类生活水平，生命质量的一个重要举措，‘壳寡糖与人类未来健康工程’必将对我国人民健康水平的提高起到积极的推动作用。”

国家卫生部原副部长、全国政协教科文卫委员会副主任、卫生部全国卫生产业企业管理协会会长孙隆椿在讲话中指出：“我国是个人口大国，正逐步进入老龄社会，疾病呈现高发期。倡导群众开展自我保健，增强身体素质，及时贯彻预防为主的方针，有效实施健康保健，减少疾病的发生，通过开展‘壳寡糖与人类健康工程’向全国人民普及壳寡糖的科学知识，增强群众自我保健意识，从而提高民众的健康水平。”

图 8–4 参加“中国卫生健康万里行 · 壳寡糖与人类未来健康工程”的部分领导

中华预防医学会副会长兼秘书长蔡继明在讲话中指出：“追求健康和长寿是我们共同关注的一个主题。十七大报告中明确指出‘健康是人全面发展的基础’，并强调‘预防为主的方针’，我们要坚持预防为主，中西医并重，要为国民健康的生活方式和科学保健创造条件。‘中国卫生健康万里行•壳寡糖与人类未来健康工程’的启动，将对广大人民群

众掌握健康科学的生活方式，利用现代的科学手段，促进健康和保健工作，具有积极促进的意义。”

国家中医药管理局原局长齐谋甲在讲话中指出：“健康工作一个不变的方针就是‘预防为主’，健康工程由行业协会、科研中心、新闻媒体多个机构强强联合，发挥各自的优势和特点。近年来，糖生物学研究取得了重要的成就，很多国家对糖生物学的研究都给予了足够的重视和支持。发达国家已投巨资期待解开糖的奥妙，利用糖为人类造福。我国近年来对糖的研究也加大了力度，特别壳寡糖的研究已成为这个领域的焦点，我相信随着本工程的展开，糖工程技术必将造福千家万户，壳寡糖必将为人民健康做出更大贡献。”

中国科学院院士、中科院微生物研究所研究员、博士生导师、中国糖生物学与糖工程的奠基人、壳寡糖与人类未来健康工程专家委员会名誉主席张树政院士在讲话中指出：“‘壳寡糖与人类未来健康工程’是造福人民的一项健康工程，对工程的顺利启动我表示热烈的祝贺！工程的开展，必将使更多的人认识壳寡糖，受益于壳寡糖！”

图 8-5 参加“中国卫生健康万里行 · 壳寡糖与人类未来健康工程”的部分代表

中国生物工程学会副理事长兼秘书长、清华大学生物与食品化工研究所所长、博士生导师曹竹安教授在讲话中指出：“糖工程是从上个世纪末我国一直努力推进的一个生物技术的领先领域，从中国生物工程学会成立以后，在第三次常务理事会上就决定成立糖工程的专业委员会。如果说二十世纪是蛋白质工程的世纪，而二十一世纪就是糖工程的世纪。这次‘中国卫生健康万里行 • 壳寡糖与人类未来健康工程’的启动必将促进全民健康，改善人民群众的生活质量。”

中国科学院生命科学与生物技术局局长、中国科学院研究员、博士生导师康乐教授在讲话中指出：“通过开展‘壳寡糖与人类未来健康工程’，将对人类的健康、环境的保护起到积极作用。在农业和生物产业具有重大的发展潜力。此项研究是中国科学院重点支持领域，将使民众在糖生物学发展的过程中逐步认识糖的生物学功能，特别是寡糖的生物学功能，从而更好地运用壳寡糖改善疾病、保障机体健康。”

中国生物工程学会糖生物工程专业委员会副主任委员、国家科技部中国生物技术发展中心研究员林锦湖教授在讲话中指出：“糖生物工程是目前最引人注目的一个崭新的生物技术领域，被称为第三代生物技术。它已广泛应用于医药、农业、食品、环保等领域，一个新兴的糖生物工程产业正在崛起。糖生物工程产业将成为21世纪的主流产业。”

中央保健委员会专家、全军科委心血管内科专业委员会顾问、国家食品药品监督管理局药品评审专家、博士生导师李天德教授在讲话中指出：“多年的临床工作经验使我体会到，现在特别是精神的压力、不良的生活方式、不良的饮食结构等方面都对我们的健康构成了很大的威胁，希望‘壳寡糖与人类未来健康工程’在不久的将来能够为广大人民群众带来更多健康、快乐和美好的生活！”

领导和专家们的真知灼见，是珍贵的档案资料，已成为见证糖生物工程发展难忘时刻的历史文献。

图 8–6“中国卫生健康万里行·壳寡糖与人类未来健康工程”的部分代表

## 第二节　运动员康复新篇章

“更高，更快，更强”，是奥运会的宗旨，体现着人类所追求的“力之美”。

奥运会，人类运动史上的“大公”“大正”。一方面要反对破坏公平正义、人体健康的兴奋剂；一方面要倡导增强健康、有助于运动员康复的营养剂。

壳寡糖是“两全其美”“两项全能”。

图 8–7 受益于壳寡糖的奥运健儿

## 一、精锐之师，中国女子柔道军团

2008 年，第二十九届北京奥运会，在培养了李忠云、庄晓岩、孙福明、袁华四届女子柔道奥运冠军之后，60 岁的“柔道教父”刘永福又率领年轻的弟子杨秀丽，杀进女子柔道 78 公斤级决赛。杨秀丽苦战古巴名将亚伦妮斯，双方打平，进入加时赛。

图 8–8 “柔道教父”刘永福

赛场旁的古巴队教练心急如焚，来回走动，大声叫喊。刘永福却如老僧坐禅，静观局势，只是在关键时刻才偶尔发出一句“指点”。最终，杨秀丽以顽强的进攻奠定了获胜的基础，当裁判举旗判定杨秀丽获胜时，一直面无表情观战的刘永福双手重重在垫子上一捶，冷峻的脸上露出难得的笑容。在全场观众的欢呼声中，杨秀丽跳下赛台与教练刘永福紧紧相拥。

赛后接受记者采访时，杨秀丽说:“只有拼才有活路！”回顾这场艰难的“战斗”，杨秀丽的拼搏格言是如此掷地有声。

图 8-9 杨秀丽

这次夺冠堪称中国代表团在重竞技项目上最大的惊喜，续写了中国女子柔道的辉煌，也成就了“金牌教练”刘永福“五连冠”完美的柔道人生。

图 8-10 中国女子柔道队获得的部分奖杯及奖牌等

图 8-11 获得奖牌的中国女子柔道队队员

刘永福是中国柔道的开山鼻祖，一手把柔道这项运动从日本引进中国。他率队七次参加奥运会，从 1988 年到 2008 年，他率领弟子夺得五届奥运会女子柔道金牌，同时还获得十多个世界冠军和近 30 个亚洲冠军，创造了体坛神话，被尊称为“女柔教父”“传奇教练”。

中国女子柔道队，自成立以来经过 20 多年赛事风云的洗礼，称霸世界女子柔道大级别赛场十余年，8 次荣获奥运会女子柔道冠军，实现了历史性的突破，成为国际柔坛上的新霸主，是一支名副其实的奥运冠军团队。

## 二、绿色健康防线，安全品质保障

柔道是一种以摔法和地面技能为主的对抗性很强的格斗类竞技运动，它的特点就是运动员身体上的冲撞、对博与拼摔。受伤、伤痛，对于常年训练比赛的动员来说是再平常不过的事情。

图 8–12 柔道队员

2008 年杨秀丽在北京上演巅峰决战。然而在赛前，她一直受伤病折磨，特别是左肩的疼痛，总是影响到比赛。在北京奥运会后，她进行了肩部手术，恢复得相当艰苦，并曾经因为肩部的伤势休战一年。不只是杨秀丽，每一个柔道运动员都有着一身的伤痛。伤病是摆在奥运选手面前最难逾越的一道坎，也是每一位教练的担心所在。

当提及运动员们的身体受到损伤，一般都采取哪些治疗、康复方法时，身经百战的刘永福有些无奈地回答道：“常规的康复方法有冷敷、热敷、推拿等，但对于老队员来说，有些是陈年旧伤，很难痊愈，经常复发。这是长期困扰我们的大难题。同时，也因为怕误服违禁药物惹上麻烦，对于具有辅助治疗作用的保健品，一直都持非常慎重的态度在进行筛选。”

刘永福说道：“伦敦奥运会后，我们在对队员的伤病治疗中，服用了壳寡糖产品，康复效果非常好，队员的免疫力、体能得到显著提高。”

## 三、冰山雪莲，健康绽放

在中国体坛，有两支被称为“铿锵玫瑰”的女子运动队，一支是中国女子足球队，另一支就是中国女子曲棍球队。

图 8-13 中国女子曲棍球队队员

曲棍球在国内是冷门项目，打球的运动员、看球的观众都很少，但中国女子曲棍球队是一支世界强队。在 2002 年，中国女曲就在主教练韩国人金昶伯的带领下连夺冠军杯赛、亚运会等世界大赛冠军，此后她们一直保持着良好的状态。

2019 年 10 月 26 日，又获得了 2020 年东京奥运会入场券，这是 2000 年之后，中国女子曲棍球队连续 6 届获得奥运参赛资格。

练曲棍球十分艰苦，不仅运动量大，而且对抗性强。在激烈的对抗中，球杆一碰到身体往往就是硬伤，一跤摔下去就会蹭掉一块皮，但女曲姑娘却毫不畏惧，爬起来接着打。

图 8-14 中国女子曲棍球队队员

大连姑娘马弋博就是这群姑娘中的一员。马弋博在2000年入选国家队，很快就成为全队的防守核心，并曾担任中国女子曲棍球队队长，她不但防守过硬，精彩进球也不少，打入了很多制胜的关键一球，被称为中国女曲的“进球王”。

图 8-15 中国女子曲棍球队队员马弋博

2007年，马弋博获得了国际曲联的最佳女运动员提名。2008年，马弋博又入选世界女子曲棍球年度全明星最佳阵容。

多年来，中国女子曲棍球队曾经取得世界冠军杯赛冠军、多次亚运会冠军、2008北京奥运会亚军的骄人战绩，与中国女排一样，中国女子曲棍球队也有自己勇于拼搏的“冰山雪莲精神”。那就是“不畏困难的生存精神，持之以恒的坚持精神，全队如一的团队精神，永不言败的拼搏精神”。

2020年，融合壳寡糖生物技术与西北高原特色生物资源雪莲开发出的壳寡糖新成果，被马弋博选中，成为呵护“冰山雪莲”健康绽放的伴侣。

## 第三节　壳寡糖多领域推广应用

### 一、在宝岛台湾举办壳寡糖成就展，促进海峡两岸健康文化交流

2015年2月8-9日，由大连中科壳寡糖研究中心主办的壳寡糖成就展在台湾省台中市亚洲大学隆重举办。

图 8-16 台湾省台市中市亚洲大学

展览分五大展区，内容丰富、博闻广见，专业人员现场讲解，图文视频，形式多样。

近 2000 名自祖国大陆来宝岛台湾观光的民众，脚踏步步高升的红地毯，徜徉于展区之间，悉心观展、观影，全景式认知、了解壳寡糖研究、应用、产业发展的方方面面。

图 8-17 壳寡糖成就展现场

壳寡糖成就展还吸引了许多台湾当地民众参观、咨询。

参观完壳寡糖成就展示长廊，可以走进亚洲大学国际会议中心，边休息边欣赏精心制作的壳寡糖科技发展史视频，进一步增进对壳寡糖更加全面、形象的认知。

壳寡糖成就展历时两天，接待海峡两岸参观人员逾 3000 人，为促进海峡两岸健康文化交流做出了令世人瞩目的贡献。

图 8-18 壳寡糖成就展部分参展人员

## 二、建设壳寡糖科技馆，普及壳寡糖科学知识

2015 年 11 月 12 日，深圳壳寡糖科技馆在深圳市龙岗区布吉金苹果创新园正式开馆。

图 8-19 大连中科壳寡糖研究中心科技馆

深圳壳寡糖科技馆是大连中科壳寡糖研究中心在大连之外开设的第一座壳寡糖科技馆分馆，由中科院大化所简介、壳寡糖成果展示、婚纱摄影、海洋隧道、壳寡糖产业视频展映、会议报告厅等部分组成，环境优雅，配备了先进的视听、音响设备和舒适、方便的休息区域。

图 8-20 大连中科壳寡糖研究中心科技馆内部

图 8-21 大连中科壳寡糖研究中心科技馆内部

深圳壳寡糖科技馆美轮美奂、内容翔实、科技感十足，是继大连壳寡糖科技馆之后，又一座为壳寡糖科普、产业推广服务的现代化科普平台。

早在 2014 年 11 月，国内第一座壳寡糖科技馆即在大连高新园区中国科学院大连科技创新园高技术转化中心大厦建成并面向公众开放。

大连壳寡糖科技馆分为会议厅、展厅、中试车间三个部分，可容纳 160 人的会议厅配备了先进的视听、音响设备和舒适、方便的座椅。中试车间拥有全套的壳寡糖制备提取设备，可向参观者直观展示壳寡糖的制备过程。

图 8-22 大连中科壳寡糖研究中心科技馆内部

展厅运用先进的声光电系统，通过研究中心介绍、壳寡糖科技发展史、壳寡糖的推广与应用、壳寡糖成果展示、壳寡糖与人体健康等五个展区，引领参观者认知并亲身感受壳寡糖研究、应用的方方面面，且由中科院大连化学物理研究所的糖生物学家亲自介绍讲解。

2017 年，大连壳寡糖科技馆迁往大连开发区。

2017 年 12 月 10 日，经过科学规划、精心设计施工，斥巨资重新建设的大连壳寡糖科技馆——大连中科壳寡糖科技馆正式开馆迎宾。

图 8-23 大连壳寡糖科技馆迁新址

重新建设的大连壳寡糖科技馆，是一座全新的拥有高新技术设施的壳寡糖科技馆，建筑面积 1800 平米，拥有十大展区，分别是科技大厅展示区、发展历程展示区、荣誉展示区、大连化学物理研究所展示区、壳寡糖应用展示区、壳寡糖成果展示区、多媒体互动演示区、趣味摄影区、企业风采展示区、壳寡糖与人类健康产业展示区。在这十大展区中运用多项高新技术，全方位展示壳寡糖的高科技背景、研发历程、应用成果。

图 8-24 新场馆内部

图 8-25 新场馆内部

时至今日，大连中科壳寡糖科技馆、深圳壳寡糖科技馆南北呼应，成为向社会大众科普壳寡糖与人类健康知识的两大平台！据不完全统计，两个壳寡糖科技馆自开馆以来，共接待参观民众20多万人次，为普及壳寡糖研发、应用、健康知识，推广壳寡糖产业，为促进大众健康事业，做出了显著的贡献。

## 三、建设壳寡糖科技成果实验基地，促进壳寡糖产业发展

图 8–26 黄山市庄里村

安徽省黄山市黄山区甘棠镇庄里村，是国家级生态村、安徽省社会主义新农村建设先进村，位于安徽省“两山一湖”旅游发展战略区域，距黄山17公里，距九华山约100公里，距太平湖约24公里，距翡翠谷约24公里，距西递约74公里、宏村约63公里，距婺源约155公里……

图 8–27 黄山市庄里村

除了这些风景名胜近在左右，庄里村的独特地理环境赋予它得天独厚的优势。在这里，漫步街巷田陌，抬头便可以看见乌羊山上那层层叠叠的苍松翠竹；林间小路，野花芬芳，泉水叮咚，一路上去，便可寻到那千年的香榧树；肖黄山，安静地卧在庄里村后，山脚古栈道见证了昔日商旅车水马龙的繁忙，怪石奇松屹立于林间享受着尘世喧嚣之外的宁静。在庄里，蓝天白云下，随处可见山上竹海起伏摇曳，品一口太平猴魁或是黄山毛峰，触目满眼青翠、白鹭纷飞，心驰神往中，“采菊东篱下，悠然见南山”的情境便悠然心间。

图 8-28 黄山市庄里村

这里，是不可多得的世外桃源。这里，是集养生、旅游、休闲文化生活、养老于一体，可以亲身融入、享受大自然之美的大型田园牧歌式健康家园。

图 8-29 黄山市庄里村

这里，还是中科院大连化学物理研究所 1805 课题组的壳寡糖农作物实验推广基地。庄里村先后建成了壳寡糖水稻基地、壳寡糖高山茶园基地、高山蔬菜基地、壳寡糖水果试验基地、壳寡糖养殖基地、壳寡糖药园，成为远近闻名的壳寡糖高科技种植、养殖示范基地。

图 8-30 黄山市庄里村

壳寡糖农作物实验推广基地在作物生产期间，均使用由中科院大连化学物理研究所 1805 课题组研制的壳寡糖生物制剂（壳寡糖植物疫苗）进行浸种处理及在苗期、花期、果期进行喷洒，完全不使用任何农药和化肥，使所培育的物产安全、高品质、纯天然无公害。在水稻等农作物的种植中使用壳寡糖生物制剂后，使其产量增加，颗粒更加饱满，还能有效地恢复细胞本源。因此，壳寡糖系列粮食作物营养更为丰富，不仅完全达到有机食品标准，属纯天然无公害绿色食品，同时富含壳寡糖成分，长期食用对人体有一定保健作用。

将现代化的绿色壳寡糖生物技术融入农业、畜牧业中，也是在践行“绿水青山就是金山银山”的高质量发展指导思想。

图 8-31 黄山市庄里村壳寡糖示范基地

作为一种新兴的植物疫苗和饲料添加剂，壳寡糖具有诱导植物、动物抗病，促进植物、动物生长的双重活性，可以提高农作物、动物的特色品质，减少饲料中抗生素的添加使用，与化学农药配合使用不仅能大大降低农作物、蔬菜瓜果、茶叶中的农药残留，生产出绿色安全的农副产品、增产增收，还能促进环境安全，为解决食品安全问题提供源头上的保障与解决办法。

图 8-32 黄山市庄里村壳寡糖示范基地

习近平主席强调指出："要坚持不懈推动高质量发展，加快转变经济发展方式，加快产业转型升级，加快新旧动能转换，推动经济发展实现量的合理增长和质的稳步提升。"

图 8-33 黄山市庄里村壳寡糖示范基地

未来，随着壳寡糖生物技术在各行各业的更广泛、更深入地应用，一定会更好地满足人民群众日益增长的健康生活需要，让我们的生活变得更加幸福美好。

# 参考文献

[1]( 日 ) 松永亮 . 奇绩的甲壳质 [M] 台湾：青春出版社，1995.

[2] 蒋挺大 . 甲壳素 [M] 北京：中国环境科学出版社，1996.

[3]( 日 ) 旭丘光志 . 甲壳质 • 壳糖胺的惊人临床疗效 [M] 台湾：世贸出版社，1995.

[4] 顾其胜，侯春林 . 第六生命要素 [M] 上海：第二军医大学出版，1999.

[5] 蒋挺大 . 壳聚糖 [M] 北京：化学工业出版社，2002.

[6] 张树政 . 糖生物学与糖生物工程 [M] 北京：清华大学出版社，2003.

[7]( 英 ) 莫琳 .E. 泰勒，库尔特 • 德里卡默 . 糖生物学导论 [M] 北京化学工业出版社，2006.

[8] 蔡孟深，李中军 . 糖化学：基础、反应、合成、分离及结构 [M] 北京化学工业出版社，2007.

[9] 陈耀华，人类健康的金钥匙——壳寡糖 [M] 北京中国医药科技出版社，2008.

[10] 邱德文，植物免疫与植物疫苗——研究与实践 [M] 北京科学出版社，2008.

[11] 杜昱光，王克夷，白雪芳 . 壳寡糖功能研究及应用 [M] 北京化学工业出版社，2009.

[12] 中国科学院大连化学物理研究所中科格莱克壳寡糖研究中心 . 壳寡糖研究与进展 [M]( 内部资料 )2010.

[13] 张树政，金城，杜昱光 . 糖生物工程 [M] 北京化学工业出版社，2012.

[14]( 美 )A. 瓦尔基 . 糖生物学基础 [M] 北京科学出版社，2021.

[15]( 英 ) 莫琳 .E. 泰勒 . 糖生物学概述 [M] 北京科学出版社，2021.

# 后 记

本书是对壳寡糖基础研究和开发应用的积累总结，同时融合了国内外最新的研究成果，对壳寡糖进行了通俗、简单和系统、全面的介绍。主要内容包括壳寡糖的来源和制备，壳寡糖在医疗、健康食品、动物饲料添加剂、种植业、水产养殖、日用化工等各个方面的功能和应用。

糖生物工程被国际科技界称为第三代生物技术，近年来，国家大力支持糖生物工程的发展，糖生物工程技术已成为《国家中长期科学和技术发展纲要》中确定的重点领域及前沿技术。以糖生物工程技术为核心的产业，已逐渐成为21世纪高科技主流产业之一。

2013年6月，由中国科学院大连化学物理研究所、复旦大学、大连医科大学共同承办的“第22届国际糖复合物学术会议”（22nd International Symposium on Glycoconjugates）在中国大连召开，来自中国、美国、英国、日本、法国等27个国家和地区的430余位从事糖生物学与糖化学领域研究的专家、学者参加了此次会议。这是我国第一次主办国际糖生物学领域最具规模和影响的学术盛会，标志着我国对于糖生物学、糖生物工程的研究已经跨越到世界前列。

壳寡糖作为生物技术的前沿领域，由于其独特的化学结构和生物活性，对生命的生长发育以及人体健康起着非常重要的作用，有着非常广阔的应用前景，可以广泛应用于人体保健、医疗、食品、生态养殖、生态种植以及日用化工、环保、防辐射等领域，并在不断丰富、深化着应用空间。

现在全世界的先进国家，都投入了巨额资金研究开发壳寡糖，在世界范围内已掀起壳寡糖的研发热潮。在我国，对壳寡糖的研究开发，在政府的日益重视下，取得了令世界瞩目的发展和成就。研究课题相继列入国家九五、十五、十一五、十二五、十三五科技攻关项目和863计划，所取得的科研成果达到了国际先进水平。

同时，也有越来越多的民众对壳寡糖的研究、开发、应用产生了浓厚的兴趣，希望能够系统、全面地了解壳寡糖的相关知识。

《壳寡糖生物功能及应用》是继《壳寡糖功能研究及应用》（化学工业出版社2009.9）、《人类健康的金钥匙——壳寡糖》（中国医药科技出版社2008.8）之后，一部系统、全面地介绍壳寡糖功能、应用的科普类著作，相信它会对壳寡糖产业的广大推广者，起到很好的指导、参考作用，同时也会成为热情关注、支持壳寡糖研发应用、产业发展者的良师益友。

未来，我们相信，通过对糖生物工程技术、对壳寡糖的深入研究和开发，能够使壳寡糖在更广阔的领域，更深入细致地造福于人类，为人类的健康长寿做出更大的贡献。

普通高等教育人工智能与大数据系列教材

# 模式识别

吴　陈　等编著

段先华　主　审

机械工业出版社

本书主要介绍了模式识别的相关内容，涉及模式识别的基本概念、聚类分析、线性判别函数、贝叶斯分类器、特征选择和提取、非参数模式识别方法、神经网络模式识别方法、模糊模式识别方法、句法模式识别方法，以及新型模式识别方法，如决策树方法、支持向量机方法、粗糙集方法等一些基本方法，并介绍了基于遗传算法、模拟退火算法和禁忌搜索算法进行特征选择的基本思想。书中算法采用 MATLAB 语言描述，便于读者编程实验。

本书可读性和实用性强，内容丰富，层次清晰，讲解深入浅出，可作为计算机类专业及相关专业本、专科生以及研究生模式识别课程的教材，也可供从事计算机软件开发和应用的工程技术人员阅读和参考。

**图书在版编目（CIP）数据**

模式识别/吴陈等编著．—北京：机械工业出版社，2020.1（2023.9 重印）

普通高等教育人工智能与大数据系列教材

ISBN 978-7-111-64241-1

Ⅰ.①模…　Ⅱ.①吴…　Ⅲ.①模式识别-高等学校-教材　Ⅳ.①O235

中国版本图书馆 CIP 数据核字（2019）第 268402 号

机械工业出版社（北京市百万庄大街 22 号　邮政编码 100037）

策划编辑：王雅新　责任编辑：王雅新　李　乐　刘丽敏

责任校对：张晓蓉　封面设计：张　静

责任印制：邓　博

北京盛通商印快线网络科技有限公司印刷

2023 年 9 月第 1 版第 4 次印刷

184mm×260mm · 20.5 印张 · 509 千字

标准书号：ISBN 978-7-111-64241-1

定价：52.00 元

| 电话服务 | 网络服务 |
|---|---|
| 客服电话：010-88361066 | 机　工　官　网：www.cmpbook.com |
| 010-88379833 | 机　工　官　博：weibo.com/cmp1952 |
| 010-68326294 | 金　书　网：www.golden-book.com |
| **封底无防伪标均为盗版** | 机工教育服务网：www.cmpedu.com |

# 前　言

人类自进入科技高速发展的信息社会以来，处理信息的方式和方法越来越智能化。计算机科学与技术作为智能信息技术的核心基础正在使人类的学习、生活和工作越来越方便，如各种门禁系统、验证真伪装置以及磁卡都在为人类提供安全保障服务。智能信息处理已渗透到人类社会活动的各个领域。要实现智能信息系统的软件，仅靠使用高级程序设计语言的知识是远远不够的。要学会分析和研究所需处理的信息对象的特性，选择合适的模式识别方法即分类聚类技术和相应的数据或信息的表示和存储，设计相应的模式识别算法，进而编制实现才能较好地完成智能信息系统的软件开发任务。模式识别技术是从事计算机科学与技术进行智能信息工作的相关人员不可缺少的知识。模式识别正是通过建立智能信息处理的基本概念，从而培养学生将现实世界中的智能信息处理问题转化为模式识别模型的能力，进而提高分析问题和解决问题的技能，以达到利用计算机进行智能信息处理目的的一门重要课程。

目前，模式识别是高校计算机类专业（包括计算机科学与技术、软件工程、网络工程、信息安全、智能控制等）的专业课程，也是其他信息类专业（包括信息管理与信息系统、通信工程、信息工程、信息与计算科学等）的选修课程。学好模式识别，可以使读者掌握更多的程序设计以及设计和实现模式识别系统的技巧，为以后学习其他专业课程，以及为今后走上工作岗位从事计算机大型智能信息系统的软件开发打下良好的基础。

本书共 11 章。第 1 章介绍模式识别的基本概念、基本原理和基本方法。第 2 章介绍聚类分析的基本知识以及聚类的各种算法。第 3 章介绍线性分类器以及其他的代数域几何分类法，同时给出了分段线性和非线性分类器设计的方法，还介绍了费歇尔方法、势函数法。第 4 章介绍贝叶斯决策分类器的设计方法，包括基本的方法，基于正态分布的分类器设计法，参数估计的最大似然估计法、贝叶斯估计法、贝叶斯学习法，非参数估计的 Parzen 窗法和 $k_N$-近邻法，后验概率的势函数估计方法等。第 5 章介绍特征选择和特征提取，包括类别可分性测度、单类模式特征提取、多类模式特征提取、特征选择准则、特征选择方法、几种全局特征选择的搜索方法如遗传算法、模拟退火算法、禁忌搜索算法。第 6 章介绍句法模式识别法，包括基本概念、文法分类、模式的描述方法、文法推断、句法分析及模式识别、句法结构的自动机识别，并对各型自动机和文法间的关系进行了较为详细的讨论。第 7 章介绍模糊模式识别法，包括模糊集合的定义、与模糊集合相关的概念、模糊集合的运算、模糊关系与模糊矩阵、模糊模式分类的直接方法和间接方法、模糊聚类分析法如模糊等价关系和模糊相似关系的聚类分析法、模糊 $K$-均值算法、模糊 ISODATA 算法。第 8 章介绍神经网络模式识别法，包括神经网络的基本概念、前向神经网络感知器网络和 BP 网络、竞争学习神经网络如基本的竞争学习网络结构、汉明竞争神经网络、自组织特征映射神经网络。第 9 章介绍决策树，包括决策树的基本概念、属性选择的几个度量、决策树的建立算法如 ID3 算法、C4.5 算法等。第 10 章介绍支持向量机模式识别法，包括支持向量机的理论基础、线性判别函数和判别面、线性不可分下的判别面、非线性可分下的判别函数。第 11 章介绍粗糙集方法，包括粗糙集中的基本概念、信息系统和决策表及其约简、基于粗糙集的分类器设计。

书中算法采用MATLAB语言加以描述，强调算法思想的良好简洁描述，体现良好的代码设计风格。算法后配有例题。每章后配有习题。

本书内容的理论性和实践性都很强，读者在进行理论学习的同时，需要多动手编写程序上机调试，以加深对所学知识的理解，将一些基本算法和程序作为“积木块”供今后使用，以提高编程效率和能力。本书可作为高校计算机类或信息类相关专业模式识别课程教材，建议理论课时为48～64学时，上机实践课时为20～30学时，课程设计时间2～3周，可根据本专业特点和具体情况适当增删内容加以使用。书中标有星号“*”的部分内容，初学者可在首次阅读时跳过，留作以后要了解的内容。本书假定读者已掌握了MATLAB。

本书在内容组织安排上遵循认知规律，合理安排知识点，突出核心概念，提炼基础内容，细化难点，把握重点，侧重应用实践，减少形式化描述，注重算法设计与程序实现（书中代码在MATLAB语言中调试运行通过），容易学习理解和使用，从实用性和培养工程应用能力的角度培养读者运用模式识别的能力以及编程能力。

本书是作者在多年讲授模式识别课程的基础上，针对模式识别教学的特点编写的。参加本书编写工作的有：吴陈（第1、7～11章）、王丽娟（第2章）、陈蓉（第3章）、许有权（第4章）、吴文俊（第5章）、夏琼华（第6章）。参加习题编写的有夏冰莹、姜雯、许霞等。

本书由段先华教授审阅，在此表示衷心感谢。

由于作者知识和写作水平有限，书中难免存在缺点或错误之处，希望读者批评指正。

吴　陈

# 目　　录

# 第1章　绪　论

模式识别诞生于20世纪20年代，随着40年代计算机的出现和50年代人工智能的兴起，模式识别在60年代初迅速发展成为一门学科。它所研究的理论和方法在很多科学和技术领域中得到了广泛的重视，推动了人工智能系统的发展，扩大了计算机应用范围。

几十年来，模式识别研究取得了大量的成果，它已被广泛应用于人工智能、机器人学、医疗诊断、语音处理、人脸识别、生物认证等领域。模式识别中的很多概念需要正确理解，以便掌握和使用模式识别基本原理、基本方法和基本技术，从而进一步开展模式识别的新理论和方法的研究。本章主要讨论模式识别的一些问题，对模式识别中的基本概念、内容、技术方法、发展方向等加以介绍。

## 1.1　模式识别的基本概念

模式识别是对表征事物的各种形式的(数字的、文字的和逻辑关系的）信息进行处理和分析，对事物和现象进行描述、辨认、分类和解释的过程。模式识别是信息科学与人工智能的重要组成部分。究竟什么是模式、模式识别、模式识别系统等？这里将给出相应定义。

**1. 样本、模式、模式类**

一个具体事物的描述通常称为样本(Sample)。具有共同信息特征的事物标识性描述称为模式(Pattern)。或者说，模式是相同样本的归纳描述。狭义上讲，一个模式也可认为就是一个典型的样本。而广义上讲，模式可定义为一个供模仿的完美例子。

模式代表的一般并不是一个具体的事物，而是一类事物，这些事物含有共同的信息特征。模式是对这些事物的概括性描述。例如，20世纪80年代，苏南经济企业模式，就是投资渠道、生产量、销售等不靠国家及计划形式而有别于原有国企的一种新型经济模式。它是一类企业的代表。而对于任何其他企业，可根据其投资和产销量是否靠国家及是否按计划进行，来判断其经济模式。

模式是从客观事物中抽象出来的，用于识别事物的特征信息描述。样本可看成是事物的外在表现，而模式是事物的内涵。例如，一个人可能有多张照片，每一张照片可看成是一个样本，而这个人本身(的长相）是其内涵或概括，是一个模式。样本和模式的关系可以看成是个体和整体的关系。

在实际中，人们也用模式表示具体的事物，用模式类(Pattern Class）来表示一类事物的概括性描述。此时，模式和模式类的关系也称为个体和整体的关系。因此，模式这个词具有单复数同形的特点，需要根据其所处的上下文来判断其含义。

当模式表示一个个体时，它实际就是一个样本(“完美的”实例)，而当其作为集合词时，它实际就是指模式类。

在使用中，模式和样本或个体一般混淆使用，并不区分。只有通过上下文才能知道，模式究竟指的是样本个体还是类。

**2. 模式类的紧致性**

同一模式类中样本的分布比较集中，没有或临界样本很少，这样的模式类称为紧致集。临界样本其值若有微小变化就极可能变成另一类的样本。满足紧致性的模式类，才能很好地进行分类。如果模式类不满足紧致性，就要采取变换的方法，使其满足紧致性。

**3. 识别、模式识别**

识别(Recognition) 就是判别或辨别。对给定的事物，用已经具有的知识、经验或方法，去判断它是什么或属于哪一个模式或模式类。

由于模式是一类具体事物特征抽象描述，因此，它需要进行“认知”，在认知的过程中，从大量属于同一种类的事物中归纳总结出其描述特征。例如，观察许多花豹，我们可以从体态、大小、花纹等方面抽象归纳出花豹体态中等、身上具有深褐色斑点这样的共同特征。当识别某一动物时，我们就可以根据该动物是否具有这些特征来判断其是否是花豹。也就是，能否将该动物划分到花豹这一动物种类。

模式识别的本质是对事物的分类，通过对事物的认知理解，分析样本，概括出样本所属模式类内的特征或类间的差异特征，形成可描述的或用数学公式或不等式表达的规则，实现模式的分类或聚类，达到识别已有事物，对新的事物根据规则进行归类(分类或聚类)的目的。

模式识别(Pattern Recognition)，广义上讲，它表示的是一门对事物进行分类或识别的学科。狭义上讲，它表示研究一种自动计算技术，先根据已有的训练数据形成分类规则或聚类方式，然后将待识别的模式按相应的分类规则或聚类方式自动地(或尽量少地人为干涉)分配到各自所属模式类中去的整个过程。

**4. 模式识别系统**

一个模式识别系统通常是由计算机和辅助设备等构成一个系统，一般由数据采集、预处理、特征提取、分类器设计和分类决策等几个模块组成。各个模块完成不同的功能。模式识别系统工作原理如图 1.1 所示。

数据采集模块：数据采集模块主要实现对外部世界的感知，由光学设备等辅助设备担当，完成数字、声音、图像等信息的获取，并送入计算机作为原始的待处理的资料。

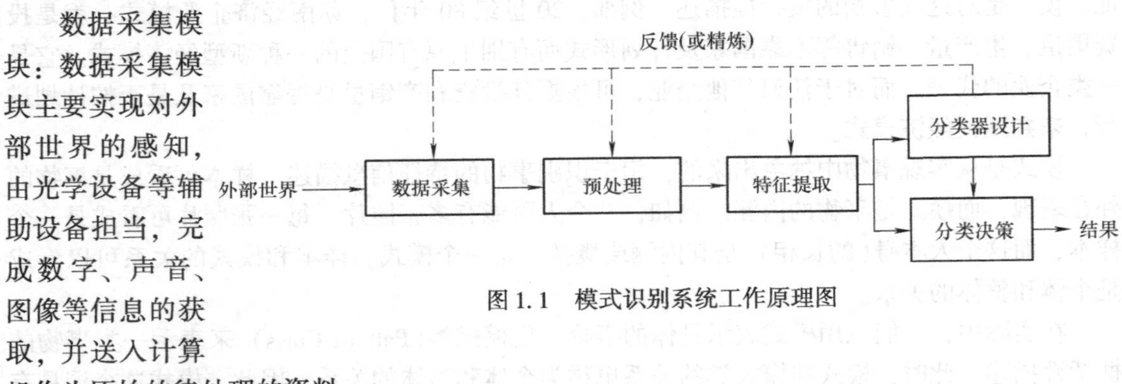


图 1.1　模式识别系统工作原理图

预处理模块：实现对原始数据的去噪，包括去除干扰数据、背景等，使数据具有代表性。

特征提取模块：实现数据特征的变换、选择，减少数据维度，为数据的后续利用做进一步处理。

分类器设计模块：通过对数据加以训练处理，形成合乎数据或模式识别需要或情况的处理规则。

分类决策模块：对待识别的数据按分类器加以分类，并输出结果。

后继模块处理的结果特别是决策分类的结果若不理想，可能需要返回到前面的模块进一步做更深入的处理，即系统往往具有反馈或精炼环节(见图1.1中的虚线)。

如两种鱼的分类，首先要准备这两种鱼的大量样本(一部分作为训练样本，另一部分作为测试样本，这种划分可反复不同地进行)，然后用摄像机设备获取所有鱼的相应图像，对图像去除背景，去掉不该有的遮挡斑点或缺损斑点，选择鱼的长度、宽度、颜色或其组合构成识别用的特征，再用一定的算法对这些特征数据进行学习训练，形成相应分类规则即构成分类器，并对测试数据加以同样图像处理并经分类器分类，分类结果与实际结果进行比对，得到识别的正确率，作为未来评判指标。这样一个识别鱼的模式识别系统就算基本完成。

模式识别系统的所有模块功能都应无须人工干预，由计算机自动完成。分类决策规则一般由学习算法经过样本训练自动获取，输出的结果应以适合人类阅读的方式加以表达。



## 1.2 模式识别的内容、特点和方法

**1. 模式识别的主要研究内容**

模式识别研究的主要内容实际上就是分类。按处理方法或对训练数据的了解程度，可将模式识别的分类区分为有监督的分类(Supervised Classification)和无监督的分类(Unsupervised Classification)。如果在设计分类器时，训练数据即要被分类的样本所属的类别预先已知，那么对应的分类问题就是有监督的分类问题，对应的学习也称为有监督的学习。否则，就称为无监督的分类问题，对应的学习也称为无监督的学习。学习的目的是为了更好地分类。有监督的分类有时就简称为分类，而无监督的分类则更多的时候叫作聚类。聚类需要根据样本本身的相似性将其分成不同的类或簇，使得类内样本相似，类间样本不相似。不论样本是否具有内在的结构性，分类和聚类都是模式识别的主要研究工作内容。另外，模式识别还要研究生物体(包括人)是如何感知对象、处理对象信息的，这可能属于认识科学的范畴，也是神经生理学家等的研究内容。计算机和信息科学工作者既要借用神经生理学家的研究结果，用于设计仿生的模式识别系统，同时也要着力研究和设计各种不同的分类聚类学习算法，以便建立人工智能的模式识别系统。

**2. 模式识别的主要特点**

(1) 模式识别一般要进行样本维度约减　维度约减也称为降维。由于处理的样本数据可能是高维的，不同的维度中的数据存在一定的相关性，有的维度对分类没有多大作用，加上计算机的速度和存储容量毕竟是有限的，所以，对于给定的数据，通常要进行特征提取，即进行特征选择或变换，实现数据降维，以便进行高效的模式识别。

(2)模式识别一般分为学习和分类两个阶段　学习阶段就是实现从大量的样本中归纳出同类样本的共同特征，形成类别判定的特征量化标准，构成分类器。分类阶段就是对待识别样本依据特征量化标准进行归类，确定样本所属类别。

(3) 模式识别进行分类依据的是样本间的相似性　样本间的相似性是模式识别能够得以进行的基础。“相似”并不意味“相同”。被识别为同一类的样本只是被认为它们是相似的。模式识别可克服一定的噪声完成样本分类。即使被识别的对象产生的样本存在一定的形变或其他失真的描述，模式识别系统也可能仍能正确识别，因为样本学习训练起到的是一种内插

作用。但对于未出现的样本，模式识别系统只能给出一个类别预测。至于类别是否与之相符，仍需人类专家加以确认。

(4) 模式识别系统的设计不管有多准确，效率有多高，都可能存在不可识别或被拒绝识别的对象或样本。

(5) 模式识别过程是一个存在不确定性的过程，因为其分类器是根据有限数据设计的，不可能包括样本的所有可能分类情况，因此，识别的结果只能在一定的概率或信度上表达了事物所属的类别，有时可能会出现错误。

**3. 模式识别的方法**

模式识别按学习及所使用的训练数据类别是否已知，分为有监督的方法和无监督的方法。而按所处理的数据或具体方法可分为统计模式识别、聚类分析、模糊模式识别、神经网络模式识别、结构模式识别、支持向量机、粗糙集、决策树和智能计算等。而这种划分方法并不一定是绝对的。

(1) 统计模式识别　统计模式识别是主流的模式识别方法。确定性样本一般采用确定性的方法如代数几何分类方法等来进行模式识别。随机样本或按一定的概率分布的样本则采用贝叶斯决策分类的方法来进行模式识别。它们都是将样本转换成多维特征空间中的点，根据特征空间中点的分布情况确定类边界，设计相应的分类决策规则或判决函数，来进行分类决策。基于概率统计理论和多维空间理论的统计模式识别有着坚实的数学基础，分类器设计的学习算法比较成熟，适用面较广。其特点是，算法比较复杂，对于类本身含一定结构特征的分类问题不一定有效。

(2) 聚类分析　当训练样本无类别标记时，模式识别只能采用无监督的学习方法，根据样本采用“物以类聚”将数据样本加以分组或者划分，形成每个类的特征。进行类别划分的过程就称为聚类分析。聚类分析有一系列专门的聚类算法，形成模式识别的一个分支领域。聚类的目的是为了对未知类别的样本按其与哪一类的“代表”最相似，将其划归到最相似的那一类中。

(3) 模糊模式识别　以模糊数学为基础，利用模糊集合理论对样本所属的类别程度、类代表的特定描述和相似程度度量等来进行模式识别的方法称为模糊模式识别。模糊模式识别对样本分类的结果也是模糊化的，但其更能表现现实模式识别的内涵，因而描述更为精确。也可通过去模糊化工作，得到精确的分类结果。当然，由于模糊隶属度和模糊规则需要专家制定，所以模糊模式识别有时不免带有一定的主观性。

(4) 神经网络模式识别　利用人工神经网络来进行模式识别就称为神经网络模式识别。人工神经网络模拟生物神经网络工作原理，具有大规模并行非线性特点，能解决复杂的非线性分类问题。神经网络模式识别已成为当前的一个研究热点，是模式识别的一个重要分支领域。

(5) 结构模式识别　对含有一定结构特征的样本进行分类要使用结构模式识别方法。形式语言和句法分析方法是结构模式识别的主要基础。结构模式识别对于字符识别和语言识别这样的结构化很强的模式识别问题是有效的。

(6) 支持向量机　支持向量机利用样本空间映射和最优化理论来确定最优分类决策面，是小样本理论中比较实用的一种分类方法。它在样本集较小的情况下，能设计分类器。

(7) 粗糙集　粗糙集是处理不确定性的一个有效的数学工具，它既能降维或数据约减，又能从数据中直接归纳出决策规则，实现对数据样本的模式识别。

(8) 决策树　根据特征数据的分布情况建立优化的分层树形结构的决策机制，实现对数据样本的决策分类及预测是决策树的内涵，它也是模式识别的一个重要方法。

(9) 智能计算　模仿生物进化或行为，研究或设计分类或聚类算法是智能计算的主要研究思路。智能计算主要有遗传算法、模拟退火算法、粒子群算法、蚁群算法等仿生算法。这些算法都可用于有效完成模式识别的一些问题如聚类问题的求解。当然，仿生算法也包括神经网络、模糊系统等。



总之，模式识别的方法不仅只有上述这些典型的方法，我们对模式识别其现有的方法并不一定能给出一个明晰的分类，未来的方法恐怕也会不断地被人们研究出来。

下面通过两个实例来介绍统计模式识别和结构模式识别这两种主要模式识别方法。

**例 1.1**　男女 19 人进行体检，测量了身高和体重，见表 1.1。但事后发现 4 人忘了写性别，试问这 4 人是男是女?

**解**：试验样本是人，分为男、女两个类别。二维的主要特征是身高和体重，构成二维特征空间。已知 15 人的性别，可以作为训练样本，根据其值确定其在特征空间的位置。如图 1.2 所示。图 1.2 中，男性集中于右上方，女性集中于左下方，这就是聚类性质。

采用数理统计方法，可在两个性别之间描绘一条曲线，它是特征 $x_1$(身高)、$x_2$(体重)的函数，表示为 $d(\boldsymbol{X})=0$。可以确定：$d(\boldsymbol{X})>0$，$\boldsymbol{X}\in$ 男；$d(\boldsymbol{X})<0$，$\boldsymbol{X}\in$ 女。

**表 1.1　体检表**

| 序号 | 身高/cm | 体重/kg | 性别 | 序号 | 身高/cm | 体重/kg | 性别 |
|---|---|---|---|---|---|---|---|
| 1 | 170 | 68 | 男 | 11 | 140 | 62 | 男 |
| 2 | 130 | 66 | 女 | 12 | 150 | 64 | 女 |
| 3 | 180 | 71 | 男 | 13 | 120 | 66 | 女 |
| 4 | 190 | 73 | 男 | 14 | 150 | 66 | 男 |
| 5 | 160 | 70 | 女 | 15 | 130 | 65 | 男 |
| 6 | 150 | 66 | 男 | 16 | 140 | 70 | $\alpha$ |
| 7 | 190 | 68 | 男 | 17 | 150 | 60 | $\beta$ |
| 8 | 210 | 76 | 男 | 18 | 145 | 65 | $\gamma$ |
| 9 | 100 | 58 | 女 | 19 | 160 | 75 | $\delta$ |
| 10 | 170 | 75 | 男 | | | | |

这里，$\boldsymbol{X}=(x_1,\ x_2)^{\mathrm{T}}$ 是列向量，称为模式向量。$d(\boldsymbol{X})=0$ 描绘的曲线称为分界线。

现考察 16~19 号体检者，由身高、体重确定在图中的位置。显然，16、19 在线的负侧，判定为女性。17、18 位于线的正侧，判定为男性。如图 1.2 所示。

**例 1.2**　图 1.3 所示一幅图形中，要选用结构模式识别方法识别图中的物体。

图形结构复杂，首先应分解为简单的子图(背景、物体)。背景由地板和墙壁组成，物体为长方体和三棱柱。三棱柱又分为一个长方形面和一个三角形面。长方体又分为三个长方形面，可构成一个多级树结构，如图 1.4 所示。其中，面、三角形、地板和墙壁，即 $a$、$b$、$c$、$d$、$e$、$f$ 和 $g$ 均为基本图形单元，简称基元。在句法模式识别中，基元就是特征。

所以，结构模式识别的方法：在学习过程中，确定基元与基元之间的关系，推断出生成景物的方法。在判决过程中，首先提取基元，识别基元之间的连接关系，使用推断的文法规则做结构分析。若分析成立，则判断输入的景物属于相应的类型。

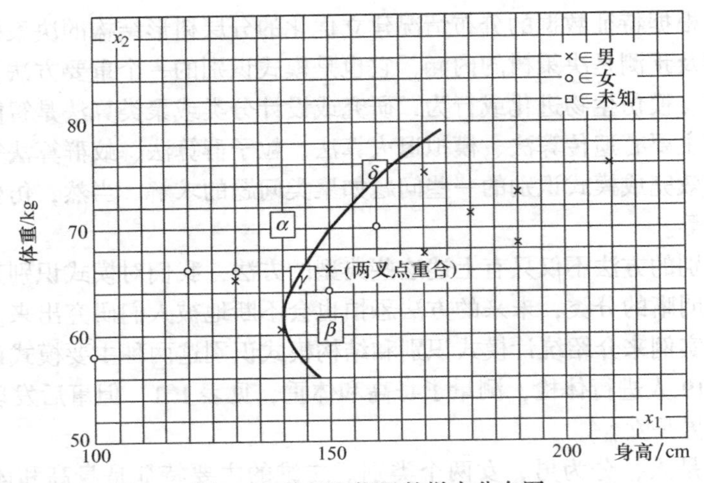


图 1.2　特征空间里的样本分布图

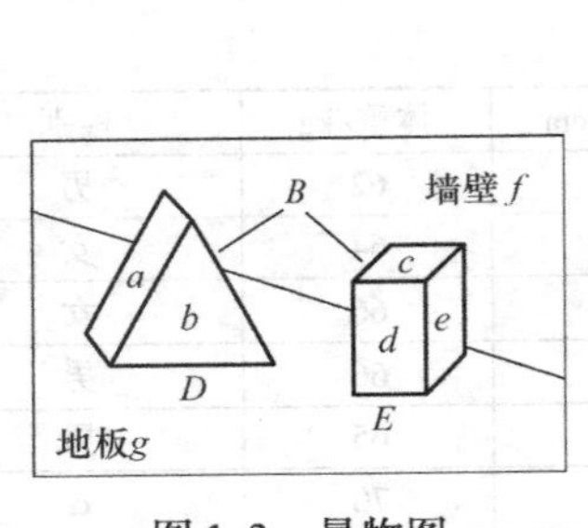


图 1.3　景物图

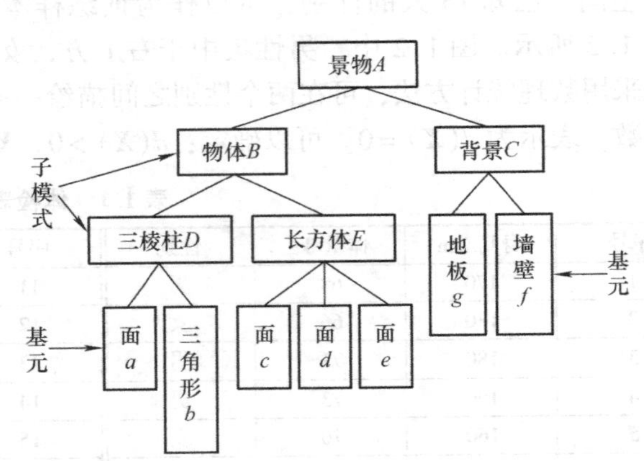


图 1.4　景物理解的层次描述

## 1.3　模式识别的应用和发展

**1. 模式识别系统的应用**

模式识别可用于数字、文字、图形、语音、指纹、遥感和医学图像等的识别。

(1) 数字、文字、图形的识别　数字、文字的自动识别是最基本的模式识别工作。印刷体数字、文字的识别要比手写体数字、文字的识别容易。在银行 ATM 机上以及车牌号码的识别上印刷体数字、文字已到了实际应用阶段。而手写体的识别难度一般要远高于印刷体的识别。即便如此，但仍已有一些地方使用了手写体的模式识别系统，例如邮政编码和支票上手写数字的自动识别，都大大减轻了工人的人工劳动。图形的识别如交通标示图案的自动识别已在自动驾驶方面得到了一定的应用。当然，复杂的图案识别问题则需要更深入研究相应的模式识别算法。

(2) 指纹、人脸识别　人类的指纹在纹路上各不相同，具有唯一性。根据采集的指纹形成指纹库，加以训练形成分类器，实现指纹识别、检索，已成为生物识别的一个基本实用技术，如学习驾驶时要求按指纹签到，进入美国办理签证时都要采集指纹，用于美国安全保护等都是最直接的指纹识别方面的应用。人脸识别也是有相当实用价值的一个生物识别领域，例如门禁系统中，采用人脸自动识别就是这方面的一个应用。此外，虹膜识别、掌纹识别等其他生物识别技术也在不断地研究过程中。

（3）语音识别　每种生物的语音都有一定的区别。即使是人类，每个人的发音，哪怕是读一篇同样的文字材料，语调语频都不相同。利用信号处理、模式识别、概率论和信息论、发声机理和听觉机理、人工智能等技术可建立不同的模式识别系统。实现自动的回忆录或科幻小说的编写，已是模式识别在语音识别方面的典型应用。国内实际上已有这方面的产品，如汉王系统等。

（4）DNA 序列识别　DNA 序列或基因序列是使用一串字母表示真实的或者假设的携带基因信息的 DNA 分子的一级结构。可能的字母只有 A、C、G 和 T，分别代表组成 DNA 的四种核苷酸——腺嘌呤、胞嘧啶、鸟嘌呤和胸腺嘧啶。每个字母代表一种碱基，两个碱基形成一个碱基对，碱基对的配对规律是固定的，即 A－T、C－G。DNA 序列比对或者匹配也是模式识别在生物信息学方面的应用。

（5）遥感图像识别　遥感图像识别就是通过拍摄到的图像进行分类或聚类实现区域划分，已被广泛应用于农作物产量估计、灾情判断、资源分布和军事侦察等领域。

（6）医疗诊断　医学上，X 射线图片分析处理，癌细胞切片图像分析等可采用计算机自动模式识别技术完成。脑电图、心电图的分析以及各种血液化验单的分析都可借助模式识别技术加以处理，实现计算机辅助诊断。

**2. 模式识别的发展**

智能化、信息化、计算机化、网络化是科技发展的方向。以计算机技术、人工智能技术、现代通信技术为基础的模式识别技术，将会大大提高人类智能化水平。模式识别在语音识别技术、生物认证技术、数字水印技术、无人驾驶技术等领域将会得到进一步的发展。

（1）语音识别技术　计算机是人类生活不可缺少的工具。代替键盘输入，实现语音人机接口是信息技术发展的一项关键技术。模式识别在语音方面的应用将会减轻人类大量的键盘输入劳动，实现快速文本信息生成。有人预测，这一领域应用成功可能惠及几十亿人。

（2）生物认证技术　生物认证技术是信息安全认证技术的一种重要手段。克服密码遗忘、大量磁卡携带不便的麻烦，仅凭借生物信息如指纹、脸谱实现身份认证和信息保密，已是新时代人类社会生活的流行趋势。疾病的治疗如白血病等都离不开 DNA 基因匹配等生物信息技术。

（3）数字水印技术　实现数字媒体版权保护的一种关键技术是数字水印技术。数字水印技术依赖的基本技术是模式识别。用数字水印技术实现客体鉴别判断更加自动准确。

（4）无人驾驶技术　无人驾驶需要景物理解，道路交通标志符号的识别，驾驶速度也要加以控制。无人驾驶技术将在未来具有极高前景，这也为模式识别带来极具艰难的挑战。

# 习题 1

1.1　什么叫作模式？

1.2　什么叫作模式识别？其一般过程是怎样的？

1.3　模式识别方法如何分类？

1.4　统计和结构识别的过程是怎样的？

# 第2章　聚类分析

## 2.1　引言

聚类分析指将物理或抽象对象的集合分组为由类似的对象组成的多个类的分析过程。它是一种重要的人类行为。

聚类分析的基本思想就是“物以类聚”，物以类聚的现象普遍存在于我们的实际生活中。聚类分析的目标就是在相似的基础上收集数据来分类。聚类源于很多领域，包括数学、计算机科学、统计学、生物学和经济学。在不同应用领域，很多聚类技术都得到了发展。

聚类分析是一种非监督分类方法，也就是说基本上无先验知识可依据或参考，它是根据模式之间的相似性对模式进行分类，对一批类别未知的模式样本集，将相似的归为一类，不相似的不归为一类。因此，就提出了相似性的定义。

“相似性”是聚类分析中的一个重要的概念。当研究一个复杂对象时，往往会把其特征的测量值组成向量形式，由 $n$ 个特征值组成的就是 $n$ 维向量，即 $\boldsymbol{X}=(x_1, x_2, \cdots, x_n)^{\mathrm{T}}$，称为该样本的特征向量。它相当于特征空间中的一个点。在特征空间中，模式分类可以以点间距离作为依据，距离越小，越“相似”。模式相似性度量可设为“距离”的函数。注意，聚类分析是按照不同对象之间的差异，根据距离函数的规律做模式分类的，因此这种方法是否有效，与模式特征向量的分布形式有很大关系。

此外，对具体对象做聚类分析时，选取的特征是否合适非常关键。例如，当同样大小的铁块和木块在一起时，若形状作为识别特征，就难以分开，但若以比重作为识别特征，就很容易分开。

**1. 数据的预处理**

对于模式特征向量，由于其分量数值变化范围较大，或者对模式所属类别在计算中占据的决定性作用有较大的差别，不便于计算，有时需要进行预处理。预处理的方法是数据变换。常用的数据变换方法有：中心化变换、标准化变换、极差标准化变换、对数变换等。

设 $N$ 个样本的集合 $\omega=\{\boldsymbol{X}_1, \boldsymbol{X}_2, \cdots, \boldsymbol{X}_N\}$，每个样本有 $n$ 个特征，$\boldsymbol{X}_i=(x_{i1}, x_{i2}, \cdots, x_{in})^{\mathrm{T}}$，$i=1, 2, \cdots, N$。见表 2.1。

**表 2.1　$N$ 个样本组成的集合**

| 样本 | 特征 1 | 特征 2 | … | 特征 $n$ |
| --- | --- | --- | --- | --- |
| $\boldsymbol{X}_1^{\mathrm{T}}$ | $x_{11}$ | $x_{12}$ | … | $x_{1n}$ |
| $\boldsymbol{X}_2^{\mathrm{T}}$ | $x_{21}$ | $x_{22}$ | … | $x_{2n}$ |
| ⋮ | ⋮ | ⋮ |  | ⋮ |
| $\boldsymbol{X}_N^{\mathrm{T}}$ | $x_{N1}$ | $x_{N2}$ | … | $x_{Nn}$ |

总体均值向量

$$\boldsymbol{M} = (m_1, m_2, \cdots, m_n)^{\mathrm{T}} = \frac{1}{N}\sum_{i=1}^{N} \boldsymbol{X}_i (\boldsymbol{X}_i \in \omega) \tag{2-1}$$

第 $j$ 个分量的均值 $m_j$ 为

$$m_j = \frac{1}{N}\sum_{i=1}^{N} x_{ij}, \ j = 1, 2, \cdots, n \tag{2-2}$$

第 $j$ 个分量的方差

$$s_j^2 = \frac{1}{N-1}\sum_{i=1}^{N} (x_{ij} - m_j)^2, \ j = 1, 2, \cdots, n \tag{2-3}$$

且 $s_j$ 称为第 $j$ 个分量的标准差。

第 $j$ 个分量的极差

$$R_j = \max_i x_{ij} - \min_i x_{ij}, \ j = 1, 2, \cdots, n \tag{2-4}$$

（1）中心化变换　中心化变换定义为

$$x_{ij}^* = x_{ij} - m_j, \ i = 1, 2, \cdots, N; \ j = 1, 2, \cdots, n \tag{2-5}$$

中心化变换后得到的数据的均值为 0，协方差矩阵保持不变。即

$$\boldsymbol{C}^* = (c_{ij}^*)_{n \times n} = \boldsymbol{C} = (c_{ij})_{n \times n}$$

因为有

$$c_{ij} = \frac{1}{N-1}\sum_{k=1}^{N} (x_{ki} - m_i)(x_{kj} - m_j) = \frac{1}{N-1}\sum_{k=1}^{N} x_{ki}^* x_{kj}^* = c_{ij}^* \tag{2-6}$$

（2）标准化变换　标准化变换定义为

$$x_{ij}^* = \frac{x_{ij} - m_j}{s_j}, \ i = 1, 2, \cdots, N; \ j = 1, 2, \cdots, n \tag{2-7}$$

变换后的数据每个特征的样本均值为 0，标准差为 1，且 $x_{ij}^*$ 与特征的量纲无关。

（3）极差标准化变换　极差标准化变换定义为

$$x_{ij}^* = \frac{x_{ij} - m_j}{R_j}, \ i = 1, 2, \cdots, N; \ j = 1, 2, \cdots, n \tag{2-8}$$

变换后的数据每个特征的样本均值为 0，极差为 1，且 $|x_{ij}^*| < 1$，可以减少计算误差的产生，且 $x_{ij}^*$ 与特征的量纲无关。

（4）数学函数变换　数学函数变换主要指采用常用的数学函数实现数据的变换。主要有对数函数、二次方函数、三次方函数、二次方根函数、三次方根函数、线性函数等。例如，对数函数变换定义为

$$x_{ij}^* = \ln x_{ij}, \ i = 1, 2, \cdots, N; \ j = 1, 2, \cdots, n \tag{2-9}$$

要求其中的 $x_{ij} > 0$。它可以将指数特征数据变换为线性数据。

选择什么样的变换取决于数据的特性。数据变换的主要作用是将非线性数据变换为线性数据，或者把数据变换为取一定范围内的值，以便于数据的分析和处理。

**2. 聚类的定义**

聚类的结果实质上是得到数据集的划分。形式描述如下。

设样本集 $\omega = \{\boldsymbol{X}_1, \boldsymbol{X}_2, \cdots, \boldsymbol{X}_N\}$ 有 $N$ 个样本，把 $\omega$ 划分为 $k$ 个子集 $\omega_1, \omega_2, \cdots, \omega_k$

的结果满足下列3个条件：

(1) $\omega_i \neq \varnothing$，$i=1, 2, \cdots, k$ (2-10)

(2) $\omega = \bigcup_{i=1}^{k} \omega_i$ (2-11)

(3) $\omega_i \cap \omega_j = \varnothing$，$i \neq j$；$i, j=1, 2, \cdots, k$ (2-12)

条件(3)保证得到的不同聚类子集是两两互不相交的。

若允许不同聚类子集相交为非空，则得到的是非分明的聚类结果。一般要求不同聚类子集相交为空。

**3. 聚类的一般步骤**

聚类过程遵循如下一般工作步骤：

(1) 特征选择或提取　选择那些能够区分不同类别或者能确定相同类别的样本的特征作为聚类的依据。有时甚至需要从当前的特征空间通过变换到另一特征空间，从而在变换得到的特征空间提取相应的代表特征作为聚类的依据。

样本特征本身的生成，可分为底层特征、中层特征和高层特征。底层特征是最基本的特征，又分为数值特征和非数值特征两类。数值特征用明确的数量值给出。非数值特征则又进一步分为有序特征和名义特征。有序特征其值有先后、好坏的次序关系，如酒分为上、中、下三个等级。名义特征则无数量、无次序关系，如颜色：红、黄、蓝、黑，它们之间没有大小和次序之分。中层特征是经过计算、变换得到的特征。高层特征则是在中层特征的基础上有目的的经过运算形成的。例如，椅子的重量=体积×比重(比重与材料有关)，体积与长、宽、高有关。这里底、中、高三层特征都有了。底层特征指长、宽、高、比重，中层特征有体积，而高层特征就是重量。

(2) 确定相似性度量　采取相应的相似性度量判定样本之间的相似性。例如，若采用某种距离度量作为相似的判定依据，一般地，两个样本特征向量距离越小，则它们越相似。

(3) 确定聚类准则　聚类准则一般有相似度阈值(等价地可用距离阈值)和目标函数准则两种。若采用距离作为相似度度量，则此时可能还要设定某种距离阈值。当两个样本特征向量的距离小于该阈值，则判定它们相似，或者某个样本到已得到的某个聚类的代表点的距离小于该阈值，且达到最小时，判定该样本应归入该类。而目标函数准则则是希望得到的聚类结果使该目标函数达到最优，如最小值。或者让聚类的过程总是沿着该目标函数达到最优方向演化。

(4) 选择聚类算法　在多种聚类算法中，选择最有效的聚类算法。或者选择多个算法同时进行聚类，从中比较得到合乎要求的满意算法。

(5) 聚类结果的评价　对样本聚类得到的结果进行检验，看是否得到了满意的结果，算法是否有效。

**4. 聚类的主要方法**

聚类分析的主要方法可以分为划分法、层次法、基于密度的方法、基于网格的方法、基于模型的方法。

(1) 基于距离的方法　划分法和层次法可以看作是基于距离的聚类方法。划分法是简单地将数据对象划分成不重叠的子集(簇)，使得每个数据对象恰在一个子集中。给定一个有$N$个元组或者记录的数据集，划分法将构造$K$个分组，每一个分组就代表一个聚类。层次法指的是一种聚类策略。层次法又进一步分为分裂法和凝聚法。分裂法从整个数据集开始，分裂划分为多个子集，直到满足条件为止，是自顶向下的方法。凝聚法则是自底向上的方法，从单元素集开始，每次合并最相近的两个子集，直到满足条件为止。基于距离的具体聚类方法有：基于距离的近邻聚类法、最大最小聚类法、层次聚类法、动态聚类法（含 $K$ -均值聚类法及迭代自组织数据分析算法）、模糊聚类法、张树聚类法等。



1）近邻聚类法、最大最小聚类法。类中心选择具有随机性，且一般由样本扮演类中心的角色，且在聚类过程中，聚类中心不再变化。

2）$K$ -均值聚类法。在聚类过程中，类数 $K$ 一般是固定的，除非重新设定 $K$ 值，重新进行 $K$ -均值聚类，且类中心在不断变化，直到不改变为止。

3）迭代自组织数据分析方法。类数和类中心随算法执行而变化，直到不改变为止。

4）模糊聚类法。将模糊数学引入聚类分析，以模糊数学为工具，实现样本的聚类。

5）张树聚类法。将样本向量看成是空间中的点，点之间的距离看成连接强度，超过一定阈值强度的连接保留，连通分量上的结点可看成构成一定的聚类。

（2）基于密度的方法　绝大多数划分方法基于对象之间的距离进行聚类，这样的方法只能发现球状的类，而在发现任意形状的类上有困难。因此，出现了基于密度的聚类方法，其主要思想是：只要邻近区域的密度（对象或数据点的数目）超过某个阈值，就继续聚类。也就是说，对给定类中的每个数据点，在一个给定范围的区域内必须至少包含某个数量的点。这样的方法可以过滤“噪声”数据，发现任意形状的类。但算法计算复杂度高，一般为问题规模的平方量级，对于密度分布不均的数据集，往往得不到满意的聚类结果。其代表有 DBSCAN、OPTICS 和 DENCLUE 等算法。

（3）基于网格的方法　基于网格的方法把对象空间量化为有限数目的单元，形成一个网格结构。所有的聚类操作都在这个网格结构（即量化空间）上进行。这种方法的主要优点是它的处理速度很快，处理速度独立于数据对象的数目，只与量化空间中每一维的单元数目有关。但这种算法效率的提高是以聚类结果的精确性为代价的。其代表有 STING、CLIQUE、WAVE-CLUSTER 等算法。

（4）基于概率和生成模型的方法　基于模型的聚类算法为每簇假定了一个模型，寻找数据对给定模型的最佳拟合。一个基于模型的算法可能通过构建反映数据点空间分布的密度函数来定位聚类。它也基于标准的统计数字自动决定聚类的数目，过滤噪声数据或孤立点，从而产生健壮的聚类方法。基于模型的聚类试图优化给定的数据和某些数据模型之间的适应性。这样的方法经常是基于这样的假设：数据是根据潜在的概率分布生成的。

基于模型的方法主要有两类：统计学方法和神经网络方法。其中，统计学方法有 COBWEB 算法，神经网络方法有 SOFM 算法。神经网络聚类法通过设计相应的神经网络，让网络中的某组权值向量记忆某个类的类均值向量。待处理向量送入网络进行竞争学习时，获胜的输出神经元所对应的到其连接的那组权值向量就是它最接近的中心向量。

聚类方法的划分也不是绝对的，有些方法可能可以归入多个类，而有些方法则很难说只可以归入一个类。例如，神经网络法也可归入基于距离的方法。

本书主要介绍基于距离的聚类方法。

**5. 聚类分析的主要目标**

（1）数据归类　将大量数据归成不同的类别，便于数据分类分析。

(2) 数据压缩　将大量的海量数据进行聚类后，可以仅选每类中的代表数据加以存储从而达到节省数据存储量的目的。

(3) 数据预测　对于待处理的未知样本，只要将其与归类后的每类数据中的代表进行比较，可将其分入最近的类，从而实现对待处理数据预测分类的目的。

(4) 聚类算法设计和检验　由于现实中大量数据需要分门别类地加以处理，而聚类分析算法又属于非监督学习算法，可通过不同的聚类算法得到不同的聚类结果，从而检验结果的有效性和正确性，进而实现对聚类算法的设计和检验。



## 2.2　相似性度量和聚类准则

### 2.2.1　相似性度量

相似性度量是衡量模式之间相似性大小的一种计算方法。可以用不同的相似性度量来度量模式之间相似性的大小。由于很多相似性度量都是建立在距离度量的基础上的，所以，下面先介绍几种距离，然后给出相似性度量的概念。

**1. 欧氏距离**

欧氏距离即指欧几里得距离(Euclidean distance)，简称距离，一般情况下我们所用的距离都是欧氏距离。设 $\boldsymbol{X}_1$、$\boldsymbol{X}_2$ 为 $n$ 维特征空间中的两个模式样本，$\boldsymbol{X}_1=(x_{11}, x_{12}, \cdots, x_{1n})^{\mathrm{T}}$，$\boldsymbol{X}_2=(x_{21}, x_{22}, \cdots, x_{2n})^{\mathrm{T}}$，则欧氏距离定义为

$$\begin{aligned} D(\boldsymbol{X}_1,\boldsymbol{X}_2) &= \|\boldsymbol{X}_1-\boldsymbol{X}_2\| = \sqrt{(\boldsymbol{X}_1-\boldsymbol{X}_2)^{\mathrm{T}}(\boldsymbol{X}_1-\boldsymbol{X}_2)} \\ &= \sqrt{(x_{11}-x_{21})^2+\cdots+(x_{1n}-x_{2n})^2} \end{aligned} \tag{2-13}$$

欧氏距离可看成是向量$(\boldsymbol{X}_1-\boldsymbol{X}_2)$的模值。两点的欧氏距离越小，可认为它们越相似。$D(\boldsymbol{X}_1, \boldsymbol{X}_2)$有时记为 $D_e(\boldsymbol{X}_1, \boldsymbol{X}_2)$，以特指欧几里得距离。

注意，模式特征坐标单位的选取会强烈地影响聚类结果。例如：一个二维模式，一个特征是长度，另一个特征是压强。当长度单位由 cm 变为 m，在 $D(\boldsymbol{X}_1, \boldsymbol{X}_2)$ 中长度特征的比重会下降，同样，若把比重单位由 mmHg 变成 cmHg，$D(\boldsymbol{X}_1, \boldsymbol{X}_2)$ 值中压强特征的影响也会下降。由单位变化引起的不同分类结果可以用图 2.1 表示。从图中可看出，图 2.1b、c 所示的特征空间划分是不同的。为了解决上面的问题，通常采用特征数据标准化的方法，使其与特征数据的度量单位没有关系。特征数据标准化不改变点的相对位置关系，分类结果不受影响。图 2.1b、c 中的数据标准化后，四个点的相对位置关系不变，仍与图 2.1a 相同。实际中，如果特征数据的值太大或太小，通常需要先进行数据标准化。另外，使用欧氏距离度量时，还要注意模式样本测量值的选取，应选择能有效反映类别的属性特征(各类属性的代表应均衡)。但下面要介绍的马氏距离却不需有这种考虑，因而可解决不均衡问题。

**2. 马氏距离**

马氏距离也称为马哈拉诺比斯距离(Mahalanobis distance)。设 $\boldsymbol{X}_1=(x_{11}, x_{12}, \cdots, x_{1n})^{\mathrm{T}}$，$\boldsymbol{X}_2=(x_{21}, x_{22}, \cdots, x_{2n})^{\mathrm{T}}$ 为 $n$ 维向量集 $\omega$ 中的两个模式向量，$N=|\omega|$ 表示 $\omega$ 中的向量个数，$\boldsymbol{M}=(m_1, m_2, \cdots, m_n)^{\mathrm{T}}=\dfrac{1}{N}\sum_{i=1}^{N}\boldsymbol{X}_i(\boldsymbol{X}_i\in\omega)$ 为均值向量，$\boldsymbol{C}$ 为模式集 $\omega$ 的协方

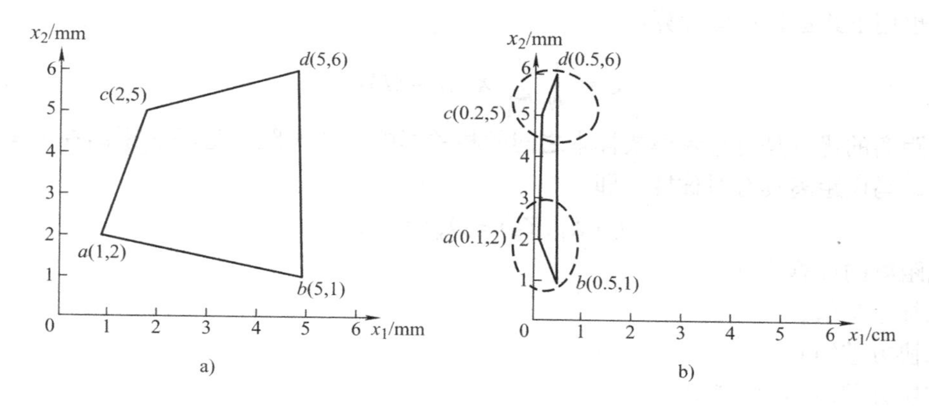


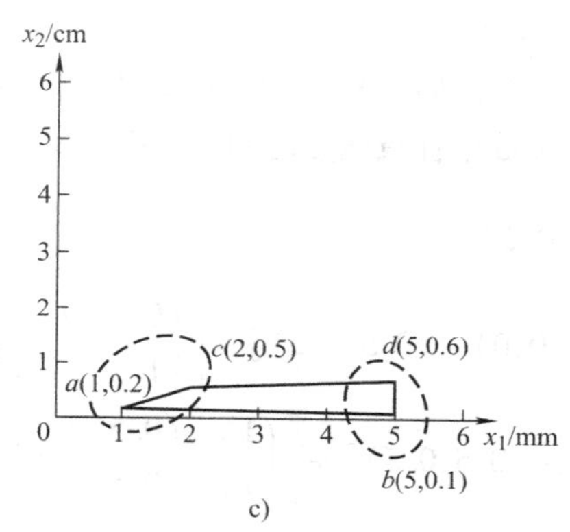


图 2.1　特征坐标单位变化对聚类分析结果的影响

差矩阵，则马氏距离就定义为

$$D_m(\boldsymbol{X}_1,\boldsymbol{X}_2)=\sqrt{(\boldsymbol{X}_1-\boldsymbol{X}_2)^{\mathrm{T}}\boldsymbol{C}^{-1}(\boldsymbol{X}_1-\boldsymbol{X}_2)} \tag{2-14}$$

常用的平方形式表示为

$$D_m^2(\boldsymbol{X}_1,\boldsymbol{X}_2)=(\boldsymbol{X}_1-\boldsymbol{X}_2)^{\mathrm{T}}\boldsymbol{C}^{-1}(\boldsymbol{X}_1-\boldsymbol{X}_2) \tag{2-15}$$

其中，协方差矩阵 $\boldsymbol{C}$ 计算如下：

$$\boldsymbol{C}=E\{(\boldsymbol{X}-\boldsymbol{M})(\boldsymbol{X}-\boldsymbol{M})^{\mathrm{T}}\}=\begin{pmatrix}\sigma_{11}^2 & \sigma_{12}^2 & \cdots & \sigma_{1n}^2\\ \sigma_{21}^2 & \sigma_{22}^2 & \cdots & \sigma_{2n}^2\\ \vdots & \vdots & & \vdots\\ \sigma_{n1}^2 & \sigma_{n2}^2 & \cdots & \sigma_{nn}^2\end{pmatrix} \tag{2-16}$$

协方差矩阵 $\boldsymbol{C}$ 为对称矩阵。对角线上的元素 $\sigma_{kk}^2$（$k=1$，2，…，$n$）就是所有样本第 $k$ 个分量与其平均值的方差，非对角线上的元素 $\sigma_{jk}^2$是 $\boldsymbol{X}$ 的第 $j$ 个分量 $x_j$ 和第 $k$ 个分量 $x_k$ 的协方差。协方差矩阵 $\boldsymbol{C}$ 表示模式样本各维分量到其均值的距离差异情况，$\sigma_{jk}^2$越大，说明与均值差异越大，相似度越小。对于样本集 $\omega=\{\boldsymbol{X}_1, \boldsymbol{X}_2, \cdots, \boldsymbol{X}_N\}$，通常协方差矩阵 $\boldsymbol{C}$ 的无偏估计计算形式为

$$\boldsymbol{C}=\frac{1}{N-1}\sum_{i=1}^{N}(\boldsymbol{X}_i-\boldsymbol{M})(\boldsymbol{X}_i-\boldsymbol{M})^{\mathrm{T}} \tag{2-17}$$

有时也用下式进行近似计算：

$$C \approx \frac{1}{N}\sum_{i=1}^{N} X_i X_i^{\mathrm{T}} - MM^{\mathrm{T}} \tag{2-18}$$

马氏距离的优点是可排除模式样本之间的相关影响。欧氏距离是马氏距离在 $C = I$ 时的一种特例。马氏距离具有对称性，即

$$D_m(X_1, X_2) = D_m(X_2, X_1) \tag{2-19}$$

马氏距离的计算步骤：

1)求样本均值；

2)求协方差矩阵；

3)求协方差矩阵的逆矩阵；

4)按公式求两点间马氏距离。

**例 2.1** 设数据集 $\omega = \{X_1, X_2, X_3, X_4\}$。$X_1 = (0, 0)^{\mathrm{T}}$，$X_2 = (0, 1)^{\mathrm{T}}$，$X_3 = (1, 0)^{\mathrm{T}}$，$X_4 = (1, 1)^{\mathrm{T}}$，$N = |\omega| = 4$。求 $\omega$ 中任意两点之间的马氏距离。

**解**：$M = \frac{1}{N}\sum_{i=1}^{N} X_i = (0.5, 0.5)^{\mathrm{T}}$

$$C = \frac{1}{4-1}\left\{\left[\begin{pmatrix}0\\0\end{pmatrix} - \begin{pmatrix}0.5\\0.5\end{pmatrix}\right][(0,0)-(0.5,0.5)] + \left[\begin{pmatrix}0\\1\end{pmatrix} - \begin{pmatrix}0.5\\0.5\end{pmatrix}\right][(0,1)-(0.5,0.5)] + \right.$$

$$\left.\left[\begin{pmatrix}1\\0\end{pmatrix} - \begin{pmatrix}0.5\\0.5\end{pmatrix}\right][(1,0)-(0.5,0.5)] + \left[\begin{pmatrix}1\\1\end{pmatrix} - \begin{pmatrix}0.5\\0.5\end{pmatrix}\right][(1,1)-(0.5,0.5)]\right\}$$

$$= \frac{1}{3}\left[\begin{pmatrix}0.25 & 0.25\\0.25 & 0.25\end{pmatrix} + \begin{pmatrix}0.25 & -0.25\\-0.25 & 0.25\end{pmatrix} + \begin{pmatrix}0.25 & -0.25\\-0.25 & 0.25\end{pmatrix} + \begin{pmatrix}0.25 & 0.25\\0.25 & 0.25\end{pmatrix}\right] = \begin{pmatrix}\frac{1}{3} & 0\\0 & \frac{1}{3}\end{pmatrix}$$

$$C^{-1} = \begin{pmatrix}3 & 0\\0 & 3\end{pmatrix}$$

$$D(X_1, X_2) = \sqrt{(X_1 - X_2)^{\mathrm{T}} C^{-1} (X_1 - X_2)} = \sqrt{[(0,0)-(0,1)]^{\mathrm{T}} \begin{pmatrix}3 & 0\\0 & 3\end{pmatrix}\left[\begin{pmatrix}0\\0\end{pmatrix} - \begin{pmatrix}0\\1\end{pmatrix}\right]} = \sqrt{3}$$

$$D(X_1, X_3) = \sqrt{(X_1 - X_3)^{\mathrm{T}} C^{-1} (X_1 - X_3)} = \sqrt{[(0,0)-(1,0)]^{\mathrm{T}} \begin{pmatrix}3 & 0\\0 & 3\end{pmatrix}\left[\begin{pmatrix}0\\0\end{pmatrix} - \begin{pmatrix}1\\0\end{pmatrix}\right]} = \sqrt{3}$$

同理可计算得

$$D(X_1, X_4) = \sqrt{(X_1 - X_4)^{\mathrm{T}} C^{-1} (X_1 - X_4)} = \sqrt{6}$$

$$D(X_2, X_3) = \sqrt{(X_2 - X_3)^{\mathrm{T}} C^{-1} (X_2 - X_3)} = \sqrt{6}$$

$$D(X_2, X_4) = \sqrt{(X_2 - X_4)^{\mathrm{T}} C^{-1} (X_2 - X_4)} = \sqrt{3}$$

$$D(X_3, X_4) = \sqrt{(X_3 - X_4)^{\mathrm{T}} C^{-1} (X_3 - X_4)} = \sqrt{3}$$

**3. 明氏距离**

明氏距离也称为明柯夫斯基距离(Minkowski distance)。$n$ 维模式样本向量 $X_1$ 和 $X_2$ 间的明氏距离表示为

$$D_L(X_1,X_2) = \left(\sum_{k=1}^{n} | x_{1k} - x_{2k} |^L\right)^{1/L} \tag{2-20}$$

式中，$x_{1k}$、$x_{2k}$分别表示 $X_1$ 和 $X_2$ 的第 $k$ 个分量。

当 $L=2$ 时，明氏距离为欧氏距离

$$D_2(X_1,X_2) = D_e(X_1,X_2) \tag{2-21}$$

当 $L=1$ 时，

$$D_1(X_1,X_2) = \sum_{k=1}^{n} | x_{1k} - x_{2k} | \tag{2-22}$$

也称为"街坊"距离(City block distance)或驾车距离(Cab driver distance)，其含义在二维空间中，即 $k=2$时，容易得到形象的说明，即两点之间的距离用两条直角边长之和表示，这比用斜边长即直线长表示距离更合乎实际情况。如图 2.2 所示，此时

$$D_1(X_1,X_2) = |x_{11} - x_{21}| + |x_{12} - x_{22}|$$

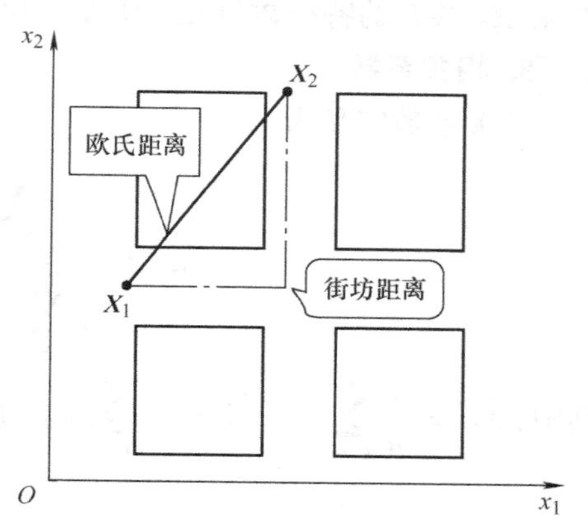


图 2.2　"街坊"距离图示

**4. $H^\infty$ 距离**

$H^\infty$ 距离也称为上确界距离(Supermum distance)，其定义为

$$D_\infty(X_1,X_2) = \max_{1 \leq k \leq n} |x_{1k} - x_{2k}| \tag{2-23}$$

它由两特征向量所有对应分量之差的绝对值中取最大值确定。

**5. 汉明距离**

设 $X_1$、$X_2$为 $n$ 维二值(1 或 $-1$)模式样本向量，则汉明 (Hamming) 距离定义为

$$D_h(X_1,X_2) = \frac{1}{2}\left(n - \sum_{k=1}^{n} x_{1k}x_{2k}\right) \tag{2-24}$$

式中，$x_{1k}$、$x_{2k}$分别表示 $X_1$ 和 $X_2$ 的第 $k$ 个分量。

当两个模式向量的每一分量取值均不同时，汉明距离为 $n$；均相同时，汉明距离为 0。

**6. 向量夹角余弦**

向量夹角余弦通过角度相似性函数定义为

$$S(X_1,X_2) = \frac{X_1^{\mathrm{T}} X_2}{\| X_1 \| \cdot \| X_2 \|} \tag{2-25}$$

向量 $X_1$、$X_2$ 间的夹角余弦，可看成 $X_1/\| X_1 \|$ 和 $X_2/\| X_2 \|$ 这两个单位向量的内积。两个归一化向量夹角余弦值，越接近 1，它们就越相近；越接近 0，则离得越远。因为 0°的余弦值为 1，90°的余弦值为 0。向量夹角余弦作为度量对于坐标系的旋转及放大缩小具有不变性，但对于平移和一般的线性变换不具有不变性。

**7. Tanimoto 度量**

Tanimoto 度量主要针对特征向量中的每个分量只取 0、1 二值情况，在分类学中尤为有用，定义为

$$T(X_1,X_2)=\frac{X_1^{\mathrm{T}}X_2}{X_1^{\mathrm{T}}X_1+X_2^{\mathrm{T}}X_2-X_1^{\mathrm{T}}X_2} \tag{2-26}$$

在一个特征向量的每个分量仅取0、1二值时，当其第 $i$ 个分量的值为1时，可以认为这个向量对应的模式具有第 $i$ 个特征，而取值为0时，该模式无此特征。$X_1^{\mathrm{T}}X_2$ 的值等于 $X_1$ 和 $X_2$ 共有的特征数目，$X_1^{\mathrm{T}}X_1$ 的值等于 $X_1$ 具有的特征数目，$X_2^{\mathrm{T}}X_2$ 的值等于 $X_2$ 具有的特征数目，$X_1^{\mathrm{T}}X_1+X_2^{\mathrm{T}}X_2-X_1^{\mathrm{T}}X_2$ 等于 $X_1$ 和 $X_2$ 占有的特征总数目。



所以，在向量的特征分量仅取0、1二值的情况下，$S(X_1, X_2)$ 等于 $X_1$ 和 $X_2$ 共有的特征数目与它们具有的特征数目的几何平均值之比，是一种相似性度量。而 $T(X_1, X_2)$ 等于 $X_1$ 和 $X_2$ 共有的特征数目/$X_1$ 和 $X_2$ 占有的特征总数目。

**8. 相关系数**

相关系数定义为

$$r_{12}=\frac{\sum_{k=1}^{n}(x_{1k}-\overline{X}_1)(x_{2k}-\overline{X}_2)}{\sqrt{\sum_{k=1}^{n}(x_{1k}-\overline{X}_1)^2\sum_{k=1}^{n}(x_{2k}-\overline{X}_2)^2}} \tag{2-27}$$

其中，$\overline{X}_1=\frac{1}{n}\sum_{k=1}^{n}x_{1k}$，$\overline{X}_2=\frac{1}{n}\sum_{k=1}^{n}x_{2k}$ 分别表示 $X_1$ 和 $X_2$ 的分量均值。

$$r_{12}\begin{cases}>0,\text{正相关}\\=0,\text{不相关}\\<0,\text{负相关}\end{cases}$$

例如，$(1, 3, 5, 7, 9)^{\mathrm{T}}$ 与 $(2, 4, 6, 8, 10)^{\mathrm{T}}$ 的相关系数为1，表明它们的分量都是递增的。而 $(1, 3, 5, 7, 9)^{\mathrm{T}}$ 与 $(10, 8, 6, 4, 2)^{\mathrm{T}}$ 的相关系数为 $-1$，表明它们的分量一个是递增的，另一个是递减的。注意，在求相关系数之前，最好要将数据标准化。

除了上述距离度量，人们还可根据实际需要定义相应的其他距离度量。距离度量满足如下准则：

(1) $d(X_1,X_2)\geqslant 0$ (2-28)

(2) $d(X,X)=0$ (2-29)

(3) $d(X_1,X_2)=d(X_2,X_1)$ (2-30)

(4) $d(X_1,X_3)\leqslant d(X_1,X_2)+d(X_2,X_3)$ (2-31)

若

$$d(cX_1,cX_2)=|c|d(X_1,X_2) \tag{2-32}$$

则称相应的距离度量还满足齐次性。例如，欧氏距离具有齐次性。

相似性度量，或称相似性测度，若用 $\mathrm{sim}(X_1, X_2)$ 来表示 $X_1$ 和 $X_2$ 之间的相似性度量，则相似性度量一般满足对称性准则，即 $\mathrm{sim}(X_1, X_2)=\mathrm{sim}(X_2, X_1)$。

相似性度量与距离度量一般呈相反的关系，两个特征向量之间的距离越小，则这两个特征向量之间越相似。所以两个特征向量之间的欧氏距离、马氏距离、明氏距离、“街坊”距离、$H^{\infty}$ 距离、汉明距离、Tanimoto 度量越小，则它们越相近，越相似。但向量夹角余弦在两个归一化向量的夹角越小时，其余弦值越大。而相关系数通常并不能直接作为相似性度量使用，它只是衡量两组数据之间相关的增减关系。

在实际中，判断两个模式是否相似，要有一定的标准，例如按模式特征向量的相似度，达到多少才算相似，这完全取决于数据分析和处理者的理念。

## 2.2.2 聚类准则

所谓聚类准则就是指一种标准，根据这个标准来判断两个模式是否相似或者判断整体的聚类结果是否达到要求。目前，采用的两种主要聚类准则分别为阈值准则和函数准则。



**1. 阈值准则**

阈值准则就是根据事先给定的某个阈值来判断两个模式是否相似。以距离为基础的聚类通常给定的阈值也称为距离阈值，而按相似度给定的阈值则称为相似度阈值。由于相似度一般也是以距离度量为基础的，所以，通常都是以距离阈值作为分类准则。例如，在按最近邻规则进行聚类时，要判定某个样本是否属于某一聚类，总是计算这一样本与各聚类的代表样本或聚类中心(不一定代表某个样本)的距离，若最小距离小于该阈值，则可将此样本划归到与之距离达到最小的聚类中。否则它就不能划归到任一聚类中，此时可能要另建新聚类并包含它。以阈值准则进行聚类的方法是一种试探式的聚类方法。当然，阈值如何确定以及阈值的大小究竟取多大，目前并没有什么理论来加以指导，只能视具体实际情况而定。

**2. 函数准则**

对一个聚类结果，用一个函数的值来同时整体评价类内模式相似程度、类间模式或模式类之间的差异程度，这样的函数就称为聚类准则函数。一旦给定了准则函数，最好的聚类可能对应于准则函数达到极值的情况。寻找最优聚类就对应于求问题的最优化解。例如，当类别数固定，使所有样本到其类均值的误差平方和达到最小的聚类，就是一种准则函数的聚类。$K$ 均值算法就是准则函数聚类的一个典型代表，它实际上就是求以均值向量为变元的多元函数最优化问题。

误差平方和是一种最常用的准则函数。误差平方和对应的聚类准则函数定义为

$$J_c = \sum_{j=1}^{c}\sum_{k=1}^{n_j} \| \boldsymbol{X}_k - \boldsymbol{m}_j \|^2 \tag{2-33}$$

式中，$c$ 表示类数；$\boldsymbol{m}_j$ 为类 $\omega_j$ 中样本的均值向量：$\boldsymbol{m}_j = \frac{1}{n_j}\sum_{\boldsymbol{X}\in\omega_j}\boldsymbol{X}$，$j=1, 2, \cdots, c$；$n_j$ 为类 $\omega_j$ 中样本的个数；$\boldsymbol{m}_j$ 是第 $j$ 个类 $\omega_j$ 的中心，可以用来代表第 $j$ 个类 $\omega_j$。$J_c$ 是样本和集合中心的函数。在样本集 $\boldsymbol{X}$ 和类别数 $c$ 给定的情况下，$J_c$ 的取值取决于 $c$ 个集合中心。$J_c$ 描述 $n$ 个试验样本聚合成 $c$ 个类时，所产生的总误差平方和，越小越好。当聚类使得 $J_c$ 值达到极小值时，说明其他聚类方案都不比当前方案好，故使 $J_c$ 值达到极小的聚类可作为满意的聚类方案。当然，若类别数 $c$ 不固定，每个样本自成一类，聚类准则函数值可达到最小极值0，但这种聚类没有任何价值，也不符合固定类数为 $c$ 的要求。

误差平方和准则适用于各类样本比较密集且样本数目差距不大，而不同类间的模式样本又明显分开的样本分布。如图2.3所示。

图2.3a所示的聚类中类内误差平方和小，类间距离大，聚类结果好。而图2.3b所示的聚类中，$\omega_1$ 类长轴两端的点距离中心远，计算得到的最终 $J_c$ 值相对较大。而且，可能会出现这样的情况，在不同类中样本个数相差很大时，采用误差平方和作为准则函数，有时可能把样本个数多的一类中的样本分在不同类中，以使 $J_c$ 值达到极小，从而可能得到错误的聚

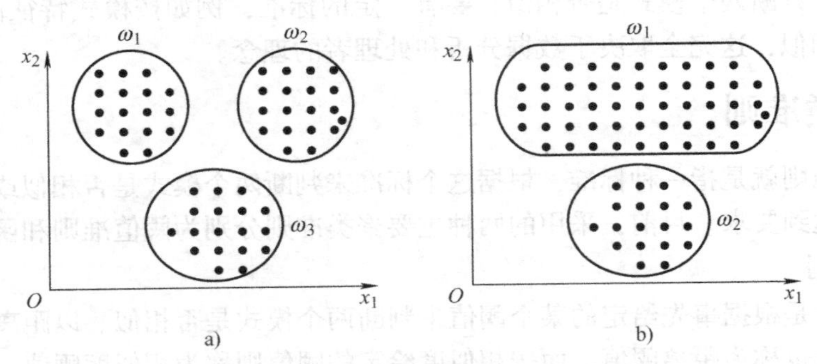


图 2.3　不同模式聚类图

a）类内样本分布呈球状分布　b）有的类内样本呈非球状分布

类结果，如图2.4所示。但图2.4a所示是正确的聚类，图2.4b所示不是正确的聚类。当然，误差平方和聚类准则函数不一定就能得到正确的聚类结果，有时采用加权的误差平方和聚类准则函数。它是将类中样本个数所占的比例作为权值而形成的一种加权误差平方和。有时会得到更加合理的聚类结果。其他形式的聚类准则，这里就不展开深入讨论了。

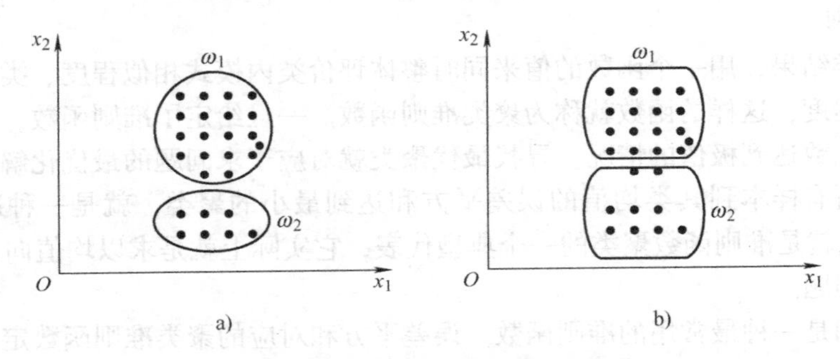


图 2.4　正确的和错误的聚类结果

a）正确的聚类结果　b）错误的聚类结果

## 2.3　基于距离阈值的聚类算法

本节介绍两种简单的聚类分析方法，它是对某些关键性的元素进行试探性的选取，使某种聚类准则达到最优，又称为基于试探的聚类算法。

### 2.3.1　近邻聚类算法

近邻聚类算法的基本描述如下：设有$N$个待分类的样本为$\boldsymbol{X}_1$，$\boldsymbol{X}_2$，…，$\boldsymbol{X}_N$，给定距离阈值$T$，要将这$N$个待分类的样本分到以$\boldsymbol{Z}_1$，$\boldsymbol{Z}_2$，…为聚类中心的模式类中，其中类数待定，聚类中心$\boldsymbol{Z}_1$，$\boldsymbol{Z}_2$，…也是待定的。相应的算法描述如下：

1）置距离阈值为$T$。

2）任取样本$\boldsymbol{X}_i$作为第一个聚类中心，如令$\boldsymbol{Z}_1=\boldsymbol{X}_1$。置当前类数$c=1$。

3）依次扫描$\boldsymbol{X}_2\sim\boldsymbol{X}_N$，对于扫描到的当前样本$\boldsymbol{X}_k$，做如下操作：① 计算样本$\boldsymbol{X}_k$分别到$\boldsymbol{Z}_1$，$\boldsymbol{Z}_2$，…，$\boldsymbol{Z}_c$的欧氏距离$D_{kj}=\|\boldsymbol{X}_k-\boldsymbol{Z}_j\|$，$j=1,2,\cdots,c$。② 若$D_{kj}>T(j=1,2,\cdots,c)$，

则类数增1即 $c=c+1$，新增类的聚类中心为 $\boldsymbol{Z}_c=\boldsymbol{X}_k$；否则，将 $\boldsymbol{X}_k$ 归到与其距离最小即最近邻的中心所代表的聚类中。

近邻聚类算法的特点：

1）仅需扫描一遍所有样本。在第一个聚类中心确定后，每扫描到一个当前样本就确定是将其归到已有的类中，或新增类，所以，简单快速。

2）存在一定的局限性。聚类结果在很大程度上依赖于第一个聚类中心的选择、待分类模式样本的排列次序、距离阈值 $T$ 的大小以及样本分布的几何性质等。改进的方案可以是：随机选择一个样本作为第一个聚类中心；距离阈值 $T$ 的大小可通过多次运行选择来确定。



3）聚类中心由样本直接代表。改进的方案是，用类均值向量做代表，且一旦一个类形成后，若又有新样本加入，则可立即计算类的新均值向量，然后以新均值向量作为类的代表。新均值向量可如下计算：设原聚类中心向量为 center，原聚类中所含样本数为 $n$，加入一个新样本 $y$ 到该类，则增加新样本 $y$ 后类的新均值向量为

$$\text{center}=\frac{n\cdot\text{center}+y}{n+1} \tag{2-34}$$

如果有样本分布的先验知识用于指导阈值 $T$ 和起始点 $\boldsymbol{Z}_1$ 的选取，则可较快得到合理结果。但对于高维的样本集来说，则只有经过多次试探，并对聚类结果进行验算，才能得出合理的聚类结果。图2.5表示了试探过程中，选取不同阈值和聚类中心导致的不同聚类结果。

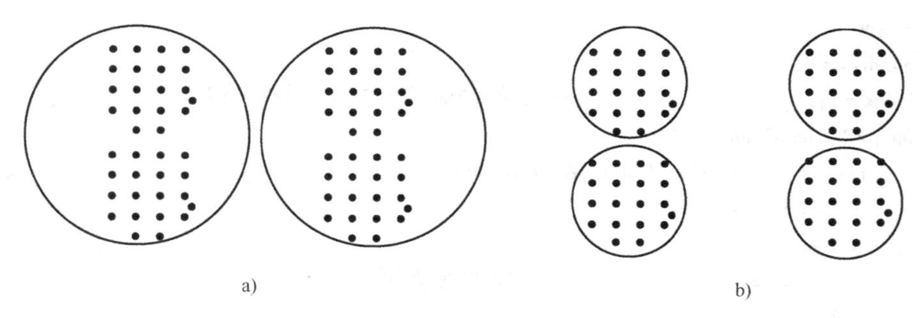

a)　　　　b)

图2.5　选取不同阈值和聚类中心时得到的不同聚类结果

a）阈值 $T$ 较大时的聚类结果　b）阈值 $T$ 适合时的聚类结果

对于第1章中的体检数据，可先将数据混合组织如下，然后再按近邻聚类算法聚类。

```
M = [170,180,190,150,190,210,170,140,150,130;
    68,71,73,66,68,76,75,62,66,66];          % 每列为身高和体重构成的一个样本数据
F = [130,160,100,150,120;
    66,70,58,64,66];                          % 每列为身高和体重构成的一个样本数据
sample = [M'
        F'];                                  %   sample 是样本矩阵,每行代表一个样本
```

设计工作结构数组(或矩阵)变量 pattern 如下：

pattern(i).feature：存放第 i 个样本向量(行向量)

pattern(i).classno：存储第 i 个样本的类号

其中，$i=1,2,\cdots,N$。

设计聚类中心结构数组(或矩阵)变量 Z 如下：

Z(j). feature：存放第 j 个聚类中心的代表向量(均值向量(行向量))

Z(j). id：存储第 j 个聚类中心的类号

Z(j). pattternNum：存储第 j 个聚类所含的样本个数

其中，$j=1, 2, \cdots, c$。

以均值向量代表类的近邻聚类算法的 MATLAB 程序代码如下：

```
function  [pattern,Z,classNum] = nearest(sample)
[N,m] = size(sample);
for i = 1:N
    pattern(i).feature = sample(i,:);
    pattern(i).classno = 0;
end
s = ceil(rand * N);                          % 随机选取一个样本号
Z(1).feature = pattern(s).feature; % 将随机选取的样本作为第一个聚类中心代表
Z(1).id = 1;                       % 中心代表的类标号
Z(1).patternNum = 1;               % 类中样本个数
pattern(s).classno = 1;            % 模式分类标号
classNum = 0;                      % 类数初值置 0,因后面 i 扫描了所有样本
T = input('Input threshold:');% 读入阈值
for i = 1:N
    mindis = inf;
    index = 1;                         % 记录最小距离的类号,先赋初值 1
    for j = 1: classNum
        dis = dist(pattern(i).feature,Z(j).feature ');
        if dis < mindis
            mindis = dis;
            index = j;                 %   记录当前最小距离的类号
        end
    end
    if mindis < T                      % 不需要新建类
        pattern(i).classno  = Z(index).id;                  % 加入已有的类
        n = Z(index).patternNum;                            % 取原类中所含样本数
        Z(index).patternNum = n + 1;                        % 原类中所含样本数增 1
        tempmean = Z(index).feature;                        % 取原类均值向量
        Z(index).feature = (n * tempmean + pattern(i).feature)/(n + 1); % 计算类新均值向量
    else   % 建新聚类中心
        classNum  =  classNum  + 1;
        pattern(i).classno  =  classNum;
        Z(classNum).feature = pattern(i).feature;
        Z(classNum).id =  classNum;
        Z(classNum).patternNum = 1;
    end
```

```
end
disp('显示聚类中心:')
for i=1:classNum
    fprintf('center %d:  ',Z(i).id)
    Z(i).feature
    Z(i).patternNum
end
disp('显示样本的类别')
for i=1:N
    fprintf('pattern %d classno:  %d',i,pattern(i).classno)
    pattern(i).feature
end
```

在代码中，首先随机选取一个样本作为第一个聚类中心，然后扫描所有样本。每次对一个样本进行处理时，总是保存其与已有聚类中心的最小距离及其聚类号，若最小距离大于阈值 $T$，则将该样本作为新增的一个聚类中心的代表；若小于阈值 $T$，则直接将其归到所保存的最小距离所对应的聚类中，即将保存的聚类号作为当前样本的类号，并直接更新类的均值向量。更新方法为：

设原含 $n$ 个样本的类的均值向量为 tempmean，则在加入一个样本 $\boldsymbol{X}$ 后，其新均值向量 newmean 为 newmean $=(n\times$ tempmean $+\boldsymbol{X})/(n+1)$。

对于例子数据，输入阈值 $T$ 为 40，可得到两类的聚类结果。

而对于样本集：

```
sample=[1 2;3 7;3 2;2 1;5 3;4 7;6 4;5 5]
```

输入阈值 $T$ 为 2.5；

```
Input threshold:2.5
```

可得到运行的部分结果如下：

```
显示聚类中心:
center 1:  中心向量:2.00,1.67
类中含样本数:3
center 2:  中心向量:3.50,7.00
类中含样本数:2
center 3:  中心向量:5.33,4.33
类中含样本数:3
```

样本类别及样本本身的显示这里省略。

## 2.3.2　最大最小距离聚类算法

最大最小距离聚类算法又称为按距离小中取大聚类算法。该算法首先选择任一样本作为第一个聚类中心，然后，求得与第一个样本或聚类中心最远的样本作为第二个聚类中心。在设定比例因子 $\theta(0<\theta\leqslant 1)$ 的值后，由前两个聚类中心的距离的 $\theta$ 倍形成距离阈值，即距离阈值 $T=\theta\|\boldsymbol{Z}_1-\boldsymbol{Z}_2\|$，然后，逐次重复下列工作：求所有样本与已有聚类中心的距离，按小中

取大的原则，找到达到该值的对应样本，若该值大于 $T$，则对应样本作为新的聚类中心，否则，不再寻求新的聚类中心。当确定了所有的聚类中心后，再按最近邻规则把模式样本划归到相应聚类中心所代表的类中去。问题的提法是：假设 $N$ 个待分类已知模式样本为 $\boldsymbol{X}_1$，$\boldsymbol{X}_2$，…，$\boldsymbol{X}_N$，要求按最大最小距离算法分别将 $\boldsymbol{X}_1$，$\boldsymbol{X}_2$，…，$\boldsymbol{X}_N$ 划归到聚类中心 $\boldsymbol{Z}_1$，$\boldsymbol{Z}_2$，…对应的类中。最大最小距离聚类算法描述如下：

1）初始化：置比例因子 $\theta$ 的值。

2）寻找并确定聚类中心：① 任取样本 $\boldsymbol{X}_i$ 作为第一个聚类中心，如令 $\boldsymbol{Z}_1=\boldsymbol{X}_1$。② 选择离 $Z_1$ 距离最远的样本作为第二个聚类中心 $\boldsymbol{Z}_2$。置阈值 $T=\theta\|\boldsymbol{Z}_1-\boldsymbol{Z}_2\|$，其中 $\theta$ 满足：$0<\theta<1$，$\theta$ 为给定的某个大于 0 且小于 1 的常数。得到当前类数 $k=2$。③ 重复下列工作，直到没有新的聚类中心为止。

设当前有 $k$ 个聚类中心 $\boldsymbol{Z}_1$，$\boldsymbol{Z}_2$，…，$\boldsymbol{Z}_k$，分别计算每个模式样本与所有聚类中心距离中的最小值，即计算 $N$ 个最小距离：

$$\min(D_{i1},D_{i2},\cdots,D_{ik}),i=1,2,\cdots,N \tag{2-35}$$

其中，$D_{ik}=\|\boldsymbol{X}_i-\boldsymbol{Z}_k\|$。再求这 $N$ 个最小距离中最大者，实现小中取大，即计算

$$\max\{\min(D_{i1},D_{i2},\cdots,D_{ik}),i=1,2,\cdots,N\} \tag{2-36}$$

判断其值是否大于阈值 $T$。若其值大于阈值 $T$，则产生第 $k+1$ 个聚类中心 $Z_{k+1}$，并取导致距离达到最大值的相应模式向量作为新聚类中心，$k=k+1$；否则，停止寻找聚类中心工作。

3）将每个样本 $\boldsymbol{X}_i$（$i=1$，2，…，$N$）按最近距离规则划分到距离最近的聚类中心 $\boldsymbol{Z}_1$，$\boldsymbol{Z}_2$，…，$\boldsymbol{Z}_k$ 中某一代表的类中。

最大最小聚类算法的特点是：

1）确定比例因子 $\theta(0<\theta\leqslant 1)$；

2）随机选定一个样本作为第一个聚类中心，并求出距离第一个样本最远的另一样本作为第 2 个聚类中心，且求得阈值 $T$ 为这两个中心间距离的 $\theta$ 倍。

3）不断按最大最小方法找出所有的聚类中心。

4）聚类中心由样本直接表示。改进点也可以最后用类的均值向量来做代表。

最大最小距离聚类算法的聚类结果与参数 $\theta$ 和起始点 $\boldsymbol{Z}_1$ 的选取密切相关。若无先验样本分布知识，则只有用试探法通过多次试探，以便得到优化的聚类结果。若有先验知识用于指导 $\theta$ 和 $\boldsymbol{Z}_1$ 选取，则算法可以很快收敛。

**例 2.2** 对表 2.2 中模式样本用最大最小距离聚类算法聚类。

**表 2.2 模式样本**

| 样本序号 | 1 | 2 | 3 | 4 | 5 | 6 | 7 | 8 | 9 |
|---|---|---|---|---|---|---|---|---|---|
| 样本 | $\boldsymbol{X}_1$ | $\boldsymbol{X}_2$ | $\boldsymbol{X}_3$ | $\boldsymbol{X}_4$ | $\boldsymbol{X}_5$ | $\boldsymbol{X}_6$ | $\boldsymbol{X}_7$ | $\boldsymbol{X}_8$ | $\boldsymbol{X}_9$ |
| 分量 $x_1$ | 1 | 2 | 2 | 2 | 5 | 4 | 6 | 5 | 6 |
| 分量 $x_2$ | 2 | 7 | 2 | 1 | 4 | 7 | 4 | 5 | 4 |

**解**：(1)置 $\theta=1/2$。

(2) 寻找聚类中心。

1)任取一个样本作为第一个聚类中心，如取 $\boldsymbol{Z}_1=\boldsymbol{X}_1=(1,\ 2)^{\mathrm{T}}$ 作为第一个聚类中心。计算各样本点到 $\boldsymbol{Z}_1$ 的距离：$D_{11}=\|\boldsymbol{X}_1-\boldsymbol{Z}_1\|=0$，$D_{21}=\|\boldsymbol{X}_2-\boldsymbol{Z}_1\|=\sqrt{73}$，同理，可算

得 $D_{31}$，$D_{41}$，…，$D_{81}$。见表 2.3。

**表 2.3　各样本到第一个聚类中心的距离**

| 样本序号 | 1 | 2 | 3 | 4 | 5 | 6 | 7 | 8 |
|---|---|---|---|---|---|---|---|---|
| 样本 | $\boldsymbol{X}_1$ | $\boldsymbol{X}_2$ | $\boldsymbol{X}_3$ | $\boldsymbol{X}_4$ | $\boldsymbol{X}_5$ | $\boldsymbol{X}_6$ | $\boldsymbol{X}_7$ | $\boldsymbol{X}_8$ |
| 到 $\boldsymbol{Z}_1$ 的距离 $D_{i1}$ | 0 | $\sqrt{29}$ | 2 | $\sqrt{2}$ | $\sqrt{20}$ | $\sqrt{34}$ | $\sqrt{29}$ | 5 |

2）选择离 $\boldsymbol{Z}_1$ 距离最远的样本 $\boldsymbol{X}_6=(4,\ 7)^{\mathrm{T}}$（距离为 $\sqrt{34}$）作为第二个聚类中心，即 $\boldsymbol{Z}_2=\boldsymbol{X}_6=(4,\ 7)^{\mathrm{T}}$。距离阈值 $T=\theta\|\boldsymbol{Z}_1-\boldsymbol{Z}_2\|=\frac{1}{2}\sqrt{34}=2.9155$。

3）计算各样本分别到 $\boldsymbol{Z}_1$、$\boldsymbol{Z}_2$ 的距离，选出其中较小者。见表 2.4 最后一行。

由计算结果表 2.4 最后一行可知，这 8 个最小距离中的最大者 $\sqrt{13}=3.6056>T=2.9155$，由 $\boldsymbol{X}_7$ 产生，所以，第三个聚类中心 $\boldsymbol{Z}_3=\boldsymbol{X}_7=(6,\ 4)^{\mathrm{T}}$。

**表 2.4　各样本到第 1、2 聚类中心的距离及最小距离**

| 样本序号 | 1 | 2 | 3 | 4 | 5 | 6 | 7 | 8 |
|---|---|---|---|---|---|---|---|---|
| 样本 | $\boldsymbol{X}_1$ | $\boldsymbol{X}_2$ | $\boldsymbol{X}_3$ | $\boldsymbol{X}_4$ | $\boldsymbol{X}_5$ | $\boldsymbol{X}_6$ | $\boldsymbol{X}_7$ | $\boldsymbol{X}_8$ |
| 到 $\boldsymbol{Z}_1$ 的距离 $D_{i1}$ | 0 | $\sqrt{29}$ | 2 | $\sqrt{2}$ | $\sqrt{20}$ | $\sqrt{34}$ | $\sqrt{29}$ | 5 |
| 到 $\boldsymbol{Z}_2$ 的距离 $D_{i2}$ | $\sqrt{34}$ | 1 | $\sqrt{29}$ | $\sqrt{40}$ | $\sqrt{10}$ | 0 | $\sqrt{13}$ | $\sqrt{5}$ |
| $\min(D_{i1},\ D_{i2})$ | 0 | 1 | 2 | $\sqrt{2}$ | $\sqrt{10}$ | 0 | $\sqrt{13}$ | $\sqrt{5}$ |

4）继续计算各样本到 $\boldsymbol{Z}_1$、$\boldsymbol{Z}_2$、$\boldsymbol{Z}_3$ 的距离。实际只需计算各样本到 $\boldsymbol{Z}_3$ 的距离：$D_{23}$，…$D_{83}$，作为一行添加在各样本分别到 $\boldsymbol{Z}_1$、$\boldsymbol{Z}_2$ 的距离形成的行下方，见表 2.5。再求 min（$D_{11}$，$D_{12}$，$D_{13}$），min（$D_{21}$，$D_{22}$，$D_{23}$），…，min（$D_{81}$，$D_{82}$，$D_{83}$），列于表 2.5 中最后一行。因 $\max\{\min(D_{i1},\ D_{i2},\ D_{i3}),\ i=1,\ 2,\ \cdots,\ 8\}=2<T=2.9155$。此时，不会有新的聚类中心产生。从而结束寻找和确定聚类中心的工作。

**表 2.5　各样本到第 1、2、3 聚类中心的距离及最小距离**

| 样本序号 | 1 | 2 | 3 | 4 | 5 | 6 | 7 | 8 |
|---|---|---|---|---|---|---|---|---|
| 样本 | $\boldsymbol{X}_1$ | $\boldsymbol{X}_2$ | $\boldsymbol{X}_3$ | $\boldsymbol{X}_4$ | $\boldsymbol{X}_5$ | $\boldsymbol{X}_6$ | $\boldsymbol{X}_7$ | $\boldsymbol{X}_8$ |
| 到 $Z_1$ 的距离 $D_{i1}$ | 0 | $\sqrt{29}$ | 2 | $\sqrt{2}$ | $\sqrt{20}$ | $\sqrt{34}$ | $\sqrt{29}$ | 5 |
| 到 $Z_2$ 的距离 $D_{i2}$ | $\sqrt{34}$ | 1 | $\sqrt{29}$ | $\sqrt{40}$ | $\sqrt{10}$ | 0 | $\sqrt{13}$ | $\sqrt{5}$ |
| 到 $Z_3$ 的距离 $D_{i3}$ | $\sqrt{29}$ | $\sqrt{18}$ | $\sqrt{20}$ | $\sqrt{25}$ | 1 | $\sqrt{13}$ | 0 | $\sqrt{2}$ |
| $\min(D_{i1},\ D_{i2},\ D_{i3})$ | 0 | 1 | 2 | $\sqrt{2}$ | 1 | 0 | 0 | $\sqrt{2}$ |

现有聚类中心：

$\boldsymbol{Z}_1=\boldsymbol{X}_1=(1,2)^{\mathrm{T}};\boldsymbol{Z}_2=\boldsymbol{X}_6=(4,7)^{\mathrm{T}};\boldsymbol{Z}_3=\boldsymbol{X}_7=(6,4)^{\mathrm{T}}$

按最近距离将 8 个模式样本分到三个类中，可得到

$\omega_1$：$\{\boldsymbol{X}_1,\ \boldsymbol{X}_3,\ \boldsymbol{X}_4\}$；$\omega_2$：$\{\boldsymbol{X}_2,\ \boldsymbol{X}_6\}$；$\omega_3$：$\{\boldsymbol{X}_5,\ \boldsymbol{X}_7,\ \boldsymbol{X}_8\}$

聚类结果如图 2.6 所示圈出的三个区域。

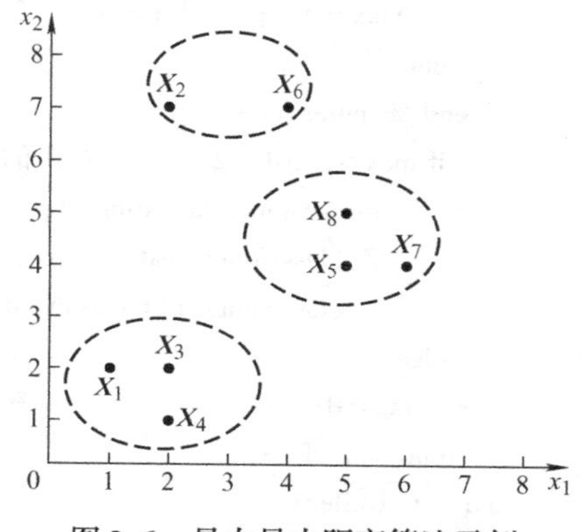

图 2.6　最大最小距离算法示例

根据最大最小距离聚类算法的原理，可得到算法如下的 MATLAB 代码，其中，比例因子 $\theta$ 取为 1/2。可用 sample = [1 2; 3 7; 3 2; 2 1; 5 4; 4 7; 6 4; 5 5] 作为参数调用 maxmin 函数，由于第一个聚类中心不一定选的是第

一个样本，所以，不一定得到本例中的聚类结果。

```
function [pattern,Z, classNum] = maxmin(sample)
% sample = [1 2;3 7;3 2;2 1;5 4;4 7;6 4;5 5]
[N,m] = size(sample);
for i = 1:N
    pattern(i).feature = sample(i,:);
    pattern(i).classno = 0;
end
s = ceil(rand * N);        % 随机选取一个样本号
Z(1).feature = pattern(s).feature; Z(1).id = 1;
pattern(s).classno = 1; index = 1;maxdis = 0;
for i = 1:N
  dis = dist(pattern(i).feature,Z(1).feature');
  if dis > maxdis
      maxdis = dis;  index = i;
  end
end
Z(2).feature = pattern(index).feature; Z(2).id = 2;
pattern(index).classno = 2;
classNum = 2; tag = 1;
while tag
  tag = 0;  max = 0;
  index = 0;                       % 记录到中心点小中取大达到最大距离的点
  for i = 1:N
    min = inf;
    for j = 1:classNum
      dis = dist(pattern(i).feature,Z(j).feature');
      if dis < min
         min = dis;
      end
    end % inner for j
    if max < min
       max = min;  index = i;    % 当前到中心点小中取大达到最大距离的点
    end
  end % outer for i
    if max > maxdis/2          % T 的值为 maxdis/2
      classNum = classNum + 1;
      Z(classNum).feature = pattern(index).feature;
      Z(classNum).id = classNum;  tag = 1;
    else
      tag = 0;                     % 不形成新的中心
    end  % if
end  % while
```

```
for i = 1:classNum
    Z(i).patternNum = 0;
end
for i = 1:N
    min = inf;   index = 0;
    for j = 1:classNum
        dis = dist(pattern(i).feature,Z(j).feature');
        if dis < min
            min = dis;   index = j;
        end
    end % inner for j
    pattern(i).classno = index;
    Z(index).patternNum = Z(index).patternNum + 1;
end % outer for i
disp('显示中心:')
for i = 1:classNum
    fprintf('centroid %d: ',Z(i).id)
    disp(Z(i).feature)
    fprintf('cluster %d contains %d samples\n',i,Z(i).patternNum)
end
disp('显示样本的聚类:')
for i = 1:N
    fprintf('pattern %d   classno:   %d',i,pattern(i).classno)
    pattern(i).feature
end
```

也可利用一些 MATLAB 函数编写成下列代码形式：

```
function   class = max_min(sample,centroid,thi)
%最大最小距离聚类算法,即各类间中心距离最大,同一类中各样本之间距离最短
%准备参数
%sample = [1 2;3 7;3 2;2 1;5 4;4 7;6 4;5 5];   % 原始样本
% centroid = 1;                                 %取第一个样本作为聚类中心
% thi = 1/2;                                    %比例因子
Z(1,:) = sample(centroid,:);                    % 获取聚类中心
[m n] = size(sample);                           % m 为样本总数,n 为样本维数
for i = 1:m
    D(i) = dist(Z(1,:), sample (i,:)');% 计算距离
end
[u I] = max(D);                       % 求全部样本到初始聚类中心的距离的最大值 u
T = thi * u;                          %获得阈值
Z = cat(1,Z, sample (I,:));           % 将距离最大的一样本加入聚类中心
[k n1] = size(Z);                     % k 为中心数目
```

```
%按最大距离寻找聚类中心
while(u>T)                          % 最小距离中的最大者小于阈值T,则循环终止
    for j=1:m
        for i=1:k
            temp(i)= dist(Z(i,:), sample (j,:)');
                                    % 暂态变量存储全部样本到各聚类中心的距离
        end
        D(j)=min(temp);             % 取全部样本到各聚类中心的最小值
    end
    [u I]=max(D);                   % 寻找最大值
    if(u>T)
    Z=cat(1,Z, sample (I,:));       %将距离最大的一样本加入聚类中心
    end
    [k n1]=size(Z)
end
Z                                   % 最终寻找到的聚类中心
%按每个样本离聚类中心最小距离聚类
[num n]=size(Z);                    % num 为聚类中心个数
class=cell(num,1);                  % 初始化类样本 class
for i=1:m
    for j=1:num
        temp(j)=dist(sample (i,:),Z(j,:)');
                                    % 暂存全部样本到各聚类中心的距离
    end
    [v I]=min(temp);                % 寻找最小值
    class{I}=cat(1,class{I},i);     % 将距离最小的样本归于一类
end
celldisp(class);                    % 显示聚类结果
```

## 2.4 层次聚类法

层次聚类法(Hierarchical Clustering Method)又称分级聚类法或系统聚类法，广泛应用于植物分类、动物分类等生物分类学领域。层次聚类法是不可撤回的聚类方法。层次聚类法按实现的方法分为两种。一种叫作自底向上的凝聚法(Agglomerative Clustering Method)，另一种叫作自顶向下的分裂法(Divisive Clustering Method)。凝聚法以距离阈值作为是否合并相近聚类判断标准，而分裂法则以类内相似性大小作为一个大类是否要分裂为两个小类的判断标准。凝聚法的基本思路是，初始时让每个模式样本自成一类，然后逐次合并类间距离小于距离阈值的两类，每次类数减 1，直到类间距离不小于给定的距离阈值为止。若不给定距离阈值，则最终所有的样本会聚为一类。由于分裂法较为复杂，这里只介绍凝聚法。

假设 $N$ 个待分类模式样本为 $\boldsymbol{X}_1$，$\boldsymbol{X}_2$，…，$\boldsymbol{X}_N$，用凝聚法进行分类，算法步骤如下：

1）先让每个模式样本各自构成单点类，即建立 $N$ 类：$\omega_1(0)$，$\omega_2(0)$，…，$\omega_N(0)$，使得

$\omega_i(0)=\{\boldsymbol{X}_i\}$（$i=1, 2, \cdots, N$）。置初始步数 $k=0$。置距离阈值 $T$ 一个值。置当前类数 $n=N$。

2）计算类间的距离，形成 $n$ 阶距离矩阵 $\boldsymbol{D}(k)$。

3）求 $\boldsymbol{D}(k)$ 中的最小值。若该最小值小于给定的阈值 $T$，则将其对应的两类合并为一类。$k$ 增 1，即 $k=k+1$；类数减 1，即 $n=n-1$。若 $n>1$，则转 2）。否则，聚类结束。

注意：类间距离计算需要使用类间距离计算方法，不同于点间距离计算方法。

类间距离及一个类与合并两类所得到的新类之间的距离计算方法有以下五种。

（1）最短距离法　两类间最短距离的计算公式为

$$D_{HK}=\min_{X_h\in H, X_k\in K}\{D(\boldsymbol{X}_h,\boldsymbol{X}_k)\} \tag{2-37}$$

式中，$H$、$K$ 是给定的两个类；$D(\boldsymbol{X}_h, \boldsymbol{X}_k)$ 表示 $\boldsymbol{X}_h$ 和 $\boldsymbol{X}_k$ 之间的距离。它实际上就是取 $H$ 类与 $K$ 类中所有样本之间的最短距离作为类间距离，如图 2.7a 所示。

在类的合并过程中，若采用最短距离法作为类间距离，则某个类与合并后得到的类之间的最短距离可用下列简化方法加以计算。设 $H$ 类是不同于 $I$ 和 $J$ 类的任意一个类，$K$ 类是由 $I$ 和 $J$ 两类合并而成的，则 $H$ 类与 $K$ 类之间的最短距离就是由 $H$ 类与 $I$ 类、$H$ 类与 $J$ 类的最短距离直接再取最小而得，即 $D_{HK}=\min\{D_{HI}, D_{HJ}\}$，其中，$D_{HK}$和 $D_{HJ}$分别表示原来 $H$ 类和 $I$ 类间以及 $H$ 类和 $J$ 类间的最短距离，即

$$D_{HI}=\min_{X_h\in H, X_i\in I}\{D(\boldsymbol{X}_h,\boldsymbol{X}_i)\} \tag{2-38}$$

$$D_{HJ}=\min_{X_h\in H, X_j\in J}\{D(\boldsymbol{X}_h,\boldsymbol{X}_j)\} \tag{2-39}$$

其递推关系可用图 2.7b 表示。

（2）最长距离法　两类间最长距离计算公式为

$$D_{HK}=\max_{\boldsymbol{X}_h\in H, \boldsymbol{X}_k\in K}\{D(\boldsymbol{X}_h,\boldsymbol{X}_k)\} \tag{2-40}$$

式中，$H$、$K$ 是给定的两个类；$D(\boldsymbol{X}_h, \boldsymbol{X}_k)$ 表示 $\boldsymbol{X}_h$ 和 $\boldsymbol{X}_k$ 之间的距离。它实际上就是取 $H$ 类与 $K$ 类中所有样本之间的最长距离作为类间距离。

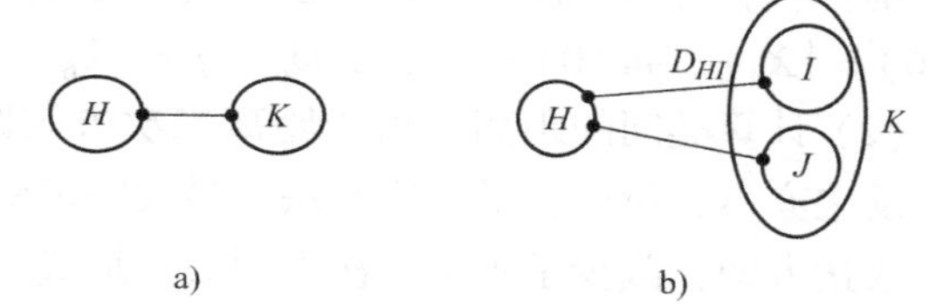


图 2.7　最短距离算法图示

a）两类之间的最短距离

b）一类与由两类合并后得到的类之间的最短距离

若在合并中，$K$ 类由 $I$ 和 $J$ 两类合并而成，$H$ 为另一个类，则 $H$ 类与 $K$ 类之间的最长距离就是由 $H$ 类与 $I$ 类、$H$ 类与 $J$ 类的最长距离直接再取最大而得，即

$$D_{HK}=\max\{D_{HI},D_{HJ}\} \tag{2-41}$$

其中，$D_{HI}$和 $D_{HJ}$分别表示原来 $H$ 类和 $I$ 类间以及 $H$ 类和 $J$ 类间的最长距离，即

$$D_{HI}=\max_{X_h\in H, X_i\in I}\{D(\boldsymbol{X}_h,\boldsymbol{X}_i)\} \tag{2-42}$$

$$D_{HJ}=\max_{X_h\in H, X_j\in J}\{D(\boldsymbol{X}_h,\boldsymbol{X}_j)\} \tag{2-43}$$

（3）中间距离法　中间距离法给出了一个类与合并得到的类之间距离的一种计算方法。若 $K$ 类由 $I$ 和 $J$ 两类合并而得，则 $H$ 和 $K$ 类之间的距离定义为

$$D_{HK}=\sqrt{\frac{1}{2}D_{HI}^2+\frac{1}{2}D_{HJ}^2-\frac{1}{4}D_{IJ}^2} \tag{2-44}$$

(4) 重心法　重心法主要给出了一个类与合并得到的类之间距离的一种计算方法。它将每个类所包含的样本数引入到了类间距离的计算之中。设 $I$ 类含 $N_I$ 个样本，$J$ 类含 $N_J$ 个样本，两类合并得类 $K$，含 $(N_I+N_J)$ 个样本，则 $H$ 类和 $K$ 类之间按重心法计算的距离为

$$D_{HK}=\sqrt{\frac{N_I}{N_I+N_J}D_{HI}^2+\frac{N_I}{N_I+N_J}D_{HJ}^2-\frac{N_IN_J}{(N_I+N_J)^2}D_{IJ}^2} \tag{2-45}$$

(5) 类平均距离法　两类之间的平均距离可定义为

$$D_{HK}=\sqrt{\frac{1}{N_HN_K}\sum_{\substack{X_h\in H\\X_k\in K}}d^2(X_h,X_k)} \tag{2-46}$$

式中，$d(\boldsymbol{X}_h,\boldsymbol{X}_k)$表示 $\boldsymbol{X}_h$ 与 $\boldsymbol{X}_k$ 之间的距离；$N_H$、$N_K$ 分别表示 $H$ 类和 $K$ 类中所含样本个数。若由 $I$ 类与 $J$ 类合并而得类 $K$，则 $H$ 类与 $K$ 类之间按类平均距离法计算的距离为

$$D_{HK}=\sqrt{\frac{N_I}{N_I+N_J}D_{HI}^2+\frac{N_I}{N_I+N_J}D_{HJ}^2} \tag{2-47}$$

类间距离计算的方法选用不同，得到的聚类结果也可能不相同。究竟选用哪个好，并没有严格的理论指导，只能根据实际情况，分别选用不同的计算方法，得到不一定一致的聚类结果，然后通过对聚类结果的分析比较，确定一个适当的聚类结果。

**例 2.3**　给定 6 个三维模式样本：$\boldsymbol{X}_1=(0,\ 0,\ 0)^{\mathrm{T}}$，$\boldsymbol{X}_2=(0,\ 1,\ 1)^{\mathrm{T}}$，$\boldsymbol{X}_3=(2,\ 1,\ 0)^{\mathrm{T}}$，$\boldsymbol{X}_4=(3,\ 3,\ 3)^{\mathrm{T}}$，$\boldsymbol{X}_5=(4,\ 3,\ 4)^{\mathrm{T}}$，$\boldsymbol{X}_6=(6,\ 4,\ 1)^{\mathrm{T}}$，阈值 $T=3$，按欧氏距离作为度量，且以最短距离作为类间距离，进行凝聚法聚类。

**解**：(1) 将每一样本看作单独一类，得 $\omega_1(0)=\{\boldsymbol{X}_1\}$，$\omega_2(0)=\{\boldsymbol{X}_2\}$，$\omega_3(0)=\{\boldsymbol{X}_3\}$，$\omega_4(0)=\{\boldsymbol{X}_4\}$，$\omega_5(0)=\{\boldsymbol{X}_5\}$，$\omega_6(0)=\{\boldsymbol{X}_6\}$。

(2) 计算类间的距离。由于距离二次方与距离同单调性，距离最小时距离二次方也最小，反之亦然，所以，最小距离法、最大距离法等方法可直接用距离二次方形式来替代，这样，表达方便，减少了不少二次方根表达形式。以下均以距离二次方来加以表示。

$$D_{12}^2(0)=\|\boldsymbol{X}_1-\boldsymbol{X}_2\|^2=(x_{11}-x_{21})^2+(x_{12}-x_{22})^2+(x_{13}-x_{23})^2=0+1+1=2$$

$$D_{13}^2(0)=2^2+1+0=5$$

同理可计算其他两类之间的距离二次方，具体计算过程省略，其值可见下面的距离二次方矩阵中的元素。由于欧氏距离满足对称性，所以 $D_{ij}^2(0)=D_{ji}^2(0)$，$i,\ j=1,\ 2,\ \cdots,\ 6$。可得距离二次方矩阵 $\boldsymbol{D}(0)$（因其为对称矩阵，只给出下三角部分元素，这里 $\boldsymbol{D}$ 表示每个元素为类间距离二次方构成的矩阵，括号内的 0 表示步数），于是

$$\boldsymbol{D}(0)=\begin{array}{c} \\ \omega_1(0)\\ \omega_2(0)\\ \omega_3(0)\\ \omega_4(0)\\ \omega_5(0)\\ \omega_6(0)\end{array}\begin{array}{cccccc}\omega_1(0)&\omega_2(0)&\omega_3(0)&\omega_4(0)&\omega_5(0)&\omega_6(0)\\ 0&&&&&\\ 2&0&&&&\\ 5&5&0&&&\\ 27&17&14&0&&\\ 41&29&24&2&0&\\ 53&45&26&14&14&0\end{array}$$

(3) 求出距离二次方矩阵 $\boldsymbol{D}(0)$ 中除对角线上元素 0 之外的最小值 2。$2<T^2=3^2=9$。

所以要将最小值所对应的两类合并。这里两个 2 都是最小值，可任取其一。假设矩阵中第 1 行第 1 列的最小值 2，则对应的类 $\omega_1(0)$ 和 $\omega_2(0)$ 将被合并为一个新类，即 $\omega_{12}(1)=\omega_1(0)\cup\omega_2(0)$，而其他类保持不变，$\omega_i(1)=\omega_i(0)$，$i=3$，4，5，6。

（4）按最短距离准则计算类间距离平方。由 $D(0)$ 矩阵，只要计算其他类与合并类间新的距离平方，不需要计算老类间距离平方即可得新的距离平方矩阵 $\boldsymbol{D}(1)$：

$$\begin{array}{c} \quad\quad\quad \omega_{12}(1)\quad \omega_3(1)\quad \omega_4(1)\quad \omega_5(1)\quad \omega_6(1) \\ \boldsymbol{D}(1)=\begin{pmatrix} 0 & & & & \\ 5 & 0 & & & \\ 17 & 14 & 0 & & \\ 29 & 24 & 2 & 0 & \\ 45 & 26 & 14 & 14 & 0 \end{pmatrix}\begin{matrix}\omega_{12}(1)\\ \omega_3(1)\\ \omega_4(1)\\ \omega_5(1)\\ \omega_6(1)\end{matrix} \end{array}$$

（5）将 $\boldsymbol{D}(1)$ 中除对角线上元素 0 之外的最小值 2，$2<T^2=3^2=9$，对应的 $\omega_4(1)$ 和 $\omega_5(1)$ 合并为一类 $\omega_{45}(2)=\omega_4(1)\cup\omega_5(1)$，其他类保持不变，记法上只需将括号内的 1 改为 2 表示进入下一步。相应地计算类间距离平方矩阵 $\boldsymbol{D}$（2）：

$$\begin{array}{c} \quad\quad\quad \omega_{12}(2)\quad \omega_3(2)\quad \omega_{45}(2)\quad \omega_6(2) \\ \boldsymbol{D}(2)=\begin{pmatrix} 0 & & & \\ 5 & 0 & & \\ 17 & 14 & 0 & \\ 45 & 26 & 14 & 0 \end{pmatrix}\begin{matrix}\omega_{12}(2)\\ \omega_3(2)\\ \omega_{45}(2)\\ \omega_6(2)\end{matrix} \end{array}$$

（6）$\boldsymbol{D}(2)$ 中除对角线上元素 0 之外的最小值是 5，而 $5<T^2=3^2=9$，所以其对应的两类要合并为一类 $\omega_{123}(3)=\omega_{12}(2)\cup\omega_3(2)$，并再计算类间距离平方矩阵 $\boldsymbol{D}(3)$。

$$\begin{array}{c} \quad\quad\quad \omega_{123}(3)\quad \omega_{45}(3)\quad \omega_6(3) \\ \boldsymbol{D}(3)=\begin{pmatrix} 0 & & \\ 14 & 0 & \\ 26 & 14 & 0 \end{pmatrix}\begin{matrix}\omega_{123}(2)\\ \omega_{45}(2)\\ \omega_6(2)\end{matrix} \end{array}$$

$\boldsymbol{D}(3)$ 中除对角线上元素 0 之外的最小元素为 $14>T^2=3^2=9$，聚类结束，聚类结果为

$$\omega_1:\{\boldsymbol{X}_1,\boldsymbol{X}_2,\boldsymbol{X}_3\};\ \omega_2:\{\boldsymbol{X}_4,\boldsymbol{X}_5\};\ \omega_3:\{\boldsymbol{X}_6\}$$

如果没有给定距离阈值，那么合并过程可继续进行，直到全部样本归为一类。这时给出聚类过程可通过一个树状图加以表示，如图 2.8 所示。

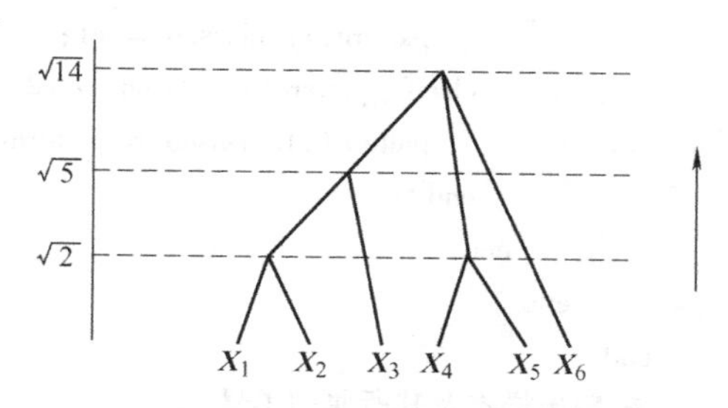

图 2.8　凝聚法所得到的树状图表示

按凝聚法以最短距离法为准则进行聚类算法的 MATLAB 代码如下：

```
function    pattern = layercluster(sample)
    [N,m] = size(sample);
    T = input('类间距离阈值: ');           % 读入类间距离阈值
    for i = 1:N                             % 每个样品初始为一类
```

```
        pattern(i).feature = sample(i,:);
        pattern(i).classno = i;
    end
    while (true)
        minDis = inf;
        c1 =0;
        c2 =0;
        %寻找距离最近的两类类号 c1、c2,记录最小距离 minDis
        for i = 1:N - 1
            for j = i + 1:N
              if(pattern(i).classno ~= pattern(j).classno)
                dis = dist(pattern(i).feature,pattern(j).feature');   %用欧氏距离计算
                if(dis < minDis)
                    minDis = dis;
                    c1 = pattern(i).classno;
                    c2 = pattern(j).classno;
                  end
               end
             end
        end
        if(minDis > T)
            break;
        else                                            % 最小距离小于或等于阈值时合并类
            if(c1 > c2)                                 % 确保 c1 < c2
                temp = c1;
                c1 = c2;
                c2 = temp;
            end
            for i = 1:N                                 % 将大号类样本归入小号类
              if  pattern(i).classno = c2
                  pattern(i).classno  = c1;
              elseif   pattern(i).classno > c2
                  pattern(i).classno  =  pattern(i).classno - 1;
              end
            end
        end
    end
    % 输出样本及其所属的类号
    for i = 1:N
        fprintf('第%d 个样本及其所属的类号',i);
        pattern(i).feature
        pattern(i).classno
    end
```

运行情况：

```
sample =[0 0 0;0 1 1;2 1 0;3 3 3;4 3 4;6 4 1];
```

类间距离阈值：3

从而将六个样本分为 3 类，得到如前面在例子中介绍的结果。

采用 MATLAB 中的函数，也可写成下列代码的形式：

```
function    y = cengcijulei(X)
%形参可用数据 X =[0 0 0;0 1 1;2 1 0;3 3 3;4 3 4;6 4 1];
Xn = zscore(X);                        % 对数据进行标准化变换
%计算样本间的距离
Y = pdist(Xn,'euclid');                % 欧氏距离
squareform(Y)
%用凝聚层次聚类法将所有样本聚为一类,并画谱系聚类图
Z = linkage(Y,'average');              % 两类间距离定义为类均值间的距离
dendrogram(Z);
xlabel('样本');
ylabel('类间距离');
title('凝聚层次聚类分析');
box on
T = cluster(Z,3)                       % 确定样本分类
```

## 2.5　动态聚类法

动态聚类法的基本思想是首先选择若干个样本点作为聚类中心，再按某种聚类准则(通常采用最小距离准则)使样本点向各中心聚集，从而得到初始聚类；然后判断初始分类是否合理，若不合理，则修改分类；如此反复进行修改聚类的迭代算法，直至合理为止。

动态聚类法基本思路如图 2.9 所示。“动态”即指聚类过程中，聚类中心不断被修改的变化状态。本节主要介绍两种常用的动态聚类算法：$K$ -均值聚类算法和 ISODATA 算法(即迭代自组织数据分析算法)。

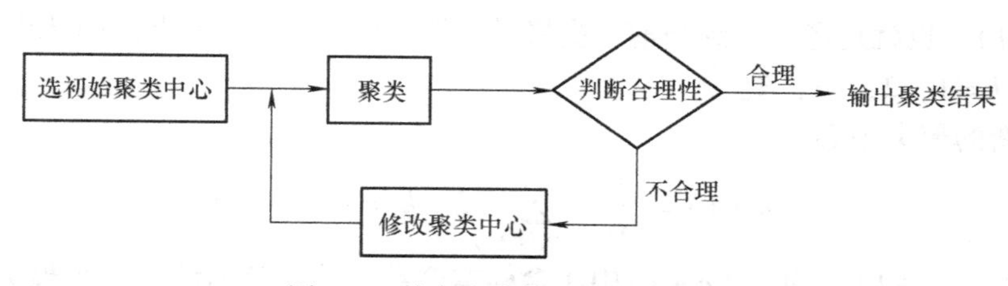


图 2.9　动态聚类算法的基本思路

### 2.5.1　$K$ -均值聚类算法

$K$ -均值聚类算法又称 $C$ -均值聚类算法，是基于函数准则的聚类算法。问题的提法是：在给定 $N$ 个样本 $\boldsymbol{X}_1$，$\boldsymbol{X}_2$，…，$\boldsymbol{X}_N$ 和类数 $K$ 的情况下，要求将样本聚为 $K$ 类，使聚类准则

函数达到最小。聚类准则是聚类中所有的每一样本到其所在聚类中心向量的距离平方之和，以后简称其为聚类准则。它可看成是以 $K$ 个聚类中心向量为向量变量的一个多元函数。

聚类准则函数表达式为

$$J = J(\mathbf{Z}_1,\mathbf{Z}_2,\cdots,\mathbf{Z}_K) = \sum_{k=1}^{K}\sum_{\mathbf{X}_i\in\omega_k}\|\mathbf{X}_i-\mathbf{Z}_k\|^2 = \sum_{k=1}^{K}J_k \tag{2-48}$$

式中，$\mathbf{Z}_k$ 为第 $k$ 个聚类中心；$\omega_k$ 表示第 $k$ 个聚类样本集，$k=1,\ 2,\ \cdots,\ K$，第 $k$ 项



$$J_k = \sum_{\mathbf{X}_i\in\omega_k}\|\mathbf{X}_i-\mathbf{Z}_k\|^2 \tag{2-49}$$

对应于第 $k$ 个聚类集的准则函数值。$K$-均值聚类算法选择聚类中心 $\mathbf{Z}_k$ 使聚类准则函数 $J$ 极小，可求 $J$ 对 $\mathbf{Z}_k$ 的导数并令其等于 $\mathbf{0}$ 来求出 $\mathbf{Z}_k$：

$$\frac{\partial J}{\partial \mathbf{Z}_k}=\mathbf{0} \tag{2-50}$$

即

$$\frac{\partial}{\partial \mathbf{Z}_j}\sum_{j=1}^{K}\sum_{\mathbf{X}_i\in S_j}\|\mathbf{X}_i-\mathbf{Z}_j\|^2 = \frac{\partial}{\partial \mathbf{Z}_j}\sum_{\mathbf{X}_i\in S_j}(\mathbf{X}_i-\mathbf{Z}_j)^{\mathrm{T}}(\mathbf{X}_i-\mathbf{Z}_j) = 0 \tag{2-51}$$

可解得

$$\mathbf{Z}_k = \frac{1}{N_k}\sum_{\substack{i=1\\ \mathbf{X}_i\in\omega_k}}^{N_k}\mathbf{X}_i \tag{2-52}$$

其中，$N_k = |\omega_k|$ 为 $\omega_k$ 中所含样本个数。可见，$\omega_k$ 类的聚类中心 $Z_k$ 应为 $\omega_k$ 类的样本均值向量。而且由 $\frac{\partial}{\partial \mathbf{Z}_k}\sum_{\mathbf{X}_i\in\omega_k}(\mathbf{X}_i-\mathbf{Z}_k)^{\mathrm{T}}(\mathbf{X}_i-\mathbf{Z}_k) = 0$ 与 $\frac{\partial J}{\partial \mathbf{Z}_k}=\mathbf{0}$ 等价，所以，使 $J$ 达到极小与使 $J_k$ 达到极小是等价的。

$K$-均值聚类算法描述：

1）初始化。输入 $N$ 个模式样本 $\mathbf{X}_1$，$\mathbf{X}_2$，…，$\mathbf{X}_N$，置类数 $K$ 的值($K\leqslant N$)，置迭代运算的次序号 $n$ 的初值为1，即 $n=1$。选样本集中的任意 $K$ 个样本作为初始聚类中心 $\mathbf{Z}_1(n)$，$\mathbf{Z}_2(n)$，…，$\mathbf{Z}_K(n)$(即 $\mathbf{Z}_1(1)$，$\mathbf{Z}_2(1)$，…，$\mathbf{Z}_K(1)$)。

2）计算每个样本 $X$ 与每个聚类中心的欧氏距离 $D(\mathbf{X},\ \mathbf{Z}_k(n))$，$k=1,\ 2,\ \cdots,\ K$，按最小距离原则将样本 $X$ 分配到离其聚类中心最小的类中，即若 $D(\mathbf{X},\ \mathbf{Z}_l(n)) = \min\limits_{k=1,2,\cdots,K}\{D(\mathbf{X},\ \mathbf{Z}_k(n))\}$，则 $\mathbf{X}\in\omega_l(n+1)$。也就是将 $\mathbf{X}$ 归到当前 $n$ 次聚类的第 $l$ 类，并自然形成 $n+1$ 步即下步的各类集合 $\omega_k(n)$，$k=1,\ 2,\ \cdots,\ K$。

3）计算新的聚类中心

$$\mathbf{Z}_k(n+1) = \frac{1}{N_k}\sum_{\mathbf{X}\in\omega_k(n+1)}\mathbf{X},\ k = 1,2,\cdots,K \tag{2-53}$$

其中，$N_k = |\omega_k(n+1)|$ 为 $\omega_k(n+1)$ 中所含样本个数。此即分别计算 $K$ 个聚类中的样本均值向量来作为新的聚类中心。因每次都要计算 $K$ 个类的样本均值向量，故称其为 $K$-均值聚类算法。

4）若 $\mathbf{Z}_j(n+1)\neq\mathbf{Z}_j(n)$，$j=1,\ 2,\ \cdots,\ K$，或有样本发生过类属的变化，则 $n=n+1$，转2)。否则，即 $\mathbf{Z}_k(n+1)=\mathbf{Z}_k(n)$，$k=1,\ 2,\ \cdots,\ K$，或无样本发生过类属变化，则算法收敛，聚类结束。

注意：在第 2) 步中，按最小距离原则将样本 $\boldsymbol{X}$ 归到当前 $n$ 次聚类的第 $l$ 类，不能写成 $\boldsymbol{X}\in\omega_l(n)$，因为有的样本所属的类可能发生了变化，而它不一定是属于 $n$ 步时的第 $l$ 类 $\omega_l(n)$ 中的元素，只能说它属于新生成的第 $l$ 类中的元素，所以，要写成 $\boldsymbol{X}\in\omega_l(n+1)$。这样做也带来一个好处，在任何迭代步 $n$，$\boldsymbol{Z}_k(n)$ 确实是类的均值向量。

$K$-均值聚类算法的结果和效率受所选聚类中心的个数、初始聚类中心、模式样本的几何分布及读入次序、判断连续两次聚类结果是否相同的策略等的影响。可通过用不同的 $K$ 值和不同的初始聚类中心以及不同的扫描次序加以试探，直到得到满意的聚类结果为止。若模式样本是以距离较远的区域状分布的，聚类算法收敛。



聚类准则除可采用所有的每一样本到其所在类中心向量的距离平方之和 $J=\sum\limits_{k=1}^{K}\sum\limits_{\boldsymbol{X}\in\omega_k}\|\boldsymbol{X}-\boldsymbol{Z}_k\|^2$ 外，还可采用加权的聚类准则

$$J_1=\sum_{k=1}^{K}P(\omega_k)\sum_{X\in\omega_k}\|\boldsymbol{X}-\boldsymbol{Z}_k\|^2=\sum_{k=1}^{K}P(\omega_k)J_k \tag{2-54}$$

式中，$P(\omega_k)$ 为 $\omega_k$ 类样本出现的概率。实际中可令 $P(\omega_k)=\dfrac{N_k}{N}$，$N_k$ 表示 $\omega_k$ 类样本的个数。有时，以 $J_1$ 为准则的聚类结果优于以 $J$ 为准则的聚类结果。

**例 2.4**　设 $K=3$，使用 $K$-均值聚类算法对表 2.2 中数据样本实现样本分类。

**解**：表 2.2 中数据样本即是 $\{(1,2)^{\mathrm{T}},(3,7)^{\mathrm{T}},(3,2)^{\mathrm{T}},(2,1)^{\mathrm{T}},(5,4)^{\mathrm{T}},(4,7)^{\mathrm{T}},(6,4)^{\mathrm{T}},(5,5)^{\mathrm{T}}\}$。

(1) 取 $K=3$，选 $\boldsymbol{Z}_1(1)=\boldsymbol{X}_1=(1,2)^{\mathrm{T}}$，$\boldsymbol{Z}_2(1)=\boldsymbol{X}_2=(3,7)^{\mathrm{T}}$，$\boldsymbol{Z}_3(1)=\boldsymbol{X}_3=(3,2)^{\mathrm{T}}$。自然地，$\omega_1(1)=\{\boldsymbol{X}_1\}$，$N_1=1$；$\omega_2(1)=\{\boldsymbol{X}_2\}$，$N_2=1$；$\omega_3(1)=\{\boldsymbol{X}_3\}$，$N_3=1$。

(2) 计算距离，并进行聚类：

$$\boldsymbol{X}_1:\left.\begin{aligned}D_1&=\|\boldsymbol{X}_1-\boldsymbol{Z}_1(1)\|=0\\D_2&=\|\boldsymbol{X}_1-\boldsymbol{Z}_2(1)\|=\sqrt{(3-1)^2+(7-2)^2}=\sqrt{29}\\D_3&=\|\boldsymbol{X}_1-\boldsymbol{Z}_3(1)\|=\sqrt{(3-1)^2+(2-2)^2}=2\end{aligned}\right\}\Rightarrow D_1<D_2,D_3\Rightarrow\boldsymbol{X}_1\in\omega_1(2)。$$

$$\boldsymbol{X}_2:\left.\begin{aligned}D_1&=\|\boldsymbol{X}_2-\boldsymbol{Z}_1(1)\|=\sqrt{29}\\D_2&=\|\boldsymbol{X}_2-\boldsymbol{Z}_2(1)\|=0\\D_3&=\|\boldsymbol{X}_2-\boldsymbol{Z}_3(1)\|=\sqrt{(3-3)^2+(2-7)^2}=5\end{aligned}\right\}\Rightarrow D_2<D_1,D_3\Rightarrow\boldsymbol{X}_2\in\omega_2(2)。$$

$$\boldsymbol{X}_3:\left.\begin{aligned}D_1&=\|\boldsymbol{X}_3-\boldsymbol{Z}_1(1)\|=\sqrt{(3-1)^2+(2-2)^2}=2\\D_2&=\|\boldsymbol{X}_3-\boldsymbol{Z}_2(1)\|=\sqrt{(3-3)^2+(2-7)^2}=5\\D_3&=\|\boldsymbol{X}_3-\boldsymbol{Z}_3(1)\|=0\end{aligned}\right\}\Rightarrow D_3<D_1,D_2\Rightarrow\boldsymbol{X}_3\in\omega_3(2)。$$

$$\boldsymbol{X}_4:\left.\begin{aligned}D_1&=\|\boldsymbol{X}_4-\boldsymbol{Z}_1(1)\|=\sqrt{(2-1)^2+(1-2)^2}=\sqrt{2}\\D_2&=\|\boldsymbol{X}_4-\boldsymbol{Z}_2(1)\|=\sqrt{(2-3)^2+(1-7)^2}=\sqrt{37}\\D_3&=\|\boldsymbol{X}_4-\boldsymbol{Z}_3(1)\|=\sqrt{(2-3)^2+(1-2)^2}=\sqrt{2}\end{aligned}\right\}\Rightarrow D_1,D_2<D_3\Rightarrow\boldsymbol{X}_4\in\omega_1(2)\text{或}$$

$\boldsymbol{X}_4\in\omega_2(2)$，这里取 $\boldsymbol{X}_4\in\omega_1(2)$。

$$X_5:\left.\begin{aligned} D_1 &= \| X_5 - Z_1(1) \| = \sqrt{(5-1)^2+(4-2)^2} = \sqrt{20} \\ D_2 &= \| X_5 - Z_2(1) \| = \sqrt{(5-3)^2+(4-7)^2} = \sqrt{13} \\ D_3 &= \| X_5 - Z_3(1) \| = \sqrt{(5-3)^2+(4-2)^2} = \sqrt{8} \end{aligned}\right\} \Rightarrow D_3 < D_1, D_2 \Rightarrow X_5 \in \omega_3(2)。$$

$$X_6:\left.\begin{aligned} D_1 &= \| X_6 - Z_1(1) \| = \sqrt{(4-1)^2+(7-2)^2} = \sqrt{34} \\ D_2 &= \| X_6 - Z_2(1) \| = \sqrt{(4-3)^2+(7-7)^2} = 1 \\ D_3 &= \| X_6 - Z_3(1) \| = \sqrt{(4-3)^2+(7-2)^2} = \sqrt{26} \end{aligned}\right\} \Rightarrow D_2 < D_1, D_3 \Rightarrow X_6 \in \omega_2(2)。$$

$$X_7:\left.\begin{aligned} D_1 &= \| X_7 - Z_1(1) \| = \sqrt{(6-1)^2+(4-2)^2} = \sqrt{29} \\ D_2 &= \| X_7 - Z_2(1) \| = \sqrt{(6-3)^2+(4-7)^2} = \sqrt{18} \\ D_3 &= \| X_7 - Z_3(1) \| = \sqrt{(6-3)^2+(4-2)^2} = \sqrt{13} \end{aligned}\right\} \Rightarrow D_3 < D_1, D_2 \Rightarrow X_7 \in \omega_3(2)。$$

$$X_8:\left.\begin{aligned} D_1 &= \| X_8 - Z_1(1) \| = \sqrt{(5-1)^2+(5-2)^2} = 5 \\ D_2 &= \| X_8 - Z_2(1) \| = \sqrt{(5-3)^2+(5-7)^2} = \sqrt{8} \\ D_3 &= \| X_8 - Z_3(1) \| = \sqrt{(5-3)^2+(5-2)^2} = \sqrt{13} \end{aligned}\right\} \Rightarrow D_2 < D_1, D_3 \Rightarrow X_8 \in \omega_2(2)。$$

可以得到

$\omega_1(2) = \{X_1, X_4\}$, $N_1 = 2$; $\omega_2(2) = \{X_2, X_6, X_8\}$, $N_2 = 3$; $\omega_3(2) = \{X_3, X_5, X_7\}$, $N_3 = 3$

(3) 计算新的聚类中心：

$$Z_1(2) = \frac{1}{N_1}\sum_{X \in \omega_1(2)} X = \frac{1}{2}(X_1 + X_4) = \frac{1}{2}[(1,2)^T + (2,1)^T] = (1.5, 1.5)^T$$

$$Z_2(2) = \frac{1}{N_2}\sum_{X \in \omega_2(2)} X = \frac{1}{3}(X_2 + X_6 + X_8) = \left(4, 6\frac{1}{3}\right)^T$$

$$Z_3(2) = \frac{1}{N_3}\sum_{X \in \omega_3(2)} X = \frac{1}{3}(X_3 + X_5 + X_7) = \left(5\frac{1}{3}, 4\frac{1}{3}\right)^T$$

(4) 判断连续两次的聚类中心是否对应相同(或有无样本类属发生了变化)：因为$Z_j(2) \neq Z_j(1)$，$j=1, 2, 3$，故返回第(2)步，以 $Z_1(2)$、$Z_2(2)$ 和 $Z_3(2)$ 为中心进行聚类。

(5) 计算每个样本到新的聚类中心的最小值，并确定其所属类，得

$$X_1, X_3, X_4 \in \omega_1(3);\ X_2, X_6 \in \omega_2(3);\ X_5, X_7, X_8 \in \omega_3(3)$$

即得到 $\omega_1(3) = \{X_1, X_3, X_4\}$, $N_1 = 3$; $\omega_2(3) = \{X_2, X_6\}$, $N_2 = 2$;

$\omega_3(3) = \{X_5, X_7, X_8\}$, $N_3 = 3$

(6) 计算新的聚类中心

$$Z_1(3) = \frac{1}{N_1}\sum_{X \in \omega_1(3)} X = \frac{1}{2}(X_1 + X_3 + X_4) = \left(2, \frac{5}{3}\right)^T$$

$$Z_2(3) = \frac{1}{N_2}\sum_{X \in \omega_2(3)} X = \frac{1}{2}(X_2 + X_6) = \left(\frac{7}{2}, 7\right)^T$$

$$Z_3(3) = \frac{1}{N_3}\sum_{X \in \omega_3(3)} X = \frac{1}{3}(X_5 + X_7 + X_8) = \left(5\frac{1}{3}, 4\frac{1}{3}\right)^{\mathrm{T}}$$

（7）因为$Z_j(3) \neq Z_j(2)$，$j=1$，2，3，故返回第(2)步，以$Z_1(3)$、$Z_2(3)$和$Z_3(3)$为中心进行聚类。

（8）如此继续下去，当求得第 4 次的分类结果与前一次即第 3 次的结果相同时，有

$$\omega_1(4) = \omega_1(3), \omega_2(4) = \omega_2(3), \omega_3(4) = \omega_3(3)$$

（9）计算新聚类中心向量。第 4 次的聚类中心与第 3 次的聚类中心对应相同，即

$$Z_j(4) = Z_j(3), j = 1,2,3$$

算法收敛。

最后得到的聚类中心为

$$Z_1 = Z_1(3) = Z_1(4) = \left(2, \frac{5}{3}\right)^{\mathrm{T}}$$

$$Z_2 = Z_2(3) = Z_2(4) = \left(\frac{7}{2}, 7\right)^{\mathrm{T}}$$

$$Z_3 = Z_3(3) = Z_3(4) = \left(5\frac{1}{3}, 4\frac{1}{3}\right)^{\mathrm{T}}$$

$\omega_1(4) = \omega_1(3)$，$\omega_2(4) = \omega_2(3)$和$\omega_3(4) = \omega_3(3)$就是最后得到的聚类结果，仍如图 2.6 所示。

$K$-均值聚类算法的 MATLAB 程序如下：

```
function    pattern = Kmeans(sample,k)
%数据准备可如下
%样本数据
%sample = [1 2;3 7;3 2;2 1;5 4;4 7;6 4;5 5];
% k = 3;   %类数
% meanidx = [1 2 3];          % 随机定 k 个聚类中心(样本下标子集),此例为第 1 和 2 两个
[N,m] = size(sample);         % 获得样本个数和特征数
for j = 1:k
    Z(j,:) = sample(meanidx (j),:); % 获取 k 个聚类中心的初始坐标
end
%计算新的聚类中心,K-均值聚类算法的核心部分
n = 1;                        % 聚类次数计数器
while(true)                   % 聚类中心是否变化,若不变化则停止循环
    class = cell(k,1);        % 初始化类样本 class
    value = cell(k,1);        % 初始化类样本的坐标 value
    for i = 1:N
        for j = 1:k
            D(j) = dist(sample (i,:),Z(j,:)');             % 计算每个样本到聚类中心的距离
            [minu,index] = min(D);                          % 求出离聚类中心最小的一个样本
        end
        class{index} = cat(1,class{index},i);               % 将该样本归于一类
        value{index} = cat(1,value{index}, sample (i,:));   % 存放该类样本的坐标
    end
    for j = 1:k
```

```
            Z2(j,:) = mean(value{j});                    % 计算k类样本的均值
        end
        if(isequal(Z,Z2))
            break;
        else
            Z = Z2;
            n = n + 1;
        end
end
% 显示聚类中心
for j = 1:k
    fprintf('第%d个中心: ',j);
    for p = 1:m
        fprintf('%f,%f ',Z2(j,p));
    end
    fprintf('\n');
end
fprintf('显示 Kmeans 聚类结果和每个聚类中含的样本:');
celldisp(class);                                         % 显示 Kmeans 聚类结果
celldisp(value)                                          % 显示每个聚类中含的样本
for i = 1:N
    pattern(i).feature = sample(i,:);
end
for j = 1:k
    r = size(class{j},1);
    for p = 1:r
        pattern(class{j}(p)).classno = j;
    end
end
fprintf('显示每个样本的特征及其类号:\n')
for i = 1:N
    fprintf('%d-th sample: ',i);
    for j = 1:m
        fprintf('%d    ',pattern(i).feature(j));
    end
    fprintf('\n its classno: %d\n',pattern(i).classno);
end
```

运行实例：当在 MATLAB 命令窗口下准备好数据并运行：

```
sample = [1 2;3 7;3 2;2 1;5 4;4 7;6 4;5 5];
k = 3;
```

执行：pattern = Kmeans(sample, k)

可得到 $K$-均值聚类结果。在此省略。

$K$-均值聚类算法中，类数假定已知为 $K$。对于 $K$ 未知时，可以令 $K$ 逐渐增加，如 $K=1, 2, \cdots$。使用 $K$-均值聚类算法，准则函数值即误差平方和 $J$ 随 $K$ 的增加而单调减少。最初，由于 $K$ 较小，类型的分裂会使 $J$ 迅速减小，但当 $K$ 增加到一定数值时，$J$ 的减小速度会减慢，直到 $K=N$ 时，$J=0$。$J-K$ 关系曲线如图2.10所示。

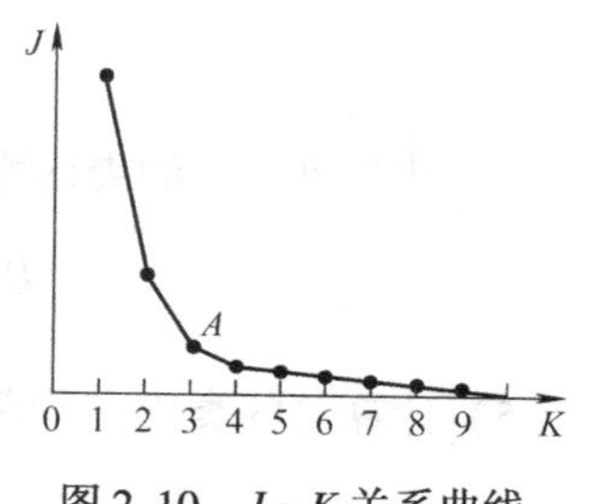

图2.10　$J-K$ 关系曲线

在图2.10中，曲线的拐点 $A$ 对应着接近最优的 $K$ 值。但是并非所有情况都容易找到 $J-K$ 关系曲线的拐点，此时 $K$ 值将无法确定。



## 2.5.2　ISODATA 算法

ISODATA(Iterative Self-organizing Data Analysis Techniques Algorithm)算法即迭代自组织的数据分析算法。该算法与 $K$-均值聚类算法相比，$K$-均值聚类算法通常适合于类数已知的聚类，而ISODATA算法则更加灵活。从算法角度看，ISODATA算法与 $K$-均值聚类算法相似，都是在每个迭代步计算类的样本均值来决定聚类中心。ISODATA算法是一种试探式的聚类方法，并且在聚类的迭代过程中可进行人机交互，设置新聚类参数，使聚类结果为所需聚类。

ISODATA算法的主要思路：在每轮迭代过程中，样本重新调整类别之后计算类内及类间有关参数，并和设定的门限比较，以确定两类合并为一类还是一类分裂为两类，不断地"自组织"，以达到在各参数满足设计要求的条件下，使所求模式到其聚类中心的距离二次方和最小。

假设有 $N$ 个模式样本 $\boldsymbol{X}_1, \boldsymbol{X}_2, \cdots, \boldsymbol{X}_N$。按照ISODATA算法对这些模式样本进行聚类的具体步骤如下：

第一步：设定控制参数：

$K$：预期的聚类中心数。

$\theta_N$：每一聚类中最少的样本数目，少于此数的类，应删去。

$\theta_S$：一个聚类中样本标准差向量所有分量的最大值应小于 $\theta_S$，否则将被分裂为两类。

$\theta_C$：两个聚类中心之间的最小距离。小于此数的两个聚类要合并为一类。

$L$：每轮迭代中允许合并的最多聚类对数。

$I$：允许的最大迭代次数。

初始化迭代次数 $n=1$，预选 $c$ 个起始聚类中心 $\boldsymbol{Z}_j(n)$，$j=1, 2, \cdots, c$。用 $\omega_j(n)$ 表示第 $j$ 类样本构成的集合。

第二步（基本聚类步）：完成下列工作

1）计算样本 $\boldsymbol{X}_i(i=1, 2, \cdots, N)$ 到聚类中心的距离 $D(\boldsymbol{X}_i, \boldsymbol{Z}_j(n))$，$j=1, 2, \cdots, c$。若 $D(\boldsymbol{X}_i, \boldsymbol{Z}_k(n))=\min\limits_{j=1,2,\cdots,c}\{D(\boldsymbol{X}_i, \boldsymbol{Z}_j(n))\}$，则 $\boldsymbol{X}_i$ 应归于第 $k$ 类，$\omega_k(n)=\omega_k(n)\cup\{\boldsymbol{X}_i\}$。把全部样本划分到 $c$ 个聚类后，可计算出子集 $\omega_j(n)$ 含的样本个数 $n_j$，这里 $j=1, 2, \cdots, c$。以下为方便起见，括号内的 $n$ 有时省略。

2）若 $n_j<\theta_N$，$j=1, 2, \cdots, c$，则取消第 $j$ 类，并将 $\omega_j(n)$ 中原有的样本按最短距离法则分到已有的其他类，$c=c-1$。按1）和2）最终得到 $c$ 个类集合 $\omega_j(n)$，且每个类的 $n_j\geqslant\theta_N$，$j=1, 2, \cdots, c$。

3）计算聚类中心：

$$Z_j(n)=\frac{1}{n_j}\sum_{X\in\omega_j}X,\ j=1,2,\cdots,c \tag{2-55}$$

4）计算每一类的类内距离平均值$\overline{D}_j$：

$$\overline{D}_j=\frac{1}{n_j}\sum_{X\in\omega_j}D(X,Z_j(n)),\ j=1,2,\cdots,c \tag{2-56}$$

5）计算总的类内平均距离$\overline{D}$(全部样本对其相应聚类中心的总平均距离)：

$$\overline{D}=\frac{1}{n}\sum_{j=1}^{c}n_j\overline{D}_j \tag{2-57}$$

第三步：分裂、合并或结束迭代判断

1）若$n=I$，即迭代已达最大次数，算法结束，转第7步。

2）若$c\leqslant\frac{K}{2}$，即类数尚小于或等于规定值的一半，则转第四步(分裂步)。

3）若迭代次数$n$是偶数，或$c\geqslant2K$，则不进行分裂，转第五步(合并步)。否则进入第四步(分裂步)。

第四步(分裂步)：完成下列工作

1）计算每个聚类的标准偏差向量$\boldsymbol{\sigma}_j=(\sigma_{j1},\ \sigma_{j2},\ \cdots,\ \sigma_{jn})^{\mathrm{T}}$。每个分量$\sigma_{jl}$有

$$\sigma_{ji}^2=\frac{1}{n_j}\sum_{X\in\omega_j}(x_i-Z_{ji}(n))^2,\ i=1,2,\cdots,d;\ j=1,2,\cdots,c \tag{2-58}$$

其中，$x_i$表示$X$的第$i$个分量，$Z_{ji}$表示$Z_j$的第$i$个分量，$d$为样本维长。

2）求出每个聚类的最大标准偏差分量$\sigma_{j\max}$：

$$\sigma_{j\max}=\max_{i=1,2,\cdots,d}\{\sigma_{ji}\},j=1,2,\cdots,c \tag{2-59}$$

3）考察$\sigma_{j\max}$，$j=1,\ 2,\ \cdots,\ c$。若有$\sigma_{j\max}>\theta_C$，同时满足以下两条件之一：①$\overline{D}_j>\overline{D}$且$n_j>2(\theta_N+1)$，即样本数目超过规定值一倍以上；②$c\leqslant\frac{K}{2}$。则把该聚类分为两个新的聚类，两个新的聚类中心分别为

$$Z_j^+(n)=Z_j(n)+r_j \tag{2-60}$$

$$Z_j^-(n)=Z_j(n)-r_j \tag{2-61}$$

其中，$r_j=\lambda\boldsymbol{\sigma}_j$或$r_j=\lambda[0,\ 0,\ \cdots,\ \sigma_{j\max},\ 0,\ \cdots,\ 0]^{\mathrm{T}}$，$0<\lambda\leqslant1$。$\lambda$的选择很重要，应使$\omega_j$中的样本到$Z_j^+(n)$和$Z_j^-(n)$的距离不同，但又使$\omega_j$中的样本全部含在这两个中心代表的新类中。令$c=c+1$，$n=n+1$，返回第二步。

第五步(合并步)：完成下列工作

1）计算每两个类的聚类中心间的距离$D_{ij}$：

$$D_{ij}=D(Z_i(n),Z_j(n)),i=1,2,\cdots,c-1,j=i+1,\cdots,c \tag{2-62}$$

显然，$i\neq j$。

2）比较$D_{ij}$与$\theta_C$，并把小于$\theta_C$的前$L$个小的$D_{ij}$按递增次序排序。设有

$$D_{i_1j_1}\leqslant D_{i_2j_2}\leqslant\cdots\leqslant D_{i_Lj_L} \tag{2-63}$$

其中，$L$为给定的合并聚类对数参数。

3）顺序考察每一个 $D_{i_p j_p}(p=1,2,\cdots,L)$，把相应的两个聚类中心 $\boldsymbol{Z}_{i_p}$ 和 $\boldsymbol{Z}_{j_p}$ 所代表的两个类 $\omega_{i_p}$ 和 $\omega_{j_p}$ 合并，合并后中心为

$$\boldsymbol{Z}_v(n)=\frac{1}{n_{i_p}+n_{j_p}}[n_{i_p}\cdot\boldsymbol{Z}_{i_p}(n)+n_{j_p}\cdot\boldsymbol{Z}_{j_p}(n)] \tag{2-64}$$

并令 $c=c-1$。其中，可令 $v=\min\{i_p,j_p\}$。因为每合并一次，类数减1，即 $c=c-1$。在合并后，及时将每个样本所属的类号做正确调整：若样本的类号大于 $v$，则将其类号减1，类中心号也要减1。合并 $L$ 对后，类数一共减掉 $L$。



第六步：若 $n<I$，则 $n=n+1$。如果修改给定参数，那么返回第一步；如果不修改参数，那么返回第二步。继续进行下一轮迭代。

第七步：算法结束。

**例2.5**　设有8个模式样本：$\boldsymbol{X}_1=(0,0)^{\mathrm{T}}$，$\boldsymbol{X}_2=(1,2)^{\mathrm{T}}$，$\boldsymbol{X}_3=(2,1)^{\mathrm{T}}$，$\boldsymbol{X}_4=(4,3)^{\mathrm{T}}$，$\boldsymbol{X}_5=(5,4)^{\mathrm{T}}$，$\boldsymbol{X}_6=(5,5)^{\mathrm{T}}$，$\boldsymbol{X}_7=(6,4)^{\mathrm{T}}$，$\boldsymbol{X}_8=(6,5)^{\mathrm{T}}$。用ISODATA算法进行聚类。

**解**：第一步，设定参数。这里设定 $K=2$，$\theta_N=2$，$\theta_S=1$，$\theta_C=4$，$L=1$，$I=4$。可以任意设置它们为合理的参数，且在迭代过程可修改这些参数。预选 $c=1$，即只一个类，且以 $\boldsymbol{X}_1$ 为聚类中心，即 $\boldsymbol{Z}_1=\boldsymbol{X}_1=(0,0)^{\mathrm{T}}$。令迭代次数 $n=1$。

第二步(基本聚类步)：

1）因只有一个聚类中心 $\boldsymbol{Z}_1=(0,0)^{\mathrm{T}}$，故 $\omega_1=\{\boldsymbol{X}_1,\boldsymbol{X}_2,\cdots,\boldsymbol{X}_8\}$，$n_1=8$。

2）因 $n_1=8>\theta_N$，故无含样本少的聚类可删除。

3）计算聚类中心：

$$\boldsymbol{Z}_1=\frac{1}{8}\sum_{\boldsymbol{X}\in\omega_1}\boldsymbol{X}=\left(\frac{29}{8},3\right)^{\mathrm{T}}=(3.625,3)^{\mathrm{T}}$$

4）计算类内平均距离：

$$\overline{D}_1=\frac{1}{n_1}\sum_{\boldsymbol{X}\in\omega_1}D(\boldsymbol{X},\boldsymbol{Z}_1)=\frac{1}{n_1}\sum_{\boldsymbol{X}\in\omega_1}\|\boldsymbol{X}-\boldsymbol{Z}_1\|=2.5344$$

5）计算类内总平均距离：$\overline{D}=\overline{D}_1=2.5344$。

第三步，不是最后一次迭代，且 $c=\dfrac{K}{2}$，转第四步(分裂步)。

第四步(分裂步)：

1）计算聚类 $\omega_1$ 中的标准偏差 $\boldsymbol{\sigma}_1$：$\boldsymbol{\sigma}_1=(\sigma_{11},\sigma_{12})^{\mathrm{T}}$

$$\sigma_{11}=\sqrt{\frac{1}{8}\sum_{\boldsymbol{X}\in\omega_1}(x_1-Z_{11}(1))^2}=2.1759$$

$$\sigma_{12}=\sqrt{\frac{1}{8}\sum_{\boldsymbol{X}\in\omega_1}(x_2-Z_{12}(1))^2}=1.7321$$

$$\boldsymbol{\sigma}_1=(2.1759,1.7321)^{\mathrm{T}}$$

2）$\boldsymbol{\sigma}_1$ 中的最大偏差分量为 $\sigma_{11}=2.1759$，即 $\sigma_{1\max}=2.1759$，$\max=1$。

3）因为 $\sigma_{1\max}>\theta_S$，且 $c=\dfrac{K}{2}$。所以把聚类分裂成两个子集，取 $\lambda=0.5$，故两个新的聚类中心分别为

$$\boldsymbol{Z}_1^+=\boldsymbol{Z}_1+\boldsymbol{r}_j=\boldsymbol{Z}_1+\lambda(\sigma_{1\max},0)^{\mathrm{T}}=(3.625,3)^{\mathrm{T}}+0.5(2.1759,0)^{\mathrm{T}}=(4.7129,3)^{\mathrm{T}}$$

$Z_1^- = Z_1 - r_j = Z_1 - \lambda(\sigma_{1\max}, 0)^T = (3.625, 3)^T - 0.5(2.1759, 0)^T = (2.5371, 3)^T$

为方便起见，将 $Z_1^+$ 和 $Z_1^-$ 分别改写为 $Z_1$ 和 $Z_2$，令 $c = c + 1 = 2$，$n = n + 1 = 2$，返回到第二步。

第二步(基本聚类步)：

1）重新聚类：$\omega_1 = \{X_4, X_5, X_6, X_7, X_8\}$，$n_1 = 5$；$\omega_2 = \{X_1, X_2, X_3\}$，$n_2 = 3$。

2）因为 $n_1 > \theta_N$，$n_2 > \theta_N$，故无含样本少的聚类可删除。

3）重新计算聚类中心：

$$Z_1 = \frac{1}{n_1}\sum_{X \in \omega_1} X = (5.2, 4.2)^T$$

$$Z_2 = \frac{1}{n_2}\sum_{X \in \omega_2} X = (1, 1)^T$$

4）计算类内平均距离：

$$\overline{D}_1 = \frac{1}{n_1}\sum_{X \in \omega_1} D(X, Z_1) = \frac{1}{n_1}\sum_{X \in \omega_1} \| X - Z_1 \| = 0.9521$$

$$\overline{D}_2 = \frac{1}{n_2}\sum_{X \in \omega_2} D(X, Z_2) = \frac{1}{n_2}\sum_{X \in \omega_2} \| X - Z_2 \| = 1.1381$$

5）计算类内总平均距离：

$$\overline{D} = \frac{1}{n}\sum_{j=1}^{2} n_j \cdot \overline{D}_j = \frac{1}{8}(5 \times 0.9521 + 3 \times 1.1381) = 1.0218$$

第三步，因是偶次迭代，所以转向第五步(合并步)。

第五步(合并步)：

1）计算两个聚类中心之间的距离：

$$D_{12} = \| Z_1 - Z_2 \| = 5.2802$$

2）判断：$D_{12} > \theta_C$。

3）聚类不合并。

第六步，因为不是最后一次迭代，令 $n = n + 1 = 2 + 1 = 3$，考虑是否修改参数。考虑：

1）已获得合理的聚类数目。

2）两聚类中心间距离大于类内总平均距离。

3）每个聚类内部有足够比例的样本数目。

不必修改控制参数，返回到第二步。

第二步中运算与上次迭代相同。

第三步所列情况均不满足，继续执行。

第四步：

1）计算两个聚类的标准偏差。

$$\sigma_1 = (0.7483, 0.7483)^T, \sigma_2 = (0.8165, 0.8165)^T$$

2）$\sigma_{1\max} = 0.7483$，$\sigma_{2\max} = 0.8165$

3）因为 $c = \frac{K}{2}$，且 $n_1$ 和 $n_2$ 均小于 $2(\theta_N + 1)$，分裂条件不满足。继续执行第五步。

第五步中与前一次迭代结果相同。

第六步，因为 $n < I$，令 $n = n + 1 = 4$，无显著变化，返回第二步。

第二步中计算与前一次迭代相同。

第三步，因为 $n = I$，是最后一次迭代，所以转向第七步，聚类过程结束。

结果如图 2.11 所示。

在 ISODATA 算法中，起始聚类中心的选取对聚类过程和结果都有较大影响，如果选择得好，则算法收敛快，聚类质量高。

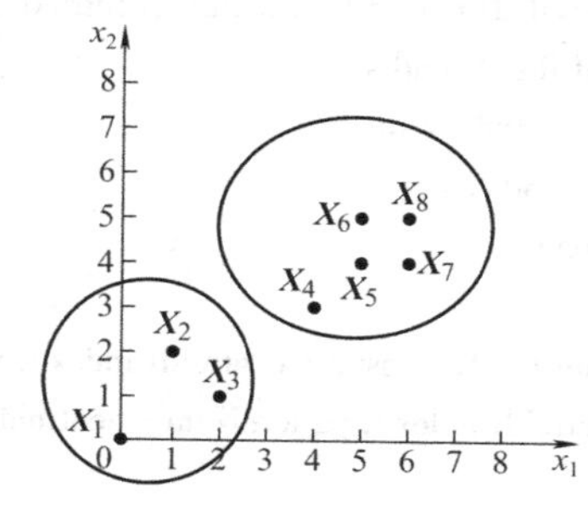

图 2.11　例 2.5 的聚类结果

注意：ISODATA 算法与 $K$ -均值聚类算法的异同点：

1）二者都是动态聚类算法。

2）$K$ -均值聚类算法简单，ISODATA 算法复杂。

3）$K$ -均值聚类算法中，类型数目固定；ISODATA 算法中，类型数目可变。

ISODATA 算法的 MATLAB 代码如下：

```
function    pattern = ISODATA(sample,k)
% sample = [0 0;3 8;2 2;1 1;5 3;4 8;6 3;5 4;6 4;7 5];
% sample = [1 1;0 0;1 2;55 55;55 54;54 54;159 150;155 154;156 154;157 155];
% k = 3;
figure;
xlim([1 100]);
ylim([1 350]);
hold on
plot(sample(:,1),sample(:,2),'or');
[N,m] = size(sample);
classNum = k;
T = input('Input threshold:');
iterNum = 100;
preclassNum = 3;
for i = 1:N
    pattern(i).feature = sample(i,:);
    pattern(i).classno = 0;
end
for i = 1:preclassNum                % 取前 classNum 个样本各自成一类
    pattern(i).classno = i;
    centroid(i).feature = pattern(i).feature;
    centroid(i).index = i;
    centroid(i).patternNum = 0;        % 初始化为 0,为统计做准备
end
counter = 0; % 循环次数
while (counter < iterNum)
  counter = counter + 1;
  for i = 1:N                          % 对所有样本重新归类,计算各样本到各中心的最小距离
    index = 0;
```

```
    mindis = inf;
    for j = 1:preclassNum
    dis = dist(pattern(i).feature,centroid(j).feature');
      if dis < mindis
        mindis = dis;
        index = j;
      end
    end
    pattern(i).classno = centroid(index).index;
    centroid(index).patternNum = centroid(index).patternNum + 1;
end
    %修正各中心
for i = 1:preclassNum
    centroid(i) = Calcentroid(centroid(i),pattern,N);
end
for i = 1:preclassNum
  if (centroid(i).patternNum == 0)
     for j = i:preclassNum - 1
        centroid(j) = centroid(j + 1);
     end
     preclassNum = preclassNum - 1;
  end
end
aveDis = zeros(1,preclassNum);          % 计算各类样本距所在中心的平均距离
allAveDis = 0;                          % 全部样本平均距离
for i = 1:preclassNum
    num = 0;                            % 类中成员个数
    dis = 0;
    for j = 1:N
     if(pattern(j).classno == centroid(i).index)
        num = num + 1;
        dis = dis + dist(pattern(j).feature,centroid(i).feature');
     end
    end
    allAveDis = allAveDis + dis;
    aveDis(i) = dis/num;                % i类中所有样本距所在中心的平均距离
end
allAveDis = allAveDis/N;                % 全部样本距所在中心的样本平均距离
    %    td = inf;
equation = allAveDis/3;
if ((preclassNum > = 2 * classNum) || ((mod(counter,2) == 0)
    &&(preclassNum > classNum/2)))
    % if ((preclassNum > = 2 * classNum) | (preclassNum > classNum/2))
    % 要合并或分裂
```

```
    % 先找两个距离最近的类看是否要合并
    td = inf;
    for i = 1:preclassNum - 1
      for j = i + 1:preclassNum
       if (i ~ =j)
       tempDis = dist(centroid(i).feature,centroid(j).feature');
         if (td > tempDis)
           td = tempDis;
           ti = i;
           tj = j;                    % ti, tj 所指的两个类最近
         end
       end
      end
    end
    %判断是否要合并
    if(td < T)                      % 要合并
     if ti > tj
       temp = ti;
       ti = tj;
       tj = temp;
     end                            % 保证 ti < tj
     for i = 1:N
       if (pattern(i).classno == centroid(tj).index)
         pattern(i).classno = centroid(ti).index;
       elseif  (pattern(i).classno > centroid(tj).index)
         pattern(i).classno = pattern(i).classno - 1;
       end
     end
     preclassNum = preclassNum - 1;          % 合并完
     centroid(ti).patternNum = centroid(ti).patternNum + centroid(tj).patternNum;
else              % 分裂,计算各个类的平均标准差
   for i = 1:preclassNum
     mEquation(i).equ = zeros(1,m);
     for j = 1:N
       if (pattern(j).classno == centroid(i).index)
         mEquation(i).equ = mEquation(i).equ
                             + (pattern(j).feature-centroid(i).feature).^2;
       end
     end
     mEquation(i).equ = sqrt(mEquation(i).equ/centroid(i).patternNum);
   end
   %找最大标准差
   ti = 1;    tm = 1;
   for i = 1:preclassNum
     for k = 1:m
```

```
                if(mEquation(i).equ(k) > mEquation(ti).equ(tm))
                    ti = i;        tm = k;
                end
            end
        end
        %判断是否要分裂
        if(mEquation(ti).equ(tm) > equation)    % 大于阈值
            if (aveDis(ti) > allAveDis)    % ti 类样本与其中心平均距离大于总平均距离,分裂
                preclassNum = preclassNum + 1;
                for i = 1:preclassNum - 1
                    tempCentroid(i) = centroid(i);
                end
                tempCentroid(preclassNum).index = preclassNum;
                tempCentroid(preclassNum).feature = centroid(ti).feature;
                    %将达到分量最大方差的 ti 中心复制一份放最后
                tempCentroid(preclassNum).feature(tm)
                    = tempCentroid(preclassNum).feature(tm) + 0.5 * mEquation(ti).equ(tm);
                tempCentroid(ti).feature(tm)
                    = tempCentroid(ti).feature(tm) - 0.5 * mEquation(ti).equ(tm);
                centroid = tempCentroid;
                centroid(preclassNum).patternNum = 0;
                for i = 1:N
                    if pattern(i).classno == centroid(ti).index        % 将原 ti 类中的元素分为两类
                        dis1 = dist(pattern(i).feature, centroid(ti).feature');
                        dis2 = dist(pattern(i).feature, centroid(preclassNum).feature');
                        if dis2 < dis1
                            pattern(i).classno = preclassNum;
                            centroid(ti).patternNum = centroid(ti).patternNum - 1;
                        centroid(preclassNum).patternNum = centroid(preclassNum).patternNum + 1;
                            end
                        end
                    end
                end
            end
        end
    end
end
disp('显示中心:')
for i = 1:preclassNum
    fprintf('%d centroid:',centroid(i).index)
    disp(centroid(i).feature)
end
disp('显示样本的聚类:')
for i = 1:N
```

```
    fprintf('%d pattern: classno-%d, pattern: ',i,pattern(i).classno)
    disp(pattern(i).feature)
end
```

# 2.6　聚类结果的评价



**1. 评价的必要性**

由于聚类结果受到类数、初始聚类中心、距离阈值、准则函数的选择、类间距离度量、类间距离大小、类内样本数、最大迭代步数等因素的影响，通过调整数值或改变聚类策略，可得到不一定完全一致的聚类结果，聚类的好坏只有通过对最终的聚类结果进行分析得到。但由于在处理高维特征向量样本时，无法直观看清聚类效果，因而多数情况下只能视聚类结果是否符合实际要求来判定聚类的好坏。所以需要有一定的评价办法来判定聚类的好坏。在人机交互系统中，通过对聚类的中间结果进行迅速评判，联机调整或修改有关控制参数，以便得到较优的聚类结果，但由于有些算法的控制参数较多，不同的参数值组合方案多，在没有先验经验的指导下，很难一下子就能用一组参数获得理想的聚类结果。例如，ISODATA有预选的6个参数需要设置，$K$-均值聚类算法的$K$值要确定，邻近聚类法需要设置距离阈值，最大最小距离聚类算法需要设置阈值系数且其大小与初始点选取有关，层次聚类法需要选定类间距离度量等。聚类分析的算法大多属于试探式的算法，聚类结果只有通过用一定的指标加以评价后才能在比较的基础上确定聚类的优劣，因此评价具有必要性。究竟怎样评价聚类结果，目前还没有很严格的理论指导。这里只能给出几个常用的评价指标。评价聚类结果时，可根据这些指标综合考察。

**2. 常用的评价指标**

（1）类中样本数　正常的聚类结果中，类中样本个数比较均衡，除非遇到了非均衡聚类问题。如果一个类的样本很多，另一个类的样本极少，那么样本多的类就有可能要考虑进一步划分，而样本极少的类，则就要考虑将其合并到就近的类。若它远离其他类，则也许其中的样本是噪声样本。这都要视实际情况来加以分析。

（2）类间距离　处于不同类中的两个模式样本距离较大，同类中的两个模式样本距离较小。聚类中心间的距离通常大于类内样本间的距离。类间距离通常要保证有一定的大小。若两个类之间的距离太小，则类划分得较细，可能产生过适应问题，将来用于分类未知样本时，可能产生错误。必要时，可将类间距离较小的两个聚类加以合并。

（3）类内样本的标准差向量　类内所有样本与聚类中心同分量差的平方和的平均值叫作所有样本在该分量上的方差，该方差的算术平方根叫作所有样本在该分量上的标准差。如ISADATA算法中，第$j$类对应的样本集$\omega_j$中所有样本的标准差向量$\boldsymbol{\sigma}_j=(\sigma_{j1},\ \sigma_{j2},\ \cdots,\ \sigma_{jd})^{\mathrm{T}}$的分量$\sigma_{ji}$为

$$\sigma_{ji}=\sqrt{\frac{1}{N_j}\sum_{X\in\omega_j}(x_i-z_{ji})^2},i=1,2,\cdots,d \tag{2-65}$$

这反映了所有样本在第$i$个分量上围绕均值（聚类中心的第$i$个分量）的分布情况。若该值较小，接近0，则说明，都几乎等于聚类中心的第$i$个分量的值。反之，说明离得较远，差值

的绝对值较大。在求得标准差向量 $\boldsymbol{\sigma}_j=(\sigma_{j1}, \sigma_{j2}, \cdots, \sigma_{jd})^{\mathrm{T}}$ 后，可根据分量值大小分析聚类中样本的分布情况。例如：

$\boldsymbol{\sigma}_1=(1.1, 0.92, 0.85, 1.05)^{\mathrm{T}}$，聚类内样本在每个分量上离聚类中心的分量分布近似相等为 1 左右，可想象类内所有样本为一种超球体分布。

$\boldsymbol{\sigma}_2=(2.2, 16.3, 1.9, 2.3)^{\mathrm{T}}$，聚类内样本第二个分量分布离聚类中心的第二个分量较远，其他分量分布离之相当，可想象类内所有样本在第二维上形成长轴的超椭球体分布。



(4) 轮廓系数　由 Peter J. Rousseeuw 在 1986 提出的轮廓系数(Silhouette Coefficient)是聚类效果好坏的一种评价方式。它用内聚度和分离度评价聚类结果。

假设待聚类的样本数据聚成了 $k$ 个类 $\omega_1, \omega_2, \cdots, \omega_k$。每个样本 $\boldsymbol{X}_i \in \omega_j (j \in 1, 2, \cdots, k)$ 的轮廓系数 $c_i$ 定义为

$$c_i=\frac{b_i-a_i}{\max(a_i, b_i)} \tag{2-66}$$

其中，$a_i$ 表示 $\boldsymbol{X}_i$ 到其所在同一类内其他样本点不相似程度的平均值，即

$$a_i=\frac{1}{|\omega_j|-1}\sum_{\boldsymbol{X} \in \omega_j, \boldsymbol{X} \neq \boldsymbol{X}_i}\|\boldsymbol{X}_i-\boldsymbol{X}\| \tag{2-67}$$

$b_i$ 表示 $\boldsymbol{X}_i$ 到其他类样本点的平均不相似程度的最小值，即

$$b_i=\min_{\substack{l=1,2,\cdots,k \\ l \neq i}}\left\{\frac{1}{|\omega_l|}\sum_{\boldsymbol{X} \in \omega_l}\|\boldsymbol{X}_i-\boldsymbol{X}\|\right\} \tag{2-68}$$

$c_i$ 接近 1，说明样本 $\boldsymbol{X}_i$ 归类合理，接近 $-1$，说明 $\boldsymbol{X}_i$ 聚类到另外的类中更合理。所有样本点的轮廓系数平均值就是该聚类的总轮廓系数 $c$，即

$$c=\frac{1}{N}\sum_{i=1}^{N} c_i \tag{2-69}$$

此外，还可以用其他评价指标来分析模式样本的聚类性能，如类内聚类中心与离之最远的样本的距离等。

# 习题 2

2.1　设样本集中，$\boldsymbol{X}_1=(0, 0, 0)^{\mathrm{T}}$，$\boldsymbol{X}_2=(0, 1, 1)^{\mathrm{T}}$，$\boldsymbol{X}_3=(1, 0, 1)^{\mathrm{T}}$，$\boldsymbol{X}_4=(1, 1, 1)^{\mathrm{T}}$，样本个数 $N=4$。试计算样本集中任意两点之间的马氏距离。

2.2　设有 8 个二维模式样本，$\boldsymbol{X}_1=(0, 0)^{\mathrm{T}}$，$\boldsymbol{X}_2=(1, 0)^{\mathrm{T}}$，$\boldsymbol{X}_3=(2, 3)^{\mathrm{T}}$，$\boldsymbol{X}_4=(3, 6)^{\mathrm{T}}$，$\boldsymbol{X}_5=(4, 6)^{\mathrm{T}}$，$\boldsymbol{X}_6=(6, 3)^{\mathrm{T}}$，$\boldsymbol{X}_7=(7, 3)^{\mathrm{T}}$，$\boldsymbol{X}_8=(6, 4)^{\mathrm{T}}$，设 $\theta=1/3$，试用邻近聚类法进行聚类。

2.3　试用最大最小欧氏距离算法对 2.2 题中的样本进行聚类分析。

2.4　令样本集含样本：$(0, 0)^{\mathrm{T}}$，$(0, 1)^{\mathrm{T}}$，$(1, 0)^{\mathrm{T}}$，$(4, 4)^{\mathrm{T}}$，$(4, 5)^{\mathrm{T}}$，$(5, 4)^{\mathrm{T}}$，$(5, 5)^{\mathrm{T}}$，$(5, 7)^{\mathrm{T}}$，试用最大最小距离聚类算法进行聚类分析。

2.5　证明中间距离法与离差二次方和法的递推公式。

2.6　现有 5 个六维样本：$\boldsymbol{X}_1=(0, 0, 1, 2, 0, 0)^{\mathrm{T}}$，$\boldsymbol{X}_2=(2, 1, 0, 3, 0, 1)^{\mathrm{T}}$，$\boldsymbol{X}_3=(1, 2, 0, 4, 1, 0)^{\mathrm{T}}$，$\boldsymbol{X}_4=(3, 1, 3, 0, 3, 1)^{\mathrm{T}}$，$\boldsymbol{X}_5=(3, 2, 0, 1, 0, 2)^{\mathrm{T}}$。试

用最小欧氏距离法进行分级聚类分析。

2.7　以最短距离为类间距离且不得小于2，利用层次聚类法对2.2题中的样本进行分类。

2.8　现有 $N$ 个 $n$ 维样本 $\boldsymbol{X}_1$，$\boldsymbol{X}_2$，…，$\boldsymbol{X}_N$，$\boldsymbol{C}$ 是任一非奇异 $n\times n$ 矩阵。证明使

$$\sum_{k=1}^{N}(\boldsymbol{X}_k-\boldsymbol{X})^{\mathrm{T}}\boldsymbol{C}^{-1}(\boldsymbol{X}_k-\boldsymbol{X})$$

达到最小的向量 $\boldsymbol{X}$ 是样本均值。



2.9　用 $K$-均值聚类算法对2.2题中模式样本进行聚类分析，设聚类中心数为 $K=3$。

2.10　试用ISODATA算法对2.2题中的样本进行聚类分析。

2.11　选择题(含多项选择)

(1) 影响聚类算法结果的主要因素有(　　)。

A. 已知类别的样本质量　　B. 分类准则

C. 特征选取　　D. 模式相似性测度

(2) 聚类分析算法属于（　　）。

A. 无监督分类　　B. 有监督分类

C. 统计模式识别方法　　D. 句法模式识别方法

(3) 影响 $K$-均值聚类算法效果的主要因素之一是初始聚类中心的选取，相比较而言，怎样选择 $k$ 个样本作为初始聚类中心较好？(　　)

A. 按输入顺序选前　　B. 选相距最远的

C. 选分布密度最高处的　　D. 随机挑选

(4) 如下聚类算法中，属于静态聚类算法的是(　　)。

A. 最大最小距离聚类算法　　B. 层次聚类算法

C. $K$-均值聚类算法　　D. ISODATA算法

(5) 若描述模式的特征量为0—1二值特征量，则一般采用（　　）进行相似性度量。

A. 距离测度　　B. 模糊测度

C. 相似测度　　D. 匹配测度

2.12　填空题

(1) 影响层次聚类算法结果的主要因素有________、聚类准则、类间距离阈值、________。

(2) 层次聚类算法分为________和________。

(3) 动态聚类算法选择若干样品作为________，再按照某种聚类准则，将其余的样品归入________，得到初始分类。

(4) 影响 $K$-均值聚类算法的因素有聚类中心个数、________、样品的几何性质及排列次序。

2.13　设样本集由两个模式类 $\omega_1$(含 $N_1$ 个样本，均值向量为 $\boldsymbol{M}_1$)和 $\omega_2$(含 $N_2$ 个样本，均值向量为 $\boldsymbol{M}_2$)的样本组成，现将 $\omega_1$ 中的样本 $\boldsymbol{X}$ 移入 $\omega_2$，证明模式类 $\omega_1$ 的新均值向量 $\boldsymbol{M}_1^{(1)}$ 和 $\omega_2$ 的新均值向量 $\boldsymbol{M}_2^{(1)}$ 分别为

$$\boldsymbol{M}_1^{(1)}=\boldsymbol{M}_1+\frac{\boldsymbol{M}_1-\boldsymbol{X}}{N_1-1}$$

$$\boldsymbol{M}_2^{(1)}=\boldsymbol{M}_2-\frac{\boldsymbol{M}_2-\boldsymbol{X}}{N_2+1}$$

# 第3章　判别函数法

## 3.1　概述

统计模式识别(Statistical approach of pattern recognition)是视模式样本具有按统计特性再现规律的一种模式分类方法，又称决策理论识别方法。统计模式识别认为样本按确定性规律重复出现或概率分布规律分布出现在特定的区域，并将模式类看成是某个随机向量实现的集合。

统计模式识别法分为聚类分析法和判别函数法两大类。

聚类分析法是非监督的分类或学习方法。判别函数法是有监督的分类或学习方法。

判别函数法需要先利用先验知识即类别已知的样本作为训练集设计分类器即判别函数，然后利用设计好的分类器对未知类别的样本进行类别判断即分类，即实现类别预测。

聚类分析法没有样本任何先验知识即类别知识，完全根据样本的相似性来加以聚类，再将聚类的结果用于未知类别样本的分类。

判别函数法可分为线性判别函数法、非线性判别函数法和统计决策方法等。

线性判别函数法和非线性判别函数法合称为几何分类法，用于确定性事件(指样本的出现是确定的而不是随机的)的识别分类。

线性判别函数法指分类器是线性函数。

非线性判别函数法指分类器是非线性函数如分段线性函数、二次函数或其他无理函数及其组合。

统计决策方法是概率分类法，又称贝叶斯决策方法，用于随机事件(但满足一定的随机规律)的识别分类。

本章学习几何分类法，针对的是确定性样本的识别分类。样本在特征空间中的分布可能十分复杂。只有当样本在特征空间分布可以用一定函数描述的直线、曲线、平面、曲面、超平面、超球面、超椭球面、超曲面等分隔成不同类别的子空间时，模式类别才可以通过相应的函数作为分界面加以划分，判定类别。用几何分类法设计分类器，实际上就是通过已知类别的样本集，去训练或者说求解出分类面函数中的参数，以得到函数的表达式，从而实现分类器设计。而若要对无规律可循的分界面写出函数表达式时，则或者根本就无法得到函数表达式，或者只能用近似的函数表达式代表，或者只好允许一定样本分类出错存在而用计算相对简单的表达式作为分类器。一般地，可设计的分类器毕竟是有限的和简单的，不可能设计出万能的函数表达式分类器。本章首先介绍了判别函数的概念和性质，然后由浅入深地介绍线性判别函数法以及非线性判别函数法。

一个模式可以用 $n$ 维特征空间中的一个点 $\boldsymbol{X}$ 来表示，当特征选择适当时，可以使同一类模式的特征点在特征空间中某个子区域内分布，另一类模式的特征点在另一子区域分布。这样，我们就可以用空间中的一些超曲面将特征空间划分为一些互不重叠的子区域，使不同模式的类别在不同的子区域中。这些超曲面称为判别界面，可以用一个方程来表示：$d(\boldsymbol{X})=0$，其中，$d(\boldsymbol{X})$ 是一个从 $n$ 维空间到一维空间的映射，称为判别函数(Discriminant Function)。根据判别函数 $d(\boldsymbol{X})$ 的数学表达式，有线性的判别函数，也有非线性的判别函数。线性函数是一种最简单的形式。非线性判别函数一般都可以转变成线性判别函数(又称为广义线性判别函数)，这里主要研究线性判别函数。

能用线性判别函数将不同类分开的问题称为线性可分问题，也称模式类线性可分。

## 3.2　线性判别函数



在一个 $n$ 维的特征空间中，记

$$\boldsymbol{X}=(x_1,x_2,\cdots,x_n)^{\mathrm{T}} \tag{3-1}$$

$$\boldsymbol{W}_0=(w_1,w_2,\cdots,w_n)^{\mathrm{T}} \tag{3-2}$$

则线性判别函数的一般表达式为

$$d(\boldsymbol{X})=w_1x_1+w_2x_2+\cdots+w_nx_n+w_{n+1} \tag{3-3}$$

其中，$\boldsymbol{W}_0$ 称为权向量，且

$$d(\boldsymbol{X})=\boldsymbol{W}_0^{\mathrm{T}}\boldsymbol{X}+w_{n+1} \tag{3-4}$$

令

$$\boldsymbol{X}=(x_1,x_2,\cdots,x_n,1)^{\mathrm{T}} \tag{3-5}$$

$$\boldsymbol{W}=(w_1,w_2,\cdots,w_n,w_{n+1})^{\mathrm{T}} \tag{3-6}$$

这里，$\boldsymbol{X}$ 和 $\boldsymbol{W}$ 分别被称为增广模式向量和增广权向量。于是有

$$d(\boldsymbol{X})=\boldsymbol{W}^{\mathrm{T}}\boldsymbol{X} \tag{3-7}$$

### 3.2.1　两类问题

以增广模式向量 $\boldsymbol{X}=(x_1,\ x_2,\ \cdots,\ x_n,\ 1)^{\mathrm{T}}$ 和增广权向量 $\boldsymbol{W}=(w_1,\ w_2,\ \cdots,\ w_n,\ w_{n+1})^{\mathrm{T}}$ 表示，线性判别函数可以以一种简单的内积形式如式(3-7)加以表示。

在两类情况下，仅有一个判别函数

$$d(\boldsymbol{X})=d_1(\boldsymbol{X})-d_2(\boldsymbol{X})$$

判别规则为：

$$若\quad d(\boldsymbol{X})>0,则\ \boldsymbol{X}\in\omega_1$$

$$若\quad d(\boldsymbol{X})<0,则\ \boldsymbol{X}\in\omega_2$$

其分界面为 $d(\boldsymbol{X})=0$。二维样本分布下分类直线如图 3.1 所示。

一般地，$d(\boldsymbol{X})=0$ 称为决策面方程，在三维空间里，它是区分平面；在二维空间里，它退化成区分直线；在一维空间里，它退化成区分点。在高维空间中，判别界面为一个超平面。例如，在二维空间中，判别界面可以用一个直线方程来表示，即

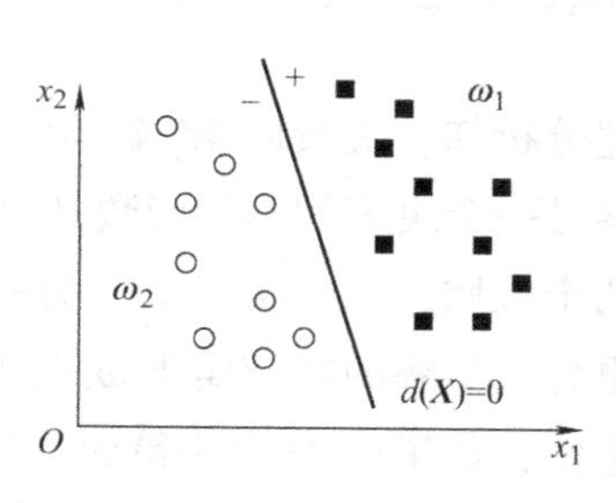

图 3.1　二维样本分布下两类之间的分类线

$$d(\boldsymbol{X}) = w_1x_1 + w_2x_2 + w_3$$

当已知线性判别函数的增广权向量 $\boldsymbol{W}$ 时，可以构造一个线性分类器：

$$d(\boldsymbol{X}) = \boldsymbol{W}^{\mathrm{T}}\boldsymbol{X}\begin{cases} >0, & \boldsymbol{X}\in\omega_1 \\ <0, & \boldsymbol{X}\in\omega_2 \\ =0, & \text{拒识或随机判决为 } \omega_1 \text{ 或 } \omega_2 \end{cases} \tag{3-8}$$

模式 $\boldsymbol{X}$ 处在分类界面上时，$d(\boldsymbol{X})=0$，这是一种极端情况，可以采用两种办法来处理，一种是认为它既不属于 $\omega_1$ 类，也不属于 $\omega_2$ 类，拒绝识别；另一种办法是随机认为 $\boldsymbol{X}\in\omega_1$ 或 $\boldsymbol{X}\in\omega_2$。



对线性判别函数来说，权向量(不是增广权向量)在线性空间中是垂直于分类平面或超平面的向量。

### 3.2.2 多类问题

设有 $M$ 个类别 $\omega_1$，$\omega_2$，…，$\omega_M$，模式 $\boldsymbol{X}$ 为 $n$ 维空间中的向量。对于多类问题，有三种提法或者说有三种设计判别函数的提法：

1) $\omega_i \mid \overline{\omega_i}$，即为每个类 $\omega_i$ 设计一个判别函数，它仅能区分可能属于 $\omega_i$ 和不可能属于 $\omega_i$。但并不能排除可能属于 $\omega_j$ $(j\neq i)$，也就是说，模式 $\boldsymbol{X}$ 可能同时属于多个类。

2) $\omega_i \mid \omega_j$，对于给定的任意 $i$ 和 $j$ $(j\neq i)$，能设计一个判别函数仅区分 $\omega_i$ 和 $\omega_j$。

3) $\omega_i \mid \omega_j$ $(\forall j\neq i)$，对于给定的任意 $i$，能设计一个判别函数区分 $\omega_i$ 和一切其他的 $\omega_j$ $(\forall j\neq i)$。

下面讨论这三种不同情况，并寻找一种多类两两线性可分问题怎样表达最好的提法，同时也指导如何设计判别函数。

**情况一** $\omega_i \mid \overline{\omega_i}$二分法

每一类模式可以用一个超平面与其他类别分开，即可用线性判别函数将属于 $\omega_i$ 类和不属于 $\omega_i$ 类的模式分开。这种情况可以把 $M$ 个类别的多类问题分解为 $M$ 个两类问题解决，需要 $M$ 个判别函数。此时判别函数为

$$d_i(\boldsymbol{X}) = \boldsymbol{W}_i^{\mathrm{T}}\boldsymbol{X} = \begin{cases} >0, & \boldsymbol{X}\in\omega_i \\ <0, & \boldsymbol{X}\notin\omega_i \end{cases} \tag{3-9}$$

通过这类判别函数，把 $M$ 类问题转化为 $M$ 个属于 $\omega_i$ 和不属于 $\omega_i$ 的问题。若把不属于 $\omega_i$ 记为$\overline{\omega_i}$，上述问题就成了 $M$ 个 $\omega_i$ 和$\overline{\omega_i}$的两类问题，这又称为 $\omega_i \mid \overline{\omega_i}$二分法，$i=1$，2，…，$M$。

由上述分析知，决策面 $\boldsymbol{W}_i^{\mathrm{T}}\boldsymbol{X}=0$，把空间划分成两个区域，一个属于 $\omega_i$，另一个属于$\overline{\omega_i}$。再考察另一个决策的判别函数 $d_j$ $(\boldsymbol{X})$ $=\boldsymbol{W}_j^{\mathrm{T}}\boldsymbol{X}$，$j\neq i$。其决策面 $\boldsymbol{W}_j^{\mathrm{T}}\boldsymbol{X}=0$ 同样把特征空间划分成两个区域，一个属于 $\omega_j$，另一个属于$\overline{\omega_j}$。这两个决策面分别确定的 $\omega_i$ 和 $\omega_j$ 类区域可能会有重叠，重叠的区域属于 $\omega_i$ 还是 $\omega_j$ 呢？这类判别函数无法做出判决。同样$\overline{\omega_i}$和$\overline{\omega_j}$也可能出现重叠，如果由 $M$ 个决策面确定的 $M$ 个属于$\overline{\omega_i}$$(i=1, 2, \cdots, M)$的区域有一个重叠区域，实验样本落入该区域时，这类判别函数不能对它做出判决。

因此，在使用这类判别函数时，特征空间会出现同属于两个类以上的区域和不属于任何

类的区域，样本落入这些区域时，就无法做出最后判断，这样的区域就是不确定区，用 IR（Indefinite Region）标记。一般地，类越多，不确定区 IR 就越多。如图 3.2 所示。

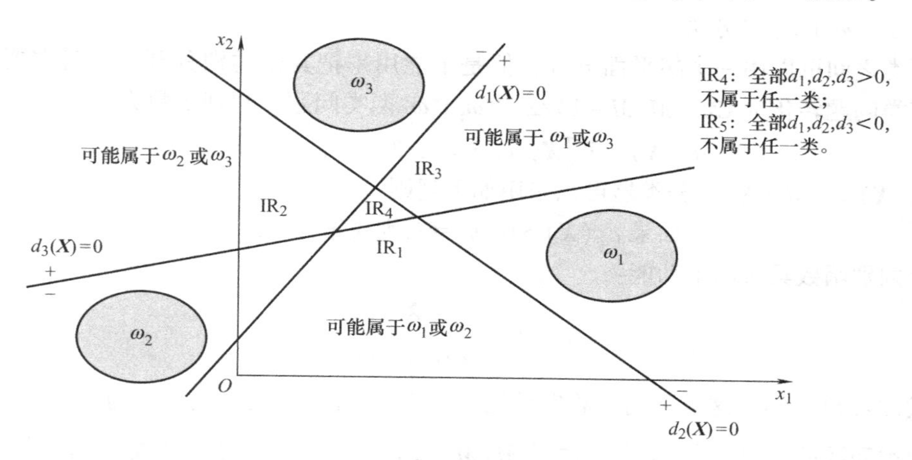


图 3.2　多类情况一

在二维空间里，给出了 3 个类型的决策面 $d_i(\boldsymbol{X})=0$，$i=1, 2, 3$。出现了 4 个明显的不确定区 $\mathrm{IR}_1$、$\mathrm{IR}_2$、$\mathrm{IR}_3$、$\mathrm{IR}_4$，还有一个隐式的不确定区 $\mathrm{IR}_5$。

在 $\mathrm{IR}_1$ 中，$d_1>0$，$d_2>0$，$d_3<0$，样本点可能属于 $\omega_1$ 或 $\omega_2$。

在 $\mathrm{IR}_2$ 中，$d_2>0$，$d_3>0$，$d_1<0$，样本点可能属于 $\omega_2$ 或 $\omega_3$。

在 $\mathrm{IR}_3$ 中，$d_1>0$，$d_3>0$，$d_2<0$，样本点可能属于 $\omega_1$ 或 $\omega_3$。

在 $\mathrm{IR}_4$ 中，$d_1>0$，$d_2>0$，$d_3>0$，样本点可能属于 $\omega_1$、$\omega_2$ 或 $\omega_3$。

而在隐式的不确定区 $\mathrm{IR}_5$ 中，$d_1<0$，$d_2<0$，$d_3<0$，样本点也可能属于 $\omega_1$、$\omega_2$ 或 $\omega_3$。由于不确定区的存在，仅有 $d_i(\boldsymbol{X})>0$ 不能做出最终判别 $\boldsymbol{X}\in\omega_i$，还必须检查另外的判别函数 $d_j(\boldsymbol{X})$ 的值。若 $d_j(\boldsymbol{X})<0$，$j=1, 2, \cdots, M$，$j\neq i$，才能确定 $\boldsymbol{X}\in\omega_i$。所以此时判别规则为：

若 $d_i(\boldsymbol{X})>0$，$d_j(\boldsymbol{X})<0$，$j=1, 2, \cdots, M$，$j\neq i$，则 $\boldsymbol{X}\in\omega_i$。

**例 3.1**　设在二维空间中的三类问题，判别函数分别为

$$d_1(\boldsymbol{X})=-x_1+x_2-4, d_2(\boldsymbol{X})=x_1+x_2-5, d_3(\boldsymbol{X})=-x_2+1$$

现有模式 $\boldsymbol{X}_1=[3, 5]^{\mathrm{T}}$ 和 $\boldsymbol{X}_2=[1, 2]^{\mathrm{T}}$，用 $\omega_i \mid \overline{\omega_i}$ 二分法判定两模式分别属于哪一类。

**解**：将 $\boldsymbol{X}_1=[3, 5]^{\mathrm{T}}$ 代入三个判别函数中，有

$$d_1(\boldsymbol{X}_1)=-3+5-4=-2<0$$

$$d_2(\boldsymbol{X}_1)=3+5-5=3>0$$

$$d_3(\boldsymbol{X}_1)=-5+1=-4<0$$

因为 $d_2(\boldsymbol{X}_1)>0$，$d_1(\boldsymbol{X}_1)<0$，$d_3(\boldsymbol{X}_1)<0$，所以 $\boldsymbol{X}_1=(3, 5)^{\mathrm{T}}\in\omega_2$。

同理，将 $\boldsymbol{X}_2=[1, 2]^{\mathrm{T}}$ 代入三个判别函数中，有

$$d_1(\boldsymbol{X}_2)=-1+2-4=-3<0$$

$$d_2(\boldsymbol{X}_2)=1+2-5=-2<0$$

$$d_3(\boldsymbol{X}_2)=-2+1=-1<0$$

因为 $d_1(X_2)<0$，$d_2(X_2)<0$，$d_3(X_2)<0$，所以 $X_2$ 无法被分类，落入不确定区域 $IR_5$。

**情况二** $\omega_i \mid \omega_j$ 二分法

每两类之间可以用一个超平面分开，但是不能用来把其余类别分开。这时需要将 $M$ 个类别的多类问题转化为 $C_M^2=M(M-1)/2$ 个 $\omega_i \mid \omega_j$ 两类问题。判别函数为

$$d_{ij}(X)=W_{ij}^{T}X,\ i,\ j=1,\ 2,\ \cdots,\ M;\ i\neq j \tag{3-10}$$

其中，$d_{ij}(X)=-d_{ji}(X)$。分类器可以采用如下规则：

$$\text{如果 } d_{ij}(X)>0,\forall j\neq i,\text{则决策 } X\in\omega_i \tag{3-11}$$



每个判别函数具有以下功能：

$$d_{ij}(X)\begin{cases}>0,X\in\omega_i\\<0,X\in\omega_j\end{cases} \tag{3-12}$$

从式(3-12)可知，这类判别函数也是把 $M$ 类问题转变为两类问题，与第一种情况不同的是，两类问题的数目不是 $M$ 个，而是 $M(M-1)/2$ 个，并且每个两类问题不是 $\omega_i \mid \overline{\omega_i}$，而是 $\omega_i \mid \omega_j$。也就是，此时转变成了 $M(M-1)/2$ 个 $\omega_i \mid \omega_j$ 二分法问题。

只有一个决策面 $d_{ij}(X)=0$ 是不能最后做出 $X\in\omega_i$ 的，因为 $d_{ij}(X)$ 只涉及 $\omega_i$ 和 $\omega_j$ 的关系，而对 $\omega_i$ 和别的类型 $\omega_k(k=1,\ 2,\ \cdots,\ M;\ k\neq i,\ k\neq j)$ 之间的关系不提供任何信息。要得到 $X\in\omega_i$ 的结论，必须考察 $(M-1)$ 个判别函数。即有判别规则：

$$\text{若 } d_{ij}(X)>0,\ j=1,2,\cdots,M;\ j\neq i,\ \text{则 } X\in\omega_i \tag{3-13}$$

例如，对一个三类问题 $M=3$，需要建立 3 个判别函数 $d_{12}(X)$、$d_{13}(X)$ 和 $d_{23}(X)$。为了确定 $X\in\omega_1$，需考察 $d_{12}(X)$ 和 $d_{13}(X)$，且要 $d_{12}(X)>0$，$d_{13}(X)>0$。同样，对于 $X\in\omega_2$，需满足 $d_{21}(X)>0$，$d_{23}(X)>0$。而 $X\in\omega_3$ 时，要求 $d_{31}(X)>0$ 和 $d_{32}(X)>0$。如图 3.3 所示。

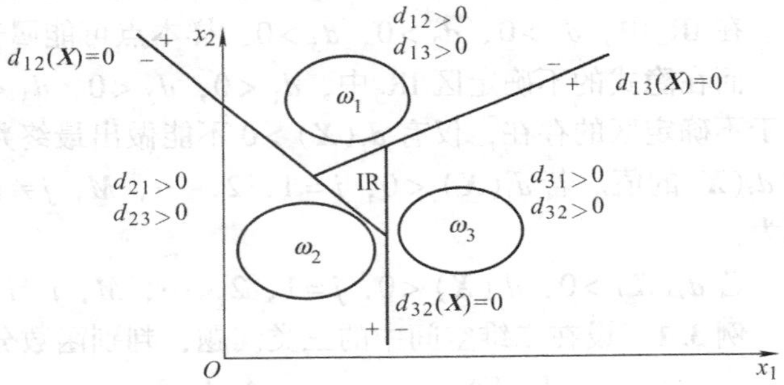

图 3.3 多类情况二

同时，还可以看出 $\omega_1$ 区域与 $d_{23}(X)$ 无关，$\omega_2$ 区域与 $d_{13}(X)$ 无关，$\omega_3$ 区域与 $d_{12}(X)$ 无关。对多类问题可以类推。

当类数 $M>3$ 时，这一类判别函数个数多于第一类判别函数个数。但是仍然存在不确定区，只剩下类似于图 3.2 中的 $IR_4$ 一个不确定区，不可能有其他不确定区。不确定区的数目减少为 1 个。不确定区数目的减少是对判别函数增加的补偿。

在这种情况下，同样存在拒识区域，例如图中的 IR 区域，$d_{12}(X)>0$，$d_{31}(X)>0$，$d_{23}(X)>0$，其中的样本点不属于任何一个类别。同样，若样本点 $X$ 使得 $d_{12}(X)<0$，$d_{31}(X)<0$，$d_{23}(X)<0$，则样本点 $X$ 也不能被判断为属于任何一个类别。

**例 3.2** 一个三类问题，设有三个判别函数：

$$d_{12}(X)=-x_1-x_2+5,\ d_{13}(X)=-x_1+3,\ d_{23}(X)=-x_1+x_2$$

现有模式 $X=(4,\ 3)^T$，判别它属于哪一类？

**解**：将 $X=(4,\ 3)^T$ 代入三个判别函数：$d_{12}(X)=-2$，$d_{21}(X)=-d_{12}(X)=2>0$；$d_{13}(X)=-1, d_{31}(X)=1>0$；$d_{23}(X)=-1$，$d_{32}(X)=1>0$。

可见 $d_{3j}(X)>0$，$j=1,\ 2$，所以可以判别 $X=(4,\ 3)^T\in\omega_3$。

**情况三**　$\omega_i \mid \omega_j$（$\forall j\neq i$）二分法

在情况一和情况二中都存在拒识区域。拒识区域的存在，对某些问题来说是必要的，而对某些问题来说是不必要的。

首先我们需要对 $M$ 个类分别设 $M$ 个线性函数：

$$d_i(X)=W_i^TX=w_{i1}x_1+w_{i2}x_2+\cdots+w_{in}x_n+w_{i(n+1)}, i=1,2,\cdots,M$$

为了区分出其中的某一个类 $\omega_i$ 需要 $k$ 个判别函数，$k\leqslant M$。

$$若\ d_i(X)>d_j(X), j=1,2,\cdots,k;\ j\neq i, 则\ X\in\omega_i \tag{3-14}$$

对不同的 $\omega_i$，$k$ 的取值不同。上述判别规则也可以写成

$$若\ d_i(X)=\max_{j=1,2,\cdots,k}\{d_j(X)\}, 则\ X\in\omega_i \tag{3-15}$$

这样构造的分类器也称为最大值分类器。它也可以看作是一种特殊形式的情况二的分类器，因为第 $i$ 类与第 $j$ 类之间的判别函数可以写成

$$d_{ij}(X)=d_i(X)-d_j(X)=(W_i-W_j)^TX, i,j=1,2,\cdots,M; i\neq j \tag{3-16}$$

$d_{ij}(X)$能区分第 $i$ 类与第 $j$ 类，所以，情况三是情况二的一个特例，但因为情况三下所有的判别函数只有唯一的一个公共交点，所以不存在拒识区域。

实际上，情况三的分类器我们在欧氏距离分类器中已经遇到过，使用样本离各类均值向量最近进行归类就是一个最大值分类器。

有 $\omega_1$，$\omega_2$，…，$\omega_M$ 共 $M$ 个类，其均值向量分别为 $m_1$，$m_2$，…，$m_M$，我们可以定义第 $i$ 类的函数为 $d_i(X)=-d(X,\ m_i)$。$d_i(X)$经过简化之后可以变为一个线性函数：

$$d_i(X)=-d(X,m_i)=-\left|\sum_{j=1}^{N}(x_j-m_{ij})^2\right|^{\frac{1}{2}}=-\left|(X-m_i)^T(X-m_i)\right|^{\frac{1}{2}} \tag{3-17}$$

首先考虑到开方的单调性，可以去掉开方，对比较大小不会产生任何影响，则

$$d_i(X)=-(X-m_i)^T(X-m_i)=-(X^TX-2m_i^TX+m_i^Tm_i) \tag{3-18}$$

其次考虑到 $X^TX$ 在每一类的判别函数中都存在且相等，对比较大小不会产生影响，也可以简化，则

$$d_i(X)=2m_i^TX-m_i^Tm_i=2\sum_{j=1}^{N}m_{ij}x_j-\sum_{j=1}^{N}m_{ij}^2 \tag{3-19}$$

对比一下线性判别函数，令 $w_{ij}=2m_{ij}$，$j=1,\ 2,\ \cdots,\ M$，$w_{i,n+1}=-\sum_{j=1}^{N}m_{ij}^2$，则 $d_i(X)$ 可以看作是一个线性函数。判别界面也是一个超平面：

$$d_{ij}(X)=d_i(X)-d_j(X)=(m_i-m_j)^TX-\frac{1}{2}(\|m_i\|^2-\|m_j\|^2)=0 \tag{3-20}$$

其中，$\|m_i\|^2=m_i^Tm_i$ 表示 $m_i$ 的模长的平方。分类界面的超平面刚好是垂直于 $m_i$ 和 $m_j$ 的连线，并且平分两点之间的连线(首先垂直于向量 $m_i-m_j$，其次经过点$\frac{1}{2}(m_i+m_j)$)。

由于

$$d_i(X)=W_i^TX, i=1,2,\cdots,M, k=M \tag{3-21}$$

$$d_{ij}(\boldsymbol{X})=d_i(\boldsymbol{X})-d_j(\boldsymbol{X})=\boldsymbol{W}_i^{\mathrm{T}}\boldsymbol{X}-\boldsymbol{W}_j^{\mathrm{T}}\boldsymbol{X}$$
$$=(\boldsymbol{W}_i^{\mathrm{T}}-\boldsymbol{W}_j^{\mathrm{T}})\boldsymbol{X}=\boldsymbol{W}_{ij}^{\mathrm{T}}\boldsymbol{X},j,i=1,2,\cdots,M;\ j\neq i \tag{3-22}$$

且

$$d_{ij}(\boldsymbol{X})=-d_{ji}(\boldsymbol{X}) \tag{3-23}$$

上述两式与第二种情况中的两个表达式 $d_{ij}(\boldsymbol{X})=\boldsymbol{W}_{ij}^{\mathrm{T}}\boldsymbol{X}$、$d_{ij}(\boldsymbol{X})=-d_{ji}(\boldsymbol{X})$ 完全一致。但是，这里的式(3-23)来源于式(3-22)，也就是第三种情况的判别函数，对于 $M$ 个类型来说，独立方程为 $M-1$ 个，而非 $M(M-1)/2$ 个。尽管有此差别，第三种情况的判别式 $d_i(\boldsymbol{X})>d_j(\boldsymbol{X})$ 与第二种情况的判别式 $d_{ij}(\boldsymbol{X})>0$ 相同。因此，第三种情况可被转变成 $\omega_i \mid \omega_j$ 二分法问题。



为对上述问题进一步理解，假定 $M=3$。且已有 3 个判别函数，满足最大值判决规则。

$$\begin{cases}d_1(\boldsymbol{X})=\boldsymbol{W}_1^{\mathrm{T}}\boldsymbol{X}\\d_2(\boldsymbol{X})=\boldsymbol{W}_2^{\mathrm{T}}\boldsymbol{X}\\d_3(\boldsymbol{X})=\boldsymbol{W}_3^{\mathrm{T}}\boldsymbol{X}\end{cases}$$

三个类区域均相邻。有

$$d_{12}(\boldsymbol{X})=d_1(\boldsymbol{X})-d_2(\boldsymbol{X})=(\boldsymbol{W}_1^{\mathrm{T}}-\boldsymbol{W}_2^{\mathrm{T}})\boldsymbol{X}=\boldsymbol{W}_{12}^{\mathrm{T}}\boldsymbol{X}$$

同理，

$$d_{13}(\boldsymbol{X})=\boldsymbol{W}_{13}^{\mathrm{T}}\boldsymbol{X},d_{23}(\boldsymbol{X})=\boldsymbol{W}_{23}^{\mathrm{T}}\boldsymbol{X}$$

由

$$d_{23}(\boldsymbol{X})=d_1(\boldsymbol{X})-d_1(\boldsymbol{X})+d_2(\boldsymbol{X})-d_3(\boldsymbol{X})$$
$$=[d_1(\boldsymbol{X})-d_3(\boldsymbol{X})]-[d_1(\boldsymbol{X})-d_2(\boldsymbol{X})]=\boldsymbol{W}_{13}^{\mathrm{T}}\boldsymbol{X}-\boldsymbol{W}_{12}^{\mathrm{T}}\boldsymbol{X}$$

可知，$d_{23}(\boldsymbol{X})$ 是 $d_{13}(\boldsymbol{X})$ 和 $d_{12}(\boldsymbol{X})$ 的线性组合。换句话说，$d_{13}(\boldsymbol{X})$ 和 $d_{12}(\boldsymbol{X})$ 是独立的，$d_{23}(\boldsymbol{X})$ 是不独立的，且在二维空间里，三个判别函数必定相交于一点。如图 3.4 所示。

从图 3.4 可知，三个类的分布情况满足第二种情况的判决规则，且无不确定区。

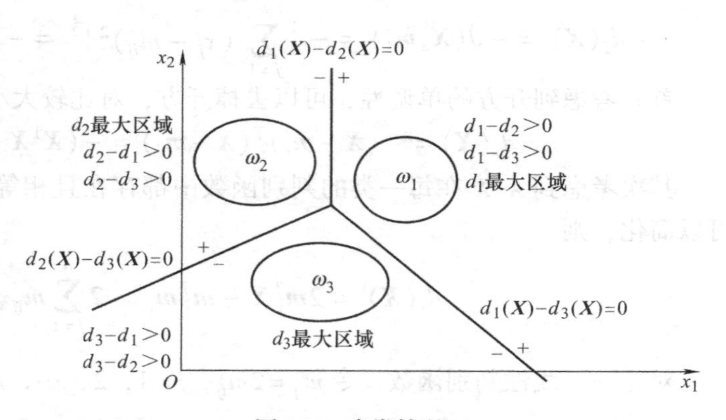


图 3.4　多类情况三

**例 3.3**　设一个三类问题，按最大值规则建立了 3 个判别函数：

$$\begin{cases}d_1(\boldsymbol{X})=-3x_1-x_2+9\\d_2(\boldsymbol{X})=-2x_1-4x_2+11\\d_3(\boldsymbol{X})=-x_2\end{cases}$$

今有模式样本 $\boldsymbol{X}=(0,\ 2)^{\mathrm{T}}$，试判别该模式属于哪一类。

**解**：将 $\boldsymbol{X}=(0,\ 2)^{\mathrm{T}}$ 代入 3 个判别函数

$$\begin{cases} d_1(\boldsymbol{X}) = -2+9=7 \\ d_2(\boldsymbol{X}) = -8+11=3 \\ d_3(\boldsymbol{X}) = -2 \end{cases}$$

按最大值规则，$\boldsymbol{X} \in \omega_i$。

本节把多类问题分成了三种情况进行了讨论，每一种情况都建立了相应的线性判别函数和有关判别规则。第一种情况，把多类问题转化为 $\omega_i \mid \overline{\omega}_i$ 二分法问题；第二种情况，把多类问题转化为 $\omega_i \mid \omega_j$ 二分法问题；第三种情况，使用最大值判决规则，对相邻的多类也可以转变成 $\omega_i \mid \omega_j$ 二分法问题。总之，多类问题的三种情况均可以转变成两类问题。而且，$\omega_i \mid \overline{\omega}_i$ 在第 $i$ 类与其他类间确定决策面，$\omega_i \mid \omega_j$ 在第 $i$ 类与第 $j$ 类之间确定决策面，显然后者比较容易。

经过上述分析我们可以看出，线性分类器可以用于处理线性可分的两类问题或多类问题，而类别之间的线性可分的条件是：各个类的区域为互不相交的凸集(如不是凸集，则包含此集合的最小凸集应满足互不相交条件)。

在线性可分的条件下，都可以用一系列的线性函数实现分类器。这样的线性函数并不是唯一的，可能存在无穷多个。下面的问题就是如何得到这样一个或一组线性函数，这就是要讨论线性分类器的训练设计问题。

## 3.3 线性判别函数的几何性质

### 3.3.1 模式空间与权空间

模式空间是以 $n$ 维模式向量 $\boldsymbol{X}$ 的 $n$ 个分量为坐标变量的欧氏空间。模式向量可以用有向线段加以表示。用 $d(\boldsymbol{X})$进行线性分类，相当于用超平面 $d(\boldsymbol{X})=0$ 把模式空间分成不同的决策区域。

设判别函数：$d(\boldsymbol{X}) = \boldsymbol{W}_0^{\mathrm{T}}\boldsymbol{X} + w_{n+1}$，式中，$\boldsymbol{X} = (x_1, x_2, \cdots, x_n)^{\mathrm{T}}$，则超平面方程为

$$d(\boldsymbol{X}) = \boldsymbol{W}_0^{\mathrm{T}}\boldsymbol{X} + w_{n+1} = 0$$

(1) 若模式向量 $\boldsymbol{X}_1$ 和 $\boldsymbol{X}_2$ 在超平面上 此时，则有

$$\boldsymbol{W}_0^{\mathrm{T}}\boldsymbol{X}_1 + w_{n+1} = \boldsymbol{W}_0^{\mathrm{T}}\boldsymbol{X}_2 + w_{n+1}$$

$$\boldsymbol{W}_0^{\mathrm{T}}(\boldsymbol{X}_1 - \boldsymbol{X}_2) = 0$$

即 $\boldsymbol{W}_0$ 是超平面的法向量，如图 3.5 所示，方向由超平面的负侧指向正侧。

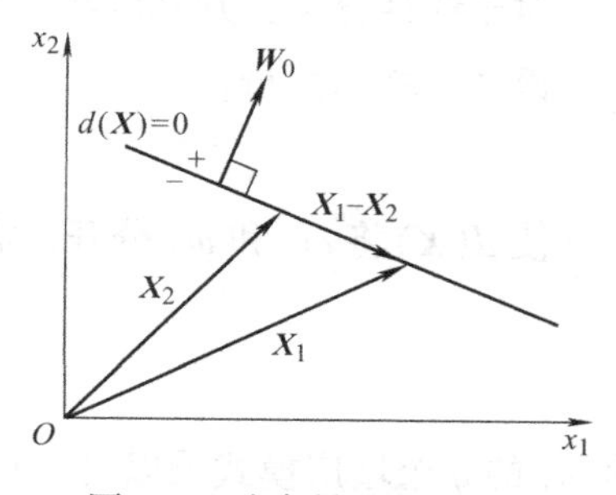

图 3.5 法向量 $\boldsymbol{W}_0$ 的方向

设超平面的单位法向量为 $\boldsymbol{U}$，则

$$\boldsymbol{U} = \frac{\boldsymbol{W}_0}{\|\boldsymbol{W}_0\|} \tag{3-24}$$

其中，
$$\|\boldsymbol{W}_0\| = \sqrt{w_1^2 + w_2^2 + \cdots + w_n^2} \tag{3-25}$$

(2) 若 $\boldsymbol{X}$ 不在超平面上 将 $\boldsymbol{X}$ 向超平面投影得向量 $\boldsymbol{X}_p$，如图 3.6 所示，构造向量

$$\boldsymbol{R} = r \cdot \boldsymbol{U} = r\frac{\boldsymbol{W}_0}{\|\boldsymbol{W}_0\|} \tag{3-26}$$

其中，$r$ 为 $\boldsymbol{X}$ 到超平面的垂直距离。故有

$$\boldsymbol{X} = \boldsymbol{X}_p + \boldsymbol{R} = \boldsymbol{X}_p + r\frac{\boldsymbol{W}_0}{\|\boldsymbol{W}_0\|} \tag{3-27}$$

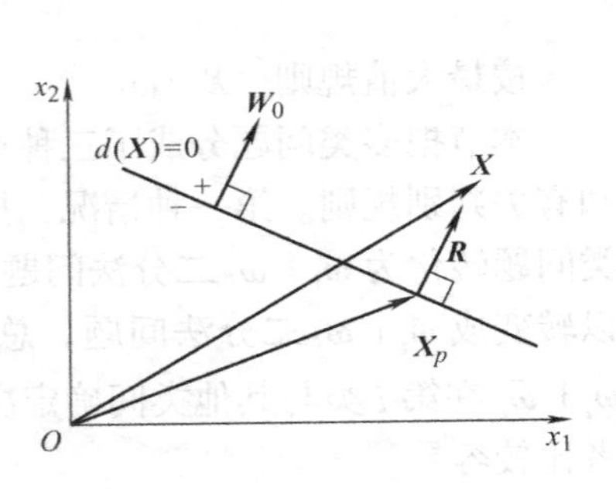


图 3.6　非平面上的点 $\boldsymbol{X}$

$$\begin{aligned} d(\boldsymbol{X}) &= \boldsymbol{W}_0^{\mathrm{T}}\left(\boldsymbol{X}_p + r\frac{\boldsymbol{W}_0}{\|\boldsymbol{W}_0\|}\right) + w_{n+1} \\ &= (\boldsymbol{W}_0^{\mathrm{T}}\boldsymbol{X}_p + w_{n+1}) + \boldsymbol{W}_0^{\mathrm{T}} \cdot r\frac{\boldsymbol{W}_0}{\|\boldsymbol{W}_0\|} \\ &= r\|\boldsymbol{W}_0\| \end{aligned} \tag{3-28}$$

可见，判别函数 $d(\boldsymbol{X})$ 正比于点 $\boldsymbol{X}$ 到超平面的代数距离 $r$。

而 $\boldsymbol{X}$ 到超平面的距离

$$r = \frac{d(\boldsymbol{X})}{\|\boldsymbol{W}_0\|} \tag{3-29}$$

可见，点 $\boldsymbol{X}$ 到超平面的代数距离（带正负号）正比于 $d(\boldsymbol{X})$ 的函数值。

(3) 若 $\boldsymbol{X}$ 在原点，此时，有

$$d(\boldsymbol{X}) = \boldsymbol{W}_0^{\mathrm{T}}\boldsymbol{X} + w_{n+1} = w_{n+1}$$

于是原点 $O$ 到超平面向量为 $\boldsymbol{q}$，如图 3.7 所示，距离为

$$r_0 = \frac{w_{n+1}}{\|\boldsymbol{W}_0\|} \tag{3-30}$$

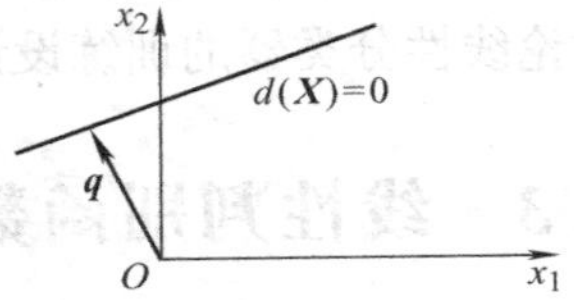

图 3.7　原点到平面的距离

可见，超平面的位置由 $w_{n+1}$ 决定。有三种可能：

1) 当 $w_{n+1} > 0$ 时，原点在超平面的正侧；

2) 当 $w_{n+1} < 0$ 时，原点在超平面的负侧；

3) 当 $w_{n+1} = 0$ 时，超平面通过原点 $O$。

### 3.3.2　权空间与权向量解

权空间是以 $d(\boldsymbol{X}) = w_1x_1 + w_2x_2 + \cdots + w_nx_n + w_{n+1}$ 的权系数为坐标变量的 $(n+1)$ 维欧氏空间。权系数向量 $\boldsymbol{W} = (w_1, w_2, \cdots, w_n, w_{n+1})^{\mathrm{T}}$。

对于线性分类，判别函数形式已定，只需确定权向量。

设增广样本向量：　$\omega_1$ 类：$\boldsymbol{X}_{11}, \boldsymbol{X}_{12}, \cdots, \boldsymbol{X}_{1p}$

$\omega_2$ 类：$\boldsymbol{X}_{21}, \boldsymbol{X}_{22}, \cdots, \boldsymbol{X}_{2q}$

使 $d(\boldsymbol{X})$ 将 $\omega_1$ 和 $\omega_2$ 分开，需满足

$$d(\boldsymbol{X}_{1i}) > 0, i = 1, 2, \cdots, p$$

$$d(\boldsymbol{X}_{2j}) > 0, j = 1, 2, \cdots, q$$

给 $\omega_2$ 的 $q$ 个增广模式乘以 $(-1)$，统一为

$$\boldsymbol{X} = \begin{cases} \boldsymbol{X}_{1i}, i = 1, 2, \cdots, p \\ -\boldsymbol{X}_{2j}, j = 1, 2, \cdots, q \end{cases}$$

则 $\boldsymbol{X}$ 为规范化增广向量。

对每个已知的 $\boldsymbol{X}$，$d(\boldsymbol{X})=0$ 在权空间确定一个超平面，共 $(p+q)$ 个。在权空间中寻找向量 $\boldsymbol{W}$ 使判别函数 $d(\boldsymbol{X})$ 能把 $\omega_1$ 类和 $\omega_2$ 类分开，就是寻找一个权向量，其在 $(p+q)$ 个超平面的正侧的交叠区域里（$\boldsymbol{W}$ 的解区）。

例如，二维权空间中，超平面的方程为：$w_1x_1+w_2x_2=0$。如图3.8所示，超平面为过原点的直线，阴影部分就是解区。

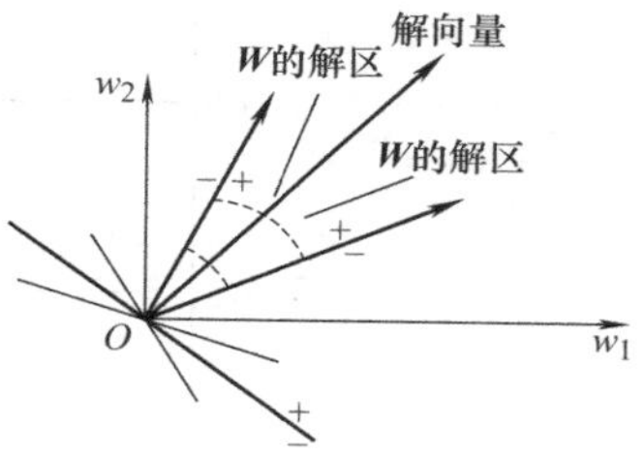

图3.8　解区示意图

## 3.3.3　二分法

二分法（Dichotomies）是将给定的模式样本分成两类的方法，是最基本的分类方法。

一组模式样本不一定是线性可分的，有的根本就不可线性划分即线性不可分，图3.9给出了两个线性不可分的例子。所以需要研究线性分类能力的方法，对任何容量为 $N$ 的样本集，线性可分的概率有多大呢？

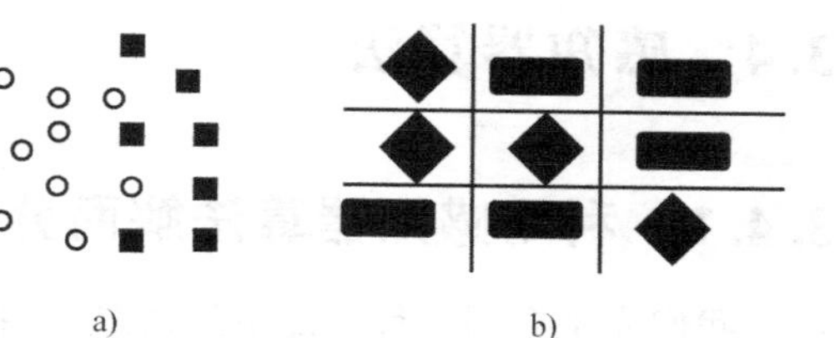


图3.9　线性不可分示意图
a）有一个或多个临界点
b）一个类占多个区域

判别函数的不同分类能力可以通过二分法总数衡量。

若不限制判别函数的形式，$N$ 个 $n$ 维模式用判别函数分成两类的二分法总数为 $2^N$。

若限定用线性判别函数，并且样本在模式空间是良好分布的，即在 $n$ 维模式空间中没有 $(n+1)$ 个模式位于 $(n-1)$ 维子空间中，可以证明，$N$ 个 $n$ 维模式用线性判别函数分成两类的方法总数，即线性二分法总数为

$$D(N,n)=\begin{cases}2\sum\limits_{j=0}^{n}\mathrm{C}_{N-1}^{j}, & N-1>n\\ 2^N, & N-1\leqslant n\end{cases} \tag{3-31}$$

或线性二分法概率：

$$P(N,n)=\frac{D(N,n)}{2^N}=\begin{cases}2^{1-N}\sum\limits_{j=0}^{n}\mathrm{C}_{N-1}^{j}, & N-1>n\\ 1, & N-1\leqslant n\end{cases} \tag{3-32}$$

只要模式的个数 $N$ 小于或等于增广模式的维数 $(n+1)$，模式类总是线性可分的。例如，对于没有三点在一条线上的4个样本的分法为：分别画7条直线可将其分为不同的种类，再画一曲线也可分为不同的两类，因而4个样本分成两类的总的可能的分法为16种，其中有两种是不能用线性分类实现的。故线性可分数是 $D(4,2)=2\sum\limits_{j=0}^{2}\mathrm{C}_{4-1}^{j}=14$。即概率为

$$P(4,2)=2^{1-4}\sum_{j=0}^{2}\mathrm{C}_{4-1}^{j}=\frac{7}{8}\approx 0.88 \tag{3-33}$$

令 $\lambda=N/(n+1)$。将 $\lambda=2$ 时的 $N$ 值定义为阈值 $N_0$，称为二分法能力，即 $N_0=2(n+1)$，通过 $N_0$，可以对任意 $N$ 个样本的线性可分性进行粗略估计。如图3.10所示。

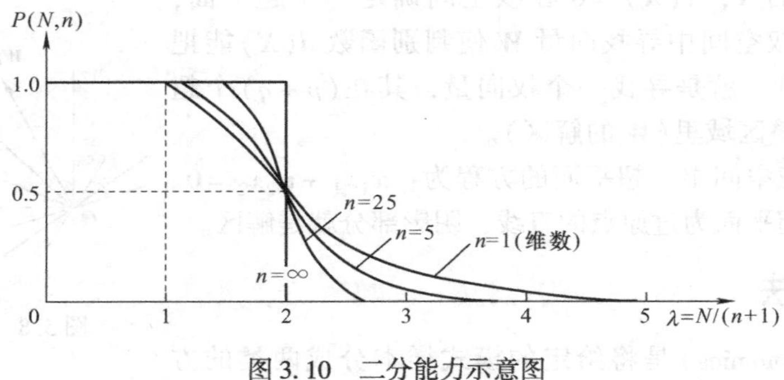


图 3.10　二分能力示意图



## 3.4　感知器算法

### 3.4.1　利用感知器算法解两分类问题

我们先来介绍一种最简单的情况，用线性函数来判别两类问题。

问题描述如下：现有 $N$ 个训练样本，分为两个集合，$\omega_1$ 类的训练样本集为 $\{\boldsymbol{X}_1, \boldsymbol{X}_2, \cdots, \boldsymbol{X}_{N_1}\}$，$\omega_2$ 类的训练样本集为 $\{\boldsymbol{X}_{N_1+1}, \boldsymbol{X}_{N_1+2}, \cdots, \boldsymbol{X}_{N_1+N_2}\}$，$N = N_1 + N_2$。要求一个向量 $\boldsymbol{W}$，使 $d(\boldsymbol{X}) = \boldsymbol{W}^{\mathrm{T}}\boldsymbol{X}$ 能够区分 $\omega_1$ 和 $\omega_2$，即对于增广模式向量和权向量，有

$$\boldsymbol{X}_1^{\mathrm{T}}\boldsymbol{W} > 0,\ \boldsymbol{X}_2^{\mathrm{T}}\boldsymbol{W} > 0,\ \cdots,\ \boldsymbol{X}_{N_1}^{\mathrm{T}}\boldsymbol{W} > 0$$
$$-\boldsymbol{X}_{N_1+1}^{\mathrm{T}}\boldsymbol{W} > 0,\ -\boldsymbol{X}_{N_1+2}^{\mathrm{T}}\boldsymbol{W} > 0,\ \cdots,\ -\boldsymbol{X}_{N_1+N_2}^{\mathrm{T}}\boldsymbol{W} > 0$$

即

$$\begin{pmatrix} \boldsymbol{X}_1^{\mathrm{T}} \\ \vdots \\ \boldsymbol{X}_{N_1}^{\mathrm{T}} \\ -\boldsymbol{X}_{N_1+1}^{\mathrm{T}} \\ \vdots \\ -\boldsymbol{X}_N^{\mathrm{T}} \end{pmatrix} \boldsymbol{W} = \begin{pmatrix} x_{11} & x_{12} & \cdots & x_{1n} & 1 \\ \vdots & \vdots & & \vdots & \vdots \\ x_{N_1 1} & x_{N_1 2} & \cdots & x_{N_1 n} & 1 \\ -x_{(N_1+1)1} & -x_{(N_1+1)2} & \cdots & -x_{(N_1+1)n} & -1 \\ \vdots & \vdots & & \vdots & \vdots \\ -x_{N1} & -x_{N2} & \cdots & -x_{Nn} & -1 \end{pmatrix} \begin{pmatrix} w_1 \\ \vdots \\ w_i \\ w_{i+1} \\ \vdots \\ w_n \\ w_{n+1} \end{pmatrix} > \begin{pmatrix} 0 \\ \vdots \\ 0 \\ 0 \\ \vdots \\ 0 \end{pmatrix}$$

若将第一类的模式向量写成增广模式向量，第二类的模式向量先写成增广模式向量，然后乘以 $-1$，我们把此称为对两类样本进行了增广规范化，则得到上述系数矩阵 $\boldsymbol{X}$，于是，上述式子可以写成矩阵形式：$\boldsymbol{XW} > \boldsymbol{0}$，其中 $\boldsymbol{X}$ 称为增广矩阵，$\boldsymbol{0}$ 为零向量。

由此可见，求取权向量的问题转化为求解线性不等式组解的问题。这个解只有在线性可分的条件下才存在，并且也不唯一。直接从线性不等式组求解困难。下面介绍一种迭代求解的方法——感知器算法。

感知器（Perceptron）是美国学者 F. Rosenblatt 在 1957 年提出的人工神经元模型，是一个多输入/单输出的数学模型。感知器模型的一个重要特点是输入与神经元之间的连接权值可通过训练/学习来调整，从而实现输入样本的线性可分。当感知器用于两类模式的分类时，

相当于在高维样本的特征空间中，用一个超平面把两类区分开。已证明，如果两类模式是线性可分的，权值学习算法一定收敛。

针对两类问题，感知器算法有两种不同的描述方法。

**1. 利用增广规范化模式向量和权向量感知器算法**

1）给定初始值：置 $k=1$，取初始权向量 $\boldsymbol{W}_k$，选常数 $c>0$。

2）依次输入训练样本 $\boldsymbol{X}_k$，$\boldsymbol{X}_k \in \{\boldsymbol{X}_1, \boldsymbol{X}_2, \cdots, \boldsymbol{X}_N\}$。

3）计算判别函数值：$d(\boldsymbol{X}_k)=\boldsymbol{W}_k^{\mathrm{T}}\boldsymbol{X}_k$。

4）按如下规则修正权向量：

若 $d(\boldsymbol{X}_k)=\boldsymbol{W}_k^{\mathrm{T}}\boldsymbol{X}_k>0$，则 $\boldsymbol{W}_k$ 不用修正，即 $\boldsymbol{W}_{k+1}=\boldsymbol{W}_k$；

若 $d(\boldsymbol{X}_k)=\boldsymbol{W}_k^{\mathrm{T}}\boldsymbol{X}_k<0$，则修正 $\boldsymbol{W}_k$，即 $\boldsymbol{W}_{k+1}=\boldsymbol{W}_k+c\boldsymbol{X}_k$。

5）令 $k=k+1$，返回2）。直到对所有训练样本，权向量不再需要修正为止，算法结束。一般情况下常数 $c$ 为 $0<c\leqslant 1$。偶尔也可取 $c>1$。$c$ 值太小会影响收敛速度和稳定性，$c$ 值太小收敛速度慢，$c$ 值太大，会使 $\boldsymbol{W}_k$ 的值出现摆动情况。

**2. 利用增广模式向量和权向量感知器算法**

若两类问题提法为，仅利用增广模式向量和权向量，并不进行规范化，即对第二类的增广样本不乘以 $-1$，判别规则为

$$\boldsymbol{W}^{\mathrm{T}}\boldsymbol{X}\begin{cases}>0\\<0\end{cases},\text{则 } \boldsymbol{X}\in\begin{cases}\omega_1\\ \omega_2\end{cases}$$

则相应的感知器算法描述中，其他步骤内容描述与前述类似，仅有的区别是，修正权向量的规则为

若 $\boldsymbol{X}_k\in\omega_1$，且 $d(\boldsymbol{X}_k)=\boldsymbol{W}_k^{\mathrm{T}}\boldsymbol{X}_k>0$，或若 $\boldsymbol{X}_k\in\omega_2$ 且 $d(\boldsymbol{X}_k)=\boldsymbol{W}_k^{\mathrm{T}}\boldsymbol{X}_k<0$，则 $\boldsymbol{W}_k$ 不用修正，即 $\boldsymbol{W}_{k+1}=\boldsymbol{W}_k$；

若 $\boldsymbol{X}_k\in\omega_1$ 且 $d(\boldsymbol{X}_k)=\boldsymbol{W}_k^{\mathrm{T}}\boldsymbol{X}_k\leqslant 0$，则修正 $\boldsymbol{W}_k$ 为 $\boldsymbol{W}_{k+1}=\boldsymbol{W}_k+c\boldsymbol{X}_k$；

若 $\boldsymbol{X}_k\in\omega_2$ 且 $d(\boldsymbol{X}_k)=\boldsymbol{W}_k^{\mathrm{T}}\boldsymbol{X}_k\geqslant 0$，则修正 $\boldsymbol{W}_k$ 为 $\boldsymbol{W}_{k+1}=\boldsymbol{W}_k-c\boldsymbol{X}_k$。

现实中，一般用前一种方法，即采用增广规范化模式向量和权向量的感知器算法，因为相对比较简便。

## 3.4.2　利用感知器算法解多类问题

在上一节，介绍了多类问题的三种情况。其中，第三种情况是没有不确定区的，对于 $M$ 种类型中的某一种类型 $\omega_i$，存在 $M$ 个判别函数，若样本 $\boldsymbol{X}\in\omega_i$，则 $d_i(\boldsymbol{X})>d_j(\boldsymbol{X})$，$j=1$，$2$，$\cdots M$；$i\neq j$。

设 $M$ 个判别函数为 $d_i(\boldsymbol{X})=\boldsymbol{W}_i^{\mathrm{T}}\boldsymbol{X}$；$i=1, 2, \cdots, M$。判别规则为

$$\text{若 } d_i(\boldsymbol{X})>d_j(\boldsymbol{X});\ j=1,2,\cdots,M;\ j\neq i,\ \text{则 } \boldsymbol{X}\in\omega_i \tag{3-34}$$

将感知器训练算法用到多类情况，算法步骤如下：

1）赋初始值：分别赋给 $M$ 个权向量 $\boldsymbol{W}_i(i=1, 2, \cdots, M)$ 任意的初值，选择正常数 $c$，把训练样本变为增广型模式向量，置 $k=1$。

2）输入训练样本 $\boldsymbol{X}_k$，$\boldsymbol{X}_k\in\{\boldsymbol{X}_1, \boldsymbol{X}_2, \cdots, \boldsymbol{X}_N\}$，假定 $\boldsymbol{X}_k\in\omega_i$。

3）计算 $M$ 个判别函数值：$d_i(\boldsymbol{X}_k)=\boldsymbol{W}_k^{\mathrm{T}}(k)\boldsymbol{X}_k$（$i=1, 2, \cdots, M$）。

4）修正权向量。修正规则为

若 $d_i(\boldsymbol{X}_k)>d_j(\boldsymbol{X}_k)$，$j=1$，2，…，$M$；$j\neq i$，则不需要修正权向量，即

$$\boldsymbol{W}_i(k+1)=\boldsymbol{W}_i(k)(i=1,2,\cdots,M) \tag{3-35}$$

若有 $l$，$1\leqslant l\leqslant M$，$l\neq i$ 使得 $d_l(\boldsymbol{X}_k)>d_i(\boldsymbol{X}_k)$，则

$$\begin{cases}\boldsymbol{W}_i(k+1)=\boldsymbol{W}_i(k)+c\boldsymbol{X}_k\\ \boldsymbol{W}_l(k+1)=\boldsymbol{W}_l(k)-c\boldsymbol{X}_k\\ \boldsymbol{W}_j(k+1)=\boldsymbol{W}_j(k),j=1,2,\cdots,M;\ j\neq i,\ j\neq l\end{cases} \tag{3-36}$$

5）令 $k=k+1$，返回2）。直到所有的权向量对所有训练样本都稳定不变时结束。只要模式样本线性可分，则算法迭代有限次后收敛。



## 3.5 梯度法

在两类情况下，当样本可分时，将属于 $\omega_2$ 的样本的各分量乘以（-1），则所有满足 $\boldsymbol{W}^{\mathrm{T}}\boldsymbol{X}>0$ 的样本所求出的解 $\boldsymbol{W}^*$，即可确定判别函数。这是一线性联立不等式的求解问题，只对线性可分问题，方程 $\boldsymbol{W}^{\mathrm{T}}\boldsymbol{X}>0$ 才有解。对这样的问题来说，如果有解，其解也不一定是单值的，因而就有一个按不同条件取得最优解的问题，这样就出现了多种不同的算法，下面将要介绍梯度法。

梯度法，又名最速下降法，是求解无约束多元函数极值的数值方法，早在1847年就已由柯西（Cauchy）提出。它是导出其他更为实用、更为有效的优化方法的理论基础。因此，梯度法是无约束优化方法中最基本的方法之一。利用梯度的概念设计线性判别函数是更一般的方法，同时也是一种重要的方法。后面将分析看到，感知器算法是梯度法的一个特殊情况。

### 3.5.1 梯度法的基本原理

**1. 梯度的概念**

设函数 $f(\boldsymbol{X})$ 是向量 $\boldsymbol{X}=(x_1,x_2,\cdots,x_n)^{\mathrm{T}}$ 的函数，则 $f(\boldsymbol{X})$ 的梯度定义为

$$\nabla f(\boldsymbol{X})=\frac{\mathrm{d}f(\boldsymbol{X})}{\mathrm{d}\boldsymbol{X}}=\left(\frac{\partial f}{\partial x_1},\frac{\partial f}{\partial x_2},\cdots,\frac{\partial f}{\partial x_n}\right)^{\mathrm{T}} \tag{3-37}$$

式中，$\nabla f(\boldsymbol{X})$ 是一个向量，称为梯度向量。$\nabla f(\boldsymbol{X})$ 的每个分量 $\frac{\partial f}{\partial x_i}$ 表示函数 $f(\boldsymbol{X})$ 在自变量分量 $x_i$ 上的增长速率。在自变量增加时，$f(\boldsymbol{X})$ 沿梯度方向增长最快。因而，一般认为，函数沿负梯度方向相应地减小最快。因此，若要求函数的极大值，则沿梯度方向可以最快地找到函数的极大值；若要求函数的极小值，则应沿着负梯度方向搜索，能较快找到极小值。梯度法就是以这种思想来指导优化问题的求解。

利用梯度法设计分类器，就是结合问题，先定义一个准则函数 $J(\boldsymbol{W},\boldsymbol{X})$，求得 $J$ 对 $\boldsymbol{W}$ 的梯度 $\nabla J=\frac{\partial J(\boldsymbol{W},\boldsymbol{X})}{\partial \boldsymbol{W}}$，然后，按负梯度方向设计一个由 $\boldsymbol{W}_k$ 计算出 $\boldsymbol{W}_{k+1}$ 的递推方程，进行迭代，直到 $\boldsymbol{W}_k$ 与 $\boldsymbol{W}_{k+1}$ 几乎相等，即收敛为止。

**2. 梯度算法**

设两个模式类 $\omega_1$ 和 $\omega_2$ 可线性划分，$\omega_1$ 中含 $N_1$ 个样本，即 $\omega_1=\{\boldsymbol{X}_i,\ i=1,\ 2,\ \cdots,\ N_1\}$。$\omega_2$ 含 $N_2$ 个样本，即 $\omega_2=\{\boldsymbol{X}_j,\ j=N_1+1,\ N_1+2,\ \cdots,\ N=N_1+N_2\}$。一共有 $N=N_1+N_2$ 个样本。要求权向量 $\boldsymbol{W}$，使得判别函数 $d(\boldsymbol{X})$ 满足

$$d(\boldsymbol{X}_i)=\boldsymbol{W}^{\mathrm{T}}\boldsymbol{X}_i>0,\boldsymbol{X}_i\in\omega_1,i=1,2,\cdots,N_1 \tag{3-38}$$

$$d(\boldsymbol{X}_j)=\boldsymbol{W}^{\mathrm{T}}\boldsymbol{X}_j<0,\boldsymbol{X}_j\in\omega_2,j=N_1+1,N_1+2,\cdots,N_1+N_2=N \tag{3-39}$$

将 $\omega_2$ 类中的样本乘以 $-1$，则上述两个不等式组可写成

$$d(\boldsymbol{X}_i)=\boldsymbol{W}^{\mathrm{T}}\boldsymbol{X}_i>0,i=1,2,\cdots,N \tag{3-40}$$

若能设计具有唯一极小值的准则函数 $J(\boldsymbol{W},\ \boldsymbol{X})$，且极小值发生在 $\boldsymbol{W}^{\mathrm{T}}\boldsymbol{X}_i>0$ 时，则用梯度法求解的迭代式如下：

$$\boldsymbol{W}(k+1)=\boldsymbol{W}(k)+c(-\nabla J)=\boldsymbol{W}(k)-c\,\nabla J \tag{3-41}$$

即

$$\boldsymbol{W}(k+1)=\boldsymbol{W}(k)-c\left.\frac{\partial J(\boldsymbol{W},\boldsymbol{X})}{\partial \boldsymbol{W}}\right|_{\boldsymbol{W}=\boldsymbol{W}(k)}$$

式中，$c$ 为学习因子。步长 $c$ 的选择对收敛有影响。若 $c$ 太小，收敛慢。若 $c$ 太大，收敛可能慢甚至发散。当 $c$ 固定不变时称上述迭代法为固定增量法，当 $c$ 随着迭代步变化时，例如设 $c=p/k$（其中，$p$ 为初始可控常量），则称其为变增量法。

梯度法解线性可分的两类问题的一般步骤如下：

1）设计准则函数；样本规范化增广；迭代步 $k=1$，置初始权向量 $\boldsymbol{W}(k)$。

2）依次扫描所有样本，重复下列工作：

设第 $k$ 次迭代时扫描的样本是 $\boldsymbol{X}$，求 $\nabla J(k)$：

$$\nabla J(k)=\left.\frac{\partial J(\boldsymbol{W},\boldsymbol{X})}{\partial \boldsymbol{W}}\right|_{\boldsymbol{W}=\boldsymbol{W}_k} \tag{3-42}$$

利用迭代式求出第 $k+1$ 步的权向量：

$$\boldsymbol{W}(k+1)=\boldsymbol{W}(k)-c\,\nabla J(k) \tag{3-43}$$

3）若在 2）中有某样本 $\boldsymbol{X}$ 使 $\nabla J(k)\neq\boldsymbol{0}$，则回到 2）；否则，$\boldsymbol{W}(k)$ 即为所求，算法收敛。

## 3.5.2 固定增量算法

若在梯度法解线性可分的两类问题的一般步骤中选定 $c$ 为固定的某个常数，则得到固定增量算法。为了说明方便起见，选择下列准则函数

$$J(\boldsymbol{W},\boldsymbol{X})=\frac{1}{2}(|\boldsymbol{W}^{\mathrm{T}}\boldsymbol{X}|-\boldsymbol{W}^{\mathrm{T}}\boldsymbol{X}) \tag{3-44}$$

它有唯一最小值“0”，且发生在 $\boldsymbol{W}^{\mathrm{T}}\boldsymbol{X}>0$ 时。设线性可分问题的两类样本进行了规范化增广，于是

$$\boldsymbol{X}=(x_1,x_2,\cdots,x_n,1)^{\mathrm{T}},\boldsymbol{W}=(w_1,w_2,\cdots,w_n,w_{n+1})^{\mathrm{T}},\ \boldsymbol{W}_0=(w_1,w_2,\cdots,w_n)^{\mathrm{T}}$$

$$\nabla J=\frac{\partial J(\boldsymbol{W},\boldsymbol{X})}{\partial \boldsymbol{W}}=\frac{1}{2}[\boldsymbol{X}\mathrm{sgn}(\boldsymbol{W}^{\mathrm{T}}\boldsymbol{X})-\boldsymbol{X}] \tag{3-45}$$

式中，

$$\operatorname{sgn}(\boldsymbol{W}^{\mathrm{T}}\boldsymbol{X})=\begin{cases}+1, & 若\ \boldsymbol{W}^{\mathrm{T}}\boldsymbol{X}>0\\ -1, & 若\ \boldsymbol{W}^{\mathrm{T}}\boldsymbol{X}\leqslant 0\end{cases} \tag{3-46}$$

$$\begin{aligned}\boldsymbol{W}(k+1)&=\boldsymbol{W}(k)-c\cdot\frac{1}{2}[\boldsymbol{X}\operatorname{sgn}(\boldsymbol{W}^{\mathrm{T}}(k)\boldsymbol{X})-\boldsymbol{X}]=\boldsymbol{W}(k)+\frac{c}{2}[\boldsymbol{X}-\boldsymbol{X}\operatorname{sgn}(\boldsymbol{W}^{\mathrm{T}}(k)\boldsymbol{X})]\\&=\boldsymbol{W}(k)+\begin{cases}0, & 若\ \boldsymbol{W}^{\mathrm{T}}(k)\boldsymbol{X}>0\\ c\boldsymbol{X}, & 若\ \boldsymbol{W}^{\mathrm{T}}(k)\boldsymbol{X}\leqslant 0\end{cases}\end{aligned} \tag{3-47}$$

即

$$\boldsymbol{W}(k+1)=\boldsymbol{W}(k)+\begin{cases}0, & 若\ \boldsymbol{W}^{\mathrm{T}}(k)\boldsymbol{X}>0\\ c\boldsymbol{X}, & 若\ \boldsymbol{W}^{\mathrm{T}}(k)\boldsymbol{X}\leqslant 0\end{cases} \tag{3-48}$$



由此可见，感知器算法实际就是固定增量算法在 $c=1$ 时的特例，是梯度法的特例。

感知器算法和梯度法都要求模式类线性可分，否则不一定能求出解。

### 3.5.3 非固定增量算法

非固定增量算法则是在上述第 $k$ 步时取 $c=f(k)$（例如，取 $c=\rho/k$，其中 $\rho$ 为一初始可调节参数）为随 $k$ 变化的因子所得到的算法。

其实，在前面的感知器算法中，当常数 $c$ 一旦选定就固定不变，也属于固定增量法，若 $c$ 随迭代步变化而变化，也可得到相应的非固定增量感知器算法。

## 3.6 最小平方误差算法

感知器算法、梯度算法、固定增量算法在模式类线性可分时收敛，在线性不可分时不收敛。当迭代时间长而又没收敛时，造成的原因不明。而造成这种现象的原因有两种可能：① 迭代过程本身收敛缓慢；② 模式本身线性不可分。

如果一个算法在迭代过程中能够处理这两种情况，那么这一算法无疑就是一个非常好的算法。最小平方误差（Least Mean Square Error，LMSE）算法，也称 Ho-Kashyap 算法，简称 H·K 算法，该算法基于梯度法，在模式类线性可分时收敛，在线性不可分时可明确指出来。这一独特性能使该算法在模式分类器的设计中占有相当重要的地位。

**1. LMSE 算法的基本原理**

对两类的分类问题，$\omega_1=\{\boldsymbol{X}_1, \boldsymbol{X}_2, \cdots, \boldsymbol{X}_{N_1}\}$，$\omega_2=\{\boldsymbol{X}_{N_1+1}, \boldsymbol{X}_{N_1+2}, \cdots, \boldsymbol{X}_{N_1+N_2}\}$，共有 $N=N_1+N_2$ 个样本。通过规范化增广，可得到 $\boldsymbol{W}^{\mathrm{T}}\boldsymbol{X}_i>0$。其中，$\boldsymbol{X}_i$ 是样本增广规范化后的向量，$\boldsymbol{W}=(w_1, w_2, \cdots, w_n, w_{n+1})^{\mathrm{T}}$为增广后的权向量。写成矩阵形式为

$$\begin{pmatrix} x_{11} & x_{12} & \cdots & x_{1n} & 1\\ x_{21} & x_{22} & \cdots & x_{2n} & 1\\ \vdots & \vdots & & \vdots & \vdots\\ x_{N_1 1} & x_{N_1 2} & \cdots & x_{N_1 n} & 1\\ -x_{(N_1+1)1} & -x_{(N_1+1)2} & \cdots & -x_{(N_1+1)n} & -1\\ \vdots & \vdots & & \vdots & \vdots\\ -x_{(N_1+N_2)1} & -x_{(N_1+N_2)2} & \cdots & -x_{(N_1+N_2)n} & -1 \end{pmatrix}_{N\times(n+1)} \begin{pmatrix} w_1\\ w_2\\ \vdots\\ w_n\\ w_{n+1}\end{pmatrix} > \begin{pmatrix}0\\0\\ \vdots\\0\\0\end{pmatrix} \tag{3-49}$$

令 $N\times(n+1)$ 的长方矩阵为 $\boldsymbol{X}$，则得 $\boldsymbol{XW}>\boldsymbol{0}$。其中，

$$\boldsymbol{X}=\begin{pmatrix} \boldsymbol{X}_1^{\mathrm{T}} \\ \boldsymbol{X}_2^{\mathrm{T}} \\ \vdots \\ \boldsymbol{X}_{N_1}^{\mathrm{T}} \\ -\boldsymbol{X}_{N_1+1}^{\mathrm{T}} \\ \vdots \\ -\boldsymbol{X}_{N_1+N_2}^{\mathrm{T}} \end{pmatrix}_{N\times(n+1)} \quad \begin{matrix} \omega_1\text{ 类} \\ \cdots \\ \omega_2\text{ 类} \end{matrix} \tag{3-50}$$

$\boldsymbol{X}$ 中每一行是规范化增广向量。$\boldsymbol{0}$ 为零向量。

LMSE 算法把对满足 $\boldsymbol{XW}>\boldsymbol{0}$ 的求解问题转换对满足 $\boldsymbol{XW}=\boldsymbol{B}$ 求解的问题，这里，$\boldsymbol{B}=(b_1,\ b_2,\ \cdots,\ b_i,\ \cdots,\ b_N)^{\mathrm{T}}$是各分量均为正值的向量。不等式组一般没有什么好的数学求解办法，但转换为等式方程组，相对来讲，数学上的解法就比较多了。而在等式方程组中，当行数 >> 列数时，通常无解，称为矛盾方程组，一般只能求近似解。在模式识别中，通常训练样本数 $N$ 总是大于模式的维数 $n$，因此方程的个数(行数) >> 模式向量的维数(列数)，是矛盾方程组，只能求近似解 $\boldsymbol{W}^*$，使得左右两边的误差达到极小，即 $\|\boldsymbol{XW}^*-\boldsymbol{B}\|=$ 极小。

LMSE 算法的出发点就是选择一个准则函数 $J$，使得当 $J$ 达到极小值时，$\boldsymbol{XW}=\boldsymbol{B}$ 可得到近似解。LMSE 算法将准则函数定义为

$$J(\boldsymbol{W},\boldsymbol{X},\boldsymbol{B})=\frac{1}{2}\|\boldsymbol{XW}^*-\boldsymbol{B}\| \tag{3-51}$$

因此，LMSE 算法也可称为最小二乘法。因

$$\boldsymbol{XW}^*-\boldsymbol{B}=\begin{pmatrix} x_{11} & x_{12} & \cdots & x_{1n} & 1 \\ x_{21} & x_{22} & \cdots & x_{2n} & 1 \\ \vdots & \vdots & & \vdots & \vdots \\ x_{p1} & x_{p2} & \cdots & x_{pn} & 1 \\ -x_{(p+1)1} & -x_{(p+1)2} & \cdots & -x_{(p+1)n} & -1 \\ \vdots & \vdots & & \vdots & \vdots \\ -x_{(p+q)1} & -x_{(p+q)2} & \cdots & -x_{(p+q)n} & -1 \end{pmatrix}_{N\times(n+1)} \begin{pmatrix} w_1 \\ w_2 \\ \vdots \\ w_n \\ w_{n+1} \end{pmatrix} - \begin{pmatrix} b_1 \\ b_2 \\ \vdots \\ b_N \end{pmatrix}$$

$$=\begin{pmatrix} x_{11}w_1+\cdots+x_{1n}w_n+w_{n+1}-b_1 \\ \vdots \\ x_{i1}w_1+\cdots+x_{in}w_n+w_{n+1}-b_i \\ \vdots \\ x_{N1}w_1+\cdots+x_{Nn}w_n+w_{n+1}-b_N \end{pmatrix}=\begin{pmatrix} \boldsymbol{W}^{\mathrm{T}}\boldsymbol{X}_1-b_1 \\ \vdots \\ \boldsymbol{W}^{\mathrm{T}}\boldsymbol{X}_i-b_i \\ \vdots \\ \boldsymbol{W}^{\mathrm{T}}\boldsymbol{X}_N-b_N \end{pmatrix} \tag{3-52}$$

所以

$$\|\boldsymbol{XW}-\boldsymbol{B}\|^2=(\boldsymbol{W}^{\mathrm{T}}\boldsymbol{X}_1-b_1)^2+\cdots+(\boldsymbol{W}^{\mathrm{T}}\boldsymbol{X}_N-b_N)^2=\sum_{i=1}^{N}(\boldsymbol{W}^{\mathrm{T}}\boldsymbol{X}_i-b_i)^2 \tag{3-53}$$

准则函数

$$
\begin{aligned}
J(\boldsymbol{W},\boldsymbol{X},\boldsymbol{B}) &= \frac{1}{2}\|\boldsymbol{XW}-\boldsymbol{B}\|^2 \\
&= \frac{1}{2}(\boldsymbol{XW}-\boldsymbol{B})^{\mathrm{T}}(\boldsymbol{XW}-\boldsymbol{B}) \\
&= \frac{1}{2}\sum_{i=1}^{N}(\boldsymbol{W}^{\mathrm{T}}\boldsymbol{X}_i - b_i)^2
\end{aligned} \tag{3-54}
$$

**2. LMSE 算法中递推公式的推导**

按梯度法，先求出准则函数的偏导数：

$$\frac{\partial J}{\partial \boldsymbol{W}} = \boldsymbol{X}^{\mathrm{T}}(\boldsymbol{XW}-\boldsymbol{B}) \tag{3-55}$$

$$\frac{\partial J}{\partial \boldsymbol{B}} = \frac{1}{2}[(\boldsymbol{XW}-\boldsymbol{B}) + |\boldsymbol{XW}-\boldsymbol{B}|] \tag{3-56}$$

LMSE 算法中的递推公式可以分以下几步进行。

1）求 $J$ 对 $\boldsymbol{W}$ 的偏导数$\frac{\partial J}{\partial \boldsymbol{W}}$，并令$\frac{\partial J}{\partial \boldsymbol{W}}=0$，得

$$\boldsymbol{W} = (\boldsymbol{X}^{\mathrm{T}}\boldsymbol{X})^{-1}\boldsymbol{X}^{\mathrm{T}}\boldsymbol{B} = \boldsymbol{X}^{\#}\boldsymbol{B} \tag{3-57}$$

式中，

$$\boldsymbol{X}^{\#} = (\boldsymbol{X}^{\mathrm{T}}\boldsymbol{X})^{-1}\boldsymbol{X}^{\mathrm{T}} \tag{3-58}$$

称为 $\boldsymbol{X}$ 的伪逆矩阵。$\boldsymbol{X}$ 为 $N\times(n+1)$ 矩阵，$\boldsymbol{X}^{\#}$ 为 $(n+1)\times N$ 矩阵。

由 $\boldsymbol{W}=(\boldsymbol{X}^{\mathrm{T}}\boldsymbol{X})^{-1}\boldsymbol{X}^{\mathrm{T}}\boldsymbol{B}=\boldsymbol{X}^{\#}\boldsymbol{B}$ 可知，只要给出 $\boldsymbol{B}$，就可求出 $\boldsymbol{W}$。若给出的 $\boldsymbol{B}$ 的每个分量都大于0，可求出 $\boldsymbol{W}$，使得 $J$ 在 $\boldsymbol{W}$ 上达到极小，但并不能保证 $J$ 在 $\boldsymbol{B}$ 上也达到极小。也就是说，$J$ 还不一定达到极小。所以，还是要导出 $\boldsymbol{B}$ 和 $\boldsymbol{W}$ 的递推求解公式。

2）求 $\boldsymbol{B}(k+1)$ 的迭代式。利用梯度法有

$$\boldsymbol{B}(k+1) = \boldsymbol{B}(k) - c'\left[\frac{\partial J}{\partial \boldsymbol{B}}\right]_{\boldsymbol{B}=\boldsymbol{B}(k)} \tag{3-59}$$

将$\frac{\partial J}{\partial \boldsymbol{B}} = \frac{1}{2}[(\boldsymbol{XW}-\boldsymbol{B}) + |\boldsymbol{XW}-\boldsymbol{B}|]$代入得

$$\boldsymbol{B}(k+1) = \boldsymbol{B}(k) + \frac{c'}{2}[(\boldsymbol{XW}(k)-\boldsymbol{B}(k)) + |\boldsymbol{XW}(k)-\boldsymbol{B}(k)|] \tag{3-60}$$

令$\frac{c'}{2}=c$，且定义

$$\boldsymbol{e}(k) = \boldsymbol{XW}(k) - \boldsymbol{B}(k) \tag{3-61}$$

则

$$\boldsymbol{B}(k+1) = \boldsymbol{B}(k) + c[\boldsymbol{e}(k) + |\boldsymbol{e}(k)|] \tag{3-62}$$

3）求 $\boldsymbol{W}(k+1)$ 的迭代式。将 $\boldsymbol{B}(k+1)=\boldsymbol{B}(k)+c[\boldsymbol{e}(k)+|\boldsymbol{e}(k)|]$ 代入 $\boldsymbol{W}=\boldsymbol{X}^{\#}\boldsymbol{B}$，有

$$
\begin{aligned}
\boldsymbol{W}(k+1) &= \boldsymbol{X}^{\#}\boldsymbol{B}(k+1) = \boldsymbol{X}^{\#}\{\boldsymbol{B}(k) + c[\boldsymbol{e}(k)+|\boldsymbol{e}(k)|]\} \\
&= \boldsymbol{X}^{\#}\boldsymbol{B}(k) + c\boldsymbol{X}^{\#}\boldsymbol{e}(k) + c\boldsymbol{X}^{\#}|\boldsymbol{e}(k)|
\end{aligned} \tag{3-63}
$$

因 $\boldsymbol{X}^{\#}\boldsymbol{e}(k) = (\boldsymbol{X}^{\mathrm{T}}\boldsymbol{X})^{-1}\boldsymbol{X}^{\mathrm{T}}[\boldsymbol{XW}(k)-\boldsymbol{B}(k)] = (\boldsymbol{X}^{\mathrm{T}}\boldsymbol{X})^{-1}\boldsymbol{X}^{\mathrm{T}}[\boldsymbol{XX}^{\#}\boldsymbol{B}(k)-\boldsymbol{B}(k)] = \boldsymbol{0}$，所以

$$\boldsymbol{W}(k+1) = \boldsymbol{W}(k) + c\boldsymbol{X}^{\#}|\boldsymbol{e}(k)| \tag{3-64}$$

最后得到 LMSE 算法主要步骤如下：

设 $\boldsymbol{B}$ 初值取为 $\boldsymbol{B}(1)$，各分量均为正值，括号中数字代表迭代次数，则

$$\boldsymbol{W}(1)=\boldsymbol{X}^{\#}\boldsymbol{B}(1)$$
$$\vdots$$
$$\boldsymbol{e}(k)=\boldsymbol{X}\boldsymbol{W}(k)-\boldsymbol{B}(k)$$
$$\boldsymbol{W}(k+1)=\boldsymbol{W}(k)+c\boldsymbol{X}^{\#}|\boldsymbol{e}(k)|$$
$$\boldsymbol{B}(k+1)=\boldsymbol{B}(k)+c[\boldsymbol{e}(k)+|\boldsymbol{e}(k)|]$$

也可看出，$\boldsymbol{W}(k+1)$、$\boldsymbol{B}(k+1)$互相独立，计算的先后次序无关。因而可将它们的计算次序调换，得到一个先算 $\boldsymbol{B}(k+1)$，再算 $\boldsymbol{W}(k+1)$，且可将 $\boldsymbol{W}(k+1)$ 的式子代换为另一个式子，得到另一算法步骤如下：

$$\boldsymbol{W}(1)=\boldsymbol{X}^{\#}\boldsymbol{B}(1)$$
$$\vdots$$
$$\boldsymbol{e}(k)=\boldsymbol{X}\boldsymbol{W}(k)-\boldsymbol{B}(k)$$
$$\boldsymbol{B}(k+1)=\boldsymbol{B}(k)+c[\boldsymbol{e}(k)+|\boldsymbol{e}(k)|]$$
$$\boldsymbol{W}(k+1)=\boldsymbol{X}^{\#}\boldsymbol{B}(k+1)$$

上述两种算法都用到了 $\boldsymbol{X}$ 的伪逆矩阵 $\boldsymbol{X}^{\#}$，其中涉及求逆矩阵，而逆矩阵的计算量往往都是比较大的。在现实中，也可以按如下方式设计递推计算方案，避开逆矩阵的计算。

因为 $\dfrac{\partial J}{\partial \boldsymbol{W}}=\boldsymbol{X}^{\mathrm{T}}(\boldsymbol{X}\boldsymbol{W}-\boldsymbol{B})$，所以，$\boldsymbol{W}$ 可以用以下方式迭代计算：

$$\boldsymbol{W}(k+1)=\boldsymbol{W}(k)-c\boldsymbol{X}^{\mathrm{T}}[\boldsymbol{X}\boldsymbol{W}(k)-\boldsymbol{B}(k)] \tag{3-65}$$

而 $\boldsymbol{B}$ 的迭代计算公式保持不变，即仍为

$$\boldsymbol{B}(k+1)=\boldsymbol{B}(k)+c[\boldsymbol{e}(k)+|\boldsymbol{e}(k)|] \tag{3-66}$$

**3. 模式类别可分性判别**

理论上，LMSE 算法对两个线性可分模式类可求得解 $\boldsymbol{W}$。在迭代过程中检查误差向量 $\boldsymbol{e}(k)=\boldsymbol{X}\boldsymbol{W}(k)=\boldsymbol{B}(k)$，可以判断其是否收敛或无解。可分三种情况：

1）如果 $\boldsymbol{e}(k)=\boldsymbol{0}$，表明 $\boldsymbol{X}\boldsymbol{W}(k)=\boldsymbol{B}(k)>\boldsymbol{0}$，已求得解。

2）如果 $\boldsymbol{e}(k)>\boldsymbol{0}$，表明 $\boldsymbol{X}\boldsymbol{W}(k)>\boldsymbol{B}(k)>\boldsymbol{0}$，隐含有解。继续迭代，可使 $\boldsymbol{e}(k)\to\boldsymbol{0}$。

3）如果 $\boldsymbol{e}(k)<\boldsymbol{0}$(所有分量为负数或零，但不全为零)，停止迭代，无解。此时，若继续迭代，数据不再发生变化。

可见，只有当 $\boldsymbol{e}(k)$ 中有大于零的分量时，才需要继续迭代，一旦 $\boldsymbol{e}(k)$ 的全部分量只有 0 和负数，则立即停止迭代。

用反证法可以证明，在模式类线性可分的情况下，迭代过程中不会出现 $\boldsymbol{e}(k)$ 的分量全为负的情况。若出现 $\boldsymbol{e}(k)$ 的分量全为负，则说明模式类线性不可分。

**4. LMSE 算法描述**

1）初值化：将 $N$ 个分属于两类的样本规范化增广，得矩阵 $\boldsymbol{X}$。求 $\boldsymbol{X}$ 的伪逆矩阵 $\boldsymbol{X}^{\#}=(\boldsymbol{X}^{\mathrm{T}}\boldsymbol{X})^{-1}\boldsymbol{X}^{\mathrm{T}}$。设置 $c$ 和 $\boldsymbol{B}(1)$，$c$ 为正的校正增量，$\boldsymbol{B}(1)$ 的各分量大于零，迭代次数 $k=1$，计算 $\boldsymbol{W}(1)=\boldsymbol{X}^{\#}\boldsymbol{B}(1)$。

2）计算 $\boldsymbol{e}(k)=\boldsymbol{X}\boldsymbol{W}(k)-\boldsymbol{B}(k)$，并分以下几种情况进行处理：①若 $\boldsymbol{e}(k)=\boldsymbol{0}$，则模式类线性可分，解为 $\boldsymbol{W}(k)$，算法结束。② 若 $\boldsymbol{e}(k)<\boldsymbol{0}$，则当 $\boldsymbol{X}\boldsymbol{W}(k)>0$时，有解 $\boldsymbol{W}(k)$，否则无解，且模式类不是线性可分的，算法结束。③ 若非上述两种情况，即 $\boldsymbol{e}(k)>\boldsymbol{0}$或 $\boldsymbol{e}(k)$ 的

分量值有正有负，则进入3）继续迭代。

3）计算 $\boldsymbol{W}(k+1)$ 和 $\boldsymbol{B}(k+1)$：

方法1：先计算 $$\boldsymbol{W}(k+1)=\boldsymbol{W}(k)+c\boldsymbol{X}^{\#}|\boldsymbol{e}(k)|$$

再计算 $$\boldsymbol{B}(k+1)=\boldsymbol{B}(k)+c[\boldsymbol{e}(k)+|\boldsymbol{e}(k)|]$$

方法2：先计算 $$\boldsymbol{B}(k+1)=\boldsymbol{B}(k)+c[\boldsymbol{e}(k)+|\boldsymbol{e}(k)|]$$

再计算 $$\boldsymbol{W}(k+1)=\boldsymbol{X}^{\#}\boldsymbol{B}(k+1)$$

4）迭代次数 $k$ 加1，转2）。

**5. LMSE 算法的特点**

1）尽管 LMSE 算法有些复杂，但它能够对线性不可分情况加以指出。

2）同时利用 $N$ 个样本来进行 $\boldsymbol{W}$ 和 $\boldsymbol{B}$ 的迭代计算，使算法收敛快。

3）计算矩阵 $(\boldsymbol{X}^{\mathrm{T}}\boldsymbol{X})^{-1}$ 及伪逆矩阵 $\boldsymbol{X}^{\#}=(\boldsymbol{X}^{\mathrm{T}}\boldsymbol{X})^{-1}\boldsymbol{X}^{\mathrm{T}}$，且计算量大，但可利用特定的函数如 MATLAB 中的 inv 函数求逆矩阵，或采用避开这两个矩阵计算的方法进行迭代计算。



## 3.7 费歇尔线性判别法

把模式样本从高维空间投影到低维空间如一条直线上，实现低维空间的区分，从而实现原高维空间数据的分类是费歇尔线性判别法的主要思想。费歇尔（Fisher）是统计模式识别的开拓者，最早提出了这一方法，所以，就叫作费歇尔线性判别法。

把高维空间中的模式样本投影到一条直线上，这条直线的方向选择很重要。若方向选择不当，即使样本在高维空间是可分开的，而在直线上的投影点却混在一起，无法区分。所以，选择最好的方向，使样本投影到这个方向的直线上最容易分开，是问题求解的关键。如图3.11所示。样本向 $\boldsymbol{W}_1$ 投影无法区分，而在 $\boldsymbol{W}_2$ 方向投影则可区分。如何找到最好的直线方向，如何实现向最好的方向投影变换，是费歇尔线性判别法要解决的基本问题。

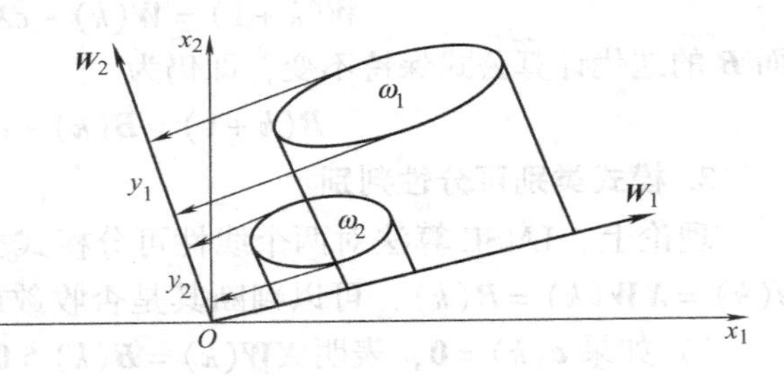

图3.11 两类模式的费歇尔投影

把 $\boldsymbol{X}$ 空间各点投影到一直线上，维数由多维降为一维。若适当选择 $\boldsymbol{W}$ 的方向，可以使两类分开。一旦两类的所有样本映射投影到一条直线上，且是分开的，则可在它们分开的中间选取一个分隔点，例如 $y_t$，使得：当 $\boldsymbol{X}^{\mathrm{T}}\boldsymbol{W}>y_t$，$\boldsymbol{X}\in\omega_1$；当 $\boldsymbol{X}^{\mathrm{T}}\boldsymbol{W}<y_t$，$\boldsymbol{X}\in\omega_2$。

下面从数学上寻找最好的投影方向，即寻找最好的变换向量 $\boldsymbol{W}$。

在 $\omega_1$、$\omega_2$ 两类问题中，假定有 $N$ 个训练样本 $\{\boldsymbol{X}_k\}$ $(k=1, 2, \cdots, N)$，其中 $N_i$ 个样本来自 $\omega_i$ 类 $(i=1, 2)$，$N=N_1+N_2$。

令 $y_k=\boldsymbol{W}^{\mathrm{T}}\boldsymbol{X}_k$，$k=1, 2, \cdots, N$。$y_k$ 是向量 $\boldsymbol{X}_k$ 通过变换 $\boldsymbol{W}$ 得到的标量，它是一维的。$y_k$ 就是 $\boldsymbol{X}_k$ 在 $\boldsymbol{W}$ 方向上的投影。由子集 $\omega_1$ 和 $\omega_2$ 的样本映射后的两个子集分别为 $\Omega_1$ 和 $\Omega_2$。使 $\Omega_1$ 和 $\Omega_2$ 最容易区分开的 $\boldsymbol{W}$ 方向正是区分超平面的法方向。图3.12中画出了二维样本投影到两条不同方向直线的示意图。图3.12a中，$\Omega_1$ 和 $\Omega_2$ 还无法分开，而图3.12b可以使 $\Omega_1$ 和 $\Omega_2$ 分开。显然图3.12b中的直线方向是一个好的选择。

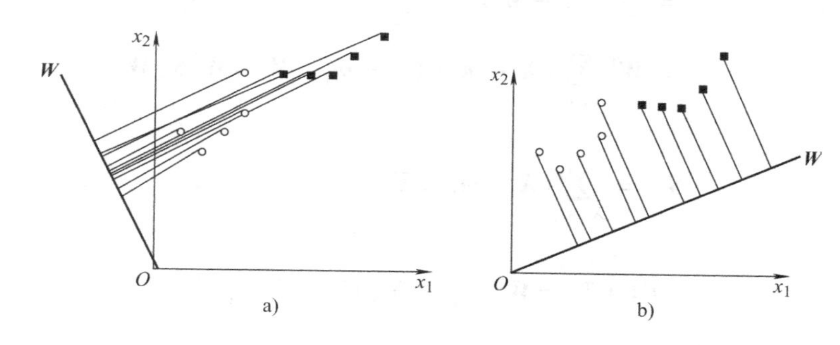


图 3.12　不同角度上的投影效果

a）$\Omega_1$ 和 $\Omega_2$ 还无法分开　b）$\Omega_1$ 和 $\Omega_2$ 可以分开



**1. 目标函数的初步确定**

各类在 $d$ 维特征空间里的样本均值向量

$$\boldsymbol{m}_i = \frac{1}{N_i}\sum_{\boldsymbol{X}\in\omega_i}\boldsymbol{X}, i = 1,2 \tag{3-67}$$

通过变换 $\boldsymbol{W}$ 映射到一维特征空间后，各类的平均值为

$$M_i = \frac{1}{N_i}\sum_{y\in\Omega_i} y, i = 1,2 \tag{3-68}$$

映射后，各类样本“类内离散度”定义为

$$T_i^2 = \sum_{y\in\Omega_i}(y - M_i)^2, i = 1,2 \tag{3-69}$$

显然，我们希望在映射之后，两类的平均值之间的距离越大越好，而各类的样本类内离散度越小越好。因此，定义费歇尔准则函数为

$$J(\boldsymbol{W}) = \frac{|M_1 - M_2|^2}{{T_1}^2 + T_2^2} \tag{3-70}$$

使 $J(\boldsymbol{W})$ 最大的 $\boldsymbol{W}$ 就是最佳解向量，记为 $\boldsymbol{W}^*$，可用于确定费歇尔线性判别函数。

**2. 求解 $\boldsymbol{W}^*$**

从 $J(\boldsymbol{W})$ 的表达式可知，它并非 $\boldsymbol{W}$ 的显函数，必须进一步变换。因为 $M_i = \frac{1}{N_i}\sum_{y\in\Omega_i} y = \frac{1}{N_i}\sum_{\boldsymbol{X}\in\omega_i}\boldsymbol{W}^{\mathrm{T}}\boldsymbol{X} = \boldsymbol{W}^{\mathrm{T}}\left(\frac{1}{N_i}\sum_{\boldsymbol{X}\in\omega_i}\boldsymbol{X}\right) = \boldsymbol{W}^{\mathrm{T}}\boldsymbol{m}_i$，$i=1$，2，所以，

$$\begin{aligned}|M_1 - M_2|^2 &= \|\boldsymbol{W}^{\mathrm{T}}\boldsymbol{m}_1 - \boldsymbol{W}^{\mathrm{T}}\boldsymbol{m}_2\|^2 = \|\boldsymbol{W}^{\mathrm{T}}(\boldsymbol{m}_1 - \boldsymbol{m}_2)\|^2 \\ &= \boldsymbol{W}^{\mathrm{T}}(\boldsymbol{m}_1 - \boldsymbol{m}_2)(\boldsymbol{m}_1 - \boldsymbol{m}_2)^{\mathrm{T}}\boldsymbol{W} = \boldsymbol{W}^{\mathrm{T}}\boldsymbol{S}_b\boldsymbol{W}\end{aligned}$$

其中，

$$\boldsymbol{S}_b = (\boldsymbol{m}_1 - \boldsymbol{m}_2)(\boldsymbol{m}_1 - \boldsymbol{m}_2)^{\mathrm{T}} \tag{3-71}$$

它是原 $d$ 维特征空间类内样本离散度矩阵，表示两类均值向量之间的离散程度。

将 $M_i = \boldsymbol{W}^{\mathrm{T}}\boldsymbol{m}_i$ 代入 $T_i^2$ 中，得

$$T_i^2 = \sum_{y \in \Omega_i} (y - M_i)^2 = \sum_{X \in \omega_i} (\boldsymbol{W}^{\mathrm{T}}\boldsymbol{X} - \boldsymbol{W}^{\mathrm{T}}\boldsymbol{m}_i)^2$$
$$= \boldsymbol{W}^{\mathrm{T}} \sum_{X \in \omega_i} (\boldsymbol{X} - \boldsymbol{m}_i)(\boldsymbol{X} - \boldsymbol{m}_i)^{\mathrm{T}}\boldsymbol{W} = \boldsymbol{W}^{\mathrm{T}}\boldsymbol{S}_{w_i}\boldsymbol{W}$$

其中，

$$\boldsymbol{S}_{w_i} = \sum_{X \in \omega_i} (\boldsymbol{X} - \boldsymbol{m}_i)(\boldsymbol{X} - \boldsymbol{m}_i)^{\mathrm{T}}, i = 1,2 \tag{3-72}$$

因此，

$$T_1^2 + T_2^2 = \boldsymbol{W}^{\mathrm{T}}(\boldsymbol{S}_{w_1} + \boldsymbol{S}_{w_2})\boldsymbol{W} = \boldsymbol{W}^{\mathrm{T}}\boldsymbol{S}_w\boldsymbol{W} \tag{3-73}$$



式中，

$$\boldsymbol{S}_w = \boldsymbol{S}_{w_1} + \boldsymbol{S}_{w_2} \tag{3-74}$$

其中，$\boldsymbol{S}_{w_1}$ 和 $\boldsymbol{S}_{w_2}$ 均称为原 $d$ 维特征空间类内样本离散度矩阵。$\boldsymbol{S}_w$ 是类内总离散度矩阵。

这样 $J(\boldsymbol{W})$ 表达式为

$$J(\boldsymbol{W}) = \frac{|M_1 - M_2|^2}{T_1^2 + T_2^2} = \frac{\boldsymbol{W}^{\mathrm{T}}\boldsymbol{S}_b\boldsymbol{W}}{\boldsymbol{W}^{\mathrm{T}}\boldsymbol{S}_w\boldsymbol{W}} \tag{3-75}$$

式中，$\boldsymbol{S}_b$ 和 $\boldsymbol{S}_w$ 皆可由样本集 $\{\boldsymbol{X}_k\}(k=1,2,\cdots,N)$ 计算出。$J(\boldsymbol{W})$是一个广义瑞利商求极值的问题，可用拉格朗日乘子法求 $J(\boldsymbol{W})$ 的极大值点。

定义拉格朗日函数为

$$L(\boldsymbol{W},\lambda) = \boldsymbol{W}^{\mathrm{T}}\boldsymbol{S}_b\boldsymbol{W} - \lambda(\boldsymbol{W}^{\mathrm{T}}\boldsymbol{S}_w\boldsymbol{W} - c) \tag{3-76}$$

其中，$\lambda$ 为拉格朗日乘子，$c$ 为一个常数。

$L$ 对 $\boldsymbol{W}$ 求偏导数，得

$$\frac{\partial L(\boldsymbol{W},\lambda)}{\partial \boldsymbol{W}} = 2(\boldsymbol{S}_b\boldsymbol{W} - \lambda\boldsymbol{S}_w\boldsymbol{W}) \tag{3-77}$$

令$\frac{\partial L(\boldsymbol{W},\lambda)}{\partial \boldsymbol{W}}=0$，可求得

$$\boldsymbol{S}_b\boldsymbol{W} = \lambda\boldsymbol{S}_w\boldsymbol{W} \tag{3-78}$$

式中，$\boldsymbol{S}_w$ 是 $d$ 维特征的样本协方差矩阵，它是对称的和半正定的。当样本数目 $N > d$ 时，$\boldsymbol{S}_w$ 是非奇异的，也就是可求逆。

$$\lambda\boldsymbol{W} = \boldsymbol{S}_w^{-1}\boldsymbol{S}_b\boldsymbol{W} \tag{3-79}$$

问题转化为求一般矩阵 $\boldsymbol{S}_w^{-1}\boldsymbol{S}_b$ 的特征值和特征向量。令 $\boldsymbol{S}_w^{-1}\boldsymbol{S}_b = \boldsymbol{A}$，则 $\lambda$ 是 $\boldsymbol{A}$ 的特征根，$\boldsymbol{W}$ 是对应 $\lambda$ 的特征向量。

$$\boldsymbol{S}_b\boldsymbol{W} = (\boldsymbol{m}_1 - \boldsymbol{m}_2)(\boldsymbol{m}_1 - \boldsymbol{m}_2)^{\mathrm{T}}\boldsymbol{W} = (\boldsymbol{m}_1 - \boldsymbol{m}_2)\cdot\gamma$$

式中，$\gamma = (\boldsymbol{m}_1 - \boldsymbol{m}_2)^{\mathrm{T}}\boldsymbol{W}$ 是一个标量。所以 $\boldsymbol{S}_b\boldsymbol{W}$ 总是在 $\boldsymbol{m}_1 - \boldsymbol{m}_2$ 方向上。

于是可得到

$$\boldsymbol{W}^* = \frac{\gamma}{\lambda}\boldsymbol{S}_w^{-1}(\boldsymbol{m}_1 - \boldsymbol{m}_2) \tag{3-80}$$

其中，$\frac{\gamma}{\lambda}$是一个比例因子，不影响 $\boldsymbol{W}$ 的方向，可以删除。从而得到最后解

$$\boldsymbol{W}^* = \boldsymbol{S}_w^{-1}(\boldsymbol{m}_1 - \boldsymbol{m}_2) \tag{3-81}$$

$\boldsymbol{W}^*$ 使 $J(\boldsymbol{W})$ 取得最大值。$\boldsymbol{W}^*$ 是使样本由 $d$ 维空间向一维空间投影最好的方向。

### 3. 费歇尔算法步骤

由费歇尔线性判别法求解向量 $\boldsymbol{W}^*$ 的步骤：

1）把来自两类的训练样本集分成两个子集 $\omega_1$ 和 $\omega_2$。

2）由 $\boldsymbol{m}_i=\frac{1}{N_i}\sum_{\boldsymbol{X}\in\omega_i}\boldsymbol{X}$，$i=1$，2，计算 $\boldsymbol{m}_i$。

3）由 $\boldsymbol{S}_{w_i}=\sum_{\boldsymbol{X}\in\omega_i}(\boldsymbol{X}-\boldsymbol{m}_i)(\boldsymbol{X}-\boldsymbol{m}_i)^{\mathrm{T}}$，计算各类的类内离散度矩阵 $\boldsymbol{S}_{w_i}$，$i=1$，2。

4）计算类内总离散度矩阵 $\boldsymbol{S}_w=\boldsymbol{S}_{w_1}+\boldsymbol{S}_{w_2}$。

5）计算 $\boldsymbol{S}_w$ 的逆矩阵 $\boldsymbol{S}_w^{-1}$。

6）由 $\boldsymbol{W}^*=\boldsymbol{S}_w^{-1}(\boldsymbol{m}_1-\boldsymbol{m}_2)$ 求得 $\boldsymbol{W}^*$。

这里所研究的问题针对确定性模式分类器的训练，实际上，费歇尔线性判别法对于随机模式也是适用的。

费歇尔算法的特点：

1）费歇尔线性判别法可直接求解权向量 $\boldsymbol{W}^*$；

2）对线性不可分的情况，费歇尔线性判别法无法确定分类；

3）费歇尔线性判别法可以进一步推广到多类问题中去。

当求得最优权向量 $\boldsymbol{W}^*$ 后（为书写方便起见，这里仍用 $\boldsymbol{W}$ 来表示），费歇尔判别法的判别规则是

$$Y=\boldsymbol{W}^{\mathrm{T}}\boldsymbol{X}>y_t\Rightarrow\boldsymbol{X}\in\omega_1$$
$$Y=\boldsymbol{W}^{\mathrm{T}}\boldsymbol{X}<y_t\Rightarrow\boldsymbol{X}\in\omega_2$$

其中，$y_t$ 的选择可为如下几种方法：

1）取样本均值向量的映射值的中值

$$y_t=\frac{M_1+M_2}{2}=\frac{\boldsymbol{W}^{\mathrm{T}}\boldsymbol{m}_1+\boldsymbol{W}^{\mathrm{T}}\boldsymbol{m}_2}{2} \tag{3-82}$$

2）取样本均值向量的映射值的加权平均值

$$y_t=\frac{N_1M_1+N_2M_2}{N_1+N_2}=\frac{N_1\boldsymbol{W}^{\mathrm{T}}\boldsymbol{m}_1+N_2\boldsymbol{W}^{\mathrm{T}}\boldsymbol{m}_2}{N_1+N_2} \tag{3-83}$$

3）取样本均值向量的映射值的插值

$$\begin{aligned}y_t&=M_1+(M_2-M_1)\frac{\sum_{y\in\Omega_1}(y-M_1)^2}{\sum_{y\in\Omega_1}(y-M_1)^2+\sum_{y\in\Omega_2}(y-M_2)^2}\\&=\boldsymbol{W}^{\mathrm{T}}\boldsymbol{m}_1+(\boldsymbol{W}^{\mathrm{T}}\boldsymbol{m}_2-\boldsymbol{W}^{\mathrm{T}}\boldsymbol{m}_1)\frac{\sum_{\boldsymbol{X}\in\omega_1}(\boldsymbol{W}^{\mathrm{T}}\boldsymbol{X}-\boldsymbol{W}^{\mathrm{T}}\boldsymbol{m}_1)^2}{\sum_{\boldsymbol{X}\in\omega_1}(\boldsymbol{W}^{\mathrm{T}}\boldsymbol{X}-\boldsymbol{W}^{\mathrm{T}}\boldsymbol{m}_1)^2+\sum_{\boldsymbol{X}\in\omega_2}(\boldsymbol{W}^{\mathrm{T}}\boldsymbol{X}-\boldsymbol{W}^{\mathrm{T}}\boldsymbol{m}_2)^2}\end{aligned} \tag{3-84}$$

4）取样本均值向量的映射值的中值，但结合先验概率

$$\begin{aligned}y_t&=\frac{M_1+M_2}{2}+\frac{\ln(P(\omega_1)/P(\omega_2))}{N_1+N_2-2}\\&=\frac{\boldsymbol{W}^{\mathrm{T}}\boldsymbol{m}_1+\boldsymbol{W}^{\mathrm{T}}\boldsymbol{m}_2}{2}+\frac{\ln(P(\omega_1)/P(\omega_2))}{N_1+N_2-2}\end{aligned} \tag{3-85}$$

其中，$P(\omega_i)$为类$\omega_i$的先验概率，$i=1$，2。

上述各式中，$N_1$ 为 $\omega_1$ 中样本数；$N_2$ 为 $\omega_2$ 中样本数。

当 $y_t$ 选定后，费歇尔线性判别法得到的两类的线性判别函数为

$$d(\boldsymbol{X}) = \boldsymbol{W}^{\mathrm{T}}\boldsymbol{X} - y_t \tag{3-86}$$

## 3.8 非线性判别函数

实际的模式样本集可能大多是线性不可分的。但只要各类模式的特征不同，判别边界总是存在的。可以用非线性边界表示(如用曲线、曲面或超曲面等)，这时需要设计非线性判别函数分类器。



### 3.8.1 广义线性判别函数

线性判别函数的特点就是形式简单，分析的方法比较成熟。在遇到模式类之间边界为非线性的问题时，只能设计出非线性的判别函数。例如，设三维笛卡儿空间两类模式由球面分隔，模式类 $\omega_1$：$\{(x, y, z) \mid x^2+y^2+z^2>1\}$ 和模式类 $\omega_2$：$\{(x, y, z) \mid x^2+y^2+z^2<1\}$，则这是一个非线性可分问题。判别函数 $d(\boldsymbol{X})=x^2+y^2+z^2-1$。判别规则为：当 $d(\boldsymbol{X})>0$ 时，$\boldsymbol{X}\in\omega_1$；当 $d(\boldsymbol{X})<0$ 时，$\boldsymbol{X}\in\omega_2$。这里，$\boldsymbol{X}=(x, y, z)^{\mathrm{T}}$。判别函数 $d(\boldsymbol{X})$ 是非线性函数。

通过某种变换，把原空间 $\boldsymbol{X}$ 中线性不可分的模式类变换到一个新的空间 $\boldsymbol{X}^*$，使之成为线性可分的模式类，然后在新空间 $\boldsymbol{X}^*$ 中设计线性判别函数。但从原空间来看，该判别函数是非线性的判别函数。或者直接从原空间设计得到的非线性判别函数，通过将高次项、混合项等用新变量代替作为新空间的某一维，将非线性函数改写成新空间的线性函数。这样也可认为将原模式空间 $\boldsymbol{X}$ 变成了新空间 $\boldsymbol{X}^*$，将 $\boldsymbol{X}$ 空间中非线性可分的模式集，变成了在 $\boldsymbol{X}^*$ 空间中线性可分的模式集，把原空间的非线性判别函数变成了新空间的线性判别函数。在新空间的这个线性判别函数称为广义线性判别函数(回到原空间，实际上仍指原非线性判别函数)，它可以认为是线性判别函数的推广。

一般来讲，将线性不可分模式样本从原空间变换到新空间使之成为线性可分的这一工作并不简单，因为如何变换，变换到新空间应具有多少维，比较难确定。但当在原空间若能设计出非线性判别函数，再对判别函数加以改写却是相对容易一些。下面就后者做一般性说明。

设一训练用模式集$\{\boldsymbol{X}\}$在模式空间 $\boldsymbol{X}$ 中线性不可分，非线性判别函数形式如下：

$$d(\boldsymbol{X}) = w_1f_1(\boldsymbol{X}) + w_2f_2(\boldsymbol{X}) + \cdots + w_kf_k(\boldsymbol{X}) + w_{k+1} = \sum_{i=1}^{k+1} w_if_i(\boldsymbol{X}) \tag{3-87}$$

式中，$\{f_i(\boldsymbol{X}), i=1, 2, \cdots, k\}$ 是模式 $\boldsymbol{X}$ 的单值实函数，$f_{k+1}(\boldsymbol{X})=1$。$f_i(\boldsymbol{X})$取什么形式及 $d(\boldsymbol{X})$取多少项，取决于非线性边界的复杂程度。

广义形式的模式向量定义为

$$\boldsymbol{X}^* = (x_1^*, x_2^*, \cdots, x_k^*, 1)^{\mathrm{T}} = (f_1(\boldsymbol{X}), f_2(\boldsymbol{X}), \cdots, f_k(\boldsymbol{X}), 1)^{\mathrm{T}} \tag{3-88}$$

即令 $x_i^*=f_i(\boldsymbol{X})$，$i=1, 2, \cdots, k$。

这里 $\boldsymbol{X}^*$ 空间的维数 $k$ 高于 $\boldsymbol{X}$ 空间的维数 $n$，式(3-87)可写为

$$d(\boldsymbol{X})=W^{\mathrm{T}}\boldsymbol{X}^{*}=d(\boldsymbol{X}^{*})$$

其中，$\boldsymbol{W}=(w_1, w_2, \cdots, w_k, w_{k+1})^{\mathrm{T}}$。$d(\boldsymbol{X})$ 在 $\boldsymbol{X}^*$ 空间中是线性的。

用广义判别函数法虽然可以将非线性问题转换为简单的线性问题来处理，但需要注意的是，实现这种变换可能非常复杂，此外，在原空间中模式样本 $\boldsymbol{X}$ 是 $n$ 维向量，在新空间 $\boldsymbol{X}^*$ 中，$\boldsymbol{X}^*$ 是 $k$ 维向量，通常 $k$ 比 $n$ 大许多，经过上述变换，维数大大增加，以致计算机无法处理，这就是“维数灾难”。所幸的是随着小样本学习理论和支持向量机的迅速发展，广义线性判别函数的“维数灾难”问题在一定程度上找到了解决的办法。

非线性判别函数之一是多项式函数。下面给出了多项式函数到广义线性函数转换的例子。

**例3.4**　假设 $\boldsymbol{X}$ 为二维模式向量，$f_i(\boldsymbol{X})$ 选用二次多项式函数，原判别函数为 $d(\boldsymbol{X})=w_{11}x_1^2+w_{12}x_1x_2+w_{22}x_2^2+w_1x_1+w_2x_2+w_3$，试将该非线性判别函数线性化。

**解**：令 $x_1^*=f_1(\boldsymbol{X})=x_1^2$，$x_2^*=f_2(\boldsymbol{X})=x_1x_2$，$x_3^*=f_3(\boldsymbol{X})=x_2^2$，$x_4^*=f_4(\boldsymbol{X})=x_1$，$x_5^*=f_5(\boldsymbol{X})=x_2$。即 $\boldsymbol{X}^*=(x_1^2, x_1x_2, x_2^2, x_1, x_2, 1)^{\mathrm{T}}$，$\boldsymbol{W}=(w_{11}, w_{12}, w_{22}, w_1, w_2, w_3)^{\mathrm{T}}$，则$d(\boldsymbol{X})$在 $\boldsymbol{X}^*$ 空间中的线性表达式为 $d(\boldsymbol{X}^*)=\boldsymbol{W}^{\mathrm{T}}\boldsymbol{X}^*$。它就是所要求的广义线性判别函数。

## 3.8.2　分段线性判别函数

分段线性判别函数是最特殊的非线性判别函数。在模式类线性不可分的情况下，用多个线性函数即超平面组合去逼近需要曲面函数才能划分的界面，形式简单，适应性强，具有较强的分类能力。分段线性判别函数能逼近各种形状的超曲面。图3.13给出了用两个线性函数组合形成分段线性函数去逼近曲面函数的分类示意图。

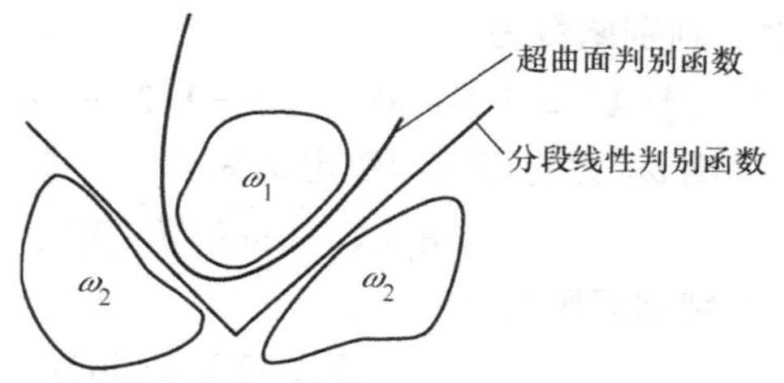


图3.13　非线性界面函数

**1. 一般分段线性判别函数**

模式类线性不可分，每一个模式类又分成若干个子类，子类之间线性可分。每个子类有一个设计好的判别函数，一个未知类别的模式样本代入到各子类的判别函数，取得最大值时所对应的子类就是该样本所属的子类，从而属于相应的类。这时，形成分段线性面。

设有 $M$ 个模式类，$\omega_i$ 类($i=1, 2, \cdots, M$)划分为 $n_i$ 个子类：

$$\omega_i:\{\omega_i^1,\omega_i^2,\cdots,\omega_i^{n_i}\},i=1,2,\cdots,M$$

其中，第 $k$ 个子类的判别函数为

$$d_i^k(\boldsymbol{X})=(\boldsymbol{W}_i^k)^{\mathrm{T}}\boldsymbol{X},k=1,2,\cdots,n_i;i=1,2,\cdots,M \tag{3-89}$$

则 $\omega_i$ 类的判别函数定义为

$$d_i(\boldsymbol{X})=\max\{d_i^k(\boldsymbol{X}),k=1,2,\cdots,n_i\},i=1,2,\cdots,M \tag{3-90}$$

$M$ 类的判别规则为

$$若\ d_j(\boldsymbol{X})=\max\{d_i(\boldsymbol{X}),i=1,2,\cdots,M\},则\ \boldsymbol{X}\in\omega_j \tag{3-91}$$

若 $\omega_i$ 类的第 $k$ 个子类和 $\omega_j$ 类的第 $l$ 个子类相邻，则判别界面方程为

$$d_i^k(\boldsymbol{X})=d_j^l(\boldsymbol{X}) \tag{3-92}$$

如图 3.14 所示，其中由三个线性判别函数构成了一个分段线性判别函数。

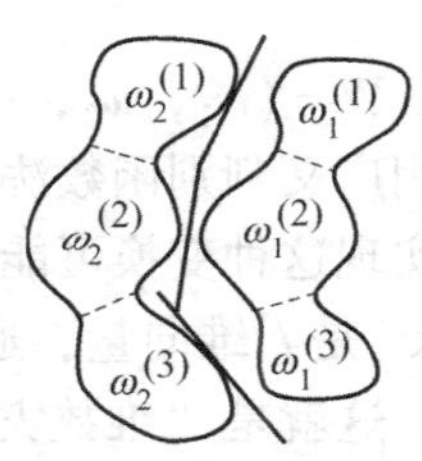


图 3.14　分段线性判别函数

**2. 基于距离的分段线性判别函数**

(1)最小距离判别函数　设 $\omega_1$ 类均值向量：$\boldsymbol{M}_1 = \frac{1}{N_1}\sum_{i=1}^{N_1}\boldsymbol{X}_i$，$\omega_2$ 类均值向量：$\boldsymbol{M}_2 = \frac{1}{N_2}\sum_{i=1}^{N_2}\boldsymbol{X}_i$，任一模式 $\boldsymbol{X}$ 到 $\boldsymbol{M}_1$ 和 $\boldsymbol{M}_2$ 的欧氏距离二次方分别是

$$d_1(\boldsymbol{X}) = \|\boldsymbol{X}-\boldsymbol{M}_1\|^2,\ d_2(\boldsymbol{X}) = \|\boldsymbol{X}-\boldsymbol{M}_2\|^2$$

于是，可得到判别规则：

$$\text{若 } d_2(\boldsymbol{X})\begin{cases} > d_1(\boldsymbol{X}) \\ < d_1(\boldsymbol{X})\end{cases}，\text{则}\begin{cases}\boldsymbol{X}\in\omega_1 \\ \boldsymbol{X}\in\omega_2\end{cases}$$

判别界面方程为 $\|\boldsymbol{X}-\boldsymbol{M}_1\|^2 = \|\boldsymbol{X}-\boldsymbol{M}_2\|^2$，化简得

$$2(\boldsymbol{M}_1-\boldsymbol{M}_2)^{\mathrm{T}}\boldsymbol{X}+(\boldsymbol{M}_2^{\mathrm{T}}\boldsymbol{M}_2-\boldsymbol{M}_1^{\mathrm{T}}\boldsymbol{M}_1)=0 \tag{3-93}$$

它是 $\boldsymbol{X}$ 的线性方程，确定一个超平面，且是均值向量 $\boldsymbol{M}_1$ 和 $\boldsymbol{M}_2$ 之间连线的垂直超平面。如图 3.15 所示。

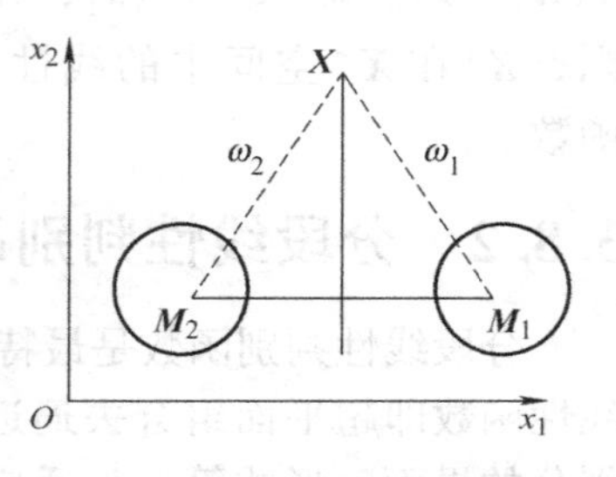


图 3.15　最小距离分类器

(2)基于距离的分段线性判别函数设计　设有 $M$ 个模式类。$\omega_i$ 类划分为 $n_i$ 个子类。$\omega_i$ 类的第 $k$ 个子类的均值向量为 $\boldsymbol{M}_i^k$，判别函数为

$$d_i^k(\boldsymbol{X}) = \|\boldsymbol{X}-\boldsymbol{M}_i^k\|,\ k=1,2,\cdots,n_i;\ i=1,2,\cdots,M$$

则 $\omega_i$ 类的判别函数定义为

$$d_i(\boldsymbol{X}) = \min\{d_i^k(\boldsymbol{X}),\quad k=1,2,\cdots,n_i\},\quad i=1,2,\cdots,M \tag{3-94}$$

判别规则为

$$\text{若 } d_j(\boldsymbol{X}) = \min\{d_i(\boldsymbol{X}),i=1,2,\cdots,M\}，\text{则 } \boldsymbol{X}\in\omega_j \tag{3-95}$$

基于距离的分段线性判别函数也称为分段线性距离分类器。

### 3.8.3　分段线性判别函数的学习方法

**1. 已知子类划分的学习方法**

在每个类的子类划分为已知的情况下，可对每个类逐一加以处理。将每个类中的每个子类看成独立的类，在一类范围内根据多类情况三学习各子类判别函数，继而得到各类的判别函数。当然，既然每个类的子类划分为已知，类中所含的样本也是已知的，此时，也可考虑用前面所介绍的分段线性距离分类器的设计方法来建立分段线性判别函数。

**2. 已知子类数目的学习方法**

在这种情况下，只知道每个类的子类数目，但不知道类的子类划分情况，模式样本所属的子类都是无序排列的。此时，可先为每个类的子类设计一个线性判别函数，然后用类似于固定增量算法或非固定增量算法的错误修正算法学习权向量，从而确定每个子类的线性判别函数。将来对未知类别的模式样本代入各子类的线性判别函数，由值最大者确定其所属的子类及类。相邻两子类间由线性判别函数区分，类之间则由分段线性判别函数划分。

**3. 未知子类数目时的学习方法**

此时，既不知道子类个数，也不知道子类划分，难以设计每个类的子类的判别函数。只能用试探的方法来建立分段线性判别函数。

例如，对于不可线性划分的两类模式 $\omega_1$ 类和 $\omega_2$ 类，先用某种方法学习到的线性判别函数 $d_1$将它们分为两个子集，因为两个子集中均含有两类中的模式，所以仍要继续划分。再对其中的第一个子集用学习到的第二个线性判别函数 $d_2$进行划分，用第三个线性判别函数 $d_3$对其中的第二个子集进行划分，若能分开，则分段线性函数建立完毕，否则，对于任何一个可能存在的混合样本区域子集继续用学习到的线性判别函数去进行划分，直到不存在混合样本区域子集存在为止。



图 3. 16a 所示是一个如此设计分段线性函数并进行划分的示意图。这样得到的结果也称为树状分段线性分类器。对于未知类别样本的判断也要遵循所试探的过程来分步判断其所属的类别。形成的判别过程是树形的判别过程，如图 3. 16b 所示。对样本 $\boldsymbol{X}$ 的判别过程需沿根到叶进行判断，最终判断 $\boldsymbol{X}$ 属于 $\omega_1$ 类。

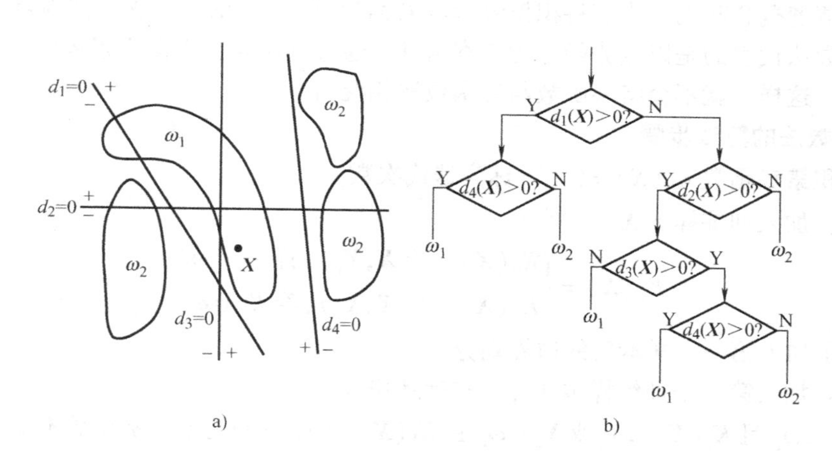


图 3. 16　树状分段线性分类器判别函数的学习及分类过程

a）试探分段线性函数划分　b）判别过程

## 3. 9　势函数法

**1. 势函数的概念**

势函数法设计判别函数的思想：它借用点能源的势能概念来解决模式分类问题。它认为样本是模式空间中的点，将每个点比拟为点能源，在点上势能达到峰值，随着与该点距离的增大，势能分布迅速减小，如图 3. 17a 所示。要划分属于 $\omega_1$和 $\omega_2$两类模式样本，假设 $\omega_1$类样本势能为正——势能积累形成“高地”，$\omega_2$类样本势能 ×( −1)——势能积累形成“凹地”，在两类势能分布之间，选择合适等势面(如零等势面)，即可作为判别界面。如图 3. 17b 所示。

**2. 势函数法判别函数的产生**

依次输入样本，利用点势函数逐步积累势能的过程。判别函数由模式空间中样本向量

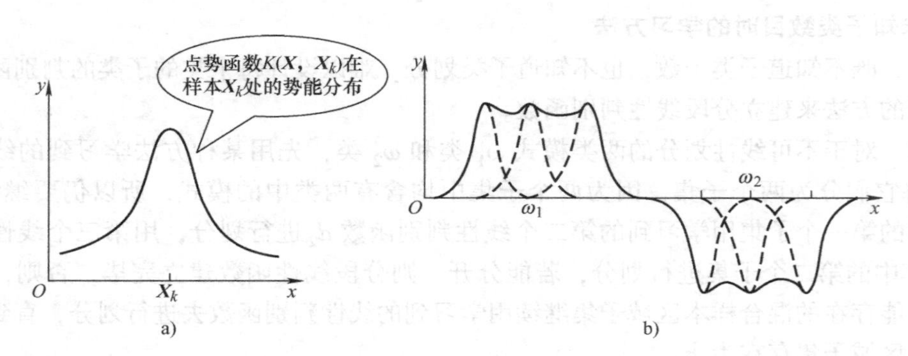


图 3.17　一维情况下的积累势函数

a）点势函数分布　b）$\omega_1$ 和 $\omega_2$ 的点势能积累的高地和凹地



$$\{X_k, k=1,2,\cdots,N, \text{且}\ X_k \in \omega_1 \cup \omega_2\}$$

的点势函数 $K(X, X_k)$ 累加产生，分类器计算积累势函数 $K(X)$，最后取 $d(X)=K(X)$。

为区分清楚概念起见，我们将积累势函数简称为势函数。$K(X, X_k)$称为点势函数或基函数。势函数法代表的是以点势函数为基本组件，通过逐步累积求得积累势函数或势函数的方法或算法。这样，就不会将势函数与势函数法相混淆。

**3. 势函数法的算法步骤**

设初始积累势函数 $K_0(X)=0$，下标为迭代次数。

第一步：加入训练样本 $X_1$，

$$K_1(X)=\begin{cases} K_0(X)+K(X,X_1), \text{若}\ X_1 \in \omega_1 \\ K_0(X)-K(X,X_1), \text{若}\ X_1 \in \omega_2 \end{cases}$$

$K_1(X)$描述了加入第一个样本后的边界划分。

第二步：加入第二个训练样本 $X_2$，分三种情况：

1）若 $X_2 \in \omega_1$ 且 $K_1(X_2)>0$ 或 $X_2 \in \omega_2$ 且 $K_1(X_2)<0$，正确分类，势函数不变：$K_2(X) = K_1(X)$

2）若 $X_2 \in \omega_1$ 但 $K_1(X_2) \leqslant 0$，错误分类，修改势函数：

$$K_2(X)=K_1(X)+K(X,X_2)=\pm K(X,X_1)+K(X,X_2)$$

3）若 $X_2 \in \omega_2$ 但 $K_1(X_2) \geqslant 0$，错误分类，修改势函数：

$$K_2(X)=K_1(X)-K(X,X_2)=\pm K(X,X_1)-K(X,X_2)$$

$$\vdots$$

第 $k$ 步：设 $K_k(X)$ 为训练样本 $X_1$，$X_2$，…，$X_k$ 后的积累势函数，对第 $k+1$ 个样本，有：

1）若 $X_{k+1} \in \omega_1$ 且 $K_k(X_{k+1})>0$ 或 $X_{k+1} \in \omega_2$ 且 $K_k(X_{k+1})<0$，正确分类，

$$K_{k+1}(X)=K_k(X)$$

2）若 $X_{k+1} \in \omega_1$ 但 $K_k(X_{k+1}) \leqslant 0$，错误分类：$K_{k+1}(X)=K_k(X)+K(X, X_{k+1})$

3）若 $X_{k+1} \in \omega_2$ 但 $K_k(X_{k+1}) \geqslant 0$，错误分类：$K_{k+1}(X)=K_k(X)-K(X, X_{k+1})$

当所有样本扫描处理完后，若在本轮中积累势函数发生过修改，即有分类出错的情况发生过，则 $k$ 值增 1，继续进行下一轮循环处理。若在一轮中没有发生过积累势函数的修改，即全部样本都能用已得到的积累势函数正确分类，则迭代停止，算法结束。所求的积累势函

数即可作为分类判别函数。

积累位势的修改可写为

$$K_{k+1}(\boldsymbol{X})=K_k(\boldsymbol{X})+r_{k+1}K(\boldsymbol{X},\boldsymbol{X}_{k+1}) \tag{3-96}$$

其中，$r_{k+1}$为校正项系数，定义为

$$r_{k+1}=\begin{cases}0, & \boldsymbol{X}_{k+1}\in\omega_1 \text{ 且 } K_k(\boldsymbol{X}_{k+1})>0\\ 0, & \boldsymbol{X}_{k+1}\in\omega_2 \text{ 且 } K_k(\boldsymbol{X}_{k+1})<0\\ 1, & \boldsymbol{X}_{k+1}\in\omega_1 \text{ 且 } K_k(\boldsymbol{X}_{k+1})\leqslant 0\\ -1, & \boldsymbol{X}_{k+1}\in\omega_2 \text{ 且 } K_k(\boldsymbol{X}_{k+1})\geqslant 0\end{cases} \tag{3-97}$$



在势函数法中，积累势函数每次都起着判别作用，最后能对所有样本正确分类，因此可作为判别函数，故取$d(\boldsymbol{X})=K(\boldsymbol{X})=K_n(\boldsymbol{X})$，其中$n$是扫描处理样本的最大次数。

**4. 点势函数的选择**

（1）点势函数应具备的条件　作为点势函数的双变量函数$K(\boldsymbol{X},\ \boldsymbol{X}_k)$需同时满足下列4个条件：

1）对称性：$K(\boldsymbol{X},\ \boldsymbol{X}_k)=K(\boldsymbol{X}_k,\ \boldsymbol{X})$；

2）$K$（$\boldsymbol{X}$，$\boldsymbol{X}_k$）达到最大值，当且仅当$\boldsymbol{X}=\boldsymbol{X}_k$；

3）当$\|\boldsymbol{X}-\boldsymbol{X}_k\|\to 0$时，$K(\boldsymbol{X},\ \boldsymbol{X}_k)\to 0$；

4）$K(\boldsymbol{X},\ \boldsymbol{X}_k)$是光滑函数，且随$\boldsymbol{X}$与$\boldsymbol{X}_k$之间距离增大而单调下降。

（2）构成势函数的两种方法　点势函数的选择主要有两种方法：正交函数法和基函数法。正交函数法构造的势函数也称为Ⅰ型势函数。基函数法构造的势函数也称为Ⅱ型势函数。

1）Ⅰ型势函数：取正交函数系前$m$项，将每项的自变量分别设为$\boldsymbol{X}$与$\boldsymbol{X}_k$，可得到$2m$个函数，对应两项相乘再求和，得到的函数作为点势函数。设$\{\phi_i(X),\ i=1,\ 2,\ \cdots\}$在模式定义域内为正交函数系，则点势函数为

$$K(\boldsymbol{X},\boldsymbol{X}_k)=\sum_{i=1}^{m}\phi_i(\boldsymbol{X}_k)\phi_i(\boldsymbol{X}) \tag{3-98}$$

所谓两个函数为“正交函数”，是指它们的内积为0。例如，已知函数$y(x)$和$z(x)$，其正交性可分下面两步来判断：

① 求内积：$(y,z)=\int_a^b y(x)z(x)dx$，即它们的乘积在定义域范围$[a,\ b]$内求定积分，得到一个实数。

② 正交性判断：若$(y,\ z)=0$，则称它们是正交的。

例如，$(\sin x,\cos x)=\int_{-\pi}^{\pi}\sin x\cos x\mathrm{d}x=0$，即$\sin x$和$\cos x$在$[-\pi,\ \pi]$内正交。

将这种点势函数代入式(3-96)，有

$$K_{k+1}(\boldsymbol{X})=K_k(\boldsymbol{X})+r_{k+1}\sum_{i=1}^{m}\phi_i(\boldsymbol{X}_{k+1})\phi_i(\boldsymbol{X}) \tag{3-99}$$

埃尔米特(Hermite)多项式系在$(-\infty,\ +\infty)$内是正交的。在一维的情况下，埃尔米特多项式系中第$n$个多项式的一般形式为

$$P_n(x)=\frac{\exp(-x^2/2)}{\sqrt{2^n}\cdot n!\ \sqrt{\pi}}H_n(x),n=0,1,2,\cdots \tag{3-100}$$

$H_n(x)$前的系数为正交归一化因子，一般可不考虑计算，只取$H_n(x)$。在此就直接简称$H_n(x)$为埃尔米特多项式。可用下列递推公式求出埃尔米特多项式系中第$n$项：

$$H_n(x)=\begin{cases}1, & n=0\\ 2x, & n=1\\ 2xH_{n-1}(x)-2(n-1)H_{n-2}(x), & n>1\end{cases} \tag{3-101}$$

埃尔米特多项式前5项是：1，$2x$，$4x^2-2$，$8x^3-12$，$16x^4-48x^2+12$。

选择埃尔米特多项式系前若干项来构造点势函数是一种常选的方法。

2）Ⅱ型势函数：直接选择双变量$\boldsymbol{X}$和$\boldsymbol{X}_k$的对称函数作为点势函数。基函数一般是双变量的对称函数，满足点势函数要求的条件，可作为点势函数。这里主要用下列基函数：



$$K(\boldsymbol{X},\boldsymbol{X}_k)=\exp\{-\alpha\|\boldsymbol{X}-\boldsymbol{X}_k\|^2\} \tag{3-102}$$

$$K(\boldsymbol{X},\boldsymbol{X}_k)=\frac{1}{1+\alpha\|\boldsymbol{X}-\boldsymbol{X}_k\|^2} \tag{3-103}$$

$$K(\boldsymbol{X},\boldsymbol{X}_k)=\left|\frac{\sin\alpha\|\boldsymbol{X}-\boldsymbol{X}_k\|^2}{\alpha\|\boldsymbol{X}-\boldsymbol{X}_k\|^2}\right| \tag{3-104}$$

式中，$\alpha$为正常数。

图3.18给出了这三个点势函数或基函数在自变量均为一维，$\alpha=1$，$x_k=0$，并在第一象限时的变化示意图。曲线$a$代表第一个基函数的曲线，曲线$b$代表第二个基函数的曲线，曲线$c$代表第三个基函数的曲线。因曲线$c$含有正弦函数，所以具有振荡性，一般只用其第一个振荡周期。

由于基函数计算公式相对简单，所以，基函数作为点势函数是最常用的选择。

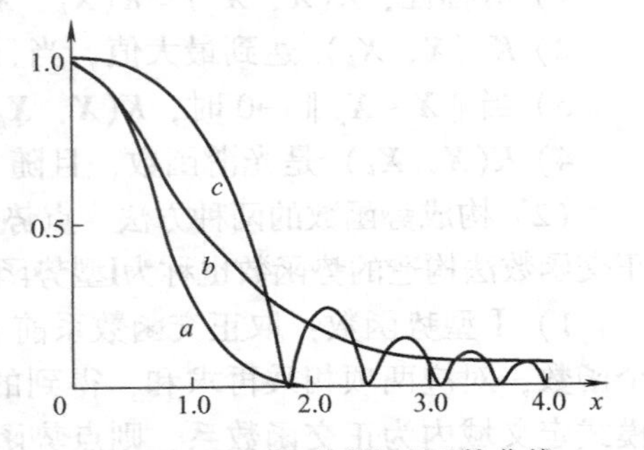

图3.18　三种不同的基函数曲线

**例3.5**　设两类训练样本集

$$\omega_1:\boldsymbol{X}_1=(0,0)^{\mathrm{T}},\ \boldsymbol{X}_2=(1,1)^{\mathrm{T}}$$
$$\omega_2:\boldsymbol{X}_3=(1,0)^{\mathrm{T}},\ \boldsymbol{X}_4=(0,1)^{\mathrm{T}}$$

用埃尔米特多项式系来构造点势函数求判别函数。

**解**：取埃尔米特多项式两项：1，$2x$的不同组合来构造点势函数。

设$\boldsymbol{X}=(x_1,\ x_2)^{\mathrm{T}}$，$\boldsymbol{X}_k=(x_{k1},\ x_{k2})^{\mathrm{T}}$。取

$$\phi_1(\boldsymbol{X})=\phi_1(x_1,x_2)=H_0(x_1)H_0(x_2)=1$$
$$\phi_2(\boldsymbol{X})=\phi_2(x_1,x_2)=H_0(x_1)H_1(x_2)=2x_2$$
$$\phi_3(\boldsymbol{X})=\phi_3(x_1,x_2)=H_1(x_1)H_0(x_2)=2x_1$$
$$\phi_4(\boldsymbol{X})=\phi_4(x_1,x_2)=H_1(x_1)H_1(x_2)=4x_1x_2$$

则

$$\phi_1(\boldsymbol{X}_k)=1,\phi_2(\boldsymbol{X}_k)=2x_{k2},\phi_3(\boldsymbol{X}_k)=2x_{k1},\phi_4(\boldsymbol{X}_k)=4x_{k1}x_{k2}$$

于是点势函数为

$$K(\boldsymbol{X},\boldsymbol{X}_k)=\sum_{i=1}^{4}\phi_i(\boldsymbol{X}_k)\phi_i(\boldsymbol{X})=1+4x_1x_{k1}+4x_2x_{k2}+16x_1x_2x_{k1}x_{k2}$$

顺序扫描训练样本，计算积累势函数$K(\boldsymbol{X})$。

令初始积累势函数 $K_0(\boldsymbol{X})=0$，开始迭代：

第一步：输入 $\boldsymbol{X}_1=(0,\ 0)^{\mathrm{T}}$，因 $\boldsymbol{X}_1\in\omega_1$，所以，$K_1(\boldsymbol{X})=K_0(\boldsymbol{X})+K(\boldsymbol{X},\ \boldsymbol{X}_1)=1$。

第二步：输入 $\boldsymbol{X}_2=(1,\ 1)^{\mathrm{T}}$，因 $\boldsymbol{X}_2\in\omega_1$，$K_1(\boldsymbol{X}_2)=1>0$，分类正确，所以，$K_2(\boldsymbol{X})=K_1(\boldsymbol{X})$。

第三步：输入 $\boldsymbol{X}_3=(1,\ 0)^{\mathrm{T}}$，因 $\boldsymbol{X}_3\in\omega_2$，$K_2(\boldsymbol{X}_3)=1>0$，分类错误，所以 $K_3(\boldsymbol{X})=K_2(\boldsymbol{X})-K(\boldsymbol{X},\ \boldsymbol{X}_3)=1-(1+4x_1)=-4x_1$。

第四步：输入 $\boldsymbol{X}_4=(0,\ 1)^{\mathrm{T}}$，因 $\boldsymbol{X}_4\in\omega_2$，$K_3(\boldsymbol{X}_4)=0\geqslant 0$，分类错误，所以 $K_4(\boldsymbol{X})=K_3(\boldsymbol{X})-K(\boldsymbol{X},\ \boldsymbol{X}_4)=-4x_1-(1+4x_2)=-1-4x_1-4x_2$。

第五步：输入 $\boldsymbol{X}_5=\boldsymbol{X}_1=(0,\ 0)^{\mathrm{T}}$，因 $\boldsymbol{X}_5\in\omega_1$，$K_4(\boldsymbol{X}_5)=-1<0$，分类错误，所以 $K_5(\boldsymbol{X})=K_4(\boldsymbol{X})+K(\boldsymbol{X},\ \boldsymbol{X}_5)=-1-4x_1-4x_2+1=-4x_1-4x_2$。

第六步：输入 $\boldsymbol{X}_6=\boldsymbol{X}_2=(1,\ 1)^{\mathrm{T}}$，因 $\boldsymbol{X}_6\in\omega_1$，$K_5(\boldsymbol{X}_6)=-8<0$，分类错误，所以 $K_6(\boldsymbol{X})=K_5(\boldsymbol{X})+K(\boldsymbol{X},\ \boldsymbol{X}_6)=-4x_1-4x_2+(1+4x_1+4x_2+16x_1x_2)=1+16x_1x_2$。

第七步：输入 $\boldsymbol{X}_7=\boldsymbol{X}_3=(1,\ 0)^{\mathrm{T}}$，因 $\boldsymbol{X}_7\in\omega_2$，$K_6(\boldsymbol{X}_7)=1>0$，分类错误，所以 $K_7(\boldsymbol{X})=K_6(\boldsymbol{X})-K(\boldsymbol{X},\ \boldsymbol{X}_7)=1+16x_1x_2-(1+4x_1)=-4x_1+16x_1x_2$。

第八步：输入 $\boldsymbol{X}_8=\boldsymbol{X}_4=(0,\ 1)^{\mathrm{T}}$，因 $\boldsymbol{X}_8\in\omega_2$，$K_7(\boldsymbol{X}_8)=0\geqslant 0$，分类错误，所以 $K_8(\boldsymbol{X})=K_7(\boldsymbol{X})-K(\boldsymbol{X},\ \boldsymbol{X}_8)=-4x_1+16x_1x_2-(1+4x_1)=-1-4x_1-4x_2+16x_1x_2$。

第九步：输入 $\boldsymbol{X}_9=\boldsymbol{X}_1=(0,\ 0)^{\mathrm{T}}$，因 $\boldsymbol{X}_9\in\omega_1$，$K_8(\boldsymbol{X}_9)=-1<0$，分类错误，所以 $K_9(\boldsymbol{X})=K_8(\boldsymbol{X})+K(\boldsymbol{X},\ \boldsymbol{X}_9)=-1-4x_1-4x_2+16x_1x_2+1=-4x_1-4x_2+16x_1x_2$。

第十步：输入 $\boldsymbol{X}_{10}=\boldsymbol{X}_2=(1,\ 1)^{\mathrm{T}}$，因 $\boldsymbol{X}_{10}\in\omega_1$，$K_9(\boldsymbol{X}_{10})=8>0$，分类正确，所以 $K_{10}(\boldsymbol{X})=K_9(\boldsymbol{X})=-4x_1-4x_2+16x_1x_2$。

第十一步：输入 $\boldsymbol{X}_{11}=\boldsymbol{X}_3=(1,\ 0)^{\mathrm{T}}$，因 $\boldsymbol{X}_{11}\in\omega_2$，$K_{10}(\boldsymbol{X}_{11})=-4<0$，分类正确，所以，$K_{11}(\boldsymbol{X})=K_{10}(\boldsymbol{X})=K_9(\boldsymbol{X})=-4x_1-4x_2+16x_1x_2$。

第十二步：输入 $\boldsymbol{X}_{12}=\boldsymbol{X}_4=(0,\ 1)^{\mathrm{T}}$，因 $\boldsymbol{X}_{12}\in\omega_2$，$K_{11}(\boldsymbol{X}_{12})=-4<0$，分类正确，所以，$K_{12}(\boldsymbol{X})=K_{11}(\boldsymbol{X})=-4x_1-4x_2+16x_1x_2$。

第十三步：输入 $\boldsymbol{X}_{13}=\boldsymbol{X}_1=(0,\ 0)^{\mathrm{T}}$，因 $\boldsymbol{X}_{13}\in\omega_1$，$K_{12}(\boldsymbol{X}_{13})=0\leqslant 0$，分类错误，所以，$K_{13}(\boldsymbol{X})=K_{12}(\boldsymbol{X})+K(\boldsymbol{X},\ \boldsymbol{X}_{13})=-4x_1-4x_2+16x_1x_2+1=1-4x_1-4x_2+16x_1x_2$。

第十四步：输入 $\boldsymbol{X}_{14}=\boldsymbol{X}_2=(1,\ 1)^{\mathrm{T}}$，因 $\boldsymbol{X}_{14}\in\omega_1$，$K_{13}(\boldsymbol{X}_{14})=9>0$，分类正确，所以，$K_{14}(\boldsymbol{X})=K_{13}(\boldsymbol{X})=1-4x_1-4x_2+16x_1x_2$。

第十五步：输入 $\boldsymbol{X}_{15}=\boldsymbol{X}_3=(1,\ 0)^{\mathrm{T}}$，因 $\boldsymbol{X}_{15}\in\omega_2$，$K_{14}(\boldsymbol{X}_{15})=-3<0$，分类正确，所以，$K_{15}(\boldsymbol{X})=K_{14}(\boldsymbol{X})=K_{13}(\boldsymbol{X})=1-4x_1-4x_2+16x_1x_2$。

第十六步：输入 $\boldsymbol{X}_{16}=\boldsymbol{X}_4=(0,\ 1)^{\mathrm{T}}$，因 $\boldsymbol{X}_{16}\in\omega_2$，$K_{15}(\boldsymbol{X}_{16})=-3<0$，分类正确，所以，$K_{16}(\boldsymbol{X})=K_{15}(\boldsymbol{X})=K_{14}(\boldsymbol{X})=K_{13}(\boldsymbol{X})=1-4x_1-4x_2+16x_1x_2$。

第十七步：输入 $\boldsymbol{X}_{17}=\boldsymbol{X}_1=(0,\ 0)^{\mathrm{T}}$，因 $\boldsymbol{X}_{17}\in\omega_1$，$K_{16}(\boldsymbol{X}_{17})=1>0$，分类错误，所以，$K_{17}(\boldsymbol{X})=K_{16}(\boldsymbol{X})+K(\boldsymbol{X},\ \boldsymbol{X}_{17})=1-4x_1-4x_2+16x_1x_2$。

已从第十四步~第十七步可以看出，对所有的样本用同一个函数都能正确分类。所以，最后得到的势函数

$$K(\boldsymbol{X})=K_{17}(\boldsymbol{X})=K_{16}(\boldsymbol{X})=K_{15}(\boldsymbol{X})=K_{14}(\boldsymbol{X})=1-4x_1-4x_2+16x_1x_2$$

即判别函数为 $d(\boldsymbol{X})=K(\boldsymbol{X})=16x_1x_2-4x_1-4x_2+1$

而利用基函数作为点势函数则可见3.10.5小节。

## 3.10 分类器应用实例及代码

### 3.10.1 利用感知器算法解二分类问题

**例 3.6** 设有两类线性可分问题，4 个训练样本，$\omega_1$：$(0,\ 0)^{\mathrm{T}}$，$(1,\ -1)^{\mathrm{T}}$；$\omega_2$：$(2,\ 0)^{\mathrm{T}}$，$(1,\ 1)^{\mathrm{T}}$。用感知器算法求权向量。

**解**：将训练样本变为增广规范化，得到 4 个向量：$\boldsymbol{X}_1=(0,\ 0,\ 1)^{\mathrm{T}}$，$\boldsymbol{X}_2=(1,\ -1,\ 1)^{\mathrm{T}}$，$\boldsymbol{X}_3=(-2,\ 0,\ -1)^{\mathrm{T}}$，$\boldsymbol{X}_4=(-1,\ -1,\ -1)^{\mathrm{T}}$。判别函数

$$d(\boldsymbol{X})=\boldsymbol{W}^{\mathrm{T}}\boldsymbol{X}=(w_1,w_2,w_3)\begin{pmatrix}x_1\\x_2\\1\end{pmatrix}$$

现在要求增广权向量 $\boldsymbol{W}=(w_1,\ w_2,\ w_3)^{\mathrm{T}}$。

取初值：$\boldsymbol{W}(0)=(0,\ 0,\ 0)^{\mathrm{T}}$，$c=1$，$k=0$。开始迭代：

第一步，$k=1$，取 $\boldsymbol{X}_k=\boldsymbol{X}_1$，$d(\boldsymbol{X}_k)=\boldsymbol{W}^{\mathrm{T}}(k)\boldsymbol{X}_k=(0,\ 0,\ 0)\begin{pmatrix}0\\0\\1\end{pmatrix}=0\leqslant 0$，分类错误，$\boldsymbol{W}(1)=\boldsymbol{W}(0)+\boldsymbol{X}_1=(0,\ 0,\ 0)^{\mathrm{T}}+(0,\ 0,\ 1)^{\mathrm{T}}=(0,\ 0,\ 1)^{\mathrm{T}}$。

第二步，$k=2$，取 $\boldsymbol{X}_k=\boldsymbol{X}_2$，$d(\boldsymbol{X}_k)=\boldsymbol{W}^{\mathrm{T}}(k)\boldsymbol{X}_k=(0,\ 0,\ 1)\begin{pmatrix}1\\-1\\1\end{pmatrix}=1>0$，分类正确，$\boldsymbol{W}(2)=\boldsymbol{W}(1)$。

第三步，$k=3$，取 $\boldsymbol{X}_k=\boldsymbol{X}_3$，$d(\boldsymbol{X}_k)=\boldsymbol{W}^{\mathrm{T}}(k)\boldsymbol{X}_k=(0,\ 0,\ 1)\begin{pmatrix}-2\\0\\-1\end{pmatrix}=-1<0$，分类错误，$\boldsymbol{W}(3)=\boldsymbol{W}(2)+\boldsymbol{X}_3=(0,\ 0,\ 1)^{\mathrm{T}}+(-2,\ 0,\ -1)^{\mathrm{T}}=(-2,\ 0,\ 0)^{\mathrm{T}}$。

第四步，$k=4$，取 $\boldsymbol{X}_k=\boldsymbol{X}_4$，$d(\boldsymbol{X}_k)=\boldsymbol{W}^{\mathrm{T}}(k)\boldsymbol{X}_k=(-2,\ 0,\ 0)\begin{pmatrix}-1\\-1\\-1\end{pmatrix}=2>0$，分类正确，$\boldsymbol{W}(4)=\boldsymbol{W}(3)$。

至此，完成对所有样本一次处理，称为完成了一轮迭代。在本轮中，有错误分类出现，所以要进入下一轮迭代。

第五步，$k=5$，取 $\boldsymbol{X}_k=\boldsymbol{X}_1$，$d(\boldsymbol{X}_k)=\boldsymbol{W}^{\mathrm{T}}(k)\boldsymbol{X}_k=(-2,\ 0,\ 0)\begin{pmatrix}0\\0\\1\end{pmatrix}=0\leqslant 0$，分类错误，$\boldsymbol{W}(5)=\boldsymbol{W}(4)+\boldsymbol{X}_1=(-2,\ 0,\ 0)^{\mathrm{T}}+(0,\ 0,\ 1)^{\mathrm{T}}=(-2,\ 0,\ 1)^{\mathrm{T}}$。

第六步，$k=6$，取 $\boldsymbol{X}_k=\boldsymbol{X}_2$，$d(\boldsymbol{X}_k)=\boldsymbol{W}^{\mathrm{T}}(k)\boldsymbol{X}_k=(-2,\ 0,\ 1)\begin{pmatrix}1\\-1\\1\end{pmatrix}=-1\leqslant 0$，分类错误，$\boldsymbol{W}(6)=\boldsymbol{W}(5)+\boldsymbol{X}_2=(-2,\ 0,\ 1)^{\mathrm{T}}+(1,\ -1,\ 1)^{\mathrm{T}}=(-1,\ -1,\ 2)^{\mathrm{T}}$。

第七步，$k=7$，取 $\boldsymbol{X}_k=\boldsymbol{X}_3$，$d(\boldsymbol{X}_k)=\boldsymbol{W}^{\mathrm{T}}(k)\boldsymbol{X}_k=(-1,\ -1,\ 2)\begin{pmatrix}-2\\0\\-1\end{pmatrix}=0\leqslant 0$，分类错误，$\boldsymbol{W}(7)=\boldsymbol{W}(6)+\boldsymbol{X}_3=(-1,\ -1,\ 2)^{\mathrm{T}}+(-2,\ 0,\ -1)^{\mathrm{T}}=(-3,\ -1,\ 1)^{\mathrm{T}}$。

第八步，$k=8$，取 $\boldsymbol{X}_k=\boldsymbol{X}_4$，$d(\boldsymbol{X}_k)=\boldsymbol{W}^{\mathrm{T}}(k)\boldsymbol{X}_k=(-3,\ -1,\ 1)\begin{pmatrix}-1\\-1\\-1\end{pmatrix}=3>0$，分类正确，$\boldsymbol{W}(8)=\boldsymbol{W}(7)$。

第二轮迭代结束。在第二轮迭代中，有错误分类出现，所以要进入下一轮迭代。

第九步，$k=9$，取 $\boldsymbol{X}_k=\boldsymbol{X}_1$，$d(\boldsymbol{X}_k)=\boldsymbol{W}^{\mathrm{T}}(k)\boldsymbol{X}_k=(-3,\ -1,\ 1)\begin{pmatrix}0\\0\\1\end{pmatrix}=1>0$，分类正确，$\boldsymbol{W}(9)=\boldsymbol{W}(8)$。

第十步，$k=10$，取 $\boldsymbol{X}_k=\boldsymbol{X}_2$，$d(\boldsymbol{X}_k)=\boldsymbol{W}^{\mathrm{T}}(k)\boldsymbol{X}_k=(-3,\ -1,\ 1)\begin{pmatrix}1\\-1\\1\end{pmatrix}=-1\leqslant 0$，分类错误，$\boldsymbol{W}(10)=\boldsymbol{W}(9)+\boldsymbol{X}_2=(-3,\ -1,\ 1)^{\mathrm{T}}+(1,\ -1,\ 1)^{\mathrm{T}}=(-2,\ -2,\ 2)^{\mathrm{T}}$。

第十一步，$k=11$，取 $\boldsymbol{X}_k=\boldsymbol{X}_3$，$d(\boldsymbol{X}_k)=\boldsymbol{W}^{\mathrm{T}}(k)\boldsymbol{X}_k=(-2,\ -2,\ 2)\begin{pmatrix}-2\\0\\-1\end{pmatrix}=2>0$，分类正确，$\boldsymbol{W}(11)=\boldsymbol{W}(10)$。

第十二步，$k=12$，取 $\boldsymbol{X}_k=\boldsymbol{X}_4$，$d(\boldsymbol{X}_k)=\boldsymbol{W}^{\mathrm{T}}(k)\boldsymbol{X}_k=(-2,\ -2,\ 2)\begin{pmatrix}-1\\-1\\-1\end{pmatrix}=2>0$，分类正确，$\boldsymbol{W}(12)=\boldsymbol{W}(11)$。

第三轮迭代结束。在第三轮迭代中，有错误分类出现，所以要进入下一轮迭代。

第十三步，$k=13$，取 $\boldsymbol{X}_k=\boldsymbol{X}_1$，$d(\boldsymbol{X}_k)=\boldsymbol{W}^{\mathrm{T}}(k)\boldsymbol{X}_k=(-2,\ -2,\ 2)\begin{pmatrix}0\\0\\1\end{pmatrix}=1>0$，分类正确，$\boldsymbol{W}(13)=\boldsymbol{W}(12)$。

第十四步，$k=14$，取 $\boldsymbol{X}_k=\boldsymbol{X}_2$，$d(\boldsymbol{X}_k)=\boldsymbol{W}^{\mathrm{T}}(k)\boldsymbol{X}_k=(-2,\ -2,\ 2)\begin{pmatrix}1\\-1\\1\end{pmatrix}=2>0$，分类正确，$\boldsymbol{W}(14)=\boldsymbol{W}(13)$。

第十五步，$k=15$，取 $\boldsymbol{X}_k=\boldsymbol{X}_3$，$d(\boldsymbol{X}_k)=\boldsymbol{W}^{\mathrm{T}}(k)\boldsymbol{X}_k=(-2,\ -2,\ 2)\begin{pmatrix}-2\\0\\-1\end{pmatrix}=2>0$，分类正确，$\boldsymbol{W}(15)=\boldsymbol{W}(14)$。

第十六步，$k=16$，取 $\boldsymbol{X}_k=\boldsymbol{X}_4$，$d(\boldsymbol{X}_k)=\boldsymbol{W}^{\mathrm{T}}(k)\boldsymbol{X}_k=(-2,\ -2,\ 2)\begin{pmatrix}-1\\-1\\-1\end{pmatrix}=2>0$，分类

正确，$W(16)=W(15)$。

从 $k=13\sim16$ 可看出，在本轮中使用 $W=W(16)=W(15)=W(14)=W(13)=W(12)=W(11)=W(10)=(-2,\ -2,\ 2)^{\mathrm{T}}$ 已经能对所有训练样本正确分类，也就是，算法收敛于 $W=(-2,\ -2,\ 2)^{\mathrm{T}}$。即 $W$ 为解向量。故判别函数为

$$d(X)=W^{\mathrm{T}}X=(-2,-2,2)\begin{pmatrix}x_1\\x_2\\1\end{pmatrix}=-2x_1-2x_2+2$$

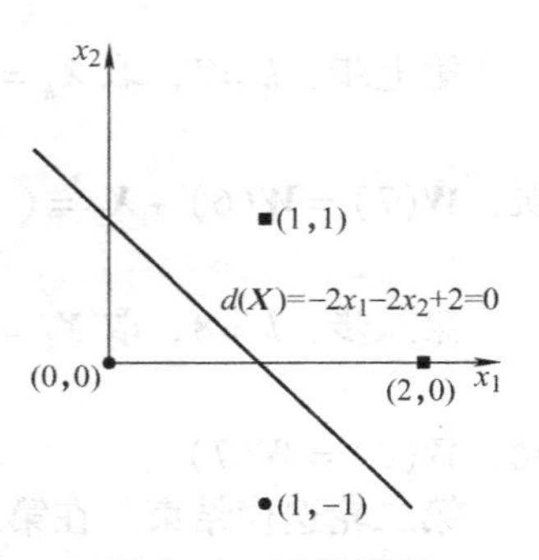

图 3.19　区分界面



分界面 $d(X)=0$。如图 3.19 所示。解向量不一定是唯一的。MATLAB 程序代码如下：

```
function y = preception(W1,W2,w,c)
% 感知器算法对两类线性可分问题求线性判别函数
%W1 = [0 0;1 -1];                    % w1 类中的样本
%W2 = [2 0;1 1];                     % w2 类中的样本
%w = [1 1 1];                        % 任取 w 初值
%c = 1;                              % 任取校正增量系数 c = 1;
% 增广样本 w1 和 w2 乘( -1)
[m,n] = size(W1);
for i = 1:m
    W1(:,n+1) = 1;                   %   W1 增广
end
[m,n] = size(W2);
for i = 1:m
    W2(:,n+1) = 1;                   %   W2 增广
end
W2 = -W2;                            % W2 乘以( -1)
% 将增广向量转换成元组,便于处理
M = ones(1,m);   w1 = mat2cell(W1,M,n+1); w2 = mat2cell(W2,M,n+1);
X = cat(1,w1,w2);                    % 合并两类增广样本
%感知器算法核心部分
[m,n] = size(X);
temp1 = [];temp2 = 0;                 %随意赋两个不等的值
while( ~isequal(temp1,temp2))        % 判断权值若不变化,则终止循环
    temp2 = temp1;
    for i = 1:m
        temp1{i,1} = w;
        if(w * X{i}' < =0)           % w 乘 X{i}的转置
            w = w + c * X{i}         % 若小于 0 更新权值
        end
    end
end
w                                    % 显示线性分类器权值
```

## 3.10.2 利用感知器算法解多类问题

**例3.7** 设已知三类训练样本：$\omega_1=\{(1,0)^T\}$，$\omega_2=\{(0,1)^T\}$，$\omega_3=\{(1,1)^T\}$，试用感知器算法解多类问题求解 $\boldsymbol{W}_1$、$\boldsymbol{W}_2$、$\boldsymbol{W}_3$。

**解**：训练样本变成增广型模式向量：$\boldsymbol{X}_1=(1,0,1)^T$，$\boldsymbol{X}_2=(0,1,1)^T$，$\boldsymbol{X}_3=(1,1,1)^T$。

在此，$\boldsymbol{X}$ 的下标就是它所属类型，且没有一个样本乘以$(-1)$。置 $k=0$，选 $c=1$。赋初始权向量：$W_1(0)=W_2(0)=W_3(0)=(0,0,0)^T$。开始迭代：

第一步，$k=1$，取 $\boldsymbol{X}_k=\boldsymbol{X}_1=(1,0,1)^T\in\omega_1$，$d_1(\boldsymbol{X}_k)=0$，$d_2(\boldsymbol{X}_k)=0$，$d_3(\boldsymbol{X}_k)=0$，$d_1(\boldsymbol{X}_k)\ngtr d_2(\boldsymbol{X}_k)$，$d_1(\boldsymbol{X}_k)\ngtr d_3(\boldsymbol{X}_k)$。需修正权向量：

$$\begin{cases}\boldsymbol{W}_1(1)=\boldsymbol{W}_1(0)+\boldsymbol{X}_1=(1,0,1)^T\\ \boldsymbol{W}_2(1)=\boldsymbol{W}_2(0)-\boldsymbol{X}_1=(-1,0,-1)^T\\ \boldsymbol{W}_3(1)=\boldsymbol{W}_3(0)-\boldsymbol{X}_1=(-1,0,-1)^T\end{cases}$$

第二步，$k=2$，取 $\boldsymbol{X}_k=\boldsymbol{X}_2=(0,1,1)^T\in\omega_2$，$d_1(\boldsymbol{X}_k)=(1,0,1)\begin{pmatrix}0\\1\\1\end{pmatrix}=1$，$d_2(\boldsymbol{X}_k)=(-1,0,-1)\begin{pmatrix}0\\1\\1\end{pmatrix}=-1$，$d_3(\boldsymbol{X}_k)=(-1,0,-1)\begin{pmatrix}0\\1\\1\end{pmatrix}=-1$，$d_2(\boldsymbol{X}_k)\ngtr d_1(\boldsymbol{X}_k)$，$d_2(\boldsymbol{X}_k)\ngtr d_3(\boldsymbol{X}_k)$。需修正权向量：

$$\begin{cases}\boldsymbol{W}_1(2)=\boldsymbol{W}_1(1)-\boldsymbol{X}_2=(1,0,1)^T-(0,1,1)^T=(1,-1,0)^T\\ \boldsymbol{W}_2(2)=\boldsymbol{W}_2(1)+\boldsymbol{X}_2=(-1,0,-1)^T+(0,1,1)^T=(-1,1,0)^T\\ \boldsymbol{W}_3(2)=\boldsymbol{W}_3(1)-\boldsymbol{X}_2=(-1,0,-1)^T-(0,1,1)^T=(-1,-1,-2)^T\end{cases}$$

第三步，$k=3$，取 $\boldsymbol{X}_k=\boldsymbol{X}_3=(1,1,1)^T\in\omega_3$，$d_1(\boldsymbol{X}_k)=(1,-1,0)\begin{pmatrix}1\\1\\1\end{pmatrix}=0$，$d_2(\boldsymbol{X}_k)=(-1,1,0)\begin{pmatrix}1\\1\\1\end{pmatrix}=0$，$d_3(\boldsymbol{X}_k)=(-1,-1,-2)\begin{pmatrix}1\\1\\1\end{pmatrix}=-4$，$d_3(\boldsymbol{X}_k)\ngtr d_1(\boldsymbol{X}_k)$，$d_3(\boldsymbol{X}_k)\ngtr d_2(\boldsymbol{X}_k)$。需修正权向量：

$$\begin{cases}\boldsymbol{W}_1(3)=\boldsymbol{W}_1(2)-\boldsymbol{X}_3=(1,-1,0)^T-(1,1,1)^T=(0,-2,-1)^T\\ \boldsymbol{W}_2(3)=\boldsymbol{W}_2(2)-\boldsymbol{X}_3=(-1,1,0)^T-(1,1,1)^T=(-2,0,-1)^T\\ \boldsymbol{W}_3(3)=\boldsymbol{W}_3(2)+\boldsymbol{X}_3=(-1,-1,-2)^T+(1,1,1)^T=(0,0,-1)^T\end{cases}$$

第一轮迭代结束。在第一轮迭代中，有错误分类出现，所以要进入下一轮迭代。

第四步，$k=4$，取 $\boldsymbol{X}_k=\boldsymbol{X}_1=(1,0,1)^T\in\omega_1$，$d_1(\boldsymbol{X}_k)=(0,-2,-1)\begin{pmatrix}1\\0\\1\end{pmatrix}=-1$，

$d_2(\boldsymbol{X}_k)=(-2,\ 0,\ -1)\begin{pmatrix}1\\0\\1\end{pmatrix}=-3$，$d_3(\boldsymbol{X}_k)=(0,\ 0,\ -1)\begin{pmatrix}1\\0\\1\end{pmatrix}=-1$，$d_1(\boldsymbol{X}_k)>d_2(\boldsymbol{X}_k)$，$d_1(\boldsymbol{X}_k)\ngtr d_3(\boldsymbol{X}_k)$。需修正权向量：

$$\begin{cases}\boldsymbol{W}_1(4)=\boldsymbol{W}_1(3)+\boldsymbol{X}_1=(0,-2,-1)^{\mathrm{T}}+(1,0,1)^{\mathrm{T}}=(1,-2,0)^{\mathrm{T}}\\ \boldsymbol{W}_2(4)=\boldsymbol{W}_2(3)=(-2,0,-1)^{\mathrm{T}}\\ \boldsymbol{W}_3(4)=\boldsymbol{W}_3(3)-\boldsymbol{X}_1=(0,0,-1)^{\mathrm{T}}-(1,0,1)^{\mathrm{T}}=(-1,0,-2)^{\mathrm{T}}\end{cases}$$



第五步，$k=5$，取 $\boldsymbol{X}_k=\boldsymbol{X}_2=(0,\ 1,\ 1)^{\mathrm{T}}\in\omega_2$，$d_1(\boldsymbol{X}_k)=(1,\ -2,\ 0)\begin{pmatrix}0\\1\\1\end{pmatrix}=-2$，

$d_2(\boldsymbol{X}_k)=(-2,\ 0,\ -1)\begin{pmatrix}0\\1\\1\end{pmatrix}=-1$，$d_3(\boldsymbol{X}_k)=(-1,\ 0,\ -2)\begin{pmatrix}0\\1\\1\end{pmatrix}=-2$，$d_2(\boldsymbol{X}_k)>d_1(\boldsymbol{X}_k)$，$d_2(\boldsymbol{X}_k)>d_3(\boldsymbol{X}_k)$。不需修正权向量。所以

$$\begin{cases}\boldsymbol{W}_1(5)=\boldsymbol{W}_1(4)=(1,-2,0)^{\mathrm{T}}\\ \boldsymbol{W}_2(5)=\boldsymbol{W}_2(4)=(-2,0,-1)^{\mathrm{T}}\\ \boldsymbol{W}_3(5)=\boldsymbol{W}_3(4)=(-1,0,-2)^{\mathrm{T}}\end{cases}$$

第六步，$k=6$，取 $\boldsymbol{X}_k=\boldsymbol{X}_3=(1,\ 1,\ 1)^{\mathrm{T}}\in\omega_3$，$d_1(\boldsymbol{X}_k)=(1,\ -2,\ 0)\begin{pmatrix}1\\1\\1\end{pmatrix}=-1$，

$d_2(\boldsymbol{X}_k)=(-2,\ 0,\ -1)\begin{pmatrix}1\\1\\1\end{pmatrix}=-3$，$d_3(\boldsymbol{X}_k)=(-1,\ 0,\ -2)\begin{pmatrix}1\\1\\1\end{pmatrix}=-3$，$d_3(\boldsymbol{X}_k)\ngtr d_1(\boldsymbol{X}_k)$，$d_3(\boldsymbol{X}_k)\ngtr d_2(\boldsymbol{X}_k)$。需修正权向量：

$$\begin{cases}\boldsymbol{W}_1(6)=\boldsymbol{W}_1(5)-\boldsymbol{X}_3=(1,-2,0)^{\mathrm{T}}-(1,1,1)^{\mathrm{T}}=(0,-3,-1)^{\mathrm{T}}\\ \boldsymbol{W}_2(6)=\boldsymbol{W}_2(5)-\boldsymbol{X}_3=(-2,0,-1)^{\mathrm{T}}-(1,1,1)^{\mathrm{T}}=(-3,-1,-2)^{\mathrm{T}}\\ \boldsymbol{W}_3(6)=\boldsymbol{W}_3(5)+\boldsymbol{X}_3=(-1,0,-2)^{\mathrm{T}}+(1,1,1)^{\mathrm{T}}=(0,1,-1)^{\mathrm{T}}\end{cases}$$

第二轮迭代结束。在第二轮迭代中，有错误分类出现，所以要进入下一轮迭代。

第七步，$k=7$，取 $\boldsymbol{X}_k=\boldsymbol{X}_1=(1,\ 0,\ 1)^{\mathrm{T}}\in\omega_1$，$d_1(\boldsymbol{X}_k)=(0,\ -3,\ -1)\begin{pmatrix}1\\0\\1\end{pmatrix}=-1$，

$d_2(\boldsymbol{X}_k)=(-3,\ -1,\ -2)\begin{pmatrix}1\\0\\1\end{pmatrix}=-5$，$d_3(\boldsymbol{X}_k)=(0,\ 1,\ -1)\begin{pmatrix}1\\0\\1\end{pmatrix}=-1$，$d_1(\boldsymbol{X}_k)>d_2(\boldsymbol{X}_k)$，$d_1(\boldsymbol{X}_k)\ngtr d_3(\boldsymbol{X}_k)$。需修正权向量：

$$\begin{cases}\boldsymbol{W}_1(7)=\boldsymbol{W}_1(6)+\boldsymbol{X}_1=(0,-3,-1)^{\mathrm{T}}+(1,0,1)^{\mathrm{T}}=(1,-3,0)^{\mathrm{T}}\\ \boldsymbol{W}_2(7)=\boldsymbol{W}_2(6)=(-3,-1,-2)^{\mathrm{T}}\\ \boldsymbol{W}_3(7)=\boldsymbol{W}_3(6)-\boldsymbol{X}_1=(0,1,-1)^{\mathrm{T}}-(1,0,1)^{\mathrm{T}}=(-1,1,-2)^{\mathrm{T}}\end{cases}$$

第八步，$k=8$，取 $\boldsymbol{X}_k=\boldsymbol{X}_2=(0,\ 1,\ 1)^{\mathrm{T}}\in\omega_2$，$d_1(\boldsymbol{X}_k)=(1,\ -3,\ 0)\begin{pmatrix}0\\1\\1\end{pmatrix}=-3$，$d_2(\boldsymbol{X}_k)=(-3,\ -1,\ -2)\begin{pmatrix}0\\1\\1\end{pmatrix}=-3$，$d_3(\boldsymbol{X}_k)=(-1,\ 1,\ -2)\begin{pmatrix}0\\1\\1\end{pmatrix}=-1$，$d_2(\boldsymbol{X}_k)\ngtr d_1(\boldsymbol{X}_k)$，$d_2(\boldsymbol{X}_k)\ngtr d_3(\boldsymbol{X}_k)$。需修正权向量：

$$\begin{cases}\boldsymbol{W}_1(8)=\boldsymbol{W}_1(7)-\boldsymbol{X}_2=(1,-3,0)^{\mathrm{T}}-(0,1,1)^{\mathrm{T}}=(1,-4,-1)^{\mathrm{T}}\\ \boldsymbol{W}_2(8)=\boldsymbol{W}_2(7)+\boldsymbol{X}_2=(-3,-1,-2)^{\mathrm{T}}+(0,1,1)^{\mathrm{T}}=(-3,0,-1)^{\mathrm{T}}\\ \boldsymbol{W}_3(8)=\boldsymbol{W}_3(7)-\boldsymbol{X}_2=(-1,1,-2)^{\mathrm{T}}-(0,1,1)^{\mathrm{T}}=(-1,0,-3)^{\mathrm{T}}\end{cases}$$

第九步，$k=9$，取 $\boldsymbol{X}_k=\boldsymbol{X}_3=(1,\ 1,\ 1)^{\mathrm{T}}\in\omega_3$，$d_1(\boldsymbol{X}_k)=(1,\ -4,\ -1)\begin{pmatrix}1\\1\\1\end{pmatrix}=-4$，$d_2(\boldsymbol{X}_k)=(-3,\ 0,\ -1)\begin{pmatrix}1\\1\\1\end{pmatrix}=-4$，$d_3(\boldsymbol{X}_k)=(-1,\ 0,\ -3)\begin{pmatrix}1\\1\\1\end{pmatrix}=-4$，$d_3(\boldsymbol{X}_k)\ngtr d_1(\boldsymbol{X}_k)$，$d_3(\boldsymbol{X}_k)\ngtr d_2(\boldsymbol{X}_k)$。需修正权向量：

$$\begin{cases}\boldsymbol{W}_1(9)=\boldsymbol{W}_1(8)-\boldsymbol{X}_3=(1,-4,-1)^{\mathrm{T}}-(1,1,1)^{\mathrm{T}}=(0,-5,-2)^{\mathrm{T}}\\ \boldsymbol{W}_2(9)=\boldsymbol{W}_2(8)-\boldsymbol{X}_3=(-3,0,-1)^{\mathrm{T}}-(1,1,1)^{\mathrm{T}}=(-4,-1,-2)^{\mathrm{T}}\\ \boldsymbol{W}_3(9)=\boldsymbol{W}_3(8)+\boldsymbol{X}_3=(-1,0,-3)^{\mathrm{T}}+(1,1,1)^{\mathrm{T}}=(0,1,-2)^{\mathrm{T}}\end{cases}$$

第三轮迭代结束。在第三轮迭代中，有错误分类出现，所以要进入下一轮迭代。

第十步，$k=10$，取 $\boldsymbol{X}_k=\boldsymbol{X}_1=(1,\ 0,\ 1)^{\mathrm{T}}\in\omega_1$，$d_1(\boldsymbol{X}_k)=(0,\ -5,\ -2)\begin{pmatrix}1\\0\\1\end{pmatrix}=-2$，$d_2(\boldsymbol{X}_k)=(-4,\ -1,\ -2)\begin{pmatrix}1\\0\\1\end{pmatrix}=-6$，$d_3(\boldsymbol{X}_k)=(0,\ 1,\ -2)\begin{pmatrix}1\\0\\1\end{pmatrix}=-2$，$d_1(\boldsymbol{X}_k)>d_2(\boldsymbol{X}_k)$，$d_1(\boldsymbol{X}_k)\ngtr d_3(\boldsymbol{X}_k)$。需修正权向量：

$$\begin{cases}\boldsymbol{W}_1(10)=\boldsymbol{W}_1(9)+\boldsymbol{X}_1=(0,-5,-2)^{\mathrm{T}}+(1,0,1)^{\mathrm{T}}=(1,-5,-1)^{\mathrm{T}}\\ \boldsymbol{W}_2(10)=\boldsymbol{W}_2(9)=(-4,-1,-2)^{\mathrm{T}}\\ \boldsymbol{W}_3(10)=\boldsymbol{W}_3(9)-\boldsymbol{X}_1=(0,1,-2)^{\mathrm{T}}-(1,0,1)^{\mathrm{T}}=(-1,1,-3)^{\mathrm{T}}\end{cases}$$

第十一步，$k=11$，取 $\boldsymbol{X}_k=\boldsymbol{X}_2=(0,\ 1,\ 1)^{\mathrm{T}}\in\omega_2$，$d_1(\boldsymbol{X}_k)=(1,\ -5,\ -1)\begin{pmatrix}0\\1\\1\end{pmatrix}=-6$，

$d_2(\boldsymbol{X}_k)=(-4,\ -1,\ -2)\begin{pmatrix}0\\1\\1\end{pmatrix}=-3$，$d_3(\boldsymbol{X}_k)=(-1,\ 1,\ -3)\begin{pmatrix}0\\1\\1\end{pmatrix}=-2$，$d_2(\boldsymbol{X}_k)>d_1(\boldsymbol{X}_k)$，$d_2(\boldsymbol{X}_k)\ngtr d_3(\boldsymbol{X}_k)$。需修正权向量：

$$\begin{cases}\boldsymbol{W}_1(11)=\boldsymbol{W}_1(10)=(1,-5,-1)^{\mathrm{T}}\\ \boldsymbol{W}_2(11)=\boldsymbol{W}_2(10)+\boldsymbol{X}_2=(-4,-1,-2)^{\mathrm{T}}+(0,1,1)^{\mathrm{T}}=(-4,0,-1)^{\mathrm{T}}\\ \boldsymbol{W}_3(11)=\boldsymbol{W}_3(10)-\boldsymbol{X}_2=(-1,1,-3)^{\mathrm{T}}-(0,1,1)^{\mathrm{T}}=(-1,0,-4)^{\mathrm{T}}\end{cases}$$



第十二步，$k=12$，取$\boldsymbol{X}_k=\boldsymbol{X}_3=(1,\ 1,\ 1)^{\mathrm{T}}\in\omega_3$，$d_1(\boldsymbol{X}_k)=(1,\ -5,\ -1)\begin{pmatrix}1\\1\\1\end{pmatrix}=-5$，$d_2(\boldsymbol{X}_k)=(-4,\ 0,\ -1)\begin{pmatrix}1\\1\\1\end{pmatrix}=-5$，$d_3(\boldsymbol{X}_k)=(-1,\ 0,\ -4)\begin{pmatrix}1\\1\\1\end{pmatrix}=-5$，$d_3(\boldsymbol{X}_k)\ngtr d_1(\boldsymbol{X}_k)$，$d_3(\boldsymbol{X}_k)\ngtr d_2(\boldsymbol{X}_k)$。需修正权向量：

$$\begin{cases}\boldsymbol{W}_1(12)=\boldsymbol{W}_1(11)-\boldsymbol{X}_3=(1,-5,-1)^{\mathrm{T}}-(1,1,1)^{\mathrm{T}}=(0,-6,-2)^{\mathrm{T}}\\ \boldsymbol{W}_2(12)=\boldsymbol{W}_2(11)-\boldsymbol{X}_3=(-4,0,-1)^{\mathrm{T}}-(1,1,1)^{\mathrm{T}}=(-5,-1,-2)^{\mathrm{T}}\\ \boldsymbol{W}_3(12)=\boldsymbol{W}_3(11)+\boldsymbol{X}_3=(-1,0,-4)^{\mathrm{T}}+(1,1,1)^{\mathrm{T}}=(0,1,-3)^{\mathrm{T}}\end{cases}$$

第四轮迭代结束。在第四轮迭代中，有错误分类出现，所以要进入下一轮迭代。

第十三步，$k=13$，取$\boldsymbol{X}_k=\boldsymbol{X}_1=(1,\ 0,\ 1)^{\mathrm{T}}\in\omega_1$，$d_1(\boldsymbol{X}_k)=(0,\ -6,\ -2)\begin{pmatrix}1\\0\\1\end{pmatrix}=-2$，$d_2(\boldsymbol{X}_k)=(-5,\ -1,\ -2)\begin{pmatrix}1\\0\\1\end{pmatrix}=-7$，$d_3(\boldsymbol{X}_k)=(0,\ 1,\ -3)\begin{pmatrix}1\\0\\1\end{pmatrix}=-3$，$d_1(\boldsymbol{X}_k)>d_2(\boldsymbol{X}_k)$，$d_1(\boldsymbol{X}_k)>d_3(\boldsymbol{X}_k)$。不需修正权向量。所以

$$\begin{cases}\boldsymbol{W}_1(13)=\boldsymbol{W}_1(12)=(0,-6,-2)^{\mathrm{T}}\\ \boldsymbol{W}_2(13)=\boldsymbol{W}_2(12)=(-5,-1,-2)^{\mathrm{T}}\\ \boldsymbol{W}_3(13)=\boldsymbol{W}_3(12)=(0,1,-3)^{\mathrm{T}}\end{cases}$$

第十四步，$k=14$，取$\boldsymbol{X}_k=\boldsymbol{X}_2=(0,\ 1,\ 1)^{\mathrm{T}}\in\omega_2$，$d_1(\boldsymbol{X}_k)=(0,\ -6,\ -2)\begin{pmatrix}0\\1\\1\end{pmatrix}=-8$，$d_2(\boldsymbol{X}_k)=(-5,\ -1,\ -2)\begin{pmatrix}0\\1\\1\end{pmatrix}=-3$，$d_3(\boldsymbol{X}_k)=(0,\ 1,\ -3)\begin{pmatrix}0\\1\\1\end{pmatrix}=-2$，$d_2(\boldsymbol{X}_k)>d_1(\boldsymbol{X}_k)$，$d_2(\boldsymbol{X}_k)\ngtr d_3(\boldsymbol{X}_k)$。需修正权向量：

$$\begin{cases} \boldsymbol{W}_1(14)=\boldsymbol{W}_1(13)=(0,-6,-2)^{\mathrm{T}} \\ \boldsymbol{W}_2(14)=\boldsymbol{W}_2(13)+\boldsymbol{X}_2=(-5,-1,-2)^{\mathrm{T}}+(0,1,1)^{\mathrm{T}}=(-5,0,-1)^{\mathrm{T}} \\ \boldsymbol{W}_3(14)=\boldsymbol{W}_3(13)-\boldsymbol{X}_2=(0,1,-3)^{\mathrm{T}}-(0,1,1)^{\mathrm{T}}=(0,0,-4)^{\mathrm{T}} \end{cases}$$

第十五步，$k=15$，取 $\boldsymbol{X}_k=\boldsymbol{X}_3=(1,1,1)^{\mathrm{T}}\in\omega_3$，$d_1(\boldsymbol{X}_k)=(0,-6,-2)\begin{pmatrix}1\\1\\1\end{pmatrix}=-8$，$d_2(\boldsymbol{X}_k)=(-5,0,-1)\begin{pmatrix}1\\1\\1\end{pmatrix}=-6$，$d_3(\boldsymbol{X}_k)=(0,0,-4)\begin{pmatrix}1\\1\\1\end{pmatrix}=-4$，$d_3(\boldsymbol{X}_k)>d_1(\boldsymbol{X}_k)$，$d_3(\boldsymbol{X}_k)>d_2(\boldsymbol{X}_k)$。不需修正权向量。所以

$$\begin{cases} \boldsymbol{W}_1(15)=\boldsymbol{W}_1(14)=(0,-6,-2)^{\mathrm{T}} \\ \boldsymbol{W}_2(15)=\boldsymbol{W}_2(14)=(-5,0,-1)^{\mathrm{T}} \\ \boldsymbol{W}_3(15)=\boldsymbol{W}_3(14)=(0,0,-4)^{\mathrm{T}} \end{cases}$$

第五轮迭代结束。在第五轮迭代中，有错误分类出现，所以要进入下一轮迭代。

第十六步，$k=16$，取 $\boldsymbol{X}_k=\boldsymbol{X}_1=(1,0,1)^{\mathrm{T}}\in\omega_1$，$d_1(\boldsymbol{X}_k)=(0,-6,-2)\begin{pmatrix}1\\0\\1\end{pmatrix}=-2$，$d_2(\boldsymbol{X}_k)=(-5,0,-1)\begin{pmatrix}1\\0\\1\end{pmatrix}=-6$，$d_3(\boldsymbol{X}_k)=(0,0,-4)\begin{pmatrix}1\\0\\1\end{pmatrix}=-4$，$d_1(\boldsymbol{X}_k)>d_2(\boldsymbol{X}_k)$，$d_1(\boldsymbol{X}_k)>d_3(\boldsymbol{X}_k)$。不需修正权向量。所以

$$\begin{cases} \boldsymbol{W}_1(16)=\boldsymbol{W}_1(15)=(0,-6,-2)^{\mathrm{T}} \\ \boldsymbol{W}_2(16)=\boldsymbol{W}_2(15)=(-5,0,-1)^{\mathrm{T}} \\ \boldsymbol{W}_3(16)=\boldsymbol{W}_3(15)=(0,0,-4)^{\mathrm{T}} \end{cases}$$

第十七步，$k=17$，取 $\boldsymbol{X}_k=\boldsymbol{X}_2=(0,1,1)^{\mathrm{T}}\in\omega_2$，$d_1(\boldsymbol{X}_k)=(0,-6,-2)\begin{pmatrix}0\\1\\1\end{pmatrix}=-8$，$d_2(\boldsymbol{X}_k)=(-5,0,-1)\begin{pmatrix}0\\1\\1\end{pmatrix}=-1$，$d_3(\boldsymbol{X}_k)=(0,0,-4)\begin{pmatrix}0\\1\\1\end{pmatrix}=-4$，$d_2(\boldsymbol{X}_k)>d_1(\boldsymbol{X}_k)$，$d_2(\boldsymbol{X}_k)>d_3(\boldsymbol{X}_k)$。不需修正权向量。所以

$$\begin{cases} \boldsymbol{W}_1(17)=\boldsymbol{W}_1(16)=(0,-6,-2)^{\mathrm{T}} \\ \boldsymbol{W}_2(17)=\boldsymbol{W}_2(16)=(-5,0,-1)^{\mathrm{T}} \\ \boldsymbol{W}_3(17)=\boldsymbol{W}_3(16)=(0,0,-4)^{\mathrm{T}} \end{cases}$$

至此，从 $k=15\sim17$ 已可看出，得到可正确实现分类的3个解向量：

$\boldsymbol{W}_1=\boldsymbol{W}_1(17)=\boldsymbol{W}_1(16)=\boldsymbol{W}_1(15)=\boldsymbol{W}_1(14)=\boldsymbol{W}_1(13)=\boldsymbol{W}_1(12)=(0,-6,-2)^{\mathrm{T}}$

$$W_2 = W_2(17) = W_2(16) = W_2(15) = W_2(14) = (-5,0,-1)^T$$

$$W_3 = W_2(17) = W_3(16) = W_3(15) = W_3(14) = (0,0,-4)^T$$

对应的三个判别函数：$d_1(X) = -6x_2 - 2$，$d_2(X) = -5x_1 - 1$，$d_3(X) = -4$。

MATLAB 程序如下：

```
function w = multipreception( )          % 多类样本的感知器算法实现
X(1,:) = [1 0];                          % w1 类中的样本
X(2,:) = [0 1];                          % w2 类中的样本
X(3,:) = [1 1];                          % w3 类中的样本
k = 3;                                   %  共 3 类样本
for i = 1:k                              % 初始化
  w(i,:) = [0 0 0];                      % k 类权值赋初值
end
c = 1;                                   % 校正增量系数 c 赋值
[m,n] = size(X);
for i = 1:k
    X(i:,n+1) = 1;                       % 样本增广
end
% 多类感知器算法核心部分
temp = [ ];                              % 用于判断取值是否变化的暂态变量
while( ~isequal(temp,w))                 % 直到权值不发生变化,则终止循环
    temp = w;
    for i = 1:k
        for j = 1:k
         d(j) = w(j,:) * X(i,:}';        % 计算判别函数
        end
        if( ~ismax(d(i),d))              % 若样本分类不正确
            p = setdiff([1 2 3],i);
            if d(i) < = d(p(1))
                w(p(1),:) = w(p(1),:) - c * X(i,:);
            end
            if d(i) < = d(p(2))
                w(p(2),:) = w(p(2),:) - c * X(i,:);
            end
            w(i,:) = w(i,:) + c * X(i,:);
        end
    end
end
w
function y = ismax(m,d)
%判断数值 m 是否是数组 d 中唯一最大元素,若是,返回 1,否则返回 0
```

```
sum = 0;
[row col] = size(d);
for i = 1:col
    if(m <= d(i))
        sum = sum + 1;
    end
end
if(sum == 1)
    y = 1;
else
    y = 0;
end
```



## 3.10.3　用 LMSE 算法求解权向量

**1. 对于线性可分问题**

**例 3.8**　设已知两类模式训练样本 $\omega_1$：$(0,\ 0)^T$，$(1,\ -1)^T$，$\omega_2$：$(2,\ 0)^T$，$(1,\ 1)^T$，试用 LMSE 算法求解权向量。

**解**：(1)规范化增广样本矩阵为

$$\boldsymbol{X}=\begin{pmatrix}0 & 0 & 1\\ 1 & -1 & 1\\ -2 & 0 & -1\\ -1 & -1 & -1\end{pmatrix}$$

求伪逆矩阵 $\boldsymbol{X}^{\#}=(\boldsymbol{X}^T\boldsymbol{X})^{-1}\boldsymbol{X}^T$。先求

$$\boldsymbol{X}^T\boldsymbol{X}=\begin{pmatrix}0 & 1 & -2 & -1\\ 0 & -1 & 0 & -1\\ 1 & 1 & -1 & -1\end{pmatrix}\begin{pmatrix}0 & 0 & 1\\ 1 & -1 & 1\\ -2 & 0 & -1\\ -1 & -1 & -1\end{pmatrix}=\begin{pmatrix}6 & 0 & 4\\ 0 & 2 & 0\\ 4 & 0 & 4\end{pmatrix}$$

再求

$$(\boldsymbol{X}^T\boldsymbol{X})^{-1}=\begin{pmatrix}0.5 & 0 & -0.5\\ 0 & 0.5 & 0\\ -0.5 & 0 & 0.75\end{pmatrix}$$

$$\boldsymbol{X}^{\#}=(\boldsymbol{X}^T\boldsymbol{X})^{-1}\boldsymbol{X}^T=\begin{pmatrix}0.5 & 0 & -0.5\\ 0 & 0.5 & 0\\ -0.5 & 0 & 0.75\end{pmatrix}\begin{pmatrix}0 & 1 & -2 & -1\\ 0 & -1 & 0 & -1\\ 1 & 1 & -1 & -1\end{pmatrix}=\begin{pmatrix}-0.5 & 0 & -0.5 & 0\\ 0 & -0.5 & 0 & -0.5\\ 0.75 & 0.25 & 0.25 & -0.25\end{pmatrix}$$

取 $\boldsymbol{B}(1)=[1,\ 1,\ 1,\ 1]^T$ 和 $c=1$，计算

$$\boldsymbol{W}(1)=\boldsymbol{X}^{\#}\boldsymbol{B}(1)=\begin{pmatrix}-0.5 & 0 & -0.5 & 0\\ 0 & -0.5 & 0 & -0.5\\ 0.75 & 0.25 & 0.25 & -0.25\end{pmatrix}\begin{pmatrix}1\\ 1\\ 1\\ 1\end{pmatrix}=\begin{pmatrix}-1\\ -1\\ 1\end{pmatrix}$$

(2) 计算误差向量

$$e(1)=XW(1)-B(1)=\begin{pmatrix}0&0&1\\1&-1&1\\-2&0&-1\\-1&-1&-1\end{pmatrix}\begin{pmatrix}-1\\-1\\1\end{pmatrix}-\begin{pmatrix}1\\1\\1\\1\end{pmatrix}=\begin{pmatrix}1\\1\\1\\1\end{pmatrix}-\begin{pmatrix}1\\1\\1\\1\end{pmatrix}=\begin{pmatrix}0\\0\\0\\0\end{pmatrix}$$

由于 $e(1)=\mathbf{0}$，所以，解为 $W(1)$。判别函数为

$$d(X)=W^{T}(1)X=(-1,-1,1)\begin{pmatrix}x_1\\x_2\\1\end{pmatrix}=-x_1-x_2+1$$



判别面 $d(X)=-x_1-x_2+1=0$，与图 3.19 中的实际判别面 $-2x_1-2x_2+2=0$ 等价。

**2. 对于线性不可分问题**

**例 3.9** 设已知两类训练样本 $\omega_1$：$(-1,\ -1)^T$，$(1,\ 1)^T$，$\omega_2$：$(1,\ -1)^T$，$(-1,\ 1)^T$，试用 LMSE 算法求解权向量 $W$。

**解**：(1) 规范化增广样本后的矩阵为

$$X=\begin{pmatrix}-1&-1&1\\1&1&1\\-1&1&-1\\1&-1&-1\end{pmatrix}$$

$X$ 的伪逆矩阵为

$$X^{\#}=(X^TX)^{-1}X^T=\frac{1}{4}\begin{pmatrix}-1&1&-1&1\\-1&1&1&-1\\1&1&-1&-1\end{pmatrix}$$

令 $c=1$，$B(1)=(1,\ 1,\ 1,\ 1)^T$，$W(1)=X^{\#}B(1)=(0,\ 0,\ 0,\ 0)^T=\mathbf{0}$

(2) 计算误差向量：

$$e(1)=XW(1)-B(1)=-B(1)=(-1,-1,-1,-1)^T$$

由于 $e(1)$ 的各分量为负，说明样本线性不可分，终止迭代。

LMSE 算法与感知器算法相比，LMSE 算法能发现线性不可分的情况，从而可以及早退出迭代，或删除造成线性不可分的样本。而感知器算法对线性不可分的情况将会来回摆动，只要计算过程不中止，就始终不收敛，从而造成时间上的浪费。

MATLAB 程序代码实现如下：

```
function y = lmse(w1,w2,B,c)
%%最小均方误差函数
%w1 = [0 0;1 -1];                    % w1类中的样本,w1: (0 0),(1,-1)
%w2 = [2 0;1 1];                     % w2类中的样本,w2: (2,0),(1,1)
%   增广样本 w1 和 w2 乘(-1)
x1 = w1;
[m,n] = size(x1);
for i = 1:m
```

```
        x1( :,n+1) =1; %w1 增广
    end
    x2 = w2;
    [m,n] =size(x2);
    for i =1:m
        x2( :,n+1) =1;              % w2 增广
    end
    x2 = -x2;                       % w2 乘(-1)
    % 将增广向量转换成元组,便于处理
    X = cat(1,x1,x2); %合并两类增广样本
    %    LMSE 算法核心部分
    [m,n] =size(X);
    B = ones(1,m)';                 % 任取大于零的初值 B,B =[1 1 1 1]';
    c =2;                           % 任取大于零校正系数 c
    X_sharp = inv((X' * X)) * X'    % 求 X 的伪逆矩阵
    W = X_sharp * B                 % 求权值
    err = X * W - B                 % 计算误差
    while( ~all((err + abs(err)) ==0))
    % err 的分量不全为 0 或负,否则,若 err 全为 0 或负,则 err + |err|为 0 矩阵
        W = W + c * X_sharp * abs(err)     % 更改权向量
        B = B + c * (err + abs(err))       % 更改 B
        err = X * W - B %更改误差
    end
    if(isClassification(err) ==1)
        y =1;
        disp('原模式样本线性可分! 权向量解 W:');
        W                                  % 输出权向量解 W
    else
        y =0;disp('原模式样本线性不可分! ');
    end
    function z = isClassification(err)     % 判断模式样本是否可分,若可分返回 1
    z =1;
    if(all(err) <0)          % 若 err 的分量都小于 0 时,原模式样本线性不可分
      z =0;   % 终止循环
    end
```

### 3.10.4　费歇尔线性判别法解两类线性判别问题

**例 3.10**　设已知两个样本 $\omega_1$：$(0, 0, 0)^T$，$(1, 0, 0)^T$，$(1, 0, 1)^T$，$(1, 1, 0)^T$和 $\omega_2$：$(0, 0, 1)^T$，$(0, 1, 1)^T$，$(0, 1, 0)^T$，$(1, 1, 1)^T$。试用费歇尔线性判别法设计两类的线性判别函数。

**解**：分别求出两类的均值向量：$\boldsymbol{m}_1 = (0.75, 0.25, 0.25)^T$，$\boldsymbol{m}_2 = (0.25, 0.75, 0.75)^T$。

分别求出两类的类内离散度矩阵 $\boldsymbol{S}_i(i=1, 2)$ 如下：

$$\boldsymbol{S}_1=\sum_{\boldsymbol{X}\in\omega_1}(\boldsymbol{X}-\boldsymbol{m}_1)(\boldsymbol{X}-\boldsymbol{m}_1)^{\mathrm{T}}=\begin{pmatrix}0.75 & 0.25 & 0.25\\ 0.25 & 0.75 & -0.25\\ 0.25 & -0.25 & 0.75\end{pmatrix}$$

$$\boldsymbol{S}_2=\sum_{\boldsymbol{X}\in\omega_2}(\boldsymbol{X}-\boldsymbol{m}_2)(\boldsymbol{X}-\boldsymbol{m}_2)^{\mathrm{T}}=\begin{pmatrix}0.75 & 0.25 & 0.25\\ 0.25 & 0.75 & -0.25\\ 0.25 & -0.25 & 0.75\end{pmatrix}$$

计算类内总离散度矩阵 $\boldsymbol{S}_w=\boldsymbol{S}_1+\boldsymbol{S}_2=\begin{pmatrix}1.5 & 0.5 & 0.5\\ 0.5 & 1.5 & -0.5\\ 0.5 & -0.5 & 1.5\end{pmatrix}$

计算 $\boldsymbol{S}_w$ 的逆矩阵 $\boldsymbol{S}_w^{-1}=\begin{pmatrix}1 & -0.5 & -0.5\\ -0.5 & 1 & 0.5\\ -0.5 & 0.5 & 1\end{pmatrix}$

由 $\boldsymbol{W}^*=\boldsymbol{S}_w^{-1}(\boldsymbol{m}_1-\boldsymbol{m}_2)$ 求得　　$\boldsymbol{W}^*=(1, -1, -1)^{\mathrm{T}}$

取　　$y_t=\dfrac{M_1+M_2}{2}=\dfrac{\boldsymbol{W}^{*\mathrm{T}}\boldsymbol{m}_1+\boldsymbol{W}^{*\mathrm{T}}\boldsymbol{m}_2}{2}=-0.5$

所以最后得到的费歇尔线性判别函数为

$$d(\boldsymbol{X})=\boldsymbol{W}^{*\mathrm{T}}\boldsymbol{X}-y_t=(1, -1, -1)\begin{pmatrix}x_1\\ x_2\\ x_3\end{pmatrix}-(-0.5)=x_1-x_2-x_3+0.5$$

MATLAB 程序如下：

```
function [Y1 Y2] = fisher(w1,w2)
% w1 = [0 0 0;1 0 0;1 0 1;1 1 0];        % w1 类中的样本
% w2 = [0 0 1;0 1 1;0 1 0;1 1 1];        % w2 类中的样本
[n1,n] = size(w1);
[n2,n] = size(w2);
X1 = w1;X2 = w2;
m1 = mean(X1);m2 = mean(X2);              % 分别求出 X1,X2 的均值
s1 = cov(X1) * (n1 - 1);s2 = cov(X2) * (n2 - 1);      % 分别求出 X1,X2 的类内离散度矩阵
S = s1 + s1;                              % 类内总离散度矩阵
W = inv(S) * (m1' - m2');                 % 最佳投影方向 W
w0 = W ' * (m1' + m2')/2                  % 选择 w0
Y1 = W' * X1';                            % 计算投影后的 Y1
Y2 = W' * X2';                            % 计算投影后的 Y2
% 输出结果即 w0 的值和样本投影后点值:
% w0  = -0.5000
% Y1  =      0      1      0      0
% Y2  =     -1     -2     -1     -1
```

## 3.10.5 用基函数设计非线性分类函数

**例3.11** 设两类训练样本集为

$\omega_1$：$X_1=(0,\ 0)^T$，$X_2=(1,\ 1)^T$，$\omega_2$：$X_3=(1,\ 0)^T$，$X_4=(0,\ 1)^T$

用基函数作为点势函数求判别函数。

**解**：两类模式不是线性可分的，这里选择指数型基函数为点势函数。取 $\alpha=1$。二维情况下，记 $X=(x_1,\ x_2)^T$，$X_k=(x_{k1},\ x_{k2})^T$。点势函数为

$$K(X,X_k)=\exp\{-\|X-X_k\|^2\}=\exp\{-[(x_1-x_{k1})^2+(x_2-x_{k2})^2]\}$$

开始迭代：

第一步：取 $X_1=(0,\ 0)^T\in\omega_1$。$K_1(X)=K(X,\ X_1)=\exp\{-[(x_1-0)^2+(x_2-0)^2]\}=\exp\{-(x_1^2+x_2^2)\}$。

第二步：取 $X_2=(1,\ 1)^T\in\omega_1$。$K_1(X_2)=\exp\{-2\}=e^{-2}>0$，分类正确，不需要修正，所以，$K_2(X)=K_1(X)=\exp[-(x_1^2+x_2^2)]$

第三步：取 $X_3=(1,\ 0)^T\in\omega_2$。$K_2(X_3)=e^{-1}>0$，分类错误，需要修正，所以，$K_3(X)=K_2(X)-K(X,\ X_3)=\exp[-(x_1^2+x_2^2)]-\exp\{-[(x_1-1)^2+x_2^2]\}$

第四步：取 $X_4=(0,\ 1)^T\in\omega_2$，$K_3(X_4)=e^{-1}-e^{-2}>0$，分类错误，需要修正，所以，$K_4(X)=K_3(X)-K(X,\ X_4)=\exp[-(x_1^2+x_2^2)]-\exp\{-[(x_1-1)^2+x_2^2]\}-\exp\{-[x_1^2+(x_2-1)^2]\}$。

此时已完成所有样本的第一轮处理，但因该轮中有出错分类，所以要进入第二轮迭代。

第五步：取 $X_5=X_1=(0,\ 0)^T\in\omega_1$。$K_4(X_5)=e^0-e^{-1}=1-2e^{-1}>0$，分类正确，不需要修正，所以，$K_5(X)=K_4(X)$。

第六步：取 $X_6=X_2=(1,\ 1)^T\in\omega_1$。$K_5(X_6)=e^{-2}-e^{-1}-e^{-1}=e^{-2}-2e^{-1}<0$，分类错误，需要修正，所以

$$\begin{aligned}K_6(X)&=K_5(X)+K(X,X_6)=K_4(X)+K(X,X_6)\\&=\exp[-(x_1^2+x_2^2)]-\exp\{-[(x_1-1)^2+x_2^2]\}-\exp\{-[x_1^2+(x_2-1)^2]\}+\\&\quad\exp\{-[(x_1-1)^2+(x_2-1)^2]\}\end{aligned}$$

第七步：取 $X_7=X_3=(1,\ 0)^T\in\omega_2$，$K_6(X_7)=e^{-1}-e^0-e^{-2}+e^{-1}=2e^{-1}-1-e^{-2}<0$，分类正确，不需要修正，所以，$K_7(X)=K_6(X)$。

第八步：取 $X_8=X_4=(0,\ 1)^T\in\omega_2$，$K_7(X_8)=K_6(X_8)=e^{-1}-e^{-2}-e^0+e^{-1}=2e^{-1}-e^{-2}-1<0$，分类正确，不需要修正，所以，$K_8(X)=K_7(X)=K_6(X)$。

第二轮做完，仍有错误分类，继续进入下一轮迭代。

第九步：取 $X_9=X_1=(0,\ 0)^T\in\omega_2$，$K_8(X_9)=e^0-e^{-1}-e^{-1}+e^{-2}=1-2e^{-1}+e^{-2}>0$，分类正确，不需要修正，所以，$K_9(X)=K_8(X)=K_7(X)=K_6(X)$。

第十步：取 $X_{10}=X_2=(1,\ 1)^T\in\omega_1$，$K_9(X_{10})=e^{-2}-e^{-1}-e^{-1}+e^0=1+e^{-2}-2e^{-1}>0$，分类正确，不需要修正，所以，$K_{10}(X)=K_9(X)=K_6(X)$。

第十一步：取 $X_{11}=X_3=(1,\ 0)^T\in\omega_2$，$K_{10}(X_{11})=e^{-1}-e^0-e^{-2}+e^{-1}=2e^{-1}-1-e^{-2}<0$，分类正确，不需要修正，所以，$K_{11}(X)=K_6(X)$。

第十二步：取 $\boldsymbol{X}_{12}=\boldsymbol{X}_4=(0,\ 1)^{\mathrm{T}}\in\omega_2$，$K_{11}(\boldsymbol{X}_{12})=\mathrm{e}^{-1}-\mathrm{e}^{-2}-\mathrm{e}^{0}+\mathrm{e}^{-1}=2\mathrm{e}^{-1}-1-\mathrm{e}^{-2}<0$，分类正确，不需要修正，所以，$K_{12}(\boldsymbol{X})=K_{11}(\boldsymbol{X})=K_6(\boldsymbol{X})$。

在第三轮中，所有样本都被正确分类，故算法已收敛。$K_{12}(\boldsymbol{X})=\cdots=K_6(\boldsymbol{X})$ 为最后的势函数。最后，判别函数

$$
\begin{aligned}
d(\boldsymbol{X}) &= K_{12}(\boldsymbol{X}) \\
&= \exp[-(x_1^2+x_2^2)]-\exp\{-[(x_1-1)^2+x_2^2]\}-\exp\{-[x_1^2+(x_2-1)^2]\}+ \\
&\quad \exp\{-[(x_1-1)^2+(x_2-1)^2]\}
\end{aligned}
$$

判别界面为

$$d(\boldsymbol{X})=0$$



用基函数作为点势函数构造的判别函数往往由许多项组成，当训练样本维数高且个数多时，需要存储和计算较多项的数据(如基函数为指数函数，每项的系数和指数中的数值数据都要存储和计算)，但正因如此，它能实现线性不可分问题的分类，有很强的分类能力。

虽然有的地方用正交函数系来构造点势函数，但可能构造的函数仅满足对称性和光滑性，而不一定满足点势函数的其他要求。

以指数函数作为点势函数的势函数法建立分类器的MATLAB代码如下：

```
function y = potentialfun(w1,w2,K_0)
% 读取两类样本. 注:两类样本数需相等
%w1 = num2cell(w1,2);        % 将 w1 转换成元组,便于处理
%w2 = num2cell(w2,2);        % 将 w2 转换成元组,便于处理
%K_0 = 0;
X = cat(1,w1,w2);            % 合并两类样本
[m,n] = size(X);             % 势函数核心程序如下
K_X = K_0;                   % K_X 为所求的 K(X)分类函数
temp = -1;                   % 用于 while 循环中比较用的控制变量
while(temp ~ = K_X)          % 若迭代若干次数,K(X)函数不再变化,则停止迭代
    for i = 1:m
        temp = K_X;
        if((i < = m/2)&&K_value(K_X,X{i}) < =0)    % 若 w1 类样本分类错误
            K_X = K_X + K_0 + K(X{i},1);             % K(X{i})为指数型势函数
        end
        if((i > m/2)&&K_value(K_X,X{i}) >0)        % 若 w2 类样本分类错误
            K_X = K_X + K_0 - K(X{i},1);             % K(X{i})为指数型势函数
        end
    end
end
y = K_X;              % 输出 K(X)函数
ezplot(K_X)           % 显示函数图像
%子函数部分
function y = K(X,alpha)    % alpha 为参数
syms x1 x2;
```

```
y=exp(-((x1-X(1))^2+(x2-X(2))^2));   % 指数型势函数
function y=K_value(K_X,X)            % 将样本代入K函数得到数值
y=subs(K_X,'x1',X(1));
y=subs(y,'x2',X(2));
```

运行：

```
w1=[0 0;1 1];    % 样本集
w2=[1 0;0 1];    % 样本集
K_0=0;
```

调用函数：y = shihanshu(w1，w2，K_ 0)

输出结果：

y =1/exp(x1^2 +x2^2) -1/exp((x1 -1)^2 +x2^2) -1/exp((x2 -1)^2 +x1^2) + 1/exp((x1 -1)^2 +(x2 -1)^2)

**本章主要内容**

1）感知器法、梯度法、最小平方误差算法讨论的分类算法都是通过模式样本来确定判别函数的系数向量即权向量，所以要使一个分类器设计合理，必须采用有代表性的数据，训练数据能反映模式样本的总体。

2）要获得一个有较好判别性能的线性分类器，所需训练样本数目的确定是，用指标二分法能力 $N_0$ 来确定训练样本的数目：$N_0=2(n+1)$，其中，$n$ 为模式样本维度长。通常训练样本的数目不能低于 $N_0$，选为 $N_0$的5~10倍比较合理。例如：二维时不能低于6个样本，最好选30~60个样本。三维时不能低于8个样本，最好选40~80个样本。

3）“确定性模式”线性分类器的特点：①感知器算法：是梯度下降法的特例，也称为固定增量法。②梯度下降：需要设计合理的目标函数，也是一种通用求最优化问题的方法。③LMSE算法：也称为最小二乘法，模式线性可分时有解，不可分时可指出来。④费歇尔线性判别法：不用迭代运算，但要求类内总离散度矩阵 $\boldsymbol{S}_w$。

4）非线性判别函数主要涉及下列内容：①把广义线性判别函数转化为线性判别函数。②最小距离分类器。③用势函数法直接设计非线性判别函数。

# 习题3

3.1 将线性判别函数 $d(\boldsymbol{X})=x_1+2x_2-2$ 写成 $d(\boldsymbol{X})=\boldsymbol{W}_0^{\mathrm{T}}\boldsymbol{X}+w_{n+1}$及 $d(\boldsymbol{X})=\boldsymbol{W}^{\mathrm{T}}\boldsymbol{X}$ 的形式。试分别绘出它们的特征空间，说明两个特征空间的关系(前者是后者的子空间)，并说明两个特征空间里的决策面对模式类型的划分是相同的。

3.2 有一个8类模式识别问题，其中4类单独满足多类问题中的第一种情况，其余4类满足多类问题中的第二种情况，问判别函数至少需要有多少个?

3.3 设一个三类问题的判别函数分别为 $d_1(\boldsymbol{X})=2x_1+3x_2-2$，$d_2(\boldsymbol{X})=3x_1-x_2+3$，$d_3(\boldsymbol{X})=-4x_1+2$，试解决下列问题：

(1) 在多类情况1下，绘出3个判别界面及每一模式类所在的区域。

(2) 在多类情况2下，令 $d_{12}(\boldsymbol{X})=d_1(\boldsymbol{X})$，$d_{13}(\boldsymbol{X})=d_2(\boldsymbol{X})$，$d_{23}(\boldsymbol{X})=d_3(\boldsymbol{X})$，试绘出

判别界面及每一模式类所在的区域。

(3) 在多类情况 3 下，试绘出判别界面及每一模式类所在的区域。

3.4　证明：$\boldsymbol{X}$ 到超平面 $d(\boldsymbol{X}) = \boldsymbol{W}^{\mathrm{T}}\boldsymbol{X} + w_0 = 0$ 的距离 $r = \frac{|d(\boldsymbol{X})|}{\|\boldsymbol{W}\|}$ 是在 $d(\boldsymbol{X}_q) = 0$ 的约束条件下，使 $\|\boldsymbol{X} - \boldsymbol{X}_q\|^2$ 达到极小的解。

3.5　证明：$\boldsymbol{X}$ 在超平面上的投影 $\boldsymbol{X}_p = \boldsymbol{X} - \frac{d(\boldsymbol{X})}{\|\boldsymbol{W}\|^2}\boldsymbol{W}$。

3.6　设两类的训练样本为 $\omega_1$：$(0, 0, 0)^{\mathrm{T}}$，$(0, 0, 1)^{\mathrm{T}}$，$(0, 1, 1)^{\mathrm{T}}$，$(1, 0, 0)^{\mathrm{T}}$；$\omega_2$：$(0, 1, 1)^{\mathrm{T}}$，$(1, 0, 1)^{\mathrm{T}}$，$(1, 1, 0)^{\mathrm{T}}$，$(1, 1, 1)^{\mathrm{T}}$。用感知器算法在置初始权值为 $\boldsymbol{W}(1) = (1, 1, 1, 1)^{\mathrm{T}}$ 下求解向量，并绘出区分界面图。



3.7　用 LMSE 算法对上题中的两类样本求解向量。

3.8　设三类训练样本为 $\omega_1$：$(-1, -2)^{\mathrm{T}}$，$\omega_2$：$(1, 0)^{\mathrm{T}}$，$\omega_3$：$(0, 3)^{\mathrm{T}}$，试用多类感知器算法求各类的判别函数。

3.9　对用 LMSE 算法检验两类模式样本 $\omega_1$：$(1, 1)^{\mathrm{T}}$，$(-1, -1)^{\mathrm{T}}$ 和 $\omega_2$：$(1, -1)^{\mathrm{T}}$，$(-1, 1)^{\mathrm{T}}$ 的线性可分性。

3.10　设两类问题的非线性判别函数为

$$d(\boldsymbol{X}) = (x_1 - 1)^2 + (x_2 + 4)^2 + 1$$

(1) 在二维特征空间中，绘出 $d(\boldsymbol{X})$ 的图形，标出两类模式分别所在的区域；

(2) 用非线性变换，把 $d(\boldsymbol{X})$ 转变为线性判别函数，并写出其非增广型和增广型表达式；

(3) 在映射后的特征空间里，绘出决策面，标出两类模式分别所在的区域；

(4) 对 $\boldsymbol{X}_1 = (2, 1)^{\mathrm{T}}$，$\boldsymbol{X}_2 = (-1, 2)^{\mathrm{T}}$，试用非线性变换前后的判别函数判断它们的类别，并标出它们所在区域中的位置。

3.11　用基函数 $K(\boldsymbol{X}, \boldsymbol{X}_k) = \exp\{-\alpha\|\boldsymbol{X} - \boldsymbol{X}_k\|^2\}$ 求 3.9 题中的两类模式的判别函数（设 $\alpha = 2$）。

3.12　对 3.6 题中的两类样本，用费歇尔线性判别法求其判别函数。

3.13　若有两类样本见表 3.1，求其最佳鉴别费歇尔向量 $\boldsymbol{W} = \boldsymbol{S}_w^{-1}(\boldsymbol{m}_1 - \boldsymbol{m}_2)$ 及费歇尔判别函数。

**表 3.1　两类样本**

| 训练样本号 $k$ | 1　2　3　4 | 1　2　3　4 |
|---|---|---|
| 特征 $x_1$ | 0　1　1　1 | 0　0　0　1 |
| 特征 $x_2$ | 0　0　0　1 | 0　1　1　1 |
| 特征 $x_3$ | 0　0　1　0 | 1　0　1　1 |
| 类别 | $\omega_1$ | $\omega_2$ |

3.14　有 5 个良好分布的二维模式，问把它们任意线性地分为两组的概率是多少？

3.15　设准则函数为 $J(\boldsymbol{W}, \boldsymbol{X}, b) = \frac{1}{4\|\boldsymbol{X}\|^2}[(\boldsymbol{W}^{\mathrm{T}}\boldsymbol{X} - b) - |\boldsymbol{W}^{\mathrm{T}}\boldsymbol{X} - b|]^2$，试用梯度法

设计其判别函数中各个未知量的迭代算法。

3.16　选择题

（1）费歇尔线性判别函数的求解过程是将 $N$ 维特征向量投影在（　　）中进行。

A. 二维空间　B. 一维空间　C. $N-1$ 维空间　D. 三维空间

（2）感知器算法（　　）情况。

A. 只适用于线性可分　B. 只适用于线性不可分

C. 不适用于线性可分　D. 适用于线性可分和不可分

（3）$H-K$ 算法（　　）。

A. 只适用于线性可分　B. 只适用于线性不可分

C. 不适用于线性可分　D. 适用于线性可分和不可分

（4）位势函数法的积累势函数 $K(\boldsymbol{X})$ 的作用相当于贝叶斯判别中的（　　）。

A. 先验概率　B. 后验概率

C. 类概率密度　D. 类概率密度与先验概率的乘积

（5）聚类分析算法属于无监督分类；判别域代数界面方程法属于（　　）。

A. 无监督分类　B. 有监督分类

C. 统计模式识别方法　D. 句法模式识别方法

（6）类域界面方程法中，能求线性不可分情况下分类问题近似或精确解的方法是(　　)。

A. 感知器算法　B. 伪逆法

C. 基于二次准则的 $H-K$ 算法　D. 势函数法

（7）判别域代数界面方程法属于（　　）。

A. 无监督分类　B. 统计模式识别方法

C. 模糊模式识别方法　D. 句法模式识别方法

（8）下列判别域界面方程法中只适用于线性可分情况的算法有（　　）。

A. 感知器算法　B. $H-K$ 算法

C. 积累位势函数法　D. 费歇尔线性判别法

（9）线性可分、不可分都适用的有（　　）。

A. 感知器算法　B. $H-K$ 算法

C. 积累位势函数法　D. 费歇尔线性判别法

3.17　填空题

（1）LMSE 算法是对准则函数引进________这一条件而建立起来的。

（2）核方法首先采用非线性映射将原始数据由________映射到________，进而在特征空间进行着对应的线性操作。

（3）线性判别函数的正负和数值大小的几何意义是，正负表示样本点位于判别界面法向量指向的________半空间中，绝对值正比于________。

3.18　回答下列问题

（1）简述增量校正算法与感知器算法的不同。

（2）简述感知器算法的分类准则，并写出奖惩算法的实现步骤。

（3）试列举线性分类器中最著名的三种最佳准则以及它们各自的原理。

# 第4章　基于统计决策的概率分类

确定性事件具有必然的因果关系。一个确定性的模式样本属于某个类或不属于某个类，根据样本数据本身可完全确定。

而随机事件没有必然的因果关系。模式样本呈现为随机出现，但一般符合某种概率规律。一个模式属于某一类不是确定的，但其属于某个类的可能性可通过概率来加以判断。随机模式样本的分类需要通过模式集的统计特性以最小错误概率划归到其可能属于的类。

## 4.1　贝叶斯决策

贝叶斯(Bayes)决策是统计决策中的一个基本方法，用这个方法进行分类时要求各类列总体的概率密度分布是已知的，并且还要求决策分类在给定样本 $\boldsymbol{X}$ 的概率密度函数 $p(\boldsymbol{X})$、类数 $M$、类的先验概率 $p(\omega_i)$、$\boldsymbol{X}$ 的类(条件)概率函数 $P(\boldsymbol{X}|\omega_i)$、类(条件)概率密度函数 $p(\boldsymbol{X}|\omega_i)$ 下，可利用下面的贝叶斯公式计算样本 $\boldsymbol{X}$ 属于类 $\omega_i$ 的后验概率 $P(\omega_i|\boldsymbol{X})$：

$$P(\omega_i|\boldsymbol{X}) = \frac{P(\boldsymbol{X}|\omega_i)P(\omega_i)}{P(\boldsymbol{X})} = \frac{P(\boldsymbol{X}|\omega_i)P(\omega_i)}{\sum_{i=1}^{M}P(\boldsymbol{X}|\omega_i)P(\omega_i)}$$

$$= \frac{p(\boldsymbol{X}|\omega_i)P(\omega_i)}{p(\boldsymbol{X})} = \frac{p(\boldsymbol{X}|\omega_i)P(\omega_i)}{\sum_{i=1}^{M}p(\boldsymbol{X}|\omega_i)P(\omega_i)} \tag{4-1}$$

其中，$P(\boldsymbol{X}) = \sum_{i=1}^{M}P(\boldsymbol{X}|\omega_i)P(\omega_i)$ 是 $\boldsymbol{X}$ 的全概率，$P(\boldsymbol{X})$ 是 $\boldsymbol{X}$ 的所有类概率函数乘以 $\boldsymbol{X}$ 在相应类中先验概率之和；$p(\boldsymbol{X}) = \sum_{i=1}^{M}p(\boldsymbol{X}|\omega_i)P(\omega_i)$ 是 $\boldsymbol{X}$ 的概率密度函数，$p(\boldsymbol{X})$ 是所有类的概率密度函数乘以 $\boldsymbol{X}$ 在相应类中先验概率之和；$i=1, 2, \cdots, M$。贝叶斯公式也反映了它们之间的关系。

### 4.1.1　最小错误率贝叶斯决策

当给定模式 $\boldsymbol{X}$，$\boldsymbol{X}$ 的概率密度函数 $p(\boldsymbol{X})$、类数 $M$、类的先验概率 $P(\omega_i)$、类(条件)概率密度函数 $p(\boldsymbol{X}|\omega_i)$ 后，究竟判断 $\boldsymbol{X}$ 属于哪个类？用什么法则来加以判断比较合理？类的先验概率 $P(\omega_i)$ 往往是类发生概率的历史数据，与当前的 $\boldsymbol{X}$ 没关系，所以提供不了具体样本 $\boldsymbol{X}$ 的分类信息，从类(条件)概率密度函数 $p(\boldsymbol{X}|\omega_i)$ 中可计算出 $\boldsymbol{X}$ 在每个类 $\omega_i$ 中的概率密度，但并不是在某个类的概率即可能性大小，而后验概率 $P(\omega_i|\boldsymbol{X})$ 是 $\boldsymbol{X}$ 属于 $\omega_i$ 类的概率。由此可见，用后验概率判断其类属，实现其分类最为合理。因此，在贝叶斯决策中，采用后验概率来判断，将 $\boldsymbol{X}$ 划入后验概率最大的类。因为，可以证明，这样的划分可使分类错误率最小，因此也叫作最小错误率的贝叶斯决策。这是一种最常规的方法。

**1. 两类情况下的决策规则**

设 $\omega_1$ 和 $\omega_2$ 为两个模式类，$\boldsymbol{X}$ 为给定的样本，每类的先验概率 $P(\omega_1)$ 和 $P(\omega_2)$ 及(类)条件概率密度函数 $p(\boldsymbol{X}|\omega_i)$，$i=1$，2 已知，则贝叶斯分类规则为

$$\begin{cases}若\ P(\omega_1|\boldsymbol{X})>P(\omega_2|\boldsymbol{X})，则\ \boldsymbol{X}\in\omega_1\\ 若\ P(\omega_1|\boldsymbol{X})<P(\omega_2|\boldsymbol{X})，则\ \boldsymbol{X}\in\omega_2\end{cases} \tag{4-2}$$

即比较后验概率 $P(\omega_i|\boldsymbol{X})$，$i=1$，2，将样本 $\boldsymbol{X}$ 判属为后验概率大的类。

由贝叶斯公式

$$P(\omega_i|\boldsymbol{X})=\frac{P(\boldsymbol{X}|\omega_i)P(\omega_i)}{P(\boldsymbol{X})}=\frac{p(\boldsymbol{X}|\omega_i)P(\omega_i)}{p(\boldsymbol{X})},\ i=1,2 \tag{4-3}$$

因而贝叶斯分类规则可等价地改写为

$$p(\boldsymbol{X}|\omega_1)P(\omega_1)\gtrless p(\boldsymbol{X}|\omega_2)P(\omega_2),则\ \boldsymbol{X}\in\begin{cases}\omega_1\\ \omega_2\end{cases} \tag{4-4}$$

或

$$P(\boldsymbol{X}|\omega_1)P(\omega_1)\gtrless P(\boldsymbol{X}|\omega_2)P(\omega_2),则\ \boldsymbol{X}\in\begin{cases}\omega_1\\ \omega_2\end{cases}$$

**2. 多类情况下的决策规则**

设样本 $\boldsymbol{X}$ 可能所属的 $M$ 个类分别为 $\omega_1$，$\omega_2$，$\cdots$，$\omega_M$，类 $\omega_i$ 的先验概率为 $P(\omega_i)$，类 $\omega_i$ 的类条件概率密度函数 $p(\boldsymbol{X}|\omega_i)$ ($i=1$，2，$\cdots$，$M$) 均已知。多类情况下的决策规则为

$$P(\omega_i|\boldsymbol{X})>P(\omega_j|\boldsymbol{X}),\ \forall j\neq i,则\ \boldsymbol{X}\in\omega_i\ 类 \tag{4-5}$$

或

$$P(\omega_i|\boldsymbol{X})=\max_{j=1,2,\cdots,M}P(\omega_j|\boldsymbol{X}),则\ \boldsymbol{X}\in\omega_i\ 类 \tag{4-6}$$

等价地，多类情况下的决策规则为

$$P(\boldsymbol{X}|\omega_i)P(\omega_i)>P(\boldsymbol{X}|\omega_j)P(\omega_j),\ \forall j\neq i,则\ \boldsymbol{X}\in\omega_i\ 类$$

或

$$P(\boldsymbol{X}|\omega_i)P(\omega_i)=\max_{j=1,2,\cdots,M}P(\boldsymbol{X}|\omega_j)P(\omega_j),则\ \boldsymbol{X}\in\omega_i\ 类$$

或者等价地表示为

$$p(\boldsymbol{X}|\omega_i)P(\omega_i)>p(\boldsymbol{X}|\omega_j)P(\omega_j),\ \forall j\neq i,则\ \boldsymbol{X}\in\omega_i\ 类 \tag{4-7}$$

或

$$p(\boldsymbol{X}|\omega_i)P(\omega_i)=\max_{j=1,2,\cdots,M}p(\boldsymbol{X}|\omega_j)P(\omega_j),则\ \boldsymbol{X}\in\omega_i\ 类 \tag{4-8}$$

**3. 判别规则的其他形式**

1）判别规则式(4-4)也可写成

$$若\ l(\boldsymbol{X})=\frac{p(\boldsymbol{X}|\omega_1)}{p(\boldsymbol{X}|\omega_2)}\gtrless\frac{P(\omega_2)}{P(\omega_1)},\ 则\ \boldsymbol{X}\in\begin{cases}\omega_1\\ \omega_2\end{cases} \tag{4-9}$$

式中，$p(\boldsymbol{X}|\omega_i)$ 通常被称为似然函数；$l(\boldsymbol{X})=\dfrac{p(\boldsymbol{X}|\omega_1)}{p(\boldsymbol{X}|\omega_2)}$ 通常被称为似然比或似然比函数，$T=P(\omega_2)/P(\omega_1)$ 被称为似然比阈值。

2）对式(4-9)取自然对数的负值，则又得到判别规则的另一形式：

$$若\ h(\boldsymbol{X}) = -\ln[l(\boldsymbol{X})] = -\ln[p(\boldsymbol{X}|\omega_1)] + \ln[p(\boldsymbol{X}|\omega_2)] \lessgtr \ln\left[\frac{P(\omega_1)}{P(\omega_2)}\right],\ 则\ \boldsymbol{X} \in \begin{cases}\omega_1 \\ \omega_2\end{cases} \tag{4-10}$$

**4. 判别函数和判别界面**

判别函数相应地有两种写法：

1）$d_i(\boldsymbol{X}) = P(\omega_i \mid \boldsymbol{X})$，$i=1，2$ 为两类问题；$i=1，2，\cdots，M$ 为多类问题。

2）$d_i(\boldsymbol{X}) = p(\boldsymbol{X} \mid \omega_i)P(\omega_i)$，$i=1，2$ 为两类问题；$i=1，2，\cdots，M$ 为多类问题。

判别界面为 $d_i(\boldsymbol{X}) = d_j(\boldsymbol{X})$，$i \neq j$。

**例 4.1**　细胞识别中，正常细胞的先验概率 $P(\omega_1) = 0.95$，病变细胞的先验概率 $P(\omega_2) = 0.05$。现有一待识别细胞，其观察值为 $\boldsymbol{X}$，从类条件概率密度函数曲线上查得 $p(\boldsymbol{X} \mid \omega_1) = 0.2$，$p(\boldsymbol{X} \mid \omega_2) = 0.5$，试对细胞 $\boldsymbol{X}$ 进行分类。

**解**：方法一，通过后验概率计算。

$$P(\omega_1 \mid \boldsymbol{X}) = \frac{p(\boldsymbol{X} \mid \omega_1)P(\omega_1)}{\sum_{i=1}^{2} p(\boldsymbol{X} \mid \omega_i)P(\omega_i)} = \frac{0.2 \times 0.95}{0.05 \times 0.5 + 0.95 \times 0.2} \approx 0.884$$

$$P(\omega_2 \mid \boldsymbol{X}) = \frac{p(\boldsymbol{X} \mid \omega_2)P(\omega_2)}{\sum_{i=1}^{2} p(\boldsymbol{X} \mid \omega_i)P(\omega_i)} = \frac{0.5 \times 0.05}{0.05 \times 0.5 + 0.95 \times 0.2} \approx 0.16$$

因为 $P(\omega_1 \mid \boldsymbol{X}) > P(\omega_2 \mid \boldsymbol{X})$，所以 $\boldsymbol{X} \in \omega_1$，是正常细胞。

方法二，利用先验概率和类概率密度计算。

$$p(\boldsymbol{X}|\omega_1)P(\omega_1) = 0.2 \times 0.95 = 0.19$$

$$p(\boldsymbol{X}|\omega_2)P(\omega_2) = 0.5 \times 0.05 = 0.025$$

因为 $p(\boldsymbol{X} \mid \omega_1)P(\omega_1) > p(\boldsymbol{X} \mid \omega_2)P(\omega_2)$，所以 $\boldsymbol{X} \in \omega_1$，是正常细胞。

**5. 朴素贝叶斯算法应用**

朴素贝叶斯分类的工作过程如下：

1）每个样本是一 $n$ 维特征向量 $\boldsymbol{X} = (x_1，x_2，\cdots，x_n)^{\mathrm{T}}$，$x_i$ 为属性 $A_i$ 上的取值($i=1，2，\cdots，n$)。

2）假定有 $m$ 个类 $C_1，C_2，\cdots，C_m$。给定一个未知类别的样本 $\boldsymbol{X}$(即没有类标号)，分类法将预测 $\boldsymbol{X}$ 属于具有最高后验概率的类。即是说，朴素贝叶斯分类将未知的样本分配给类 $C_i$，当且仅当

$$P(C_i|\boldsymbol{X}) > P(C_j|\boldsymbol{X}),\ 1 \leqslant j \leqslant m,\ j \neq i \tag{4-11}$$

3）根据贝叶斯定理

$$P(C_i|\boldsymbol{X}) = \frac{P(\boldsymbol{X}|C_i)P(C_i)}{P(\boldsymbol{X})} \tag{4-12}$$

由于 $P(\boldsymbol{X})$ 对于所有类为常数，只需要 $P(\boldsymbol{X} \mid C_i)P(C_i)$ 最大即可。如果类的先验概率未知，那么通常假定这些类是等概率的，即 $P(C_1) = P(C_2) = \cdots = P(C_m)$，这时只需 $P(\boldsymbol{X} \mid C_i)$ 最大。若类不是等概率的，则类的先验概率可以用 $P(C_i) = s_i/s$ 计算，其中，$s_i$ 是类 $C_i$ 中的训

练样本数，而 $s$ 是训练样本总数，此时，要求 $P(\boldsymbol{X}|C_i)P(C_i)$ 最大。

4）当数据集中属性个数较多时，计算 $P(\boldsymbol{X}|C_i)$ 需要进行多分量同时比较运算，导致运算量可能非常大。为降低计算 $P(\boldsymbol{X}|C_i)$ 的运算量，可以作类条件独立的假定即朴素贝叶斯假定，即给定样本的类标号，假定属性值相互条件独立，即在属性间，不存在依赖关系。这样，

$$P(\boldsymbol{X}|C_i)=\prod_{k=1}^{n}P(x_k|C_i) \tag{4-13}$$

概率 $P(x_1|C_i)$，$P(x_2|C_i)$，…，$P(x_n|C_i)$ 可以由训练样本估值。针对不同情况处理：①如果 $A_k$ 是分类属性，则 $P(x_k|C_i)=s_{ik}|s_i$，其中 $s_{ik}$ 是类 $C_i$ 中在属性 $A_k$ 上具有值 $x_k$ 的样本数，而 $s_i$ 是 $C_i$ 中的训练样本数。②如果 $A_k$ 是连续值属性，则通常假定该属性服从某种高斯分布，用下列形式的密度函数值代替：

$$p(x_k|C_i)=g(x_k,\mu_k,\sigma_k)=\frac{1}{\sqrt{2\pi\sigma_k}}\exp\left\{-\frac{(x_k-\mu_k)^2}{2\sigma_k^2}\right\} \tag{4-14}$$

其中，$\mu_k$、$\sigma_k$ 分别是类 $C_i$ 的样本在 $A_k$ 上的平均值和标准差。

### 4.1.2　最小风险贝叶斯决策

当判决一个模式样本属于某个类时，可能会有一定的风险，即可能带来某种损失。这时，就要考虑如何使判决的结果造成的损失最小，也就是所冒的风险最小。例如，对细胞检验之后，医生把正常细胞判为癌细胞和把癌细胞判为正常细胞，对患者来讲所造成的损失是完全不同的。把癌细胞判为正常细胞可能使患者失去生命。损失越大，风险也就越大。最小风险贝叶斯决策将最小错误率与最小风险相结合，引入“条件平均风险”，形成“平均风险”最小的判别规则。

**1. 问题描述**

设有 $m$ 个类，$\boldsymbol{X}$ 为待判别类别的样本，$\alpha_i(i=1,2,\cdots,N)$ 为一组判别行动。$\alpha_i$ 将样本 $\boldsymbol{X}$ 判为属于 $\omega_j(j=1,2,\cdots,m)$。而 $\alpha_{m+1}$，…，$\alpha_N$ 表示拒判或其他可能的判别行动(如模棱两可判为属于2个类等)。为简单起见，只考虑 $N\leqslant m$ 的情况。若将 $\boldsymbol{X}$ 实际属于 $\omega_j$ 类时，采取决策行动 $\alpha_i$ 将 $\boldsymbol{X}$ 判别为 $\omega_i$ 所引起的损失记为 $\lambda(\alpha_i,\alpha_j)$，$i=1,2,\cdots,N$；$j=1,2,\cdots,m$，且将 $\lambda(\alpha_i,\omega_j)$ 记为 $\lambda(\alpha_i|\omega_j)$，则可得到一个决策表见表4.1。

**2. 最小风险决策**

(1) 条件风险　对于给定的样本 $\boldsymbol{X}$，$\boldsymbol{X}$ 属于类 $\omega_j$ 的后验概率为 $P(\omega_j|\boldsymbol{X})(j=1,2,\cdots,m)$，如果采取决策行动 $\alpha_i$，那么，带来的损失的条件期望称为条件期望损失或条件风险

**表4.1　决策表**

| 行动 | $\omega_1$ | $\omega_2$ | … | $\omega_m$ |
|---|---|---|---|---|
| $\alpha_1$ | $\lambda(\alpha_1\|\omega_1)$ | $\lambda(\alpha_1\|\omega_2)$ | … | $\lambda(\alpha_1\|\omega_m)$ |
| $\alpha_2$ | $\lambda(\alpha_2\|\omega_1)$ | $\lambda(\alpha_2\|\omega_2)$ | … | $\lambda(\alpha_2\|\omega_m)$ |
| ⋮ | ⋮ | ⋮ | | ⋮ |
| $\alpha_N$ | $\lambda(\alpha_N\|\omega_1)$ | $\lambda(\alpha_N\|\omega_2)$ | … | $\lambda(\alpha_N\|\omega_m)$ |

$R(\alpha_i \mid X)$为

$$R(\alpha_i|X)=E[\lambda(\alpha_i,\omega_j)]=\sum_{j=1}^{m}\lambda(\alpha_i,\omega_j)P(\omega_j|X),\quad i=1,2,\cdots,N \tag{4-15}$$

其中，$R(\alpha_i \mid X)$为$\alpha_i$所在行中各损失的加权平均值。权值为将$X$判断属于$\omega_i$类的后验概率。

（2）最小风险贝叶斯决策规则　根据条件风险的定义，可以计算出所有决策行动下的条件风险$R(\alpha_1 \mid X)$，$R(\alpha_2 \mid X)$，…，$R(\alpha_N \mid X)$。则最小风险贝叶斯决策规则为

$$R(\alpha_i|X)=\min_{j=1,2,\cdots,N}R(\alpha_j|X),\text{则采取决策行动}\alpha_i,\text{即将}X\text{判为属于}\omega_i \tag{4-16}$$

理论上，$R$可将$X$看成是随机向量，对$X$采取的决策可以看成是$X$的函数，记为$\alpha(X)$，定义期望风险$R$为

$$R=\int R(\alpha(X)\mid X)p(X)\mathrm{d}X \tag{4-17}$$



期望风险$R$是对$X$的所有不同取值下采取不同的决策$\alpha(X)$所求的平均风险。条件风险$R(\alpha_i \mid X)$只求得$X$的一个取值且采用决策行动$\alpha_i$所带来的风险。实际中，$X$的所有不同观测值不可能都能得到，所以，要求出期望风险也就比较困难。所以，一般认为，当$X$给定后，如果在采取决策行动时，能使其条件风险最小，那么期望风险也最小。

（3）两类模式下最小风险贝叶斯决策规则　在两类模式下，有$\omega_1$、$\omega_2$两类，可采取的决策行动有两个：$\alpha_1$——将样本$X$判为$\omega_1$类，$\alpha_2$——将样本$X$判为$\omega_2$类，记$\lambda_{ij}=\lambda(\alpha_i \mid \omega_j)$，即$\lambda_{11}=\lambda(\alpha_1 \mid \omega_1)$，$\lambda_{12}=\lambda(\alpha_1 \mid \omega_2)$，$\lambda_{21}=\lambda(\alpha_2 \mid \omega_1)$，$\lambda_{22}=\lambda(\alpha_2 \mid \omega_2)$，则最小风险贝叶斯决策规则为

若$R(\alpha_1 \mid X)<R(\alpha_2 \mid X)$，则将样本$X$判为$\omega_1$类；

若$R(\alpha_1 \mid X)>R(\alpha_2 \mid X)$，则将样本$X$判为$\omega_2$类。

即，若$\lambda(\alpha_1 \mid \omega_1)P(\omega_1 \mid X)+\lambda(\alpha_1 \mid \omega_2)P(\omega_2 \mid X)<\lambda(\alpha_2 \mid \omega_1)P(\omega_1 \mid X)+\lambda(\alpha_2 \mid \omega_2)P(\omega_2 \mid X)$，则将样本$X$判为$\omega_1$类；若$\lambda(\alpha_1 \mid \omega_1)P(\omega_1 \mid X)+\lambda(\alpha_1 \mid \omega_2)P(\omega_2 \mid X)>\lambda(\alpha_2 \mid \omega_1)P(\omega_1 \mid X)+\lambda(\alpha_2 \mid \omega_2)P(\omega_2 \mid X)$，则将样本$X$判为$\omega_2$类。也即：

若$\lambda_{11}P(\omega_1 \mid X)+\lambda_{12}P(\omega_2 \mid X)<\lambda_{21}P(\omega_1 \mid X)+\lambda_{22}P(\omega_2 \mid X)$，则将样本$X$判为$\omega_1$类；

若$\lambda_{11}P(\omega_1 \mid X)+\lambda_{12}P(\omega_2 \mid X)>\lambda_{21}P(\omega_1 \mid X)+\lambda_{22}P(\omega_2 \mid X)$，则将样本$X$判为$\omega_2$类。

等价于

若$\lambda_{11}P(X \mid \omega_1)P(\omega_1)+\lambda_{12}P(X \mid \omega_2)P(\omega_2)<\lambda_{21}P(X \mid \omega_1)P(\omega_1)+\lambda_{22}P(X \mid \omega_2)P(\omega_2)$，则将样本$X$判为$\omega_1$类；

若$\lambda_{11}P(X \mid \omega_1)P(\omega_1)+\lambda_{12}P(X \mid \omega_2)P(\omega_2)>\lambda_{21}P(X \mid \omega_1)P(\omega_1)+\lambda_{22}P(X \mid \omega_2)P(\omega_2)$，则将样本$X$判为$\omega_2$类。

整理得

若$(\lambda_{11}-\lambda_{21})P(X \mid \omega_1)P(\omega_1)<(\lambda_{22}-\lambda_{12})P(X \mid \omega_2)P(\omega_2)$，则将样本$X$判为$\omega_1$类；

若$(\lambda_{11}-\lambda_{21})P(X \mid \omega_1)P(\omega_1)>(\lambda_{22}-\lambda_{12})P(X \mid \omega_2)P(\omega_2)$，则将样本$X$判为$\omega_2$类。

最后得到

若$\dfrac{P(X\mid\omega_1)}{P(X\mid\omega_2)}<\dfrac{(\lambda_{22}-\lambda_{12})P(\omega_2)}{(\lambda_{11}-\lambda_{21})P(\omega_1)}$，则将样本 $X$ 判为 $\omega_1$ 类；

若$\dfrac{P(X\mid\omega_1)}{P(X\mid\omega_2)}>\dfrac{(\lambda_{22}-\lambda_{12})P(\omega_2)}{(\lambda_{11}-\lambda_{21})P(\omega_1)}$，则将样本 $X$ 判为 $\omega_2$ 类。

合并得

$$\frac{P(X|\omega_1)}{P(X|\omega_2)}\gtrless\frac{(\lambda_{22}-\lambda_{12})P(\omega_2)}{(\lambda_{11}-\lambda_{21})P(\omega_1)},\ \begin{matrix}\text{将 }X\text{ 判为属于 }\omega_1\\ \text{将 }X\text{ 判为属于 }\omega_2\end{matrix} \tag{4-18}$$

（4）最小风险贝叶斯决策的步骤

1）由 $P(\omega_j)$，$p(X\mid\omega_j)$，$j=1,\ 2,\ \cdots,\ m$，计算出 $X$ 的后验概率：

$$p(\omega_j\mid X)=\frac{p(X\mid\omega_j)P(\omega_j)}{\sum_{i=1}^{m}p(X\mid\omega_i)P(\omega_i)},\ j=1,2,\cdots,m \tag{4-19}$$

2）利用决策表和所有后验概率，计算每一个 $\alpha_i$ 的条件风险 $R(\alpha_i\mid X)(i=1,\ 2,\ \cdots,\ N)$。

3）按 $R(\alpha_i\mid X)=\min\limits_{j=1,2,\cdots,N}R(\alpha_j\mid X)$，求出最小风险决策行动 $\alpha_i$，将 $X$ 判为属于类 $\omega_i$。

**例 4.2**　在细胞检测诊断中，将结果分为两类：$\omega_1$ 正常，$\omega_2$ 异常。$P(\omega_1)=0.95$，$p(\omega_2)=0.05$。两种决策行动分别为 $\alpha_1$ 和 $\alpha_2$。$X$ 的类条件概率密度函数 $p(X\mid\omega_1)=0.2$，$p(X\mid\omega_2)=0.5$，试对细胞 $X$ 进行分类。决策表见表 4.2。

**表 4.2　细胞决策表**

| 行动 | $\omega_1$ | $\omega_2$ |
|---|---|---|
| $\alpha_1$ | 0.5 | 6 |
| $\alpha_2$ | 1 | 0.5 |

**解**：将例 4.1 中计算出的后验概率：$P(\omega_1\mid X)=0.884$，$P(\omega_2\mid X)=0.16$ 和表 4.2 结合起来计算两个条件风险：

$$R(\alpha_1|X)=\sum_{j=1}^{2}\lambda(\alpha_1,\omega_j)\cdot P(\omega_j|X)=0.5\times0.884+6\times0.16=1.402$$

$$R(\alpha_2|X)=\sum_{j=1}^{2}\lambda(\alpha_2,\omega_j)\cdot P(\omega_j|X)=1\times0.884+0.5\times0.16=0.946$$

因为 $R(\alpha_1\mid X)>R(\alpha_2\mid X)$，所以 $X\in\omega_2$，其结论与例 4.1 的相反。这主要是因为 $\lambda(\alpha_1\mid\omega_2)=6$ 较大造成的。

或直接代入式(4-18)

$$\frac{P(X|\omega_1)}{P(X|\omega_2)}\lessgtr\frac{(\lambda_{22}-\lambda_{12})P(\omega_2)}{(\lambda_{11}-\lambda_{21})P(\omega_1)},\ \begin{matrix}\text{将 }X\text{ 判为属于 }\omega_1\\ \text{将 }X\text{ 判为属于 }\omega_2\end{matrix}$$

得

$$\frac{0.2}{0.5}\lessgtr\frac{(0.5-10)0.05}{(0.5-1)\,0.95},\ \begin{matrix}\text{将 }X\text{ 判为属于 }\omega_1\\ \text{将 }X\text{ 判为属于 }\omega_2\end{matrix}$$

即 $0.4<1$，所以，将 $X$ 判为属于 $\omega_2$。

**3. 0－1 损失最小风险贝叶斯决策**

对于 $m$ 类问题，若假设判别错误损失为 1，判别正确没有损失，即损失为 0，决策行动数与类数相等，即 0－1 损失函数：

$$\lambda(\alpha_i,\omega_j)=\begin{cases}0,\ i=j\\1,\ i\neq j\end{cases} \tag{4-20}$$

则

$$R(\alpha_i|\omega_j)=\sum_{i=1}^{m}\lambda(\alpha_i,\omega_j)\cdot P(\omega_j|\boldsymbol{X})=1-P(\omega_i|\boldsymbol{X})$$

代入最小条件风险决策规则，得

$$\text{若 } P(\omega_i|\boldsymbol{X})=\max_{j=1,2,\cdots,m}\{P(\omega_j|\boldsymbol{X})\}\text{，则 } \boldsymbol{X}\in\omega_i$$

这就是最小错误率判别规则。

这说明，在0－1损失函数情况下，最小风险决策规则就是最小错误率判别规则。也就是说，最小错误率判别规则是最小风险决策规则的一个特例。也可见，最小风险决策具有更广的意义。

### 4.1.3　正态分布模式的贝叶斯决策



正态分布又称高斯分布，在描述随机量的分布时具有很强的合理性，加上其又具有很多好的数学性质，因此得到广泛应用。

在贝叶斯方法决策中都事先假设 $P(\boldsymbol{X}|\omega_i)$ 和 $P(\omega_i)$ 是已知的，但并未给出具体的数学表达形式。这里主要讨论当 $P(\boldsymbol{X}|\omega_i)$ 呈正态分布时，相应的具体决策规则如何表达。

**1. 正态分布的相关知识**

(1) 一维正态分布　一维正态分布情况下的密度函数为

$$p(x)=\frac{1}{(2\pi)^{1/2}\sigma}\exp\left\{-\frac{(x-\mu)^2}{\sigma^2}\right\} \tag{4-21}$$

其中，$\mu$ 为随机变量 $x$ 的均值即数学期望，$\mu=E(x)=\int_{-\infty}^{+\infty}xp(x)\mathrm{d}x$，$-\infty<\mu<+\infty$。$\sigma^2$ 为随机变量 $x$ 的方差，$\sigma^2=E[(x-\mu)^2]=\int_{-\infty}^{+\infty}(x-\mu)^2p(x)\mathrm{d}x$，$\sigma$ 为标准差（或称均方差）。正态分布的概率密度函数 $p(x)$ 由参数 $\mu$ 和 $\sigma^2$ 唯一确定，所以，记为 $p(x)\sim N(\mu,\sigma^2)$，且在 $-\infty<x<+\infty$ 时，$p(x)\geqslant0$，$\int_{-\infty}^{+\infty}p(x)\mathrm{d}x=1$。

正态分布下均值 $\mu$ 是密度函数的最大值点，标准差 $\sigma$ 衡量其分散程度，$\sigma$ 越大说明有的样本离均值点越远，密度函数曲线越“宽”。$\sigma$ 越小，密度函数曲线越“瘦”，样本分布在均值 $\mu$ 周围密集。从正态分布中抽取的样本 $x$ 落在均值周围。有一种 $3\sigma$ 规则，即落在区间 $(\mu-3\sigma,\mu+3\sigma)$ 中的样本的概率接近1。可用下式说明样本分布概率情况：

$$P(\mu-k\sigma\leqslant x\leqslant\mu+k\sigma)=\begin{cases}0.683, & \text{当 } k=1 \text{ 时}\\ 0.954, & \text{当 } k=2 \text{ 时}\\ 0.997, & \text{当 } k=3 \text{ 时}\end{cases} \tag{4-22}$$

一维正态分布的概率密度函数的示意图如图4.1所示。

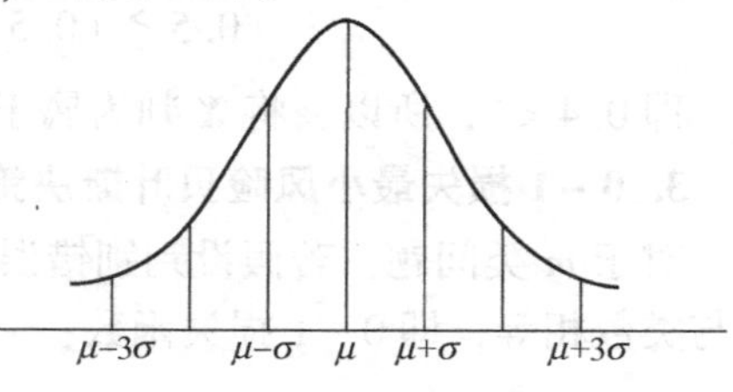


图4.1　一维正态分布的概率密度函数

(2) 多元正态密度函数　多元正态密度函数的表达式为

$$p(\boldsymbol{X})=\frac{1}{(2\pi)^{n/2}|\boldsymbol{C}|^{1/2}}\exp\left\{-\frac{1}{2}(\boldsymbol{X}-\boldsymbol{M})^{\mathrm{T}}\boldsymbol{C}^{-1}(\boldsymbol{X}-\boldsymbol{M})\right\} \tag{4-23}$$

其中，$X=(x_1, x_2, \cdots, x_n)^T$ 为 $n$ 维列向量，$x_i$是 $X$ 的第 $i$ 个分量；$M=(m_1, m_2, \cdots, m_n)^T$ 是 $n$ 维均值列向量。

（3）多元正态分布的主要性质　由于正态分布函数的很多性质在概率论与数理统计中做了很详细的描述，这里仅将几个主要特性列举如下：

1）均值向量 $M$ 和协方差矩阵决定分布，所以，一般记为 $p(X) \sim N(M, C)$。

2）不相关性等价于独立性。

若 $E(x_i x_j)=E(x_j)E(x_j)$，则称随机变量 $x_i$和 $x_j$具有不相关性或称它们是不相关的。若 $P(x_i, x_j)=P(x_i)P(x_j)$，即 $x_i$，$x_j$ 的联合概率 $P(x_i, x_j)$ 等于 $x_i$的概率 $P(x_i)$ 与 $x_j$的概率 $P(x_j)$之积，则称随机变量 $x_i$和 $x_j$具有独立性或称它们是独立的。一般来说，若 $x_i$和 $x_j$具有独立性，则 $x_i$和 $x_j$一定具有不相关性；反之，则不一定成立。当随机变量 $x_i$和 $x_j$均为正态分布时，不相关性与独立性等价。

3）边缘分布的正态性。多元正态分布的边缘分布仍然是正态分布，即对正态分布随机变量 $X=(x_1, x_2, \cdots, x_n)^T$，设其第 $i$ 个分量的分布的密度函数记为 $p(x_i)$，则第 $i$ 个分量的边缘概率密度函数

$$p(x_i) = \int_{-\infty}^{+\infty} \cdots \int_{-\infty}^{+\infty} p(x_1, x_2, \cdots, x_n) \mathrm{d}x_1 \mathrm{d}x_2 \cdots \mathrm{d}x_{i-1} \mathrm{d}x_{i+1} \cdots \mathrm{d}x_n \tag{4-24}$$

可表示为 $p(x_i) \sim N(m_i, c_{ii}^2)$，其中，$m_i = E(x_i) = \int x_i p(x) \mathrm{d}\boldsymbol{x} = \int_{-\infty}^{+\infty} x_i p(x_i) \mathrm{d}x_i$ 为均值向量 $M$ 的第 $i$ 个分量，$c_{ii}^2$为协方差矩阵 $C$ 的对角线上的第 $i$ 个元素。

4）非奇异线性变换的正态性。对均值向量为 $M$、协方差矩阵为 $C$ 的正态随机向量 $X=(x_1, x_2, \cdots, x_n)^T$ 做线性变换

$$Y=AX \tag{4-25}$$

其中，$A$ 是非奇异的线性变换矩阵，则 $Y$ 是均值向量为 $AM$，方差矩阵为 $AC^{-1}A$ 的多元正态分布随机向量，即 $p(Y) \sim N(A^T M, AC^{-1}A)$。也就是说，多元正态随机向量经非奇异线性变换后仍是多元正态分布的随机向量。

**2. 正态分布在模式样本分布描述上的运用**

对于模式类 $\omega_i$，若其中的样本都是满足正态分布的一维样本，则其类条件概率密度函数表达式为

$$p(x|\omega_i) = \frac{1}{(2\pi)^{1/2}\sigma_i} \exp\left\{\frac{(x-\mu_i)^2}{2\sigma_i^2}\right\} \tag{4-26}$$

其中，$\mu_i$ 为 $\omega_i$ 中随机变量 $x$ 的均值，$\sigma_i^2$ 为 $\omega_i$ 中随机变量 $\boldsymbol{x}$ 的方差。记为 $p(x | \omega_i) \sim N(\mu_i, \sigma_i)$。

若 $\omega_i$ 中的样本都是满足正态分布的 $n$ 维样本，则其类条件概率密度函数表达式为

$$p(X|\omega_i) = \frac{1}{(2\pi)^{n/2}|C_i|^{1/2}} \exp\left\{-\frac{1}{2}(X-M_i)^T C_i^{-1}(X-M_i)\right\}, i=1,2 \tag{4-27}$$

其中，$M_i$为 $\omega_i$ 中 $n$ 维样本的均值列向量，$C_i$为 $\omega_i$ 中 $n$ 维样本的协方差矩阵。记为$p(X | \omega_i) \sim N(M_i, C_i)$。

**3. 多元正态概率模型下的最小贝叶斯决策规则**

在最小错误率贝叶斯决策中，$\omega_i$ 的判别函数为 $d_i(X)=p(X | \omega_i)P(\omega_i)$。由于其中的正态分布类概率密度函数 $p(X | \omega_i)$为指数函数且对数函数是单调函数，所以将 $p(X | \omega_i)P(\omega_i)$取

自然对数形式，可得到等价的判别函数，仍记为 $d_i(\boldsymbol{X})$，则

$$d_i(\boldsymbol{X}) = \ln(p(\boldsymbol{X}|\omega_i)P(\omega_i)) = \ln p(\boldsymbol{X}|\omega_i) + \ln P(\omega_i)$$
$$= -\frac{n}{2}\ln(2\pi) - \frac{1}{2}\ln(|\boldsymbol{C}_i|) - \frac{1}{2}(\boldsymbol{X}-\boldsymbol{M}_i)^{\mathrm{T}}\boldsymbol{C}_i^{-1}(\boldsymbol{X}-\boldsymbol{M}_i) + \ln P(\omega_i) \tag{4-28}$$

去掉与 $i$ 无关的常量项 $-\frac{n}{2}\ln(2\pi)$，不改变诸判别函数的分类能力，仍记为 $d_i(\boldsymbol{X})$，则得到简化的判别函数

$$d_i(\boldsymbol{X}) = -\frac{1}{2}\ln|\boldsymbol{C}_i| - \frac{1}{2}(\boldsymbol{X}-\boldsymbol{M}_i)^{\mathrm{T}}\boldsymbol{C}_i^{-1}(\boldsymbol{X}-\boldsymbol{M}_i) + \ln P(\omega_i),\ i=1,2,\cdots,m \tag{4-29}$$

$d_i(\boldsymbol{X})$是二次超曲面方程。决策规则与前面相同，仍是

$$d_i(\boldsymbol{X}) = \max_{j=1,2,\cdots,m}\{d_j(\boldsymbol{X})\},\text{且 } d_i(\boldsymbol{X}) > d_j(\boldsymbol{X}),\ j=1,2,\cdots,m;\ j\neq i,\text{则 } \boldsymbol{X}\in\omega_i \tag{4-30}$$

或

$$d_i(\boldsymbol{X}) > d_j(\boldsymbol{X}),\ j\neq i,\ j=1,2,\cdots,i-1,i+1,\cdots,m,\text{则 } \boldsymbol{X}\in\omega_i。$$

若 $\omega_i$ 与 $\omega_j$ 两类之间的分界面方程为

$$-\frac{1}{2}[(\boldsymbol{X}-\boldsymbol{M}_i)^{\mathrm{T}}\boldsymbol{C}_i^{-1}(\boldsymbol{X}-\boldsymbol{M}_i) - (\boldsymbol{X}-\boldsymbol{M}_j)^{\mathrm{T}}\boldsymbol{C}_j^{-1}(\boldsymbol{X}-\boldsymbol{M}_j)] - \frac{1}{2}\ln\frac{|\boldsymbol{C}_i|}{|\boldsymbol{C}_j|} + \ln\frac{P(\omega_i)}{P(\omega_j)} = 0 \tag{4-31}$$

一般情况下，它是一个二次超曲面，但也可能在特殊情况下会发生退化。针对模式类 $\omega_i$ 和 $\omega_j$（$i$，$j=1$，2，…，$m$；$i\neq j$），在协方差矩阵 $\boldsymbol{C}_i=\boldsymbol{C}_j$ 这一特例情况下加以讨论。

若 $\boldsymbol{C}_i=\boldsymbol{C}_j=\boldsymbol{C}$，即协方差矩阵相同，则判别函数（4-29）在去掉不影响分类的项 $-\frac{1}{2}\ln|\boldsymbol{C}|$ 后，可简化为

$$d_i(\boldsymbol{X}) = -\frac{1}{2}(\boldsymbol{X}-\boldsymbol{M}_i)^{\mathrm{T}}\boldsymbol{C}^{-1}(\boldsymbol{X}-\boldsymbol{M}_i) + \ln P(\omega_i) \tag{4-32}$$

再经去掉与 $i$，$j$ 无关的 $-\frac{1}{2}\boldsymbol{X}^{\mathrm{T}}\boldsymbol{C}^{-1}\boldsymbol{X}$ 后，判别函数又化简为

$$d_i(\boldsymbol{X}) = \boldsymbol{M}_i^{\mathrm{T}}\boldsymbol{C}^{-1}\boldsymbol{X} - \frac{1}{2}\boldsymbol{M}_i^{\mathrm{T}}\boldsymbol{C}^{-1}\boldsymbol{M}_i + \ln P(\omega_i) \tag{4-33}$$

它是一个线性函数。分界面 $d_i(\boldsymbol{X}) - d_j(\boldsymbol{X}) = 0$ 是超平面。说明 $\omega_i$ 和 $\omega_j$ 线性可分。$d_i(\boldsymbol{X}) - d_j(\boldsymbol{X}) = 0$ 可表示为下列形式：

$$\boldsymbol{W}_{ij}^{\mathrm{T}}(\boldsymbol{X}-\boldsymbol{X}_0) = 0 \tag{4-34}$$

其中，

$$\boldsymbol{W}_{ij} = \boldsymbol{C}^{-1}(\boldsymbol{M}_i - \boldsymbol{M}_j) \tag{4-35}$$

$$\boldsymbol{X}_0 = \frac{1}{2}(\boldsymbol{M}_i - \boldsymbol{M}_j) - (\boldsymbol{M}_i - \boldsymbol{M}_j)\frac{\ln[P(\omega_i)/\ln P(\omega_j)]}{(\boldsymbol{M}_i - \boldsymbol{M}_j)^{\mathrm{T}}\boldsymbol{C}^{-1}(\boldsymbol{M}_i - \boldsymbol{M}_j)} \tag{4-36}$$

说明 $\omega_i$ 和 $\omega_j$ 两类之间的区分界面是过点 $\boldsymbol{X}_0$，且法向量为 $\boldsymbol{W}_{ij}$ 的超平面。

若进一步有两类先验概率相等，则在去掉常数 $\ln P(\omega_i) = \ln P(\omega_j)$ 和因子$\frac{1}{2}$后，可得判别函数（4-32）的简化形式为

$$d_i(\boldsymbol{X}) = -(\boldsymbol{X}-\boldsymbol{M}_i)^{\mathrm{T}}\boldsymbol{C}_i^{-1}(\boldsymbol{X}-\boldsymbol{M}_i) \tag{4-37}$$

此时，决策规则：$d_i(\boldsymbol{X}) = \max\limits_{j=1,2,\cdots,m}\{d_j(\boldsymbol{X})\}$，且 $d_i(\boldsymbol{X}) > d_j(\boldsymbol{X})$，$j=1$，2，…，$m$；$j\neq i$，则

$X \in \omega_i$。因

$$d_i(X) = \max_{\substack{j=1,2,\cdots,m \\ j\neq i}} \{-(X-M_j)^T C_j^{-1}(X-M_j)\}，则 X \in \omega_i \tag{4-38}$$

等价于

$$d_i(X) = \min_{\substack{j=1,2,\cdots,m \\ j\neq i}} \{(X-M_j)^T C_j^{-1}(X-M_j)\} \tag{4-39}$$

且$(X-M_j)^T C_j^{-1}(X-M_j) = r^2$ 恰好就是 $X$ 与均值向量 $M_j$之间的马氏距离二次方，所以，判别规则为：样本 $X$ 与哪个均值向量 $M_j$之间的马氏距离最小，就将 $X$ 归于相应该均值向量代表的类。

再去掉与类无关的项 $-\frac{1}{2}X^T C^{-1} X$ 后，$\omega_i$ 的判别函数可简化为

$$d_i(X) = M_i^T C^{-1} X - \frac{1}{2} M_i^T C^{-1} M_i \tag{4-40}$$

进一步，在 $\omega_i$ 和 $\omega_j$ 的协方差矩阵相同为 $C$ 时，$\omega_i$ 和 $\omega_j$ 两类之间的区分界面是过中点

$$X_0 = \frac{1}{2}(M_i - M_j) \tag{4-41}$$

的超平面，且该超平面法向量为

$$W_{ij} = C^{-1}(M_i - M_j) \tag{4-42}$$

此时决策面不仅通过中点 $X_0$，且与两个均值向量连线 $M_i - M_j$ 垂直。决策面方程为

$$d_1(X) - d_2(X) = (M_1 - M_2)^T C^{-1} X - \frac{1}{2} M_1^T C^{-1} M_1 + \frac{1}{2} M_2^T C^{-1} M_2 \tag{4-43}$$

但当 $\omega_i$ 和 $\omega_j$ 两类的先验概率不相等，即 $P(\omega_i) \neq P(\omega_j)$时，前面的 $X_0$不正好是 $M_i - M_j$ 的中点，此时，区分界面偏向先验概率较小的均值点。

进一步，若 $C_i = C_j = c^2 I$，其中 $I$ 是 $n$ 维空间的单位矩阵。此时有 $|C_i| = c^{2n}$，$C_i^{-1} = \frac{1}{c^2} I$。该情况又分以下两种情况：

（1）先验概率 $P(\omega_i)$与 $P(\omega_j)$不相等　判别函数（4-32）可化为

$$d_i(X) = -\frac{1}{2c^2}(X-M_i)^T(X-M_i) - \frac{1}{2}\ln c^{2n} + \ln P(\omega_i) \tag{4-44}$$

忽略式(4-44)中不影响分类的常量(第二项)，于是判别函数简化为

$$d_i(X) = -\frac{1}{2c^2}(X-M_i)^T(X-M_i) + \ln P(\omega_i) \tag{4-45}$$

$(X-M_i)^T(X-M_i) = \|X-M_i\|^2$ 表示 $X$ 到类别 $\omega_i$ 的中心(均值向量 $M_i$)的欧氏距离平方。

决策面与两类均值点连线($M_i - M_j$)垂直，它们的交点一般不是 $M_i - M_j$ 的中点，但当两类的先验概率相等时，恰好过 $M_i - M_j$ 的中点且垂直。如果两类的先验概率不等，向先验概率小的那个类型均值点偏移。

判别函数还可以进一步简化为

$$d_i(X) = -\frac{1}{2c^2}(-2M_i^T X + M_i^T M_i) + \ln P(\omega_i) = W_i^T X + w_0 \tag{4-46}$$

式中，

$$W_i = \frac{1}{c^2}M_i \tag{4-47}$$

$$w_0 = -\frac{1}{2c^2}M_i^{\mathrm{T}}M_i + \ln P(\omega_i) \tag{4-48}$$

它是 $X$ 的线性函数，这样的分类器是线性分类器。其决策规则为：对于某一待分类模式 $X$，分别计算 $d_i(X)$，$i=1, 2, \cdots, m$，若

$$d_k(X) = \max_i [d_i(X)]\text{，则 } X \in \omega_k$$

线性分类界面方程为 $d_i(X) = d_j(X)$，即 $d_i(X) - d_j(X) = 0$。在 $C_i = C_j = c^2 I$ 的特殊情况下，分界面方程可写为

$$W^{\mathrm{T}}(X - X_0) = 0 \tag{4-49}$$

式中，

$$W = M_i - M_j \tag{4-50}$$

$$X_0 = \frac{1}{2}(M_i - M_j) - \frac{c^2}{\| M_i + M_j \|^2}\ln\frac{P(\omega_i)}{P(\omega_j)}(M_i - M_j) \tag{4-51}$$

满足式 (4-49)的分界面是一个超平面，且与两类中心向量的连线相交。

(2) $P(\omega_i) = P(\omega_j)$时的情况　此时，判别函数(4-44)在进一步去掉与分类无关的项后可简化为

$$d_i(X) = -(X - M_i)^{\mathrm{T}}(X - M_i) \tag{4-52}$$

其中，$\max\limits_i [d_i(X)]$ 可等价地写为 $\min\limits_{i=1,2,\cdots,m} \| X - M_i \|^2$。此时，只要计算到模式样本 $X$ 各类中心(均值向量)的欧氏距离二次方 $\| X - M_i \|^2$，然后把 $X$ 归到欧氏距离最近的类中心所代表的类，分类器特化为最小距离分类器。

式(4-52)在进一步去掉高次项后得到线性判别函数：

$$d_i(X) = 2M_i^{\mathrm{T}}X - M_i^{\mathrm{T}}M_i \tag{4-53}$$

且分界面为线性方程

$$(M_i - M_j)^{\mathrm{T}}X - \frac{1}{2}(M_i - M_j)^{\mathrm{T}}(M_i - M_j) = 0 \tag{4-54}$$

**例 4.3**　在只有两类的情况下的二维分类中，各类的特征向量均为正态分布，均值向量分别为 $M_1 = (0, 1)^{\mathrm{T}}$，$M_2 = (3, 0)^{\mathrm{T}}$，但各类的先验概率不同，分别为 $P(\omega_1) = 0.6$，$P(\omega_1) = 0.4$，协方差矩阵同为

$$C = \begin{pmatrix} 1 & 3 \\ 3 & 2 \end{pmatrix}$$

试写出两类的判别函数和分界面方程。

**解：** 先求得 $C^{-1} = \frac{1}{7}\begin{pmatrix} -2 & 3 \\ 3 & -1 \end{pmatrix}$。由式(4-32)的 $d_i(X) = -\frac{1}{2}(X - M_i)^{\mathrm{T}}C^{-1}(X - M_i) + \ln P(\omega_i)$可得到两类的二次判别函数分别为

$$d_1(X) = -\frac{1}{2}\left(\begin{pmatrix} x_1 \\ x_2 \end{pmatrix} - \begin{pmatrix} 0 \\ 1 \end{pmatrix}\right)^{\mathrm{T}} \cdot \frac{1}{7}\begin{pmatrix} -2 & 3 \\ 3 & -1 \end{pmatrix}\left(\begin{pmatrix} x_1 \\ x_2 \end{pmatrix} - \begin{pmatrix} 0 \\ 1 \end{pmatrix}\right) + \ln 0.6$$

$$= -\frac{1}{14}(-2x_1^2 + 6x_1x_2 - x_2^2 - 6x_1 + 2x_2 - 1) + \ln 0.6$$

$$= \frac{1}{7}x_1^2 - \frac{3}{7}x_1x_2 + \frac{1}{14}x_2^2 + \frac{3}{7}x_1 - \frac{1}{7}x_2 + \frac{1}{14} + \ln 0.6$$

$$d_2(\boldsymbol{X}) = -\frac{1}{2}\left(\begin{pmatrix} x_1 \\ x_2 \end{pmatrix} - \begin{pmatrix} 3 \\ 0 \end{pmatrix}\right)^{\mathrm{T}} \cdot \frac{1}{7}\begin{pmatrix} -2 & 3 \\ 3 & -1 \end{pmatrix}\left(\begin{pmatrix} x_1 \\ x_2 \end{pmatrix} - \begin{pmatrix} 3 \\ 0 \end{pmatrix}\right) + \ln 0.4$$

$$= -\frac{1}{14}(-2x_1^2 + 6x_1x_2 - x_2^2 + 12x_1 - 18x_2 - 18) + \ln 0.4$$

$$= \frac{1}{7}x_1^2 - \frac{3}{7}x_1x_2 + \frac{1}{14}x_2^2 - \frac{6}{7}x_1 + \frac{9}{7}x_2 + \frac{9}{7} + \ln 0.4$$

但 $d_1(\boldsymbol{X})$ 和 $d_2(\boldsymbol{X})$ 有相同的项 $\frac{1}{7}x_1^2 - \frac{3}{7}x_1x_2 + \frac{1}{14}x_2^2$，去掉相同项(由高次项和混合项构成)，则可分别得到简化的实际上是线性判别函数：

$$d_1(\boldsymbol{X}) = \frac{3}{7}x_1 - \frac{1}{7}x_2 + \frac{1}{14} + \ln 0.6$$

$$d_2(\boldsymbol{X}) = -\frac{6}{7}x_1 + \frac{9}{7}x_2 + \frac{9}{7} + \ln 0.4$$

若直接用式(4-33)中的 $d_i(\boldsymbol{X}) = \boldsymbol{M}_i^{\mathrm{T}}\boldsymbol{C}^{-1}\boldsymbol{X} - \frac{1}{2}\boldsymbol{M}_i^{\mathrm{T}}\boldsymbol{C}^{-1}\boldsymbol{M}_i + \ln P(\omega_i)$，则得到线性判别函数 $d_1(\boldsymbol{X}) = \frac{3}{7}x_1 - \frac{1}{7}x_2 + \frac{1}{14} + \ln 0.6$，$d_2(\boldsymbol{X}) = -\frac{6}{7}x_1 + \frac{9}{7}x_2 + \frac{9}{7} + \ln 0.4$，与前述简化结果分别相同。

**例4.4**　设有待分类的均为正态分布的两类模式 $\omega_1$ 和 $\omega_2$ 为

$$\omega_1:\ (0,0,0)^{\mathrm{T}},\ (1,0,1)^{\mathrm{T}},\ (0,0,1)^{\mathrm{T}},(0,1,1)^{\mathrm{T}}$$

$$\omega_2:\ (1,0,0)^{\mathrm{T}},\ (1,1,0)^{\mathrm{T}},\ (0,1,0)^{\mathrm{T}},(1,1,1)^{\mathrm{T}}$$

两类的先验概率相等即 $P(\omega_1) = P(\omega_2) = 1/2$。试写出两类之间的判别界面方程。

**解**：先求出两类的均值向量分别为

$$\boldsymbol{M}_1 = \frac{1}{4}\left\{\begin{pmatrix} 0 \\ 0 \\ 0 \end{pmatrix} + \begin{pmatrix} 1 \\ 0 \\ 1 \end{pmatrix} + \begin{pmatrix} 0 \\ 0 \\ 1 \end{pmatrix} + \begin{pmatrix} 0 \\ 1 \\ 1 \end{pmatrix}\right\} = \frac{1}{4}\begin{pmatrix} 1 \\ 1 \\ 3 \end{pmatrix} = \frac{1}{4}(1,1,3)^{\mathrm{T}}$$

$$\boldsymbol{M}_2 = \frac{1}{4}\left\{\begin{pmatrix} 1 \\ 0 \\ 0 \end{pmatrix} + \begin{pmatrix} 1 \\ 1 \\ 0 \end{pmatrix} + \begin{pmatrix} 0 \\ 1 \\ 0 \end{pmatrix} + \begin{pmatrix} 1 \\ 1 \\ 1 \end{pmatrix}\right\} = \frac{1}{4}(3,3,1)^{\mathrm{T}}$$

再分别求出两类的协方差矩阵。因两类的协方差矩阵相同，故记为 $\boldsymbol{C}$，即

$$\boldsymbol{C}_1 = \boldsymbol{C}_2 = \boldsymbol{C} = \begin{pmatrix} \frac{1}{4} & -\frac{5}{6} & \frac{5}{6} \\ -\frac{5}{6} & \frac{1}{4} & \frac{5}{6} \\ \frac{5}{6} & \frac{5}{6} & \frac{1}{4} \end{pmatrix}$$

再求出协方差矩阵的逆矩阵：

$$C^{-1}=\begin{pmatrix}6 & 3 & -3\\ 3 & 6 & -3\\ -3 & -3 & 6\end{pmatrix}$$

又由于 $P(\omega_1)=P(\omega_2)=\frac{1}{2}$，故两类的分界面函数可用式(4-43)：

$$d_1(\boldsymbol{X})-d_2(\boldsymbol{X})=(\boldsymbol{M}_1-\boldsymbol{M}_2)^{\mathrm{T}}\boldsymbol{C}^{-1}\boldsymbol{X}-\frac{1}{2}\boldsymbol{M}_1^{\mathrm{T}}\boldsymbol{C}^{-1}\boldsymbol{M}_1+\frac{1}{2}\boldsymbol{M}_2^{\mathrm{T}}\boldsymbol{C}^{-1}\boldsymbol{M}_2$$

将 $\boldsymbol{M}_1$、$\boldsymbol{M}_2$、$\boldsymbol{C}^{-1}$，$\boldsymbol{X}=(x_1,\ x_2,\ x_3)^{\mathrm{T}}$ 代入上式得

$$d_1(\boldsymbol{X})-d_2(\boldsymbol{X})=-6x_1-6x_2+6x_3+3$$

由 $d_1(\boldsymbol{X})-d_2(\boldsymbol{X})=0$ 得判别界面为

$$2x_1+2x_2-2x_3-1=0$$

如图 4.2 所示。

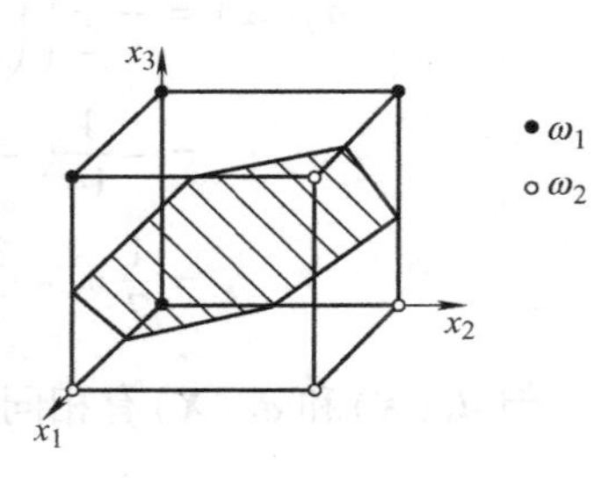

图 4.2　两类模式分类界面



**例 4.5**　设有待分类的均为正态分布的两类模式 $\omega_1$ 和 $\omega_2$ 为

$$\omega_1:(0,0)^{\mathrm{T}},(0,1)^{\mathrm{T}},(1,1)^{\mathrm{T}};\ \omega_2:(6,6)^{\mathrm{T}},(6,7)^{\mathrm{T}},(8,8)^{\mathrm{T}}$$

两类的先验概率相等即 $P(\omega_1)=P(\omega_2)=1/2$，协方差矩阵均为相同的对角阵：$\boldsymbol{C}=\frac{1}{2}\begin{pmatrix}1 & 0\\ 0 & 1\end{pmatrix}$。

试写出两类的判别函数和分类界面方程。

**解**：先分别求出两类的均值向量：

$$\boldsymbol{M}_1=\frac{1}{3}\left\{\begin{pmatrix}0\\0\end{pmatrix}+\begin{pmatrix}0\\1\end{pmatrix}+\begin{pmatrix}1\\1\end{pmatrix}\right\}=\frac{1}{3}\begin{pmatrix}1\\2\end{pmatrix}=\frac{1}{3}(1,2)^{\mathrm{T}}$$

$$\boldsymbol{M}_2=\frac{1}{3}\left\{\begin{pmatrix}6\\6\end{pmatrix}+\begin{pmatrix}6\\7\end{pmatrix}+\begin{pmatrix}8\\8\end{pmatrix}\right\}=\frac{1}{3}\begin{pmatrix}20\\21\end{pmatrix}=\frac{1}{3}(20,21)^{\mathrm{T}}$$

再求协方差矩阵 $\boldsymbol{C}$ 的逆矩阵 $\boldsymbol{C}^{-1}=2\begin{pmatrix}1 & 0\\ 0 & 1\end{pmatrix}$，又由于 $P(\omega_1)=P(\omega_2)=\frac{1}{2}$，故两类的分界面函数可用式(4-52)中的 $d_i(\boldsymbol{X})=-(\boldsymbol{X}-\boldsymbol{M}_i)^{\mathrm{T}}(\boldsymbol{X}-\boldsymbol{M}_i)$。将 $\boldsymbol{M}_1$，$\boldsymbol{M}_2$，$\boldsymbol{C}^{-1}$($\boldsymbol{C}^{-1}$实际上可以不需要)代入该式得二次判别函数：

$$d_1(\boldsymbol{X})=-\left[\left(x_1-\frac{1}{3}\right)^2+\left(x_2-\frac{2}{3}\right)^2\right],\ d_2(\boldsymbol{X})=-\left[\left(x_1-\frac{20}{3}\right)^2+\left(x_2-\frac{21}{3}\right)^2\right]$$

若直接代入式(4-53)的 $d_i(\boldsymbol{X})=2\boldsymbol{M}_i^{\mathrm{T}}\boldsymbol{X}-\boldsymbol{M}_i^{\mathrm{T}}\boldsymbol{M}_i$ 中，可得两类的线性判别函数：

$$d_1(\boldsymbol{X})=\frac{2}{3}(1,2)\begin{pmatrix}x_1\\x_2\end{pmatrix}-\frac{1}{9}(1,2)\begin{pmatrix}1\\2\end{pmatrix}=\frac{2}{3}x_1+\frac{4}{3}x_2-\frac{5}{9}$$

$$d_2(\boldsymbol{X})=\frac{2}{3}(20,21)\begin{pmatrix}x_1\\x_2\end{pmatrix}-\frac{1}{9}(20,21)\begin{pmatrix}20\\21\end{pmatrix}=\frac{40}{3}x_1+\frac{42}{3}x_2-\frac{841}{9}$$

分界面方程可由 $d_1(\boldsymbol{X})-d_2(\boldsymbol{X})=0$ 得

$$-\frac{38}{3}x_1-\frac{38}{3}x_2+\frac{836}{9}=0$$

化简得分界面方程

$$57x_1+57x_2-418=0$$

## 4.2　贝叶斯决策方法的应用

### 1. 朴素贝叶斯分类法预测类标号

**例4.6**　使用朴素贝叶斯分类预测类标号。给定训练数据见表4.3，我们希望使用朴素贝叶斯分类预测一个未知样本的类标号。数据样本用属性 age，income，student 和 credit_rating 描述。类标号属性 buys_ computer 具有两个不同值(即(yes，no))。设 $C_1$ 对应于类 buys_ computer = "yes"，而 $C_2$ 对应于类 buys_ computer = "no"。希望分类的样本为

$$X = (age = "\leqslant 30", income = "medium", student = "yes", credit\_rating = "fair")$$

**解**：先计算每个类的先验概率 $P(C_i)$。可以根据训练样本计算：

$$P(buys\_computer = "yes") = 9/14 = 0.643$$
$$P(buys\_computer = "no") = 5/14 = 0.357$$

再计算条件概率：

$$P(age = "\leqslant 30" \mid buys\_computer = "yes") = 2/9 = 0.222$$
$$P(age = "\leqslant 30" \mid buys\_computer = "no") = 3/5 = 0.6$$
$$P(income = "medium" \mid buys\_computer = "yes") = 4/9 = 0.444$$
$$P(income = "medium" \mid buys\_computer = "no") = 2/5 = 0.400$$
$$P(student = "yes" \mid buys\_computer = "yes") = 6/9 = 0.667$$
$$P(student = "yes" \mid buys\_computer = "no") = 1/5 = 0.200$$
$$P(credit\_rating = "fair" \mid buys\_computer = "yes") = 6/9 = 0.667$$
$$P(credit\_rating = "fair" \mid buys\_computer = "no") = 2/5 = 0.400$$

**表4.3　训练数据**

| RID | Age | Income | Student | Credit_ rating | Class：buys_ computer |
|---|---|---|---|---|---|
| 1 | ≤30 | High | No | Fair | No |
| 2 | ≤30 | High | No | Excellent | No |
| 3 | 31…40 | High | No | Fair | Yes |
| 4 | >40 | Medium | No | Fair | Yes |
| 5 | >40 | Low | Yes | Fair | Yes |
| 6 | >40 | Low | Yes | Excellent | No |
| 7 | 31…40 | Low | Yes | Excellent | Yes |
| 8 | ≤30 | Medium | No | Fair | No |
| 9 | ≤30 | Low | Yes | Fair | Yes |
| 10 | >40 | Medium | Yes | Fair | Yes |
| 11 | ≤30 | Medium | Yes | Excellent | Yes |
| 12 | 31…40 | Medium | No | Excellent | Yes |
| 13 | 31…40 | High | Yes | Fair | Yes |
| 14 | >40 | Medium | No | Excellent | No |

于是，可得到

$P(X|\text{buys\_computer}=\text{"yes"})=0.222\times0.444\times0.667\times0.667=0.044$

$P(X|\text{buys\_computer}=\text{"no"})=0.600\times0.400\times0.200\times0.400=0.019$

$P(X|\text{buys\_computer}=\text{"yes"})P(\text{buys\_computer}=\text{"yes"})=0.044\times0.643=0.028$

$P(X|\text{buys\_computer}=\text{"no"})P(\text{buys\_computer}=\text{"no"})=0.019\times0.357=0.007$

因此，对于样本 ***X***，朴素贝叶斯分类预测 buys_ computer = “yes”。

MATLAB 代码如下：

```
function out = bayes(X,Y)
%X 为原数据集,Y 是要预测的数据,out 是返回预测的结果
%打开 test. txt 文件(见表 4.3 组织)
clc;
file = textread('train1. txt','%s','delimiter','\n','whitespace','');
[m,n] = size(file);
for i = 1:m
    words = strread(file{i},'%s','delimiter','');
    words = words';
    X{i} = words;
end
X = X';%转置
%打开 predict. txt 文件
file = textread('predict1. txt','%s','delimiter','\n','whitespace','');
[m,n] = size(file);
for i = 1:m
    words = strread(file{i},'%s','delimiter','');
    words = words';
    Y{i} = words;
end
Y = Y';%转置
%训练部分
[M,N] = size(X);
[m,n] = size(X{1});
decision = attribute(X,n);                 % 提取决策属性
Pro = probality(decision);                 % 计算决策属性各分量概率
for i = 1:n - 1                            % 求各条件属性后验概率
    [post_pro{i},post_name{i}] = post_prob(attribute(X,i),decision);
end
%预测部分
uniq_decis = unique(decision);             % 求决策属性的类别
P_X = ones(size(uniq_decis,1),1);          % 初始化决策属性后验概率
[M,N] = size(Y);
k = 1;
```

```
for i = 1:M
    for j = 1:n - 1
        [temp,loc] = ismember(attribute({Y{i}},j),unique(attribute(X,j)));
                                                % 决策属性计算后验概率
        P_X = post_pro{j}(:,loc).* P_X;          % 条件属性后验概率之积(贝叶斯公式)
    end
    [MAX,I] = max(P_X);  % 寻找最大值
    out{k} = uniq_decis{I};  % 哪一类决策属性后验概率最大,此样本属于哪一类
    k = k + 1;
    P_X = ones(size(uniq_decis,1),1);
            % 再次初始化决策属性后验概率 P_X,为下一样本计算做准备
end
out = out';    % 输出结果(转置形式)
% 各子程序
function y = attribute(X,n)
% 功能为提取出原数据集 X 中的第 n 个属性所对应的一列值
[M,N] = size(X);
for i = 1:M
    temp{i} = X{i}{n};             % 将指定列值以 temp 暂量保存
end
y = temp';% 转置
%
function [post_pro,post_name] = post_prob(E,D)
% E 为目标属性,D 为决策属性
% post_pro 计算目标属性对应于决策属性的后验概率
% post_name 为所求的后验概率变量名称
[M,N] = size(D);
decision = unique(D);                % 决策属性种类
attri = unique(E);                   % 条件属性种类
[m1,n1] = size(decision);
[m2,n2] = size(attri);
temp = cat(2,E,D);                   % 连接条件属性和决策属性
post_pro = zeros(m1,m2);             % 后验概率初始化
for i = 1:M
    for j = 1:m2
        for k = 1:m1
            post_name{k,j} = cat(2,{attri{j}},{decision{k}});
            if(isequal(temp(i,:),post_name{k,j}))
                post_pro(k,j) = post_pro(k,j) + 1;  % 条件属性后验概率(频数)
            end
        end
    end
```

```
end
for i = 1:m1
    post_pro(i,:) = post_pro(i,:)/sum(post_pro(i,:));  % 求得条件属性后验概率
end
%
function y = probality(E)   % 计算该属性类的概率
[M,N] = size(E);
class = unique(E);          % 求该决策属性的类别
[m,n] = size(class);
p = zeros(m,1);             % 先验概率 p 初始化
for i = 1:M
    for j = 1:m
        if(isequal(E{i},class{j}))
            p(j) = p(j) + 1; % 求各个样本的先验概率(频数)
        end
    end
end
y = p/M;  % 得各样本概率
```

其中，train1. txt 文件内容为：

```
<30 high no fair no
<30 high no excellent no
30-40 high no fair yes
>40 medium no fair yes
>40 low yes fair yes
>40 low yes excellent no
30-40 low yes excellent yes
<30 medium no fair no
<30 low yes fair yes
>40 medium yes fair yes
<30 medium yes excellent yes
30-40 medium no excellent yes
30-40 high yes fair yes
>40 medium no excellent no
```

predict1. txt 文件内容为：

```
<30 medium yes fair
>40 high no excellent
30-40 low no excellent
>40 high no fair
<30 medium no fair
```

**2. 正态分布下两类模式的分类**

以例 4.5 的数据为例，即在待分类的均为正态分布的两类模式 $\omega_1$ 和 $\omega_2$ 下，相应的 MATLAB 程序如下：

```
functiond = norm_bayes(w1,w2,P_w1,P_w2)
%% 求两类样本的判别界面
%P_w1 = 1/2;                             % 两类的先验概率
%P_w2 = 1/2;
%w1 = [1 0 1;1 0 0;0 0 0;1 1 0];         % 定义 w1 类样本
%w2 = [0 0 1;0 1 1;1 1 1;0 1 0];         % 定义 w2 类样本
M1 = mean(w1)'              % w1 类样本均值
M2 = mean(w2)'              % w2 类样本均值
C1 = my_cov(w1)             % w1 类样本协方差矩阵或直接用 C1 = cov(w1)
C2 = my_cov(w2)             % w2 类样本协方差矩阵或直接用 C2 = cov(w2)
C1_inv = inv(C1)            % C1 的逆矩阵
C2_inv = inv(C2)            % C2 的逆矩阵
syms x1 x2 x3 d;
X = [x1;x2;x3];X1 = [x1 x2 x3];
d1 = log(P_w1) - 1/2 * log(det(C1)) - 1/2 * ((X1 - M1') * C1_inv * (X - M1)); % 判别函数
d2 = log(P_w2) - 1/2 * log(det(C2)) - 1/2 * ((X1 - M2') * C2_inv * (X - M2));
d = simplify(d1 - d2);      % 化简判别界面
function C = my_cov(X)      % 求协方差矩阵函数
[n,m] = size(X);
C = zeros(m,m);
for i = 1:n
    C = C + X(i,:)' * X(i,:);
end
C = C/n - mean(X)' * mean(X);
```

# 4.3　贝叶斯分类器的错误率

## 4.3.1　错误率

错误率是衡量分类器好坏的一个重要指标。如果将本应属于此类的模式错分到彼类那就产生了错误分类。错误率是指分类器错分的概率。任何一个分类方法其决策规则都会有一定的错误率，没有绝对正确的分类器。这里的错误率是指出错的概率，即平均错误率。在 $\boldsymbol{X}$ 为一维的情况下，平均错误率可用下式来表示：

$$P(e) = \int_{-\infty}^{+\infty} P(e \mid \boldsymbol{X}) p(\boldsymbol{X}) \mathrm{d}\boldsymbol{X} \tag{4-55}$$

其中，$P(e \mid \boldsymbol{X})$是 $\boldsymbol{X}$ 被分错的条件错误概率，$p(\boldsymbol{X})$为 $\boldsymbol{X}$ 的概率分布密度函数，$P(e)$就是 $\boldsymbol{X}$ 出错的期望值即平均出错率，称为平均错误率，或简称错误率。若 $\boldsymbol{X}$ 是 $n$ 维向量，则式(4-55)要用 $n$ 重积分表示，且积分的范围为 $n$ 维模式向量空间。

错误率较难计算，因此，一般只以一维样本为例，对错误率的理论计算公式、错误率上界、实验估计方法三个方面加以介绍。

这里，先介绍贝叶斯决策的错误率的问题，同时也回答了为何贝叶斯决策叫作最小错误率贝叶斯决策，即出错率最小的决策问题。然后探讨正态分布模式类情况下最小错误率贝叶斯决策的错误率，再讨论如何估计错误率的上界，最后讨论错误率计算的实验方法。

## 4.3.2 错误率分析

**1. 两类问题的贝叶斯决策错误率分析**

设 $\omega_1$ 类的判别区为 $R_1$，即样本落在 $R_1$ 时就判为属于 $\omega_1$ 类；$\omega_2$ 类的判别区为 $R_2$，同理样本落在 $R_2$ 时就判为属于 $\omega_2$ 类。可能会由下列两种情况产生分类错误率：①$\omega_1$ 类的样本总分类错误率，即 $\omega_1$ 类的样本被错分为 $\omega_2$ 类。②$\omega_2$ 类的样本总分类错误率，即 $\omega_2$ 类的样本被错分为 $\omega_1$ 类。则由式(4-55)得，两类的总错误率在判别区 $R_1$ 和 $R_2$ 无重叠下为



$$P(e) = \int_{-\infty}^{+\infty} P(e \mid \boldsymbol{X}) p(\boldsymbol{X}) \mathrm{d}\boldsymbol{X} = P(e \mid \omega_1) + P(e \mid \omega_2)$$

$$= \int_{R_2} P_1(e \mid \boldsymbol{X}) p(\boldsymbol{X}) \mathrm{d}\boldsymbol{X} + \int_{R_1} P_2(e \mid \boldsymbol{X}) p(\boldsymbol{X}) \mathrm{d}X \tag{4-56}$$

$$= P(\omega_1) P_1(e) + P(\omega_2) P_2(e) \tag{4-57}$$

其中，$P(e \mid \omega_1)$ 表示 $\omega_1$ 类样本产生的总分类错误率，$P(e \mid \omega_2)$ 表示 $\omega_2$ 类样本产生的总分类错误率。$P_1(e \mid \boldsymbol{X})$ 表示样本 $\boldsymbol{X} \in \omega_1$ 被错分的错误率，$P_2(e \mid \boldsymbol{X})$ 表示样本 $\boldsymbol{X} \in \omega_2$ 被错分的错误率。$\int_{R_2} P_1(e \mid \boldsymbol{X}) p(\boldsymbol{X}) \mathrm{d}\boldsymbol{X}$ 表示 $\omega_1$ 类样本的平均错误率，$\int_{R_1} P_2(e \mid \boldsymbol{X}) p(\boldsymbol{X}) \mathrm{d}X$ 表示 $\omega_2$ 类样本的平均错误率。带有积分符号的计算形式表示的是平均分类错误率。$P_1(e)$ 表示 $\omega_1$ 类样本被错分为 $\omega_2$ 类的出错率，$P_2(e)$ 表示 $\omega_2$ 类样本被错分为 $\omega_1$ 类的出错率。

**例 4.7** 若有 200 个样本，属于 $\omega_1$ 和 $\omega_2$ 的样本各有 100 个，每个类有 5 个样本分类错误，要求计算总的错误率。

**解**：总体来看，$\omega_1$ 类样本产生的总分类错误率为 5/200，即 $P(e \mid \omega_1) = 5/200$，$\omega_2$ 类样本产生的总分类错误率也为 5/200，即 $P(e \mid \omega_2) = 5/200$，于是，总的错误率为 5/200 + 5/200 = 10/200，即

$$P(e) = P(e|\omega_1) + P(e|\omega_2) = 5/200 + 5/200 = 10/200$$

但若不是看总体，而是分开看各个范围内分类的错误率，则对 $\omega_1$ 类的样本分类错误率为 5/100，对 $\omega_2$ 类的样本分类错误率也为 5/100，于是，总的错误率 $P(e)$ 应由两类出错率按先验概率加权求和而得：

$$P(e) = P(\omega_1)5/100 + P(\omega_2)5/100 = (100/200) \times 5/100 + (100/200) \times 5/100 = 10/200$$

这样，两种不同的计算方法计算的结果相同。

一维情况如图 4.3 所示，两个阴影区域的面积之和为错误率。

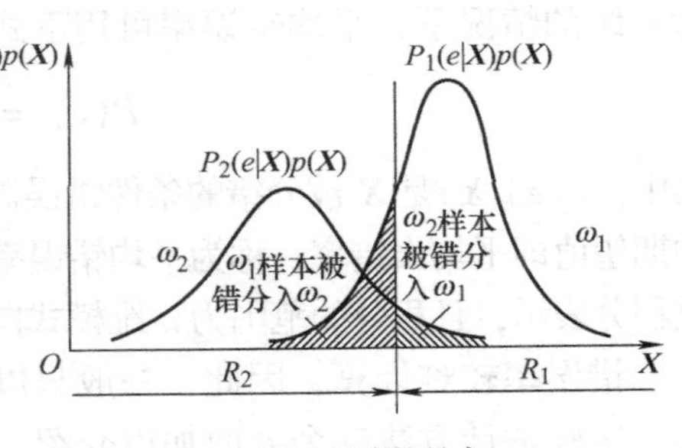

图 4.3 两类问题错误率

两类问题的后验概率贝叶斯决策规则为

$$\begin{cases} 若\ P(\omega_1 | \boldsymbol{X}) > P(\omega_2 | \boldsymbol{X})，则\ \boldsymbol{X} \in \omega_1 \\ 若\ P(\omega_1 | \boldsymbol{X}) < P(\omega_2 | \boldsymbol{X})，则\ \boldsymbol{X} \in \omega_2 \end{cases}$$

先验概率和类概率密度函数表示的贝叶斯决策规则为

$$\begin{cases} 若\ p(\boldsymbol{X}|\omega_1)P(\omega_1) > p(\boldsymbol{X}|\omega_2)P(\omega_2)，则\ \boldsymbol{X}\in\omega_1 \\ 若\ p(\boldsymbol{X}|\omega_1)P(\omega_1) < p(\boldsymbol{X}|\omega_2)P(\omega_2)，则\ \boldsymbol{X}\in\omega_2 \end{cases}$$

判别界面为：$P(\omega_1|\boldsymbol{X})=P(\omega_2|\boldsymbol{X})$或$p(\boldsymbol{X}|\omega_1)P(\omega_1)=p(\boldsymbol{X}|\omega_2)P(\omega_2)$

$\boldsymbol{X}$的条件出错概率为

$$P(e|\boldsymbol{X})=\begin{cases} P_1(e|\boldsymbol{X})=P(\omega_1|\boldsymbol{X})，若\ P(\omega_2|\boldsymbol{X})>P(\omega_1|\boldsymbol{X}) \\ P_2(e|\boldsymbol{X})=P(\omega_2|\boldsymbol{X})，若\ P(\omega_1|\boldsymbol{X})>P(\omega_2|\boldsymbol{X}) \end{cases} \tag{4-58}$$

式(4-58)第一行表示：若$P(\omega_2|\boldsymbol{X})>P(\omega_1|\boldsymbol{X})$，则$\boldsymbol{X}$被判为属于$\omega_2$类，但$\boldsymbol{X}$本属于$\omega_1$类的概率仍存在，或从另一个角度看，分类错误的概率就是$P(\omega_1|\boldsymbol{X})$，即$P_1(e|\boldsymbol{X})=P(\omega_1|\boldsymbol{X})$，同理，本属于$\omega_2$类的样本被分为$\omega_1$的分类错误概率就是$P(\omega_2|\boldsymbol{X})$，即$P_2(e|\boldsymbol{X})=P(\omega_2|\boldsymbol{X})$。

故

$$\begin{aligned} P(e) &= \int_{R_2} P_1(e|\boldsymbol{X})p(\boldsymbol{X})\mathrm{d}\boldsymbol{X} + \int_{R_1} P_2(e|\boldsymbol{X})p(\boldsymbol{X})\mathrm{d}\boldsymbol{X} \\ &= \int_{R_2} P(\omega_1|\boldsymbol{X})p(\boldsymbol{X})\mathrm{d}\boldsymbol{X} + \int_{R_1} P(\omega_2|\boldsymbol{X})p(\boldsymbol{X})\mathrm{d}\boldsymbol{X} \\ &= \int_{R_2} p(\boldsymbol{X}|\omega_1)P(\omega_1)p(\boldsymbol{X})\mathrm{d}\boldsymbol{X} + \int_{R_1} p(\boldsymbol{X}|\omega_2)P(\omega_2)p(\boldsymbol{X})\mathrm{d}\boldsymbol{X} \\ &= P(\omega_1)\int_{R_2} p(\boldsymbol{X}|\omega_1)\mathrm{d}\boldsymbol{X} + P(\omega_2)\int_{R_1} p(\boldsymbol{X}|\omega_2)\mathrm{d}\boldsymbol{X} \end{aligned}$$

其中

$$P_1(e)=\int_{R_2} p(\boldsymbol{X}|\omega_1)\mathrm{d}\boldsymbol{X} \tag{4-59}$$

$$P_2(e)=\int_{R_2} p(\boldsymbol{X}|\omega_2)\mathrm{d}\boldsymbol{X} \tag{4-60}$$

于是，$P(e)=P(\omega_1)P_1(e)+P(\omega_2)P_2(e)$。这也说明了式(4-57)的正确性。

由式(4-57)可见，两类的总出错率$P(e)$正是两类的出错率按先验概率加权求和得到。这符合常规的计算习惯，已在前面举例加以了说明。

在一维模式样本下，贝叶斯决策的判别界面$p(\boldsymbol{X}|\omega_1)P(\omega_1)=p(\boldsymbol{X}|\omega_2)P(\omega_2)$正好使分界面处在两条曲线的交点处，使得出错误率达到了最小。如图4.4所示。

这也就是为什么一开始就直接称贝叶斯决策为“最小错误率”贝叶斯决策的缘故。为方便起见，以下将最小错误率贝叶斯决策简称为贝叶斯决策。从图中也可看到，错误率不可能为0，因为交叉点后两条曲线分别伸到对方判别区积分所得的面积之和不可能为0。

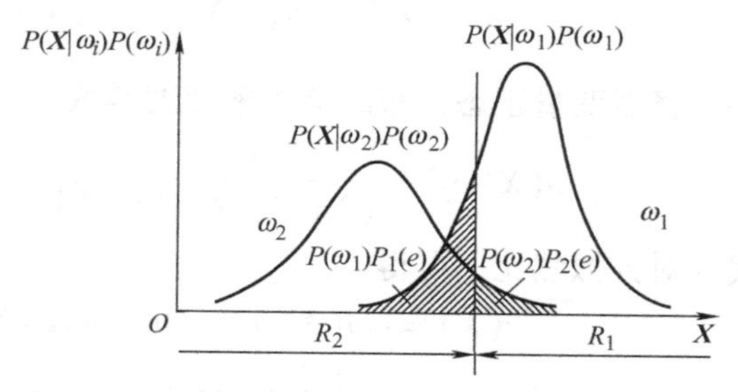

图4.4　两类问题最小错误率贝叶斯决策的错误率

从图4.4也可以看出，移动分界面，使某一类的判别区变大，错误率变小，没有多大作用，因为另一类的错误率也随之变大，因此，只有考虑使整体错误率达到最小才有意义。

**2. 多类情况贝叶斯决策的错误率**

设有 $M$ 个模式类 $\omega_i(i=1, 2, \cdots, M)$，$\omega_i$ 的判别区为 $R_i$，且 $R_i$ 无重叠，则将 $\boldsymbol{X}\in\omega_i$ 判决出错的错误率为

$$\sum_{\substack{j=1\\j\neq i}}^{M}\int_{R_i}P(\omega_j\mid \boldsymbol{X})p(\boldsymbol{X})\mathrm{d}\boldsymbol{X}=\sum_{\substack{j=1\\j\neq i}}^{M}\int_{R_i}p(\boldsymbol{X}\mid \omega_j)P(\omega_j)\mathrm{d}\boldsymbol{X} \tag{4-61}$$

故总的错误率为

$$P(e)=\sum_{i=1}^{M}\sum_{\substack{j=1\\j\neq i}}^{M}\int_{R_i}p(\boldsymbol{X}\mid \omega_j)P(\omega_j)\mathrm{d}\boldsymbol{X} \tag{4-62}$$

但由于该式有 $M(M-1)$ 项，故直接求 $P(e)$ 的计算复杂。如果能计算出平均正确分类的概率

$$P_c=\sum_{i=1}^{M}\int_{R_i}p(\boldsymbol{X}\mid \omega_i)P(\omega_i)\mathrm{d}\boldsymbol{X} \tag{4-63}$$



那么，错误率可用

$$P(e)=1-P_c \tag{4-64}$$

间接计算。

## 4.3.3 正态分布贝叶斯决策的错误率计算

对于两类问题，最小错误率贝叶斯决策的错误率究竟是多大？若模式样本 $\boldsymbol{X}$ 是 $n$ 维向量且 $n$ 较大时，则计算错误率中的 $n$ 重积分比较困难，所以，这里只能在一种特殊情况下来计算错误率并讨论其错误率。这里假定在以正态分布对数似然比的概率密度函数作为最小错误率贝叶斯决策规则，且两类的协方差矩阵相同的情况下错误率的计算结果。

**1. 正态分布的对数似然比**

设 $\omega_1$ 类和 $\omega_2$ 类的样本均服从正态分布，协方差矩阵相同即 $\boldsymbol{C}_1=\boldsymbol{C}_2=\boldsymbol{C}$，类概率密度函数为 $p(\boldsymbol{X}\mid \omega_i)\sim N(\boldsymbol{M}_i, \boldsymbol{C})$，$i=1, 2$。令 $t=\ln\frac{P(\omega_2)}{P(\omega_1)}$，则按最小贝叶斯决策的对数似然比决策规则可简写为

$$\text{若 } y(\boldsymbol{X})=\ln l_{12}(\boldsymbol{X})=\ln p(\boldsymbol{X}|\omega_1)-\ln p(\boldsymbol{X}|\omega_2)\gtrless t,\ \text{则 } \boldsymbol{X}\in\begin{cases}\omega_1\\ \omega_2\end{cases} \tag{4-65}$$

将多变量正态分布的类概率密度函数

$$p(\boldsymbol{X}|\omega_i)=\frac{1}{(2\pi)^{n/2}|\boldsymbol{C}_i|^{1/2}}\exp\left\{-\frac{1}{2}(\boldsymbol{X}-\boldsymbol{M}_i)^{\mathrm{T}}\boldsymbol{C}_i^{-1}(\boldsymbol{X}-\boldsymbol{M}_i)\right\},\ i=1,2 \tag{4-66}$$

代入对数似然比，可得

$$\begin{aligned}y(\boldsymbol{X})&=\ln p(\boldsymbol{X}|\omega_1)-\ln p(\boldsymbol{X}|\omega_2)\\&=-\frac{1}{2}(\boldsymbol{X}-\boldsymbol{M}_1)^{\mathrm{T}}\boldsymbol{C}^{-1}(\boldsymbol{X}-\boldsymbol{M}_1)+\frac{1}{2}(\boldsymbol{X}-\boldsymbol{M}_2)^{\mathrm{T}}\boldsymbol{C}^{-1}(\boldsymbol{X}-\boldsymbol{M}_2)\\&=\boldsymbol{X}^{\mathrm{T}}\boldsymbol{C}^{-1}(\boldsymbol{M}_1-\boldsymbol{M}_2)-\frac{1}{2}(\boldsymbol{M}_1+\boldsymbol{M}_2)^{\mathrm{T}}\boldsymbol{C}^{-1}(\boldsymbol{M}_1-\boldsymbol{M}_2)\end{aligned} \tag{4-67}$$

因随机向量 $\boldsymbol{X}$ 是正态分布的，所以，其每个分量也是正态分布的。式(4-67)表明，$y(\boldsymbol{X})$ 是由 $\boldsymbol{X}$ 各正态分布一维随机变量分量的线性函数，所以，$y(\boldsymbol{X})$ 也是正态分布的一维随机变量。

**2. 对数似然比概率分布**

记 $p(y \mid \omega_1)$ 为 $y(\boldsymbol{X})$ 对于 $\boldsymbol{X} \in \omega_1$ 分布下的概率密度函数，$\mu_1$ 和 $\sigma_1^2$ 分别为 $y(\boldsymbol{X})$ 对于 $\boldsymbol{X} \in \omega_1$ 分布下的均值和方差，则

$$\begin{aligned}\mu_1 &= E\{y(\boldsymbol{X})\} \\ &= \boldsymbol{M}_1^{\mathrm{T}}\boldsymbol{C}^{-1}(\boldsymbol{M}_1-\boldsymbol{M}_2)-\frac{1}{2}(\boldsymbol{M}_1+\boldsymbol{M}_2)^{\mathrm{T}}\boldsymbol{C}^{-1}(\boldsymbol{M}_1-\boldsymbol{M}_2) \\ &= \frac{1}{2}(\boldsymbol{M}_1-\boldsymbol{M}_2)^{\mathrm{T}}\boldsymbol{C}^{-1}(\boldsymbol{M}_1-\boldsymbol{M}_2)=\frac{1}{2}r_{12}^2\end{aligned} \tag{4-68}$$

即 $\mu_1=\frac{1}{2}r_{12}^2$。其中，$r_{12}^2=(\boldsymbol{M}_1-\boldsymbol{M}_2)^{\mathrm{T}}\boldsymbol{C}^{-1}(\boldsymbol{M}_1-\boldsymbol{M}_2)$ 为 $\omega_1$ 类的均值向量 $\boldsymbol{M}_1$ 与 $\omega_2$ 类的均值向量 $\boldsymbol{M}_2$ 的马氏距离二次方，且利用了 $\omega_1$ 中的样本分布满足 $\boldsymbol{E}(\boldsymbol{X})=\boldsymbol{M}_1$，则有

$$\sigma_1^2=E\{[y(\boldsymbol{X})-\mu_1]^2\}=(\boldsymbol{M}_1-\boldsymbol{M}_2)^{\mathrm{T}}\boldsymbol{C}^{-1}(\boldsymbol{M}_1-\boldsymbol{M}_2)=r_{12}^2 \tag{4-69}$$

同理，记 $p(y \mid \omega_2)$ 为 $y(\boldsymbol{X})$ 对于 $\boldsymbol{X} \in \omega_2$ 分布下的概率密度函数，$\mu_2$ 和 $\sigma_2^2$ 分别为 $y(\boldsymbol{X})$ 对于 $\boldsymbol{X} \in \omega_2$ 分布下的均值和方差，且利用 $\omega_2$ 中的样本分布满足 $\boldsymbol{E}(\boldsymbol{X})=\boldsymbol{M}_2$，则有

$$\mu_2=E\{y(\boldsymbol{X})\}=-\frac{1}{2}r_{12}^2 \tag{4-70}$$

$$\sigma_2^2=E\{[y(\boldsymbol{X})-\mu_2]^2\}=r_{12}^2 \tag{4-71}$$

于是

$$p(y|\omega_1) \sim N\left(\frac{1}{2}r_{12}^2, r_{12}^2\right) \tag{4-72}$$

$$p(y|\omega_2) \sim N\left(-\frac{1}{2}r_{12}^2, r_{12}^2\right) \tag{4-73}$$

对数似然比 $y(\boldsymbol{X})$ 对于两类模式样本分布下的概率密度函数如图 4.5 所示。

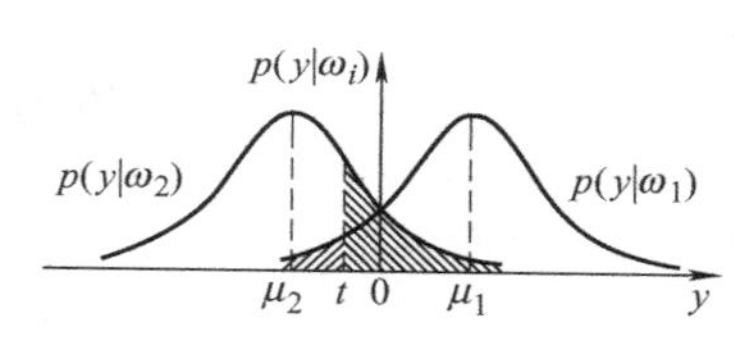


图 4.5　对数似然比 $y(\boldsymbol{X})$ 对两类模式概率密度函数

**3. 正态分布下贝叶斯决策的错误率**

在对数似然比决策规则下，两类的出错率 $P_1(e)$ 和 $P_2(e)$ 分别用 $p(y \mid \omega_1)$ 和 $p(y \mid \omega_2)$ 计算为

$$\begin{aligned}P_1(e) &= \int_{-\infty}^{t} p(y \mid \omega_1)\mathrm{d}y \\ &= \int_{-\infty}^{t}\frac{1}{\sqrt{2\pi}r_{12}}\exp\left[-\frac{(y-r_{12}^2/2)^2}{2r_{12}^2}\right]\mathrm{d}y \\ &= \int_{-\infty}^{t}\frac{1}{\sqrt{2\pi}}\exp\left[-\frac{1}{2}\left(\frac{y-r_{12}^2/2}{r_{12}}\right)^2\right]\mathrm{d}\left(\frac{y-r_{12}^2/2}{r_{12}}\right) \\ &= \int_{-\infty}^{\frac{t-r_{12}^2/2}{r_{12}}}\frac{1}{\sqrt{2\pi}}\exp\left[-\frac{1}{2}z^2\right]\mathrm{d}z \\ &= \Phi\left(\frac{t-r_{12}^2/2}{r_{12}}\right)\end{aligned} \tag{4-74}$$

$$P_2(e)=\int_{t}^{+\infty} p(y \mid \omega_2)\mathrm{d}y$$

$$
\begin{aligned}
&= \int_{t}^{+\infty} \frac{1}{\sqrt{2\pi} r_{12}} \exp\left[-\frac{(y + r_{12}^2/2)^2}{2r_{12}^2}\right] dy \\
&= \int_{t}^{+\infty} \frac{1}{\sqrt{2\pi}} \exp\left[-\frac{1}{2}\left(\frac{h + r_{12}^2/2}{r_{12}}\right)^2\right] d\left(\frac{h + r_{12}^2/2}{r_{12}}\right) = \int_{\frac{t+r_{12}^2/2}{r_{12}}}^{+\infty} \frac{1}{\sqrt{2\pi}} \exp\left(-\frac{1}{2}\xi^2\right) d\xi \\
&= 1 - \int_{-\infty}^{\frac{t+r_{12}^2/2}{r_{12}}} \frac{1}{\sqrt{2\pi}} \exp\left[-\frac{\xi^2}{2}\right] d\xi \\
&= 1 - \Phi\left(\frac{t + r_{12}^2/2}{r_{12}}\right)
\end{aligned} \tag{4-75}
$$

其中，$\Phi(\xi) = \int_{-\infty}^{\xi} \frac{1}{\sqrt{2\pi}} \exp\left(-\frac{y^2}{2}\right) dy$ 为标准正态分布函数。



将 $P_1(e)$ 和 $P_2(e)$ 代入总出错率公式 $P(e) = P(\omega_1)P_1(e) + P(\omega_2)P_2(e)$，得到两类问题贝叶斯决策的错误率 $P(e)$ 为

$$
\begin{aligned}
P(e) &= P(\omega_1)\int_{-\infty}^{t} p(y \mid \omega_1) dy + P(\omega_2)\int_{t}^{+\infty} p(y \mid \omega_2) dy \\
&= P(\omega_1)\Phi\left(\frac{t - r_{12}^2/2}{r_{12}}\right) + P(\omega_2)\left[1 - \Phi\left(\frac{t + r_{12}^2/2}{r_{12}}\right)\right]
\end{aligned} \tag{4-76}
$$

若 $P(\omega_1) = P(\omega_2) = \frac{1}{2}$，则 $t = 0$，此时 $P(e)$ 为

$$
\begin{aligned}
P(e) &= \frac{1}{2}\Phi\left(-\frac{r_{12}}{2}\right) + \frac{1}{2}\left[1 - \Phi\left(\frac{r_{12}}{2}\right)\right] \\
&= \frac{1}{2}\left[1 - \Phi\left(\frac{r_{12}}{2}\right)\right] + \frac{1}{2}\left[1 - \Phi\left(\frac{r_{12}}{2}\right)\right] \\
&= 1 - \Phi\left(\frac{r_{12}}{2}\right)
\end{aligned} \tag{4-77}
$$

上述推导说明，当两类的先验概率相等时，贝叶斯决策的错误率 $P(e)$ 为 $1 - \Phi\left(\frac{r_{12}}{2}\right)$。而在两类的先验概率不相等时，错误率 $P(e)$ 为 $P(\omega_1)\Phi\left(\frac{t - r_{12}^2/2}{r_{12}}\right) + P(\omega_2)\left[1 - \Phi\left(\frac{t + r_{12}^2/2}{r_{12}}\right)\right]$。但不管哪种情况，都要计算两类模式均值向量之间的马氏距离 $r_{12}$ 或马氏距离二次方 $r_{12}^2$，都要通过查找标准正态分布表来求。

显然，两类模式均值向量之间的马氏距离 $r_{12}$ 或马氏距离二次方 $r_{12}^2$ 越大，错误率越小。当协方差矩阵 $\boldsymbol{C}$ 为单位矩阵时，马氏距离 $r_{12}$ 则成为欧氏距离。

**例 4.8** 设 $\omega_1$ 类和 $\omega_2$ 类样本均服从正态分布，两类样本协方差矩阵相同，两类样本均值向量之间的马氏距离 $r_{12} = 3$，在下列两种情况下分别计算贝叶斯决策的错误率：

（1）两类先验概率相等；

（2）两类先验概率不相等，且 $P(\omega_1) = 0.4$，$P(\omega_2) = 0.6$。

**解：**（1）两类的先验概率相等时，因从标准正态分布表上查得 $\Phi(1.5) = 0.9332$，所以，贝叶斯决策的错误率 $P(e) = 1 - \Phi\left(\frac{r_{12}}{2}\right) = 1 - \Phi\left(\frac{3}{2}\right) = 1 - \Phi(1.5) = 1 - 0.9332 = 0.0668$。

（2）两类的先验概率不相等时，$t=\ln\frac{P(\omega_2)}{P(\omega_1)}=\ln\frac{0.6}{0.4}=\ln 1.5=0.4055$。贝叶斯决策的错误率

$$
\begin{aligned}
P(e) &= P(\omega_1)\Phi\left(\frac{t-r_{12}^2/2}{r_{12}}\right)+P(\omega_2)\left[1-\Phi\left(\frac{t+r_{12}^2/2}{r_{12}}\right)\right] \\
&= 0.4\times\Phi(-1.36)+0.6\times[1-\Phi(1.64)] \\
&= 0.4\times[1-\Phi(1.36)]+0.6\times[1-\Phi(1.64)]
\end{aligned}
$$

因从标准正态分布表上查得 $\Phi(1.36)=0.9131$，$\Phi(1.64)=0.9495$，所以，代入上式后可得贝叶斯决策的错误率 $P(e)=0.0651$。

### 4.3.4　分类器的正确率估计

分类器的正确率，又称为准确率或精度，是分类器的一个重要指标。正确率既可从识别的正确程度来加以计算，也可以通过错误率来计算，因为正确率 = 1 − 错误率。同理，如果得到了正确率，错误率 = 1 − 正确率。



虽然很多模式识别资料中都是以错误率的估计来得到正确率的估计，但分类的好坏，从正面意义上来讲，应该用正确率来衡量。由于正确率的估计方法与错误率的估计方法有些类似，所以，这里干脆直接换用正确率的估计来加以介绍。同时，以避免只知道错误率，而不知道正确率。类似于错误率的估计，正确率的理论估计需要对密度函数做复杂的高维积分，计算相当困难。一种行之有效的办法是通过样本抽样以实验的方法加以计算得到正确率的上界，以代替理论估计。分两种情况来估计正确率：

1）利用样本抽样法估计已设计好的分类器的正确率；

2）利用样本划分法设计分类器并估计其正确率。

**1. 利用样本抽样法估计已设计好的分类器的正确率**

（1）先验概率未知——随机抽样　设 $c$ 是理论上的真实正确率。样本总数为 $N$。若未知先验概率 $P(\omega_i)(i=1, 2, \cdots, M)$，则在所有样本即混合样本中随机抽取 $m$ 个样本来测试分类器的正确性。若 $k$ 为正确分类的样本数，则正确率的估计值 $\hat{c}$ 等于正确分类的样本数与随机抽取的样本数 $m$ 之比，即

$$
\hat{c}=\frac{k}{m} \tag{4-78}
$$

由于每次随机抽取的 $m$ 个样本并不一定相同，正确分类的样本数 $k$ 也可能不同，因此 $k$ 为随机值。但估计值 $\hat{c}$ 却是 $c$ 的一个无偏估计，是可信的。这可证明如下：

在正确率为 $c$ 的条件下对随机抽取的 $m$ 个样本正确分类的样本数 $k$ 服从二项式分布

$$
P(k|c)=\mathrm{C}_m^k c^k(1-c)^{m-k} \tag{4-79}
$$

其中，组合数 $\mathrm{C}_m^k=\frac{m!}{k!(m-k)!}$，$c$ 的最大似然估计满足

$$
\left.\frac{\partial P(k|c)}{\partial c}\right|_{c=\hat{c}}=0 \tag{4-80}
$$

等价于对数形式下求最大值：

$$
\left.\frac{\partial \ln P(k|c)}{\partial c}\right|_{c=\hat{c}}=0 \tag{4-81}
$$

等价于

$$\frac{\partial}{\partial c}\{\ln C_m^k + k\ln c + (m-k)\ln(1-c)\} = \frac{k}{c} + (m-k)\frac{-1}{1-c} = 0$$

即

$$k(1-\hat{c}) = (m-k)\hat{c} \tag{4-82}$$

故 $\hat{c} = \frac{k}{m}$。

由于二项分布的数学期望 $E(k)$ 和方差 $D(k)$ 有 $E(k) = mc$，$D(k) = mc(1-c)$，所以

$$E(\hat{c}) = \frac{E(k)}{m} = \frac{mc}{m} = c \tag{4-83}$$

$$D(\hat{c}) = D\left(\frac{k}{m}\right) = \frac{1}{m^2}E(k) = \frac{mc(1-c)}{m^2} = \frac{1}{m}c(1-c) \tag{4-84}$$



这就证明了正确率的估计值 $\hat{c}$ 是 $c$ 的一个无偏估计，且随机抽取的样本数 $m$ 越大，方差 $D(\hat{c})$ 越小，$\hat{c}$ 离 $c$ 越近。

当然，做一次实验正确率的估计值不一定就很准确，可以做多次实验，求得正确率的一个平均估计值。错误率的估计值 $\hat{e} = 1 - \hat{c}$，或者将错误率完全用上述类似的方法来估计。

（2）先验概率已知——选择性抽样　若已知各类的先验概率 $P(\omega_i)(i = 1, 2, \cdots, M)$，则可通过选择性随机抽取样本来估计分类器的正确率。仅以两类为例来加以介绍。在 $\omega_1$ 类和 $\omega_2$ 类的先验概率 $P(\omega_1)$ 和 $P(\omega_2)$ 已知的情况下，设 $c_1$ 和 $c_2$ 分别是理论上 $\omega_1$ 类和 $\omega_2$ 类样本被正确分类的真实正确率，总的真实正确率 $c = P(\omega_1)c_1 + P(\omega_2)c_2$，样本总数为 $N$。从 $\omega_1$ 类和 $\omega_2$ 类中随机抽取共 $m$ 个样本作分类器正确性检验，使得分别属于 $\omega_1$ 类和 $\omega_2$ 类样本数 $m_1$ 和 $m_2$ 满足

$$m_1 = P(\omega_1)m,\ m_2 = P(\omega_2)m,\ \text{且}\ m_1 + m_2 = m$$

设其中有 $k_1$ 个 $\omega_1$ 类的样本被正确分类，有 $k_2$ 个 $\omega_2$ 类的样本被正确分类，$k_1$ 和 $k_2$ 都是随机变量。因 $k_1$、$k_2$ 统计独立，所以 $k_1$ 和 $k_2$ 的联合分布概率为

$$P(k_1, k_2) = P(k_1)P(k_2) = \prod_{i=1}^{2} C_{m_i}^{k_i} c_i^{k_i} (1-c_i)^{m_i - k_i}$$

可以求得

$$\hat{c}_1 = \frac{k_1}{m_1}$$

$$\hat{c}_2 = \frac{k_2}{m_2}$$

分别是 $c_1$ 和 $c_2$ 的最大似然估计，也是无偏估计。下面来证明 $c$ 的估计也是 $c$ 的无偏估计。

由 $\hat{c} = P(\omega_1)\hat{c}_1 + P(\omega_2)\hat{c}_2 = P(\omega_1)\frac{k_1}{m_1} + P(\omega_2)\frac{k_2}{m_2}$，可算得 $\hat{c}$ 的数学期望和方差分别为

$$\begin{aligned} E(\hat{c}) &= E[P(\omega_1)\hat{c}_1 + P(\omega_2)\hat{c}_2] \\ &= P(\omega_1)E(\hat{c}_1) + P(\omega_2)E(\hat{c}_2) \\ &= P(\omega_1)c_1 + P(\omega_2)c_2 \end{aligned}$$

$$\begin{aligned} D(\hat{c}) &= D[P(\omega_1)\hat{c}_1 + P(\omega_2)\hat{c}_2] \\ &= P^2(\omega_1)D(\hat{c}_1) + P^2(\omega_2)E(\hat{c}_2) \end{aligned}$$

$$=P^2(\omega_1)\frac{c_1(1-c_1)}{m_1}+P^2(\omega_2)\frac{c_2(1-c_2)}{m_2}$$

$$=\frac{1}{m}[P(\omega_1)c_1(1-c_1)+P(\omega_2)c_2(1-c_2)]$$

所以，$\hat{c}$ 的确是 $c$ 的无偏估计。当 $m$ 很大，$m_1$ 和 $m_2$ 也都很大时，$D(\hat{c})$ 趋于 0，$\hat{c}$ 离 $c$ 很近。总的正确率 $c$ 的无偏估计为

$$\hat{c}=\sum_{i=1}^{2}P(\omega_i)\frac{k_i}{m_i} \tag{4-85}$$

若将随机抽样和选择抽样放在同一框架下分别进行，$c=P(\omega_1)c_1+P(\omega_2)c_2$，则它们的方差之差为

$$\frac{1}{m}c(1-c)-\frac{1}{m}[P(\omega_1)c_1(1-c_1)+P(\omega_2)c_2(1-c_2)]$$

$$=\frac{1}{m}[P(\omega_1)c_1+P(\omega_2)c_2-(P(\omega_1)c_1+P(\omega_2)c_2)^2-P(\omega_1)c_1(1-c_1)-P(\omega_2)c_2(1-c_2)]$$

$$=\frac{1}{m}P(\omega_1)P(\omega_2)(c_1-c_2)^2\geqslant 0$$

这说明，当 $c_1=c_2$ 时，两个方差相等。若 $c_1\neq c_2$，则随机抽样比选择抽样进行的正确率估计产生的方差大。这可理解为，在两类先验概率以及类划分已知时，选择抽样抽取的样本具有类的典型代表性，所以得到的正确率估计值更接近于理论值。

**2. 利用样本划分法设计分类器并估计其正确率**

如果可能采集到的样本多，可使用一部分样本作为训练样本集来设计分类器，用另一部分样本作为测试数据来估计分类器的正确率。而且可以将样本集划分为不同的训练集和测试集反复设计相同理论背景指导下的分类器，取平均正确率作为分类器最终正确率的估计值。但在实际中通常可能采集到的样本个数有限，既要用来作为训练样本来设计分类器，又要用来作为测试样本估计分类器的正确率。

当数据集一定后，不同的分类器其正确率也不相同。为了讨论方便起见，以贝叶斯分类器为例，待估计的贝叶斯分类器的错误率最小，因而正确率在给定的样本分布下能达到最大。但贝叶斯分类器的错误率或正确率究竟是多少，只有在非常特定的样本分布条件下才能得到一个比较精确的理论计算公式，一般情况下，没有给出具体的结果。所以，通常只能用实验的方法来估计。正确率既与训练样本的分布参数 $\boldsymbol{\theta}_1$ 有关，也与测试样本的分布参数 $\boldsymbol{\theta}_2$ 有关，即正确率的估计值是 $\boldsymbol{\theta}_1$ 和 $\boldsymbol{\theta}_2$ 的函数，记为 $\hat{c}(\boldsymbol{\theta}_1,\boldsymbol{\theta}_2)$。

设 $\theta$ 是全部训练样本分布的真实参数集，如果既用这些样本设计贝叶斯分类器，又用它们来检验分类器，样本数量可能是无穷的，这时，正确率为 $c(\boldsymbol{\theta},\boldsymbol{\theta})$。$c(\boldsymbol{\theta},\boldsymbol{\theta})$ 也可以说是真实的理论正确率。

在设计分类器时，若只抽取全部样本中样本分布参数估计量为 $\hat{\boldsymbol{\theta}}_m$ 的 $m$ 个样本来设计分类器，且同样也采用这 $m$ 个样本来测试和估计所设计分类器的正确率，则对所选择的 $m$ 个样本来说，其分类正确率设为 $\hat{c}(\hat{\boldsymbol{\theta}}_m,\hat{\boldsymbol{\theta}}_m)$。由于这 $m$ 个样本既用于训练也用于测试，针对性强，所以，其正确率应大于或等于真实的理论正确率，即 $\hat{c}(\hat{\boldsymbol{\theta}}_m,\hat{\boldsymbol{\theta}}_m)\geqslant c(\boldsymbol{\theta},\boldsymbol{\theta})$。因选择的 $m$ 个样本是随机的，所以 $\hat{\boldsymbol{\theta}}_m$ 应是随机量，其平均值或数学期望应满足

$$E\{\hat{c}(\hat{\boldsymbol{\theta}}_m,\hat{\boldsymbol{\theta}}_m)\}\geqslant c(\boldsymbol{\theta},\boldsymbol{\theta}) \tag{4-86}$$

故 $\hat{c}(\hat{\boldsymbol{\theta}}_m,\ \hat{\boldsymbol{\theta}}_m)$ 可看成是正确率估计值的上限。$E\{\hat{c}(\hat{\boldsymbol{\theta}}_m,\ \hat{\boldsymbol{\theta}}_m)\}$ 也是正确率估计值的一个上限。可这样理解，多次用 $m$ 个样本既作分类训练样本，又作测试样本，其正确率的平均值都大于或等于真实的理论正确率。

若抽取 $m$ 个样本作训练样本设计贝叶斯分类器，用全部样本作测试样本对分类器进行测试，不考虑测试样本与设计分类器用样本之间的相关性，则得到的正确率估计 $\hat{c}(\hat{\boldsymbol{\theta}}_m,\ \boldsymbol{\theta})$ 应不大于真实的理论正确率，即 $\hat{c}(\hat{\boldsymbol{\theta}}_m,\ \boldsymbol{\theta})\leqslant c(\boldsymbol{\theta},\ \boldsymbol{\theta})$，这是由于设计分类器用的样本数 $m$ 毕竟比所有样本数小，而测试用的样本数多所造成的。$\hat{c}(\hat{\boldsymbol{\theta}}_m,\ \boldsymbol{\theta})$ 的平均值或数学期望应满足

$$E\{\hat{c}(\hat{\boldsymbol{\theta}}_m,\boldsymbol{\theta})\}\leqslant c(\boldsymbol{\theta},\boldsymbol{\theta}) \tag{4-87}$$

故，$\hat{c}(\hat{\boldsymbol{\theta}}_m,\ \boldsymbol{\theta})$ 是正确率估计值的下限。$E\{\hat{c}(\hat{\boldsymbol{\theta}}_m,\ \boldsymbol{\theta})\}$ 也是正确率估计值的一个下限。它表明，多次用 $m$ 个样本既作训练样本，用全部样本作测试样本，其正确率的平均值都不大于真实的理论正确率。



设计训练样本集和测试样本集并估计正确率的基本方法：

设 $N$ 为总样本数。根据 $N$ 的大小情况做如下处理：

（1）当总样本数 $N$ 很大时　由于计算机的容量和计算速度毕竟有限，遇到很大的数据量时，计算机可能都难以处理。此时，可抽取其中的一部分典型样本构成适当大的样本集用于分类器的设计和测试。其典型性要求样本具有代表性，即要包含各类的样本，而不能仅含一类的样本。若有有关样本的先验知识，如哪一类样本的取值在哪个范围，则可使用先验知识来抽取样本。得到适当大的样本集后，进入下一情况的处理。

（2）当总样本数 $N$ 适当大时　此时，可采用“样本划分法”，将样本集划分成两个子集，其中一个作训练样本集，用于设计分类器，另一个作测试样本集用于估计分类器的正确率。采用不同子集划分，可求得不同的正确率，其平均值可作为正确率的估计值。若第 $i$ 次得到的正确率为 $c_i$，一共进行了 $m$ 次，则正确率的估计值

$$\hat{c}=\frac{1}{m}\sum_{i=1}^{m}c_i \tag{4-88}$$

（3）当总样本数 $N$ 较小时　此时，可采用“留一法”，每次用 $N$ 个样本中的 $N-1$ 个样本设计分类器，用留下的一个样本测试其分类的正确性。重复 $N$ 次，若正确分类 $k$ 次，则正确率的估计值为

$$\hat{c}=\frac{k}{N} \tag{4-89}$$

留一法的缺点是因要设计 $N$ 次分类器，进行 $N$ 次判断，所以，计算量大。但其优点是，当样本数较小时，不失为一个行之有效的训练样本集和测试样本集设计方法，且逐一使用了 $N$ 个样本中的每一个作为测试样本。

上述讨论是针对正确率的，若要对错误率做讨论，显然，只要将“正确率”改为“错误率”，标记符号做相应改变，不等号反向，相关的一些地方做必要变化，就可得到相应的出错率的估计。此外，上述设计训练样本集和测试样本集并估计正确率的基本方法既可用于贝叶斯分类器，也可用于其他分类器正确率的估计。

一旦正确率的估计求得，错误率自然也就是 1－正确率。

## 4.4　聂曼-皮尔逊决策

**1. 基本思想**

以两分类问题为例，贝叶斯分类器的总错误率是两类错误率以先验概率为权值的加权组合，但在现实中先验概率 $P(\omega_i)(i=1, 2)$ 有时很难得到或根本就无先验概率，条件损失系数 $\lambda(\alpha_i, \omega_j)$ 也很难确定，于是设计最小错误率的贝叶斯分类器和最小风险贝叶斯分类器就成为不可能，因为即使作为最小错误率贝叶斯分类器的阈值即先验概率比值 $P(\omega_2)/P(\omega_1)$ 都无法计算。聂曼－皮尔逊(Neyman－Person)决策规则的基本思想是，固定某一错误率，使另一错误率达到最小，从而确定分类阈值，进而形成决策规则。

在两类问题贝叶斯决策的错误率计算公式 $P(e)=P(\omega_1)P_1(e)+P(\omega_2)P_2(e)$ 中，

$$P_1(e)=\int_{R_2}p(\boldsymbol{X}\mid\omega_1)\mathrm{d}\boldsymbol{X} \tag{4-90}$$

$$P_2(e)=\int_{R_1}p(\boldsymbol{X}\mid\omega_2)\mathrm{d}\boldsymbol{X} \tag{4-91}$$

$P_1(e)$ 为 $\omega_1$ 类样本错分为 $\omega_2$ 类的错误率，$P_2(e)$ 为 $\omega_2$ 类样本错分为 $\omega_1$ 类的错误率，分别称它们为两类的错误率。聂曼－皮尔逊决策出发点：在 $P_2(e)$ 等于常数的条件下，使 $P_1(e)$ 达到最小，从而确定一个阈值 $t$，建立如下的聂曼－皮尔逊决策规则：

$$\frac{p(\boldsymbol{X}|\omega_1)}{p(\boldsymbol{X}|\omega_2)}\gtrless t，则\ \begin{matrix}\boldsymbol{X}\in\omega_1\\ \boldsymbol{X}\in\omega_2\end{matrix} \tag{4-92}$$

在样本变量 $\boldsymbol{X}$ 为一维情况时，聂曼-皮尔逊决策规则如图 4.6 所示。

聂曼－皮尔逊决策在诸如信号检测中使用意义较大。若用 $P_1(e)$ 表示漏报率(有敌机出现，雷达却没有检测到)，$P_2(e)$ 表示虚警率(无敌机出现，但雷达却报有敌机)，则聂曼－皮尔逊决策的含义就是：在虚警率 $P_2(e)$ 是一个可接受的常数值下，使漏报率 $P_1(e)$ 达到最小，应该如何对目标类别加以判断(是敌机还是非敌机)。

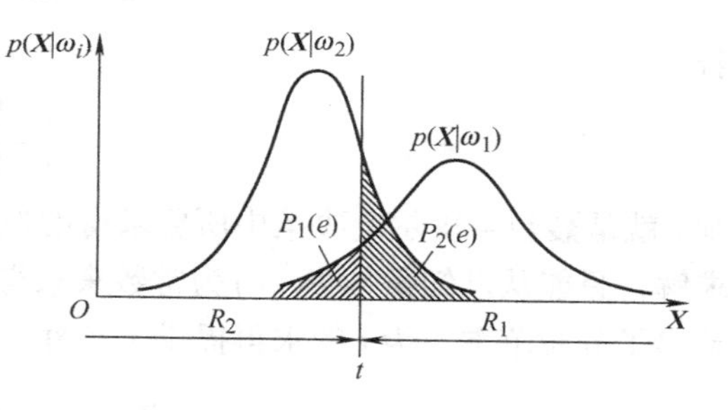

图 4.6　一维情况聂曼－皮尔逊决策示意图

**2. 判别式推导**

在 $P_2(e)$ 为常数下，求 $P_1(e)$ 达到最小，是一个条件极值问题。设一个辅助函数

$$Q=P_1(e)+tP_2(e) \tag{4-93}$$

其中，$t$ 为待定常数。求 $P_1(e)$ 的极小值问题与求 $Q$ 的极小值问题等价。于是

$$\begin{aligned}Q&=\int_{R_2}p(\boldsymbol{X}\mid\omega_1)\mathrm{d}\boldsymbol{X}+t\int_{R_1}p(\boldsymbol{X}\mid\omega_2)\mathrm{d}\boldsymbol{X}\\&=\left(1-\int_{R_1}p(\boldsymbol{X}\mid\omega_1)\mathrm{d}\boldsymbol{X}\right)+t\int_{R_1}p(\boldsymbol{X}\mid\omega_2)\mathrm{d}\boldsymbol{X}\\&=1+\int_{R_1}[t\cdot p(\boldsymbol{X}\mid\omega_2)-p(\boldsymbol{X}\mid\omega_1)]\mathrm{d}\boldsymbol{X}\end{aligned} \tag{4-94}$$

要使 $Q$ 极小，则应使

$$\int_{R_1}[t\cdot p(\boldsymbol{X}\mid\omega_2)-p(\boldsymbol{X}\mid\omega_1)]\mathrm{d}\boldsymbol{X}<0$$

在区域 $R_1$ 内应使积分的被积函数满足

$$t\cdot p(\boldsymbol{X}|\omega_2)<p(\boldsymbol{X}|\omega_1)$$

即

$$\frac{p(\boldsymbol{X}|\omega_1)}{p(\boldsymbol{X}|\omega_2)}>t\Rightarrow\boldsymbol{X}\in\omega_1$$

同理可得

$$Q=\int_{R_2}p(\boldsymbol{X}\mid\omega_1)\mathrm{d}\boldsymbol{X}+t\left[1-\int_{R_2}p(\boldsymbol{X}\mid\omega_2)\mathrm{d}\boldsymbol{X}\right]$$

$$=t+\int_{R_2}[p(\boldsymbol{X}\mid\omega_1)-t\cdot p(\boldsymbol{X}\mid\omega_2)]\mathrm{d}\boldsymbol{X}$$

在区域 $R_2$ 内也应使积分的被积函数满足

$$p(\boldsymbol{X}|\omega_1)<t\cdot p(\boldsymbol{X}|\omega_2)$$

即

$$\frac{p(\boldsymbol{X}|\omega_1)}{p(\boldsymbol{X}|\omega_2)}<t\Rightarrow\boldsymbol{X}\in\omega_2$$

于是，聂曼–皮尔逊决策为

$$若\ \frac{p(\boldsymbol{X}|\omega_1)}{p(\boldsymbol{X}|\omega_2)}\gtrless t，则\ \boldsymbol{X}\in\begin{cases}\omega_1\\\omega_2\end{cases}\tag{4-95}$$

若

$$\frac{p(\boldsymbol{X}|\omega_1)}{p(\boldsymbol{X}|\omega_2)}=t\tag{4-96}$$

则 $t$ 就是聂曼–皮尔逊决策中所要求得的似然比阈值。但 $t$ 的求得，不能从这个似然比直接求解，只能从已知条件 $P_2(e)$ 为常数来求得。然而，似然比阈值决策不等式往往为两类模式给出了分布范围，为 $t$ 的求得提供了条件，因为

$$P_2(e)=\int_{R_1}p(\boldsymbol{X}\mid\omega_2)\mathrm{d}\boldsymbol{X}\tag{4-97}$$

其中，$R_1$ 是 $\omega_1$ 类的判别区，判别区的下界或上界与 $t$ 有关，从而当 $P_2(e)$ 为常数时，可求得 $t$ 的值。

**例 4.9** 对于样本为二维正态分布的一个两类问题，均值向量分别为 $\boldsymbol{M}_1=(0,\ -1)^{\mathrm{T}}$，$\boldsymbol{M}_2=(0,\ 1)^{\mathrm{T}}$。协方差矩阵为 $\boldsymbol{C}_1=\boldsymbol{C}_2=\boldsymbol{I}$，设 $P_2(e)=0.059$，用聂曼–皮尔逊决策规则求似然比阈值 $t$、判别规则和判别界面方程。

**解**：(1) 求类概率密度函数

因 $\boldsymbol{C}_1=\boldsymbol{C}_2=\boldsymbol{I}$，所以，$\boldsymbol{C}_1^{-1}=\boldsymbol{C}_2^{-1}=\boldsymbol{I}$。代入多元正态分布的类概率密度函数，得

$$p(\boldsymbol{X}|\omega_1)=\frac{1}{2\pi}\exp\left\{-\frac{1}{2}(\boldsymbol{X}-\boldsymbol{M}_1)^{\mathrm{T}}(\boldsymbol{X}-\boldsymbol{M}_1)\right\}=\frac{1}{2\pi}\exp\left\{-\frac{1}{2}[x_1^2+(x_2+1)^2]\right\}$$

$$p(\boldsymbol{X}|\omega_2)=\frac{1}{2\pi}\exp\left\{-\frac{1}{2}(\boldsymbol{X}-\boldsymbol{M}_2)^{\mathrm{T}}(\boldsymbol{X}-\boldsymbol{M}_2)\right\}=\frac{1}{2\pi}\exp\left\{-\frac{1}{2}[x_1^2+(x_2-1)^2]\right\}$$

（2）求似然比

$$\frac{p(\boldsymbol{X}|\omega_1)}{p(\boldsymbol{X}|\omega_2)}=\exp\left\{-\frac{1}{2}[x_1^2+(x_2+1)^2]+\frac{1}{2}[x_1^2+(x_2-1)^2]\right\}$$
$$=\exp\{-2x_2\}$$

（3）决策规则

$$\text{若}\ \exp\{-2x_2\}\gtrless t,\text{则}\ \boldsymbol{X}\in\begin{cases}\omega_1\\\omega_2\end{cases}$$

对上式两边取自然对数，有 $-2x_2\gtrless \ln t$，即

$$\text{若}\ x_2\lessgtr-\frac{1}{2}\ln t,\text{则}\ \boldsymbol{X}\in\begin{cases}\omega_1\\\omega_2\end{cases}$$

注意：上面不等号已反向。此决策规则说明，对 $x_1$ 的取值无限制，或者说 $x_1$ 的取值范围为 $(-\infty,+\infty)$，而当 $x_2<-\frac{1}{2}\ln t$ 时，对应的 $\boldsymbol{X}\in\omega_1$，否则，对应的 $\boldsymbol{X}\in\omega_2$。这就确定了两类样本分布分别在 $x_1$、$x_2$ 轴的取值范围，为下面 $P_2(e)$ 计算确定了积分的下、上限。

（4）求似然比阈值 $t$

由 $P_2(e)$ 与 $t$ 的关系及 $x_1$ 和 $x_2$ 的取值范围决定的判别区，有

$$P_2(e)=\int_{R_1}p(\boldsymbol{X}|\omega_2)\mathrm{d}\boldsymbol{X}=\int_{-\infty}^{-\frac{1}{2}\ln t}\int_{-\infty}^{+\infty}\frac{1}{2\pi}\exp\left\{-\frac{1}{2}[x_1^2+(x_2-1)^2]\right\}\mathrm{d}x_1\mathrm{d}x_2$$

分离积分，并向正态分布标准形式靠拢，有

$$P_2(e)=\int_{-\infty}^{-\frac{1}{2}\ln t}\frac{1}{\sqrt{2\pi}}\exp\left[-\frac{1}{2}(x_2-1)^2\right]\mathrm{d}x_2\frac{1}{\sqrt{2\pi}}\int_{-\infty}^{+\infty}\exp\left(-\frac{x_1^2}{2}\right)\mathrm{d}x_1$$
$$=\int_{-\infty}^{-\frac{1}{2}\ln t}\frac{1}{\sqrt{2\pi}}\exp\left[-\frac{1}{2}(x_2-1)^2\right]\mathrm{d}x_2$$
$$=\int_{-\infty}^{-\frac{1}{2}\ln t-1}\frac{1}{\sqrt{2\pi}}\exp\left(-\frac{1}{2}y^2\right)\mathrm{d}y=0.059$$

上式为标准正态分布函数。查标准正态分布表，要求 $P_2(e)=0.059$。因为 $\lambda=-\frac{1}{2}\ln t-1<0$，所以在表上查 $\Phi(-\lambda)=1-0.059=0.941$，相应的有 0.9406 和 0.9418 两个数值可用，取用 0.9406，得 $-\lambda=1.56$。即

$$-\frac{1}{2}\ln t-1=-1.56$$
$$-\frac{1}{2}\ln t=-0.56$$
$$\ln t=1.12$$

计算得似然比阈值 $t$ 的值

$$t=\mathrm{e}^{1.12}=3.0649$$

决策规则

$$\text{若 } x_2 \lessgtr -0.56\text{，则 } X \in \begin{cases}\omega_1\\ \omega_2\end{cases}$$

判别界面 $x_2 = -\dfrac{1}{2}\ln t$

即 $x_2 = -0.56$

判别界面如图 4.7 所示。

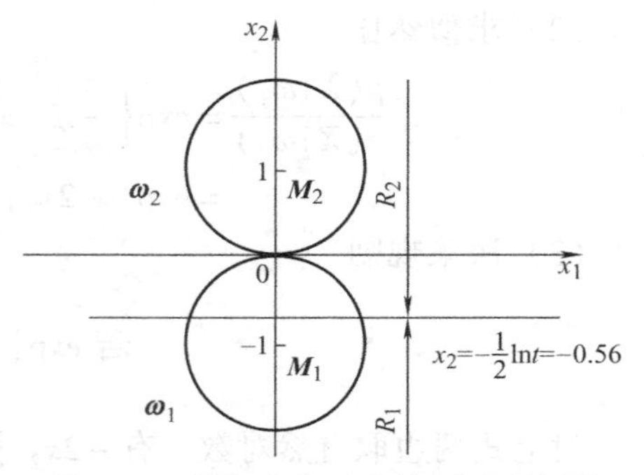


图 4.7　聂曼–皮尔逊决策例子示意图

## 4.5　类条件概率密度函数的参数估计



前面多种分类器在设计时都假定类条件概率密度函数 $p(X \mid \omega_i)$ 为已知。但当类条件概率密度函数未知时，就无法设计出相应的判别规则和决策界面。在类条件概率密度函数未知的情况下能否通过已知类别的样本集估计出类条件概率密度函数，从而为按前面的方法设计分类器创造条件，这就是研究类条件概率密度函数的参数估计问题的意义。

估计类条件概率密度函数的方法一般分成两类：

（1）参数估计法　在假设已知类条件概率密度函数的数学表示形式而不知函数参数的情况下，通过估计参数来确定类条件概率密度函数的方法称为参数估计法，主要包括最大似然估计、贝叶斯估计和贝叶斯学习三种方法。还有其他的估计方法如矩估计在此不做介绍。感兴趣的读者，可参阅有关资料。

（2）非参数估计法　在连类条件概率密度函数的数学表示形式都未知的情况下，只好通过某种方法直接估计类条件概率密度函数本身，不估计函数的参数或者说根本无参数好估计，这种估计法就叫作非参数估计法。主要包括 Parzen 窗法和 $k_N$–近邻估计法。

而直接估计后验概率的方法则是与估计类条件概率密度函数完全不相同的方法。

本节介绍参数估计法，而非参数估计法则放在下一节中介绍。

### 4.5.1　最大似然估计

不论是两类问题还是多类问题，对其中的任一类，设为 $\omega$，给定了从 $\omega$ 类中独立抽取的 $N$ 个样本组成的集合 $X^N = \{X_1, X_2, \cdots, X_N\}$，类条件概率密度函数表示形式为已知，但决定该函数的一个参数或多个参数未知，现在用最大似然估计来估计其未知参数。为方便起见，以 $\boldsymbol{\theta}$ 作为其未知参数。$\boldsymbol{\theta}$ 可以是一个标量，此时只有一个未知参数。如果有多个未知参数，设为 $r$ 个，则 $\boldsymbol{\theta} = (\theta_1, \theta_2, \cdots, \theta_r)^{\mathrm{T}}$ 为一个向量，其中，$\theta_1, \theta_2, \cdots, \theta_r$ 都是待估计的参数。下面以未知参数 $\boldsymbol{\theta} = (\theta_1, \theta_2, \cdots, \theta_r)^{\mathrm{T}}$ 为一个向量来加以介绍。

设在参数为 $\boldsymbol{\theta}$ 下独立抽取 $N$ 个样本所构成的样本集 $X^N = \{X_1, X_2, \cdots, X_N\}$，联合类条件概率密度函数为 $p(X^N \mid \theta)$。因为 $N$ 个样本是独立抽取的，所以

$$p(X^N \mid \boldsymbol{\theta}) = p(X_1, X_2, \cdots, X_N \mid \boldsymbol{\theta}) = \prod_{k=1}^{N} p(X_k \mid \boldsymbol{\theta}) \tag{4-98}$$

其中，$p(X_k \mid \boldsymbol{\theta})$ 是 $\boldsymbol{\theta}$ 下抽取样本为 $X_k$ 的类条件概率密度函数。$p(\mathrm{X}^N \mid \boldsymbol{\theta})$ 称为 $\boldsymbol{\theta}$ 和 $X$ 的似然

函数。$p(\boldsymbol{X}_k \mid \boldsymbol{\theta})$ 也称为 $\boldsymbol{\theta}$ 和 $\boldsymbol{X}_k$ 的似然函数。可是为什么在 $\boldsymbol{\theta}$ 给定的条件下独立抽取的样本集恰好是 $\boldsymbol{X}^N=\{\boldsymbol{X}_1, \boldsymbol{X}_2, \cdots, \boldsymbol{X}_N\}$ 呢？这说明，$\boldsymbol{\theta}$ 和 $\boldsymbol{X}^N$ 使似然函数 $p(\boldsymbol{X}^N \mid \boldsymbol{\theta})$ 达到了最大值，因为概率最大的事件是最可能发生的事件。既然 $p(\boldsymbol{X}^N \mid \boldsymbol{\theta})$ 达到了最大值，那么使之达到这个最大值的 $\boldsymbol{\theta}$ 就是问题的解。$p(\boldsymbol{X}^N \mid \boldsymbol{\theta})$ 是 $\boldsymbol{\theta}$ 的函数。要求出函数在最大值时的 $\boldsymbol{\theta}$，可用求偏导数的办法来求。

令

$$\frac{\partial p(\boldsymbol{X}^N \mid \boldsymbol{\theta})}{\partial \boldsymbol{\theta}}=\boldsymbol{0} \tag{4-99}$$

从中解得使 $p(\boldsymbol{X}^N \mid \boldsymbol{\theta})$ 达到最大值的 $\boldsymbol{\theta}$。$\boldsymbol{\theta}$ 为一维时虽然有多个点使得 $p(\boldsymbol{X}^N \mid \boldsymbol{\theta})$ 对 $\boldsymbol{\theta}$ 的偏导数为 0，但只有使 $p(\boldsymbol{X}^N \mid \boldsymbol{\theta})$ 达到最大值的点才是所要求的解。如图 4. 8所示。这就是最大似然法估计的出发点。

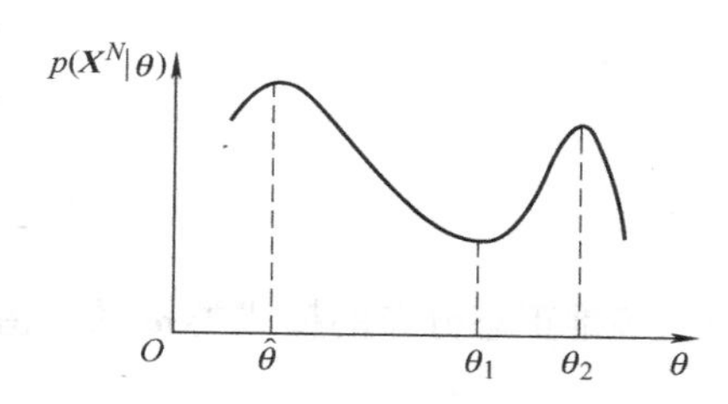


图 4. 8　一维时使似然函数达到最大值的 $\hat{\theta}$ 才是解

由于很多密度函数都是指数函数，连乘式可通过取对数变成加式，且对数函数是单调增加的，似然函数的对数函数最大值所在的点也是使似然函数达到最大值的点，似然函数的对数比使用似然函数本身在计算过程中会更简单，所以，下面用似然函数的对数函数来计算推导。定义对数似然函数为

$$L(\boldsymbol{\theta})=\ln p(\boldsymbol{X}^N \mid \boldsymbol{\theta})=\ln \prod_{k=1}^{N} p(\boldsymbol{X}_k \mid \boldsymbol{\theta}) \tag{4-100}$$

$\omega$ 类的条件概率密度函数参数 $\boldsymbol{\theta}=(\theta_1, \theta_2, \cdots, \theta_r)^{\mathrm{T}}$，令 $L(\boldsymbol{\theta})$ 对 $\boldsymbol{\theta}$ 的偏导数为$\boldsymbol{0}$，有

$$\begin{cases} \sum_{k=1}^{N} \dfrac{\partial}{\partial \theta_1} \ln p(\boldsymbol{X}_k \mid \boldsymbol{\theta})=0 \\ \sum_{k=1}^{N} \dfrac{\partial}{\partial \theta_2} \ln p(\boldsymbol{X}_k \mid \boldsymbol{\theta})=0 \\ \quad \vdots \\ \sum_{k=1}^{N} \dfrac{\partial}{\partial \theta_p} \ln p(\boldsymbol{X}_k \mid \boldsymbol{\theta})=0 \end{cases} \tag{4-101}$$

解上述联立的 $r$ 个等式方程，求得 $\boldsymbol{\theta}$。若有多个解，则取使 $L(\boldsymbol{\theta})$ 达到最大值的解为最大似然估计值。在实际应用中，类条件概率密度函数给出的形式可能有多种，但不管怎样，采用最大似然估计法，一定要求使似然函数达到最大值的点才是所要求的解。

下面以类样本分布为正态分布为例来说明最大似然估计法的具体估计过程。

设正态分布的 $\omega$ 类样本为一维的，且 $\omega$ 类的条件概率密度函数 $p(\boldsymbol{X} \mid \omega) \sim N(\mu, \sigma^2)$，待估计的参数 $\theta_1=\mu$，$\theta_2=\sigma^2$ 为未知。也就是说，$\boldsymbol{\theta}=(\theta_1, \theta_2)^{\mathrm{T}}=(\mu, \sigma^2)^{\mathrm{T}}$ 为二维未知参数向量。

$p(x \mid \boldsymbol{\theta})$ 和它的对数分别为

$$p(x \mid \boldsymbol{\theta})=\frac{1}{\sqrt{2\pi}\sigma} \exp\left[-\frac{(x-\mu)^2}{2\sigma^2}\right]$$

$$\ln p(x|\boldsymbol{\theta}) = -\frac{1}{2}\ln(2\pi\sigma^2) - \frac{(x-\mu)^2}{2\sigma^2} \tag{4-102}$$

由式(4-101)得

$$\begin{cases} \sum_{k=1}^{N}\frac{\partial}{\partial\theta_1}\ln p(x_k \mid \boldsymbol{\theta}) = \sum_{k=1}^{N}\frac{x_k-\theta_1}{\theta_2} = 0 \\ \sum_{k=1}^{N}\frac{\partial}{\partial\theta_2}\ln p(x_k \mid \boldsymbol{\theta}) = \sum_{k=1}^{N}\left[\frac{-1}{2\theta_2} + \frac{(x_k-\theta_1)^2}{2\theta_2^2}\right] = 0 \end{cases} \tag{4-103}$$

由于以上方程组只有唯一解，解得均值$\mu$和方差$\sigma^2$的估计量为

$$\hat{\mu} = \hat{\theta}_1 = \frac{1}{N}\sum_{i=1}^{N}x_k \tag{4-104}$$

$$\hat{\sigma} = \hat{\theta}_2 = \frac{1}{N}\sum_{i=1}^{N}(x_k-\hat{\mu})^2 \tag{4-105}$$



多维正态分布的模式类$\omega$的均值向量和协方差矩阵的最大似然估计分别为

$$\hat{\boldsymbol{M}}_i = \frac{1}{N}\sum_{k=1}^{N}\boldsymbol{X}_k \tag{4-106}$$

$$\hat{\boldsymbol{C}}_i = \frac{1}{N}\sum_{k=1}^{N}(\boldsymbol{X}_k-\hat{\boldsymbol{M}}_i)(\boldsymbol{X}_k-\hat{\boldsymbol{M}}_i)^{\mathrm{T}} \tag{4-107}$$

可见，正态分布下均值向量的最大似然估计就是样本均值向量。协方差矩阵的最大似然估计是$N$个矩阵的算术平均，与样本协方差矩阵的系数通常为$\frac{1}{N-1}$略有区别。

## 4.5.2 贝叶斯估计

最大似然估计将类概率密度函数$p(\boldsymbol{X}\mid\omega)$中待估计的参数看成是确定性事件的数据加以估计，而当待估计的参数是随机事件的数据时，则只能用贝叶斯估计或贝叶斯学习这两种方法之一来估计。下面先介绍贝叶斯估计的理论推导，再以正态分布为例，按贝叶斯估计法求解待估参数。

**1. 贝叶斯估计的理论基础**

设$\omega$类的类概率密度函数$p(\boldsymbol{X}\mid\omega)$的函数表示形式是确定的，但决定该函数的关键性参数未知，设$\boldsymbol{\theta}$是待估参数。$\boldsymbol{\theta}$的先验概率密度为$p(\boldsymbol{\theta})$。从类$\omega$中随机抽取的一组样本构成的样本集为$\boldsymbol{X}^N=\{\boldsymbol{X}_1, \boldsymbol{X}_2, \cdots, \boldsymbol{X}_N\}$，在$\boldsymbol{\theta}$下$\boldsymbol{X}^N$的联合类条件概率密度函数或称联合似然函数为$p(\boldsymbol{X}^N\mid\boldsymbol{\theta})$。贝叶斯估计的基本思想是：利用$p(\boldsymbol{X}^N\mid\boldsymbol{\theta})$、$p(\boldsymbol{\theta})$和贝叶斯公式先求$\boldsymbol{\theta}$的后验概率密度函数$p(\boldsymbol{\theta}\mid\boldsymbol{X}^N)$，然后，用$\hat{\theta}=\int\theta p(\theta\mid X^N)\mathrm{d}\theta$，即求$\boldsymbol{\theta}$在后验概率密度$p(\boldsymbol{\theta}\mid\boldsymbol{X}^N)$下的期望值或平均值作为$\boldsymbol{\theta}$的估计。

贝叶斯估计的步骤可归纳如下：

1）初始化：给出$\boldsymbol{\theta}$的先验概率密度$p(\boldsymbol{\theta})$；样本集$\boldsymbol{X}^N=\{\boldsymbol{X}_1, \boldsymbol{X}_2, \cdots, \boldsymbol{X}_N\}$；$p(\boldsymbol{X}\mid\omega)$的函数表示形式。

2）求$p(\boldsymbol{X}^N\mid\boldsymbol{\theta})$。

3）利用贝叶斯公式求$\boldsymbol{\theta}$的后验概率密度

$$p(\boldsymbol{\theta} \mid \boldsymbol{X}^N) = \frac{p(\boldsymbol{X}^N \mid \boldsymbol{\theta})p(\boldsymbol{\theta})}{\int p(\boldsymbol{X}^N \mid \boldsymbol{\theta})p(\boldsymbol{\theta})\mathrm{d}\boldsymbol{\theta}} \tag{4-108}$$

4）求 $\boldsymbol{\theta}$ 的期望值或平均值 $\hat{\boldsymbol{\theta}} = E(\boldsymbol{\theta} \mid \boldsymbol{X}^N)\int \boldsymbol{\theta} p(\boldsymbol{\theta} \mid \boldsymbol{X}^N)\mathrm{d}\boldsymbol{\theta}$ 作为 $\boldsymbol{\theta}$ 的贝叶斯估计量。

**2. 正态分布类密度函数参数的贝叶斯估计**

下面以正态分布为例来介绍贝叶斯估计的用法。为了简化起见，这里以单变量正态分布为例，并假定方差 $\sigma^2$ 已知，待估计的仅是均值 $\mu$。

设 $\omega$ 类模式样本为服从正态分布的一维形式，密度函数为 $p(x \mid \mu) - N(\mu, \sigma^2)$，$\sigma^2$ 已知为常数，$\mu$ 为待估随机参数。设 $x^N = \{x_1, x_2, \cdots, x_N\}$ 是从 $\omega$ 类中独立地随机抽取的 $N$ 个样本构成的集合。假定 $\mu$ 也是服从正态分布的随机变量，设 $\mu$ 的先验概率密度 $p(\mu) - N(\mu_0, \sigma_0^2)$：

$$p(\mu) = \frac{1}{\sqrt{2\pi}\sigma_0}\exp\left[-\frac{1}{2}\left(\frac{\mu - \mu_0}{\sigma_0}\right)^2\right] \tag{4-109}$$

其中，$\mu_0$ 和 $\sigma_0^2$ 为已知常数，$\mu_0$ 可被看成是对 $\mu$ 的一个推测值，$\sigma_0^2$ 是方差，衡量绕 $\mu_0$ 的分散情况。

利用贝叶斯公式求 $\mu$ 的后验概率密度函数

$$p(\mu \mid x^N) = \frac{p(x^N \mid \mu)p(\mu)}{\int p(x^N \mid \mu)p(\mu)\mathrm{d}\mu} \tag{4-110}$$

式中，$\mu$ 的似然函数 $p(x^N \mid \mu)$ 可以表示为 $p(x^N \mid \mu) = \prod_{k=1}^{N} p(x_k \mid \mu)$，代入上式得

$$p(\mu \mid x^N) = a\prod_{k=1}^{N} p(x_k \mid \mu)p(\mu) \tag{4-111}$$

其中，$a = \dfrac{1}{\int p(x^N \mid \mu)p(\mu)\mathrm{d}\mu}$，是与 $\mu$ 无关的项，不影响 $p(\mu \mid x^N)$ 的形式。由于

$$p(x|\mu) \sim N(\mu,\sigma^2),p(\mu) \sim N(\mu_0,\sigma_0^2)$$

所以

$$\begin{aligned}
p(\mu \mid x^N) &= a\prod_{k=1}^{N} p(x_k \mid \mu)p(\mu) \\
&= a\prod_{k=1}^{N} \frac{1}{\sqrt{2\pi}\sigma}\exp\left[-\frac{(x_k - \mu)^2}{2\sigma^2}\right] \cdot \frac{1}{\sqrt{2\pi}\sigma_0}\exp\left[-\frac{(\mu - \mu_0)^2}{2\sigma_0^2}\right] \\
&= b\exp\left\{-\frac{1}{2}\left[\sum_{k=1}^{N}\frac{(\mu - x_k)^2}{\sigma^2} + \frac{(\mu - \mu_0)^2}{\sigma_0^2}\right]\right\} \\
&= c\exp\left\{-\frac{1}{2}\left[\left(\frac{N}{\sigma^2} + \frac{1}{\sigma_0^2}\right)\mu^2 - 2\left(\frac{1}{\sigma^2}\sum_{k=1}^{N} x_k + \frac{\mu_0}{\sigma_0^2}\right)\mu\right]\right\}
\end{aligned} \tag{4-112}$$

式中，与 $\mu$ 无关的项逐步全放入 $b$ 和 $c$ 中，这样 $p(\mu \mid x^N)$ 是 $\mu$ 的二次函数的指数形式，仍是正态密度函数。在不考虑系数情况下，设 $p(\mu \mid x^N) \sim N(\mu_N, \sigma_N^2)$，将正态密度函数指数部分展开为以 $\mu$ 为变量的二次函数，让式(4-112)中函数的指数中的二次函数与正态分布指数中的二次函数相对应，得

$$p(\mu|x^N)=\frac{1}{\sqrt{2\pi}\sigma_N}\exp\left[-\frac{1}{2}\left(\frac{1}{\sigma_N^2}\mu^2-2\frac{\mu_N}{\sigma_N^2}\mu+\frac{\mu_N^2}{\sigma_N^2}\right)\right] \tag{4-113}$$

令式(4-113)和式(4-112)中指数部分$\mu$的平方项和一次项对应系数相等，其余项即常量项的对应关系暂不考虑，有

$$\frac{1}{\sigma_N^2}=\frac{N}{\sigma^2}+\frac{1}{\sigma_0^2}$$

$$\frac{\mu_N}{\sigma_N^2}=\frac{1}{\sigma^2}\sum_{k=1}^{N}x_k+\frac{\mu_0}{\sigma_0^2}$$

整理后得

$$\mu_N=\frac{N\sigma_0^2}{N\sigma_0^2+\sigma^2}m_N+\frac{\sigma^2}{N\sigma_0^2+\sigma^2}\mu_0 \tag{4-114}$$



$$\sigma_N^2=\frac{\sigma_0^2\sigma^2}{N\sigma_0^2+\sigma^2} \tag{4-115}$$

令

$$\beta=\frac{N\sigma_0^2}{N\sigma_0^2+\sigma^2} \tag{4-116}$$

则式(4-114)和式(4-115)可分别写为

$$\mu_N=\beta m_N+(1-\beta)\mu_0 \tag{4-117}$$

$$\sigma_N^2=(1-\beta)\sigma_0^2 \tag{4-118}$$

式中，$m_N=\frac{1}{N}\sum_{k=1}^{N}x_k$。这说明计算出的待估参数(均值)是样本算术均值与随机变量均值的先验均值的加权线性组合，且权值之和为1。而方差也和随机变量均值的先验方差成比例。将所求的$\mu_N$和$\sigma_N^2$代入式(4-112)就得到了$\mu$的归一化的后验概率密度$p(\mu\mid x^N)\sim N(\mu_N,\ \sigma_N^2)$。

这时，将求任意随机变量$\theta$的数学期望或平均值公式

$$\hat{\theta}=E(\theta\mid x^N)=\int\theta p(\theta\mid x^N)\mathrm{d}\theta \tag{4-119}$$

作为$\theta$的估计，用于$\mu$，得

$$\hat{\mu}=\int\mu\, p(\mu\mid x^N)\mathrm{d}\mu=\int\mu\frac{1}{\sqrt{2\pi}\sigma_N}\exp\left[-\frac{1}{2}\left(\frac{\mu-\mu_N}{\sigma_N}\right)^2\right]\mathrm{d}\mu=\mu_N \tag{4-120}$$

这说明，$\mu$的估计值恰好就是$\mu_N$。于是

$$\begin{aligned}\hat{\mu}&=\mu_N\frac{N\sigma_0^2}{N\sigma_0^2+\sigma^2}m_N+\frac{\sigma^2}{N\sigma_0^2+\sigma^2}\mu_0\\&=\beta m_N+(1-\beta)\mu_0\end{aligned} \tag{4-121}$$

即$\hat{\mu}=\mu_N$为所要求的$\mu$的贝叶斯估计。

特别地，当$p(\theta)=p(\mu)\sim N(\mu_0,\ \sigma_0^2)=N(0,\ 1)$，且$\sigma^2=1$时，可得

$$\hat{\mu}=\frac{N}{N+1}m_N=\frac{1}{N+1}\sum_{k=1}^{N}x_k \tag{4-122}$$

在此特殊情况下，$\mu$的贝叶斯估计为$\frac{1}{N+1}\sum_{k=1}^{N}x_k$，而$\mu$的最大似然估计为$\frac{1}{N}\sum_{k=1}^{N}x_k$。可

见，此时，$\mu$ 的贝叶斯估计与最大似然估计在数学表示形式上有所相似，但系数项的分母不同。当 $N$ 很大时，两者实际上区别不大。

**3. 多维正态分布类密度函数参数的贝叶斯估计**

对于多维正态分布，假定协方差矩阵已知，而均值向量为服从正态分布的随机变量，可以采用类似于一维情况的方法来估计均值向量，但计算复杂，下面只给出相关结果。

设 $\omega$ 类模式向量服从正态分布。已知协方差矩阵 $\boldsymbol{C}$，但未知均值向量 $\boldsymbol{M}$，且 $\boldsymbol{M}$ 为先验概率密度函数为正态密度函数 $p(\boldsymbol{M}) \sim N(\boldsymbol{M}_0, \boldsymbol{C}_0)$ 的随机向量。设 $\omega$ 类的类概率密度函数为 $p(\boldsymbol{X} \mid \omega) \sim N(\boldsymbol{M}, \boldsymbol{C})$。假定 $\boldsymbol{X}^N = \{\boldsymbol{X}_1, \boldsymbol{X}_2, \cdots, \boldsymbol{X}_N\}$ 是从 $\omega$ 类中独立抽取的 $N$ 个样本构成的样本集。利用贝叶斯估计得到的 $\boldsymbol{M}$ 的后验概率密度函数 $p(\boldsymbol{M} \mid \boldsymbol{X}^N) \sim N(\boldsymbol{M}_N, \boldsymbol{C}_N)$，其中，

$$\boldsymbol{M}_N = \boldsymbol{C}_0\left(\boldsymbol{C}_0 + \frac{1}{N}\boldsymbol{C}\right)^{-1}\hat{\boldsymbol{M}} + \frac{1}{N}\boldsymbol{C}\left(\boldsymbol{C}_0 + \frac{1}{N}\boldsymbol{C}\right)^{-1}\boldsymbol{M}_0 \tag{4-123}$$

$$\boldsymbol{C}_N = \frac{1}{N}\boldsymbol{C}\left(\boldsymbol{C}_0 + \frac{1}{N}\boldsymbol{C}\right)^{-1}\boldsymbol{C}_0 \tag{4-124}$$

$$\hat{\boldsymbol{M}} = \frac{1}{N}\sum_{k=1}^{N}\boldsymbol{X}_k \tag{4-125}$$

$\boldsymbol{M}_N$ 和 $\boldsymbol{C}_N$ 可进一步简写为

$$\boldsymbol{M}_N = \boldsymbol{C}_0\boldsymbol{S}\hat{\boldsymbol{M}} + \frac{1}{N}\boldsymbol{C}\boldsymbol{S}\boldsymbol{M}_0 \tag{4-126}$$

$$\boldsymbol{C}_N = \frac{1}{N}\boldsymbol{C}\boldsymbol{S}\boldsymbol{C}_0 \tag{4-127}$$

其中

$$\boldsymbol{S} = \left(\boldsymbol{C}_0 + \frac{1}{N}\boldsymbol{C}\right)^{-1} \tag{4-128}$$

由 $p(\boldsymbol{X} \mid \boldsymbol{X}^N) = \int p(\boldsymbol{X} \mid \boldsymbol{\theta})p(\boldsymbol{\theta} \mid \boldsymbol{X}^N)\mathrm{d}\boldsymbol{\theta}$ 可计算出 $\omega$ 类的类概率密度函数

$$p(\boldsymbol{X} \mid \boldsymbol{X}^N) = \int p(\boldsymbol{X} \mid \boldsymbol{M})p(\boldsymbol{M} \mid \boldsymbol{X}^N)\mathrm{d}\boldsymbol{M} \tag{4-129}$$

仍是满足均值为 $\boldsymbol{M}_N$ 和协方差矩阵为 $(\boldsymbol{C} + \boldsymbol{C}_N)$ 的正态密度函数。其中，$\boldsymbol{C}_N$ 也就是 $\boldsymbol{M}$ 分布的协方差矩阵。$\boldsymbol{M}_N$ 和 $\boldsymbol{C}_N$ 的定义如前。

## 4.5.3　贝叶斯学习

**1. 贝叶斯学习的基本原理**

贝叶斯学习是指利用 $\theta$ 的先验概率密度及样本提供的信息求出 $\boldsymbol{\theta}$ 的后验概率密度之后，根据后验概率密度直接求出类概率密度函数 $p(\boldsymbol{X} \mid \omega)$。

$\boldsymbol{\theta}$ 的后验概率密度函数在求取过程中，可随着样本的增加，不断迭代修改，所以，就称其为具有学习调整能力。

其实，不管是贝叶斯估计还是贝叶斯学习，通常其推导过程理论性强，难以理解，但结论简单，所以，我们如果不关心其推导过程，完全可以直接使用相应的结论。

由于 $p(\boldsymbol{X} \mid \omega)$ 可由未知参数 $\boldsymbol{\theta}$ 确定，所以 $p(\boldsymbol{X} \mid \omega)$ 也可写成 $p(\boldsymbol{X} \mid \boldsymbol{\theta})$，即

$$p(\boldsymbol{X}|\omega)=p(\boldsymbol{X}|\boldsymbol{\theta}) \tag{4-130}$$

假定 $\boldsymbol{X}^N=\{\boldsymbol{X}_1, \boldsymbol{X}_2, \cdots, \boldsymbol{X}_N\}$ 是独立抽取的 $\omega$ 类的一组样本构成的集合，$\boldsymbol{\theta}$ 的后验概率密度函数为 $p(\boldsymbol{\theta}|\boldsymbol{X}^N)$，根据贝叶斯公式有

$$p(\boldsymbol{\theta}|\boldsymbol{X}^N)=\frac{p(\boldsymbol{\theta}|\boldsymbol{X}^N)p(\boldsymbol{\theta})}{\int p(\boldsymbol{X}^N|\boldsymbol{\theta})p(\boldsymbol{\theta})\mathrm{d}\boldsymbol{\theta}} \tag{4-131}$$

因为 $\boldsymbol{X}^N$ 中的样本是独立抽取的，所以式中 $\boldsymbol{\theta}$ 的似然函数 $p(\boldsymbol{X}^N|\boldsymbol{\theta})$ 可写为

$$p(\boldsymbol{X}^N|\boldsymbol{\theta})=p(\boldsymbol{X}_N|\boldsymbol{\theta})p(\boldsymbol{X}^{N-1}|\boldsymbol{\theta}) \tag{4-132}$$

其中，$\boldsymbol{X}^{N-1}$ 表示除样本 $\boldsymbol{X}_N$ 以外的其余样本构成的集合，把式(4-132)代入式(4-131)得

$$p(\boldsymbol{\theta}|\boldsymbol{X}^N)=\frac{p(\boldsymbol{X}_N|\boldsymbol{\theta})p(\boldsymbol{X}^{N-1}|\boldsymbol{\theta})p(\boldsymbol{\theta})}{\int p(\boldsymbol{X}_N|\boldsymbol{\theta})p(\boldsymbol{X}^{N-1}|\boldsymbol{\theta})p(\boldsymbol{\theta})\mathrm{d}\boldsymbol{\theta}} \tag{4-133}$$

因 $p(\boldsymbol{X}^{N-1}|\boldsymbol{\theta})p(\boldsymbol{\theta})=p(\boldsymbol{\theta}|\boldsymbol{X}^{N-1})p(\boldsymbol{X}^{N-1})$，所以

$$p(\boldsymbol{\theta}|\boldsymbol{X}^N)=\frac{p(\boldsymbol{X}_N|\boldsymbol{\theta})p(\boldsymbol{\theta}|\boldsymbol{X}^{N-1})p(\boldsymbol{X}^{N-1})}{\int p(\boldsymbol{X}_N|\boldsymbol{\theta})p(\boldsymbol{\theta}|\boldsymbol{X}^{N-1})p(\boldsymbol{X}^{N-1})\mathrm{d}\boldsymbol{\theta}}$$

将 $p(\boldsymbol{X}^{N-1})$ 看成是与 $\boldsymbol{\theta}$ 无关的项，得

$$p(\boldsymbol{\theta}|\boldsymbol{X}^N)=\frac{p(\boldsymbol{X}_N|\boldsymbol{\theta})p(\boldsymbol{\theta}|\boldsymbol{X}^{N-1})}{\int p(\boldsymbol{X}_N|\boldsymbol{\theta})p(\boldsymbol{\theta}|\boldsymbol{X}^{N-1})\mathrm{d}\boldsymbol{\theta}} \tag{4-134}$$

式(4-134)就是利用样本集 $\boldsymbol{X}^N$ 估计 $p(\boldsymbol{\theta}|\boldsymbol{X}^N)$ 的迭代计算式，称为参数估计的递推贝叶斯方法，迭代过程也就是贝叶斯学习过程。其步骤可重新描述如下：

1）根据先验知识得到 $\boldsymbol{\theta}$ 的先验概率密度函数的初始估计 $p(\boldsymbol{\theta})$。相当于 $N=0$ 时，($\boldsymbol{X}^N=\boldsymbol{X}^0$) 密度函数的一个估计。

2）用 $\boldsymbol{X}_1$ 对初始的 $p(\boldsymbol{\theta})$ 进行修改

$$p(\boldsymbol{\theta}|\boldsymbol{X}^1)=p(\boldsymbol{\theta}|\boldsymbol{X}_1)=\frac{p(\boldsymbol{X}_1|\boldsymbol{\theta})p(\boldsymbol{\theta})}{\int p(\boldsymbol{X}_1|\boldsymbol{\theta})p(\boldsymbol{\theta})\mathrm{d}\boldsymbol{\theta}} \tag{4-135}$$

3）给出 $\boldsymbol{X}_2$，对用 $\boldsymbol{X}_1$ 估计的结果进行修改

$$p(\boldsymbol{\theta}|\boldsymbol{X}^2)=p(\boldsymbol{\theta}|\boldsymbol{X}_1,\boldsymbol{X}_2)=\frac{p(\boldsymbol{X}_2|\boldsymbol{\theta})p(\boldsymbol{\theta}|\boldsymbol{X}^1)}{\int p(\boldsymbol{X}_2|\boldsymbol{\theta})p(\boldsymbol{\theta}|\boldsymbol{X}^1)\mathrm{d}\boldsymbol{\theta}} \tag{4-136}$$

4）逐次给出 $\boldsymbol{X}_3, \boldsymbol{X}_4, \cdots, \boldsymbol{X}_N$ 得到

$$p(\boldsymbol{\theta}|\boldsymbol{X}^N)=\frac{p(\boldsymbol{X}_N|\boldsymbol{\theta})p(\boldsymbol{\theta}|\boldsymbol{X}^{N-1})}{\int p(\boldsymbol{X}_N|\boldsymbol{\theta})p(\boldsymbol{\theta}|\boldsymbol{X}^{N-1})\mathrm{d}\boldsymbol{\theta}} \tag{4-137}$$

5）当 $\boldsymbol{\theta}$ 的后验概率密度函数 $p(\boldsymbol{\theta}|\boldsymbol{X}^N)$ 求出以后，类概率密度函数 $p(\boldsymbol{X}|\omega)$ 可以直接由 $p(\boldsymbol{\theta}|\boldsymbol{X}^N)$ 计算得到。此时可以将 $p(\boldsymbol{X}|\omega)$ 或 $p(\boldsymbol{X}|\boldsymbol{\theta})$ 写成 $p(\boldsymbol{X}|\boldsymbol{X}^N)$，得到类概率密度函数的估计式

$$p(\boldsymbol{X}|\boldsymbol{X}^N)=\int p(\boldsymbol{X},\boldsymbol{\theta}|\boldsymbol{X}^N)\mathrm{d}\boldsymbol{\theta}$$

$$= \int p(\boldsymbol{X} \mid \boldsymbol{\theta}) p(\boldsymbol{\theta} \mid \boldsymbol{X}^N) \mathrm{d}\boldsymbol{\theta} \tag{4-138}$$

其中，$p(\boldsymbol{X}, \boldsymbol{\theta} \mid \boldsymbol{X}^N)$表示$\boldsymbol{X}^N$下$\boldsymbol{X}$，$\boldsymbol{\theta}$出现的联合密度，而$p(\boldsymbol{X}, \boldsymbol{\theta} \mid \boldsymbol{X}^N) = p(\boldsymbol{X} \mid \boldsymbol{\theta}) p(\boldsymbol{\theta} \mid \boldsymbol{X}^N)$，$p(\boldsymbol{X} \mid \boldsymbol{\theta})$或者写成$p(\boldsymbol{X} \mid \omega)$是类概率密度函数。而在式(4-138)中，$p(\boldsymbol{X} \mid \boldsymbol{\theta})$的数学表示形式是已知的，$p(\boldsymbol{\theta} \mid \boldsymbol{X}^N)$是已得到的$\boldsymbol{\theta}$的后验概率密度函数，所以，$p(\boldsymbol{X} \mid \boldsymbol{X}^N)$是在抽取样本集为$\boldsymbol{X}^N$下类概率密度函数的估计。贝叶斯学习就是先求得参数$\boldsymbol{\theta}$的后验概率密度函数，再直接求得类概率密度函数估计的数学表达式，最后从该表达式中，求得有关待估参数。

**2. 一维正态分布类密度函数参数估计的贝叶斯学习方法**

还是以一维正态分布类密度函数的参数估计为例来介绍贝叶斯学习方法是如何估计未知参数的。贝叶斯学习的是递推求解出$\mu$的后验概率密度$p(\mu \mid x^N)$后，直接计算类概率密度函数。而前面的贝叶斯估计也是先求$\mu$的后验概率密度$p(\mu \mid x^N)$。但求的方法不同，贝叶斯估计是直接代入各样本的密度函数，而贝叶斯学习是通过迭代修改来完成的。但无论如何，其结果应是相同的，即$\mu$的归一化的后验概率密度$p(\mu \mid x^N)$的参数$\mu_N$和$\sigma_N^2$仍分别为

$$\mu_N = \frac{N\sigma_0^2}{N\sigma_0^2 + \sigma^2} m_N + \frac{\sigma^2}{N\sigma_0^2 + \sigma^2} \mu_0;\ \sigma_N^2 = \frac{\sigma_0^2 \sigma^2}{N\sigma_0^2 + \sigma^2}$$

在得到后验概率密度$p(\mu \mid x^N)$后，由式$p(x \mid x^N) = \int p(x \mid \theta) p(\theta \mid x^N) \mathrm{d}\theta$，用贝叶斯学习法计算类概率密度函数$p(x \mid x^N)$：

$$\begin{aligned} p(x \mid x^N) &= \int p(x \mid \theta) p(\theta \mid x^N) \mathrm{d}\theta \\ &= \int \frac{1}{\sqrt{2\pi}\sigma} \exp\left[-\frac{(x-\mu)^2}{2\sigma^2}\right] \cdot \frac{1}{\sqrt{2\pi}\sigma_N} \exp\left[-\frac{(\mu-\mu_N)^2}{2\sigma_N^2}\right] \mathrm{d}\mu \\ &= \frac{1}{\sqrt{2\pi}\sqrt{\sigma^2+\sigma_N^2}} \exp\left[-\frac{(x-\mu_N)^2}{2(\sigma^2+\sigma_N^2)}\right] \end{aligned} \tag{4-139}$$

由式 (4-139)可见，$p(x \mid x^N)$也是正态密度函数，均值为$\mu_N$，方差为$(\sigma^2 + \sigma_N^2)$。均值与贝叶斯估计的计算结果完全相同，而方差增加到$(\sigma^2 + \sigma_N^2)$，比设定为常量的方差$\sigma^2$大，这是由于用$\mu$的学习估计值代替了理论值引起一定不确定性增加造成的。

## 4.5.4　最大似然估计、贝叶斯估计和贝叶斯学习之间的关系

1）最大似然估计是把未知参数$\boldsymbol{\theta}$看成是确定的，而非随机的。对联合似然函数

$$l(\boldsymbol{\theta}) = p(\boldsymbol{X}^N \mid \boldsymbol{\theta}) = p(\boldsymbol{X}_1, \boldsymbol{X}_2, \cdots, \boldsymbol{X}_N \mid \boldsymbol{\theta}) = \prod_{k=1}^{N} p(\boldsymbol{X}_k \mid \boldsymbol{\theta})$$

求使$\ln l(\boldsymbol{\theta})$达到最大值的$\hat{\boldsymbol{\theta}}$，作为$\boldsymbol{\theta}$的估计量，故称其为最大似然估计。在实际中，一般用其对数形式来等价地进行估计。

2）贝叶斯估计未知参数$\boldsymbol{\theta}$看成是随机的，而非确定的。一般设$\boldsymbol{\theta}$的先验概率密度为$p(\boldsymbol{\theta})$。通过联合似然函数$p(\boldsymbol{X}^N \mid \boldsymbol{\theta})$，并用贝叶斯公式和$\theta$的先验概率密度$p(\boldsymbol{\theta})$求$\boldsymbol{\theta}$的后验概率密度

$$p(\boldsymbol{\theta} \mid \boldsymbol{X}^N) = \frac{p(\boldsymbol{X}^N \mid \boldsymbol{\theta}) p(\boldsymbol{\theta})}{\int p(\boldsymbol{X}^N \mid \boldsymbol{\theta}) p(\boldsymbol{\theta}) \mathrm{d}\boldsymbol{\theta}}$$

$\theta$ 的贝叶斯估计用 $\hat{\boldsymbol{\theta}} = \int \boldsymbol{\theta} p(\boldsymbol{\theta} \mid \boldsymbol{X}^N)\mathrm{d}\boldsymbol{\theta}$ 来求。

3）贝叶斯学习是利用 $\boldsymbol{\theta}$ 的先验概率密度及独立抽取的样本集 $\boldsymbol{X}^N$ 迭代求出 $\theta$ 的后验概率密度

$$p(\boldsymbol{\theta} \mid \boldsymbol{X}^N) = \frac{p(\boldsymbol{X}_N \mid \boldsymbol{\theta})p(\boldsymbol{\theta} \mid \boldsymbol{X}^{N-1})}{\int p(\boldsymbol{X}_N \mid \boldsymbol{\theta})p(\boldsymbol{\theta} \mid \boldsymbol{X}^{N-1})\mathrm{d}\boldsymbol{\theta}}$$

然后直接求类概率密度函数

$$p(\boldsymbol{X} \mid \boldsymbol{X}^N) = \int p(\boldsymbol{X} \mid \boldsymbol{\theta})p(\boldsymbol{\theta} \mid \boldsymbol{X}^N)\mathrm{d}\boldsymbol{\theta}$$

再从类概率密度函数的表达式中得到未知参数的估计。

4）关系总结。在以正态分布为例介绍贝叶斯估计和贝叶斯学习时，都假定类条件概率密度函数为正态函数，方差已知，只是均值(向量)未知。在单变量下，均值的后验概率密度函数估计得到的结果都相同，即均值为 $\mu_N$，方差为 $\sigma_N^2$。



它们的共同特点是，都假设类条件密度函数的数学表达形式已知，但参数未知，都独立地抽取样本得到样本集，以便估计参数。

最大似然估计视未知参数为确定性变量，而贝叶斯估计和贝叶斯学习都视未知参数为随机变量。

贝叶斯估计和贝叶斯学习的共同点都是先求出待估参数的后验概率。贝叶斯估计在求得待估参数的后验概率时用类条件密度函数已知形式(参数未知，作为未知量使用)直接代入来求，而贝叶斯学习则利用样本集，不断迭代修正后验概率，直到最后修改收敛为止。

在得到待估参数的后验概率后，贝叶斯估计直接去求待估参数的数学期望，以得到估计值。而贝叶斯学习则直接去估计类条件密度函数，从而由其表达式得到待估参数的估计值。

## 4.6 概率密度的非参数估计

参数估计是在假设类概率密度函数的数学表达形式已知，而其关键性参数未知的情况下进行参数的估计。但在实际中，这种假设并不一定总能成立。因为实际的模式样本分布不一定能用典型的带参数的类概率密度函数加以表示，甚至连类概率密度函数的数学表达形式都无法以解析表达式的方法描述出来。况且常见的一些概率密度函数难以拟合表示实际的概率分布，特别是，经典的密度函数大多都是单峰函数，而很多实际情况中的密度函数可能是多峰函数。在此情况下，若要使用类概率密度函数来设计贝叶斯分类器，则只能根据随机抽取的样本集直接估计类概率密度函数。用样本集直接估计类概率密度函数的方法称为非参数估计法。非参数估计法主要有 Parzen 窗法和 $k_N$-近邻估计法等。

### 4.6.1 非参数估计的基本思想

类概率密度函数直接估计的基本思想是：设随机向量 $\boldsymbol{X}$ 的值落在包含 $\boldsymbol{X}$ 的较小区域 $R$ 的概率 $P$ 可用 $\boldsymbol{X}$ 的密度在区域 $R$ 内的定积分加以表示。在 $p(\boldsymbol{X})$ 是 $\boldsymbol{X}$ 的类概率密度函数，且连续，区域 $R$ 的体积为 $V$，$p(\boldsymbol{X})$ 在 $R$ 中为定值的情况下，有

$$P = \int_R p(\boldsymbol{X})\mathrm{d}\boldsymbol{X} = p(\boldsymbol{X})V \tag{4-140}$$

若 $\hat{p}(\boldsymbol{X})$ 为 $p(\boldsymbol{X})$ 的估计，则

$$\hat{p} = \int_R \hat{p}(\boldsymbol{X})\mathrm{d}\boldsymbol{X} = \hat{p}(\boldsymbol{X})V \tag{4-141}$$

式中，$\hat{p}$ 也是概率 $P$ 的估计。于是

$$\hat{p}(\boldsymbol{X}) = \frac{\hat{P}}{V} \tag{4-142}$$

$N$ 个样本所构成的样本集 $\boldsymbol{X}^N = (\boldsymbol{X}_1, \boldsymbol{X}_2, \cdots, \boldsymbol{X}_N)$ 是按 $P(\boldsymbol{X})$ 从总体中独立随机抽取的。若其中 $k$ 个样本落入 $R$ 的概率符合二项分布，则

$$P_k = \mathrm{C}_N^k P^k (1-P)^{N-k}$$

其中，$P$ 是样本 $\boldsymbol{X}$ 落入 $R$ 内的概率，$P_k$ 是 $k$ 个样本落入 $R$ 内的概率。因数学期望 $E(k)=k=NP$，所以 $\hat{p}=k/N$ 就可作为概率 $P$ 的良好估计。因而，得到点 $\boldsymbol{X}$ 的类概率密度函数估计为

$$\hat{p}(\boldsymbol{X}) = \frac{k/N}{V} = \frac{k}{NV} \tag{4-143}$$



它是一个与 $k$、$N$、$V$ 都相关的函数。

在式(4-143)中，如何让 $k$、$N$、$V$ 三个参数取值而得到点 $\boldsymbol{X}$ 的概率密度函数合理估计？显然下列两种做法都不妥当：

1）固定 $R$ 的体积 $V$，让样本数增多，则 $k/N$ 会以概率 1 收敛。但只能得到体积 $V$ 中 $p(\boldsymbol{X})$ 的平均估计。而要得到 $p(\boldsymbol{X})$ 在点 $\boldsymbol{X}$ 的点估计，则必须让 $V$ 趋于 0。

2）固定 $N$，让 $V$ 趋于零，则由于区域不断减小以致最后不含任何样本，得到 $p(\boldsymbol{X})\approx 0$ 这种没有意义的估计结果。如果碰巧有一个或多个样本与点 $\boldsymbol{X}$ 重合，则估计式会发散到无穷大，同样得不到有意义的估计结果。

因此，必须让 $V$、$k$、$R$ 随 $N$ 变化满足一定的关系和条件才能得到合理的估计结果。

假设样本数是无限的，为了估计概率密度函数 $p(\boldsymbol{X})$，理论上可如下进行：

1）构造包含 $\boldsymbol{X}$ 的一系列区域 $R_1, R_2, \cdots, R_N, \cdots$，使 $R_i$ 中含 $i$ 个样本来加以估计。

2）假定落入 $R_N$ 的样本数为 $k_N$，$R_N$ 的体积为 $V_N$，$p(\boldsymbol{X})$ 在 $R_N$ 内的估计为 $\hat{p}_N(\boldsymbol{X})$，则有

$$\hat{p}_N(\boldsymbol{X}) = \frac{k_N/N}{V_N} = \frac{k_N}{NV_N} \tag{4-144}$$

为保证式(4-144)的合理性，$k_N$、$V_N$、$N$ 三者之间满足以下三个条件：

(1) $\lim\limits_{N\to\infty} V_N = 0$ (4-145)

(2) $\lim\limits_{N\to\infty} k_N = \infty$ (4-146)

(3) $\lim\limits_{N\to\infty} k_N/N = 0$ (4-147)

条件（1）保证，当 $N$ 增大时，$V_N$ 趋于 0，能使 $\hat{p}_N(\boldsymbol{X})$ 代表点 $\boldsymbol{X}$ 的概率密度函数 $p(\boldsymbol{X})$。

条件（2）保证，样本数随 $N$ 增大而趋于无穷大，能使其以概率 1 收敛于 $p(\boldsymbol{X})$。

条件（3）要求落入 $R_N$ 中的样本数与样本总数之比趋于 0。是收敛的一个必要条件。

只有构造满足上述三个条件的区域序列，才能保证 $\hat{p}_N(\boldsymbol{X})$ 收敛于 $p(\boldsymbol{X})$。构造区域序列的方法不同，可得到不同的非参数估计法。主要有下列两种非参数估计法：

（1）Parzen 窗法　它将区域序列中 $R_N$ 的体积 $V_N$ 设为 $N$ 的某个函数（如 $V_N = 1/\sqrt{N}$）且随 $N$ 增加而变小，$k_N$ 是窗函数在 $N$ 个不同点的取值代数和，从而 $\hat{p}_N(\boldsymbol{X})$ 收敛于 $p(\boldsymbol{X})$。

(2) $k_N$-近邻估计法　它将$k_N$设为$N$的某个函数(如$k_N = 1/\sqrt{N}$)，让$V_N$使$R_N$正好包含$\boldsymbol{X}$的$k_N$个近邻，从而使$\hat{p}_N(\boldsymbol{X})$收敛于$p(\boldsymbol{X})$。

## 4.6.2　Parzen 窗法

### 1. Parzen 窗法的基本思想

$k_N$表示为一种称为窗函数在各个$\dfrac{\boldsymbol{X}-\boldsymbol{X}_i}{h_N}$处的值的叠加。

几种常用型窗函数的一维表示形式：

1）正态型窗函数

$$\varphi(u) = \frac{1}{\sqrt{2\pi}} e^{-\frac{u^2}{2}} \tag{4-148}$$



2）指数型窗函数

$$\varphi(u) = e^{-|u|} \tag{4-149}$$

3）方窗型函数

$$\varphi(u) = \begin{cases} 1, & |u| \leqslant \dfrac{1}{2} \\ 0, & \text{其他} \end{cases} \tag{4-150}$$

这些一维窗函数的图形如图 4.9 所示。

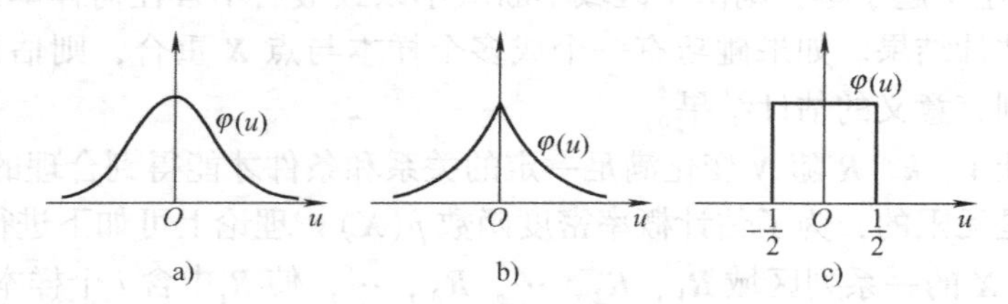


图 4.9　几种常用型窗函数

a)正态型窗函数　b)指数型窗函数　c)方窗型窗函数

用窗函数估计的密度函数好坏往往与抽取的样本、选择的窗函数以及窗函数可能带有的参数有关。

超立方体窗函数一般简称为方窗型函数。以方窗型函数为例，设区域$R_N$是一个棱长为$h_N$的$d$维超立方体，则超立方体的体积为

$$V_N = h_N^d \tag{4-151}$$

$d$维下方窗型函数$\varphi(\boldsymbol{u})$定义为

$$\varphi(\boldsymbol{u}) = \begin{cases} 1, & |u_j| \leqslant \dfrac{1}{2}, j = 1, 2, \cdots, d \\ 0, & \text{其他} \end{cases} \tag{4-152}$$

$\varphi(\boldsymbol{u})$是这样一个函数：若$\boldsymbol{u}$落在以原点为中心的一个棱长为1(一半为$\frac{1}{2}$)的超立方体内，则$\varphi(\boldsymbol{u}) = 1$，否则$\varphi(\boldsymbol{u}) = 0$。记$C_N$为以$\boldsymbol{X}$为中心、棱长为1且体积为$V_N$的超立方体，则当$\boldsymbol{X}_i$落入$C_N$内时，有

$$\varphi\left(\frac{X-X_i}{h_N}\right)=\begin{cases}1,\text{当 } X_i \text{ 落入 } C_N \text{ 内时}\\0,\text{否则}\end{cases} \tag{4-153}$$

因此落入超立方体 $C_N$ 内的样本数为

$$k_N=\sum_{i=1}^{N}\varphi\left(\frac{X-X_i}{h_N}\right) \tag{4-154}$$

将该式代入式(4-144)得

$$\hat{p}_N(X)=\frac{k_N/N}{V_N}=\frac{k_N}{NV_N}=\frac{1}{NV_N}\sum_{i=1}^{N}\varphi\left(\frac{X-X_i}{h_N}\right) \tag{4-155}$$

式(4-155)就是 Parzen 窗法的概率密度函数估计公式。

窗函数既可以取方窗型函数，也可以取在正态型或指数型等窗函数。实质上，窗函数的作用是内插，每一个样本对估计所起的作用取决于它到 $X$ 的距离。

**2. 窗函数的选择**

要保证用窗函数估计的 $\hat{p}_N(X)$ 是一个合理的密度函数，即必须保证得到的密度函数估计 $\hat{p}_N(X)$ 非负且积分为 1。窗函数的选择要求满足以下两个条件：

(1) $\varphi(u)\geqslant 0$ (4-156)

(2) $\int\varphi(u)\mathrm{d}u=1$ (4-157)

只要满足窗函数选择要求的两个条件的函数都可作为窗函数。

若 $\varphi(u)$ 满足以上两条，则 $\hat{p}_N(X)$ 一定为密度函数，因为由式(4-155)可知，若 $\varphi(u)$ 满足条件(1)，即 $\varphi(u)\geqslant 0$，则 $\hat{p}_N(X)$ 非负。若 $\varphi(u)$ 满足条件(2)，则 $\int\hat{p}_N(X)\mathrm{d}X=1$，因为

$$\begin{aligned}\int\hat{p}_N(X)\mathrm{d}X&=\int\frac{1}{N\cdot V_N}\sum_{i=1}^{N}\varphi\left(\frac{X-X_i}{h_N}\right)\mathrm{d}X\\&=\frac{1}{N\cdot V_N}\sum_{i=1}^{N}\int\varphi\left(\frac{X-X_i}{h_N}\right)\mathrm{d}X\\&=\frac{1}{N\cdot V_N}\sum_{i=1}^{N}V_N\\&=\frac{1}{N\cdot V_N}N\cdot V_N=1\end{aligned}$$

所以，$\hat{p}_N(X)$ 的确可作为概率密度函数。

**3. 窗宽 $h_N$ 对密度函数估计 $\hat{p}_N(X)$ 的影响**

理论上，当 $h_N$ 趋向零时，使 $\hat{p}_N(X)$ 收敛于 $p(X)$，但因样本数 $N$ 有限，所以窗宽 $h_N$ 对密度函数估计 $\hat{p}_N(X)$ 的准确性有影响。$h_N$ 的选取一般只能根据经验试探式加以选择。

**4. 估计量 $\hat{p}_N(X)$ 的统计性质**

对每个 $X$，因 $\hat{p}_N(X)$ 的值依赖于随机抽取的样本集 $X^N=\{X_1, X_2, \cdots, X_N\}$，所以 $\hat{p}_N(X)$ 是一个随机变量。可以证明，在满足如下罗列的条件下 $\hat{p}_N(X)$ 具有两条重要性质。

1）总体密度函数 $p(X)$ 在 $X$ 点连续。

2）窗函数满足以下条件：

① $\varphi(\boldsymbol{u}) \geqslant 0$

② $\int \varphi(\boldsymbol{u}) \mathrm{d}\boldsymbol{u} = 1$

③ $\sup_u \varphi(\boldsymbol{u}) < \infty$ (4-158)

④ $\lim\limits_{\|\boldsymbol{u}\| \to \infty} \varphi(\boldsymbol{u}) \prod\limits_{i=1}^{d} u_i = 0$ (4-159)

3）窗体积受下列条件约束

① $\lim\limits_{N \to \infty} V_N = 0$

② $\lim\limits_{N \to \infty} N \cdot V_N = \infty$ (4-160)

4）样本数量的限制

① $\lim\limits_{N \to \infty} k_N = \infty$

② $\lim\limits_{N \to \infty} k_N / N = 0$



式(4-158)要求 $\varphi(\boldsymbol{u})$ 为有界函数。式(4-159)要求 $\varphi(\boldsymbol{u})$ 随 $\boldsymbol{u}$ 的增加较快趋于零。式(4-160)要求随 $N$ 的增大体积 $V_N$ 趋于零的速度不能太快，其速度低于 $N$ 增加的速度。其他限制条件在前面已做了描述，这里不再赘述。

在以上限制下，$\hat{p}_N(\boldsymbol{X})$ 具有下列两个重要性质：

1）$\hat{p}_N(\boldsymbol{X})$ 是 $p(\boldsymbol{X})$ 的渐近无偏估计，即 $\lim\limits_{N \to \infty} \hat{p}_N(\boldsymbol{X}) = p(\boldsymbol{X})$ 且 $\hat{p}_N(\boldsymbol{X})$ 的数学期望 $E[\hat{p}_N(\boldsymbol{X})] = p(\boldsymbol{X})$。

2）在二次方误差意义上 $\hat{p}_N(\boldsymbol{X})$ 一致收敛于 $p(\boldsymbol{X})$，也就是说 $\hat{p}_N(\boldsymbol{X})$ 的方差的极限趋于 0，即 $\lim\limits_{N \to \infty} D(\hat{p}_N(\boldsymbol{X})) = 0$，其中 $D(\hat{p}_N(\boldsymbol{X}))$ 表示 $\hat{p}_N(\boldsymbol{X})$ 的方差。

**证明**：① 由估计式(4-155)可得，对于任意的 $\boldsymbol{X}$，有

$$
\begin{aligned}
E[\hat{p}_N(\boldsymbol{X})] &= \frac{1}{N} \sum_{i=1}^{N} E\left[\frac{1}{V_N} \varphi\left(\frac{\boldsymbol{X} - \boldsymbol{X}_i}{h_N}\right)\right] \\
&= \int \frac{1}{V_N} \varphi\left(\frac{\boldsymbol{X} - \boldsymbol{Y}}{h_N}\right) p(\boldsymbol{Y}) \mathrm{d}\boldsymbol{Y} \\
&= \int \delta_N(\boldsymbol{X} - \boldsymbol{Y}) p(\boldsymbol{Y}) \mathrm{d}\boldsymbol{Y}
\end{aligned} \tag{4-161}
$$

其中，这用到了 $X_1$，$X_2$，…，$X_N$ 取自同一总体从而和总体分布相同这样一个事实。$E[\hat{p}_N(\boldsymbol{X})]$ 是 $\delta_N(\boldsymbol{X})$ 与 $p(\boldsymbol{X})$ 的卷积，表示 $E[\hat{p}_N(\boldsymbol{X})]$ 就是概率的平均。当 $V_N$ 趋于 0 时，$\delta_N(\boldsymbol{X} - \boldsymbol{Y})$ 趋于以 $\boldsymbol{X}$ 为中心的 $\delta$ 函数，进而，当 $p(\boldsymbol{X})$ 在点 $\boldsymbol{X}$ 连续时，必定有 $\lim\limits_{N \to \infty} \hat{p}_N(\boldsymbol{X}) = \hat{p}(\boldsymbol{X})$，而且 $E[\hat{p}_N(\boldsymbol{X})] = \hat{p}(\boldsymbol{X})$。

② 在 $\lim\limits_{N \to \infty} N \cdot V_N = \infty$ 下，由估计式(4-155)可得

$$
\begin{aligned}
D(\hat{p}_N(\boldsymbol{X})) &= D\left[\frac{1}{N} \sum_{i=1}^{N} \frac{1}{V_N} \varphi\left(\frac{\boldsymbol{X} - \boldsymbol{X}_i}{h_N}\right)\right] \\
&= \frac{1}{N \cdot V_N^2} D\left[\varphi\left(\frac{\boldsymbol{X} - \boldsymbol{Y}}{h_N}\right)\right] \\
&= \frac{1}{N \cdot V_N^2} \int \left(\varphi\left(\frac{\boldsymbol{X} - \boldsymbol{Y}}{h_N}\right) - V_N E[\hat{p}_N(\boldsymbol{X})]\right)^2 p(\boldsymbol{Y}) \mathrm{d}\boldsymbol{Y}
\end{aligned}
$$

$$= \frac{1}{N \cdot V_N^2} \int \frac{1}{V_N} \varphi^2\left(\frac{\boldsymbol{X}-\boldsymbol{Y}}{h_N}\right) p(\boldsymbol{Y})\,\mathrm{d}\boldsymbol{Y} - \frac{1}{N} E[\hat{p}_N(\boldsymbol{X})]^2 \tag{4-162}$$

因为

$$\int \frac{1}{V_N} \varphi^2\left(\frac{\boldsymbol{X}-\boldsymbol{X}_i}{h_N}\right) p(\boldsymbol{Y})\,\mathrm{d}\boldsymbol{Y} \leqslant \sup(\varphi) E[\hat{p}_N(\boldsymbol{X})]$$

所以

$$\lim_{N\to\infty} D(\hat{p}_N(\boldsymbol{X})) = 0$$

这就证明了，$\hat{p}_N(\boldsymbol{X})$ 均方收敛于 $p(\boldsymbol{X})$。

下面我们通过例子来说明 Parzen 窗法的应用。

**例 4.10**　对于一个一维的两类（$\omega_1$ 和 $\omega_2$）识别问题，随机抽取 $\omega_1$ 类的 6 个样本构成样本 $x^N = (x_1, x_2, \cdots, x_N)$，其中，$x_1 = 3.2$，$x_2 = 3.6$，$x_3 = 3$，$x_4 = 6$，$x_5 = 2.5$，$x_6 = 1.1$，用 Parzen 窗法估计 $p(x \mid \omega_1)$，即求 $\hat{p}_N(x \mid \omega_1)$，这里简记为 $\hat{p}_N(x)$。



**解：** 选正态窗函数 $\varphi(u) = \frac{1}{\sqrt{2\pi}} \exp\left(-\frac{1}{2}u^2\right)$。于是有

$$\varphi\left(\frac{|x-x_i|}{h_N}\right) = \frac{1}{\sqrt{2\pi}} \exp\left[-\left(\frac{|x-x_i|}{h_N}\right)^2\right]$$

因为 $x$ 是一维的，所以，取 $V_N = h_N = \frac{h_1}{\sqrt{N}}$，其中，选 $h_1 = 0.5\sqrt{6} = 1.224$。由 $N = 6$，可得

$$V_N = \frac{h_1}{\sqrt{N}}\ \frac{0.5\sqrt{6}}{\sqrt{6}} = 0.5$$

$$\hat{p}_N(x) = \frac{1}{N \cdot V_N} \sum_{i=1}^{N} \varphi\left(\frac{|x-x_i|}{h_N}\right) = \frac{1}{6 \times 0.5} \sum_{i=1}^{6} \frac{1}{\sqrt{2\pi}} \exp\left[-\frac{1}{2}\left(\frac{|x-x_i|}{0.5}\right)^2\right]$$

$$= 0.133\exp\left[-\frac{1}{2}\left(\frac{|x-3.2|}{0.5}\right)^2\right] + \cdots + 0.133\exp\left[-\frac{1}{2}\left(\frac{|x-1.1|}{0.5}\right)^2\right]$$

$$= 0.133\exp[-2(x-3.2)^2] + \cdots + 0.133\exp[-2(x-1.1)^2]$$

上式用图形表示，是 6 个分别以 3.2、3.6、3、6、2.5、1.1 为中心的丘形曲线（正态曲线），而 $\hat{p}_N(x)$ 则是这些曲线之和。由图 4.10 看出，每个样本对估计的贡献与样本间的距离有关，样本越多，$\hat{p}_N(x)$ 越准确。

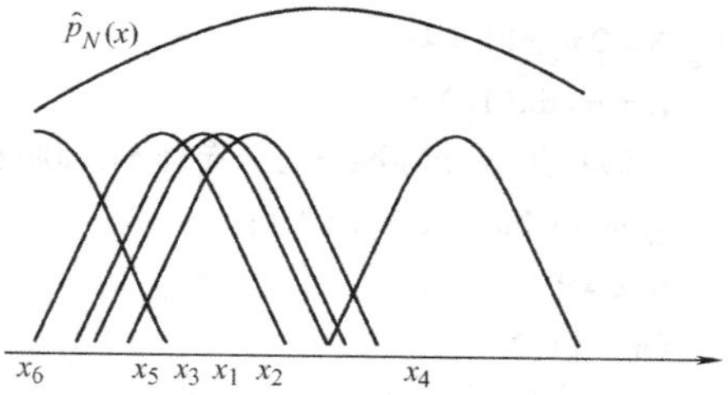

图 4.10　一系列正态曲线叠加成 $\hat{p}_N(x)$

若再增加一个训练样本 $x_7 = 5.2$，选 $h_1 = 0.5\sqrt{7}$，则 $V_N = \frac{h_1}{\sqrt{7}} = \frac{0.5\sqrt{7}}{\sqrt{7}} = 0.5$，且

$$\hat{p}_N(x) = \frac{1}{N \cdot V_N} \sum_{i=1}^{N} \varphi\left(\frac{|x-x_i|}{h_N}\right) = \frac{1}{7 \times 0.5} \sum_{i=1}^{7} \frac{1}{\sqrt{2\pi}} \exp\left[-\frac{1}{2}\left(\frac{|x-x_i|}{0.5}\right)^2\right]$$

$$= 0.114\exp[-2(x-3.2)^2] + \cdots + 0.114\exp[-2(x-1.1)^2] + 0.114\exp[-2(x-5.2)^2]$$

**例 4.11**　设待估计的 $p(x)$ 是个均值为 0、方差为 1 的一维正态密度函数。若随机地抽

取1个、16个、256个样本作为学习样本集$x^N$，试用窗函数法估计$\hat{p}_N(x)$。

**解**：设窗口函数为$\mu=0$和$\sigma^2=1$的正态窗函数，则

$$\varphi\left(\frac{|x-x_i|}{h_N}\right)=\frac{1}{\sqrt{2\pi}}\exp\left[-\left(\frac{|x-x_i|}{h_N}\right)^2\right]$$

取$V_N=h_N=\frac{h_1}{\sqrt{N}}$，其中$h_N$为窗长度，$N$为样本数，$h_1$为选定的可调参数，则

$$\begin{aligned}\hat{p}_N(x)&=\frac{1}{N\cdot V_N}\sum_{i=1}^{N}\varphi\left(\frac{|x-x_i|}{h_N}\right)\\&=\frac{1}{N}\frac{\sqrt{N}}{h_1}\sum_{i=1}^{N}\varphi\left(\frac{|x-x_i|}{h_N}\right)\\&=\frac{1}{h_1\sqrt{N}}\sum_{i=1}^{N}\frac{1}{\sqrt{2\pi}}\exp\left[-\frac{1}{2}\left(\frac{|x-x_i|\sqrt{N}}{h_1}\right)^2\right]\end{aligned}$$

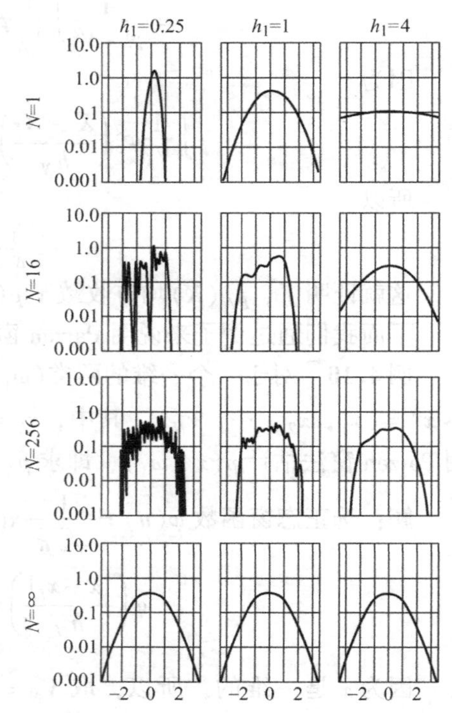

图4.11　一个正态分布的Parzen窗估计

$\hat{p}_N(x)$随$N$、$h_1$的变化情况如图4.11所示，可归纳如下：

（1）当$N=1$时，$\hat{p}_N(x)$是以第一个样本为中心的正态形小丘，与窗函数差不多。

（2）当$N=16$及$N=256$时，若$h_1=0.25$，则曲线起伏很大，噪声大；若$h_1=1$，则曲线起伏减小；若$h_1=4$时，则曲线平坦，误差小。

（3）当$N\to\infty$时，$\hat{p}_N(x)$收敛于一平滑的正态曲线，估计效果较好。

MATLAB代码如下：

```
function y = parzen(X,N,h1)
%X为学习样本,N为样本数目,h1为可调节的参数
N = 256; h1 = 4;
X = randn(1,N);
  %产生N个标准正态分布样本,即服从N(0,1)
syms x; hn = h1/sqrt(N);
p_x = 0;
for i = 1:N
    p_x = p_x + 1/sqrt(2 * pi) * exp( -1/2 * ((x - X(i))/hn)^2);
    %选择正态窗口数估计
end
y = p_x/(h1 * sqrt(N));
ezplot(y);          %图像显示
```

**例4.12**　仍以一维情况为例，假定待估计的$p(x)$为两个均匀分布的混合概率密度函数，如图4.12所示。

$$
p(x)=\begin{cases}1, & -2.5<x<-2 \\ 0.25, & 0<x<2 \\ 0, & \text{其他}\end{cases}
$$

随机抽取 1 个、16 个、256 个学习样本构成不同的样本集，求 $p(x)$ 的估计 $\hat{p}_N(x)$。

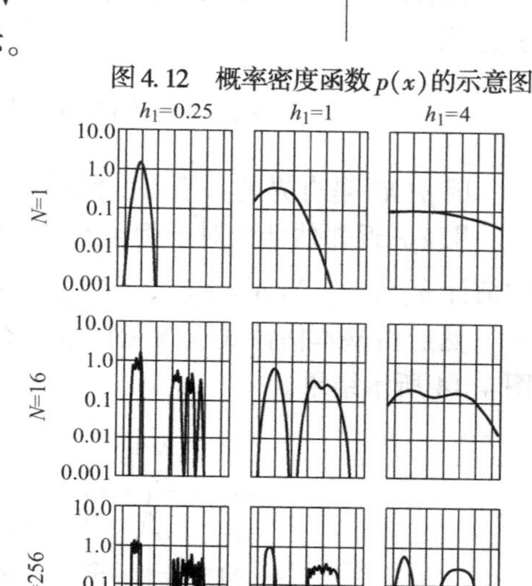

图 4.12　概率密度函数 $p(x)$ 的示意图

**解**：同样用 $\varphi(u)=\dfrac{1}{\sqrt{2\pi}}\exp\left(-\dfrac{1}{2}u^2\right)$，$h_N=\dfrac{h_1}{\sqrt{N}}=V_N$。当 $N=1$、16、256、$\infty$ 时的 $\hat{p}_N(x)$ 估计如图 4.13 所示。

（1）当 $N=1$ 时，$\hat{p}_N(x)$ 实际是窗函数。

（2）当 $N=16$ 及 $N=256$ 时

$h_1=0.25$ 时，曲线起伏大；

$h_1=1$ 时，曲线起伏减小；

$h_1=4$ 时，曲线平坦。

（3）当 $N\to\infty$ 时，曲线与 $p(x)$ 曲线同形，估计效果较好。

以上例子说明，Parzen 窗法不管 $p(x)$ 是单峰还是多峰形式密度函数，都能得到较好的估计。只要样本足够多，总可以保证比较好地逼近待估计的概率密度函数。其缺点是，所需的样本数比参数估计法多，按模式维数呈指数增长，且耗费时间和存储量都很大。这也是非参数估计的主要特点。

Parzen 窗法在体积序列 $V_1$，$V_2$，…，$V_N$ 的构造上用 $V_N=V_1/\sqrt{N}$，受初值 $V_1$ 的影响。若 $V_1$ 太小，则很多体积可能为空，引起估计的 $\hat{p}_N(x)$ 不稳定。若 $V_1$ 太大，则估计 $\hat{p}_N(x)$ 较平坦，$p(x)$ 的一些细节变化可能因平均而忽略掉，使估计结果不能真实反映总体密度的变化情况。

图 4.13　双峰密度的 Parzen 窗估计

### 4.6.3　$k_N$–近邻估计法

$k_N$–近邻估计法的基本思想是将 $k_N$ 设为 $N$ 的某个函数（如 $k_N=1/\sqrt{N}$），让体积 $V_N$ 为样本密度的函数并使 $R_N$ 正好包含 $\boldsymbol{X}$ 的 $k_N$ 个近邻，从而用 $\hat{p}_N(\boldsymbol{X})$ 估计 $p(\boldsymbol{X})$。也就是说，在给定 $N$ 个样本后，为了得到收敛于 $p(\boldsymbol{X})$ 的估计 $\hat{p}_N(\boldsymbol{X})$，先设定 $k_N$ 为 $N$ 的某个函数，然后在点 $\boldsymbol{X}$ 附近构造体积 $V_N$，使 $V_N$ 内含有与 $\boldsymbol{X}$ 近邻的恰好 $k_N$ 个样本。若点 $\boldsymbol{X}$ 的密度高，则包含 $k_N$ 个样本的体积 $V_N$ 就小，若点 $\boldsymbol{X}$ 附近的密度低，则体积就大。

$k_N$–近邻估计法的基本估计公式仍为

$$
\hat{p}_N(\boldsymbol{X})=\frac{k_N/N}{V_N}=\frac{k_N}{NV_N}
$$

其限制条件仍然为

1）$\lim_{N\to\infty} k_N = \infty$，保证估计的分辨率（即样本量随 $N$ 的增长也较大）较强。

2）$\lim_{N\to\infty} V_N = 0$，保证体积 $V_N$ 不能固化，否则，只得到平均密度估计。而这里是要估计点密度。

3）$\lim_{N\to\infty} k_N/N = 0$，保证当 $N\to\infty$ 时 $k_N$ 的增长速度不超过 $N$ 的增长速度，否则，捕获 $k_N$ 个样本的体积 $V_N$ 就可能会较快地缩小。

$k_N$ 取为 $N$ 的某个函数，如 $k_N = k_1\sqrt{N}$。$K_1$ 的选择必须使 $k_N \geqslant 1$，如选 $k_1 = 1$，则有 $k_N = \sqrt{N}$。于是可得

$$V_N = (k_N/N)/\hat{p}_N(\boldsymbol{X}) = \frac{\sqrt{N}/N}{\hat{p}_N(\boldsymbol{X})} = \frac{1}{\sqrt{N}\hat{p}_N(\boldsymbol{X})} \approx \frac{1}{\sqrt{N}p(\boldsymbol{X})} \tag{4-163}$$

因 $p(\boldsymbol{X})$ 是有界的，所以，此时 $V_N = V_1/\sqrt{N}$，其中，$V_1 = 1/p(\boldsymbol{X})$。



用 $k_N$-近邻估计法对于例 4.10 和例 4.11 中的问题分别在 $N=1$，16，256，$\infty$ 下求 $p(\boldsymbol{X})$ 的估计 $\hat{p}_N(\boldsymbol{X})$。当 $N=1$ 时，取 $k_N=\sqrt{1}$，即对每一 $\boldsymbol{X}$ 找与其最近的一个样本，得到相应的 $V_N$，然后由基本估计式求 $\boldsymbol{X}$ 处的 $\hat{p}_N(\boldsymbol{X})$。对 $N$ 的其他取值也可类似求出估计值。可得到如图 4.14 所示结果。

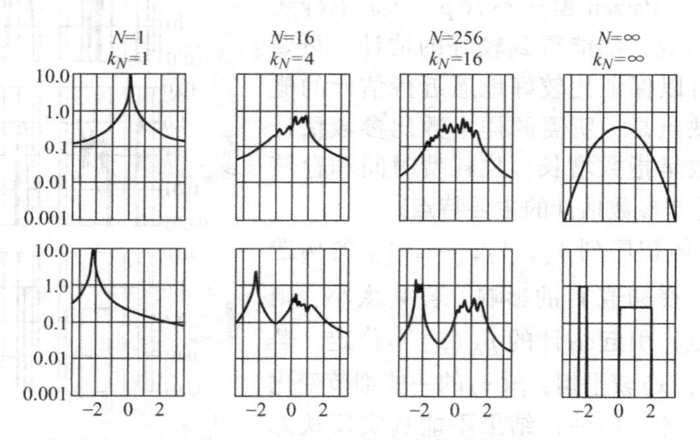


图 4.14　$k_N$-近邻估计法估计结果

$k_N$-近邻估计法存在的问题也是所需样本数较大，存储量和计算量也都很大。

$k_N$-近邻估计法的主要代码如下

```
%使用 kn 近邻概率密度估计方法,分别对一维数据进行估计
% k 为参数,a 为样本
%测试数据为一维
function px = kneighbor(a,kn,x)
    % a=[1.31 0.58 2.01 1.18 0.21 3.16 2.42 1.94 1.93 0.82]'为估计点
    % kn=1;
    N=100;
    % x=3*rand(N,1);              %随机产生 N 个 0~3 的数据。以上为参数代入值示例
    [m,n]=size(a);   px=zeros(N,1);   vn1=zeros(N,1);
```

```
        for i = 1:N
            for j = 1:m
              vn1(j) = abs(x(i) - a(j));  % 求出 vn,即两个数据点的距离长度
            end
            vn1 = sort(vn1);                % 将每一列由小到大排列一遍
            px(i) = kn/N/(vn1(kn));         % 计算概率密度
        end
    end
```

## 4.7　后验概率密度函数的势函数估计法



类概率密度函数的参数估计和非参数估计都是为了先得到类概率密度函数 $p(\boldsymbol{X} \mid \omega_i)$，然后在贝叶斯决策规则中用其求后验概率函数 $P(\omega_i \mid \boldsymbol{X}) = p(\boldsymbol{X} \mid \omega_i)P(\omega_i)$，以确定判别函数。在 $M$ 类模式下，对 $\boldsymbol{X}$ 按后验概率函数 $P(\omega_i \mid \boldsymbol{X})$ 作判别函数来决定 $\boldsymbol{X}$ 的类属，决策规则为

$$\text{若 } P(\omega_i|\boldsymbol{X}) > P(\omega_j|\boldsymbol{X}),\ i,j=1,2,\cdots,M;\ \forall j \neq i,\text{，则 } \boldsymbol{X} \in \omega_i \tag{4-164}$$

也就是用后验概率函数 $P(\omega_i \mid \boldsymbol{X})$ 作为第 $i$ 类的判别函数 $d_i(\boldsymbol{X})$。

但在现实中，每类的先验概率可能是未知的，也不宜直接由样本估计得到，此时，只好假设所有类的先验概率都相等。在假定每类的先验概率都相等下，下面介绍用势函数估计法由训练样本集直接估计后验概率密度函数 $p(\omega_i \mid \boldsymbol{X})$ 的方法。在每类的先验概率都相等时，可简化地直接用后验概率密度函数 $p(\omega_i \mid \boldsymbol{X})$ 作为判别函数，即 $d_i(\boldsymbol{X}) = p(\omega_i \mid \boldsymbol{X})$ 来设计分类器，所对应的决策规则为

$$\text{若 } p(\omega_i|\boldsymbol{X}) > p(\omega_j|\boldsymbol{X}),\ i,j=1,2,\cdots,M;\ \forall j \neq i,\text{，则 } \boldsymbol{X} \in \omega_i \tag{4-165}$$

设独立地提取了 $M$ 类模式中训练样本集 $\boldsymbol{X}^N = \{\boldsymbol{X}_1, \boldsymbol{X}_2, \cdots, \boldsymbol{X}_N\}$，现在要估计后验概率密度函数 $p(\omega_i \mid \boldsymbol{X})$ $(i=1, 2, \cdots, M)$。一旦 $M$ 类中的每一个后验概率密度函数估计完成后，对待分类样本 $\boldsymbol{X}$，就可按决策规则来判定 $\boldsymbol{X}$ 的类别。

估计后验概率密度函数有正交函数逼近法、势函数法等。正交函数逼近法就是选定一个正交函数系的前 $m$ 项，用其自乘形成对称双变量函数作为基本函数来构造后验概率密度的估计函数。$m$ 越大估计的精度越高。而势函数法则是选择对称双变量基函数作为基本函数来构造后验概率密度的估计函数。

下面主要介绍势函数估计法，也就是以基函数 $K(\boldsymbol{X}, \boldsymbol{X}_i)$ 作为基本函数来估计后验概率密度函数。由于基函数是非线性的，所以判别函数也是非线性的，其分类能力较强。

为方便起见，用 $\hat{f}_k^{(i)}(\boldsymbol{X})$ 表示 $p(\omega_i \mid \boldsymbol{X})$ 的第 $k$ 次逼近，其中，$k$ 为迭代次数；$i=1, 2, \cdots, M$；$\hat{f}_k^{(i)}(\boldsymbol{X})$ 由基函数 $K(\boldsymbol{X}, \boldsymbol{X}_i)$ 以某种方式组合。为方便起见，在下面 $\hat{f}_k^{(i)}(\boldsymbol{X})$ 用 $\hat{f}_k^{(i)}(\boldsymbol{X})$ 表示。

在第 $k$ 次处理了样本 $\boldsymbol{X}_k$，得到 $\hat{f}_k^{(i)}(\boldsymbol{X})$ 的基础上，接下来扫描 $\boldsymbol{X}_{k+1}$ 时，有两种迭代求取 $\hat{f}_{k+1}^{(i)}(\boldsymbol{X})$ 的方法：

（1）当出现分类错误时，既做加法也做减法

1）若 $\boldsymbol{X}_{k+1} \in \omega_i$ 且 $\hat{f}_k^i(X_{k+1}) > \hat{f}_k^j(X_{k+1})$，$\forall j \neq i$，$j=1, 2, \cdots, M$，正确分类，则所有

类的估计函数不用修改，即$\hat{f}^{l}_{k+1}(\boldsymbol{X})=\hat{f}^{l}_{k}(\boldsymbol{X})$，$l=1, 2, \cdots, M$。

2）若$\boldsymbol{X}_{k+1}\in\omega_i$，且有$j$，$\hat{f}^{i}_{k}(\boldsymbol{X}_{k+1})\leqslant\hat{f}^{j}_{k}(\boldsymbol{X}_{k+1})$，分类错误，则

$$\hat{f}^{i}_{k}(\boldsymbol{X})=\hat{f}^{i}_{k}(\boldsymbol{X})+r_{k+1}K(\boldsymbol{X},\boldsymbol{X}_{k+1})$$

$$\hat{f}^{v}_{k+1}(\boldsymbol{X})=\hat{f}^{v}_{k}(\boldsymbol{X})-r_{k+1}K(\boldsymbol{X},\boldsymbol{X}_{k+1}),\hat{f}^{i}_{k}(\boldsymbol{X}_{k+1})\leqslant\hat{f}^{v}_{k}(\boldsymbol{X}_{k+1}),\ v=1,2,\cdots,M,\ v\neq i$$

（2）当出现分类错误时，只做加法不做减法

1）若$\boldsymbol{X}_{k+1}\in\omega_i$且$\hat{f}^{i}_{k}(\boldsymbol{X}_{k+1})>\hat{f}^{j}_{k}(\boldsymbol{X}_{k+1})$，$\forall j\neq i$，$j=1, 2, \cdots, M$，正确分类，则所有类的估计函数不用修改，即$\hat{f}^{l}_{k+1}(\boldsymbol{X})=\hat{f}^{l}_{k}(\boldsymbol{X})$，$l=1, 2, \cdots, M$。

2）若$\boldsymbol{X}_{k+1}\in\omega_i$，且有$j$，$\hat{f}^{i}_{k}(\boldsymbol{X}_{k+1})\leqslant\hat{f}^{j}_{k}(\boldsymbol{X}_{k+1})$，分类错误，则仅修改$i$类的估计函数

$$\hat{f}^{i}_{k+1}(\boldsymbol{X})=\hat{f}^{i}_{k}(\boldsymbol{X})+r_{k+1}K(\boldsymbol{X},\boldsymbol{X}_{k+1})$$



对于第一种方法，由于所选的基函数并不一定满足窗函数的要求，所以，可能会出现有的样本代入到（中间或最后）所得到的某个类的后验概率密度函数估计式中其值为负的情况，而这违反了概率密度函数必须为非负的基本要求。

对于第二种方法，也因同样的原因，可能会出现有的样本代入到（中间或最后）所得到的某个类的后验概率密度函数估计式中其值为大于1的情况，这种取值对于第一种方法也不能排除。因此，这里只用第二种方法，重在利用概率的思想训练求得后验概率密度函数估计。也可在得到估计后除以某个最大值以得到最后的后验概率密度函数估计式。

现用第二种方法给出其一般的迭代步骤。

从取$\hat{f}^{(i)}_{0}(\boldsymbol{X})=0(i=1, 2, \cdots, M)$开始。设所取的基函数为$K(\boldsymbol{X}, \boldsymbol{X}_i)$。

第一步：扫描模式样本$\boldsymbol{X}_1$，有

$$\hat{f}^{i}_{1}(\boldsymbol{X})=\begin{cases}\hat{f}^{i}_{0}(\boldsymbol{X})+r_1K(\boldsymbol{X},\boldsymbol{X}_1)=r_1K(\boldsymbol{X},\boldsymbol{X}_1) & \text{若 } \boldsymbol{X}_1\in\omega_i \\ \hat{f}^{i}_{0}(X) & \boldsymbol{X}_1\notin\omega_i\end{cases}(i=1,2,\cdots,M)。$$

第二步：扫描$\boldsymbol{X}_2$，代入所有的$\hat{f}^{i}_{1}(\boldsymbol{X})(i=1, 2, \cdots, M)$，考虑以下两种情况：

1）若$\boldsymbol{X}_2\in\omega_i$且$\hat{f}^{i}_{1}(\boldsymbol{X}_2)>\hat{f}^{j}_{1}(\boldsymbol{X}_2)$，$j\neq i$，$j=1, 2, \cdots, M$，能保证第$i$类的判别函数值最大，则$\hat{f}^{l}_{2}(\boldsymbol{X})=\hat{f}^{l}_{1}(\boldsymbol{X})$，$l=1, 2, \cdots, M$。

2）若$\boldsymbol{X}_2\in\omega_i$，但有$j$，$j\neq i$，$j=1, 2, \cdots, M$，$\hat{f}^{i}_{1}(\boldsymbol{X}_2)\leqslant\hat{f}^{j}_{1}(\boldsymbol{X}_2)$，即不保证第$i$类的判别函数值最大，则只增加第$i$类的估计函数，其他函数不变，即

$$\hat{f}^{i}_{2}(\boldsymbol{X})=\hat{f}^{j}_{1}(\boldsymbol{X})+r_2K(\boldsymbol{X},\boldsymbol{X}_2)$$

$$\vdots$$

第$k+1$步：扫描样本$\boldsymbol{X}_{k+1}$，代入所有的$\hat{f}^{i}_{k}(\boldsymbol{X})(i=1, 2, \cdots, M)$，也考虑以下两种情况：

1）若$\boldsymbol{X}_{k+1}\in\omega_i$且$\hat{f}^{i}_{k}(\boldsymbol{X}_{k+1})>\hat{f}^{j}_{k}(\boldsymbol{X}_{k+1})$，$j\neq i$，$j=1, 2, \cdots, M$，能保证第$i$类的判别函数值最大，则$\hat{f}^{l}_{k+1}(\boldsymbol{X})=\hat{f}^{l}_{k}(\boldsymbol{X})$，$l=1, 2, \cdots, M$。

2）若$\boldsymbol{X}_{k+1}\in\omega_i$，但有$j$，$j\neq i$，$j=1, 2, \cdots, M$，$\hat{f}^{i}_{k}(\boldsymbol{X}_{k+1})\leqslant\hat{f}^{j}_{k}(\boldsymbol{X}_{k+1})$，即不能保证第$i$类的判别函数值最大，则只增加第$i$类的估计函数，其他函数不变，即

$$\hat{f}^{i}_{k+1}(\boldsymbol{X})=\hat{f}^{i}_{k}(\boldsymbol{X})+r_{k+1}K(\boldsymbol{X},\boldsymbol{X}_{k+1})$$

在样本集含 $N$ 个样本时，上述迭代做 $N$ 次即完成一轮迭代。当第一轮迭代做完，若其中仍有未能保证其所在类的判别函数值最大的样本，则进入下一轮迭代，即从头开始扫描样本集 $\boldsymbol{X}^N$ 中的样本 $\boldsymbol{X}_1$，$\boldsymbol{X}_2$，…，$\boldsymbol{X}_N$，每扫描一个样本迭代次数 $k$ 继续增 1。如此重复，直到某一轮中能保证每个样本其所在类的判别函数值最大为止。

要求迭代中系数 $r_k(k=1,2,\cdots)$ 是正实数序列，满足：

$$(1)\ \lim_{k\to\infty} r_k = 0 \tag{4-166}$$

$$(2)\ \sum_{k=1}^{\infty} r_k = \infty \tag{4-167}$$

$$(3)\ \sum_{k=1}^{\infty} r_k^2 < \infty \tag{4-168}$$

一般可选 $r_k$ 为调和级数 1，$\frac{1}{2}$，$\frac{1}{3}$，…中的第 $k$ 项，即

$$r_k = \frac{1}{k} \tag{4-169}$$

可见，上述迭代算法类似于多类感知器学习算法，不同之处只是这里采用概率的思想。

函数 $\hat{f}_k^i(\boldsymbol{X})(i=1,2,\cdots,M)$ 与训练样本集密切相关，由于模式样本是随机抽取的，所以 $\hat{f}_k^i(\boldsymbol{X})$ 也是随机函数。已证明，若基函数满足窗函数的性质，即 $\int K(\boldsymbol{X},\boldsymbol{X}_k)\mathrm{d}x = 1$，则 $\hat{f}_k^i(\boldsymbol{X})$ 二次方收敛于后验概率密度函数 $p(\omega_i \mid \boldsymbol{X})$，即 $\lim\limits_{k\to\infty}\int \mid f_k^i(\boldsymbol{X}) - p(\omega_i \mid \boldsymbol{X}) \mid^2 p(X)\mathrm{d}x = 0$。当迭代结束后，可取最后得到的 $\hat{f}_k^i(\boldsymbol{X})$ 作为第 $i$ 类的判别函数。

**例 4.13**　给定训练样本 $\omega_1$：$\boldsymbol{X}_1=(0,0)^{\mathrm{T}}$，$\boldsymbol{X}_2=(1,1)^{\mathrm{T}}$，$\omega_2$：$\boldsymbol{X}_3=(1,0)^{\mathrm{T}}$，$\boldsymbol{X}_4=(0,1)^{\mathrm{T}}$，在两类先验概率相等下，选择合适的基函数用势函数法估计后验概率密度函数，实现分类器的设计。

**解**：这是一个两类模式不是线性可分的 XOR 问题。由于只有两类，所以，一般情况下只需要一个判别函数就可以了。当样本代入判别函数，若其值大于 0，则该样本属于第一类，若小于 0，则属于第二类。但一般来说，概率密度函数都是非负的，所以，如果我们用后验概率密度函数的势函数估计法来求解，正常情况下，要训练两个后验概率密度函数才符合题意。为此，选二维指数函数作为基函数：

$$K(\boldsymbol{X},\boldsymbol{X}_k) = \exp\{-\|\boldsymbol{X}-\boldsymbol{X}_k\|^2\} = \exp\{-[(x_1-x_{k1})^2+(x_2-x_{k2})^2]\}$$

用 $\hat{f}_k^1(\boldsymbol{X})$ 和 $\hat{f}_k^2(\boldsymbol{X})$ 分别表示 $\omega_1$ 和 $\omega_2$ 的后验概率密度函数 $p(\omega_1 \mid \boldsymbol{X})$、$p(\omega_2 \mid \boldsymbol{X})$ 的第 $k$ 次估计。使得，当 $p(\omega_1 \mid \boldsymbol{X}) > p(\omega_2 \mid \boldsymbol{X})$ 时，$\boldsymbol{X}\in\omega_1$；而当 $p(\omega_1 \mid \boldsymbol{X}) < p(\omega_2 \mid \boldsymbol{X})$ 时，$\boldsymbol{X}\in\omega_2$。设初值 $\hat{f}_0^1(\boldsymbol{X}) = \hat{f}_0^2(\boldsymbol{X}) = 0$，$r_k = \frac{1}{k}$。迭代如下：

第一步：扫描 $X_1\in\omega_1$，$\hat{f}_1(\boldsymbol{X}) = \hat{f}_0(\boldsymbol{X}) + r_1K_1(\boldsymbol{X},\boldsymbol{X}_1) = \exp\{-[(x_1-0)^2+(x_2-0)^2]\} = \exp[-(x_1^2+x_2^2)]$，$\hat{f}_1^2(\boldsymbol{X}) = \hat{f}_0^2(\boldsymbol{X}) = 0$。

第二步：扫描 $\boldsymbol{X}_2\in\omega_1$，$\hat{f}_1(\boldsymbol{X}_2) = \mathrm{e}^{-2}$，$\hat{f}_1^2(\boldsymbol{X}_2) = 0$，$\hat{f}_1^2(\boldsymbol{X}_2) > \hat{f}^2(\boldsymbol{X}_2)$，分类正确，所以 $\hat{f}_2^1(\boldsymbol{X}) = \hat{f}_1^1(\boldsymbol{X})$，$\hat{f}_2^2(\boldsymbol{X}) = \hat{f}_1^2(\boldsymbol{X}) = 0$。

第三步：扫描 $X_3 \in \omega_2$，$\hat{f}_2^1(\boldsymbol{X}_3)=\mathrm{e}^{-1}$，$\hat{f}_2^2(\boldsymbol{X}_3)=0$，$\hat{f}_2^1(\boldsymbol{X}_3) \geqslant \hat{f}_2^2(\boldsymbol{X}_3)$，分类错误，所以 $\hat{f}_3^1(\boldsymbol{X})=\hat{f}_2^1(\boldsymbol{X})$，$\hat{f}_3^2(\boldsymbol{X})=\hat{f}_2^2(\boldsymbol{X})+r_3K(\boldsymbol{X},\boldsymbol{X}_3)=\frac{1}{3}\exp\{-[(x_1-1)^2+x_2^2]\}$。

第四步：扫描 $X_4 \in \omega_2$，$\hat{f}_3^1(\boldsymbol{X}_4)=\mathrm{e}^{-1}$，$\hat{f}_3^2(\boldsymbol{X}_4)=\frac{1}{3}\mathrm{e}^{-2}$，$\hat{f}_3^1(\boldsymbol{X}_4) \geqslant \hat{f}_3^2(\boldsymbol{X}_4)$，分类错误，所以 $\hat{f}_4^1(\boldsymbol{X})=\hat{f}_3^1(\boldsymbol{X})$，$\hat{f}_4^2(\boldsymbol{X})=\hat{f}_3^2(\boldsymbol{X})+r_4K(\boldsymbol{X},\boldsymbol{X}_4)=\frac{1}{3}\exp\{-[(x_1-1)^2+x_2^2]\}+\frac{1}{4}\exp\{-[x_1^2+(x_2-1)^2]\}$。

第五步：扫描 $\boldsymbol{X}_5=\boldsymbol{X}_1 \in \omega_1$，$\hat{f}_4^1(\boldsymbol{X}_5)=1$，$\hat{f}_4^2(\boldsymbol{X}_5)=\frac{1}{3}\mathrm{e}^{-1}+\frac{1}{4}\mathrm{e}^{-1}$，$\hat{f}_4^1(\boldsymbol{X}_5)>\hat{f}_4^2(X_5)$，分类正确，所以，$\hat{f}_5^1(\boldsymbol{X})=\hat{f}_4^1(X)$，$\hat{f}_5^2(\boldsymbol{X})=\hat{f}_4^2(\boldsymbol{X})$。



第六步：扫描 $\boldsymbol{X}_6=\boldsymbol{X}_2 \in \omega_1$，$\hat{f}_5^1(\boldsymbol{X}_6)=\mathrm{e}^{-2}$，$\hat{f}_5^2(\boldsymbol{X}_6)=\frac{1}{3}\mathrm{e}^{-1}+\frac{1}{4}\mathrm{e}^{-1}$，$\hat{f}_5^1(\boldsymbol{X}_6)<\hat{f}_5^2(X_6)$，分类错误，所以 $\hat{f}_6^1(\boldsymbol{X})=\hat{f}_5^1(\boldsymbol{X})+r_6K(\boldsymbol{X},\boldsymbol{X}_6)=\exp\{-(x_1^2+x_2^2)\}+\frac{1}{6}\exp\{-(x_1-1)^2+(x_2-1)^2\}$，$\hat{f}_6^2(\boldsymbol{X})=\hat{f}_5^2(X)$。

第七步：扫描 $\boldsymbol{X}_7=\boldsymbol{X}_3 \in \omega_1$，$\hat{f}_6^1(\boldsymbol{X}_7)=\mathrm{e}^{-1}+\frac{1}{6}\mathrm{e}^{-1}$，$\hat{f}_6^2(\boldsymbol{X}_7)=\frac{1}{3}\mathrm{e}^0+\frac{1}{4}\mathrm{e}^{-2}$，$\hat{f}_6^1(\boldsymbol{X}_7)>\hat{f}_6^2(\boldsymbol{X}_7)$，分类错误，所以 $\hat{f}_7^1(\boldsymbol{X})=\hat{f}_6^1(X)$，$\hat{f}_7^2(\boldsymbol{X})=\hat{f}_6^2(\boldsymbol{X})+r_7K(\boldsymbol{X},\boldsymbol{X}_7)=\frac{1}{3}\exp\{-[(x_1-1)^2+x_2^2]\}+\frac{1}{4}\exp\{-[x_1^2+(x_2-1)^2]\}+\frac{1}{7}\exp\{-[(x_1-1)^2+x_2^2]\}$。

第八步：扫描 $\boldsymbol{X}_8=\boldsymbol{X}_4 \in \omega_2$，$\hat{f}_7^1(\boldsymbol{X}_8)=\mathrm{e}^{-1}+\frac{1}{6}\mathrm{e}^{-1}$，$\hat{f}_7^2(\boldsymbol{X}_8)=\frac{1}{3}\mathrm{e}^{-2}+\frac{1}{4}\mathrm{e}^0+\frac{1}{7}\mathrm{e}^{-2}$，$\hat{f}_7^1(\boldsymbol{X}_8)>\hat{f}_7^2(\boldsymbol{X}_8)$，分类错误，所以，$\hat{f}_8^1(\boldsymbol{X})=\hat{f}_7^1(\boldsymbol{X})$，$\hat{f}_8^2(\boldsymbol{X})=\hat{f}_7^2(\boldsymbol{X})+r_8K(\boldsymbol{X},\boldsymbol{X}_8)=\frac{1}{3}\exp\{-[(x_1-1)^2+x_2^2]\}+\frac{1}{4}\exp\{-[x_1^2+(x_2-1)^2]\}+\frac{1}{7}\exp\{-[(x_1-1)^2+x_2^2]\}+\frac{1}{8}\exp\{-[x_1^2+(x_2-1)^2]\}$。

第九步：扫描 $\boldsymbol{X}_9=\boldsymbol{X}_1 \in \omega_1$，$\hat{f}_8^1(\boldsymbol{X}_9)=\mathrm{e}^{-1}+\frac{1}{6}\mathrm{e}^{-1}$，$\hat{f}_8^2(\boldsymbol{X}_9)=\frac{1}{3}\mathrm{e}^{-1}+\frac{1}{4}\mathrm{e}^{-1}+\frac{1}{7}\mathrm{e}^{-1}+\frac{1}{8}\mathrm{e}^{-1}$，$\hat{f}_8^1(\boldsymbol{X}_9)>\hat{f}_8^2(\boldsymbol{X}_9)$，分类正确，所以，$\hat{f}_9^1(\boldsymbol{X})=\hat{f}_8^1(\boldsymbol{X})$，$\hat{f}_9^2(\boldsymbol{X})=\hat{f}_8^2(\boldsymbol{X})$。

第十步：扫描 $\boldsymbol{X}_{10}=\boldsymbol{X}_2 \in \omega_1$，$\hat{f}_9^1(\boldsymbol{X}_{10})=\mathrm{e}^{-2}+\frac{1}{6}\mathrm{e}^0$，$\hat{f}_9^2(\boldsymbol{X}_{10})=\frac{1}{3}\mathrm{e}^{-1}+\frac{1}{4}\mathrm{e}^{-1}+\frac{1}{7}\mathrm{e}^{-1}+\frac{1}{8}\mathrm{e}^{-1}$，$\hat{f}_9^1(\boldsymbol{X}_{10})<\hat{f}_9^2(\boldsymbol{X}_{10})$，分类错误，所以 $\hat{f}_{10}^1(\boldsymbol{X})=\hat{f}_9^1(\boldsymbol{X})+r_{10}K(\boldsymbol{X},\boldsymbol{X}_{10})=\exp[-(x_1^2+x_2^2)]+\frac{1}{6}\exp\{-[(x_1-1)^2+(x_2-1)^2]\}+\frac{1}{10}\exp\{-[(x_1-1)^2+(x_2-1)^2]\}$，$\hat{f}_{10}^2(\boldsymbol{X})=\hat{f}_9^2(\boldsymbol{X})$。

第十一步：扫描 $\boldsymbol{X}_{11}=\boldsymbol{X}_3 \in \omega_2$，$\hat{f}_{10}^1(\boldsymbol{X}_{11})=\mathrm{e}^{-1}+\frac{1}{6}\mathrm{e}^{-1}+\frac{1}{10}\mathrm{e}^{-1}$，$\hat{f}_{10}^2(\boldsymbol{X}_{11})=\frac{1}{3}\mathrm{e}^0+\frac{1}{4}\mathrm{e}^{-2}+\frac{1}{7}\mathrm{e}^0+\frac{1}{8}\mathrm{e}^{-2}$，$\hat{f}_{10}^1(\boldsymbol{X}_{11})<\hat{f}_{10}^2(\boldsymbol{X}_{11})$，分类正确，所以，$\hat{f}_{11}^1(\boldsymbol{X})=\hat{f}_{10}^1(\boldsymbol{X})$，$\hat{f}_{11}^2(\boldsymbol{X})=$

$\hat{f}_{10}^{2}(\boldsymbol{X})$。

第十二步：扫描 $\boldsymbol{X}_{12}=\boldsymbol{X}_4\in\omega_2$，$\hat{f}_{11}^{1}(\boldsymbol{X}_{12})=\mathrm{e}^{-1}+\frac{1}{6}\mathrm{e}^{-1}+\frac{1}{10}\mathrm{e}^{-1}$，$\hat{f}_{11}^{2}(\boldsymbol{X}_{12})=\frac{1}{3}\mathrm{e}^{-2}+\frac{1}{4}\mathrm{e}^{0}+\frac{1}{7}\mathrm{e}^{-2}+\frac{1}{8}\mathrm{e}^{0}$，$\hat{f}_{11}^{1}(\boldsymbol{X}_{12})>\hat{f}_{11}^{2}(\boldsymbol{X}_{12})$，分类错误，所以，$\hat{f}_{12}^{1}(\boldsymbol{X})=\hat{f}_{11}^{1}(\boldsymbol{X})$，$\hat{f}_{12}^{2}(\boldsymbol{X})=\hat{f}_{11}^{2}(\boldsymbol{X})+r_{12}K(\boldsymbol{X},\boldsymbol{X}_{12})=\frac{1}{3}\exp\{-[(x_1-1)^2+x_2^2]\}+\frac{1}{4}\exp\{-[x_1^2+(x_2-1)^2]\}+\frac{1}{7}\exp\{-[(x_1-1)^2+x_2^2]\}+\frac{1}{8}\exp\{-[x_1^2+(x_2-1)^2]\}+\frac{1}{12}\exp\{-[x_1^2+(x_2-1)^2]\}$。

第十三步：扫描 $\boldsymbol{X}_{13}=\boldsymbol{X}_1\in\omega_1$，$\hat{f}_{12}^{1}(\boldsymbol{X}_{13})=\mathrm{e}^{0}+\frac{1}{6}\mathrm{e}^{-2}+\frac{1}{10}\mathrm{e}^{-2}$，$\hat{f}_{12}^{2}(\boldsymbol{X}_{13})=\frac{1}{3}\mathrm{e}^{-1}+\frac{1}{4}\mathrm{e}^{-1}+\frac{1}{7}\mathrm{e}^{-1}+\frac{1}{8}\mathrm{e}^{-1}+\frac{1}{12}\mathrm{e}^{-1}$，$\hat{f}_{12}^{1}(\boldsymbol{X}_{13})>\hat{f}_{12}^{2}(\boldsymbol{X}_{13})$，分类正确，所以，$\hat{f}_{13}^{1}(\boldsymbol{X})=\hat{f}_{12}^{1}(\boldsymbol{X})$，$\hat{f}_{13}^{2}(\boldsymbol{X})=\hat{f}_{12}^{2}(\boldsymbol{X})$。



第十四步：扫描 $\boldsymbol{X}_{14}=\boldsymbol{X}_2\in\omega_1$，$\hat{f}_{13}^{1}(\boldsymbol{X}_{14})=\mathrm{e}^{-2}+\frac{1}{6}\mathrm{e}^{0}+\frac{1}{10}\mathrm{e}^{0}$，$\hat{f}_{13}^{2}(\boldsymbol{X}_{14})=\frac{1}{3}\mathrm{e}^{-1}+\frac{1}{4}\mathrm{e}^{-1}+\frac{1}{7}\mathrm{e}^{-1}+\frac{1}{8}\mathrm{e}^{-1}+\frac{1}{12}\mathrm{e}^{-1}$，$\hat{f}_{13}^{1}(\boldsymbol{X}_{14})>\hat{f}_{13}^{2}(\boldsymbol{X}_{14})$，分类正确，所以，$\hat{f}_{14}^{1}(\boldsymbol{X})=\hat{f}_{13}^{1}(\boldsymbol{X})$，$\hat{f}_{14}^{2}(\boldsymbol{X})=\hat{f}_{13}^{2}(\boldsymbol{X})$。

第十五步：扫描 $\boldsymbol{X}_{15}=\boldsymbol{X}_3\in\omega_2$，$\hat{f}_{14}^{1}(\boldsymbol{X}_{15})=\mathrm{e}^{-2}+\frac{1}{6}\mathrm{e}^{-1}+\frac{1}{10}\mathrm{e}^{-1}$，$\hat{f}_{14}^{2}(\boldsymbol{X}_{15})=\frac{1}{3}\mathrm{e}^{0}+\frac{1}{4}\mathrm{e}^{-2}+\frac{1}{7}\mathrm{e}^{0}+\frac{1}{8}\mathrm{e}^{-2}+\frac{1}{12}\mathrm{e}^{-2}$，$\hat{f}_{15}^{1}(\boldsymbol{X}_{15})<\hat{f}_{14}^{2}(\boldsymbol{X}_{15})$，分类正确，所以，$\hat{f}_{15}^{1}(\boldsymbol{X})=\hat{f}_{14}^{1}(\boldsymbol{X})$，$\hat{f}_{15}^{2}(\boldsymbol{X})=\hat{f}_{14}^{2}(\boldsymbol{X})$。

第十六步：扫描 $\boldsymbol{X}_{16}=\boldsymbol{X}_4\in\omega_2$，$\hat{f}_{15}^{1}(\boldsymbol{X}_{16})=\mathrm{e}^{-1}+\frac{1}{6}\mathrm{e}^{-1}+\frac{1}{10}\mathrm{e}^{-1}$，$\hat{f}_{15}^{2}(\boldsymbol{X}_{16})=\frac{1}{3}\mathrm{e}^{-2}+\frac{1}{4}\mathrm{e}^{0}+\frac{1}{7}\mathrm{e}^{-2}+\frac{1}{8}\mathrm{e}^{0}+\frac{1}{12}\mathrm{e}^{0}$，$\hat{f}_{15}^{1}(\boldsymbol{X}_{16})<\hat{f}_{15}^{2}(\boldsymbol{X}_{16})$，分类正确，所以，$\hat{f}_{16}^{1}(\boldsymbol{X})=\hat{f}_{15}^{1}(\boldsymbol{X})$，$\hat{f}_{16}^{2}(\boldsymbol{X})=\hat{f}_{15}^{2}(\boldsymbol{X})$。

至此，实际上已可以看出，对所有的样本都能正确分类，所以，训练结束，迭代停止，算法已收敛于解：

$$\hat{f}^{1}(\boldsymbol{X})=\mathrm{e}^{-(x_1^2+x_2^2)}+\frac{1}{6}\mathrm{e}^{-[(x_1-1)^2+(x_2-1)^2]}+\frac{1}{10}\mathrm{e}^{-[(x_1-1)^2+(x_2-1)^2]}$$

$$\begin{aligned}\hat{f}^{2}(\boldsymbol{X})=&\frac{1}{3}\mathrm{e}^{-[(x_1-1)^2+x_2^2]}+\frac{1}{4}\mathrm{e}^{-[x_1^2+(x_2-1)^2]}+\\&\frac{1}{7}\mathrm{e}^{-[(x_1-1)^2+x_2^2]}+\frac{1}{8}\mathrm{e}^{-[x_1^2+(x_2-1)^2]}+\frac{1}{12}\mathrm{e}^{-[(x_1-1)^2+(x_2-1)^2]}\end{aligned}$$

判别函数：$d_1(\boldsymbol{X})=\hat{f}^{1}(\boldsymbol{X})$，$d_2(\boldsymbol{X})=\hat{f}^{2}(\boldsymbol{X})$

从上面例子可以看出，因为我们选择的基函数并不一定满足窗函数的要求，所以在某个样本代入$\hat{f}^{1}(\boldsymbol{X})$或$\hat{f}^{2}(\boldsymbol{X})$时，其值有可能超过 1，这是因为我们所选择的基函数不满足窗函数的性质，即 $\int K(\boldsymbol{X},\boldsymbol{X}_k)\mathrm{d}x = 1$ 。事实上，这里选择的基函数只是正态密度函数的一部分，其积分值肯定不是1。但若直接选正态密度函数作为基函数，那么计算过程中就要计算很多系数，由此会带来计算上的很多麻烦和复杂性。因此，可考虑最后将它们做一定的处理，如除以所有样本代入两个函数后得到的最大值，才能将 $\hat{f}^1(\boldsymbol{X})$ 和 $\hat{f}^2(\boldsymbol{X})$ 处理后的表达形式分别作为类的后验概率密度函数 $p(\omega_1 \mid \boldsymbol{X})$、$p(\omega_2 \mid \boldsymbol{X})$ 的估计。但即使不做任何处理，估计式已可作为判别函数来用了。

实际上，上述基函数估计方法主要强调的是一种概率意义上的估计方法。估计的函数虽然是后验概率密度函数，但这种方法也完全适用于后验概率函数的直接估计，不管类的先验概率是否相等。

与确定性分类器中的势函数法相比较，相同点是迭代思想基本相同。不同点是所取的 $r_k$ 不同。在几何分类法中：$r_k = 0$，1，$-1$，而在概率分类法中要求 $r_k$ 满足条件：$\lim\limits_{k\to\infty} r_k = 0$、$\sum\limits_{k=1}^{\infty} r_k = \infty$ 和 $\sum\limits_{k=1}^{\infty} r_k^2 < \infty$ 。另外，概率法要求密度函数非负，所以，采用的是只做加法不做减法的修正方法。此外，基函数的选择对收敛速度有较大影响，如选用正交函数系，收敛速度会慢。



MATLAB 代码如下：

```
function postpdf(w1,w2)
%w1 =[0 0;2 0];                    % 两类样本．注:两类样本数需相等
%w2 =[1 1;1 -1];
X = cat(1,w1,w2);                  % 合并两类样本
X = num2cell(X,2); [m,n] = size(X);
% 势函数核心程序
K_0 =0;                            % 初始积累势函数 K0(X) =0,可任意取值
K_X = K_0;                         % K_X 为所求的 K(X)分类函数
temp = -1;                         % temp 为 while 循环中比较用的控制变量
k =0;
while(temp ~ = K_X)                % 若迭代若干次数,K(X)函数不再变化,则停止迭代
    for i =1:m
        temp = K_X;    k = k +1;
        if((i < =m/2)&&K_value(K_X,X{i}) < =0) % 若 w1 类样本分类错误
            K_X = K_X + K_0 +1/k * K3(X{i})%rk =1/k
        end
        if((i >m/2)&&K_value(K_X,X{i}) >0) % 若 w2 类样本分类错误
            K_X = K_X + K_0 -1/k * K3(X{i})%rk =1/k
        end
    end
end
K_X                                % 输出 K(X)函数
ezplot(K_X)                        % 显示函数图像
%子函数部分
function y = K3(X,alpha)           % alpha 为参数
```

```
syms x1 x2;
y = exp( - ((x1 - X(1))^2 + (x2 - X(2))^2));   % 指数型势函数
function y = K_value(K_X,X)                    % 将样本代入 K 函数得到数值
y = subs(K_X,'x1',X(1));
y = subs(y,'x2',X(2));
```

# 习题 4

4.1　回答下列问题：

（1）分类识别中为何有错分类？在何种情况下会出现错分类？

（2）先验概率、类概率密度函数、后验概率三者满足什么关系？

（3）有哪几种贝叶斯决策规则？试给出5种不同的形式。

4.2　写出两类问题下的贝叶斯最小错误率分类准则，并给出分别在$p(\boldsymbol{X}|\omega_1)=p(\boldsymbol{X}|\omega_2)$及$P(\omega_1)=P(\omega_2)$两种特例下的准则。

4.3　某地区血液细胞正常细胞（$\omega_1$类）与异常细胞（$\omega_2$类）的先验概率分别为$P(\omega_1)=0.85$，$P(\omega_2)=0.15$，现有检查到一个待识别细胞，其观察值为$\boldsymbol{X}$，从类概率密度分布曲线上查得$p(\boldsymbol{X}|\omega_1)=0.3$，$p(\boldsymbol{X}|\omega_2)=0.45$，试用最小错误率贝叶斯决策规则判断该细胞是正常细胞还是异常细胞。

4.4　在0—1损失函数下，按最小风险决策规则判断4.2题中的细胞$\boldsymbol{X}$所属的类别。

4.5　在$\lambda_{11}=\lambda_{22}=0$且$\lambda_{12}=15$，$\lambda_{21}=5$下按最小风险决策判断4.2题中细胞$\boldsymbol{X}$所属的类别。

4.6　设两个一维模式类的先验概率相等，且类概率密度函数$p(x|\omega_1)$和$p(x|\omega_2)$分别为

$$p(x|\omega_1)=\begin{cases}-\dfrac{2}{3}x+1,\ 0.5\leqslant x\leqslant 3\\0,\ 其他\end{cases}\qquad p(x|\omega_2)=\begin{cases}\dfrac{2}{5}x-\dfrac{1}{5},\ 0\leqslant x\leqslant 1.5\\0,\ 其他\end{cases}$$

试用0-1损失函数给出贝叶斯判别函数的表达形式，求出分界点，并判断下列数据分别属于哪一个类型：0.25，0.75，1，1.5，2。

4.7　试证明两类情况下贝叶斯最小风险判决规则在$\lambda_{11}=\lambda_{22}=0$且$\lambda_{12}=\lambda_{21}$时错误率相等。

4.8　两类问题下，似然比$l(\boldsymbol{X})=\dfrac{p(\boldsymbol{X}|\omega_1)}{p(\boldsymbol{X}|\omega_2)}$。试证明：

（1）$E[l^n(\boldsymbol{X})|\omega_1]=E[l^{n+1}(\boldsymbol{X})|\omega_2]$

（2）$E[l(\boldsymbol{X})|\omega_2]=1$

（3）$E[l(\boldsymbol{X})|\omega_1]-E[l(\boldsymbol{X})|\omega_2]=D[l(\boldsymbol{X})|\omega_2]$

其中，$E(\boldsymbol{X})$为期望值，$D(\boldsymbol{X})=E\{[\boldsymbol{X}-E(\boldsymbol{X})]^2\}$为方差。

4.9　对一维模式的两类问题，若类概率密度函数$p(\boldsymbol{X}|\omega_1)\sim N(0,4)$，$p(\boldsymbol{X}|\omega_2)\sim N(4,1)$，先验概率$P(\omega_1)=0.6$，$P(\omega_2)=0.4$，用0-1损失函数，试写出最小风险判别函数及判别边界方程，并判断下列样本点所属的类别：-2，-1，0，2，4。

4.10 设两类的先验概率相等下，两类均分别服从正态分布的二维模式样本为

$$\omega_1:(0,1)^T,(2,1)^T,(4,1)^T,(1,3)^T;\ \omega_2:(8,8)^T,(8,12)^T,(12,12)^T,(10,8)^T$$

试给出两类的判决规则、决策面方程，并判断 $\boldsymbol{X}=(4,\ 6)^T$ 所属的类别。

4.11 假设两类二维模式均服从正态分布，两个均值向量分别为 $\boldsymbol{\mu}_1=(1,\ 1)^T$，$\boldsymbol{\mu}_2=(4,\ 1)^T$，先验概率相等，试分别在两类协方差矩阵相等且满足 $\boldsymbol{C}_1=\boldsymbol{C}_2=\boldsymbol{E}$ 及 $\boldsymbol{C}_1=\begin{pmatrix}1 & 2\\ 2 & 1\end{pmatrix}$，$\boldsymbol{C}_1=\begin{pmatrix}1 & -2\\ -2 & 1\end{pmatrix}$两种情况下，写出负对数似然比判别规则。

4.12 设有训练集资料矩阵见表4.4，现已知，$N=9$，$N_1=N_2=N_3=3$，$n=2$，$M=3$。假定三类协方差不等，每一类都符合正态分布，先验概率 $P(\omega_1)=P(\omega_2)=P(\omega_3)=1/3$，多类判别函数



$$g_i(\boldsymbol{X})=\boldsymbol{X}^T\boldsymbol{W}_i\boldsymbol{X}+\boldsymbol{w}_i^T\boldsymbol{X}+w_{i0}$$

其中，$\boldsymbol{W}_i=-\frac{1}{2}\boldsymbol{\Sigma}_i^{-1}$，$\boldsymbol{w}_i=\boldsymbol{\Sigma}_i^{-1}\boldsymbol{\mu}_i$，$w_{i0}=-\frac{1}{2}\boldsymbol{\mu}_i^T\boldsymbol{\Sigma}_i^{-1}\boldsymbol{\mu}_i-\frac{1}{2}\ln|\boldsymbol{\Sigma}_i|+\ln P(\omega_i)$ 试先求出每一类的判别函数，然后判断未知样本 $\boldsymbol{X}=(1,\ 1)^T$应属于哪一类？

**表4.4 训练集资料数据**

| 训练样本号 $k$ | 1 | 2 | 3 | 1 | 2 | 3 | 1 | 2 | 3 |
|---|---|---|---|---|---|---|---|---|---|
| 特征 $x_1$ | 0 | 1 | 2 | −2 | −1 | −2 | 0 | 1 | −1 |
| 特征 $x_2$ | 1 | −1 | 1 | 1 | 0 | −1 | −1 | −2 | −2 |
| 类别 | | $\omega_1$ | | | $\omega_2$ | | | $\omega_3$ | |

4.13 对一维 $c$ 类问题，设每一类都服从瑞利分布

$$p(x|\omega_i)=\begin{cases}\frac{x}{\sigma_i}\exp\left(\frac{-x^2}{2\sigma_i^2}\right), & x\geqslant 0\\ 0, & x<0\end{cases}$$

取0—1 损失函数，令 $P(\omega_i)=\frac{1}{c}$，$\sigma_i=0.5$，求贝叶斯最小损失判别函数。

4.14 在一维的模式类 $\omega_1$ 中随机抽取了6个样本：$x_1=1.01$，$x_2=2.2$，$x_3=3.1$，$x_4=3.5$，$x_5=4$，$x_6=5$。试写出用正态窗函数估计类概率密度函数 $p(x|\omega_1)$的估计式 $\hat{p}_N(x)$。

4.15 选择指数型二维基函数，用基函数法求下列模式样本下所设计得到的非线性判别函数：

$$\omega_1:(-1,1)^T,(1,-1)^T;\omega_2:(1,1)^T,(-1,-1)^T$$

4.16 填空题

(1) 贝叶斯公式是体现了先验概率、类条件概率密度函数、________三者关系的式子。

(2) 两类情况下最小风险贝叶斯决策判别函数为________，决策面方程为________。

(3) 多类情况下最小风险贝叶斯决策判别函数为________，决策面方程为________。

# 第 5 章　特征选择与特征提取

## 5.1　基本概念

在模式识别即分类聚类中，所采用的数据应该是清洗过的数据，即经过去噪、去冗和去相关之后得到的代表性强的数据，才能保证设计的分类器准确度高，计算效率高。要达到这一点，就需要对数据进行特征选择和特征提取，使得用于分类聚类用的特征满足下列条件：

1）可分性强。同类型的数据特征相似，不同类的数据特征差别尽可能大，这样，易于分类器进行判别。

2）可靠性高。去掉不起识别作用的特征。

3）独立性强。相关性强的多个特征不会增加识别信息，因此只需保留一个，去掉重复或相关的其他特征。

4）特征数少。去掉冗余特征，实现降维，同时损失的信息尽量小。

5）含噪少。尽量消除因测量误差引起的噪声，使样本数量少，具有真正的代表性。

在模式识别样本数据准备中，涉及主要的三个概念：特征抽取、特征选择和特征提取。

**特征抽取**：获取样本数据即得到对象的属性值或测量属性值的过程称为数据采集，在模式识别中称为特征抽取，特征抽取的结果是形成特征向量或样本向量。

**特征选择**：从多个特征选择有代表性的特征称为特征选择，特征选择的结果是保留了起决定性作用的模式特征，去掉了冗余或相关的多余特征，往往可实现数据降维的作用。

**特征提取**：将原特征空间的样本通过一定的数学变换映射到新的特征空间称为特征提取。特征提取的结果是，把原来难以分类的问题转换为较为容易分类的问题。实际中，既可能是降维变换，也可能是升维变换，这取决于是否有利于分类器的设计。一般都用降维的方式进行变换，但在某些情况下，也可采用升维的变换。

不管是对原数据进行特征选择和特征提取，不管是进行降维还是升维变换，其目的只有一个，就是要使得数据处理计算量小，模式识别变得容易。

特征选择可形式化描述如下，设原始数据是在 $N$ 个特征上取值所构成的 $N$ 维特征数据集，即对每个对象 $\boldsymbol{X}$ 都是一个长度为 $N$ 的特征向量，$\boldsymbol{X}=(x_1, x_2, \cdots, x_N)^{\mathrm{T}}$，若从 $N$ 个特征中选择 $M$ 个特征，$M<N$，则 $\boldsymbol{X}$ 中对应的特征构成一个新的特征向量 $\boldsymbol{Y}=(x_{i_1}, x_{i_1}, \cdots, x_{i_M})^{\mathrm{T}}$，其中，$x_{i_1}, x_{i_2}, \cdots, x_{i_M}$ 满足 $\{x_{i_1}, x_{i_2}, \cdots, x_{i_M}\} \subset \{x_1, x_2, \cdots, x_N\}$。由新特征向量组成的特征空间是原特征空间的一个子空间。这样的特征选择也称为特征压缩。

例如，在识别同样是长方体的铁块与木块的系统中，我们可以抽取出很多特征，如长度、宽度、高度、颜色、体积、重量、比重等原始特征，但这些特征不一定每个都对分类起决定性的作用，如颜色可能对分类不起作用，且有些特征之间还有一定的相关性，如体积 = 长度 × 宽度 × 高度，比重 = 重量/体积。很自然地，我们会想到铁块与木块的比重或密度是关键性的区别因素，所以，会选择比重来加以区分或识别。这就是特征选择，去掉了不起识别作用的特征，仅“挑选”出少量特征用于识别和分类。

同时，特征向量的每一个分量并不一定是独立的，它们之间可能具有一定的相关性，比如说高度和最宽处的高度，高度值越大，最宽处的高度值也越大，它们之间具有相关性，我们可以通过一定的变换消除掉这种相关性，比如取一个比值：最宽处的高度/高度。这一过程称为特征提取。

特征提取则是对特征向量 $\boldsymbol{X}=(x_1, x_2, \cdots, x_N)^{\mathrm{T}}$ 进行数学变换：$y_i=h_i(\boldsymbol{X})$，$i=1, 2, \cdots, M$，$M<N$，形成低维的特征向量 $\boldsymbol{Y}=(y_1, y_2, \cdots, y_M)^{\mathrm{T}}$。

例如，在识别同样是长方体的铁块与木块的系统中，如只抽取了特征：长度、宽度、高度、颜色、重量，则可通过计算：比重 = 重量/体积 = 重量/(长度 × 宽度 × 高度)，变换成新的特征：比重，形成低维特征空间，在低维的特征空间来加以识别。

在特征提取时，“数学变换”可以是线性的也可以是非线性的数学变换。上述变换实际上是非线性变换。人们在研究变换时，一般按由简单到复杂的方法先学习线性变换。特征选择和特征提取都是在保留几乎与原分类问题具有同等识别信息的前提下，压缩特征空间维数，不管是直接压缩还是通过变换压缩，都使得在新特征空间以较少的计算量实现高效的模式识别。对同一识别问题，往往也可以先进行特征选择，去掉那些明显对分类没有用处的特征，实现降维，再进行数学变换，实现特征提取，进一步降低维数。



例如，在识别同样是长方体的铁块与木块的系统中，在抽取了特征：长度、宽度、高度、颜色、重量这些原始的测量数据后，可先选择特征：长度、宽度、高度、重量，去掉颜色特征，再计算比重，实现最后的降维。

对象的特征一般可分为物理特征、结构特征和数学特征三类。物理特征和结构特征对于对象识别有时可能更容易，但其测量需要复杂的感知机构并涉及对象内在的物理规律和结构信息，所以往往分析和研究起来较为复杂。在使用计算机对对象进行识别时，一般尽量将物理和结构特征纳入数学特征，利用计算机计算能力强的特点，分析对象的数学特征，如根据特征数据计算均值向量、比较对象的相似程度、计算数据间的距离、求样本特征数据的协方差矩阵、自相关矩阵、矩阵的特征根及对应的特征向量等，以主要的特征进行分类器的设计。

## 5.2 类别可分性测度

可分性测度是衡量样本特征数据可分性的一种程度。可分性测度越大，则说明模式类别的可分性程度越大，反之，模式类别可分性程度越小。根据样本数据的类型，一旦可分性测度确定后，都要按确定的可分性测度，尽量选择和提取保持原数据可分性测度不变或尽量大，也就是在不损失区分信息的情况下进行特征选择和特征提取，向着有利于分类识别的目的，减少特征数量，降低维度，以便于处理或计算。显然，在特征空间中，同一类模式样本分布得越密集越好，不同类模式样本分布的集中点或区域相互间距离得越远越好。

依据特征数据的不同，类别可分性测度可有不同的定义。

对于确定性样本，一般将类别可分性测度建立在类内距离和类间距离基础之上。

对于随机模式样本，类别可分性测度建立在类概率密度函数基础之上。

另外，因为使分类器错误率最小的那组特征应是最好的，所以以分类的错误率为基础也可定义类别可分性测度，但由于错误率的计算太复杂，所以可利用与错误率有关的距离作为可分性测度的基础。

本节将主要介绍几种基于距离和类概率密度函数的可分性测度。

### 5.2.1　基于距离的可分性测度

**1. 类内距离和类内散布矩阵**

在单类或多类模式下，同一模式类的类内距离定义为类内样本间的平均距离。设 $\omega_i$ 为任一模式类，记 $\overline{D}_i$ 为 $\omega_i$ 的类内距离，则其平方形式为

$$\overline{D_i^2} = E\{D^2(\boldsymbol{X}_k,\boldsymbol{X}_l)\} = E\{\|\boldsymbol{X}_k - \boldsymbol{X}_l\|^2\} = E\{(\boldsymbol{X}_k - \boldsymbol{X}_l)^{\mathrm{T}}(\boldsymbol{X}_k - \boldsymbol{X}_l)\} \tag{5-1}$$

其中，$\boldsymbol{X}_k$、$\boldsymbol{X}_l$ 表示 $\omega_i$ 中任意的两个样本，$D^2(\boldsymbol{X}_k,\ \boldsymbol{X}_l)$ 表示 $\boldsymbol{X}_k$ 和 $\boldsymbol{X}_l$ 间的距离平方。在不做特别声明的情况下，距离指欧氏距离。

若 $\omega_i$ 中每个样本为 $n$ 维的且样本相互独立，则

$$\begin{aligned}\overline{D_i^2} &= 2E(\boldsymbol{X}^{\mathrm{T}}\boldsymbol{X}) - 2E(\boldsymbol{X}^{\mathrm{T}})E(\boldsymbol{X}) = 2[E(\boldsymbol{X}^{\mathrm{T}}\boldsymbol{X}) - \boldsymbol{M}_i{}^{\mathrm{T}}]\\ &= 2\mathrm{tr}(\boldsymbol{R}_i - \boldsymbol{M}_i\boldsymbol{M}_i^{\mathrm{T}})\\ &= 2\mathrm{tr}(\boldsymbol{C}_i) \qquad (5\text{-}2)\\ &= 2\sum_{k=1}^{n}\sigma_k^2 \qquad (5\text{-}3)\end{aligned}$$

式中，$\boldsymbol{X}$ 为 $\omega_i$ 中任意的样本，$\boldsymbol{R}_i$ 为类 $\omega_i$ 中样本的自相关矩阵；$\boldsymbol{M}_i$ 为类 $\omega_i$ 的均值向量；$\boldsymbol{C}_i$ 为类 $\omega_i$ 的协方差矩阵；$\sigma_k^2$ 是类 $\omega_i$ 的协方差矩阵 $\boldsymbol{C}_i$ 的主对角线上的第 $k$ 个元素，它表示模式向量第 $k$ 个分量的方差；tr 为矩阵的迹，即矩阵主对角线上所有元素之和。

类内散布矩阵表示各样本围绕均值向量的散布情况。类内散布矩阵 $\boldsymbol{S}_{\omega_i}$ 定义为

$$\boldsymbol{S}_{\omega_i} = \sum_{i=1}^{n_i}(\boldsymbol{X}_i - \boldsymbol{M}_i)(\boldsymbol{X}_i - \boldsymbol{M}_i)^{\mathrm{T}} \tag{5-4}$$

而类 $\omega_i$ 的协方差矩阵 $\boldsymbol{C}_i$ 表示

$$\boldsymbol{C}_i = \frac{1}{n_i}\sum_{i=1}^{n_i}(\boldsymbol{X}_i - \boldsymbol{M}_i)(\boldsymbol{X}_i - \boldsymbol{M}_i)^{\mathrm{T}} \tag{5-5}$$

其中，$n_i$ 表示类 $\omega_i$ 中样本个数，$\boldsymbol{X}_i$ 为类 $\omega_i$ 中样本。注意：在 MATLAB 中计算协方差矩阵时，前面的系数为 $\frac{1}{n_i - 1}$，主要是为了使样本方差即对角线上元素作为方差的无偏估计。

类 $\omega_i$ 的类内散布矩阵 $\boldsymbol{S}_{\omega_i}$ 与类 $\omega_i$ 的协方差矩阵 $\boldsymbol{C}_i$ 只相差一个常因子。$\boldsymbol{S}_{\omega_i} = n_i\boldsymbol{C}_i$。若 $\boldsymbol{\lambda}_k$ 是 $\boldsymbol{C}_i$ 的一个特征根，$\boldsymbol{u}_k$ 为 $\boldsymbol{\lambda}_k$ 对应的一个特征向量，则 $\boldsymbol{C}_i\boldsymbol{u}_k = \boldsymbol{\lambda}_k\boldsymbol{u}_k$，$n_i\boldsymbol{C}_i\boldsymbol{u}_k = n_i\boldsymbol{\lambda}_k\boldsymbol{u}_k$，即 $\boldsymbol{S}_{\omega_i}\boldsymbol{u}_k = (n_i\boldsymbol{\lambda}_k)\boldsymbol{u}_k$，于是 $n_i\boldsymbol{\lambda}_k$ 也是 $\boldsymbol{S}_{\omega_i}$ 的一个特征根，且 $\boldsymbol{u}_k$ 也是 $\boldsymbol{S}_{\omega_i}$ 特征根的 $n_i\boldsymbol{\lambda}_k$ 所对应的一个特征向量。从 $\boldsymbol{C}_i$ 的特征向量集中选择若干个特征向量与从 $\boldsymbol{S}_{\omega_i}$ 的特征向量集中选择对应的若干个特征向量完全等价。同时，由 $\boldsymbol{C}_i = \frac{1}{n_i}\boldsymbol{S}_{\omega_i}$ 可得 $\mathrm{tr}(\boldsymbol{C}_i) = \frac{1}{n_i}\mathrm{tr}(\boldsymbol{S}_{\omega_i})$。

特征选择和提取可能得到多种同维长的低维样本集合，能使同一类的类内散布矩阵或协

方差矩阵的迹最小的相应低维样本集合，其类内距离最小，样本密集程度最高。

**2. 类间距离和类间散布矩阵**

（1）类间距离　多类模式的类间距离指模式类之间的平均距离。理论上应通过计算各类均值向量之间的距离的平均值作为类间距离，但由于其计算量大，所以一般用每一模式均值向量与模式总体均值向量之间距离平方的先验概率加权和作为平均距离平方。设有 $c$ 个模式类 $\omega_1$，$\omega_2$，…，$\omega_c$，则类间距离$\overline{D}_b$的平方为

$$\overline{D}_b^2 = \sum_{i=1}^{c} P(\omega_i) \| \boldsymbol{M}_i - \boldsymbol{M}_0 \|^2 = \sum_{i=1}^{c} P(\omega_i)(\boldsymbol{M}_i - \boldsymbol{M}_0)^{\mathrm{T}}(\boldsymbol{M}_i - \boldsymbol{M}_0) \tag{5-6}$$

式中，$P(\omega_i)$为 $\omega_i$ 类的先验概率；$\boldsymbol{M}_i$为 $\omega_i$ 类的均值向量，即

$$\boldsymbol{M}_i = \frac{1}{n_i}\sum_{k=1}^{n_i} \boldsymbol{X}_k^i (\boldsymbol{X}_k^i \in \omega_i) \tag{5-7}$$

这里，$n_i$为 $\omega_i$ 中的样本个数；$\boldsymbol{M}_0$为所有 $c$ 类模式的总体均值向量，即

$$\boldsymbol{M}_0 = E(\boldsymbol{X}) = \sum_{i=1}^{c} P(\omega_i)\boldsymbol{M}_i \tag{5-8}$$



（2）类间散布矩阵　类间散布矩阵 $\boldsymbol{S}_b$定义为

$$\boldsymbol{S}_b = \sum_{i=1}^{c} P(\omega_i)(\boldsymbol{M}_i - \boldsymbol{M}_0)(\boldsymbol{M}_i - \boldsymbol{M}_0)^{\mathrm{T}} \tag{5-9}$$

类间距离与类间散布矩阵 $\boldsymbol{S}_b$之间的关系为

$$\overline{D}_b^2 = \mathrm{tr}(\boldsymbol{S}_b) \tag{5-10}$$

可见，特征选择和提取使类间散布矩阵的迹 $\mathrm{tr}[\boldsymbol{S}_b]$越大，类间距离越大，类的分离性越好，分类越有利。

**3. 多类模式向量间的距离和总体散布矩阵**

（1）多类模式向量间的距离　在多类模式 $\omega_1$，$\omega_2$，…，$\omega_c$ 下，向量间的距离平方指不同类模式间的距离平方和同类内模式间的距离平方的平均值。若将多类模式向量间的平均距离的平方用 $J_d$表示，则

$$\begin{aligned} J_d &= \frac{1}{2}\sum_{i=1}^{c} P(\omega_i)\sum_{j=1}^{c} P(\omega_j)\frac{1}{n_i n_j}\sum_{k=1}^{n_i}\sum_{l=1}^{n_j} D^2(\boldsymbol{X}_k^i, \boldsymbol{X}_l^j) \\ &= \sum_{i=1}^{c} P(\omega_i)\left[\frac{1}{n_i}\sum_{k=1}^{n_i}(\boldsymbol{X}_k^i - \boldsymbol{M}_i)^{\mathrm{T}}(\boldsymbol{X}_k^i - \boldsymbol{M}_i) + (\boldsymbol{M}_i - \boldsymbol{M}_0)^{\mathrm{T}}(\boldsymbol{M}_i - \boldsymbol{M}_0)\right] \end{aligned} \tag{5-11}$$

其中，$c$ 为类数，$P(\omega_i)$为 $\omega_i$ 类的先验概率，$\boldsymbol{X}_k^i$ 为 $\omega_i$ 类的第 $k$ 个样本，$n_i$、$n_j$ 分别为 $\omega_i$ 和 $\omega_j$ 类的样本数，$\boldsymbol{X}_l^j$ 为 $\omega_j$ 类的第 $l$ 个样本，$D^2(\boldsymbol{X}_k^i, \boldsymbol{X}_l^j)$为 $X_k^i$ 和 $X_l^j$ 间欧氏距离平方，即 $D^2(\boldsymbol{X}_k^i, \boldsymbol{X}_l^j) = (\boldsymbol{X}_k^i - \boldsymbol{X}_l^j)^{\mathrm{T}}(\boldsymbol{X}_k^i - \boldsymbol{X}_l^j)$，$i$，$j=1$，2，…，$c$。

从 $J_d$的表达式可看出，模式向量之间的平均距离平方，由所有类的样本距离平方（包括类内的和类间的样本距离平方）用相应的先验概率加权求和即平均而得。

（2）总体散布矩阵　多类的类内散布矩阵为

$$\boldsymbol{S}_\omega = \sum_{i=1}^{c} P(\omega_i)E\{(\boldsymbol{X} - \boldsymbol{M}_i)(\boldsymbol{X} - \boldsymbol{M}_i)^{\mathrm{T}}\}(\boldsymbol{X} \in \omega_i)$$

$$= \sum_{i=1}^{c} P(\omega_i) \frac{1}{n_i} \sum_{k=1}^{n_i} (\boldsymbol{X}_k^i - \boldsymbol{M}_i)(\boldsymbol{X}_k^i - \boldsymbol{M}_i)^{\mathrm{T}} (X_k^i \in \omega_i) \tag{5-12}$$

$$= \sum_{i=1}^{c} P(\omega_i) \boldsymbol{C}_i \tag{5-13}$$

可见，多类的类内散布矩阵是各类内散布矩阵的先验概率加权求和。

多类模式集的总体散布矩阵是所有样本与全体样本的均值向量 $\boldsymbol{M}_0$ 之间的散布情况构成的矩阵。可推得，总体散布矩阵 $\boldsymbol{S}_t$ 是类间的散布矩阵与类内散布矩阵之和，即

$$\boldsymbol{S}_t = E\{(\boldsymbol{X} - \boldsymbol{M}_0)(\boldsymbol{X} - \boldsymbol{M}_0)^{\mathrm{T}}\} = \boldsymbol{S}_b + \boldsymbol{S}_\omega \tag{5-14}$$

特征选择和提取应使得所得到的低维样本在同维长的低维样本构成的样本集中类内分散度尽量小，如使 $\boldsymbol{S}_\omega$ 的迹尽量小，使类间分散度尽可能大，如使 $\boldsymbol{S}_b$ 的迹尽量大。

### 5.2.2　基于概率分布的可分性测度

基于距离的可分性测度针对的是确定性样本，计算起来相对简单。而对于各类按概率分布的随机样本，则要将识别错误率联系起来定义相适应的新的可分性测度。基于类的概率密度定义的可分性测度——散度可作为随机样本类的可分性度量。

**1. 散度**

（1）散度的定义　以两类随机样本为例，设 $\omega_i$、$\omega_j$ 类的概率函数分别为 $p(\boldsymbol{X} | \omega_i)$ 和 $p(\boldsymbol{X} | \omega_j)$，因为对数似然比可作为判别函数对模式进行分类，所以，可基于对数似然比定义类别的可分性测度。则 $\omega_i$ 类对 $\omega_j$ 类的对数似然比 $l_{ij}(\boldsymbol{X})$ 及 $\omega_j$ 类对 $\omega_i$ 类的对数似然比 $l_{ji}(\boldsymbol{X})$ 分别为 $l_{ij}(X) = \ln \frac{p(\boldsymbol{X} | \omega_i)}{p(\boldsymbol{X} | \omega_j)}$ 和 $l_{ji}(\boldsymbol{X}) = \ln \frac{p(\boldsymbol{X} | \omega_j)}{p(\boldsymbol{X} | \omega_i)}$。

$\omega_i$ 类对 $\omega_j$ 类的对数似然比的期望值为

$$I_{ij} = E\{l_{ij}(\boldsymbol{X})\} = \int_X l_{ij}(\boldsymbol{X}) p(\boldsymbol{X} | \omega_i) \mathrm{d}\boldsymbol{X} = \int_X p(\boldsymbol{X} | \omega_i) \ln \frac{p(\boldsymbol{X} | \omega_i)}{p(\boldsymbol{X} | \omega_j)} \mathrm{d}\boldsymbol{X}$$

它表示 $\omega_i$ 类对 $\omega_j$ 类的平均可分性测度。

$\omega_j$ 类对类 $\omega_i$ 的对数似然比的期望值为

$$I_{ji} = E\{l_{ji}(\boldsymbol{X})\} = \int_X l_{ji}(\boldsymbol{X}) p(\boldsymbol{X} | \omega_j) \mathrm{d}\boldsymbol{X} = \int_X p(\boldsymbol{X} | \omega_j) \ln \frac{p(\boldsymbol{X} | \omega_j)}{p(\boldsymbol{X} | \omega_i)} \mathrm{d}\boldsymbol{X}$$

它表示 $\omega_j$ 类对 $\omega_i$ 类的平均可分性测度。

$\omega_i$ 类和 $\omega_j$ 类的总的平均可分性测度即散度 $J_{ij}$ 定义为

$$J_{ij} = I_{ij} + I_{ji} = \int_X [p(\boldsymbol{X} | \omega_i) - p(\boldsymbol{X} | \omega_j)] \ln \frac{p(\boldsymbol{X} | \omega_i)}{p(\boldsymbol{X} | \omega_j)} \mathrm{d}\boldsymbol{X} \tag{5-15}$$

散度是区分 $\omega_i$ 类和 $\omega_j$ 类的总平均可分信息，即基于概率分布的可分性测度，因此特征选择和特征提取应在同维长的低维样本集中取散度尽可能大的低维样本集作为识别样本集。

（2）散度的性质

1）散度具有对称性：$J_{ij} = J_{ji}$。

2）散度具有非负性：$J_{ij} \geqslant 0$。

3）散度越大，错误率越小。散度大，两类概率密度函数曲线交叠少，分类错误率小。

4）散度具有可加性：即

$$J_{ij}(\boldsymbol{X}) = J_{ij}(x_1, x_2, \cdots, x_n) = \sum_{k=1}^{n} J_{ij}(x_k) \tag{5-16}$$

其中，$J_{ij}(x_k)$ 表示将 $x_k$ 作为单随机变量所计算出来的散度。这要求模式向量 $\boldsymbol{X} = (x_1, x_2, \cdots, x_n)^{\mathrm{T}}$ 中各分量相互独立。

在模式向量 $\boldsymbol{X} = (x_1, x_2, \cdots, x_n)^{\mathrm{T}}$ 中各分量相互独立的情况下，可将每一个特征的散度定义为该特征的重要度，重要度大的特征含可分信息多。因而可按重要度由大到小选择对应的特征，去掉重要度小的一些特征，以实现模式样本降维。

散度的可加性和非负性意味着，散度随特征数的增加而增加，即

$$J_{ij}(x_1, x_2, \cdots, x_n) \leqslant J_{ij}(x_1, x_2, \cdots, x_n, x_{n+1}) \tag{5-17}$$

（3）两个正态分布模式类的散度　设 $\omega_i$ 类和 $\omega_j$ 类的概率密度函数分别为 $p(\boldsymbol{X} | \omega_i) \sim N(\boldsymbol{M}_i, \boldsymbol{C}_i)$，$p(\boldsymbol{X} | \omega_j) \sim N(\boldsymbol{M}_j, \boldsymbol{C}_j)$。记 $\boldsymbol{X}$ 与 $\boldsymbol{M}_k$（$k = i, j$）之间马氏距离平方为 $Q_k^2(\boldsymbol{X})$，即 $Q_k^2(\boldsymbol{X}) = (\boldsymbol{X} - \boldsymbol{M}_k)^{\mathrm{T}} \boldsymbol{C}_k^{-1} (\boldsymbol{X} - \boldsymbol{M}_k)(k = i, j)$，矩阵 $\boldsymbol{H}_k(\boldsymbol{X}) = (\boldsymbol{X} - \boldsymbol{M}_k)(\boldsymbol{X} - \boldsymbol{M}_k)^{\mathrm{T}}(k = i, j)$，矩阵 $\boldsymbol{S}_{ij} = (\boldsymbol{M}_i - \boldsymbol{M}_j)(\boldsymbol{M}_i - \boldsymbol{M}_j)^{\mathrm{T}}$，则由



$$\boldsymbol{S}_{ij} = \boldsymbol{S}_{ji} \tag{5-18}$$

$$Q_k^2(\boldsymbol{X}) = \mathrm{tr}[\boldsymbol{C}_k^{-1} \boldsymbol{H}_k(\boldsymbol{X})],\ k = i, j \tag{5-19}$$

即

$$(\boldsymbol{X} - \boldsymbol{M}_k)^{\mathrm{T}} \boldsymbol{C}_k^{-1} (\boldsymbol{X} - \boldsymbol{M}_k) = \mathrm{tr}[\boldsymbol{C}_k^{-1} (\boldsymbol{X} - \boldsymbol{M}_k)(\boldsymbol{X} - \boldsymbol{M}_k)^{\mathrm{T}}] \tag{5-20}$$

$$\int_{\boldsymbol{X}} \boldsymbol{H}_k(\boldsymbol{X}) p(\boldsymbol{X} | \omega_k) \mathrm{d}\boldsymbol{X} = \boldsymbol{C}_k \tag{5-21}$$

即

$$\int_{\boldsymbol{X}} (\boldsymbol{X} - \boldsymbol{M}_k)(\boldsymbol{X} - \boldsymbol{M}_k)^{\mathrm{T}} p(\boldsymbol{X} | \omega_k) \mathrm{d}\boldsymbol{X} = \boldsymbol{C}_k \tag{5-22}$$

$$\int_{\boldsymbol{X}} \boldsymbol{X} p(\boldsymbol{X} | \omega_k) \mathrm{d}\boldsymbol{X} = \boldsymbol{M}_k,\ k = i, j \tag{5-23}$$

$$\int_{\boldsymbol{X}} p(\boldsymbol{X} | \omega_k) \mathrm{d}\boldsymbol{X} = 1 \tag{5-24}$$

可得 $\omega_i$ 类对 $\omega_j$ 类的对数似然比 $l_{ij}(\boldsymbol{X})$ 为

$$\begin{aligned} l_{ij}(\boldsymbol{X}) &= \ln \frac{p(\boldsymbol{X}|\omega_i)}{p(\boldsymbol{X}|\omega_j)} = \frac{1}{2} \ln \frac{|\boldsymbol{C}_j|}{|\boldsymbol{C}_i|} - \frac{1}{2} Q_i^2(\boldsymbol{X}) + \frac{1}{2} Q_j^2(\boldsymbol{X}) \\ &= \frac{1}{2} \ln \frac{|\boldsymbol{C}_j|}{|\boldsymbol{C}_i|} - \frac{1}{2} \mathrm{tr}[\boldsymbol{C}_i^{-1} \boldsymbol{H}_i(\boldsymbol{X})] + \frac{1}{2} \mathrm{tr}[\boldsymbol{C}_j^{-1} \boldsymbol{H}_j(\boldsymbol{X})] \end{aligned} \tag{5-25}$$

$l_{ij}(\boldsymbol{X})$ 的期望值为

$$\begin{aligned} I_{ij} &= \int_{\boldsymbol{X}} l_{ij}(\boldsymbol{X}) p(\boldsymbol{X} | \omega_i) \mathrm{d}\boldsymbol{X} \\ &= \frac{1}{2} \ln \frac{|\boldsymbol{C}_j|}{|\boldsymbol{C}_i|} - \frac{1}{2} \mathrm{tr}\left[\boldsymbol{C}_i^{-1} \int_{\boldsymbol{X}} \boldsymbol{H}_i(\boldsymbol{X}) p(\boldsymbol{X} | \omega_i) \mathrm{d}\boldsymbol{X}\right] + \frac{1}{2} \mathrm{tr}\left[\boldsymbol{C}_j^{-1} \int_{\boldsymbol{X}} \boldsymbol{H}_j(\boldsymbol{X}) p(\boldsymbol{X} | \omega_i) \mathrm{d}\boldsymbol{X}\right] \end{aligned}$$

$$= \frac{1}{2}\ln\frac{|C_j|}{|C_i|} - \frac{1}{2}\mathrm{tr}(C_i^{-1}C_i) + \frac{1}{2}\mathrm{tr}\left[C_j^{-1}\int_X H_j(X)p(X \mid \omega_i)\mathrm{d}X\right]$$

$$= \frac{1}{2}\ln\frac{|\boldsymbol{C}_j|}{|\boldsymbol{C}_i|} - \frac{1}{2}\mathrm{tr}(\boldsymbol{C}_i^{-1}\boldsymbol{C}_i) +$$

$$\frac{1}{2}\mathrm{tr}\left[\boldsymbol{C}_j^{-1}\int_{\boldsymbol{X}}(\boldsymbol{X}-\boldsymbol{M}_i+\boldsymbol{M}_i-\boldsymbol{M}_j)(\boldsymbol{X}-\boldsymbol{M}_i+\boldsymbol{M}_i-\boldsymbol{M}_j)^{\mathrm{T}}p(\boldsymbol{X} \mid \omega_i)\mathrm{d}\boldsymbol{X}\right] \tag{5-26}$$

$$= \frac{1}{2}\ln\frac{|\boldsymbol{C}_j|}{|\boldsymbol{C}_i|} - \frac{1}{2}\mathrm{tr}(\boldsymbol{C}_i^{-1}\boldsymbol{C}_i) + \frac{1}{2}\mathrm{tr}(\boldsymbol{C}_j^{-1}\boldsymbol{C}_i) + \frac{1}{2}\mathrm{tr}\left[\boldsymbol{C}_j^{-1}\boldsymbol{S}_{ij}\right] \tag{5-27}$$

从式(5-26)推得式(5-27)，用了式(5-22)～式(5-24)。

同理，$\omega_j$ 类对类 $\omega_i$ 的对数似然比 $l_{ji}(\boldsymbol{X})$ 的期望值为

$$I_{ji} = \frac{1}{2}\ln\frac{|\boldsymbol{C}_i|}{|\boldsymbol{C}_j|} - \frac{1}{2}\mathrm{tr}(\boldsymbol{C}_j^{-1}\boldsymbol{C}_j) + \frac{1}{2}\mathrm{tr}(\boldsymbol{C}_i^{-1}\boldsymbol{C}_j) + \frac{1}{2}\mathrm{tr}\left[\boldsymbol{C}_i^{-1}\boldsymbol{S}_{ji}\right] \tag{5-28}$$

于是，$\omega_i$ 类和 $\omega_j$ 类的散度为

$$\begin{aligned} J_{ij} &= I_{ij} + I_{ji} \\ &= \frac{1}{2}\mathrm{tr}[(\boldsymbol{C}_j^{-1} - \boldsymbol{C}_i^{-1})(\boldsymbol{C}_i - \boldsymbol{C}_j)] + \frac{1}{2}\mathrm{tr}[(\boldsymbol{C}_i^{-1} + \boldsymbol{C}_j^{-1})\boldsymbol{S}_{ij}] \\ &= \frac{1}{2}\mathrm{tr}[(\boldsymbol{C}_j^{-1} - \boldsymbol{C}_i^{-1})(\boldsymbol{C}_i - \boldsymbol{C}_j)] + \\ &\quad \frac{1}{2}\mathrm{tr}[(\boldsymbol{C}_i^{-1} + \boldsymbol{C}_j^{-1})(\boldsymbol{M}_i - \boldsymbol{M}_j)(\boldsymbol{M}_i - \boldsymbol{M}_j)^{\mathrm{T}}] \end{aligned} \tag{5-29}$$

在 $\omega_i$ 类和 $\omega_j$ 类的协方差矩阵相等的情况下，即当 $\boldsymbol{C}_i = \boldsymbol{C}_j = \boldsymbol{C}$ 时，散度表达式即在式(5-29)中等号右边的第一项为0，只剩下第二项可能非0，所以，此时

$$\begin{aligned} J_{ij} &= \frac{1}{2}\mathrm{tr}[(\boldsymbol{C}^{-1} + \boldsymbol{C}^{-1})\boldsymbol{S}_{ij}] \\ &= \mathrm{tr}[\boldsymbol{C}^{-1}(\boldsymbol{M}_i - \boldsymbol{M}_j)(\boldsymbol{M}_i - \boldsymbol{M}_j)^{\mathrm{T}}] \\ &= (\boldsymbol{M}_i - \boldsymbol{M}_j)^{\mathrm{T}}\boldsymbol{C}^{-1}(\boldsymbol{M}_i - \boldsymbol{M}_j) \end{aligned} \tag{5-30}$$

此时，散度 $J_{ij}$ 就是两类模式(均值向量)间马氏距离平方。

特别地，在两类模式同方差的一维正态分布情况下，

$$J_{ij} = \frac{(m_i - m_j)^2}{\sigma^2} \tag{5-31}$$

其中，$m_i$ 和 $m_j$ 分别为两类模式的均值，$\sigma^2$ 为方差。

在一维正态分布情况下，两类模式均值间的距离越远，散度也越大。在多维正态分布情况下两类模式均值向量间的马氏距离越大，散度也越大。

**2. Chernoff 界限和巴氏距离**

（1）Chernoff 界限　Chernoff 界限是设计随机样本分类器的错误率的上界函数，定义为

$$\mu(v) = -\ln\int_X [p(\boldsymbol{X} \mid \omega_1)]^{1-v}[p(\boldsymbol{X} \mid \omega_2)]^v \mathrm{d}\boldsymbol{X} \tag{5-32}$$

其中，$v$ 是在[0，1]区间的一个数。$\mu(v)$ 值越大，错误率上界越小。Chernoff 界限可作为类别可分性测度。

（2）巴氏距离　当 $v=1/2$ 时，$\mu(v)$ 称为巴氏(Bhattacharyya)距离，用 $J_B$ 表示，则

$$J_B = \mu\left(\frac{1}{2}\right) = -\ln\int_X \sqrt{p(X \mid \omega_1)p(X \mid \omega_2)}\,\mathrm{d}X \tag{5-33}$$

在正态分布情况下，且 $C_1 = C_2 = C$ 时，$J_B$ 为

$$J_B = \frac{1}{8}(M_1 - M_2)^{\mathrm{T}} C^{-1}(M_1 - M_2) \tag{5-34}$$

这时，$J_B$ 相当于两类之间马氏距离的平方除以 8。

巴氏距离是在 Chernoff 界限取 $v = 1/2$ 的特例，也是错误率上界函数，$J_B$ 的值越大，错误率上界越小。因此，巴氏距离也可作为随机样本类的可分性测度。

特征选择和提取应在降维的多种低维样本集中取使得 Chernoff 界限和巴氏距离尽可能大低维样本集，可分性最大。

## 5.3 基于类内散布矩阵的单类模式特征提取



即使是对于多类模式，如果能将其中每一类模式样本分离出来，对每一类模式都采用特征提取方法降为同维长的模式，也相当于对整个模式样本集进行了降维。而对每一类模式，可通过基于其类内散布矩阵或协方差矩阵来实现降维。下面就单类模式样本，介绍利用协方差矩阵对其进行降维的方法。若$\{X\}$是 $\omega_i$ 类的模式样本集，每一样本 $X$ 的维长为 $n$，现将 $X$ 变换成 $m$ 维向量$(m<n)$，即用一个 $m \times n$ 矩阵 $A_{m\times n}$，做变换：

$$X^* = A_{m\times n}X \tag{5-35}$$

使 $X$ 变换后得到的 $X^*$ 为 $m$ 维，记变换后所得到的所有 $m$ 维向量构成新的样本集为$\{X^*\}$。

下面介绍如何根据类的协方差矩阵来确定矩阵 $A_{m\times n}$ 以及特征提取的方法和步骤。

**1. 变换矩阵 $A_{m\times n}$ 的确定**

设 $\omega_i$ 类模式的均值向量为 $M = E(X)$，协方差矩阵 $C = E[(X-M)(X-M)^{\mathrm{T}}]$，因 $C$ 为 $n\times n$ 实对称矩阵，所以 $C$ 有 $n$ 个实数特征根，分别为 $\lambda_1$，$\lambda_2$，…，$\lambda_n$。任一特征根是满足

$$|\lambda I - C| = 0 \tag{5-36}$$

的一个解。假定 $n$ 个特征根对应的 $n$ 个特征向量为 $u_k$，$k=1, 2, \cdots, n$。$u_k$ 是满足

$$CX = \lambda_k X \tag{5-37}$$

的一个非零解，即 $Cu_k = \lambda_k u_k$。$u_k$ 是 $n$ 维向量，可表示为 $u_k = (u_{k_1}, u_{k_2}, \cdots, u_{k_n})^{\mathrm{T}}$。

实对称矩阵不同的特征根对应的特征向量必正交。而对于同一重特征根的特征向量不一定是正交的。例如，$n$ 阶单位矩阵 $I$ 是实对称矩阵，有 1 作为 $n$ 重特征根，任意向量都是其对应的一个特征向量，但任意两个不同的特征向量不一定是正交的。对任一重特征根，可寻找到一组线性无关特征向量，再通过正交化方法可将该组特征向量正交化，得到一组等价的正交特征向量。设 $\lambda_k$ 为 $C$ 的 $r$ 重特征根，一定可找到 $r$ 重特征根 $\lambda_k$ 的恰好 $r$ 个线性无关的特征向量 $\alpha_1$，$\alpha_2$，…，$\alpha_r$，再通过施密特正交化方法，一定可找到与 $\alpha_1$，$\alpha_2$，…，$\alpha_r$ 等价的正交特征向量，再归一化即得到一组等价的正交归一化特征向量 $e_1$，$e_2$，…，$e_r$。

具体做法是，令

$$\boldsymbol{\beta}_1=\boldsymbol{\alpha}_1 \tag{5-38}$$

$$\boldsymbol{\beta}_2=\boldsymbol{\alpha}_2-\frac{\langle\boldsymbol{\alpha}_2,\boldsymbol{\beta}_1\rangle}{\langle\boldsymbol{\beta}_1,\boldsymbol{\beta}_1\rangle}\boldsymbol{\beta}_1 \tag{5-39}$$

$$\vdots$$

$$\boldsymbol{\beta}_r=\boldsymbol{\alpha}_r-\frac{\langle\boldsymbol{\alpha}_r,\boldsymbol{\beta}_1\rangle}{\langle\boldsymbol{\beta}_1,\boldsymbol{\beta}_1\rangle}\boldsymbol{\beta}_1-\frac{\langle\boldsymbol{\alpha}_r,\boldsymbol{\beta}_2\rangle}{\langle\boldsymbol{\beta}_2,\boldsymbol{\beta}_2\rangle}\boldsymbol{\beta}_2-\cdots-\frac{\langle\boldsymbol{\alpha}_r,\boldsymbol{\beta}_{r-1}\rangle}{\langle\boldsymbol{\beta}_{r-1},\boldsymbol{\beta}_{r-1}\rangle}\boldsymbol{\beta}_{r-1} \tag{5-40}$$

则

$$\boldsymbol{\beta}_1,\boldsymbol{\beta}_2,\cdots,\boldsymbol{\beta}_r$$

就是一个正交向量组。再令

$$\boldsymbol{e}_j=\frac{\boldsymbol{\beta}_i}{\|\boldsymbol{\beta}_j\|}(j=1,2,\cdots,r) \tag{5-41}$$

则可得到一个标准正交向量组 $\boldsymbol{e}_1$，$\boldsymbol{e}_2$，…，$\boldsymbol{e}_r$，且该向量组与

$$\boldsymbol{\alpha}_1,\boldsymbol{\alpha}_2,\cdots,\boldsymbol{\alpha}_r$$

等价。

若对每一重根都对其特征向量做这样的处理，且将 $\boldsymbol{C}$ 的非重根所对应的特征向量 $\boldsymbol{u}_k$ 进一步归一化得到一个新的向量 $\frac{\boldsymbol{u}_k}{\|\boldsymbol{u}_k\|}$，$\frac{\boldsymbol{u}_k}{\|\boldsymbol{u}_k\|}$仍为特征向量，就可最终得到 $\boldsymbol{C}$ 的 $n$ 个归一化的正交特征向量，仍记为 $\boldsymbol{u}_k$，$k=1$，2，…，$n$。当然，若 $\boldsymbol{C}$ 的所有特征根都非重根，则不需要做正交化重根对应的多个特征向量。

此时，设 $\boldsymbol{u}_i$和 $\boldsymbol{u}_j$为 $\boldsymbol{C}$ 的任意两个特征根(不论是否是重根)所对应的特征向量，则

$$\boldsymbol{u}_i^{\mathrm{T}}\boldsymbol{u}_j=\begin{cases}1, & i=j\\0, & i\neq j\end{cases}\quad(i,j=1,2,\cdots,n) \tag{5-42}$$

选这 $n$ 个归一化特征向量的转置向量作为变换矩阵的行，则变换矩阵为正交矩阵。不妨设将特征根由小到大排列为 $\lambda_1\leqslant\lambda_2\leqslant\cdots\leqslant\lambda_n$，选择对应的前 $m$ 个归一化特征向量的转置向量作为变换矩阵 $\boldsymbol{A}_m$的行。则 $\boldsymbol{A}_n$就是按由小到大对应的特征向量全选并转置后作为行得到的 $n$ 阶变换矩阵。也就是

$$\boldsymbol{A}_n=\begin{pmatrix}\boldsymbol{u}_1^{\mathrm{T}}\\\boldsymbol{u}_2^{\mathrm{T}}\\\vdots\\\boldsymbol{u}_n^{\mathrm{T}}\end{pmatrix}$$

$$\boldsymbol{A}_n^{\mathrm{T}}=(\boldsymbol{u}_1,\quad\boldsymbol{u}_2,\quad\cdots,\quad\boldsymbol{u}_n)$$

且

$$\boldsymbol{A}_n\boldsymbol{A}_n^{\mathrm{T}}=\boldsymbol{I}_{n\times n},\ \boldsymbol{A}_{n\times n}^{\mathrm{T}}\boldsymbol{A}_{n\times n}=\boldsymbol{I}_{n\times n} \tag{5-43}$$

利用 $\boldsymbol{A}_n$ 对 $\omega_i$ 类的样本 $\boldsymbol{X}$ 进行变换，得

$$\boldsymbol{X}^*=\boldsymbol{A}_n\boldsymbol{X} \tag{5-44}$$

式中，$\boldsymbol{X}$ 和 $\boldsymbol{X}^*$ 都是 $n$ 维向量。

在变换后的新空间里，样本集$\{\boldsymbol{X}^*\}$的均值向量 $\boldsymbol{M}^*$、协方差矩阵 $\boldsymbol{C}^*$ 以及类内距离平方分别为

$$M^* = E(X^*) = E(A_n X) = A_n E(X) = A_n M$$

$$\begin{aligned} C^* &= E[(X^* - M^*)(X^* - M^*)^{\mathrm{T}}] = E[(A_n X - A_n M)(A_n X - A_n M)^{\mathrm{T}}] \\ &= A_n E[(X - M)(X - M)^{\mathrm{T}}] A_n^{\mathrm{T}} = A_n C A_n^{\mathrm{T}} \\ &= \begin{pmatrix} u_1^{\mathrm{T}} \\ u_2^{\mathrm{T}} \\ \vdots \\ u_n^{\mathrm{T}} \end{pmatrix} C(u_1, \ u_2, \ \cdots, \ u_n) \\ &= \begin{pmatrix} u_1^{\mathrm{T}} \\ u_2^{\mathrm{T}} \\ \vdots \\ u_n^{\mathrm{T}} \end{pmatrix} (\lambda_1 u_1, \ \lambda_2 u_2, \ \cdots, \ \lambda_n u_n) \\ &= \begin{pmatrix} \lambda_1 & & & \\ & \lambda_2 & & \\ & & \ddots & \\ & & & \lambda_n \end{pmatrix} \end{aligned} \tag{5-45}$$



$$\begin{aligned} \overline{D}^{*2} &= E\{\| X_i^* - X_j^* \|^2\} = E\{(X_i^* - X_j^*)^{\mathrm{T}}(X_i^* - X_j^*)\} \\ &= E\{(A_n X_i - A_n X_j)^{\mathrm{T}}(A_n X_i - A_n X_j)\} = E\{(X_i - X_j)^{\mathrm{T}} A_n^{\mathrm{T}} A_n (X_i - X_j)\} \\ &= E\{(X_i - X_j)^{\mathrm{T}}(X_i - X_j)\} = E\{\| X_i - X_j \|^2\} \end{aligned} \tag{5-46}$$

式(5-45)表明，样本集$\{X^*\}$的协方差矩阵为一对角阵，即$X^*$的各分量不相关，并且$X^*$的第$k$个分量的方差等于变换前$\omega_i$类协方差矩阵$C$的特征根$\lambda_k$。式(5-46)表明，样本集$\{X^*\}$的类内距离与原类内距离相同。

于是，若要把$n$维向量$X$变换成$m$维$(m<n)$向量，则可先求出$\omega_i$类的协方差矩阵$C$的$n$个特征根(包括重根)，并将其从小到大排列成$\lambda_1 \leqslant \lambda_2 \leqslant \cdots \leqslant \lambda_n$，然后选择至多前$m$个小的特征根，对于重根则先求出相应的线性无关特征向量组，然后正交化。将前$m$个特征向量归一化得到正交归一化特征向量，将其转置作为矩阵的行，构成$m \times n$的变换矩阵$A_m$。$A_m X$相当于在$A_n X$中只取了前$m$个分量。由于在计算两点之间的欧氏距离时，坐标分量越少，距离越小，所以

$$\begin{aligned} \overline{D}^{*2} &= E\{\| X_i^* - X_j^* \|^2\} = E\{\| A_m X_i - A_m X_j \|^2\} \\ &\leqslant E\{\| A_n X_i - A_n X_j \|^2\} = E\{(A_n X_i - A_n X_j)^{\mathrm{T}}(A_n X_i - A_n X_j)\} \\ &= E\{(X_i - X_j)^{\mathrm{T}} A_n^{\mathrm{T}} A_n (X_i - X_j)\} \\ &= E\{(X_i - X_j)^{\mathrm{T}}(X_i - X_j)\} = E\{\| X_i - X_j \|^2\} = \overline{D}^2 \end{aligned} \tag{5-47}$$

即

$$\overline{D}^{*2} \leqslant \overline{D}^2 \tag{5-48}$$

其中，$\overline{D}^2$为$\omega_i$类的原类内距离平方。

因而，经过 $\boldsymbol{A}_m$ 对 $\boldsymbol{X}$ 进行变换既可压缩维数，使样本集 $\{\boldsymbol{X}^*\}$ 的类内距离比原空间的类内距离小，样本相聚更密集，同时，压缩后的样本协方差矩阵

$$\boldsymbol{C}^* = E[(\boldsymbol{X}^* - \boldsymbol{M}^*)(\boldsymbol{X}^* - \boldsymbol{M}^*)^{\mathrm{T}}] = E[(\boldsymbol{A}_m\boldsymbol{X} - \boldsymbol{A}_m\boldsymbol{M})(\boldsymbol{A}_m\boldsymbol{X} - \boldsymbol{A}_m\boldsymbol{M})^{\mathrm{T}}]$$

$$= \boldsymbol{A}_m\boldsymbol{C}\boldsymbol{A}_m^{\mathrm{T}} = \begin{pmatrix} \boldsymbol{u}_1^{\mathrm{T}} \\ \boldsymbol{u}_2^{\mathrm{T}} \\ \vdots \\ \boldsymbol{u}_m^{\mathrm{T}} \end{pmatrix} \boldsymbol{C}(\boldsymbol{u}_1, \quad \boldsymbol{u}_2, \quad \cdots, \quad \boldsymbol{u}_m) = \begin{pmatrix} \boldsymbol{u}_1^{\mathrm{T}} \\ \boldsymbol{u}_2^{\mathrm{T}} \\ \vdots \\ \boldsymbol{u}_m^{\mathrm{T}} \end{pmatrix} (\lambda_1\boldsymbol{u}_1, \quad \lambda_2\boldsymbol{u}_2, \quad \cdots, \quad \lambda_m\boldsymbol{u}_m)$$

$$= \begin{pmatrix} \lambda_1 & & & \\ & \lambda_2 & & \\ & & \ddots & \\ & & & \lambda_m \end{pmatrix}$$

可见，由 $\boldsymbol{A}_m\boldsymbol{X}$ 对 $\boldsymbol{X}$ 进行变换，在压缩空间中，样本维度间无相关性且样本的协方差矩阵相当于在 $\boldsymbol{A}_m\boldsymbol{X}$ 变换后得到的协方差矩阵中舍去了方差大的元素。实际上也就是 $\boldsymbol{A}_m\boldsymbol{X}$ 保留了导致方差小的特征分量。



**2. 特征提取步骤**

设 $\{\boldsymbol{X}_1, \boldsymbol{X}_2, \cdots, \boldsymbol{X}_N\}$ 为 $\omega_i$ 类的样本集，其中 $\boldsymbol{X}_i$ 为 $n$ 维向量 $(i=1, 2, \cdots, N)$。利用协方差矩阵进行特征提取的步骤如下。

第一步：求 $\omega_i$ 类的协方差矩阵，即类内散布矩阵

$$\boldsymbol{C} = \frac{1}{N}\sum_{i=1}^{N}(\boldsymbol{X}_i - \boldsymbol{M})(\boldsymbol{X}_i - \boldsymbol{M})^{\mathrm{T}} = \frac{1}{N}\sum_{i=1}^{N}\boldsymbol{X}_i\boldsymbol{X}_i^{\mathrm{T}} - \boldsymbol{M}\boldsymbol{M}^{\mathrm{T}}$$

其中，$\boldsymbol{M} = \frac{1}{N}\sum_{i=1}^{N}\boldsymbol{X}_i$。

第二步：求 $\boldsymbol{C}$ 的特征根，对特征根从小到大排列为 $\lambda_1 \leqslant \lambda_2 \leqslant \cdots \leqslant \lambda_n$，选择至多前 $m$ 个。

第三步：计算至多前 $m$ 个特征根(含重根)对应的特征向量 $\boldsymbol{u}_1, \boldsymbol{u}_2, \cdots, \boldsymbol{u}_m$。若有特征根是重特征根，则先找到其对应的线性无关特征向量组，再正交化。最后选择前 $m$ 个特征向量归一化。将归一化后的特征向量的转置作为变换矩阵的行，得变换矩阵

$$\boldsymbol{A}_m = \begin{pmatrix} \boldsymbol{u}_1^{\mathrm{T}} \\ \boldsymbol{u}_2^{\mathrm{T}} \\ \vdots \\ \boldsymbol{u}_m^{\mathrm{T}} \end{pmatrix}$$

第四步：利用 $\boldsymbol{A}_m$ 对样本进行变换。

$$\boldsymbol{X}_i^* = \boldsymbol{A}_m\boldsymbol{X}_i, \ i=1,2,\cdots,N$$

则 $\{\boldsymbol{X}_1^*, \boldsymbol{X}_2^*, \cdots, \boldsymbol{X}_N^*\}$ 即是用于分类的压缩后的样本集。

**例**　假定 $\omega_i$ 类含样本 $\boldsymbol{X}_1, \boldsymbol{X}_2, \boldsymbol{X}_3, \boldsymbol{X}_4$，且 $\boldsymbol{X}_1 = (1, 1)^{\mathrm{T}}$，$\boldsymbol{X}_2 = (2, 4)^{\mathrm{T}}$，$\boldsymbol{X}_3 = (3, 5)^{\mathrm{T}}$，$\boldsymbol{X}_4 = (6, 10)^{\mathrm{T}}$，利用协方差矩阵求单类模式的变换矩阵，将样本降维成一维实现特征提取。

**解**：按前述步骤计算如下：

(1) 分别求样本均值向量和协方差矩阵

$$M=\frac{1}{4}\sum_{i=1}^{4}X_i=(3,5),\qquad C=\frac{1}{4}\sum_{i=1}^{4}X_iX_i^{\mathrm T}-MM^{\mathrm T}=\begin{pmatrix}3.5 & 6\\ 6 & 10.5\end{pmatrix}$$

(2) 根据 $|\lambda I-C|=0$ 求 $C$ 的特征根，并选择较小的一个特征根。由

$$|\lambda I-C|=\begin{pmatrix}\lambda-3.5 & -6\\ -6 & \lambda-10.5\end{pmatrix}=0$$

即 $\lambda^2-14\lambda+0.75=0$，可解得两个特征根分别为 $\lambda_1=\frac{14-\sqrt{193}}{2}$，$\lambda_2=\frac{14+\sqrt{193}}{2}$。因 $\lambda_1<\lambda_2$，故选择 $\lambda_1$。

(3) 计算 $\lambda_1$ 对应的特征向量 $u_1$，然后归一化。由方程 $Cu_1=\lambda_1u_1$ 得 $u_1=\left(1,\ \frac{7-\sqrt{193}}{12}\right)^{\mathrm T}$

归一化处理得 $u_1=\frac{12}{\sqrt{286-14\sqrt{193}}}\left(1,\ \frac{7-\sqrt{193}}{12}\right)^{\mathrm T}$。

用 $u_1^{\mathrm T}$ 作为变换矩阵的第一行构成变换矩阵 $A_1$，即 $A_1=\frac{12}{\sqrt{286-14\sqrt{193}}}\left(1,\ \frac{7-\sqrt{193}}{12}\right)$。

(4) 利用 $A_1$ 对 $X_1$，$X_2$，$X_3$，$X_4$ 进行变换，得

$$X_1^*=A_1X_1=\frac{19-\sqrt{193}}{\sqrt{286-14\sqrt{193}}}=0.5339,\quad X_2^*=A_1X_2=\frac{52-4\sqrt{193}}{\sqrt{286-14\sqrt{193}}}=-0.3732$$

$$X_3^*=A_1X_3=\frac{71-5\sqrt{193}}{\sqrt{286-14\sqrt{193}}}=0.1608,\quad X_4^*=A_1X_4=\frac{142-10\sqrt{193}}{\sqrt{286-14\sqrt{193}}}=0.3215$$

变换前后样本集分布如图 5.1 所示。

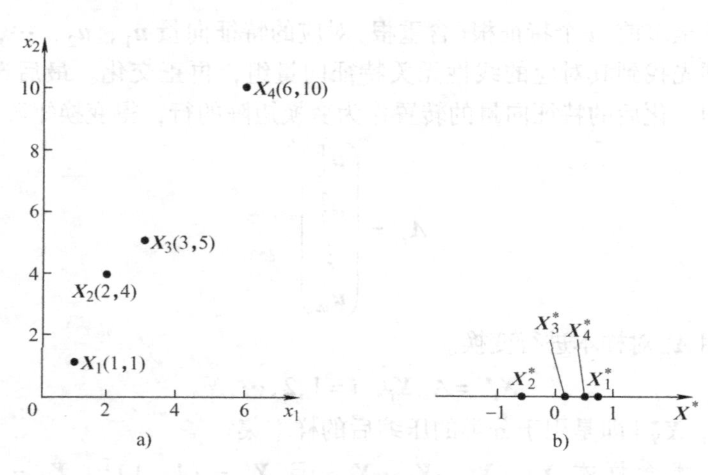


图 5.1 二维样本变换为一维样本

a) 变换前 b) 变换后

MATLAB 代码如下：

```
function X = transferbycov(x)
x = [1 1;2 4;3 5;6 10];                % 例 5.1 的数据
[m,n] = size(x); C = zeros(n,n);
for i = 1:m
    C = C + x(i,:)' * x(i,:);
end
C = C/m - mean(x)' * mean(x) % 求均值向量
[a,b] = eig(C); % 求特征根和特征向量
t = ones(1,n) * b
[M,index] = min(t);
u = a(:,index);
A = u'
for i = 1:m
    X(i) = A * x(i,:)';
end
X
```



# 5.4　基于 K－L 变换的多类模式特征提取

K－L 变换，全名为卡洛南-洛伊(Karhunen-Loeve)变换，又称为霍特林(Hotelling)变换，是最小均方误差下的最优正交变换，适用于任意概率密度函数分布模式样本集按最小均方误差为准则进行数据压缩，能够消除模式特征之间的相关性，突出差异性，是一种常用的较优特征提取方法。K－L 变换分连续 K－L 变换和离散 K－L 变换两种形式，这里只介绍离散 K－L 变换。

**1. K－L 展开式**

设 $\boldsymbol{u}_1$，$\boldsymbol{u}_2$，…，$\boldsymbol{u}_n$ 为 $n$ 维空间中的一个标准正交向量基，即 $\|\boldsymbol{u}_i\|=1$($i=1$，2，…，$n$)，且

$$\boldsymbol{u}_i^{\mathrm{T}}\boldsymbol{u}_j=\begin{cases}1, & j=i\\0, & j\neq i\end{cases} \tag{5-49}$$

则任一 $n$ 维模式向量都可用该标准正交向量基展开。对给定的 $n$ 维空间中模式样本集$\{\boldsymbol{X}_1$，$\boldsymbol{X}_2$，…，$\boldsymbol{X}_N\}$的每一样本 $\boldsymbol{X}$，均可展开为

$$\boldsymbol{X}=\sum_{j=1}^{n}c_j\boldsymbol{u}_j \tag{5-50}$$

其中，$c_j$为系数，$j=1$，2，…，$n$。

若用前 $m$ 个有限项来估计 $\boldsymbol{X}$，即用

$$\hat{\boldsymbol{X}}=\sum_{j=1}^{m}c_j\boldsymbol{u}_j \tag{5-51}$$

来近似表示 $\boldsymbol{X}$，则得到的均方误差为

$$\xi = E\{\ \| X - \hat{X} \|^2\} = E\{(X - \hat{X})^T(X - \hat{X})\} \tag{5-52}$$

将式(5-49) ~式(5-51)代入式(5-52)得

$$\xi = E\left\{\sum_{j=m+1}^{n} c_j\right\} \tag{5-53}$$

对式(5-50)两边左乘 $\boldsymbol{u}_j^T$，得

$$c_j = \boldsymbol{u}_j^T \boldsymbol{X} \tag{5-54}$$

将式(5-54)代入式(5-53)，得

$$\xi = E\left(\sum_{j=m+1}^{n} \boldsymbol{u}_j^T \boldsymbol{X}\boldsymbol{X}^T \boldsymbol{u}_j\right) \tag{5-55}$$

$$= \sum_{j=m+1}^{n} \boldsymbol{u}_j^T E(\boldsymbol{X}\boldsymbol{X}^T)\boldsymbol{u}_j \tag{5-56}$$

$$= \sum_{j=m+1}^{n} \boldsymbol{u}_j^T \boldsymbol{R}\boldsymbol{u}_j \tag{5-57}$$



其中

$$\boldsymbol{R} = E(\boldsymbol{X}\boldsymbol{X}^T) \tag{5-58}$$

为样本集合中所有样本形成的自相关矩阵。

为求得使 $\xi$ 达到最小且满足正交条件式(5-49)的 $\boldsymbol{u}_j$，可利用拉格朗日乘子法：令

$$g(\boldsymbol{u}_j) = \sum_{j=m+1}^{n} \boldsymbol{u}_j^T \boldsymbol{R}\boldsymbol{u}_j - \sum_{j=m+1}^{n} \lambda_j(\boldsymbol{u}_j^T \boldsymbol{u}_j - 1) \tag{5-59}$$

式中，$\lambda_j$ 为拉格朗日乘子。令函数 $g(\boldsymbol{u}_j)$ 对 $\boldsymbol{u}_j$ 的导数等于0，则得

$$(\boldsymbol{R} - \lambda_j \boldsymbol{I})\boldsymbol{u}_j = 0 \tag{5-60}$$

即

$$\boldsymbol{R}\boldsymbol{u}_j = \lambda_j \boldsymbol{u}_j \tag{5-61}$$

其中，$j = m+1，m+2，\cdots，n$。也就是，$\lambda_j$ 为 $\boldsymbol{R}$ 的特征根，$\boldsymbol{u}_j$ 是特征根 $\lambda_j$ 对应的特征向量。于是

$$\xi = \sum_{j=m+1}^{n} \boldsymbol{u}_j^T \boldsymbol{R}\boldsymbol{u}_j = \sum_{j=m+1}^{n} \mathrm{tr}(\boldsymbol{u}_j \boldsymbol{R}\boldsymbol{u}_j^T) = \sum_{j=m+1}^{n} \lambda_j \tag{5-62}$$

该式表明，$\lambda_j(j = m+1，m+2，\cdots，n)$之和为截断的均方误差，$\lambda_j$ 的值越小，那么 $\xi$ 也越小。因此，对 $\boldsymbol{R}$ 的特征根由大到小进行排列为 $\lambda_1 \geqslant \lambda_2 \geqslant \cdots \geqslant \lambda_m \geqslant \lambda_{m+1} \geqslant \cdots \geqslant \lambda_n$，则当用 $\boldsymbol{X}$ 的正交展开式中前 $m$ 项估计 $\boldsymbol{X}$ 时，展开式中的 $\boldsymbol{u}_j$ 应当是至多前 $m$ 个较大的特征根(包括可能是重根的特征根)对应的特征向量。若有特征根是重特征根，则先找到线性无关的特征向量组，再将其正交化。最后将前 $m$ 个特征向量归一化。将归一化后的 $m$ 个特征向量仍记为 $\boldsymbol{u}_j$，$j = 1，2，\cdots，m$，则 $\boldsymbol{X}$ 用下式近似表示，得到的均方误差最小

$$\boldsymbol{X} = \sum_{j=1}^{m} c_j \boldsymbol{u}_j \tag{5-63}$$

以矩阵形式表示，令

$$\boldsymbol{c} = (c_1, c_2, \cdots, c_m)^T$$

$$\boldsymbol{u}_j = (u_{j_1}, u_{j_2}, \cdots, u_{j_n})^{\mathrm{T}}$$

$$\boldsymbol{A}_m = \begin{pmatrix} \boldsymbol{u}_1^{\mathrm{T}} \\ \boldsymbol{u}_2^{\mathrm{T}} \\ \vdots \\ \boldsymbol{u}_m^{\mathrm{T}} \end{pmatrix} \tag{5-64}$$

其中，$\boldsymbol{A}_m$ 为 $m \times n$ 矩阵，$\boldsymbol{u}_j^{\mathrm{T}}$ 为其第 $j$ 行，因 $\boldsymbol{u}_1$，$\boldsymbol{u}_2$，…，$\boldsymbol{u}_m$ 为正交归一化特征向量组，所以，有

$$\boldsymbol{A}_m\boldsymbol{A}_m^{\mathrm{T}} = \begin{pmatrix} \boldsymbol{u}_1^{\mathrm{T}} \\ \boldsymbol{u}_2^{\mathrm{T}} \\ \vdots \\ \boldsymbol{u}_m^{\mathrm{T}} \end{pmatrix} (\boldsymbol{u}_1, \boldsymbol{u}_2, \cdots, \boldsymbol{u}_m) = \boldsymbol{I}_{m \times m} \tag{5-65}$$

显然有 $\boldsymbol{A}_n\boldsymbol{A}_n^{\mathrm{T}} = I_{n \times n}$，$\boldsymbol{A}_n^{\mathrm{T}}\boldsymbol{A}_n = I_{n \times n}$。

这是因为 $\boldsymbol{A}_n$ 为 $n$ 阶方阵，$\boldsymbol{A}_n^{\mathrm{T}}$ 就是 $\boldsymbol{A}_n$ 的逆矩阵。但要注意，虽然 $\boldsymbol{A}_m\boldsymbol{A}_m^{\mathrm{T}} = \boldsymbol{I}_{m \times m}$，但因 $\boldsymbol{A}_m$ 为 $m \times n$ 矩阵，不一定有 $\boldsymbol{A}_m^{\mathrm{T}}\boldsymbol{A}_m = I_{n \times n}$。

这样，式(5-63)中 $\boldsymbol{X} = \sum_{j=1}^{m} c_j\boldsymbol{u}_j$ 可以表示为

$$\boldsymbol{X} = (\boldsymbol{u}_1, \boldsymbol{u}_2, \cdots, \boldsymbol{u}_m) \begin{pmatrix} c_1 \\ c_2 \\ \vdots \\ c_m \end{pmatrix} = \boldsymbol{A}_m^{\mathrm{T}}\boldsymbol{c} \tag{5-66}$$

$\boldsymbol{X}$ 为 $n$ 维模式向量。对式(5-66)两边左乘 $\boldsymbol{A}_m$，由式(5-56)可得

$$\boldsymbol{c} = \boldsymbol{A}_m\boldsymbol{X} \tag{5-67}$$

式(5-50)称为样本 $\boldsymbol{X}$ 的 K－L 完全展开式。式(5-51)或式(5-63)为样本 $\boldsymbol{X}$ 的部分 K－L 展开式或截断式。式(5-67)称为 $\boldsymbol{X}$ 的 K－L 变换。系数向量 $\boldsymbol{c}$ 就是变换后的模式向量。也就是 $\boldsymbol{X}$ 变换后得到的压缩向量为 $\boldsymbol{c}$。可写成

$$\boldsymbol{X}^* = \boldsymbol{c} = \boldsymbol{A}_m\boldsymbol{X} \tag{5-68}$$

**2. 利用自相关矩阵 $\boldsymbol{R}$ 做 K－L 变换进行特征提取的步骤**

设 $\boldsymbol{X}$ 是 $n$ 维模式向量，$\{\boldsymbol{X}\}$ 是来自 $M$ 个模式类的样本集，总样本数目为 $N$，将 $\boldsymbol{X}$ 变换为 $m$ 维($m < n$)向量的方法：

1）利用训练样本集合求出自相关矩阵 $\boldsymbol{R}$：

$$\boldsymbol{R} = E(\boldsymbol{X}\boldsymbol{X}^{\mathrm{T}}) \approx \frac{1}{N}\sum_{j=1}^{N}\boldsymbol{X}_j\boldsymbol{X}_j^{\mathrm{T}}$$

2）计算 $\boldsymbol{R}$ 的特征根 $\lambda_j$，$j=1$，2，…，$n$，并由大到小排序。选择至多前 $m$ 个较大的特征根(包括重根)，并且求出对应的前 $m$ 个特征向量 $\boldsymbol{u}_j$，$j=1$，2，…，$m$。若有特征根是 $r$ 重特征根，则先找到 $r$ 个线性无关的特征向量，再将其正交化。若有多个重特征根，则均类似地找到相应的一组正交化特征向量。最后得到 $m$ 个正交特征向量，记为 $\boldsymbol{u}_j$，$j=1$，2，…，$m$。

3）将特征向量进行归一化后仍记为 $\boldsymbol{u}_j$，由 $\boldsymbol{u}_j^{\mathrm{T}}$ 作为矩阵的第 $j$ 行构成变换矩阵 $\boldsymbol{A}_m$：

$$A_m = \begin{pmatrix} u_1^{\mathrm{T}} \\ u_2^{\mathrm{T}} \\ \vdots \\ u_m^{\mathrm{T}} \end{pmatrix}$$

4）进行 K－L 变换，设变换后的向量为 $X^*$，则

$$X^* = A_m X$$

$m$ 维向量 $X^*$ 就是代替 $n$ 维向量 $X$ 进行分类的模式向量。

K－L 变换与前面单类模式的基于协方差矩阵的特征提取相比，相同点是：

1）都要得到 $m$ 个正交归一化特征向量。

2）都将 $m$ 个归一化正交特征向量分别转置后作为变换矩阵的行。

3）变换后样本之间的距离变小，样本更加聚集。这仍可用式(5-38)和式(5-39)说明。

不同点是：

1）K－L 变换是针对 $M$ 个类模式样本全体，而不是只针对单类模式样本。



2）K－L 变换用的是自相关矩阵，而不是用协方差矩阵。

3）K－L 变换对特征根按由大到小排序为 $\lambda_1 \geqslant \lambda_2 \geqslant \cdots \geqslant \lambda_m \geqslant \lambda_{m+1} \geqslant \cdots \geqslant \lambda_n$，取前面较大的至多 $m$ 个特征根(含重根)的归一化正交特征向量。

4）K－L 变换后的样本与原样本间的误差平方和的期望值达到最小。

5）K－L 变换后的协方差矩阵不一定是对角阵。

**3. 主成分分析法(PCA)**

主成分分析法(Principal Component Analysis，PCA)是通过少数几个主成分特征来揭示原多个特征间的内部关系，即从原特征中变换得出少数几个主成分特征，使它们尽可能多地保留样本特征的鉴别信息，且彼此间互不相关。通常数学上的处理方法就是将原来 $n$ 个特征作线性组合，得到新的特征，在变换过程中保留主要差别的分量。主成分分析是设法将原来众多具有一定相关性的特征(比如 $n$ 个特征)，重新组合成一组新的互相无关的 $m(m<n)$ 个特征来代替原来的特征。

最经典的做法就是用第一个变换后得到的特征 $y_1$ 的方差来表达，即 $\mathrm{Var}(y_1)$ 越大，表示 $y_1$ 包含的信息越多。因此在所有的线性组合中选取的 $y_1$ 应该是方差最大的，故称 $y_1$ 为第一主成分。如果第一主成分不足以代表原来 $n$ 个特征的信息，再考虑选取 $y_2$ 即选第二个线性变换后的特征。为了有效地反映原来的区分信息，$y_1$ 已有的信息就不需要再出现在 $y_2$ 中，用数学语言表达就是要求 $\mathrm{Cov}(y_1, y_2)=0$，即 $y_1$ 和 $y_2$ 不相关，则称 $y_2$ 为第二主成分，以此类推，可以构造出第三、第四、…、第 $m$ 个主成分。

一般的简单做法是，利用协方差矩阵取最大、次大、…、第 $m$ 大的特征根的特征向量的转置作为行构造变换矩阵来实现样本变换。这样变换后得到的新样本协方差矩阵为对角阵，且主对角线上的元素就是从左上到右下由大到小的前 $m$ 个大的特征根。

为简单起见，将样本集中的样本在变换之前就进行零均值化处理，这样得到的样本集的自相关矩阵与协方差矩阵等价。所谓零均值化处理就是将每一样本都减去均值向量，此时，样本集的均值向量就是零向量，协方差矩阵即 $\boldsymbol{C}=\boldsymbol{R}-\boldsymbol{M}\boldsymbol{M}^{\mathrm{T}}=\boldsymbol{R}-\boldsymbol{0}=\boldsymbol{R}$ 等于自相关矩阵。利用协方差矩阵求变换矩阵与 K－L 变换中用自相关矩阵求变换矩阵相同。先求出协方差矩阵的特征根，再将特征根从大到小降序排列，取前面至多 $m$ 个大的特征根对应的归一化特征

向量的转置作为行构造 $m \times n$ 阶变换矩阵，实现样本的降维。它保留了产生方差较大的分量，即保留了主要成分，去掉了产生方差较小的分量。消去了样本分量之间的相关性，变换后的近似样本与原样本间距离平方的期望值能达到最小。

因此，这样做的主成分分析，可看成是在样本零均值化后，采用自相关矩阵寻找变换矩阵，使样本截断估计均方误差最小，且消除样本不同维度之间的相关性，保留产生大方差分量的 K-L 变换的一种特例。

用 K-L 变换进行特征提取的优点：

1）K-L 变换在用新样本 $\boldsymbol{X}^*$ 近似表示原样本 $\boldsymbol{X}$ 时，采用的是其 K-L 展开式的截断，且是在均方意义下误差平方最小的最优变换。

2）K-L 变换既压缩了特征维度，又保留了使样本分量方差最大的差异信息，且使变换后的新模式向量各分量的方差分别对应原样本集自相关矩阵相应的较大特征根。

若对原样本集中的样本进行了零均值化处理，即均值向量 $\boldsymbol{M}$ 为零向量，则

$$E\{(\boldsymbol{X}-\boldsymbol{M})(\boldsymbol{X}-\boldsymbol{M})^{\mathrm{T}}\}=E(\boldsymbol{X}\boldsymbol{X}^{\mathrm{T}})$$

即 $\boldsymbol{C}=\boldsymbol{R}$，变换后新样本集的协方差矩阵 $\boldsymbol{C}^*$ 为

$$\begin{aligned}
\boldsymbol{C}^* &= E\{(\boldsymbol{X}^*-\boldsymbol{M}^*)(\boldsymbol{X}^*-\boldsymbol{M}^*)^{\mathrm{T}}\}=E\{(\boldsymbol{A}_m\boldsymbol{X}-\boldsymbol{A}_m\boldsymbol{M})(\boldsymbol{A}_m\boldsymbol{X}-\boldsymbol{A}_m\boldsymbol{M})^{\mathrm{T}}\}\\
&= E\{\boldsymbol{A}_m(\boldsymbol{X}-\boldsymbol{M})(\boldsymbol{X}-\boldsymbol{M})^{\mathrm{T}}\boldsymbol{A}_m^{\mathrm{T}}\}=\boldsymbol{A}_m E\{(\boldsymbol{X}-\boldsymbol{M})(\boldsymbol{X}-\boldsymbol{M})^{\mathrm{T}}\}\boldsymbol{A}_m^{\mathrm{T}}\\
&= A_m E(\boldsymbol{X}\boldsymbol{X}^{\mathrm{T}})\boldsymbol{A}_m^{\mathrm{T}}=\boldsymbol{A}_m\boldsymbol{R}\boldsymbol{A}_m^{\mathrm{T}}=\begin{pmatrix}\boldsymbol{u}_1^{\mathrm{T}}\\ \boldsymbol{u}_2^{\mathrm{T}}\\ \vdots\\ \boldsymbol{u}_m^{\mathrm{T}}\end{pmatrix}\boldsymbol{R}(\boldsymbol{u}_1,\ \boldsymbol{u}_2,\ \cdots,\ \boldsymbol{u}_m)\\
&= \begin{pmatrix}\boldsymbol{u}_1^{\mathrm{T}}\\ \boldsymbol{u}_2^{\mathrm{T}}\\ \vdots\\ \boldsymbol{u}_m^{\mathrm{T}}\end{pmatrix}(\boldsymbol{R}\boldsymbol{u}_1,\ \boldsymbol{R}\boldsymbol{u}_2,\ \cdots,\ \boldsymbol{R}\boldsymbol{u}_m)\\
&= \begin{pmatrix}\boldsymbol{u}_1^{\mathrm{T}}\\ \boldsymbol{u}_2^{\mathrm{T}}\\ \vdots\\ \boldsymbol{u}_m^{\mathrm{T}}\end{pmatrix}(\lambda_1\boldsymbol{u}_1,\ \lambda_2\boldsymbol{u}_2,\ \cdots,\ \lambda_m\boldsymbol{u}_m)\\
&= \begin{pmatrix}\lambda_1 & & & \\ & \lambda_2 & & \\ & & \ddots & \\ & & & \lambda_m\end{pmatrix}
\end{aligned}$$

$\boldsymbol{C}^*$ 为对角线上元素为自相关矩阵 $\boldsymbol{R}$(也是原样本集零均值化处理后的协方差矩阵)的前 $m$ 个较大的特征根。由于保留的是较大的特征根而不是较小的特征根，所以，K-L 变换保留了最大的鉴别信息。

3）$\boldsymbol{C}^*$ 的非对角线上的元素全为 0，此即表示变换后，样本各不同分量互不相关，或者

说，消除了原样本的特征间可能存在的相关性。

用 K－L 变换进行特征提取的不足之处：

1）对两类问题往往能得到较满意的结果，但随着类别增多，效果会变得越来越差。

2）需要足够多的样本估计样本集的自相关矩阵。当样本不多时，矩阵的估计会显得较为粗糙，变换的优越性不能得到充分展示。

3）计算矩阵特征值和特征向量。若通过 MATLAB 来计算比较容易，但手工计算较麻烦。

除 K－L 变换外，其他正交变换方法如余弦变换、Walsh 变换等还可以实现特征提取。

**4. 基于其他的不同散布矩阵构造变换矩阵**

除了用协方差矩阵和自相关矩阵作基础矩阵构造变换矩阵外，还可用类内散布矩阵、类间散布矩阵、总体散布矩阵等其他散布矩阵作基础矩阵构造变换矩阵。保留的分类鉴别信息效果相应地有所差异。

1）基于类间散布矩阵 $$\boldsymbol{S}_b=\sum_{i=1}^{c}P(\omega_i)(\boldsymbol{M}_i-\boldsymbol{M}_0)(\boldsymbol{M}_i-\boldsymbol{M}_0)^{\mathrm{T}}$$



当多类的类间距离大大超过类内距离时，用类间散布矩阵作基础矩阵构造变换矩阵，是一种较好的选择。此时，应选择 $\boldsymbol{S}_b$ 的大特征根对应的归一化特征向量的转置作为行构造变换矩阵。

2）基于总体散布矩阵 $$\boldsymbol{S}_t=E[(\boldsymbol{X}-\boldsymbol{M}_0)(\boldsymbol{X}-\boldsymbol{M}_0)^{\mathrm{T}}]=\boldsymbol{S}_b+\boldsymbol{S}_\omega$$

当多类模式可分性较好时，用总体散布矩阵 $\boldsymbol{S}_t$ 作基础矩阵，选用大特征根对应的归一化特征向量的转置作为行构造变换矩阵，能够保留模式原有的尽可能多的分类信息。

3）基于多类类内散布矩阵 $$\boldsymbol{S}_\omega=\sum_{i=1}^{c}P(\omega_i)E[(\boldsymbol{X}-\boldsymbol{M}_i)(\boldsymbol{X}-\boldsymbol{M}_i)^{\mathrm{T}}],\ \boldsymbol{X}\in\omega_i$$

多类类内散布矩阵由各类模式协方差矩阵以先验概率为权值加权求和而得。

当要突出各类模式的主要区分信息时，选用 $\boldsymbol{S}_\omega$ 的大特征根对应的归一化特征向量的转置作为行构造变换矩阵。

当要使同一类模式聚集于最小的特征空间范围时，选用 $\boldsymbol{S}_\omega$ 的小特征根对应的特征向量的转置作为行构造变换矩阵。

注意：利用类内散布矩阵、类间散布矩阵、总体散布矩阵作基础矩阵，通过求其特征根对应的归一化特征向量的转置作为行构造的变换矩阵，均可使变换后得到的样本间距离平方的期望值变小，这都可由式(5-47)及式(5-48)加以类似地证明。但并不一定使变换后的样本集的协方差矩阵为对角阵，即并不一定能消除样本分量之间的相关性，也不一定能得到变换后的样本是原样本在平方误差意义下最小的近似逼近的结论。所以，一般把以这些散布矩阵作为基础矩阵构造变换矩阵实现的变换，不能叫作 K－L 变换，因为 K－L 变换是指按平方意义下误差最小的样本近似截断变换。它们只能算作满足某种需要时所做的变换。

除了用以上三种散布矩阵作基础矩阵构造变换矩阵外，还可有其他散布矩阵作基础矩阵构造变换矩阵的方法，在此不做介绍。

**例 5.3** 已知两个模式的样本分别为

$$\omega_1:\ \boldsymbol{X}_1=(1,2)^{\mathrm{T}},\ \boldsymbol{X}_2=(2,3)^{\mathrm{T}},\ \boldsymbol{X}_3=(2,4)^{\mathrm{T}}$$

$$\omega_2:\ \boldsymbol{X}_4=(-3,-3)^{\mathrm{T}},\ \boldsymbol{X}_5=(-2,-3)^{\mathrm{T}},\ \boldsymbol{X}_6=(-4,-3)^{\mathrm{T}}$$

利用自相关矩阵 $\boldsymbol{R}$ 做 K－L 变换，将原样本集压缩为一维样本集。

**解**：第一步，计算总体自相关矩阵

$$\boldsymbol{R} = E(\boldsymbol{X}\boldsymbol{X}^{\mathrm{T}}) = \frac{1}{6}\sum_{j=1}^{6}\boldsymbol{X}_j\boldsymbol{X}_j^{\mathrm{T}} = \begin{pmatrix} 19/3 & 21.5/3 \\ 21.5/3 & 28/3 \end{pmatrix}$$

第二步，计算 $\boldsymbol{R}$ 的特征根，并选择较大者。由 $|\boldsymbol{R}-\lambda\boldsymbol{I}|=0$ 得 $\lambda_1 = 15.1553$，$\lambda_2 = 0.5114$，选择 $\lambda_1$。

第三步，根据 $\boldsymbol{R}\boldsymbol{u}_1 = \lambda_1\boldsymbol{u}_1$ 计算 $\lambda_1$ 对应特征向量并归一化后得 $\boldsymbol{u}_1 = (0.6305,\ 0.7762)^{\mathrm{T}}$。于是，由 $\boldsymbol{u}_1^{\mathrm{T}}$ 作为矩阵第一行构成的变换矩阵 $\boldsymbol{A}_1$ 为 $\boldsymbol{A}_1 = \boldsymbol{u}_1^{\mathrm{T}} = (0.6305,\ 0.7762)$。

第四步，利用 $\boldsymbol{A}_1$ 对样本集中每个样本进行 K－L 变换：

$$X_1^* = \boldsymbol{A}_1\boldsymbol{X}_1 = (0.6305, 0.7762)\begin{pmatrix}1\\2\end{pmatrix} = 2.18,\qquad X_2^* = \boldsymbol{A}_1\boldsymbol{X}_2 = (0.6305, 0.7762)\begin{pmatrix}2\\3\end{pmatrix} = 3.59$$

$$X_3^* = \boldsymbol{A}_1\boldsymbol{X}_3 = (0.6305, 0.7762)\begin{pmatrix}2\\4\end{pmatrix} = 4.37,\qquad X_4^* = \boldsymbol{A}_1\boldsymbol{X}_4 = (0.6305, 0.7762)\begin{pmatrix}-3\\-3\end{pmatrix} = -4.22$$

$$X_5^* = \boldsymbol{A}_1\boldsymbol{X}_5 = (0.6305, 0.7762)\begin{pmatrix}-2\\-3\end{pmatrix} = -3.59,\qquad X_6^* = \boldsymbol{A}_1\boldsymbol{X}_6 = (0.6305, 0.7762)\begin{pmatrix}-4\\-3\end{pmatrix} = -4.85$$

即变换结果为

$$\omega_1: X_1^* = 2.18, X_2^* = 3.59, X_3^* = 4.37$$

$$\omega_2: X_4^* = -4.22, X_5^* = -3.59, X_6^* = -4.85$$

变换前后模式的分布如图 5.2a、b 所示。

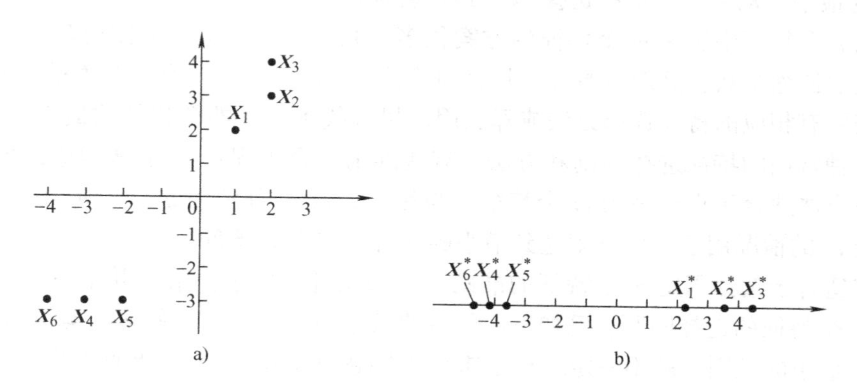


图 5.2　K－L 变换前后样本分布示意图

a) 变换前　b) 变换后

利用自相关矩阵做 K－L 变换的 MATLAB 代码如下：

```
function X = K_L(x)
%x = [1 2;2 3;2 4; -3  -3; -2  -3; -4  -3];
[N,n] = size(x);
R = zeros(n,n);
for i = 1:N
    R = R + x(i,:)' * x(i,:);
```

```
end
R = R/N;
[u,b] = eig(R);
t = ones(1,n) * b;
[M,index] = max(t);
M
A = u(:,index)'/sqrt(u(1,index)^2 + u(2,index)^2)
X = [];
for i = 1:N
    X = cat(1,X,A * x(i,:)');
end
X
```

## 5.5 特征选择



设模式样本集中每个样本都是由 $n$ 个特征测量数据构成的，从 $n$ 个特征中挑选 $m$ 个特征($m<n$)，也就是将 $n$ 维空间的数据投影到 $m$ 维空间，用于模式分类，既压缩数据维数，又提高模式识别系统处理样本数据的效率，这就是特征选择。特征选择实际上可有两种典型的提法：①当不要求 $m$ 为最小，但 $m$ 固定，从 $n$ 个特征中选择 $m$ 个最优特征用于模式分类。②要求 $m$ 为最小，从 $n$ 个特征中选择 $m$ 个最优特征用于模式分类。

由于从 $n$ 个特征中选择 $m$ 个特征的方案很多，究竟选哪一组特征使得其在理想的情况下达到最优的压缩维数，又能与原特征具有同等的分类能力，需要有一个衡量标准用以计算比较，也需要有相应的特征选择方法或算法用以尽快找到最优即含特征数最小的特征子集。这里介绍几种常用的特征选择准则和方法。有些准则适合于固定 $m$ 下做相应的比较用，而有些准则或方法适合于求最小的 $m$ 个特征。当然，如取 $m$ 分别为 $n-1$，$n-2$，…，1，则也可将固定 $m$ 的情况用于求使准则达到最小的 $m$ 个特征的选择问题。

但有些适合于选择固定 $m$ 个特征的准则，如果没有其他条件限制并不适于求使准则达到最小的 $m$ 个特征的选择问题，例如下面所给的散布矩阵准则中，使多类类内散布矩阵 $\boldsymbol{S}_\omega$ 的迹 $\mathrm{tr}(\boldsymbol{S}_\omega)$ 最小的准则，就不一定适合于求使准则达到最小的 $m$ 个特征的选择问题。因为当每类类内散布矩阵为对角阵时，多类类内散布矩阵 $\boldsymbol{S}_\omega$ 也是对角阵，$\boldsymbol{S}_\omega$ 的迹 $\mathrm{tr}(\boldsymbol{S}_\omega)$ 最小必会是在仅含一个特征时达到，仅选择一个特征作为分类特征有时不一定符合要求。

### 5.5.1 特征选择准则

**1. 散布矩阵准则**

多类类内散布矩阵 $\boldsymbol{S}_\omega$、类间散布矩阵 $\boldsymbol{S}_b$ 和多类总体散布矩阵 $\boldsymbol{S}_t$ 都是类可分性测度，可利用这三个散布矩阵来定义一定的特征选择准则，用于特征选择。如由 $\boldsymbol{S}_b$ 或 $\boldsymbol{S}_\omega$ 可定义下列特征选择的准则 $J_0$、$J_1$、$J_2$、$J_3$、$J_4$、$J_5$：

$$J_0=\mathrm{tr}(\boldsymbol{S}_\omega) \tag{5-69}$$

$$J_1=\mathrm{tr}(\boldsymbol{S}_b) \tag{5-70}$$

$$J_2 = \mathrm{tr}(\boldsymbol{S}_\omega^{-1}\boldsymbol{S}_b) \tag{5-71}$$

$$J_3 = \frac{\mathrm{tr}(\boldsymbol{S}_b)}{\mathrm{tr}(\boldsymbol{S}_\omega)} \tag{5-72}$$

$$J_4 = \ln\frac{|\boldsymbol{S}_b|}{|\boldsymbol{S}_\omega|} \tag{5-73}$$

$$J_5 = \frac{|\boldsymbol{S}_t|}{|\boldsymbol{S}_\omega|} = \frac{|\boldsymbol{S}_\omega + \boldsymbol{S}_b|}{|\boldsymbol{S}_\omega|} \tag{5-74}$$

在从 $n$ 个特征中选择固定 $m$ 个最优特征用于模式分类时，分别以 $J_0$、$J_1$、$J_2$、$J_3$、$J_4$、$J_5$ 为特征选择的准则，一般遵循下列原则：

1）若选 $J_0 = \mathrm{tr}(\boldsymbol{S}_\omega)$ 作准则，则应使 $J_0$ 最小的特征子集作为选择的特征子集。

2）若选 $J_1$、$J_2$、$J_3$、$J_4$、$J_5$ 之一作为准则，则均应选使之达到最大的特征子集作为选择的特征子集。

散布矩阵的计算不受模式分布影响，但需要模式样本数量足够多。

**2. 散度准则**

（1）基本散度准则和平均散度准则

1）基本散度准则。基本散度准则直接以散度为准则，从 $n$ 个特征中选择固定 $m$ 个最优特征用于模式分类。

概率分布的模式样本，从 $n$ 个特征中选择固定 $m$ 个最优特征用于模式分类时，可利用散度作为特征选择准则。

对于 $\omega_i$ 类和 $\omega_j$ 类两类概率模式样本，散度 $J_{ij}$ 的定义式(5-15)为

$$J_{ij} = I_{ij} + I_{ji} = \int_{\boldsymbol{X}} [p(\boldsymbol{X}|\omega_i) - p(\boldsymbol{X}|\omega_j)] \ln\frac{p(\boldsymbol{X}|\omega_i)}{p(\boldsymbol{X}|\omega_j)} \mathrm{d}\boldsymbol{X}$$

可用散度作为两类概率分布模式的特征选择准则。特别地，对于两个正态分布下的模式样本构成的混合样本集，可以用两个正态分布下模式样本集的散度作为特征选择的准则，此时散度 $J_{ij}$ 为式(5-29)，即

$$J_{ij} = \frac{1}{2}\mathrm{tr}[(\boldsymbol{C}_j^{-1} - \boldsymbol{C}_i^{-1})(\boldsymbol{C}_i - \boldsymbol{C}_j)] + \frac{1}{2}\mathrm{tr}[(\boldsymbol{C}_i^{-1} + \boldsymbol{C}_j^{-1})(\boldsymbol{M}_i - \boldsymbol{M}_j)(\boldsymbol{M}_i - \boldsymbol{M}_j)^{\mathrm{T}}]$$

两个正态模式协方差矩阵相等为 $\boldsymbol{C}$ 时，散度 $J_{ij}$ 为 $J_{ij} = (\boldsymbol{M}_i - \boldsymbol{M}_j)^{\mathrm{T}}\boldsymbol{C}^{-1}(\boldsymbol{M}_i - \boldsymbol{M}_j)$。

此时，散度 $J_{ij}$ 也就是两类均值向量之间的马氏距离平方。

而对 $c$ 类概率分布模式可用

$$J = \sum_{i=1}^{c}\sum_{j=i+1}^{c} J_{ij} \tag{5-75}$$

作为特征选择准则。

2）平均散度准则。当类的先验概率未知时，平均散度 $J$ 定义为

$$J = \frac{2}{c(c-1)}\sum_{i=1}^{c}\sum_{j=i+1}^{c} J_{ij} \tag{5-76}$$

当类的先验概率 $P(\omega_i)$ 已知时，平均散度 $J$ 定义为

$$J = \sum_{i=1}^{c}\sum_{j=i+1}^{c} P(\omega_i)P(\omega_j)J_{ij} \tag{5-77}$$

可以用平均散度 $J$ 作为特征选择的准则。

特别地，对于多个正态分布下的模式类，只需将式(5-29)或式(5-30)中的 $J_{ij}$ 代入式(5-75)或式(5-76)中求出 $J$ 即可。

以平均散度为准则选择特征，是选择使 $J$ 达到最大的含 $m$ 个特征的特征子集作为选择的特征子集。

(2) 变换散度准则和平均变换散度准则

1) 变换散度准则。变换散度定义为

$$J'_{ij} = (1 - \exp(-J_{ij}/a))\% \tag{5-78}$$

其中，$a$ 是一个可调节的常数($a>1$)，如取 $a=8$。该变换函数的特点是，将大的 $J_{ij}$ 的值都变换为较小的 $J'_{ij}$ 的值，也就是使值大的 $J_{ij}$ 不会产生对 $J'_{ij}$ 的值较大的影响。特别是在多类模式下以平均散度为准则时，不会由于某对模式类的 $J_{ij}$ 值较大对 $J$(由多个两类的 $J_{ij}$ 相加或以先验概率之乘积作为权值加权求和而成)贡献大，使平均散度值大，从而忽略散度小的类对之间的可分性。

以变换散度为准则选择特征，也可选择使 $J'_{ij}$ 达到最大的含 $m$ 个特征的特征子集作为选择的特征子集。但更重要的是，以变换散度用于多类模式的平均散度计算可得到较好的特征选择效果。



2) 平均变换散度准则。平均变换散度定义为

$$J' = \sum_{i=1}^{c}\sum_{j=i+1}^{c} p(\omega_i)p(\omega_j)J'_{ij} \tag{5-79}$$

以平均变换散度 $J'$ 为准则用于多类模式下的特征选择，能兼顾两类模式间散度有大有小的情况，是比平均散度有更好的多类模式下的特征选择准则。

## 5.5.2 特征选择的方法

如果从 $n$ 个特征中挑选 $m$ 个特征，所有可能的特征子集数为 $C_n^m = \frac{n!}{(n-m)!\ m!}$。当 $C_n^m$ 较小时，可采用穷举算法求得最优解。当 $n$ 较大时，组合数 $C_n^m$ 很大，若要把各种可能的特征组合以穷举方式列出来并计算相应的某个测度值，然后通过比较大小，选择最优的特征子集，计算量大。穷举算法求解不一定可行，必须要有有效的解决办法，只有寻求非穷举算法。非穷举算法不一定能得到最优解，但有时所得到的次优解也能较好地完成模式识别任务。非穷举算法一般认为都是采用某种搜索策略来求解。“分支定界算法”是在 $C_n^m$ 较大而不是非常庞大时的一种有效的最优搜索算法。而次优搜索算法则依搜索策略不同而有多种不同的算法。

**1. 最优搜索算法**

在 $C_n^m$ 较大而不是非常庞大时，分支定界算法是一种有效的求最优解的搜索算法。分支定界算法是采用自上而下带回溯搜索策略的一种算法，它能逻辑上考察所有可能的可行解，从而找到最优解。

在特征选择中，设所选定的特征选择准则中可分性测度 $J$ 对维数单调，即当特征子集 $F_n$、$F_m$、$F_k$ 满足 $F_n \supset F_m \supset F_k$ 时有 $J(F_n) \geqslant J(F_m) \geqslant J(F_k)$，其中，$J(F_r)$ 表示由特征子集 $F_r$ 计算出的 $J$ 值($r=n, m, k$)，这时运用分支定界算法可以高效求得最优特征组合。

分支定界算法的基本思路是：将可行解构成一个树型结构，设定一个初始界值，从根结点出发，选择某个分支，逐次向下进行搜索。若遇到更大的值，则更新界值，若遇到小于界值的结点，则根据准则函数对属性子集大小具有单调性的假设，无须继续向下搜索，回溯到其父结点，继续选下一分支向下搜索，直到搜索到叶结点再回溯。当所有结点都逻辑上搜索完成时，就找到了最优解。这种搜索算法在祖先结点可行解的值都大于子孙结点可行解的值时，搜索效率高。

在 $J$ 满足维数单调的条件下，将可能的特征组合构成一种树结构，树根为待选择的 $n$ 个原特征，子结点的特征组合中特征个数逐级下降，直到达到规定的特征数为止，叶结点就是按照规定要求的特征数构成的特征组合。然后从最右边的叶结点开始，根据选择的测度回溯搜索。在非叶结点，虽然 $J$ 值较大，但因结点中所含的特征数大于所要的特征数，所以不是所要的可行解，还需继续向下搜索。只有叶结点才可能是可行解，所以直到所有叶结点都被搜索完，才能找到最优特征组合，算法结束。

为了提高算法效率和减少存储量，分支定界算法的搜索过程并不是在树结构完全给出的情况下进行搜索，而是边搜索边逻辑上生成树结构情况下进行搜索求解。因而，其搜索空间可以达到最小或最优。



下面举例对分支定界算法进行说明。

以从 $n=6$ 个特征中选出 $m=2$ 个特征作为模式识别用的样本维度为例，其组合数共有 $C_6^2=15$ 种。特征集为 $\{x_1, x_2, x_3, x_4, x_5, x_6\}$。根结点上的特征集就是 $\{x_1, x_2, x_3, x_4, x_5, x_6\}$。如图 5.3 所示，结点上标的数字是去掉的特征序号。每一级在上一级的基础上再去掉一个特征，因而 6 个特征中选 2 个，用 $h=n-m=4$ 级即可，即最大级数 $h=4$。最大级数也可称为深度，即深度为 4。级数 $i(i=0, 1, 2, \cdots, h)$ 也表示已去掉的特征数。级数为 0 表示根结点。例如，在图 5.3 中结点 $A$ 对应去掉第 1、3 号两个特征后的特征组，即 $\{x_1, x_4, x_5, x_6\}$。

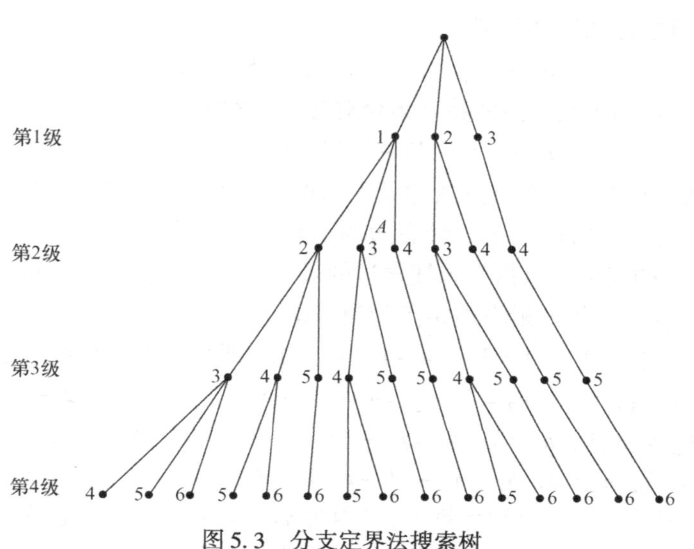


图 5.3　分支定界法搜索树

从根结点开始沿某一分支向下搜索，当到达 $h=n-m=4$ 级时，计算对应结点的特征选择准则值 $J$，令界值 $B=J$，即 $B$ 取得一个初值。在回溯向下继续搜索的过程中，若发现某

个结点的准则值 $J \leq B$，则该结点以下的结点都不必去搜索计算，因为根据准则单调性，其 $J$ 值都不可能大于 $B$。只有当搜索到某个 $h=n-m=4$ 级结点且其 $J$ 值有 $J>B$ 时，$B$ 的值才被更新为 $J$。即 $B$ 在搜索过程中始终保存着到目前为止已搜索过的 $h=n-m=4$ 级结点中的最大值。

如果简单机械地让每一级在上一级的基础上再去掉一个特征后得到一个新结点，则树形图将会相当庞大，事实上也没有必要，因为其中含有很多重复结点。图 5.3 所示是不含重复结点的树形图。

为了得到更简化的搜索图，可通过下列方法生成一个优化的树形图。

设在第 $i$ 级的当前结点为 $N_i$，用 $R_i$ 表示去掉 $i$ 个特征后的 $N_i$ 上的特征集合，即 $R_i$ 表示当前结点 $N_i$ 上全部可用特征构成的集合，用 $P_i$ 表示当前结点 $N_i$ 上可用于下一级选择去掉的特征集合。显然，$P_i \subseteq R_i$。用 $n_i=|P_i|$ 表示 $P_i$ 中的特征数，用 $b_i$ 表示当前结点的后继结点数(或分支数)。因为要保证 $i$ 级当前结点的每一级的后继结点都可有一个特征舍掉，所以，$b_i=n_i-(h-i-1)$。例如，在 0 级，只有一个根结点，以其为当前结点 $N_0$，则特征集合 $R_0$ 和可用于下一级选择去掉的特征集合 $P_0$ 有 $R_0=P_0=\{x_1, x_2, x_3, x_4, x_5, x_6\}$，$n_0=|P_0|=6$。当前结点 $N_0$ 的后继结点数即孩子数 $=b_0=n_0-(h-i-1)=6-(4-0-1)=6-3=3$。一般而言，$i$ 级当前结点 $N_i$ 的每一后继结点都是去掉 $P_i$ 中一个互不相同的特征所得到的结点。为进行有效搜索，计算每一个可能舍掉特征后的准则值，即计算 $J(R_i-\{x_j\})$，$x_j \in P_i$。



取前 $b_i$ 个最小 $J$ 值所对应的 $x_i$ 作为要去掉的特征，并按由小到大以从左到右次序作为 $b_i$ 个后继结点中要去掉的特征。设这 $b_i$ 个特征分别是 $x'_1, x'_2, \cdots, x'_{b_i}$ ($x'_k \in P_i$，$k=1, 2, \cdots, b_i$)，则

$$J(R_i-\{x'_1\}) \leq J(R_i-\{x'_2\}) \leq \cdots \leq J(R_i-\{x'_{b_i}\})$$

于是，$i$ 级的当前结点的 $b_i$ 个后继结点中，有

1）结点中保留的特征集合分别为

$$R_i-\{x'_1\}, R_i-\{x'_2\}, \cdots, R_i-\{x'_{b_i}\}$$

2）每个结点中可用于被去掉的特征集合对应地分别为

$$P_i-\{x'_1\}, P_i-\{x'_2\}, \cdots, P_i-\{x'_{b_i}\}$$

在 0 级的根结点有 3 个后继结点或称孩子结点，即 $b_0=3$。假设最左边的结点舍去的特征是 $x_1$，中间结点舍去的特征是 $x_2$，最右边的结点舍去的特征是 $x_3$，由于搜索是从最右到左，所以，第 $i$ 级上的当前结点指尚未搜索过的最右边的结点，因此要从这一结点向下生成搜索树。这时，在第 $i=1$ 级的最右边结点为当前结点，是 $P_1=\{x_4, x_5, x_6\}$，且 $n_1=3$，其后继结点数 $b_1=n_1-(h-1-1)=3-(4-1-1)=1$。即只有 1 个后继结点。第 2 级舍去的特征为 $x_4$，则 $P_2=\{x_5, x_6\}$，$n_2=2$，$b_2=n_2-(h-i-1)=2-(4-2-1)=1$。第 3 级舍去的特征为 $x_5$，则 $P_3=\{x_6\}$，$n_3=1$，$b_3=n_3-(h-i-1)=1-(4-3-1)=1$。第 4 级舍去的特征为 $x_6$，则 $P_4=\varnothing$，$n_4=0$，$b_4=n_4-(h-i-1)=0-(4-4-1)=1$ 已不能正确反映其后继结点数情况了。显然没必要继续计算了，(因为 $n_4=0$ 或 $P_4=\varnothing$ 就意味着 $P_4$ 中不存在可去掉的特征了)。此时，$P_4$ 可认为就是树的叶子，并应停止向下继续搜索，只能开始回溯。实际上，可将最右支首先遇到的仅含两个特征的结点的特征集合的准则值作为 $B$ 的初值。

在到达叶子后向上回溯(对于不在最右边的那些支，假如在搜索过程中某个结点的 $J$ 值

小于 $B$，就可停止向下生成搜索树而直接向上回溯，也称为剪支)直到 $n_{i-1}>1$ 的那一级而转入与 $i$ 最近的左边那个结点使该结点成为当前结点，并从该结点继续向下搜索生成搜索树。为确定该结点的后继结点数，必须先求出该结点的可去掉特征集合 $P_i$。其办法是，每向上回溯一级(如从第 $i+1$ 级到第 $i$ 级)，都将 $P_i$加上从父结点 $P_i$本身($P_i$作为其父结点的后继结点)所舍掉的特征。本例中，只有当回溯到根结点时，其后继结点数才大于1，因此，$i=1$。而当前结点的 $P_1$就成为向上回溯时的那个结点的 $P_1=\{x_4, x_5, x_6\}$加入 $x_3$而成，即新的 $P_1=\{x_3, x_4, x_5, x_6\}$。确定了 $P_1$后，可计算出对应的：

$$n_1=4, b_1=n_1-(h-i-1)=4-(4-1-1)=2$$

重复上述过程，选择从该结点的最右边一支继续搜索。每前进一步，都计算相应的 $J$ 值，以决定继续向下搜索，还是向上回溯。这个过程一直进行到左边不能回溯为止。所生成的搜索树是一棵不对称的搜索树。在同一级，挑选前面较小的 $J$ 值从左到右舍弃特征是为了更有效地提高搜索效率，从而有可能对于相当多的特征组合都不需要进行计算。

由上可以总结，搜索二元特征组的方法是：首先确定一个测度 $J$ 作为标准，然后选图中最右边一个叶结点为初选特征组，计算测度初值 $B=J(X^*)$，$X^*=\{x_5, x_6\}$。然后开始回溯搜索。根据准则函数对维数的单调性，若某级结点对应的特征组 $X^{(k)}$ 满足 $J(X^{(k)})\leqslant B$($k$ 为编号)，那么以 $X^{(k)}$ 为根的子树中所有结点对应的特征子集都会满足 $J\leqslant B$，说明这个分支树中没有要搜索的目标，则停止向下搜索；若一个叶结点(终止结点)具有 $J>B$，则它是当前搜索到的最优二元特征组，于是修改初选的 $X^*$ 为这个二元特征组，并修改初值 $B$ 为这个二元特征组的 $J$ 值，然后继续搜索，直到全树被搜索完为止。$J$ 值最大的二元特征组即为最优二元特征组。

下面给出分支定界法的算法步骤描述。

设当前处于 $i$ 级某结点，记为 $N_i$。对于 $k=0, 1, 2, \cdots, i-1$ 各级的所有后继结点所舍弃的特征已求出，并存在存储器中，用 $Q_i=\{x'_1, x'_2, \cdots, x'_{b_i}\}$ 表示当前结点 $N_i$的 $b_i$ 个后继结点所分别舍弃的特征构成的集合。$R_i$为当前结点在去掉 $i$ 个特征后剩下的特征所构成的集合，即 $N_i$中含的特征构成的集合，$P_i$为当前结点可以去掉的特征所构成的集合，显然，$Q_i\subseteq P_i$。用 $n_i=|P_i|$ 表示 $P_i$中特征数，$b_i$表示当前结点 $N_i$的后继结点数(或当前结点的孩子数)。因为要保证 $i$ 级当前结点 $N_i$的每一级的后继结点都可有一个特征舍掉，所以 $b_i=n_i-(h-i-1)$。在任何结点，$R_i$和 $P_i$显然是已知的。

设搜索过程从0级开始，即从结点 $N_0$开始。并从 $N_0$的分支中最右支上的直接后继结点作为当前结点开始计算。$n$ 为原始特征数，$m$ 为要选择出的特征数。$J$ 是判据准则。显然，$n_0=n$，$P_0$为全部原始特征集合，$R_0=P_0$，$Q_0\subseteq P_0$。置界值的初值为0，即 $B=0$。

第一步，计算当前结点 $N_i$的基本数据。

1）用 $b_i=n_i-(h-i-1)$计算出当前结点 $N_i$ 的后继结点数 $b_i$。

2）求出 $P_i$ 中前 $b_i$ 个 $J$ 值最小的特征 $x'_1$，$x'_2$，$\cdots$，$x'_{b_i}$，它们满足下列关系

$$J(R_i-\{x'_1\})\leqslant J(R_i-\{x'_2\})\leqslant\cdots\leqslant J(R_i-\{x'_{b_i}\})$$

并记 $Q_i=\{x'_1, x'_2, \cdots, x'_{b_i}\}$。

3）从 $P_i$ 中去掉 $Q_i$ 从而计算出 $P_{i+1}$和 $n_{i+1}$，即 $P_{i+1}=P_i-Q_i$，$n_{i+1}=n_i-b_i$。

第二步，检查后继结点的判据准则值 $J$ 是否小于 $B$。

若 $b_i=0$，则转第四步；否则，若 $J(R_i-\{x'_{b_i}\})<B$，则置 $l=b_i$，然后转第三步；否则，从 $R_i$ 中去掉 $x'_{b_i}$ 以形成 $R_{i+1}$，即 $R_{i+1}=R_i-\{x'_{b_i}\}$。

若 $i+1=n-m=h$，则转第五步；否则，置 $i=i+1$，然后转第一步。

第三步，把 $x'_l$ 放回 $R_{i+1}$，即 $R_{i+1}=R_{i+1}\cup\{x'_l\}$，$n_{i+1}=n_{i+1}+1$，置 $l=l-1$，$b_i=b_i-1$。若 $l=0$，则转第二步；否则，转第三步。

第四步，回溯步，置 $P_i=P_{i+1}$，$n_i=n_{i+1}$，$i=i-1$。若 $i=-1$，则算法终止；否则，把 $x'_{b_i}$ 放入当前特征集，即 $R_i=R_{i+1}\cup\{x'_l\}$。置 $l=1$，转第三步。

第五步，修改界值。置 $B=J(R_h)$，其中，$h=n-m$ 为树的深度。把 $R_h$ 作为当前最好的特征子集，置 $l=b_i$，转第三步。

分支定界算法只搜索了部分搜索树中的结点就能得到最优的特征子集，比穷举搜索效率高。但因额外计算了一些大于 $m$ 个特征的特征组合结点的 $J$ 值、$n_i$、$b_i$、$P_i$ 等，会产生一些额外的计算开销。如果 $m$ 很小或 $m$ 接近 $n$ 时，穷举法有时可能更为有利。另外，这里的分支定界算法是建立在可分性判据准则 $J$ 为单调的基础上的，当 $J$ 不满足单调性时，算法并不能保证可求得最优解。



**2. 次优搜索算法**

与盲目穷举法相比，分支定界算法效率高，但计算量仍较大，且在准则值不满足单调性条件下难以实现。次优搜索算法虽不能求得最优解，但因方法简单，计算量小，可求得近似最优解，所以在实际中有一定的应用场合。下面介绍次优搜索算法。

(1) 单特征最优组合法

单特征最优组合法的基本思路：计算每一单特征的准则值，并进行递减排序，选取前 $m$ 个分类效果最好的特征作为分类特征。例如，若选择的准则是使某一准则值 $J$ 最大，则可将所有单特征的准则值由大到小降序排列，然后选择前 $m$ 个准则值大的特征作为分类特征。但因即使各特征统计独立，所选出的 $m$ 个特征也不一定是最优的特征组合。只有当准则 $J$ 具有可分性时，例如，当原始特征集 $F=\{x_1, x_2, \cdots, x_n\}$，准则值 $J(F)$ 满足下列条件

$$J(F)=\sum_{i=1}^{n}J(x_i) \tag{5-80}$$

或

$$J(F)=\prod_{i=1}^{n}J(x_i) \tag{5-81}$$

时，才可选出一组最优特征。

(2) 自底向上添入特征法

1) 自底向上每次添入 1 个特征的方法。自底向上每次添入 1 个特征的方法可简称为顺序前进法(SFS)，是一种最简单的自下而上的试探法。它从已选特征集为空集开始，每次从尚未选入的特征中选择一个使准则值 $J$ 达到最大的特征添入到已选特征集，直到已选特征数达到 $m$ 为止。可形式化描述如下。设 $F_k$ 为已选了 $k$ 个特征构成的一个特征集，把未选入的 $(n-k)$ 个特征 $x_1$，$x_2$，$\cdots$，$x_{n-k}$ 分别加入 $F_k$，计算相应的 $J$ 值，若满足

$$J(F_k\cup\{x_1\})\geqslant J(F_k\cup\{x_2\})\geqslant\cdots\geqslant J(F_k\cup\{x_{n-k}\}) \tag{5-82}$$

则将 $x_1$ 添入特征集 $F_k$，使得 $F_{k+1}=F_k\cup\{x_1\}$。而候选特征为 $x_2$，$\cdots$，$x_{n-k}$。开始时，$k=0$，

该过程一直进行到 $k=m$ 即已选特征集含 $m$ 个特征为止。

SFS 方法比"单特征最优选择法"要好，但其缺点是，一旦某特征被选入，即使后面添入特征后得到的特征组不是最优的，也就是发现因含有某个特征而使得特征组可分性差时，也不会删除任何已选的特征。

2）自底向上每次添入 $r$ 个特征的方法。将自底向上每次添入 1 个特征的方法即 SFS 法推广到每次添入 $r$ 个特征($r \leqslant m$，$r$ 是可变大小，否则多次添入得到的特征集不一定正好含 $m$ 个特征)，称为广义顺序前进法(GSFS)。其原理与 SFS 法类似，这里不做赘述。

（3）自顶向下删除特征法

1）自顶向下每次删除 1 个特征的方法。自顶向下每次删除 1 个特征的方法可简称为顺序后退法(SBS)，是一种自上而下的试探法。它以全部 $n$ 个特征为初始所选特征集开始。每次删除一个特征。保留使 $J$ 值最大的那一组特征。例如，设当前特征集 $F_k$ 为已删除了 $k$ 个特征后的特征集。将 $F_k$ 中的各特征 $x_j(j=1,2,\cdots,n-k)$ 分别删除，每删除一个特征就得到一个特征数少 1 的子特征集。通过计算所有子特征集的 $J$ 值并比较大小，保留 $J$ 值最大的那个子特征集作为新的当前特征集。设当前特征集 $F_k$ 含 $x_1, x_2, \cdots, x_{n-k}$，分别计算 $J(F_k-\{x_j\})(j=1,2,\cdots,n-k)$，若满足

$$J(F_k-\{x_1\}) \geqslant J(F_k-\{x_2\}) \geqslant \cdots \geqslant J(F_k-\{x_{n-k}\}) \tag{5-83}$$

则从 $F_k$ 中删除 $x_1$ 后 $J$ 值最大，这样新的当前特征集 $F_{k+1}=F_k-\{x_1\}$。这里初值为 $k=0$，$F_0=\{x_1, x_2, \cdots, x_n\}$，这一删除过程直到 $k=n-m$，即得到一个含 $m$ 个特征的特征集为止。

该方法的优点是，每去掉一个特征就可计算子特征集的准则值，从而评估可分性的降低情况。缺点是特征集越大，准则值的计算量越大，从大特征集开始计算准则值，产生的总计算量在高维空间中往往难以接受，甚至连计算都是相当困难的。

2）自顶向下每次删除 $r$ 个特征的方法。将自顶向下每次删除 1 个特征的方法推广到每次删除 $r$ 个特征的试探方法称为广义顺序后退法(GSBS)。这里，$1<r \leqslant n$，$r$ 是可变大小的，否则多次删除得到的特征集中不一定正好含 $m$ 个特征。因每次在 $F_k$ 中去掉 $r$ 个特征的方案数很多，计算量仍较大，所以，有时会受到限制。其原理与 SBS 法类似，在此不做赘述。

（4）增 $l$ 减 $r$ 法($l-r$ 法)　为了克服 SFS 和 SBS 方法中一旦某特征选入或删除就不能再剔除或选入的缺点，可在选择过程中加入局部回溯过程。具体步骤如下：

假设已经选择了 $k$ 个特征，组成了特征组 $F_k$。

第一步，先用 SFS 方法在未选入的$(n-k)$个特征中逐个选入 $l$ 个好的特征，形成新的特征组 $F_{k+l}$，置 $k=k+l$，$F_k=F_{k+l}$。

第二步，用 SBS 法从 $F_k$ 中逐个剔除 $r$ 个最差的特征，形成新特征组 $F_{k-r}$，置 $k=k-r$。若 $k$ 等于要求的维数，则算法终止；否则置 $F_k=F_{k-r}$，转向第一步。

需要说明的是，当 $l>r$ 时，先执行第一步，再执行第二步，起始时置 $k=0$，$F_0=\varnothing$，$\varnothing$ 为空集。当 $l<r$ 时，先执行第二步，再执行第一步，起始时置 $k=n$，$F_0=\{x_1, x_2, \cdots, x_n\}$。

类似地，$l-r$ 法也可用 GSFS 和 GSBS 分别代替 SFS 和 SBS，形成一个广义的 $l-r$ 法，这里不再详述。

## 5.6 特征选择的几种全局搜索方法

特征选择实际上是一个组合优化问题。用解决优化问题的方法来进行特征选择可以得到较好的解决结果。目前，很多解决组合优化问题的方法，如遗传算法(Genetic algorithm)、模拟退火(Simulated annealing)算法、Tabu 搜索(Tabu search)算法以及粗集方法等，都被运用于特征选择，取得了很明显的效果。

### 5.6.1 遗传算法用于特征选择

遗传算法模拟进化生物学中的遗传、突变、自然选择以及杂交等现象，从一定数量的候选解出发，通过一代一代不断繁衍，使种群收敛于最适应的环境，从而求得问题的最优解。它是一种新型的最优化问题求解算法。

**1. 基本术语**

(1) 个体(Individuals)　在遗传算法中，所考虑的基本对象称为个体。



(2) 种群(Population)　一定数量的个体组成的集合

(3) 位串(Bit string)　个体的编码表示形式，不管是用0、1二值、0~9十个数字，还是其他形式的编码表示都称为位串或字符串，简称为串，对应于遗传学中的染色体(Chromosome)。

(4) 种群规模(Population scale)　种群中个体的数量，又叫作种群大小。

(5) 基因(Gene)　位串中的元素，可反映个体的不同特征，对应于遗传学中的遗传物质单位。例如，若在0、1二值编码下有一个串 $S=1011$，则其中的1，0，1，1这4个元素分别称为基因。

(6) 适应度(Fitness)　各个个体对环境的适应程度叫作适应度。

(7) 选择(Selection)　在种群中选择个体的操作。设群体大小为 $q$，其中个体 $i$ 的适应度为 $f_i$，则 $i$ 被选择的概率为

$$P_i = f_i / \sum_{j=1}^{q} f_j \tag{5-84}$$

若该随机数大于所产生的［0，1］之间的一个均匀随机数则选择该个体。

(8) 交叉(Crossover)　两个个体对应的一个或多个基因段的交换操作。二进制编码下的常用交叉(Binary valued crossover)操作有：单点交叉、两点交叉等。

1) 单点交叉(Single-point crossover)。最常用的交叉算子为单点交叉。具体操作是：在父代个体串中随机设定一个交叉点，实行交叉时，该点前或后的两个个体的部分结构进行互换，并生成两个新个体。例如：选定个体 $A$ 和个体 $B$ 的第5位(从左向右数)交换尾部位段(含位5上的码)。

个体 $A$：　1 0 0 1 ↑1 1 1 → 1 0 0 1 0 0 0 新个体

个体 $B$：　0 0 1 1 ↑0 0 0 → 0 0 1 1 1 1 1 新个体

2) 两点交叉(Two-point crossover)。在父代个体串中随机设定两个交叉点，将两个父代个体中处于两个交叉点之间的位串互换，生成两个新个体。例如，

个体 $A$：　1 0 ↑ 0 1 1 ↑1 1 → 1 0 1 1 0 1 1 新个体

个体 $B$：　0 0 ↑ 1 1 0 ↑0 0 → 0 0 0 1 1 0 0 新个体

（9）变异（Mutation）　个体位串上某个等位基因的取值发生变化的一种操作。如在 0、1 串表示下，某位的值从 0 变为 1，或由 1 变为 0，都称为变异操作。

**2. 遗传算法的求解过程**

遗传算法的基本求解过程为：

（1）初始化　设置进化代数计数器 $t=0$，设置最大进化代数 $T$，随机生成 $q$ 个个体作为初始群体 $P(0)$。

（2）个体评价　计算群体 $P(t)$ 中每个个体的适应度。

（3）选择运算　将选择算子作用于群体。选择操作建立在群体中个体适应度评估基础上。

（4）交叉运算　将交叉算子作用于群体，交换选定的两个个体的位串段形成新的染色体。

（5）变异运算　将变异算子作用于群体，对群体中个体串的某些基因位上基因值做变动。群体 $P(t)$ 经过选择、交叉、变异运算之后得到下一代群体 $P(t+1)$。

（6）终止条件判断　若 $t=T$ 或最好解在连续的若干代中没发生改变，则迭代终止，以具有最大适应度个体作为最优解输出，算法结束。



**3. 遗传算法用于特征选择**

先将特征选择的可能组合进行编码。在 $n$ 个特征中选择 $m$ 个特征，只需用一个长度为 $n$ 的 0、1 串来表示一种特征组合，1 对应所在位序上的特征被选择，0 对应着不选择。任何一个特征组合唯一地对应这样一个长度为 $n$ 的串。

若所要选择的 $m$ 个特征，只要 $m\leqslant n$，即 $m$ 为不固定的时，则问题就是求 $n$ 个特征中任意个特征组成的特征组，使特征组的准则值 $J$ 达到最优（最小或最大），此时遗传操作在选择、交叉和变异中，没有什么额外的限制，可直接进行，因为每个遗传操作得到的子代个体都是可行解。

若所要选择的 $m$ 个特征为固定的且 $m\leqslant n$，则问题就是求 $n$ 个特征中 $m$ 个特征组成的特征组，使特征组的准则值 $J$ 达到最优（最小或最大），此时遗传操作在选择、交叉和变异中需要加额外限制，以保证每个遗传操作得到的子代个体都是可行解，即形成由 $m$ 个特征组成的特征组。

也就是要求串中始终恰含 $m$ 个 1 的串才是所要求的一个可行解。对每一个串，下面主要讨论在固定 $m$ 下，如何运用遗传算法来求最优解的做法。由特征组合计算出的准则值 $J$ 作为适应度值。初始种群中含 $q$ 个可行解。在遗传变异操作过程中，要始终保证新生成的个体为可行解，即个体串中所含的数字 1 的个数恰好为 $m$ 个。迭代过程中，可利用保存最优解的方法将到当前代为止的最优解保存，直到达到最大代 $T$ 或在连续若干代迭代中最优解都没发生改变，保存的最优解即为所求的最优 $m$ 个特征组合。其主要注意点就是，要保证每个个体都是一个可行解，即无论做什么遗传操作，得到的下一代个体中要恰含 $m$ 个 1。

初始种群中每个含 $m$ 个 1 的串个体的生成可用 MATLAB 中的如下形式进行：

```
x = randperm(n) < = m
```

交叉操作的操作结果应得到两个可行解作为其下一代个体。为达到此目的，对交叉操作必须做相应的改进。下面给出一种处理办法。以一点交叉为例，当交叉点选定后，交换两个亲代的尾部。交叉尾部中同位上的 1 对应的应是重要特征，不宜改变。如果一个下代个体中数字 1 的个数变多了，使得整个个体中所含数字 1 的个数大于 $m$，则应修改一些尾部中不重要的特征对应的数字 1 为 0，使整个个体中含有数字 1 的个数减为 $m$，使之成为一个可行解。另一个个体中数字 1 的个数少了，则相应地要将一些不在同位上的 0 修改为 1，使整个个体中含有数字 1 的个数加为 $m$，使之成为一个可行解。以 $n=10$，$m=4$ 为例，交叉操作产生下代个体的方式可用下段 MATLAB 代码段实现。

```
n=10;
m=4;
x=randperm(n)<=m                       % 父代个体
y=randperm(n)<=m                       % 父代个体
i=round(rand*n+1)                      % 随机产生交叉点
x1=[x(1:i-1),y(i:n)]                   % 简单进行尾部交换
y1=[y(1:i-1),x(i:n)]
z=x1(i:n)&y1(i:n);                     % 尾部中同位为 1 的集合
index=find(z==1);                      % 尾部中同位为 1 位序的集合
if sum(x1)>m                           % x1 的尾部 1 的个数增多导致 x1 中 1 多
    C=sum(x1)-m                        % 尾部中要将 1 改为 0 的个数为 C
    count=1;
    for k=i:n                          % 修改不在同位为 1 中的 C 个 1 为 0
        if x1(k)==1&&~ismember(k,index)&&count<=C
            x1(k)=0;
            count=count+1;
        end
    end
    count=1;
    index=intersect(find(x1(i:n)==0),find(y1(i:n)==0));
                                       % 尾部中同位为 0 的位序集合
    for k=i:n                          % 修改不在同位为 0 中的 C 个 0 为 1
        if y1(k)==0&&~ismember(k,index)&&count<=C
            y1(k)=1;
            count=count+1;
        end
    end
    x1                                 % 下一代个体
    y1                                 % 下一代个体
  return
end
if sum(y1)>m    % 与前面类似,y1 中 1 的个数大于 m 时做相应的修改
    C=sum(y1)-m;
    count=1;
    for k=i:n
```

```
        if y1(k) ==1&& ~ismember(k,index)&&count<=C
            y1(k)=0;
            count=count+1;
        end
    end
    index=intersect(find(x1(i:n)==0),find(y1(i:n)==0));
    count=1;
    for k=i:n
        if x1(k)==0&& ~ismember(k,index)&&count<=C
            x1(k)=1;
            count=count+1;
        end
    end
    x1
    y1
end
```



变异操作也应保证对某位变异后的结果仍是一个可行解。为此，变异操作推广为，当将某一位上的 1 变为 0 时，也相应地将另外的某一不在同位上的 0 变为 1；当将某一位上的 0 变为 1 时，也相应地将另外的某一不在同位上的 1 变为 0。

## 5.6.2　模拟退火算法用于特征选择

**1. 模拟退火算法的基本原理**

模拟退火算法是基于物理中固体物质的退火过程与一般组合优化问题之间的相似性所设计的一种最优化求解算法。退火是指将固体加热到足够高的温度，让分子充分热运动，呈随机排列状态，然后逐步降温使之冷却，最后分子以低能状态排列，固体达到某种稳定状态。冷却过程使粒子热运动减弱并渐趋有序，系统能量逐渐下降，从而得到低能的晶体结构。模拟退火算法从某一较高初温出发，随着温度不断下降，在解空间随机寻找目标函数的全局最优解。在克服陷入局部极小和初值依赖等方面为复杂问题的解决提供了一个有效方案。

在温度 $T$，分子停留在状态 $r$ 满足玻尔兹曼概率分布

$$P\{\bar{E}=E(r)\}=\frac{1}{Z(T)}\exp\left(-\frac{E(r)}{k_B T}\right) \tag{5-85}$$

其中，$\bar{E}$ 表示分子能量的一个随机变量，$E(r)$ 表示状态 $r$ 的能量，$k_B>0$ 为玻尔兹曼常数，$Z(T)$ 为概率分布的标准化因子，且

$$Z(T)=\sum_{s\in D}\exp\left(-\frac{E(s)}{k_B T}\right) \tag{5-86}$$

在同一个温度 $T$，两个能量 $E_1$，$E_2$，$E_1<E_2$，有

$$P\{\bar{E}=E_1\}-P\{\bar{E}=E_2\}=\frac{1}{Z(T)}\exp\left(-\frac{E_1}{k_B T}\right)\left[1-\exp\left(-\frac{E_2-E_1}{k_B T}\right)\right] \tag{5-87}$$

分子停留在能量小的状态的概率比停留在能量大的状态的概率要大。当温度趋于 0 时，分子停留在最低能量状态的概率趋于 1。

固体在恒定温度下达到热平衡的过程可以用蒙特卡罗方法加以模拟，虽然该方法简单，但必须大量采样才能得到比较精确的结果，计算量很大。通常采用 Metropolis 准则——以概率接受新状态：若在温度 $T$，当前状态 $s_i \rightarrow$ 新状态 $s_j$。若 $E_j < E_i$，则接受 $s_j$ 为当前状态；否则，若概率

$$p = \exp[-(E_j - E_i)/(k_B T)] \tag{5-88}$$

大于 [0，1) 区间的随机数，则仍接受状态 $s_j$ 为当前状态；若不成立则保留状态 $s_i$ 为当前状态。

**2. 模拟退火算法的基本步骤**

1）以随机给定初始状态：选择初始温度 $T = T_0$、参数 $k$ 等。

2）令 $x' = x + \Delta x$（$\Delta x$ 为小的均匀分布的随机扰动），计算 $\Delta E = E(x') - E(x)$。

3）若 $\Delta E < 0$，则接受 $x'$ 为新的状态，否则以概率 $p = \exp(-\Delta E/(kT))$ 接受 $x'$，其中 $k$ 为玻尔兹曼常数。具体做法是产生 0 到 1 之间的随机数 $a$，若 $p > a$ 则接受 $x'$，否则拒绝 $x'$，系统仍停留在状态 $x$。

4）重复步骤 2）、3）直到状态 $x$ 在温度 $T$ 不再变化。

5）按给定规律降温即将 $T$ 置为低于原温度的一个新值，在新温度下重新执行 2）~4）步，直到 $T = 0$ 或者达到某一预定低温。

6）输出算法结果即状态 $x$。

由以上步骤可以看出，$\Delta E > 0$ 时仍然有一定的概率（$T$ 越大概率越大）接受 $x'$，因而可以跳出局部极小点。

理论上说，温度 $T$ 的下降应该不快于：$T(t) = T_0/(1 + \ln t)$，$t = 1, 2, 3, \cdots$。其中 $T_0$ 为起始高温，$t$ 为时间变量。常用的公式是 $T(t) = \alpha T_0(t-1)$，其中 $0.85 \leqslant \alpha \leqslant 0.98$。

模拟退火算法是一个马尔可夫过程，即新解只与前一解有关，而与更前的解无关。

**3. 模拟退火算法用于特征选择**

若要从 $n$ 个特征中选择 $m$ 个特征，$m$ 为固定的，且 $m \leqslant n$，则问题就是求 $n$ 个特征中 $m$ 个特征组成的特征组，使特征组的准则值 $J$ 达到最优（这里以最小为最优来加以描述），仍以长度为 $n$ 的 0、1 串来表示可行解，则只要保证初始状态或解以及每个新状态或新解都是可行解，即形成由 $m$ 个特征组成的特征组。也就是要求串中始终恰含 $m$ 个 1 的串才是所要求的一个可行解。

1）选定初始温度 $T_0$、参数 $k$ 等，并令 $c = 1$，$T_c = T_0$。若要求从 $n$ 个特征中选择固定的 $m$ 个特征，则初始状态即初始解用 x = randperm(n) < = m 产生。

2）令 x' = randperm($n$) < = $m$ 生成一个下一状态即下一个解，用特征组准则计算 $J$，并计算 $\Delta J = J(x') - J(x)$。

3）若选择的特征组准则值 $J$ 越小越好，当 $\Delta J < 0$ 时，则 $x \leqslant x'$ 为新的状态，否则以概率 $p = \exp[-\Delta E/(kT)]$ 接受 $x'$，即随机产生 0 到 1 之间的数 $a$，若 $p > a$ 则将 $x \leqslant x'$，当前状态 $x$ 即解保持不变。

4）重复步骤 2）、3）直到状态 $x$ 在温度 $T_c$ 不再变化。

5）置 $c=c+1$，并按 $T_c=\alpha T_c$ 的方式退火降温，将 $T$ 置为低于原温度的一个新值，其中，$\alpha$ 通过对话窗口输入，设定在 0.85 ~0.99 范围内。重新执行 2）~4）步，直到 $T_c=0$ 或者达到某一预定低温。

6）输出 $x$ 即解。

若要求从 $n$ 个特征中选择任意个特征组成特征组，使特征组的准则值 $J$ 达到最小为最优，则初始解和下一个解可用 x = randperm(n) 产生。

### 5.6.3　禁忌搜索算法用于特征选择

禁忌搜索算法是局部邻域搜索算法的推广，简称为 TS 搜索。Fred Glover 在 1986 年提出这个概念，进而形成一套完整算法。它从一个初始可行解出发，选择一系列的特定搜索方向(移动)作为试探，选择实现让特定的目标函数值变化最多的移动。为了避免陷入局部最优解，TS 搜索中采用了一种灵活的“记忆”技术，对已经进行的优化过程进行记录和选择，指导下一步的搜索方向，就是建立禁忌表(Tabu 表，或简称 $T$ 表)。

**1. 禁忌搜索算法的主要思路**

在搜索中，构造一个可行解的短期循环记忆表——禁忌表，禁忌表中存放刚刚计算过的 $|T|$ 个可行解($T$ 是禁忌表)。

对于刚进入禁忌表的可行解，在以后的 $|T|$ 次循环中是禁止使用的，以避免较快回到旧解，从而避免陷入循环。$|T|$ 次循环后禁忌解除。若禁忌表已满，在新的可行解进入禁忌表前，最早进入禁忌表的可行解解禁。即禁忌表是一个循环表，在搜索过程中被循环地修改，使禁忌表始终保持 $|T|$ 个可行解。

即使引入了禁忌表，禁忌搜索仍可能出现循环。因此，必须给定停止准则以避免出现循环。当迭代内所发现的最好解无法改进或无法离开它时，算法停止。

**2. 禁忌搜索算法的主要步骤**

第一步，令迭代步计数器 $i=0$，$T=\varnothing$，产生初始可行解 $x$，并令最优解 $x_g=x$。

第二步，生成可行解 $x$ 的一些邻近可行解构成邻域集 $N(x)$。

第三步，若 $N(x)=\varnothing$，则转第二步，否则，求属于 $N(x)$ 的一个(局部)最优解 $x'$。

第四步，若 $x'\in N(x)$ 且 $x$ 不满足解禁条件，则令 $N(x)=N(x)-\{x'\}$，转第三步；否则，置 $x=x'$。若 $x$ 好于 $x_g$，则置 $x_g=x$。

第五步，若表 $T$ 长等于最大长，则去掉最早解，并将 $x$ 添加至表 $T$，使得 $T=T\cup\{x\}$。

第六步，若满足结束条件，则 $x_g$ 为最终解，算法结束，否则，$i=i+1$，转第二步。

禁忌搜索算法是一个通用的寻优算法。算法的特点是，通过禁忌，可短期内禁止重复前面的工作，用重复的可行解，有利于跳出局部最优解。第三步体现了在局部寻优的基础上向前搜索。第四步保证最终解是所搜索过的可行解中的最好解。表 $T$ 长度的选择要求自定义，越长对求解越好，但会影响算法性能。结束条件可通过设定最大迭代代数或搜索的解在若干迭代步中无明显改善来控制。

**3. 禁忌搜索算法用于特征选择**

以 $n$ 个特征中选择固定 $m$ 个特征($m\leqslant n$)组成的特征组的准则值 $J$ 达到最小为例，初始可行解 $x$ 可通过 MATLAB 的如下方式来生成：

```
x = randperm(n) < = m
```

建立 $x$ 的邻域 $N(x)$ 可通过交换 $x$ 中的任意两位 0 或 1 数字来完成。邻域的大小即所含可行解的个数完全由需要来确定。通过特征组的准则值 $J$ 可求出 $N(x)$ 中的局部最优解 $x'$，表 $T$ 长度和迭代的最大代数均可根据需要设定。其他计算或步骤均可直接利用禁忌搜索算法的相应计算或步骤加以实现。

若是从 $n$ 个特征中选择不固定的 $m$ 个特征($m \leqslant n$)使特征组的准则值 $J$ 达到最小，则初始可行解 $x$ 也可通过 MATLAB 的函数类似生成，但需要考虑不同 $m$ 值所对应的准则值 $J$ 的不同影响。

# 习题 5

5.1 问答题

(1) 简述熵的主要性质。



(2) 简述几种特征选择搜索算法。

(3) 简述 K-L 变换进行特征提取的优缺点。

(4) 专家经常根据特殊笔迹或特殊长相分类。问如何在一个人脸自动识别系统或笔迹自动识别系统中实现人的这一经验。从数据预处理、特征提取、选择分类器设计角度描述实现这一经验方法及可能性。

5.2 选择题

(1) 欧氏距离具有(　　)，马氏距离具有(　　)。

A. 平移不变形　　B. 旋转不变形

C. 尺寸缩放不变形　　D. 不受量纲影响的特性

(2) 下列函数可以作为聚类分析中的准则函数的有(　　)。

A. $\mathrm{tr}(\boldsymbol{S}_\omega^{-1}\boldsymbol{S}_b)$　　B. $|\boldsymbol{S}_\omega\boldsymbol{S}_b^{-1}|$

C. $\sum_{j=1}^{c}\sum_{i=1}^{N_j}\|\boldsymbol{X}_i^{(j)}-\boldsymbol{M}_j\|^2$　　D. $\sum_{j=1}^{c}(\boldsymbol{M}_j-\boldsymbol{M})(\boldsymbol{M}_j-\boldsymbol{M})^{\mathrm{T}}$

5.3 填空题

(1) 设 $\omega_i=\{x_k^{(i)},\ k=1,\ 2,\ \cdots,\ N_i\}$ 的均值向量为 $\boldsymbol{m}^{(i)}$，则由样本集定义的类内均方欧氏距离为________。

(2) 三种基于概率密度的判据分别为________、________、________。

(3) 基于熵的可分性判别定义为 $J_h=E_x\left[-\sum_{i=1}^{c}P(\omega_i|x)\log P(\omega_i|x)\right]$，$J_h$ 越________，说明模式的可分辨性越强。当 $P(\omega_i|x)=$________时，$J_h$ 达到极大值。

(4) 散度 $J_{ij}$ 越大，说明 $\omega_i$ 类模式与 $\omega_j$ 类模式的分布分离________；当 $\omega_i$ 类模式与 $\omega_j$ 类模式的分布相同时，$J_{ij}=$________。

5.4 两类二维模式样本 $\omega_1$、$\omega_2$ 见表 5.1。用自相关矩阵 $\boldsymbol{R}$ 做 K-L 变换实现一维特征提取。

表 5.1　两类二维模式样本

| | $\omega_1$ | | | | $\omega_2$ | | | |
|---|---|---|---|---|---|---|---|---|
| | $X_1$ | $X_2$ | $X_3$ | $X_4$ | $X_5$ | $X_6$ | $X_7$ | $X_8$ |
| $x_1$ | 1 | 3 | 2 | 2 | 6 | 6 | 7 | 7 |
| $x_2$ | 2 | 1 | 2 | 1 | 8 | 9 | 9 | 8 |

5.5　若有两类样本见表 5.2。

表 5.2　两类样本

| 训练样本号 $k$ | 1 | 2 | 3 | 4 | 1 | 2 | 3 | 4 |
|---|---|---|---|---|---|---|---|---|
| 特征 $x_1$ | 0 | 1 | 1 | 1 | 0 | 0 | 0 | 1 |
| 特征 $x_2$ | 0 | 0 | 0 | 1 | 0 | 1 | 1 | 1 |
| 特征 $x_3$ | 0 | 0 | 1 | 0 | 1 | 0 | 1 | 1 |
| 类别 | $\omega_1$ | | | | $\omega_2$ | | | |

试用 K－L 变换，将其降到一维特征空间。

5.6　设 $\omega_i$ 类含样本：$\boldsymbol{X}_1=(1,\ 1)^{\mathrm{T}}$，$\boldsymbol{X}_2=(1,\ 2)^{\mathrm{T}}$，$\boldsymbol{X}_3=(2,\ 3)^{\mathrm{T}}$，$\boldsymbol{X}_4=(3,\ 1)^{\mathrm{T}}$，求类内散布矩阵 $\boldsymbol{S}_\omega$ 及其特征根和特征向量，用其最小特征根对应的归一化特征向量构造变换矩阵 $\boldsymbol{A}$ 将其变换为一维模式。

5.7　设有 8 个三维两类模式样本，分别为 $\omega_1$：$(0,\ 0,\ 0)^{\mathrm{T}}$，$(0,\ 0,\ 1)^{\mathrm{T}}$，$(0,\ 1,\ 0)^{\mathrm{T}}$，$(1,\ 0,\ 0)^{\mathrm{T}}$；$\omega_2$：$(0,\ 1,\ 1)^{\mathrm{T}}$，$(1,\ 0,\ 1)^{\mathrm{T}}$，$(1,\ 1,\ 0)^{\mathrm{T}}$，$(1,\ 1,\ 1)^{\mathrm{T}}$。$P(\omega_1)=P(\omega_2)=1/2$。分别用 $\boldsymbol{S}_\omega$、$\boldsymbol{S}_b$、$\boldsymbol{S}_t$ 进行一维特征提取。

5.8　证明 Chernoff 判据($J_c$)的如下性质：①对一切 $0<s<1$，$J_c\geqslant 0$；②当 $\boldsymbol{X}$ 的分量 $x_1$，$x_2$，…，$x_n$ 彼此独立时，$J_c(s,\ x_1,\ x_2,\ \cdots,\ x_k)\leqslant J_c(s,\ x_1,\ x_2,\ \cdots,\ x_k,\ x_{k+1})$，$k<n$。

5.9　设 $M$ 类 $\omega_i(i=1,\ 2,\ \cdots,\ M)$，试证明 $\boldsymbol{S}_t=\boldsymbol{S}_\omega+\boldsymbol{S}_b$。

5.10　令 $x_i(i=1,\ 2,\ 3)$ 为独立的二值特征，且 $p(x_1=1\mid\omega_1)=\alpha_i$，$p(x_i=1\mid\omega_2)=\beta_i$，二类先验概率相等，且 $\alpha_i$、$\beta_i$ 满足以下条件：$\alpha_i<\beta_i(i=1,\ 2,\ 3)$，$\beta_1-\alpha_1>\beta_2-\alpha_2>\beta_3-\alpha_3$。试证各特征分别使用时的错误概率 $e(x_i)$ 满足：$e(x_1)<e(x_2)<e(x_3)$。

5.11　同上题，如果令 $\alpha_1=0.05$，$\alpha_2=0.02$，$\alpha_3=0.1$，$\beta_1=0.8$，$\beta_2=0.6$，$\beta_3=0.9$，试计算 $e(x_1)$，$e(x_2)$，$e(x_3)$，$e(x_1,\ x_2)$，$e(x_1,\ x_3)$，$e(x_2,\ x_3)$。

5.12　给定两类样本，分别为 $\omega_1$：$\boldsymbol{X}_1=(-5,\ -5)^{\mathrm{T}}$，$\boldsymbol{X}_2=(-5,\ -4)^{\mathrm{T}}$，$\boldsymbol{X}_3=(-4,\ -5)^{\mathrm{T}}$，$\boldsymbol{X}_4=(-5,\ -6)^{\mathrm{T}}$；$\omega_2$：$\boldsymbol{X}_5=(5,\ 5)^{\mathrm{T}}$，$\boldsymbol{X}_6=(5,\ 6)^{\mathrm{T}}$，$\boldsymbol{X}_7=(5,\ 4)^{\mathrm{T}}$，$\boldsymbol{X}_8=(4,\ 5)^{\mathrm{T}}$，用自相关矩阵 $\boldsymbol{R}$ 作 K－L 变换，进行一维特征提取。

5.13　对 5.4 题中的数据，试分别以 $J_0=\mathrm{tr}(\boldsymbol{S}_\omega)$，$J_1=\mathrm{tr}(\boldsymbol{S}_b)$，$J_2=\mathrm{tr}(\boldsymbol{S}_\omega^{-1}\boldsymbol{S}_b)$，$J_3=\dfrac{\mathrm{tr}(\boldsymbol{S}_b)}{\mathrm{tr}(\boldsymbol{S}_\omega)}$，$J_4=\ln\dfrac{|\boldsymbol{S}_b|}{|\boldsymbol{S}_\omega|}$，$J_5=\dfrac{|\boldsymbol{S}_t|}{|\boldsymbol{S}_\omega|}=\dfrac{|\boldsymbol{S}_\omega+\boldsymbol{S}_b|}{|\boldsymbol{S}_\omega|}$为适应度函数，分别用遗传算法、模拟退火算法、禁忌搜索算法编程进行近优特征选择。

# 第6章 句法模式识别

## 6.1 概述

统计模式识别法抽取模式样本构成特征向量，然后在特征空间中完成识别分类。但遇到特征间存在结构关系的模式识别问题就无法直接用统计模式识别法来解决。当待识别的模式的结构特征占主导地位时，可通过探讨特征间的关系，用句法模式识别的方法来加以分类识别。句法模式识别是以形式语言理论为基础利用特征间的结构信息进行模式识别的一种有效方法。主要应用于下列领域：

（1）字符识别 字符可以以不同的大小、字体、粗细或一定变形形式出现。只要字符笔画间的结构特征能够保持，能将字符加以识别。

（2）汉字识别 利用偏旁部首和笔画间的结构特征，可识别不同的汉字。

（3）语音识别 语音信息由连续的音节、字或词等音素构成，利用音素间的顺序关系，也可对语音进行分类识别。

（4）生物识别 利用基因序列、染色体、心电图等生物信息要素的排列顺序结构，可识别不同的生物或诊断出不同的结果。

（5）图像识别 在将待识别的对象从背景中分割出来后。即使有大小、形变、旋转或遮挡，只要结构要素能检测出来，通过比对目标间的相似性，可识别分类检测的图像。

在句法模式识别中，将一个复杂的模式分解为若干较简单的子模式，子模式再分解为子子模式，直到分解为不可再分的基元为止，通过分析基元、子模式、模式之间的结构关系或组合规律，达到对模式的识别。

模式、子模式和基元可分别用自然语言中的句子、词组和单词相对应来加以说明。自然语言中的文法就是基元及各层次之间组合关系的一种描述实例。图6.1和图1.3及图1.4分别给出了一个英文句子的句法描述和一个景物理解的层次结构图。

对句子用句法模式识别时，一个待识别的模式相当于一个句子。由某个文法所描述的所有模式即句子的集合构成一个模式类。模式识别分类前，构成模式或句子的结构信息已由文法规则确定。若一个未知类别的模式符合这个文法，则该模式属于所描述的模式类。该模式所对应的句子是一个合法句子，否则就不是合法句子。如图6.1所示。

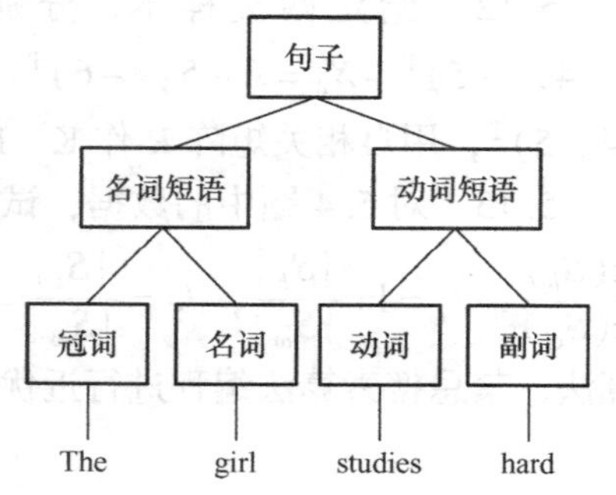


图6.1 英文句子理解结构

对图像进行句法模式识别系统组成如图6.2a、b所示。图像库中的每幅图像都已建立了基元及基元的连接关系结构信息文法描述。当待识别的图像输入后，先进行图像增强、数据压缩、图像分割等处理，然后提取和确定基元以及基元间的连接关系，得到图像的结构描述，最后通过句法分析确定与哪幅库图像最接近或完全相同，得到图像的识别结果。

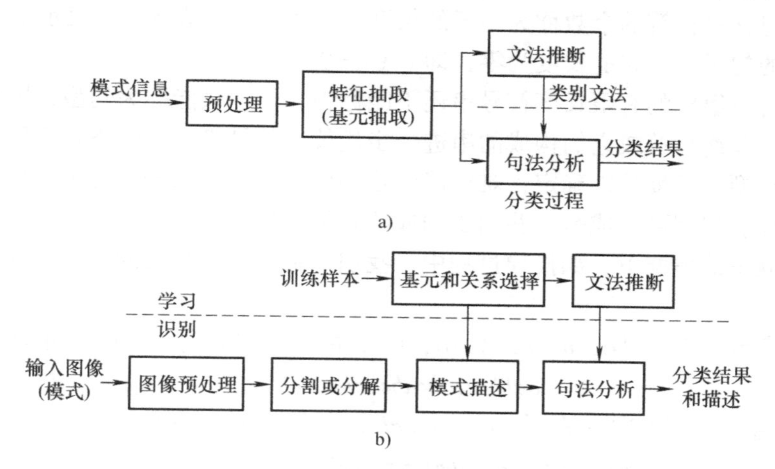


图 6.2　句法模式识别系统的组成

a）句法模式识别原理图　b）图像句法模式识别原理图

在句法模式识别中，选取什么对象作为基元，文法如何构成，目前，尚无现存的通用方法，只能根据实际情况或经验来确定。



## 6.2　形式语言概述

### 6.2.1　基本概念

**1. 字母表和符号串**

字母表是所研究问题中符号的有限集合，记为 $V$。例如，可有下列不同的字母表：

$V_1=\{a,b,c,d\}$，$V_2=\{1,3,5,7\}$，$V_3=\{A,O,I,U\}$，$V_4=\{A,B,C,\cdots,Z\}$，

$V_5=\{a,b,\cdots,z,A,B,C,\cdots,Z\}$；$V_6=\{0,1\}$。

符号串是由字母表中符号组成的有限序列。如在 $V_1$ 中可形成符号串：$a$，$ab$，$aab$；在 $V_6$ 中可形成符号串：10，01，001。符号串中所含字母的个数称为符号串的长度。$|\cdot|$ 表示求符号串的长度。例如，$V_1$ 中的符号串 $\omega=abc$，则 $\omega$ 的长度为 3，即 $|\omega|=3$。不含任何字母的符号串是一个特殊的符号串，记为 $\lambda$，其长度为 0，即 $|\lambda|=0$。

一般而言，在文法定义中，字母表由终止符和非终止符两种符号构成。终止符是不可再分解的常量，终止符构成的集合记为 $V_T$。非终止符一般作为变量，其值可以是终止符、非终止符或它们构成的串。非终止符构成的集合记为 $V_N$。不是任何字符的空字符记为 $\lambda$，$\lambda$ 属于任何 $V$，但不显式给出，所以

$$V_N\cup V_T=V, V_N\cap V_T=\varnothing$$

在 $V_5$ 中可指定 $V_T=\{a, b, \cdots, z\}$，$V_N=\{A, B, C, \cdots, Z\}$。为方便起见，一般将终止符用英文小写字母 $a$，$b$，$c$ 等表示，而非终止符用大写字母 $A$，$B$，$C$ 等表示。

**2. 句子**

句子，又称为链，是字母表中终止符所组成的有限长度符号串，通常用英文小写字母

$x$，$y$，$z$ 等表示。

句子中所包含终止符的个数称为句子的长度，也用 $|\cdot|$ 表示。$\lambda$ 表示空句或空串，是不含任何符号的句子。空句的长度为零，即 $|\lambda|=0$。

含非终止符所组成的有限长度符号串还不能称为句子，只能称为句型，因为非终止符可能要被终止符、非终止符或它们构成的串进一步代替，其最终得到的终止符所组成的符号串可能有多个，句型的长度难以确定，难以确定是哪一个具体的句子，也可能代表的句子各不相同，长度各异。句型可看成是一些句子构成的句子子集。

在不引起混淆的情况下，如推导过程中，我们仍将含非终止符的字符串即句型也当成句子对待。

例如，设字母表 $V=\{a, b, c, A, B, C\}$，由 $V$ 中终止符 $a$，$b$，$c$ 可构成下列句子

$$aabbcc, abcabc, abc, a^4b^3c^2$$

其中，$a^k$ 表示将 $a$ 重写 $k$ 次。故 $a^4b^3c^2=aaaabbbcc$。它们的长度分别为

$$|aabbcc|=6, |abcabc|=6, |abc|=3, |a^4b^3c^2|=9$$

**3. 语言**

语言是由字母表 $V$ 中的终止符按某种文法组成的句子集合，用 $L$ 或 $L(G)$ 表示 $V$ 按文法 $G$ 所构成的语言。$V$ 中终止符组成的句子集合用 $V_T^*$ 表示，包括空句 $\lambda$。用 $V_T^+$ 表示不含空句的所有句子的集合，即 $V_T^+=V_T^*-\{\lambda\}$。例如，若 $V_T^*=\{\lambda\}\cup\{aa, bb, cc, abc, \cdots\}$，则 $V_T^+=\{aa, bb, cc, abc, \cdots\}$。



$V^*=(V_T\cup V_N)^*$ 表示 $V$ 中终止符和非终止符任意组合构成的串的集合，包括空句 $\lambda$，$V^+=V^*-\{\lambda\}$。显然 $V_T^*\subseteq V^*$，$V_T^+\subseteq V^+$。

**4. 文法**

一个文法是构成一种语言的句子所必须使用的终止符集、非终止符集、起始符及所遵循的替换规则的一个整体描述，记为 $G$，可形式化定义为一个四元组

$$G=(V_T, V_N, S, P) \tag{6-1}$$

式中，$V_T$ 和 $V_N$ 分别表示终止符集和非终止符集；$S$ 为起始符，是一种特殊的非终止符，即 $S\in V_N$，代表本文法所表示的模式。在用生成式构成句子时，必须从左边为 $S$ 的生成式开始；$P$ 是生成式的有限集合，记 $P=\{P_1, P_2, \cdots, P_n\}$，$n$ 为某个正整数。每一个生成式 $P_i$ 又称一个产生式、替换式或代替规则。一个生成式就是在构成句子时所允许的一条重写规则。$P_i(i=1, 2, \cdots, n)$ 的形式为

$$P_i: \alpha\rightarrow\beta \tag{6-2}$$

式中，$\alpha$ 和 $\beta$ 均为 $V_N\cup V_T$ 中符号所构成的字符串，即 $\alpha$，$\beta\in V^*$ 均可以含有终止符和非终止符；符号→表示字符串 $\alpha$ 可以用字符串 $\beta$ 替换。

由字母表中终止符组成的符号串只有符合该语言相应的文法规则才是该语言的一个有效句子。$L(G)$ 可形式化表示为

$$L(G)=\{x|x\in V_T^*, S\overset{*}{\underset{G}{\Rightarrow}}x\} \tag{6-3}$$

式中，$V_T^*$ 表示 $V_T$ 中有限长符号串组成的集合，包括空句子；$x$ 是由终止符组成的句子；$\underset{G}{\Rightarrow}$ 表示采用某条生成式，$\overset{*}{\underset{G}{\Rightarrow}}$ 表示零次或有限多次地采用若干条生成式，$S\overset{*}{\underset{G}{\Rightarrow}}x$ 表示

经零次或有限多次采用若干条生成式可从起始符 $S$ 开始得到句子 $x$。特别要注意，根据句子定义中要求的有限性，无限利用规则生成得到的即使是全由终止符构成的无限长的字符串不是句子。

下面给出一个文法和语言的例子。

**例 6.1**　设文法 $G=(V_T, V_N, S, P)$ 中 $V_T=\{a, b, c\}$，$V_N=\{A, B, S\}$，$P$ 中含生成式

①$S\to bBa$，②$B\to cAb$，③$A\to cB$，④$B\to Bb$，⑤$B\to c$

判断 $x=bccccbba$ 是否为语言 $L(G)$ 的一个有效句子。

**解**：从左边为起始符 $S$ 的生成式开始，分次用第①②③②③⑤生成式可得到

$$S\underset{G}{\Rightarrow}bBa\underset{G}{\Rightarrow}bcAba\underset{G}{\Rightarrow}bccBba\underset{G}{\Rightarrow}bcccAbba\underset{G}{\Rightarrow}bccccBbba\underset{G}{\Rightarrow}bccccbba$$

因而，$x=bccccbba$ 是 $L(G)$ 的一个有效句子。在不引起混淆的情况下，$\underset{G}{\Rightarrow}$ 中的 $G$ 可省略，可直接写成 $S\Rightarrow bBa\Rightarrow bcAba\Rightarrow bccBba\Rightarrow bcccAbba\Rightarrow bccccBbba\Rightarrow bccccbba$

在使用文法 $G$ 中的规则推导句子时，第一个生成式必须要是左边的起始符为 $S$ 的生成式，所有生成式的使用不受先后次序及次数的限制。当有多条规则其左部相同时，可任选一条使用。一个句子的推导可按不同的推导路线得到。

## 6.2.2　文法分类

乔姆斯基(Chomsky)按生成式的不同形式将文法分为四种类型：0 型文法、1 型文法、2 型文法和 3 型文法。

**1. 0 型文法**

0 型文法是一种无任何约束的文法，其每条生成式 $P_i$ 的形式为

$$P_i:\quad \alpha\to\beta \tag{6-4}$$

其中，$\alpha\in V^+$，$\beta\in V^*$，即可以有 $\beta=\lambda$ 为空句，但不允许有 $\alpha=\lambda$ 为空句。0 型文法因无任何限制，不能确定一个特定的句子是否是其文法产生，所以用处不大。

**2. 1 型文法**

1 型文法是一种上下文有关文法，其中每条生成式 $P_i$ 的形式为

$$P_i:\quad \alpha_1 A\alpha_2\to\alpha_1\beta\alpha_2 \tag{6-5}$$

式中，$A\in V_N$ 为 $V_N$ 中的符号；$\alpha_1$，$\alpha_2\in V^*=(V_T\cup V_N)^*$，$\alpha_1$ 和 $\alpha_2$ 称为 $A$ 的上、下文；$\beta\in V^+=(V_T\cup V_N)^+$。该生成式的含义是：只有处于 $\alpha_1$ 和 $\alpha_2$ 之间的非终止符或非终止符串，才可被 $\beta$ 替换。该定义中可以有 $\alpha_1=\lambda$ 和 $\alpha_2=\lambda$，但 $\beta\neq\lambda$。由于 $A\in V_N$ 是单非终止符，所以替换后的整个符号数一定大于或等于替换前的整个符号数。

该生成式的特点是，生成式左右两边要有相同的上下文(空句也可以作为上下文)，但左边除上下文外，$A$ 只能是非终止符，且替换后右边串的长度不能缩短。

**例 6.2**　设文法 $G=(V_T, V_N, S, P)$ 中 $V_N=\{S, A, B, C\}$，$V_T=\{a, b, c\}$，$P$ 含生成式

① $S\to aABC$，② $A\to acbC$，③ $B\to CB$

④ $cB\to cb$，⑤ $bC\to bc$，⑥ $cC\to cBc$

问 $G$ 是否为上下文有关文法？$x=aacbcbcb$ 是否是属于 $L(G)$ 的一个句子？

**解**：若 $P$ 中的一条生成式左端前后没有相应的 $\alpha_1$ 或 $\alpha_2$，则可将 $\lambda$ 作为 $\alpha_1$ 或 $\alpha_2$ 加入，得到 $P$ 的生成式的等价规则如下：

① $\lambda S\lambda \to \lambda aABC\lambda$，② $\lambda A\lambda \to \lambda acbC\lambda$，③ $\lambda B\lambda \to \lambda CB\lambda$，

④ $cB\lambda \to cb\lambda(\alpha_1 = c)$，⑤ $bC\lambda \to bc\lambda(\alpha_1 = b)$，⑥ $cC\lambda \to cBc\lambda(\alpha_1 = c)$

可见，所有式子都符合式(6-5)的限制，因此，文法 $G$ 是一个上下文有关文法。使用 $P$ 中的生成式，可得

$$S \overset{①}{\Rightarrow} aABC \overset{②}{\Rightarrow} aacbCBC \overset{⑤}{\Rightarrow} aacbcBC \overset{③}{\Rightarrow} aacbcCBC \overset{⑥}{\Rightarrow} aacbcBcBC$$
$$\overset{④}{\Rightarrow} aacbcbcBC \overset{④}{\Rightarrow} aacbcbcbC \overset{⑤}{\Rightarrow} aacbcbcbc$$

所以，$x = aacbcbcbc$ 为 $L(G)$ 中一个合法的句子。

**3. 2 型文法**

2 型文法是一种上下文无关文法，$P$ 中每条生成式 $P_i$ 的形式为

$$P_i: \quad A \to \beta \tag{6-6}$$

其中，$A \in V_N$，$\beta \in V^+ = (V_T \cup V_N)^+$，即 $A$ 为单非终止符，$\beta$ 为非空的字符串。$A$ 被 $\beta$ 替换时，$\beta$ 与 $A$ 所处的上下文无关。

**例 6.3** 设文法 $G = (V_T, V_N, S, P)$ 中 $V_N = \{S, A, B, C\}$，$V_T = \{a, b, c\}$，$P$ 含生成式

①$S \to Bc$，②$S \to abB$，③$A \to b$，④$B \to cS$

⑤$C \to aAA$，⑥$B \to aC$，⑦$C \to Sc$，⑧$A \to aA$

问 $G$ 是否为上下文无关文法？$x = cabaabbc$ 是否是属于 $L(G)$ 的一个句子？

**解**：由于每个生成式的左边都是非终止符，右边是非空字符串，所以 $G$ 是一个上下文无关文法。由于逐次利用 $P$ 中的生成式，可得到

$$S \overset{①}{\Rightarrow} Bc \overset{④}{\Rightarrow} cSc \overset{②}{\Rightarrow} cabBc \overset{⑥}{\Rightarrow} cabaCc \overset{⑤}{\Rightarrow} cabaaAAc \overset{③}{\Rightarrow} cabaabAc \overset{③}{\Rightarrow} cabaabbbc$$

所以，$x = cabaabbc$ 为属于 $L(G)$ 的一个句子。

由于构成句子时，除了要求从左边为 $S$ 的生成式开始推导外，所有生成式的使用次序和次数不受限制，所以句子不是唯一的。

**4. 3 型文法**

3 型文法也称为正则文法或有限态文法。$P$ 中每条生成式 $P_i$ 的形式为

$$P_i: \quad A \to aB \text{ 或 } A \to b \tag{6-7}$$

其中，$A, B \in V_N$，$a, b \in V_T$，即 $A$ 和 $B$ 都是单非终止符，$a$ 和 $b$ 都是单终止符。3 型文法的产生式右端必须含有终止符，且放在右端的前部。

在 $P$ 中生成式都为式(6-7)这种形式下，在判断某个句子是否为 3 型文法时，适合于对句子从最左端开始从左到右进行推导或匹配。

实际上还有一种等价的表示法，$P$ 中每条生成式 $P_i$ 的形式为

$$P_i: \quad A \to Ba \text{ 或 } A \to b \tag{6-8}$$

在 $P$ 中生成式都为式(6-8)这种形式下，在判断某个句子是否为 3 型文法时，适合于对句子从最右端开始从右到左进行推导或匹配。

一般地，正则文法主要采用式(6-7)的形式。

**例 6.4**　设 $G=(V_T, V_N, S, P)$ 中 $V_N=\{S, A, B\}$，$V_T=\{0, 1\}$，$P$ 含生成式：

① $S \to 0A$，② $A \to 0B$，③ $B \to 1A$，④ $A \to 0$

判断 $G$ 是否为正则文法，句子 $x=001010$ 是否为语言 $L(G)$ 的一个句子？

**解**：$G$ 的所有生成式满足 3 型文法的定义，所以 $G$ 是正则文法。运用 $P$ 的生成式可得

$$S \overset{①}{\Rightarrow} 0A \overset{②}{\Rightarrow} 00B \overset{③}{\Rightarrow} 001A \overset{②}{\Rightarrow} 0010B \overset{③}{\Rightarrow} 00101A \overset{④}{\Rightarrow} 001010$$

所以 $x=001010$ 是 $L(G)$ 的一个句子。

四种文法，从 0 型到 3 型，其限制要求越来越严，所以，我们在判断某个文法属于哪个文法时，可从最严要求的 3 型文法开始依次向下判断。如果不符合 3 型，那再看是否符合 2 型，不是 2 型时，再看是否符合 1 型。

3 型文法生成式遵循的规范是：

1）左边必须只有一个字符，且必须是非终止符。

2）右边最多只能有两个字符。只有一个字符时，必须为终止符；有两个字符时必须有一个为终止符而另一个为非终止符。

3）对于 3 型文法中的所有产生式，其右边有两个字符的产生式，这些产生式右边两个字符中终止符和非终止符的相对位置一定要固定，也就是说如果一个产生式右边的两个字符的排列是：终止符 + 非终止符，那么所有产生式右边只要有两个字符的，都必须前面是终止符，而后面是非终止符。反之亦然，要么就全都是：非终止符 + 终止符。



2 型文法生成式遵循的规范是：

1）与 3 型文法的第一点相同，即：左边必须有且仅有一个非终止符。

2）2 型文法所有产生式的右边可以含有若干个终止符和非终止符（有限个）。

生成式遵循的规范是：

1）1 型文法所有产生式左边可以含有一个、两个或两个以上的字符，但其中必须至少有一个非终止符。

2）与 2 型文法的 2）相同。

不属于前 3 种类型文法都属于 0 型文法。

四种文法存在如图 6.3 所示的包含关系。

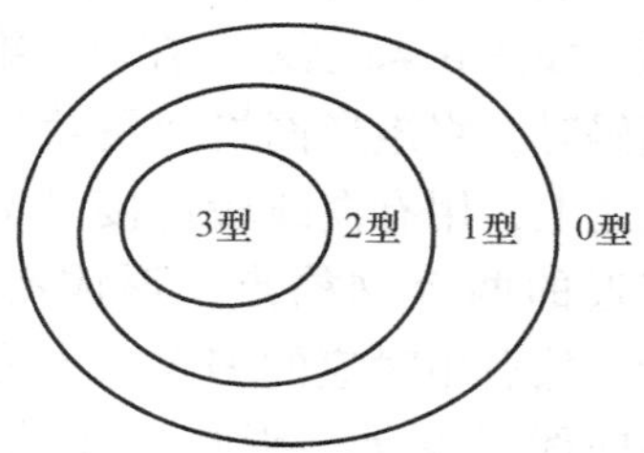


图 6.3　四种文法之间的关系

一般不考虑同一文法内的规则跨不同的类型。如果出现混合的情况，则直接归类到较低的类型。限制越多的文法推断越容易。句法模式识别多采用 2、3 型文法即上下无关文法和正则文法。

## 6.3　模式的描述方法

在句法模式识别中，样本称为模式或句子，要根据其结构特征来加以描述。模式的结构描述法叫作句法表示法。模式一般有链、树和图三种表示方法。链表示法又称为链文法，也称为串文法，对应地可用 6.2 节中的概念来表达。链表示法是一种一维连接方法。树和图表示法则是高维表示法，对应地分别称为树文法和图文法。本节介绍链表示法和树表示法。

## 6.3.1 基元的选定

基元是句法模式识别的原子部件，相应于文法中的终止符，是构成句子的最基本单位。基元选定的好坏直接影响句法识别的效率。基元的选定一般要根据模式的特性和句法模式识别系统所采用的技术等来确定。

基元的选定应遵循下列原则：

1）基元应易于被作为最小单位而抽取。

2）基元应是模式的基本组成单元，能通过一定操作方便描述其结构关系和模式本身。

在现实中，以笔画或偏旁部首、音素、收缩波和扩张波、图像的边缘线段和角点等分别作为汉字识别、语音识别、心电图分析（识别）、图像识别等中的基元，已建立了良好的模式识别应用系统。

## 6.3.2 模式的链表示法

### 1. 链码表示法

链表示法，也称为链码表示法，或简称为链码，主要用于图形模式的描述。在选定不同斜率的直线段或曲线段作为基元并用不同的字符表示不同的基元后，一个图形就可表示为一个字符串，形成所谓的链码，比较适合于描述线图或图形的边界和骨架。



弗利曼链码是由弗利曼（Freeman）提出的一种常用的链码表示法。它分别用0、1、2、3、4、5、6、7这八个数字符号表示八个有向线段作为基元的编码，如图6.4a所示。在对二维对象模式编码时，将矩形网格“覆盖”在对象模式之上，用有向线段连接对象模式中最接近的两个网格点，形成有向线段基元，然后用对应的编码按书写顺序代替有向线段基元，形成一个有序链码。图6.4b表示手写数字5按书写习惯形成其链码时划分为有向线段的结果。数字5的链码表示为 $x=006607655$。

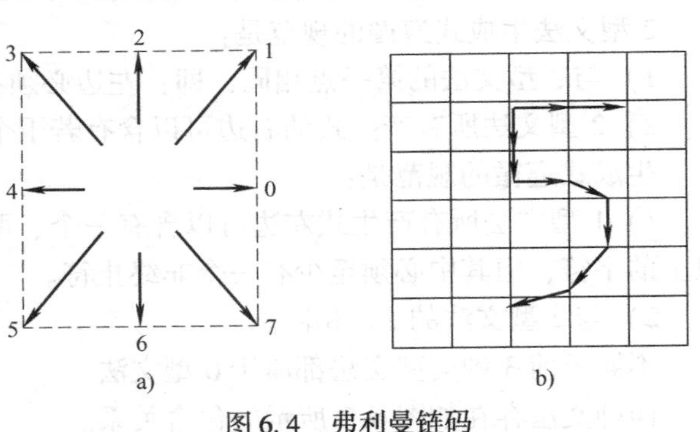


图6.4 弗利曼链码

a）八个有向基元 b）数字5的线段化

### 2. 图形描述语言法

简单的链表示法不便于描述复杂的图形模式。为了增强链码的描述能力，肖（Shaw）提出了另一种链表示法——图形描述语言（Picture Description Language，PDL）。PDL中引进了两类基元。一类是基本的有向线段基元，包括有向直线段基元和有向弧基元，它们都被称为基本基元。另一类是关系基元，关系基元起连接基元的作用，可看成是操作算子。为方便起见，关系基元操作的结果仍称为基元，或称为基元的组合。基本基元都有“头”和“尾”。箭头端表示基本基元的头，尾端表示基本基元的尾。两个基元通过关系操作后有时也可明显确定出“头”或“尾”。图6.5a给出了一些基本基元。同方向不同长度的有向线段或有向弧定义为不同基元。

在关系基元中，两个基元头尾相接用“+”；头头相接用“-”；尾尾相接用“×”；

表示同时尾尾相接和头头相接用“ * ”；头尾颠倒用“ ~ ”；重叠算子用“/”，连用一个标号 $l$，表示反复引用 $l$ 次基元；不连接用“空白基元”，头尾重合用“零点基元”；圆括号对用来按先内后外的顺序进行操作，左右圆括号可看成特殊的关系基元，但一般不做特别说明。当然关系基元要施加在可合理操作的基元上，否则就会产生不合理的操作。图 6.5b 给出了一些关系基元操作结果。

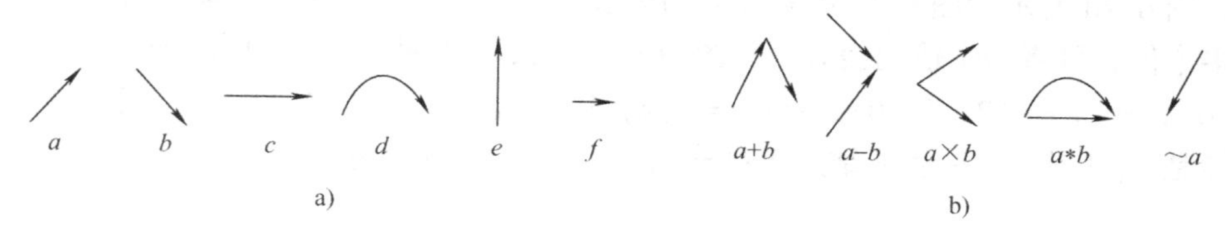


图 6.5　PDL 的一些基本基元和关系基元示例

a）一些基本基元　b）关系基元运算示例

PDL 表达式的计算法则：按先括号内后括号外、从左向右的次序计算。

参加关系基元运算的基元或组合基元必须满足规定的头尾数。

下面以大写字母 H 为例说明其 PDL 表达式的构造方法。引用图 6.5a 中已定义的基本基元和图 6.5b 中的关系基元，则大写英文字母 H 的 PDL 表达式的构造过程如图 6.6 所示。

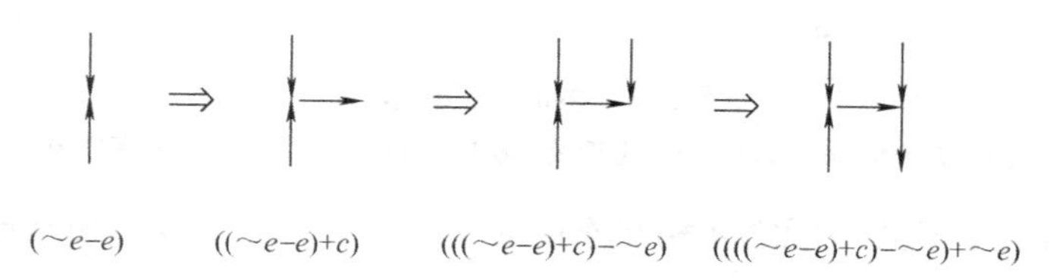


图 6.6　大写英文字母 H 的 PDL 表达式构造过程

得到的大写英文字母 H 的 PDL 表达式为

$$x=((((\sim e-e)+c)-\sim e)+\sim e)$$

而图 6.4b 中的数字 5 的 PDL 表达式为

$$x=(c+c)+(\sim e+\sim e+c+b+\sim e+\sim a+\sim a)$$

链码表示法和图形描述语言 PDL 法适合于从左或右进行符号串接的对象模式表示，是一种一维表示法。

## 6.3.3　模式的树表示法

对于二维和三维模式进行句法模式识别编码时需要更复杂的表示方法。树表示法和图表示法是属于高维表示法中相对简单的两种表示法，对二维或三维的模式编码表示比较有效。下面主要介绍树表示法。

**1. 树的定义**

一棵非空的树 $T$ 是由一个或一个以上的结点构成的有限集合，满足：

1）有唯一一个称为根的结点；

2）除根结点外，其余结点分为 $m$ 个相交为空的集合 $T_1$，$T_2$，…，$T_m$，而且 $T_i(i=1, 2, \cdots, m)$本身都是一棵树，称为根的子树。

这里所指的树是有序树。树中一个结点具有的孩子数或子树数称为该结点的秩或度，结点 $a$ 的秩或度用 $r(a)$ 表示，秩或度为 0 的结点是叶结点，简称为叶子。树中每个结点的子树不能随意交换，同一结点的不同子树交换位置构成不同的树。

一个多面体的树的建立过程如图 6.7 所示。

一棵树通常树根在上向下生长。图 6.7b 表示抽取的 4 个基元，图 6.7c 给出了基元提取的次序。图 6.7d 所示为图 6.7a 中多面体的树表示。树中同名的结点可能会有多个，其秩或度可有多个值，可将多个值列表表示。图中 $a$，$b$，$c$，$d$ 的秩或度分别为：$r(a)=0$，$r(b)=\{2,1,0\}$，$r(c)=\{2,1,0\}$，$r(d)=\{2,1,0\}$。$r(b)=\{2,1,0\}$ 表示结点 $b$ 的秩或度可能是 2、1 或 0，说明从结点 $b$ 可分别引出 2、1 或 0 个分支。

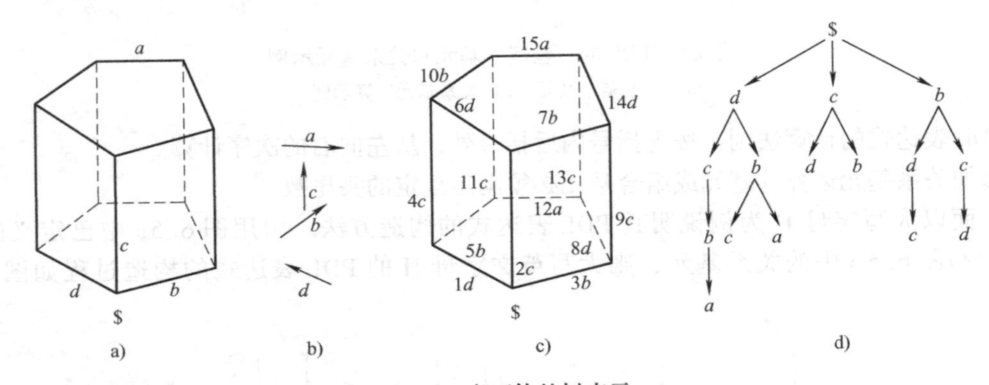


图 6.7　多面体的树表示

a）多面体　b）基元　c）由近及远次序　d）由近及远生成的有序树

树表示法既可表示模式基元之间相互连接的一维关系，也可表示相互连接的层次关系。

**2. 树文法**

树表示法相对应的文法称为树文法，也适合于高维模式的描述。一个树文法 $G_t$ 形式化定义为一个四元组

$$G_t=(V,r,S,P) \tag{6-9}$$

其中，$V=V_T\cup V_N$ 是文法的字母表，$V_T$ 为终止符集，$V_N$ 为非终止符集。

$(V,\ r)=\{(v,\ r(v))\mid v\in V\}$ 表示带秩字母表，其中，$r(v)$ 表示以字母表中字母 $v$ 为结点的秩；$S$ 是起始树的有限集，且 $S\subseteq T_V$，$T_V$ 表示以字母表中字母为结点的树和子树的集合；$P$ 是生成式的有限集，生成式的形式为 $T_i\rightarrow T_j$，其中 $T_i$ 和 $T_j$ 都是树。

由树文法 $G_t$ 产生的语言 $L(G_t)$ 是一些树的集合即模式集，$L(G_t)$ 为

$$L(G_t)=\{T\mid T\in T_T^*,T_i\overset{*}{\underset{G_t}{\Rightarrow}}T,T_i\in S\} \tag{6-10}$$

式中，$T_T^*$ 是所有结点都是终止符的树的集合；$\overset{*}{\underset{G_t}{\Rightarrow}}$ 表示树 $T$ 是由 $S$ 中的起始树 $T_i$ 开始，用文法 $G_t$ 中的生成式逐步导出的。

**例 6.5**　设树文法 $G_t=(V,\ r,\ S,\ P)$ 中，$V=V_N\cup V_T$，$V_T=\{\$,\ a,\ b,\ c,\ d\}$，$V_N=\{S,\ A,\ B\}$，$r(\$)=2$，$r(a)=\{2,\ 0\}$，$r(b)=\{2,\ 1\}$，$r(c)=\{1,\ 0\}$，$r(d)=0$，生成式集 $P$ 含图 6.8 所示的①②③三条生成规则。试判断图 6.9d 所示的树是否是属于 $L(G_t)$ 的一个句子。

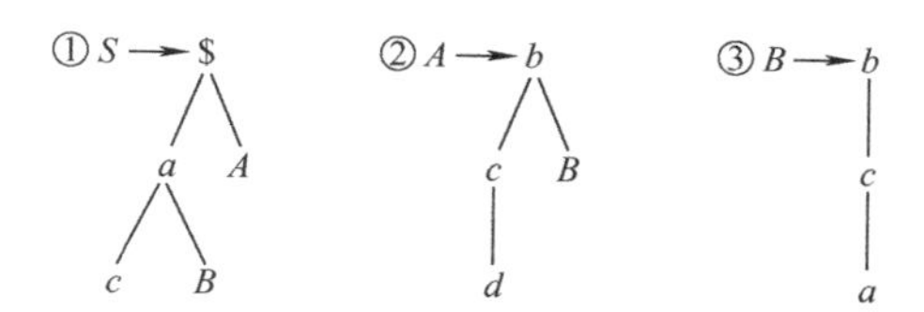

图 6.8　生成式集 $P$ 中的三条生成规则

**解**：生成式①②③中右边的树分别用 $T_1$、$T_2$、$T_3$ 表示。

如图 6.9 所示，按下列过程从图 6.9a ~ 图 6.9d 推导可导出图 6.9d 所示的树。

$$S \underset{G_t}{\overset{S,T_1}{\Rightarrow}} X \underset{G_t}{\overset{A,T_2}{\Rightarrow}} Y \underset{G_t}{\overset{B,T_3}{\Rightarrow}} Z \underset{G_t}{\overset{B,T_3}{\Rightarrow}} T$$

其中，$X$、$Y$、$Z$ 均为含非终止符的树，$X \underset{G_t}{\overset{A,T_2}{\Rightarrow}} Y$ 表示 $A$ 是树 $X$ 中的一个结点，结点 $A$ 用树 $T_2$ 替换，$Y \underset{G_t}{\overset{B,T_3}{\Rightarrow}} Z$ 和 $Z \underset{G_t}{\overset{B,T_3}{\Rightarrow}} T$ 的解释类似。$T$ 就是图 6.9d 中的树，所以，$T \in L(G_t)$。

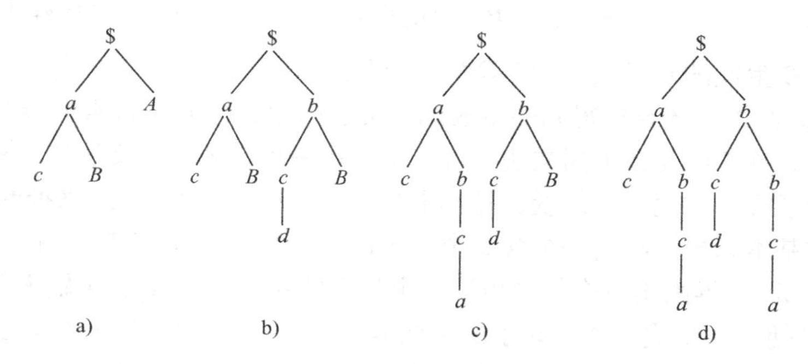

图 6.9　模式的树状表示和句子的推导过程

a）第 1 次推导得 $X$　b）第 2 次推导得 $Y$　c）第 3 次推导得 $Z$　d）第 4 次推导得 $T$

**3. 扩展树文法**

扩展树文法定义为一个四元式，表示为

$$G_T = (V, r, S, P) \tag{6-11}$$

其中 $V$、$r$、$S$ 的定义与树文法中各符号的定义相同。$P$ 中的每一个生成式具有图 6.10 所示的通用形式。其中，$a$ 为终止符，$A$，$B_1$，…，$B_n$ 均为非终止符；$n$ 为结点 $a$ 的秩，即 $n = r(n)$。每一个树文法都有一个对应的扩展树文法。

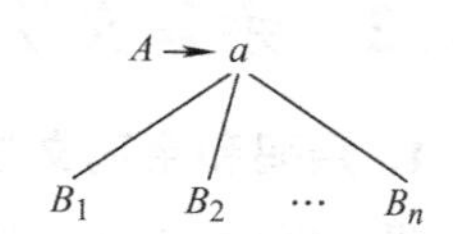

图 6.10　扩展树文法中生成式的通用形式

**例 6.6**　构造例 6.5 中的树文法对应的扩展树文法。

**解**：$G_T = (V, r, S, P)$，其中，$V = V_T \cup V_N$，$V_T = \{\$, a, b, c, d\}$，$V_N = \{S, A, B, C, D, E, F\}$，$r(\$) = 2$，$r(a) = 1$，$r(b) = \{2, 1\}$，$r(c) = 1$，$r(d) = 0$。扩展树文法 $G_T = (V, r, S, P)$ 中 $P$ 的各生成式如图 6.11所示。

利用扩展树文法，从生成式①开始，选择适当的生成式，也可逐步导出例 6.5 中的树 $T$。

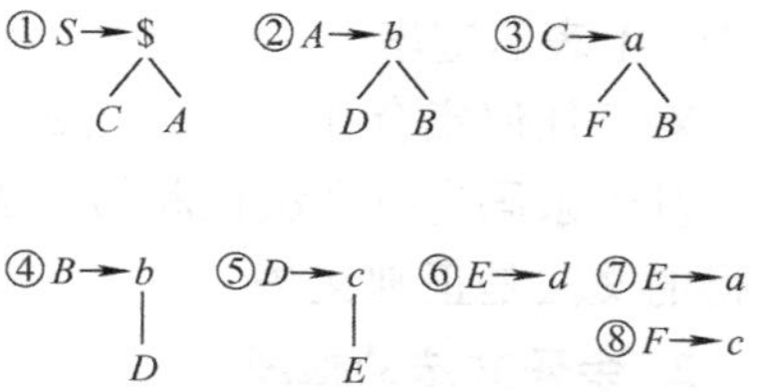

图 6.11　例 6.5 的扩展树文法中生成式

# 6.4 文法推断

## 6.4.1 基本概念

在基元确定后，从已知各类样本中分析、归纳各类模式的文法称为学习或训练，在句法模式识别中称为文法推断。文法推断就是指从模式类中提炼出能正确描述模式所遵循规律的文法，便于以后根据文法对模式进行分类。文法推断的主要任务是求生成式集合 $P$。

因为每一模式都是用句子表示的，而句子又是由链、树或图表示的，所以通过模式类中的句子相应地就可推断模式或模式类的链文法、树文法或图文法。在确定了文法的表示形式后，根据模式类的代表性样本通过推断可构造出相应的文法。

由文法 $G$ 生成的句子集合 $L(G) \subseteq V_T^*$。不属于 $L(G)$ 的终止符构成的字符串子集为 $\overline{L(G)}$，显然 $\overline{L(G)} = V_T^* - L(G)$。给定的已知训练样本集 $R$ 一般含正样本集和负样本集，即 $R = R^+ \cup R^-$，其中，$R^+$ 为正样本集，$R^-$ 为负样本集。文法推断要求从样本集 $R$ 学习训练得到文法 $G$。由 $G$ 生成的句子集 $L(G) \supseteq R^+$，不能生成 $\overline{L(G)}$，至少能保证不生成 $R^-$，即 $L(G) \cap R^- = \varnothing$。此外，还要求得到的生成式尽可能简单，因此，常常分步学习训练简化推导的文法。甚至先推断出几种不同文法，再从中选择一种最理想的文法作为推断的结果。大多数情况下，为了推断方便，都假设负样本集为空，只用正样本集 $R^+$ 来推断文法。



推断文法的基本思想：给定一个含 $n$ 个句子的训练用正样本集 $R^+$，扫描读入第一个句子到“文法推断机”，推断出一个能导出第一个句子的初步文法 $G_1$，再输入第二个句子，补充修改 $G_1$，得到使之能生成前两个句子的文法 $G_2$，…，直到输入第 $n$ 个句子，推出能生成全部 $n$ 个句子的文法 $G_n$ 为止。对 $G_n$ 进行适当的合并、去重等简化处理，最终得到文法 $G$。

下面介绍两种具体的文法推断方法：余码文法和扩展树文法。

## 6.4.2 余码文法的推断

**1. 余码和余码文法的定义**

设 $A \subseteq V_T^+$ 为 $V_T$ 中字符构成的字符串集。$A$ 对于字符串 $a(a \in V_T^*)$ 的余码定义为

$$D_a A = \{X \mid aX \in A, a \in V_T\} \tag{6-12}$$

**例 6.7** 设 $V_T = \{0, 1\}$，$A = \{01, 001, 0101, 110, 1101\}$，则

$D_0 A = \{1, 01, 101\}$，$D_1 A = \{10, 101\}$，$D_{01} A = \{01\}$，$D_{10} A = \{\lambda\}$

$D_{11} A = \{0, 01\}$，$D_{00} A = \{1\}$，$D_{001} A = \{\lambda\}$，$D_{110} A = \{\lambda, 1\}$

$D_{001} A = \{\lambda\}$，$D_{0101} A = \{\lambda\}$，$D_{1101} A = \{\lambda\}$，$D_\lambda A = A$

其中，$\lambda$ 表示空串。

对于任何集合 $A \subseteq V_T^+$，当 $a = \lambda$ 时，都有 $D_a A = D_\lambda A = A$。

基于余码进行文法推断的方法称为余码文法。余码文法又称形式微商文法。用余码文法求得的文法是正则文法。

**2. 余码文法的推断**

设给定训练样本集 $R$ 中的正样本集为 $R^+$，记为 $A$，即

$$A = R^{+} = \{X_1,\ X_2,\ \cdots,\ X_n\}$$

则与 $A = R^{+}$ 对应的余码文法 $G_c = (V_N,\ V_T,\ S,\ P)$ 按如下步骤推导：

第一步，求终止符集 $V_T$。$V_T$ 由 $A$ 中互异的终止符构成。

第二步，求非终止符集 $V_N$。先求出 $R^{+}$ 的全部余码，即求出对 $\lambda$ 及 $A$ 中各句子前面部分符号或符号串的余码。相同的非空余码即不为$\{\lambda\}$的余码只算一个。将每个相异的非空余码分别用一个不同的非终止符表示，假设得到的所有非终止符为 $A_1$，$A_2$，…，$A_m$，令起始符 $S = D_\lambda A$，则

$$V_N = \{S,\ A_1,\ A_2,\ \cdots,\ A_m\}$$

第三步，建立生成式集合 $P$。

若 $D_a A_i = A_j$，则建立一条生成式：$A_i \to aA_j$；

若 $D_a A_i = \{\lambda\}$，则建立一条生成式：$A_i \to a$。

其中，$i$，$j = 1$，2，…，$m$。

**例6.8**　设训练样本集的正样本集 $A = R^{+} = \{10,\ 01,\ 110,\ 101\}$，试求其余码文法 $G_c$。

**解**：第一步，由 $A$ 得 $G_c$ 的终止符集 $V_T$ 为 $V_T = \{0,\ 1\}$。

第二步，非终止符集 $V_N$。先求出 $A$ 的全部余码：

$$D_0A = \{1\},\ D_1A = \{0,10,01\},\ D_{10}A = \{\lambda,1\},\ D_{01}A = \{\lambda\}$$

$$D_{11}A = \{0\},\ D_{101}A = \{\lambda\},\ D_\lambda A = A$$

将等号右边相同的视为一个，令

$$S = D_\lambda A = A,\ A_1 = D_0A = \{1\},\ A_2 = D_1A = \{0,10,01\}$$

$$A_3 = D_{11}A = \{0\},\ A_4 = D_{10}A = \{\lambda,1\}$$

所以，由非空余码标以符号后得到的非终止符集 $V_N = \{S,\ A_1,\ A_2,\ A_3,\ A_4\}$。

第三步，构造生成式集 $P$。注意：$S = A$。

由 $D_0S = A_1$，建立一条生成式：$S \to 0A_1$；

由 $D_1S = A_2$，建立一条生成式：$S \to 1A_2$；

由 $D_{11}S = A_3$，建立一条生成式：$S \to 11A_3$；

由 $D_{10}S = A_4$，建立一条生成式：$S \to 10A_4$。

但这样建立的生成式左端都是 $S$，且右端前部有非单个终止符开始的字符串。消除右端前部非单个终止符开始的字符串，可通过如下方法进行：

用通用等价式

$$D_{\alpha\beta}X = D_\beta(D_\alpha X)$$

将右端前部非单个终止符开始的字符串缩短，其中 $\alpha$，$\beta$ 均为终止符串，$X$ 为任意非终止符。

因 $D_{11}S = A_3$ 等价于 $D_1A_2 = A_3$，$D_{10}S = A_4$ 等价于 $D_0A_2 = A_4$，且 $D_1A_4 = \{\lambda\}$，所以对应地可建立下列简化生成式加以取代：

由 $D_1A_2 = A_3$，建立一条生成式：$A_2 \to 1A_3$；

由 $D_0A_2 = A_4$，建立一条生成式：$A_2 \to 0A_4$；

由 $D_1A_4 = \{\lambda\}$，建立一条生成式：$A_4 \to 1$。

这样，由 $A = R^{+}$ 推断得到的余码文法 $G_c$ 中有

$$G_c = (V_T,V_N,S,P),V_T = \{0,1\},V_N = \{S,A_1,A_2,A_3,A_4\}$$

$$P: S \to 0A_1,S \to 1A_2,A_2 \to 1A_3,A_2 \to 0A_4,A_4 \to 1$$

### 6.4.3 扩展树文法的推断

下面介绍扩展树文法推断的一种方法——归纳树法。在给定模式样本集$\{T_i, i=1, 2, \cdots, m\}$后，可采用下列步骤求生成式集：

第一步：扫描样本树集中的树，对每个树 $T_i$求扩展树文法生成式集 $P_i$。$P_i$中每个生成式为图 6.10 所示的通用扩展树生成式形式。

第二步：检查 $P=\bigcup_{i=1}^{m} P_i$ 中所有以右边非终止符开始的生成式的等价性。

若由非终止符 $A_i$ 和 $A_j$ 出发导出的树集分别为$\{T_i\}$ 和$\{T_j\}$，且$\{T_i\}=\{T_j\}$，则称 $A_i$ 和 $A_j$ 等价，记为 $A_i=A_j$。例如，若扩展树文法的生成式集 $P$ 如图 6.12a 所示，则从 $A$ 出发和从 $B$ 出发导出的树集都只含图 6.12b 中的一个树，即导出的树集相同，所以 $A\equiv B$。

第三步：合并等价非终止符，删除被合并的等价非终止符及其所有“私有”后代生成式，不删除与保留非终止符的“公有”后代生成式，并将合并掉的非终止符用等价的终止符代替。

例如，对图 6.12a 所示的生成式集 $P$，合并等价的非终止符 $A$ 和 $B$，这里保留 $A$，删除 $B$ 及其“私有”后代生成式 $E$，且将 $B$ 用 $A$ 代替，则得到图 6.12c 所示结果生成式集 $P$。

S→$
A B
A→c
C D
C→a
D
B→c
C E
D→a
E→a
a)
c
a a
a
b)
S→$
A A
A→c
C D
C→a
D
D→a
c)

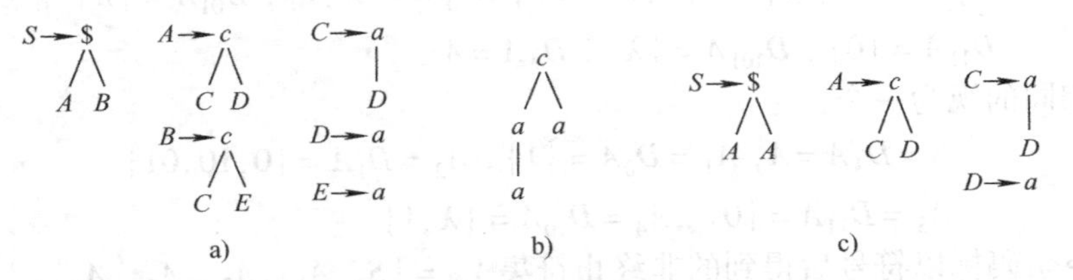

图 6.12 含等价的两个非终止符 $A$ 和 $B$

a）生成式树集 $P$ b）导出的树 c）合并等价的 $A$ 和 $B$ 后的 $P$

第四步：优化处理，对 $P$ 中剩下的生成式做必要的调整处理，如将大编号的非终止符统一用某个没出现的小标号的非终止符代替，即得到最终的生成式集 $P$，结束。

**例 6.9** 设某类句法模式树描述的样本集中含有图 6.13 所示的树 $T_1$和 $T_2$。用归纳推断法确定该类模式的扩展树文法 $G_T$。

**解**：设推断的扩展文法为 $G_T=(V, r, S, P)$。

第一步：分别求出树 $T_1$和 $T_2$的扩展树文法生成式。从 $T_1$的根开始，按从上到下从左到右次序，求得 $T_1$的生成式如图 6.14 所示。

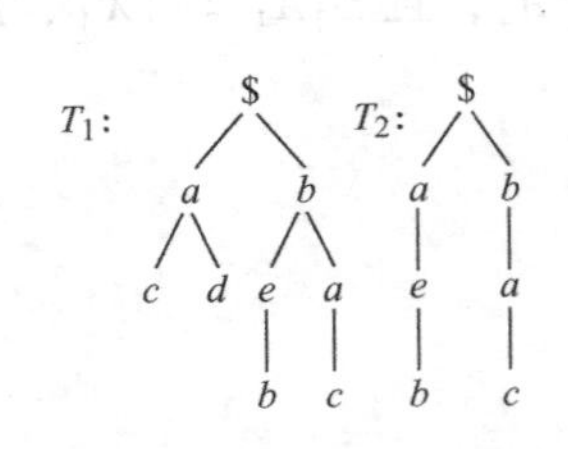

T1:
T2:

图 6.13 模式样本树集

(1) A1→$
A2 A3
(2) A2→a
A4 A5
(3) A3→b
A6 A7
(4) A4→c
(5) A5→d
(6) A6→e
A8
(7) A7→a
A9
(8) A8→b
(9) A9→c

图 6.14 由 $T_1$求得的扩展树文法生成式

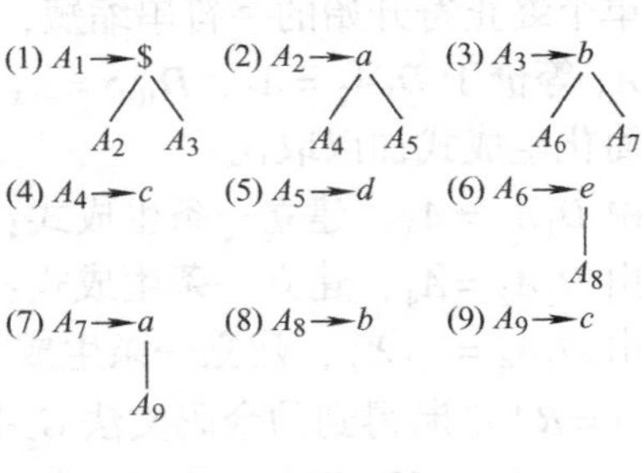

由 $T_2$ 求得的扩展树文法生成式如图 6.15 所示。

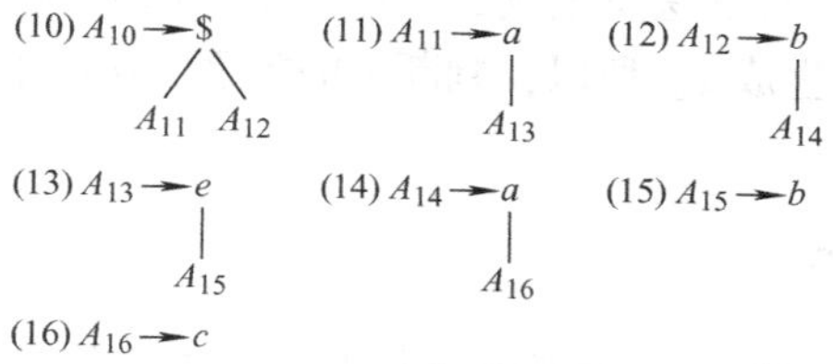

(10) A10 → $
A11 A12
(11) A11 → a
A13
(12) A12 → b
A14
(13) A13 → e
A15
(14) A14 → a
A16
(15) A15 → b
(16) A16 → c

图 6.15　由 $T_2$ 得到的扩展树文法生成式

第二步：合并等价非终止符，删除冗余的生成式，修改已删除的非终止符为保留的等价非终止符。

因为 $A_4$、$A_9$ 和 $A_{16}$ 等价，$A_8$ 和 $A_{15}$ 等价，由 $A_6$ 出发导出的树集和从 $A_{13}$ 出发导出的树集是相同的，所以 $A_6 \equiv A_{13}$，合并 $A_6$ 和 $A_{13}$；由 $A_7$ 出发导出的树集和从 $A_{14}$ 出发导出的树集是相同的，所以 $A_7 \equiv A_{14}$，所以删除(9)(13)(14)(15)(16)。其余生成式中 $A_9$、$A_{16}$ 用 $A_4$ 代替；$A_{15}$ 用 $A_8$ 代替；$A_{13}$ 用 $A_6$ 代替，$A_{14}$ 用 $A_7$ 代替。如图 6.16 所示。

第三步：优化处理。建立起始产生式集。将(1)和(10)中的 $A_1$ 和 $A_{10}$ 用 $S$ 代替，并因 $A_9$、$A_{10}$ 空缺，可将序号较大的非终止符统一修改为较小序号的非终止符，例如 $A_{11}$ 全部用 $A_9$ 代替，$A_{12}$ 全部用 $A_{10}$ 代替，…。最后得到扩展树文法生成式集 $P$ 如图 6.17 所示。

(1) A1 → $
A2 A3
(2) A2 → a
A4 A5
(3) A3 → b
A6 A7
(4) A4 → c
(5) A5 → d
(6) A6 → e
A8
(7) A7 → a
A4
(8) A8 → b
(10) A10 → $
A11 A12
(11) A11 → a
A6
(12) A12 → b
A7

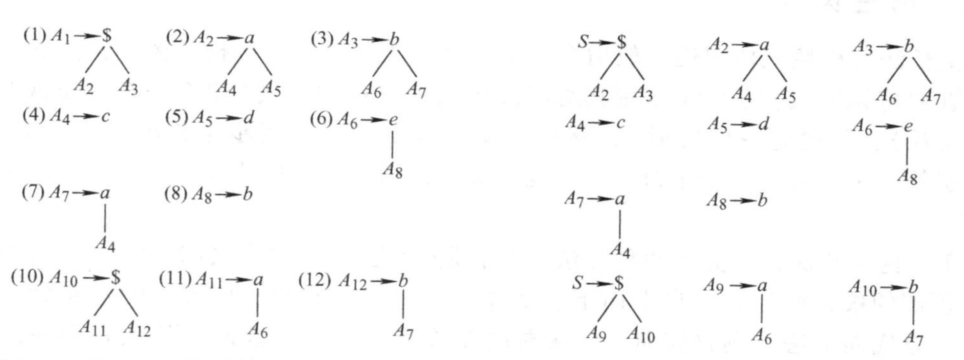

图 6.16　由 $T_1$、$T_2$ 得到的扩展树文法生成式

S → $
A2 A3
A2 → a
A4 A5
A3 → b
A6 A7
A4 → c
A5 → d
A6 → e
A8
A7 → a
A4
A8 → b
S → $
A9 A10
A9 → a
A6
A10 → b
A7

图 6.17　$T_1$、$T_2$ 的最终扩展树文法生成式集 $P$

于是推断得到的扩展树文法 $G_T = (V, r, S, P)$ 中有

$$V = V_T \cup V_N$$

$$V_T = \{\$, a, b, c, d, e\}$$

$$V_N = \{S, A_1, A_2, \cdots, A_{10}\}$$

$$r: r(\$) = 2,\ r(a) = \{2, 1\},\ r(b) = \{2, 1, 0\},\ r(c) = 0,\ r(d) = 0,\ r(e) = 1$$

## 6.5　句法分析及模式识别

在由模式类样本通过训练和学习推断出模式类的文法后，接下来的工作就是要进行模式识别或分类。对未知类别的句法模式利用文法进行识别或分类的过程称为句法分析或句法模式识别。设由模式类 $\omega_i$ 的样本推断出的文法为 $G_i (i = 1, 2, \cdots, m)$，$x$ 为待识别的句法模式样

本。若$x \in L(G_i)$，则可判定$x \in \omega_i$。若对任意的$i$都有$x \notin L(G_i)(i=1, 2, \cdots, m)$，则$x$不是$G_i(i=1, 2, \cdots, m)$中任何一种文法所生成的合法句子。如何判断是否$x \in L(G_i)$？这就需要对$x$进行分析，检查$G_i$能否生成$x$。所以，判断$x$的类别，实际上就是对$x$进行句法分析的一个过程。

### 6.5.1 参考链匹配法

参考链匹配法将待识别的模式与参考链进行匹配，它将待识模式分类到与之匹配最好的参考链所代表的类，是最基本的一种句法分析方法。在多类模式下，为了实现参考链匹配，先要由每个模式类所推断出的文法，生成一些能代表该文法所能生成的各种形式的句子。每一个这样的句子都称为该类的一个参考链。然后将待识模式$x$(即句子)与参考链逐一进行匹配，将$x$分类到匹配最好的一个参考链所代表的类中。

参考链匹配法比较适合一维模式，简单快速，但未充分利用样本的句法结构，且由于一些模式类可能无法得到代表其特点的部分或全部参考链，因而在使用上会受到一定的限制。例如，模式类的文法语言$L(G) = \{a^n b \mid n \geqslant 0\}$，即模式类的参考链具有$a^n b$形式($n \geqslant 0$)，则当链$x = aaab$时，即$x = a^3 b$，具有与参考链相符的形式，所以，$x \in L(G)$，即$x$属于该类。



### 6.5.2 树生长法

树生长法又称填充树图法，较适合于上下文无关文法句法分析。树生长法的基本思想是：在对待识模式(句子)$x$运用其对应模式类文法$G$做句法分析时(该句法属于上下文无关文法)，先建立一个树根$S$，然后按文法$G$的生成式逐步生长出$x$的首位字符、第二个字符、…、最后一个字符。若$x$能生长出，则属于该模式类，否则$x$不属于该模式类。

其实，树生长法也可分为两种方法：“自顶向下法”和“自底向上法”。“自顶向下法”从顶部的根开始生长，自上而下、从左向右进行生长树，匹配$x$的从左到右的字符。而“自底向上法”则自底向上、从右向左寻找树的根，匹配$x$的从右到左的每位字符。

以“自顶向下法”树生长为例，在生长树的过程中应遵循下列3条原则：

1）首位考察：首先考虑选用某个生成式后能匹配$x$的第一个字符。在匹配完$x$的第一个字符后，除首位外，$x$的剩下部分仍在树生长的过程中进行首位考察，以此类推，直到$x$的每一位都考察完毕。

2）使用一条生成式生长树后，不能导致符号串变长或变短。

3）使用一条生成式生长树后，不能出现不属于$x$的终止符。

**例6.10** 已知文法$G=(V_T, V_N, S, P)$，其中$V_N = \{S, A, B\}$，$V_T = \{0, 1\}$，$P$：①$S \to 1$，②$S \to B$，③$B \to 1A$，④$B \to B1A$，⑤$A \to 0A$，⑥$A \to 0$，给定的待识模式(链或句子)$x=1000$，用“自顶向下法”的树生长法分析$x$是否属于$L(G)$。

**解：**“自顶向下法”生长树选用的第一个生成式必须是左边为$S$的生成式，其余生成式可根据需要挑选，不受次数和次序的限制。若挑选的一生成式使生长失败，则进行回溯，即取消本次树生长，挑选另一生成式继续进行树生长。如果通过考察，每挑选一个生成式进行树生长，都能匹配 $x$ 的自然顺次上的一位增加，则树生长过程将会很快完成。“自顶向下法”树生长的过程和结果如图 6.18 所示。可以看出，只要选取生成式②③⑤⑤⑥，就可推得，$x\in L(G)$。

类似地，自底向上法从底向上、从右向左寻根，且逐一匹配 $x$ 的由后到前的每一位，直到顶点 $S$。若匹配成功，则 $x\in L(G)$。

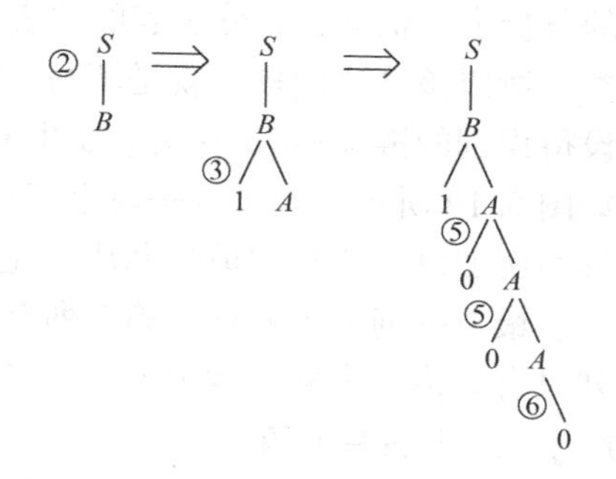

图 6.18　“自顶向下法”树生长过程和结果

## 6.5.3　CYK 分析法

CYK 分析法以列表的形式进行词法分析。该方法是由库克(Cocke) - 杨格(Younger) - 卡塞米(Kasami)三人提出的，所以以他们名字的首字符命名。CYK 分析法一般适用于模式类的文法为上下文无关文法。在使用 CYK 分析法时，要求生成式必须是乔姆斯基标准形或范式。

**1. 乔姆斯基标准形**

在一个上下文无关文法中，若生成式集 $P$ 的每条生成式仅为符合以下两种形式之一：

$$A\to BC \quad 或 \quad A\to a \tag{6-13}$$

其中，$A$、$B$、$C$ 为非终止符，$a$ 为终止符，则每条生成式都是乔姆斯基标准形或范式，称相应的文法为乔姆斯基标准形或范式文法。

一个上下文无关文法可以转换为乔姆斯基标准文法。这只要将上下文无关文法中所有的生成式，通过引进一些非终止符，等价地转换成一组乔姆斯基标准形生成式即可。

**例 6.11**　设一个上下文无关文法的生成式集 $P$ 中含生成式

$$S\to aABC, A\to bBa, B\to cD, C\to bc, D\to d$$

则与该文法每一条生成式等价的乔姆斯基范式生成式(可多条)分别为下面每一行上的生成式：

$$S\to EF, E\to HI, I\to BC, H\to IA, I\to a$$
$$A\to JK, J\to b, K\to BM, M\to a$$
$$B\to ND, N\to c$$
$$C\to OQ, O\to b, Q\to c$$
$$D\to d$$

由于 $M\to a$ 与 $I\to a$ 等价，$O\to b$ 与 $J\to b$ 等价，$Q\to c$ 与 $N\to c$ 等价，所以可将 $M$ 和 $I$ 合并，$O$ 与 $J$ 合并，$Q$ 与 $N$ 合并，最后得到

$$S\to EF, E\to HI, I\to BC, H\to IA, I\to a$$
$$A\to JK, J\to b, K\to BI$$
$$B\to ND, N\to c$$
$$C\to JN$$
$$D\to d$$

**2. CYK 分析法**

CYK 分析法是在输入为一个乔姆斯基范式上下文无关文法 $G$ 和一个链 $x$ 的基础上，构

造 $x$ 的分析表。根据 $x$ 的分析表的填表结果，判断 $x$ 是否为 $G$ 的一个句子，即判断 $x$ 是否属于该类。所以该算法的核心就是填写 $x$ 的分析表。

设待识别的链 $x=a_1a_2\cdots a_n$，$G$ 生成式为乔姆斯基范式，先构造一个 $n$ 行 $n$ 列的三角形表，如图 6.19 所示，既可以是左上三角形，也可以是左下三角形或下三角形。这里以左上三角形为例加以介绍表的填写办法。左上三角形的最左边为第 1 列，由左向右，分别为第 2 列，…，最右一列为第 $n$ 列。第 1 列有 $n$ 格，第 2 列有 $n-1$ 格，…，第 $j$ 列有 $(n-j+1)$ 格，第 $n$ 列只有一格。表格元素为 $t_{ij}$，$i$ 为行数，$j$ 为列数，$1\leqslant j\leqslant n$，$1\leqslant i\leqslant n-j+1$。表格的原点 $(i=1,\ j=1)$ 定在左上角。

建立左上三角形初始表格后，开始按从上到下，从左到右的顺序依次求元素 $t_{ij}$ 的值并填表。若是下三角形，相应的填表次序应是从下而上，从左到右，其他地方也做适当改变。对于左上三角形，当列号 $j$ 给定时 $(j=1,\ 2,\ \cdots,\ n)$，若链 $x$ 从位置 $i$ 开始的长度等于 $j$ 的字符子串即子链 $a_ia_{i+1}\cdots a_{i+j-1}(i=1,\ 2,\ \cdots,\ n-j+1)$ 能从文法 $G$ 的非终止符 $A$ 推出（这里 $i$ 实际上决定了表格中的行号），即 $A\underset{G}{\overset{*}{\Rightarrow}}a_ia_{i+1}\cdots a_{i+j-1}$，则 $t_{ij}=A$，否则，$t_{ij}=\varnothing$。

| $t_{11}$ | $t_{12}$ | … | $t_{1(n-1)}$ | $t_{1n}$ |
| --- | --- | --- | --- | --- |
| $t_{21}$ | $t_{22}$ | … | $t_{2(n-1)}$ | |
| ⋮ | ⋮ | | | |
| $t_{(n-1)1}$ | $t_{(n-1)2}$ | | | |
| $t_{n1}$ | | | | |

a)

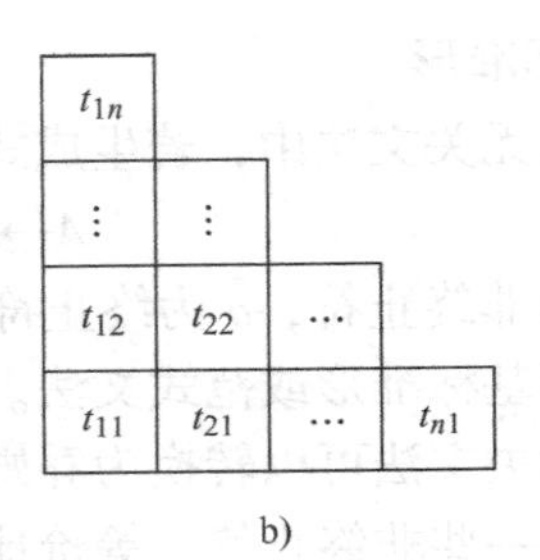


b)

图 6.19 CYK 分析表

a) 左上三角形 b) 左下三角形

当且仅当表完成时 $S$ 在 $t_{1n}$ 中时，$x\in L(A)$。具体填表步骤如下：

第一步：初始化填表。将所有格填入$\varnothing$。

第二步：填写第 1 列。令列号 $j=1$。对于每个 $i(i=1,\ 2,\ \cdots,\ n)$，求 $t_{i1}$。从链 $x$ 中求出从 $a_i$ 开始的长度为 $j=1$ 的字符子串（长度为 1 的子串就是单个字符）即子链 $a_i$，若生成式集中有 $A\to a_i$，则 $t_{i1}=A$，并将 $A$ 填入 $t_{i1}(i=1,\ 2,\ \cdots,\ n)$。

若第 1 列不全为$\varnothing$，则转第三步，否则转第五步。

第三步：填写第 2 列。令列号 $j=2$。对于每个 $i(i=1,\ 2,\ \cdots,\ n-1)$，求 $t_{i2}$。从链 $x$ 中求出从 $a_i$ 开始的长度为 $j=2$ 的连续的字符构成的子串（只含 2 个字符）即子链 $a_ia_{i+1}(i=1,\ 2,\ \cdots,\ n-1)$。有两种方法求 $t_{i2}$：

1）若有 $A\to BC$，且 $B\to a_i$ 和 $C\to a_{i+1}$，则将 $A$ 填入 $t_{i2}$。

2）利用已填结果求 $t_{i2}$。若 $A\to BC$，且 $B$ 在 $t_{i1}$，$C$ 在 $t_{(i+1)1}$ 中，则把 $A$ 填入 $t_{i2}$。

若第 2 列不全为$\varnothing$，则令列号 $j=3$，即准备填写第 3 列，转第四步；否则，转第五步。

第四步：填写第 $j$ 列 $(n\geqslant j>2)$。对于 $i=1,\ 2,\ \cdots,\ n-j+1$，可利用已填好的部分结果来填表，若存在 $k(1\leqslant k<j)$，当 $P$ 中存在生成式 $A\to BC$，并且 $B$ 在 $t_{i,k}$ 中，$C$ 在 $t_{(i+k)j-k}$ 中时，将 $A$ 填入 $t_{ij}$，否则 $t_{ij}=\varnothing$。

若第 $j$ 列全为$\varnothing$，则转第五步；否则，令列号 $j=j+1$，即准备填下一列，转第四步。

第五步：判断步。当且仅当 $t_{1n}=S$ 时，$x\in L(G)$，说明由 $G$ 的生成式可导出链 $x$。否则（包括有整列都是∅的情况），$x\notin L(G)$。

**例 6.12**　设文法 $G=(V_T, V_N, S, P)$ 为乔姆斯基范式文法，$V_T=\{a, b\}$，$V_N=\{S, A, B, C\}$，$P$ 的各生成式为

$$S\to AB, S\to AC, C\to SB, A\to a, B\to b$$

待识别的链 $x=aabb$，用 CYK 法分析是否有 $x\in L(G)$。

**解**：用 CYK 分析法解决本问题时，构造的初始左上三角形表、初始化表、从左到右自上而下求 $t_{ij}$ 及填表的过程如图 6.20 所示。其中，空格也表示其中填写的值为∅。

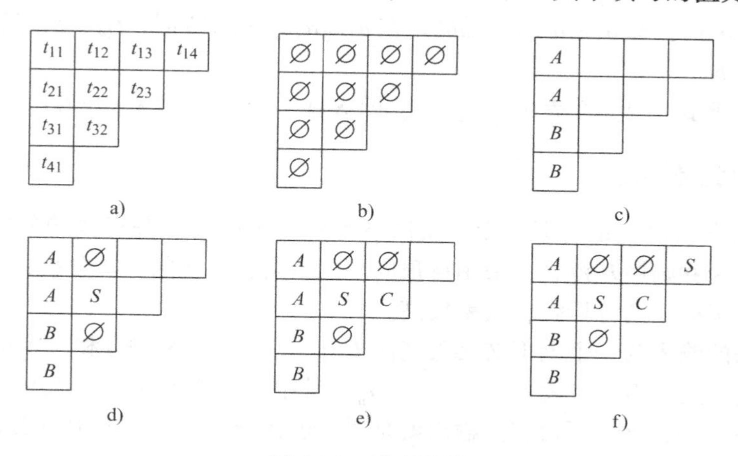


图 6.20　填表示例

a) 表格元素变量分布　b) 初始化表　c) 填完第 1 列

d) 填完第 2 列　e) 填完第 3 列　f) 填最后一列上的 $t_{14}$

求表中元素 $t_{ij}$ 的值过程如下：

第一步：初始化表。如图 6.20b 所示。

第二步：令列号 $j=1$，对每个 $i$（$i$ 实际上是行号），求 $t_{i1}$。当 $i=1, 2, 3, 4$ 时，子链 $a_i$ 可取 4 个不同的值。

在 $a_1=a$ 时，由 $A\to a$ 得 $t_{11}=A$；

在 $a_2=a$ 时，由 $A\to a$ 得 $t_{21}=A$；

在 $a_3=b$ 时，由 $B\to b$ 得 $t_{31}=B$；

在 $a_4=b$ 时，由 $B\to b$ 得 $t_{41}=B$。

第 1 列填完后的结果如图 6.20c 所示。第 1 列不全为∅，转第三步。

第三步：令列号 $j=2$，求 $t_{i2}$，$i=1, 2, 3$。从链 $x$ 中求出子链 $a_ia_{i+1}(i=1, 2, 3)$ 得 $aa$、$ab$、$bb$。即 $a_1a_2=aa$，$a_2a_3=ab$，$a_3a_4=bb$。

在 $a_1a_2=aa$ 时，$t_{12}=\varnothing$。这是因为不存在：$X\to YZ$，$Y\to a$，$Z\to a$。

在 $a_2a_3=ab$ 时，$t_{22}=S$。这是因为有 $S\to AB$，$A\to a$，$B\to b$。

在 $a_3a_4=bb$ 时，$t_{32}=\varnothing$。这是因为不存在：$X\to YZ$，$Y\to b$，$Z\to b$。

第 2 列填完后的结果如图 6.20d 所示。

第 2 列不全为空，$j=3$，转第四步。

第四步：对于当前的 $j(=3)$，对于 $1\leqslant i\leqslant 2$，求 $t_{i3}$。从链 $x$ 中求出从 $a_i$ 开始的长度

为 $j(j=3)$ 的子链为 $aab$、$abb$，即 $a_1a_2a_3=aab$，$a_2a_3a_4=abb$。

对于 $i=1$，即在 $a_1a_2a_3=aab$ 时，$t_{13}=\varnothing$。这是因为对应于满足 $1\leqslant k<j=3$ 的 $k$ 可有两个值，即 $k=1$ 和 $k=2$，$aab$ 可写为 $(a)(ab)$ 或 $(aa)(b)$。对于 $k=1$，不存在生成式 $X\to YZ$，并且 $Y$ 在 $t_{ik}=t_{11}$ 中，$Z$ 在 $t_{(i+k)j-k}=t_{22}$ 中(即 $Y\to a$，$Z\to ab$)。对于 $k=2$，也不存在生成式 $X\to YZ$，并且 $Y$ 在 $t_{ik}=t_{12}$ 中，$Z$ 在 $t_{(i+k)j-k}=t_{31}$ 中(即 $Y\to aa$，$Z\to b$)。

对于 $i=2$，　即在 $a_2a_3a_4=abb$ 时，$t_{23}=C$，因为 $C\to SB$，$S\Rightarrow AB\Rightarrow ab$，$B\to b$。

第 $j(j=3)$ 列不全为空，$j=j+1=4$，转第四步(用下面的第四步′表示)。

第四步′：对于当前的 $j(=4)$，对于 $i=1$，求 $t_{14}$。从链 $x$ 中求出从 $a_i$ 开始的长度为 $j(=4)$ 的子链为 $aabb$，即 $a_1a_2a_3a_4=aabb$。在 $a_1a_2a_3a_4=aabb$ 时，$t_{14}=S$。这是因为 $S\to AC$，$A\to a$，$C\Rightarrow SB\Rightarrow abb$。

第五步：判断步。因为在表中，$t_{14}=S$，即 $S$ 在 $t_{14}$ 中，所以 $x\in L(G)$。

## 6.5.4 厄利分析法

厄利(Erley)分析法也是上下文无关文法下针对输入链的一种有效的分析方法，它不需要将生成式改写为乔姆斯基范式，采用自顶向下的策略进行链的文法分析，并在分析的过程中引用前面已分析得到的分析式，效率较高。



厄利分析法的输入为一个上下文无关文法 $G=(V_T, V_N, S, P)$ 和一个链 $x=a_1a_2\cdots a_n$。通过分析，构造 $x$ 的一组项目表 $I_0$，$I_1$，…，$I_n$，其中每个 $I_j(0\leqslant j\leqslant n)$ 为由一组称为项目的表达式构成的一个表，称为项目表。输出就是对 $x$ 进行分析后得到的项目表 $I_0$，$I_1$，…，$I_n$。

在第 $j$ 个项目表 $I_j$ 中，一个表达式或项目具有形式：

$$[A\to\alpha\cdot\beta,i]$$

其中，$\alpha$ 和 $\beta$ 为 $V$ 中符号构成的字符串。

$[A\to\alpha\cdot\beta,\ i]\in I_j$ 的含义是：

1) 对链 $x$ 可以分析到第 $j$ 个符号；

2) 圆点符号“·”前的 $\alpha$ 可以导出链 $x$ 的从第 $(i+1)$ 个字符开始至第 $j$ 个字符的子字符串即子链 $a_{i+1}a_{i+2}\cdots a_j$。其中，圆点分开了 $\alpha$ 和尚未考虑的部分 $\beta$。

厄利分析法的基本思想简单地就是：

　　构造初始项目表 $I_0$，
　　由 $I_0$ 构造项目表 $I_1$，
　　由 $I_0$ 和 $I_1$ 构造项目表 $I_2$，
　　⋮
　　由 $I_0$，$I_1$，…，$I_{j-1}$ 构造项目表 $I_j$，
　　⋮
　　由 $I_0$，$I_1$，…，$I_{n-1}$ 构造项目表 $I_n$。

当且仅当在 $I_n$ 中有形如 $[A\to\cdot\alpha,\ 0]$ 的表达式时，$x\in L(G)$，否则 $x\notin L(G)$。

构造所有项目表 $I_0$，$I_1$，…，$I_n$ 的具体步骤：

第一步：构造初始项目表 $I_0$。

1) 若 $A\to\alpha$ 在 $P$ 中，则将项目 $[A\to\cdot\alpha,\ 0]$ 加入 $I_0$。

2) 若 $[B\to\cdot\gamma,\ 0]$ 在 $I_0$ 中，则对所有 $[A\to\alpha\cdot B\beta,\ 0]$，将 $[A\to\alpha B\cdot\beta,\ 0]$ 加入 $I_0$。

3）若 $[A\to\alpha\cdot B\beta,\ 0]$ 在 $I_0$ 中，则对所有 $B\to\gamma$，将项目 $[B\to\cdot\gamma,\ 0]$ 加入 $I_0$。

反复执行2）和3），直到不再有新项目加入 $I_0$ 为止。

第二步：由 $I_0$，$I_1$，…，$I_{j-1}$构造项目表 $I_j(j=2,\ \cdots,\ n)$。

1）对于每个在 $I_{j-1}$中的 $[B\to\alpha\cdot a_j\beta,\ i]$，将 $[B\to\alpha a_j\cdot\beta,\ i]$ 加入 $I_j$。

2）设 $[A\to\alpha,\ i]$ 在 $I_j$ 中。在 $I_0$，$I_1$，…，$I_{j-1}$中寻找形如 $[B\to\alpha\cdot A\beta,\ k]$ 的项目，对找到的每一项，将 $[B\to\alpha A\cdot\beta,\ k]$ 加入 $I_j$。

3）设 $[A\to\alpha\cdot B\beta,\ i]$ 在 $I_j$ 中，对 $P$ 中所有 $B\to\gamma$，将 $[B\to\cdot\gamma,\ j]$ 加入 $I_j$。

反复执行 2）和 3），直到没有新项目加入 $I_j$ 为止。

第三步：当且仅当 $I_n$ 中有形为 $[S\to\alpha\cdot,\ 0]$ 的项目时，$x\in L(G)$。也就是说，从起始符 $S$ 开始，可以对 $x$ 从第一个字符一直分析到第 $n$ 个字符 $a_n$。

**例 6.13**　设一给定的上下文无关文法 $G=(V_T,\ V_N,\ S,\ P)$ 中，$V_T=\{a,\ +,\ *,\ (,)\}$，$V_N=\{S,\ T,\ F\}$，$P$ 的生成式为

$$S\to S+T, S\to T, T\to T*F, T\to F, F\to(S), F\to a$$

用厄利法分析输入链 $x=a*a$ 是否有 $x\in L(G)$。

**解**：利用厄利法构造的项目表 $I_0$、$I_1$、$I_2$、$I_3$，见表 6.1。

**表 6.1　用厄利法构造的项目表 $I_0$、$I_1$、$I_2$、$I_3$ 的内容**

| $I_0$ | $I_1$ | $I_2$ | $I_3$ |
|---|---|---|---|
| $[S\to\cdot S+T,\ 0]$ | $[F\to a\cdot,\ 0]$ | $[T\to T*\cdot F,\ 0]$ | $[F\to a\cdot,\ 2]$ |
| $[S\to\cdot T,\ 0]$ | $[T\to F\cdot,\ 0]$ | $[F\to\cdot(S),\ 2]$ | $[T\to T*F\cdot,\ 0]$ |
| $[T\to\cdot T*F,\ 0]$ | $[S\to T\cdot,\ 0]$ | $[F\to\cdot a,\ 2]$ | $[S\to T\cdot,\ 0]$ |
| $[T\to\cdot F,\ 0]$ | $[T\to T\cdot *F,\ 0]$ | | $[T\to T\cdot *F,\ 0]$ |
| $[F\to\cdot(S),\ 0]$ | $[S\to S\cdot +T,\ 0]$ | | $[S\to S\cdot +T,\ 0]$ |
| $[F\to\cdot a,\ 0]$ | | | |

因为 $[S\to T\cdot,\ 0]$ 在 $I_3$ 中，所以 $x\in L(G)$。

## 6.6　句法结构的自动机识别

自动机硬件上是指由控制装置、输入带和一些存储器构成的一种物理装置，又称识别器。在运用自动机时，一般主要考虑与其功能等价的数学模型。自动机可作为句法模式的分析器。在句法模式识别中，当某个模式类的文法给定后，可根据文法设计一种相应的自动机。当输入链给定后，可用自动机分析该输入链是否属于该自动机所对应的文法所产生的句子。对于乔姆斯基定义的四类文法，每类文法对应一类自动机。对应关系如下：

0 型文法对应图灵机；

上下文有关文法对应线性约束自动机；

上下文无关文法对应下推自动机；

正则文法或有限态文法对应有限状态自动机。

本节主要讨论有限态自动机和下推自动机及它们分别对应的正则文法和上下文无关文法的关系。

## 6.6.1 有限态自动机与正则文法

### 1. 有限态自动机

一个有限态自动机 $A$ 形式化表示为一个五元组

$$M=(\Sigma,Q,\delta,q_0,F) \tag{6-14}$$

式中，$\Sigma$ 为有限个终止符组成的集合；$Q$ 为有限个内部状态组成的集合；$\delta$ 为一个内部状态转换关系，称为状态转换规则、状态转移函数，状态转换律等；$q_0$ 为初始状态，$q_0\in Q$；$F$ 为终止状态集合，$F\subseteq Q$ 为 $Q$ 的一个子集。

当输入字符 $a$ 时，自动机由状态 $q$ 变成 $p$。可记作

$$\delta(q,a)=p$$

其中，$q$，$p\in Q$，$a\in\Sigma$。

（1）确定性有限态自动机　它指每次从一个状态只能转换到另一个状态的有限态自动机。

（2）非确定性有限态自动机　它指存在从一个状态可以转换到多个不同状态之一的有限态自动机。例如，若关系 $\delta$ 中有 $\delta(q,\ a)=p$，$\delta(q,\ a)=r(p\neq r)$，可记为 $\delta(q,\ a)=\{p,\ r\}$，则当输入字符 $a$ 时，自动机由状态 $q$ 既可以转换到 $p$，也可以转换到 $r$。



以下描述中有限态自动机均指确定性有限态自动机或非确定性有限态自动机。非确定性有限态自动机可转化为确定性有限态自动机。

### 2. 有限态自动机接受的语言

有限态自动机 $A$ 所接受的语言是指有限态自动机接受的链构成的集合 $L(M)$：

$$L(M)=\{x\mid\delta(q_0,x)\in F\} \tag{6-15}$$

有限态自动机可看成是由输入带、只读头和状态控制器组成的模型，如图 6.21 所示。将输入链 $x$ 中的字符从左到右写在输入带上，只读头从输入带的最左边一个单元开始依次读入字符。每读入一个字符，状态控制器按状态转换规则将自动机的当前状态转换到另一个状态。若能实现状态转换，则表明自动机能接受当前输入的字符。否则，就说明不能接受当前输入的字符。若自动机能顺序接受输入链的所有字符，并最后停在某个终止状态，则称输入链属于该自动机能接受的一个句子，即 $x\in L(M)$。否则，$x\notin L(M)$。

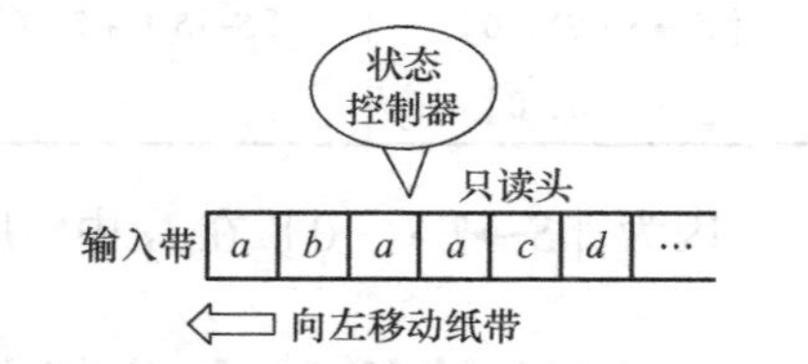

图 6.21　有限态自动机工作原理简图

### 3. 有限态自动机的状态转换图

有限态自动机内的状态转换可用状态转换图或转移图直观表示。在状态转换图中，用圆圈表示状态，双圆圈表示终止态，进入箭头指向起始状态，用带有终止符的有向弧表示一状态因输入该字符向另一状态的转换。

例如，设有限态自动机 $M(\Sigma,\ Q,\ \delta,\ q_0,\ F)$ 中，$\Sigma=\{0,\ 1\}$，$Q=\{q_0,\ q_1,\ q_2\}$，$F=\{q_2\}$，状态转换规则 $\delta$ 为 $\delta(q_0,\ 0)=q_1$，$\delta(q_1,\ 0)=q_2$，$\delta(q_2,\ 1)=q_1$，$\delta(q_0,\ 1)=q_2$，$\delta(q_1,\ 1)=q_0$，则该有限态自动机的状态转换图如图 6.22 所示。

**例 6.14**　设在有限态自动机 $M=(\Sigma,\ Q,\ \delta,\ q_0,\ F)$ 中有

$$\Sigma=\{0,1\},Q=\{q_0,q_1,q_2,q_3\},F=\{q_3\}$$

状态转换规则 $\delta$ 为

$$\delta(q_0,0)=q_3,\delta(q_1,0)=q_0,\delta(q_2,0)=q_3$$
$$\delta(q_3,0)=q_2,\delta(q_0,1)=q_2,\delta(q_1,1)=q_3$$
$$\delta(q_2,1)=q_0,\delta(q_3,1)=q_1$$

如图 6.23 所示。试判别链 $x=11110$ 是否有 $x\in L(M)$。

**解：**将链 $x=11110$ 输入自动机 $A$，状态转换过程为

$$q_0\xrightarrow{1}q_2\xrightarrow{1}q_0\xrightarrow{1}q_2\xrightarrow{1}q_0\xrightarrow{0}q_3$$

自动机接收了 $x$ 的每个字符，并且状态最后转换到终止状态 $q_3$，即 $\delta(q_0,\ 11110)=q_3\in F$，所以 $x\in L(M)$。

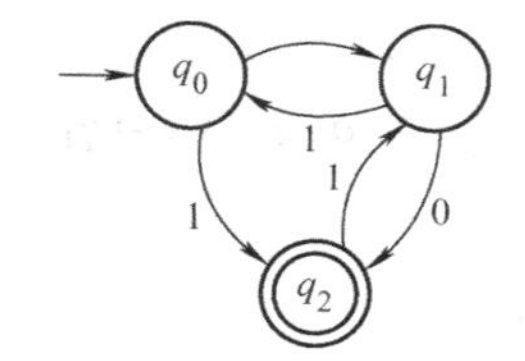

图 6.22　一个状态转换图

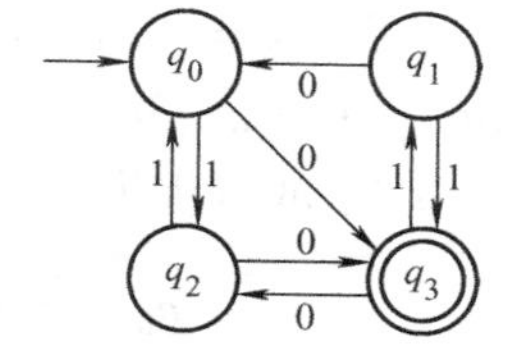

图 6.23　例 6.14 的状态转换图



**4. 有限态自动机与正则文法的一一对应**

（1）由正则文法构造有限态自动机　给定一正则文法 $G=(V_N,\ V_T,\ S,\ P)$，则必存在一有限态自动机 $M=(\Sigma,\ Q,\ \delta,\ q_0,\ F)$ 与之对应，且 $M$ 接受的语言与 $G$ 产生的语言相同，即 $L(M)=L(G)$。对应关系为：

1）$\Sigma=V_T$。

2）$F=\{f\}$，$f$ 是整个自动机中增加的唯一一个终止态，即 $F$ 仅含一个终止态 $f$，整个自动机也只有一个终止态。

3）由 $V_N$ 中的一个非终止符（含 $S$）建立 $Q$ 中的一个状态，且令 $q_0$ 对应 $S$，另外再加 $f$，即 $Q=V_N\cup\{f\}=V_N\cup F$。显然，$q_0\in Q$，$f\in Q$。

4）$\delta$ 与 $P$ 中的生成式按如下方式对应：

正则文法只有两种类型生成式：$A_i\to aA_j$ 或 $A_i\to b$，其中 $A_i$ 和 $A_j$ 为单非终止符。若将非终止符 $A_i$、$A_j$ 在 Q 中对应的状态分别命名为 $q_i$、$q_j$，则有如下对应关系：

若 $P$ 中有生成式 $A_i\to aA_j$，则 $\delta$ 中有 $\delta(q_i,\ a)=q_j$。

若 $P$ 中有生成式 $A_i\to b$，则 $\delta$ 中有 $\delta(q_i,\ b)=f$。

若 $P$ 中有生成式 $A_i\to aA_j$ 和 $A_i\to a$，则 $\delta$ 中有 $\delta(q_i,\ a)=\{q_j,\ f\}$。

特别地，若 $P$ 中有生成式 $A_i\to aA_j$ 和 $A_i\to a$，则 $\delta$ 中有 $\delta(q_i,\ a)=\{q_j,\ f\}$。

若 $P$ 中有生成式 $A_i\to aA_i$ 和 $A_i\to b$，则 $\delta$ 中有 $\delta(q_i,\ a)=q_i$，$\delta(q_i,\ b)=f$。

从上面对应原则可见，终止态 $f$ 是由 $P$ 中有生成式的右端仅含单终止符产生的。所以状态集合 $Q$ 不能仅含由非终止符所对应的状态，还必须含 $f$ 这个特殊的状态。否则，在 $M$ 中就没有终止态，且在 $A$ 中，$F=\{f\}$。

由正则文法 $G$ 对应的有限态自动机 $M$ 有，若链 $x\in L(G)$，则 $x\in L(M)$。

**例 6.15** 设有正则文法 $G=(V_T, V_N, S, P)$，其中，$V_N=\{S, A, B\}$，$V_T=\{0, 1\}$，$P$ 中生成式为 $S\to0A$，$A\to0B$，$B\to1B$，$A\to1A$，$B\to1$。求与 $G$ 对应的有限态自动机 $M$，并判断链 $x=0101$ 是否属于 $L(M)$。

**解**：设有限态自动机 $M=(\Sigma, Q, \delta, q_0, F)$。设将非终止符 $A$、$B$ 分别用 $q_1$、$q_2$ 对应，则 $\Sigma=V_T=\{0, 1\}$，$q_0=S$，$F=\{f\}$，$Q=V_N\cup F=\{q_0, q_1, q_2, f\}$，对应的状态转换关系 $\delta$：

由 $P$ 中的生成式 $S\to0A$，对应有 $\delta(q_0, 0)=q_1$；

由 $P$ 中的生成式 $A\to0B$，对应有 $\delta(q_1, 0)=q_2$；

由 $P$ 中的生成式 $B\to1B$ 和 $B\to1$，对应有 $\delta(q_2, 1)=\{q_2, f\}$；

由 $P$ 中的生成式 $A\to1A$，对应有 $\delta(q_1, 1)=q_1$；

即 $G$ 对应的有限态自动机 $M=(\Sigma, Q, \delta, q_0, F)$ 为

$$\Sigma=V_T=\{0,1\},Q=\{q_0,q_1,q_2,f\},q_0=S,F=\{f\}$$

$$\delta:\delta(q_0,0)=q_1,\delta(q_1,0)=q_2,\delta(q_2,1)=\{q_2,f\},\delta(q_1,1)=q_1$$

自动机 $M$ 接收链 $x=0101$ 的过程为

$$q_0\xrightarrow{0}q_1\xrightarrow{1}q_1\xrightarrow{0}q_2\xrightarrow{1}f$$

因为 $M$ 接收了链 $x=0101$ 中的全部字符，并且状态最终转换到终止态 $f$，所以 $x\in L(M)$。当然，也有 $x\in L(G)$，因为有 $S\Rightarrow0A\Rightarrow01A\Rightarrow010B\Rightarrow0101$。



（2）由有限态自动机构造正则文法　一个有限态自动机 $M=(\Sigma, Q, \delta, q_0, F)$ 必与一个正则文法 $G=(V_T, V_N, S, P)$ 相对应，且 $L(G)=L(M)$。$G$ 与 $A$ 的对应关系为

1）$V_N=Q$。

2）$V_T=\Sigma$。

3）$S=q_0$。

4）$P$ 与 $\delta$ 建立对应。为描述简单起见，假设 $Q$ 中含 $n+1$ 个状态，且 $Q=\{q_0, q_1, \cdots, q_n\}$，$q_i$ 在 $G$ 中对应的非终止符为 $A_i(i=0, 1, 2, \cdots, n)$，$A_0$ 就是 $S$，即 $A_0=S=q_0$。于是

若 $\delta$ 中有 $\delta(q_i, a)=q_j$，则 $P$ 中有 $A_i\to aA_j$；

若 $\delta$ 中有 $\delta(q_i, b)=f$，$f\in F$，则 $P$ 中有 $A_i\to b$；

若 $\delta$ 中有 $\delta(q_i, a)=\{q_j, f\}$，$f\in F$，则 $P$ 中有 $A_i\to aA_j$ 和 $A_i\to a$。

若有某个终止态 $g$ 在 $Q$ 中为 $q_k$，而 $q_k$ 在 $\delta$ 中只以单形式而不是作为集合中的元素出现在转换式的右边，且在右边不可能出现，则在对应的 $P$ 的生成式中不含有对应的 $A_k$。也就是说，可以从 $V_N$ 中去掉此 $A_k$。但由于 $V_N$ 所含非终止符只要够用就行，多了也无关紧要，所以不需要考虑去掉上面所述的这种 $A_k$。

由有限态自动机 $M$ 对应的正则文法 $G$ 有，若链 $x\in L(M)$，则 $x\in L(G)$。

**例 6.16** 设有限态自动机 $M=(\Sigma, Q, \delta, q_0, F)$。其中

$$\Sigma=\{0,1\},Q=\{q_0,q_1,q_2,q_3\},F=\{q_3\}$$

状态转换规则 $\delta$ 为

$$\delta(q_0,0)=q_1,\delta(q_1,1)=q_2,\delta(q_2,0)=\{q_1,q_3\}$$

$$\delta(q_0,1)=q_2,\delta(q_1,0)=q_3,\delta(q_2,1)=q_1$$

求由 $M$ 确定的正则文法 $G$，并判断链 $x=0101$ 是否属于 $G$，即判断 $x\in L(G)$ 或 $x\notin L(G)$。

**解**：设正则文法为 $G=(V_N,\ V_T,\ S,\ P)$，其中，$V_N=Q=\{q_0,\ q_1,\ q_2\}$；$V_T=\Sigma=\{0,\ 1\}$；$S=q_0$。设有限自动机的状态 $q_i$ 对应到非终止符 $A_i(i=0,\ 1,\ 2,\ 3)$。$A_0=S$ 对应于 $q_0$。于是，$\delta$ 到 $P$ 的对应关系为：

由 $\delta(q_0,\ 0)=q_1$，对应有 $S\to 0A_1$；

由 $\delta(q_1,\ 1)=q_2$，对应有 $A_1\to 1A_2$；

由 $\delta(q_2,\ 0)=\{q_1,\ q_3\}$，对应有 $A_2\to 0A_1$ 和 $A_2\to 0A_3$；因 $q_3\in F$，所以 $A_2\to 0A_3$ 改为 $A_2\to 0$；

由 $\delta(q_0,\ 1)=q_2$，对应有 $S\to 1A_2$；

由 $\delta(q_1,\ 0)=q_3$，对应有 $A_1\to 0A_3$；因 $q_3\in F$，所以 $A_1\to 0A_3$ 改为 $A_1\to 0$；

由 $\delta(q_2,\ 1)=q_1$，对应有 $A_2\to 1A_1$；

即对应的文法为

$$G=(V_N,V_T,S,P)$$

$$V_N=\{S,A_1,A_2,A_3\},V_T=\{0,1\},S=q_0$$

$$P:S\to 0A_1,A_1\to 1A_2,A_2\to 0A_1,A_2\to 0,S\to 1A_2$$

$$A_1\to 0,A_2\to 1A_1$$

显然，文法的生成式集 $P$ 中的生成式都符合正则文法的要求，所以它是一个正则文法(即有限状态文法)。

因为 $S\Rightarrow 0A_1\Rightarrow 01A_2\Rightarrow 011A_1\Rightarrow 0111A_2\Rightarrow 01110$，所以，能够从输入带起始符推出 $x=01110$，于是 $x=01110\in L(G)$。

另外，在有限自动机 $M$ 中，有

$$q_0\xrightarrow{0}q_1\xrightarrow{1}q_2\xrightarrow{1}q_1\xrightarrow{1}q_2\xrightarrow{0}q_3\in F$$

所以，也有 $x=01110\in L(M)$。

## 6.6.2　下推自动机与上下文无关文法

### 1. 下推自动机的定义

下推自动机(Push Down Automata，PDA)是在有限态自动机具有的输入带、只读头和状态控制器的基础上再增加一个读写头和一个堆栈结构而构成的一种模型。堆栈结构称为下推存储器，容量大小不限，具有后进先出的特点，用于存储非终止符。由于堆栈结构存取数据时采用后进先出方式，所以，存入称为压入。它不同于普通的栈结构，一次可压入多个非终止符，而每次出栈或弹出操作只读取一个非终止符。其结构如图 6.24 所示。

在初始状态为 $q_0$，栈顶为初始非终止符时，下推自动机开始运行。只读头读取的输入带上的终止符和读写头读取的栈顶的非终止符共同决定自动机状态的转换。每进行一次状态转换，栈顶非终止符都被弹出。一次状态转换会使自动机转到一个新的状态并面临一个新非终止符串(为空或非空串)。栈顶弹出后，根据新非终止符串的不同分别对栈顶做相应处理。

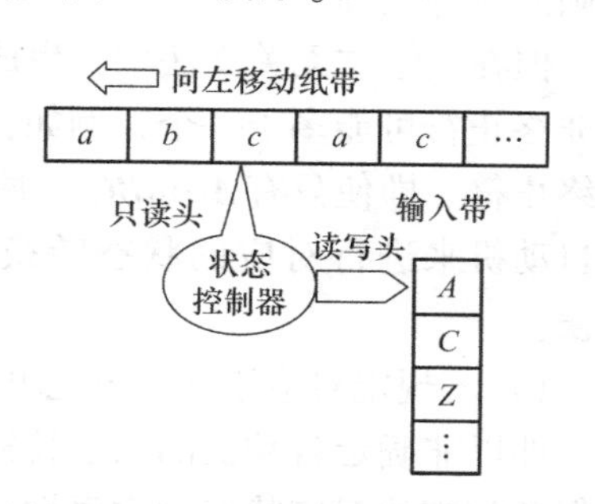

图 6.24　下推自动机工作原理简图

相应处理如下：

1）若新非终止符串为空，则不需要压入栈，原栈上第二个元素(若有)则称为新的栈顶。

2）若新非终止符串为单字符即单非终止符，则将其压入栈，成为新的栈顶。

3）若新非终止符串为多个非终止符构成的串(至少含2个字符)，则将新非终止符串按由后往前的次序逐一将每个字符压入，最左边的非终止符成为新的栈顶内容。

按照上述转换方式，在栈顶置入一个特定的非终止符即起始符后，自动机从第一个字符开始逐一读入输入链中的字符，并按状态转换关系，进行状态转换。当自动机处于终止态或堆栈为空时，称相应的输入链被自动机接受(识别)。

一个下推自动机形式上定义为一个七元组，记为 $M_p$，且

$$M_p=(\Sigma,Q,\Gamma,\delta,q_0,Z_0,F) \tag{6-16}$$

式中，$\Sigma$、$Q$、$q_0$，$F$ 与有限态自动机 $M$ 的对应部分相同；$Z_0$、$\Gamma$ 和 $\delta$ 分别具有下列含义：$\Gamma$ 为下推符号即非终止符有限集；$Z_0$ 为初始非终止符(最开始时将其置于栈顶)，$Z_0\in\Gamma$；$\delta$ 是内部状态转换和栈顶内容改变的规则，表示为

$$\delta(q,a,Z)=\{(q_1,\gamma_1),(q_2,\gamma_2),\cdots,(q_m,\gamma_m)\} \tag{6-17}$$

式中，$a\in\Sigma$，$Z\in\Gamma$；$q$，$q_1$，$q_2$，$\cdots$，$q_m\in Q$；$\gamma_1$，$\gamma_2$，$\cdots$，$\gamma_m\in\Gamma^*$，即 $\gamma_i$ 是由 $\Gamma$ 中符号组成的符号串($i=1$，$2$，$\cdots$，$m$)。



转换规则式(6-16)的含义：若在当前状态 $q$、当前栈顶非终止符 $Z$，当前读入字符 $a$ 时，则类似不确定有限自动机，自动机转换到等式右边的任一“状态”$(q_i，\gamma_i)$($i=1$，$2$，$\cdots$，$m$)，即转到状态 $q_i$，弹出栈顶 $Z$，并根据 $\gamma_i$ 进行如下操作：

1）若 $\gamma_i$ 为单个非终止符，则将该单非终止符压栈，称为新的栈顶。

2）若 $\gamma_i$ 为非终止符串(至少含两个非终止符)，则将 $\gamma_i$ 中非终止符自右向左逐个字符连续压栈，使 $\gamma_i$ 最左边的符号处于栈顶，越靠右边的符号在堆栈中的位置越低。

3）若 $\gamma_i$ 为空串，则不做压栈操作，原来处于 $Z$ 下面的非终止符自动处于栈顶。

由下推自动机的定义形式可见，它是在有限自动机的基础上，增加了 $Z_0$ 和 $\Gamma$ 两项，并修改了转换规则集 $\delta$ 的每条规则的含义之后的结果。

由于压栈操作也称为下推操作，所以，这样的自动机也就称为下推自动机。

在正则文法的生成式集中，生成式具有 $A\to aB$ 或 $A\to a$ 两种形式。在将自动机的状态与非终止符对应后，当规则为 $A\to aB$ 形式时，左右两边都只有一个非终止符，这时有限态自动机 $M$ 在输入 $a$ 时可明确地从对应于 $A$ 的状态转换为对应于 $B$ 的状态；而当规则为 $A\to a$ 形式时，可从对应于 $A$ 的状态转入终止状态。所以，用有限态自动机 $M$ 就可以实现正则文法规则的对等处理。

但在上下文无关文法中，生成式为 $A\to\beta$ 形式，左边虽然只有一个非终止符，但右边所含非终止符可能多于一个，例如，生成式 $A\to aBbC$、$A\to aBC$ 或 $A\to BCa$，右边都分别含两个非终止符。即使只有 $A\to aBC$ 一种形式，或更一般地写为 $A\to aA_1A_2\cdots A_n$，此时，若仍用有限态自动机来进行对应的状态转换，当自动机接受了 $a$ 之后，下列两种可能之一都会带来错误：

1）若规定对应于 $A$ 的状态可转换到 $A_1$，$A_2$，$\cdots$，$A_n$ 分别所对应的状态之一的任一状态，即以非确定自动机的状态转换方式来工作，但由于 $A_1A_2\cdots A_n$ 是有序排列的，这显然不能保证相应的对应状态的次序性，可能使推断结果出错。

2）若规定只转换到 $A_1$，下一步仅从 $A_1$ 继续进行状态转换，则 $A_2\cdots A_n$ 就都被漏掉，且无法从 $A_2\cdots A_n$ 开始继续工作，也可能导致推断结果出错。

由此可见，有限态自动机只能接受正则文法产生的语言，不能接受上下文无关的非正则文法产生的语言。

下推自动机是有限态自动机的推广。它将上下文无关文法中生成式集变换为等价的形如 $A\to aA_1A_2\cdots A_n$ 的生成式构成的生成式集。由于它能处理所有这种形式的生成式，从而能接受上下文无关文法产生的句子。

**2. 下推自动机接受的语言**

设下推自动机接受的语言为 $L(M_p)$，则

$$L(M_p)=\{x\mid x:(q_0,Z_0)\overset{*}{\underset{A_p}{\mapsto}}(q,\gamma),q\in F,\gamma\in\Gamma^*\} \tag{6-18}$$

该式的含义是，当输入链为 $x$ 时，自动机 $M_p$ 根据 $\delta$ 进行一系列转换，使状态从 $q_0$ 最终转换到 $q$，若 $q\in F$ 为终止状态且下堆栈为空，则句子 $x$ 被接受，即 $x\in L(M_p)$。所有这些能被识别的句子 $x$ 构成的集合就是下推自动机所能接受的语言 $L(M_p)$。

为了区别起见，根据 $q$ 和下堆栈为空，可将 $L(M_p)$ 分为两种：

(1) 终止态方式　若 $q\in F$，则不论是否为空，$x$ 被接受，所接受的语言记为 $L(M_p)$。

(2) 空堆栈方式　若下堆栈为空，则不论 $q\in Q$ 为哪个状态，$x$ 被接受，所接受的语言为区别起见记为 $L_\lambda(M_p)$。注意，这里 $\lambda$ 仅起表示下堆栈是否为空的作用，不指栈顶元素为 $\lambda$，因为 $\lambda$ 作为空，根据定义是不可能被压入栈的，栈顶内容永远不可能是 $\lambda$，也不可能是非终止符串，只能是某个非终止符。



可以证明，两种方式所接受的语言是等价的，即 $L(M_p)=L_\lambda(M_p)$。

下面主要讨论空堆栈方式下，下推自动机与上下文无关文法的对应关系。

**3. 下推自动机与上下文无关文法的对应关系**

一个上下文无关文法对应一个下推自动机。下推自动机既可由上下文无关文法生成式集的等价乔姆斯基范式生成式集构成，也可以由其等价的格雷巴赫范式生成式集构成。后一构成方法比前一构成方法简便，下面介绍后一种方法。

(1) 乔姆斯基范式　乔姆斯基范式要求生成式都具有如下形式：

$$A\to BC \text{ 或 } A\to a$$

其中，$A$、$B$、$C$ 均为单个非终止符，$a$ 为终止符。

任何一个上下文无关文法生成式集均可与一个乔姆斯基范式生成式集等价。显然，一个上下文无关文法中的生成式 $A\to\beta$，$\beta$ 为含非终止符的字符串，可通过一定的划分为两个子串及右边仅含单终止符的方法将其变换为一组等价乔姆斯基范式生成式。例如，$A\to bBcCD$，可化为 $A\to EF$，$E\to HB$，$H\to b$，$F\to ID$，$I\to JC$，$J\to c$。而反过来，一条乔姆斯基范式的生成式显然也是一条上下文无关文法生成式。

(2) 格雷巴赫范式生成式　格雷巴赫范式的生成式均要求具有如下形式：

$$A\to b\alpha \tag{6-19}$$

其中，$A$ 为单个非终止符，$b$ 为终止符，$\alpha$ 为非空的非终止符串或空串。

它等价于

$$A\to b\beta \text{ 或 } A\to b \tag{6-20}$$

其中，$A$ 为单个非终止符，$b$ 为终止符，$\beta$ 为非空的非终止符串。

因为，由 $A \to b\alpha$，若 $\alpha$ 为非空的非终止符串，则 $A \to b\alpha = b\beta$（令 $\alpha = \beta$）；若 $\alpha$ 为空串，则 $A \to b\alpha$ 就可直接写为 $A \to b$。反之，若有 $A \to b\beta$ 或 $A \to b$，$b$ 为终止符，$\beta$ 为非空的非终止符串，则它们可被概括为一个生成式 $A \to b\alpha$，$b$ 为终止符，$\alpha$ 为非空的非终止符串或空串。

这种与格雷巴赫范式的生成式等价的表示方式更便于实际使用。

可先将上下文无关文法 $G$ 的生成式集用一个与格雷巴赫范式等价的生成式集表示，然后得到相对应的下推自动机。

**例 6.17** 设一个上下文无关文法 $G$ 的生成式集为

$$P: S \to BAbb,\ A \to aAbB,\ B \to Ab,\ A \to a$$

则与生成式集 $P$ 等价的格雷巴赫范式生成式集的求解过程如下：

将 $B \to Ab$ 用于第一式，得

$$P_1: S \to AbAbb, A \to aAbB, B \to Ab, A \to a$$

加入 $C \to b$，并将前面的 $b$ 始终用 $C$ 替换，得

$$P_2: S \to aCACC, A \to aACB, B \to aC, A \to a, C \to b$$

将第一式右边开始的 $A$ 由 $a$ 替换，得

$$P_3: S \to ACACC, A \to aACB, B \to AC, A \to a, C \to b$$

$P_3$ 中每个生成式已符合格雷巴赫范式要求。所以，与 $P$ 等价的格雷巴赫范式集为 $P_3$。



(3) 由上下文无关文法构成下推自动机　设一个给定的上下文无关文法 $G = (V_T, V_N, S, P)$ 中每条生成式都是格雷巴赫范式，则对应地可构造一个下推自动机 $M_p$，且

$$M_p = (\Sigma, Q, \Gamma, \delta, q_0, Z_0, F) \tag{6-21}$$

其中，$\Sigma = V_T$，$Q = \{q_0\}$，$\Gamma = V_N$，$Z_0 = S$，$F = \varnothing$，$\delta$ 中的关系与格雷巴赫范式生成式对应如下：

若 $P$ 中有 $A \to b\beta$，则 $\delta$ 中有 $\delta(q_0, b, A) = (q_0, \beta)$；

若 $P$ 中有 $A \to b$，则 $\delta$ 中有 $\delta(q_0, b, A) = (q_0, \lambda)$；

若 $P$ 中有 $A \to b\beta$ 和 $A \to b$，则 $\delta$ 中有 $\delta(q_0, b, A) = \{(q_0, \beta), (q_0, \lambda)\}$。

式中，$\lambda$ 表示空串，$\delta(q_0, b, A) = (q_0, \lambda)$ 表示输入字母 $b$ 时栈顶非终止符 $A$ 被弹出。$\delta(q_0, b, A) = \{(q_0, \beta), (q_0, \lambda)\}$ 表示输入字母 $b$ 时，既可以转换成 $(q_0, \beta)$ 格局，也可以转换成 $(q_0, \lambda)$ 格局。若有这种转换关系，则此种下推自动机也称为非确定下推自动机。

设上下文无关文法 $G$ 产生的语言为 $L(G)$，对应下推自动机 $M_p$ 接受的语言为 $L_\lambda(M_p)$，根据 $M_p$ 和 $G$ 的对应关系，有 $L_\lambda(M_p) = L(G)$。若链 $x \in L(G)$，则必有 $x \in L_\lambda(M_p)$。

**例 6.18** 设有上下文无关文法 $G = (V_T, V_N, S, P)$，其中

$$V_T = \{a, b, c, d\}, V_N = \{S, A, B\}, P: S \to cA, A \to aAB, A \to d, B \to b$$

求 $G$ 对应的下推自动机 $M_p$，判别链 $x = cadb$ 是否属于 $L(G)$。

**解**：设 $M_p = (\Sigma, Q, \Gamma, \delta, q_0, Z_0, F)$，其中

$$\Sigma = \{a, b, c, d\}, Q = \{q_0\}, \Gamma = \{S, A, B\}, Z_0 = S, F = \varnothing$$

$\delta$：由 $S \to cA$，对应地有 $\delta(q_0, c, S) = (q_0, A)$；

　由 $A \to aAB$，对应地有 $\delta(q_0, a, A) = (q_0, AB)$；

　由 $A \to d$，对应地有 $\delta(q_0, d, A) = (q_0, \lambda)$；

由 $B \to b$，对应地有 $\delta(q_0, b, B) = (q_0, \lambda)$。

下面考察 $M_p$ 能否接受 $x = cadb$。

$M_p$ 按以下次序利用 $\delta$ 中的规则接受 $x = cadb$：

1）$\delta(q_0, c, S) = (q_0, A)$，栈顶 $S$ 被 $A$ 代替；

2）$\delta(q_0, a, A) = (q_0, AB)$，栈顶 $S$ 弹出后被 $AB$ 压入，右边的 $B$ 被下推到堆栈第二个单元，左边的 $A$ 在栈顶；

3）$\delta(q_0, d, A) = (q_0, \lambda)$，栈顶 $A$ 被弹出，$B$ 上升到栈顶；

4）$\delta(q_0, b, B) = (q_0, \lambda)$，栈顶 $B$ 被弹出，堆栈变空。

因为 $M_p$ 接受了链 $x$，并且堆栈变空，所以 $x = cadb \in L_\lambda(M_p)$。当然也有 $x \in L(G)$。

一个下推自动机也对应一个上下文无关文法，由已知的下推自动机可以构成相应的上下文无关文法。构成方法与由有限态自动机构成正则文法类似，这里就不再详述了。

### 6.6.3* 图灵机与 0 型文法

图灵机是由数学家阿兰·麦席森·图灵(1912—1954)提出的一种抽象模型。由一个纸带、一个读写头和一个状态控制器构成。一个图灵机是一个八元组

$$M_t = (\Sigma, Q, \Gamma, \delta, q_0, B, q_a, q_N) \tag{6-22}$$

其中，$Q$ 是状态集合；$B$ 表示空白符□；$\Sigma$ 是输入字母表，$\Sigma$ 中不包含特殊的空白符 $B$；$\Gamma$ 是带字母表，$B \in \Gamma$ 且 $\Sigma \subseteq \Gamma$；$q_0$ 是起始状态，$q_0 \in Q$；$q_a$ 是接受状态，$q_a \in Q$；$q_N$ 是拒绝状态，$q_N \in Q$ 且 $q_N \neq q_a$；$\delta$：$Q \times \Gamma \to Q \times \Gamma \times \{L, R, S\}$ 是转移函数，$L$、$R$ 分别表示读写头向左和向右移，$S$ 表示读写头停止不动。

图灵机按如下方式运作：开始时，将输入符号串从左到右依此填入纸带的格子(0 号格子为第一个格子)，其他格子保持空白(即填以空白符□)。读写头指向第 0 号格子，$A_t$处于状态 $q_0$。机器开始运行后，按照转移函数 $\delta$ 所描述的规则进行计算。例如，若当前机器的状态为 $q$，读写头所指的格子中的符号为 $a$，设 $\delta(q, a) = (q', x', L)$，则机器进入新状态 $q'$，将读写头所指的格子中的符号改为 $x'$，然后将读写头向左移动一个格子。若在某一时刻，读写头所指的是第 0 号格子，但根据转移函数它下一步将继续向左移，这时它停在原地不动。换句话说，读写头始终不移出纸带的左边界。若在某个时刻 $A_t$根据转移函数进入了状态 $q_a$，则它立刻停机并接受输入的字符串；若在某个时刻 $A_t$根据转移函数进入了状态 $q_N$，则它立刻停机并拒绝输入的字符串。

注意，转移函数 $\delta$ 是一个部分函数，换句话说对于某些 $q$，$a$，$\delta(q, a)$ 可能没有定义，如果在运行中遇到下一个操作没有定义的情况，机器将立刻停机。

$M_t$所接受的所有字符串的集合称为 $M_t$的语言，记作 $L(M_t)$。

如果文法 $G = (V_T, V_N, S, P)$ 的规则集 $P$ 中所有规则满足 $\alpha \to \beta$，其中，$(V_T \cup V_N)^*$ 且至少含有一个非终结符，$\beta \in (V_T \cup V_N)^*$，那么 $G$ 是 0 型文法。可以证明，$G$ 的语言 $L(G) = L(M_t)$。

### 6.6.4* 线性有界自动机与上下文有关型文法

线性有界自动机(Linear Bounded Automaton，LBA)是一种图灵机，是把计算限制在仅仅包含输入的那一段带上的图灵机。它可作为上下文有关文法语言的识别接收器。

线性有界自动机$M_b$的形式化八元组表示与图灵机的八元组式(6-22)表示相同：

$$M_b = (\Sigma, Q, \Gamma, \delta, q_0, B, q_a, q_N) \tag{6-23}$$

其中，其他符号与图灵机中具有完全相同的说明。$\Gamma$含有两个特殊的符号，通常记为¢和＄，它们分别是左端标志和右端标志。这些符号开始就处在输入带的端点，其作用是阻止带头离开带上出现符号的区间。

线性有界自动机接受的字符串的集合与上下文有关文法所接受的语句集合等价。

## 习题6

6.1　句法模式识别中，模式类是如何描述的？

6.2　文法$G$的四元组表达式为________。

6.3　按照产生式的形式定义的四种文法的包含关系为________。

6.4　用链表法描述4～7四个数字。

6.5　定义所需基本单元，用PDL法描述印刷体英文大写字母H、K、M。

6.6　下列四元组中满足文法定义的有（　　）。

A. $(\{0, 1\}, \{A, B\}, A, \{A \to 01, A \to 0A1, A \to 1A0, B \to BA, B \to 0\})$

B. $(\{0, 1\}, \{A\}, A, \{A \to 0, A \to 0A\})$

C. $(\{a, b\}, \{S\}, S, \{S \to 00S, S \to 11S, S \to 00, S \to 11\})$

D. $(\{0, 1\}, \{A\}, A, \{A \to 01, A \to 0A1, A \to 1A0\})$

6.7　句法模式识别中模式描述方法有（　　）。

A. 符号串　　B. 树　　C. 图　　D. 特征向量

6.8　已知$L(G)$的正样本集$R^+ = \{10, 011, 001, 1101\}$，试推断出余码文法$G_c$。

6.9　设有文法$G = (V_T, V_N, S, P)$，$V_T = \{a, b\}$，$V_N = \{S, A, B\}$，$P$：①$S \to aB$，②$S \to bA$，③$A \to a$，④$A \to aS$，⑤$A \to bAA$，⑥$B \to b$，⑦$B \to bs$，⑧$B \to aBB$。试求出：

1）该文法属于哪种文法？

2）$a^3b^3$是否该属于该文法可接受的句子？

3）写出属于该文法生成的语句集$L(G)$中的2个句子。

6.10　已知有文法$G = (V_T, V_N, S, P)$，$V_T = \{0, 1\}$，$V_N = \{S, A, B\}$，生成式集$P$：

①$S \to 1$，②$S \to B1$，③$S \to B$，④$B \to 1A$，⑤$B \to B1A$，⑥$A \to 0A$，⑦$A \to 0$。

试分析链$x = 1010$是否属于该文法生成的语句集$L(G)$。

6.11　已知文法$G = (V_T, V_N, S, P)$，其中$V_T = \{a, b, c\}$，$V_N = \{S, A, B\}$，$P = \{S \to aAc, A \to aAc, A \to B, B \to bB, B \to b\}$。写出$a^3b^3c^3$的生成过程。

6.12　设有文法$G = (V_T, V_N, S, P)$，$V_T = \{a, b, c\}$，$V_N = \{S, A, B\}$，$P$：$S \to AB$，②$Ab \to bA$，③$S \to aAbc$，④$Ac \to Bbcc$，⑤$bB \to Bb$，⑥$aB \to aaA$，⑦$aB \to aa$。试写出三个句子。

6.13　设上下文无关文法$G = (V_T, V_N, S, P)$，$V_T = \{0, 1\}$，$V_N = \{S, C\}$，$P$中生成式的乔姆斯基范式为$S \to CC$，$S \to CS$，$S \to 1$，$C \to SC$，$C \to CS$，$C \to 0$。试用CYK分析法分析链$x = 01001$是否为该文法的合法句子。

6.14　给定文法$G = (\{a, b\}, \{S, A\}, S, P)$，其中，$P$：$S \to Ab$，$S \to ASb$，$A \to a$，试

自顶到底分析 $x=aabb$。

6.15　设文法 $G=(V_T, V_N, S, P)$其中，$V_T=\{0, 1\}$，$V_N=\{S, A, B\}$，$P$：①$S\to 1$，②$S\to B1$，③$S\to B$，④$B\to 1A$，⑤$B\to B1A$，⑥$A\to 0A$，⑦$A\to 0$。用填充树的顶下法分析链$x=1000$。

6.16　已知正则文法 $G=(V_T, V_N, S, P)$，其中，$V_T=\{a, b, c\}$，$V_N=\{S, A, B\}$，$P$：$S\to aAc$，$A\to aAc$，$A\to B$，$B\to bB$，$B\to b$。构成对应的有限态自动机，画出自动机的状态转换图。

6.17　已知某类对应的正则文法为 $G=(V_T, V_N, S, P)$，$V_T=\{0, 1\}$，$V_N=\{S, A, B, C\}$，$P$：①$S\to 1A$，②$S\to 0B$，③$S\to 1C$，④$A\to 0A$⑤$A\to 0$，⑥$B\to 0$，⑦$C\to 0C$，⑧$C\to 0$，⑨$C\to 1B$。试构成对应的有限态自动机，画出自动机的状态转换图。

6.18　已知上下文无关文法 $G=(V_T, V_N, S, P)$，其中，$V_T=\{a, b, c, d\}$，$V_N=\{S, A\}$，$P$：$S\to cA$，$A\to aAb$，$A\to d$。写出文法 $G$ 的格雷巴赫范式，构成相应的下推自动机。

6.19*　证明定理“当且仅当一种语言是上下文无关文法生成时，才能被 PDA 识别”。

# 第7章 模糊模式识别

模糊集理论(Fuzzy Set Theory)是美国控制论学者扎德(Zadeh)于1965年首先提出来的。模糊集理论又称模糊数学，目前已被广泛应用于信息处理、控制科学、模式识别等领域。经典的集合论规定，每一个集合都必须由确定的元素所构成，元素对集合的隶属关系必须是明确的，决不能模棱两可。对于那些外延不分明的概念(或称集合)，经典集合论无法处理。但是，在客观世界中普遍存在着大量的模糊现象。模糊性是指概念外延的不确定性。模糊性导致判断的不确定性。例如，人群中“老年人”“高个子的人”等概念或子集其外延就是不确定的，因为不能简单判断某个人是否属于对应的某个集合。只能以某种程度来加以“精确”描述。模糊模式识别是模糊数学应用于手写文字识别、图像识别等形成的一个新学科分支。

## 7.1 模糊集合

### 7.1.1 模糊集合的定义

传统集合论中的集合通常称为经典集合、普通集合、确定集合或简称为集合。而模糊集合则在下面将给出对应的定义。下面先给出几个概念定义。

**1. 论域**

论域是所研究对象的集合，其选取一般不唯一，往往需要根据具体研究问题或对象而确定。例如，在讨论涉及部分正整数为研究对象的问题时，通常可取自然数集合(含0)、正整数集合(均大于0)或整数集合为论域，也可取实数集合为论域，甚至也可以取所要研究的部分正整数本身为论域。在模糊集合中，论域的选取有时甚至需要做一定的“思路”转换。例如，在讨论一群人中“年轻人”的集合时，在模糊集中，不一定就是取那“一群人”作为论域，而可能因为决定一个人是否是“年轻人”的主要因素是年龄，所以论域可能取为由0~130的整数或者实数构成的集合。这样可能更便于问题的讨论。当然，如果直接取那“一群人”作为论域，然后给出每个人属于“年轻人”的隶属度(见下面的定义)也是可以进行研究的，但那样就需要逐一给出每个人的隶属度，显得比较麻烦。由此可见，论域的选取是至关重要的。不管是在传统集合论还是在模糊集合论中，选定的论域一般是确定的，即论域是一个传统集合，一个元素是否属于论域，是完全可判定的。

**2. 经典子集与特征函数**

对于论域上给定的任意两个集合$A$、$B$，若$x \in A$必有$x \in B$，则称$A$是$B$的“子集”，记为$A \subseteq B$或$B \supseteq A$；若$A \subseteq B$且$B - A \neq \varnothing$即$B$中含有不属于$A$的元素，则称$A$是$B$的“真子集”，记为$A \subset B$或$B \supset A$。

论域$U$上的任何子集$A$，可等价地用特征函数：

$$\chi_A(x)=\begin{cases}1, & x\in A\\ 0, & x\in U-A\end{cases}$$

来加以表示。$\chi_A(x)$：$U\rightarrow\{0,1\}$ 称为 $U$ 的子集 $A$ 所对应的特征函数。

**3. 模糊集合**

模糊子集常称为模糊集合或模糊集。论域 $U$ 上的一个模糊子集是指给出与 $U$ 中元素有关的一个概念，其外延不一定是完全确定的。因此可通过对 $U$ 中每个元素确定一个属于该模糊子集的隶属程度来表示。设 $\underset{\sim}{A}$ 是 $U$ 上的一个模糊子集，对元素 $x\in U$，数 $\mu_{\underset{\sim}{A}}(x)\in[0,1]$ 称为 $x$ 对 $\underset{\sim}{A}$ 的隶属度。$\mu_{\underset{\sim}{A}}$ 为 $U\rightarrow[0,1]$ 的一个映射，称为 $\underset{\sim}{A}$ 的隶属函数，或称从属函数。

模糊隶属函数是经典集合论中特征函数的推广。当 $\mu_{\underset{\sim}{A}}$ 的值域 $[0,1]$ 变为集合 $\{0,1\}$ 时，模糊集合退化为经典集合。模糊集合通常用大写字母下加“~”号表示，如 $\underset{\sim}{A}$。隶属函数值 $\mu_{\underset{\sim}{A}}(x)$ 用于刻画集合 $U$ 中的元素 $x$ 属于 $\underset{\sim}{A}$ 的隶属程度——隶属度，$\mu_{\underset{\sim}{A}}(x)$ 值越大，$x$ 隶属于 $\underset{\sim}{A}$ 的程度就越高。$\mu_{\underset{\sim}{A}}(x)=1$：表示 $x$ 完全属于 $\underset{\sim}{A}$。$\mu_{\underset{\sim}{A}}(x)=0$：表示 $x$ 不属于 $\underset{\sim}{A}$。$0<\mu_{\underset{\sim}{A}}(x)<1$：表示 $x$ 属于 $\underset{\sim}{A}$ 的程度介于“属于”和“不属于”之间——模糊的。$U$ 上所有模糊集的集合用 $2^{\underset{\sim}{U}}$ 表示。

**4. 模糊集合的表示**

当论域 $U=\{x_1,x_2,\cdots,x_n\}$ 是一个离散域时，$\underset{\sim}{A}$ 为 $U$ 上的一个模糊集合，则 $\underset{\sim}{A}$ 可记为

$$\underset{\sim}{A}=\sum_{i=1}^{n}\mu_{\underset{\sim}{A}}(x_i)/x_i \tag{7-1}$$

注意，这里仅是借用了算术符号“Σ”和“/”，并不表示分式求和运算。它描述 $\underset{\sim}{A}$ 中有哪些元素，以及各元素的隶属度值。

当论域 $U$ 是一个连续域时，可采用积分表示法：

$$\underset{\sim}{A}=\int_U\mu_{\underset{\sim}{A}}(x)/x \tag{7-2}$$

这里的“∫”并不意味着积分运算而是一种标记，表示连续域时元素与隶属度对应关系的一个总括。它也适用于离散域的论域。

1）序偶表示法

$$\underset{\sim}{A}=\{(x_1,\mu_{\underset{\sim}{A}}(x_1)),(x_2,\mu_{\underset{\sim}{A}}(x_2)),\cdots,(x_n,\mu_{\underset{\sim}{A}}(x_n))\}$$

2）向量表示法

$$\underset{\sim}{A}=\{\mu_{\underset{\sim}{A}}(x_1),\mu_{\underset{\sim}{A}}(x_2),\cdots,\mu_{\underset{\sim}{A}}(x_n)\}$$

3）其他方法

$$\underset{\sim}{A}=\{\mu_{\underset{\sim}{A}}(x_1)/x_1,\mu_{\underset{\sim}{A}}(x_2)/x_2,\cdots,\mu_{\underset{\sim}{A}}(x_n)/x_n\}$$

$$\underset{\sim}{A}=\{(x_i,\mu_{\underset{\sim}{A}}(x_i))\mid i=1,2,\cdots,n\}$$

$$\underset{\sim}{A}=\{\mu_{\underset{\sim}{A}}(x_i)/x_i\mid i=1,2,\cdots,n\}$$

$$\underset{\sim}{A}=\{\mu_{\underset{\sim}{A}}(x_i)\mid i=1,2,\cdots,n\}$$

求和表示法和积分表示法是扎德最早提出的对模糊集合的表示方法。当某一元素的隶属函数

值为 0 时，对应的项可以省略。

下面举例说明模糊集合的常用表示方法。

**例 7.1** 设论域 $U=\{x_1, x_2, x_3, x_4\}$，$\underset{\sim}{A}$ 为 $U$ 上的一个模糊集，$U$ 中每一元素属于 $\underset{\sim}{A}$ 的隶属度分别为 $\mu_{\underset{\sim}{A}}(x_1)=0.6$，$\mu_{\underset{\sim}{A}}(x_2)=0.7$，$\mu_{\underset{\sim}{A}}(x_3)=1$，$\mu_{\underset{\sim}{A}}(x_4)=0.4$，则 $\underset{\sim}{A}$ 可表示为：

(1)求和表示法：$\underset{\sim}{A}=0.6/x_1+0.7/x_2+1/x_3+0.4/x_4$

(2)序偶表示法：$\underset{\sim}{A}=\{(0.6, x_1), (0.7, x_2), (1, x_3), (0.4, x_4)\}$

(3)向量表示法：$\underset{\sim}{A}=(0.6, 0.7, 1, 0.4)$

(4)其他方法，如：$\underset{\sim}{A}=\{0.6/x_1, 0.7/x_2, 1/x_3, 0.4/x_4)\}$

如果 $x_i$ 到 $\underset{\sim}{A}$ 的隶属函数 $\mu_{\underset{\sim}{A}}(x_1)=i/5$，则 $\underset{\sim}{A}$ 也可表示为

$$\underset{\sim}{A}=\{(i, i/5)\mid i=1,2,\cdots,4\}$$

$$\underset{\sim}{A}=\{i/5\mid i=1,2,\cdots,4\}$$

**例 7.2** 设论域 $U=(a, b, c)$，如图 7.1 所示。$\underset{\sim}{A}$ 为模糊集合"正方形"。$U$ 中元素指定对 $\underset{\sim}{A}$ 的隶属度分别为 $\mu_{\underset{\sim}{A}}(a)=1$，$\mu_{\underset{\sim}{A}}(b)=0.8$，$\mu_{\underset{\sim}{A}}(c)=0.7$，则 $\underset{\sim}{A}$ 可表示为：

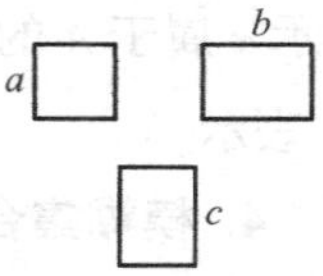

(1)求和表示法：$\underset{\sim}{A}=1/a+0.8/b+0.7/c$

(2)序偶表示法：$\underset{\sim}{A}=\{(1, a), (0.8, b), (0.7, c)\}$

(3)向量表示法：$\underset{\sim}{A}=(1, 0.8, 0.7)$

(4)其他方法，如：$\underset{\sim}{A}=(1/a, 0.8/b, 0.7/c)$

a b c

图 7.1 模糊集合

**例 7.3** 以年龄作为论域，取 $U=[0, 200]$，模糊集"中年"$\underset{\sim}{M}$ 的隶属函数如下：

$$\mu_{\underset{\sim}{M}}(x)=\begin{cases}0, & 0\leqslant x<30 \vee x>75\\ 1, & 45\leqslant x<60\\ x/15-2, & 30\leqslant x<45\\ -x/15+5, & 60\leqslant x\leqslant 75\end{cases}$$

$U$ 是一个连续的实数区间，模糊集合表示为

$$\underset{\sim}{M}=\int_U \mu_{\underset{\sim}{M}}(x)/x$$

"中年"的隶属函数曲线如图 7.2 所示。

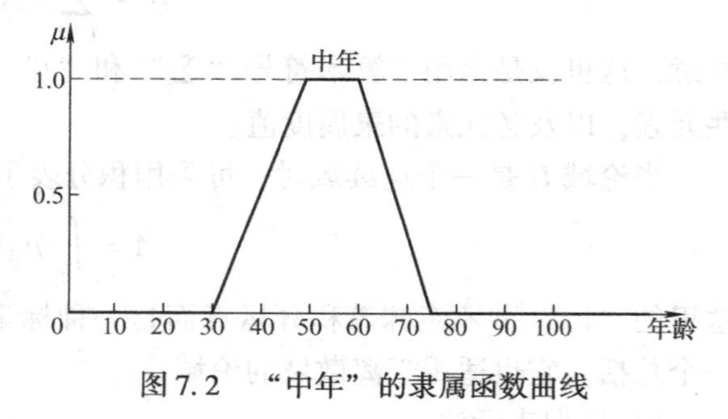


图 7.2 "中年"的隶属函数曲线

## 7.1.2 与模糊集合相关的几个概念

(1) 核 模糊集合 $\underset{\sim}{A}$ 的核是隶属度为 1 的元素组成的经典集合。其定义式为

$$\mathrm{Ker}(\underset{\sim}{A})=\{x\mid\mu_{\underset{\sim}{A}}(x)=1\} \tag{7-3}$$

如果一个模糊集合 $\underset{\sim}{A}$ 的核是非空的，则 $\underset{\sim}{A}$ 为正规模糊集；如果模糊集合 $\underset{\sim}{A}$ 的核是空的，则 $\underset{\sim}{A}$ 为非正规模糊集。

(2) 支集 模糊集 $\underset{\sim}{A}$ 的支集 $\mathrm{Supp}(\underset{\sim}{A})$ 是模糊集合中隶属度大于零的元素组成的经典集合。其定义式为

$$\mathrm{Supp}(\underset{\sim}{A})=\{x\mid\mu_{\underset{\sim}{A}}(x)>0\} \tag{7-4}$$

（3）边界　模糊集合 $\underset{\sim}{A}$ 的边界 Bnd($\underset{\sim}{A}$)定义为

$$\mathrm{Bnd}(\underset{\sim}{A})=\{x\mid\mu_{\underset{\sim}{A}}(x)=0\}$$

即

$$\mathrm{Bnd}(\underset{\sim}{A})=\mathrm{Supp}(\underset{\sim}{A})-\mathrm{Ker}(\underset{\sim}{A})$$

（4）对称模糊集　设论域 $U=(-\infty,\ +\infty)$。给定 $U$ 上的模糊集合 $\underset{\sim}{A}$ 及隶属函数 $\mu_{\underset{\sim}{A}}$，若

$$\mu_{\underset{\sim}{A}}(c+x)=\mu_{\underset{\sim}{A}}(c-x),\ \forall x\in U,\ c\in U \tag{7-5}$$

则称模糊集合 $\underset{\sim}{A}$ 的隶属函数 $\mu_{\underset{\sim}{A}}$ 以 $c$ 点为中心对称。

（5）凸模糊集　设 $U=(-\infty,+\infty)$。对模糊集合 $\underset{\sim}{A}$ 的隶属函数 $\mu_{\underset{\sim}{A}}$ 和任意的 $\lambda\in[0,\ 1]$，若

$$\mu_{\underset{\sim}{A}}(\lambda x_1+(1-\lambda)x_2)\geqslant\min(\mu_{\underset{\sim}{A}}(x_1),\mu_{\underset{\sim}{A}}(x_2)) \tag{7-6}$$

对任意的 $x_1$，$x_2\in U$ 成立，则称模糊集合 $\underset{\sim}{A}$ 为凸模糊集。

（6）截集　给定模糊集合 $\underset{\sim}{A}$，论域为 $U$，对任意 $\lambda\in[0,\ 1]$，称普通集合

$$\underset{\sim}{A}_\lambda=\{x\mid x\in U,\mu_{\underset{\sim}{A}}(x)\geqslant\lambda\} \tag{7-7}$$

为 $\underset{\sim}{A}$ 的 $\lambda$ 截集。若将其中≥改为>，则得到的普通集合则称为严格 $\lambda$ 截集。通过 $\lambda$ 截集可以实现模糊集合到普通集合的转换。

**例 7.4**　设 $U=\{x_1,\ x_2,\ x_3,\ x_4\}$，模糊集 $\underset{\sim}{A}=0.6/x_1+0.7/x_2+1/x_3+0.4/x_4$，则 $\underset{\sim}{A}$ 的截集有

$$\underset{\sim}{A}_1=\{x_3\},\ \underset{\sim}{A}_{0.7}=\{x_2,x_3\},\ \underset{\sim}{A}_{0.6}=\{x_1,\ x_2,x_3\},$$
$$\underset{\sim}{A}_{0.5}=\{x_1,\ x_2,x_3\},\ \underset{\sim}{A}_{0.4}=\{x_1,\ x_2,x_3,x_4\},\ \underset{\sim}{A}_0=U$$

其中，截集 $\underset{\sim}{A}_1$ 是模糊集合 $\underset{\sim}{A}$ 的核。

可以验证，截集满足以下三个性质：

1) $(\underset{\sim}{A}\cup\underset{\sim}{B})_\lambda=\underset{\sim}{A}_\lambda\cup\underset{\sim}{B}_\lambda$；

2) $(\underset{\sim}{A}\cap\underset{\sim}{B})_\lambda=\underset{\sim}{A}_\lambda\cap\underset{\sim}{B}_\lambda$；

3) 若 $\lambda$，$\mu\in\left[0,\ 1\right]$，且 $\lambda\leqslant\mu$，则 $\underset{\sim}{A}_\lambda\supseteq\underset{\sim}{A}_\mu$。

（7）隶属函数的确定　隶属函数是模糊集合中表示模糊概念的基础。构造的隶属函数要求能反映客观事实。确定隶属函数需要有一定的数学技巧。目前人们已研究出了一些相应的方法，如统计法、二元对比排序法、推理法、专家评分法等。常用隶属函数一般有：S 形函数、梯形函数、高斯正态函数、三角形函数等。

## 7.2　模糊集合的运算

### 1. 模糊集合的基本运算

通过逐点对同一论域上两个模糊集合的隶属函数值做相应的运算或判断处理可得到新的隶属函数(二元运算的结果为新的模糊集合)或判断处理结果。如果是一元运算，则仅需对一个模糊集合的隶属函数值逐点做相应的运算处理。在模糊数学中，通常用∨表示 max 即取最大值，用∧表示 min 即取最小值。

设 $\underset{\sim}{A}$、$\underset{\sim}{B}$、$\underset{\sim}{C}$、$\bar{\underset{\sim}{A}}$为论域 $U$ 中的模糊集合，基本运算有：

(1)模糊集相等　$\underset{\sim}{A}=\underset{\sim}{B}\Leftrightarrow\mu_{\underset{\sim}{A}}(x)=\mu_{\underset{\sim}{B}}(x)$

(2)包含　$\underset{\sim}{A}\subseteq\underset{\sim}{B}\Leftrightarrow\mu_{\underset{\sim}{A}}(x)\leqslant\mu_{\underset{\sim}{B}}(x)$

(3)补集　$\overline{\underset{\sim}{A}}\Leftrightarrow\mu_{\overline{\underset{\sim}{A}}}(x)=1-\mu_{\underset{\sim}{A}}(x)$。$\overline{\underset{\sim}{A}}$也记为$\underset{\sim}{A}^{c}$。

(4)空集　$\underset{\sim}{A}=\varnothing\Leftrightarrow\mu_{\underset{\sim}{A}}(x)=0$

(5)全集　$\underset{\sim}{A}=U\Leftrightarrow\mu_{\underset{\sim}{A}}(x)=1$

(6)并集　$\underset{\sim}{C}=\underset{\sim}{A}\cup\underset{\sim}{B}\Leftrightarrow\mu_{\underset{\sim}{C}}(x)=\max(\mu_{\underset{\sim}{A}}(x),\ \mu_{\underset{\sim}{B}}(x))=\mu_{\underset{\sim}{A}}(x)\vee\mu_{\underset{\sim}{B}}(x)$

(7)交集　$\underset{\sim}{C}=\underset{\sim}{A}\cap\underset{\sim}{B}\Leftrightarrow\mu_{\underset{\sim}{C}}(x)=\min(\mu_{\underset{\sim}{A}}(x),\ \mu_{\underset{\sim}{B}}(x))=\mu_{\underset{\sim}{A}}(x)\wedge\mu_{\underset{\sim}{B}}(x)$

**2. 模糊集合运算的基本性质**

模糊集合运算的基本性质有：

(1) 自反律　$\underset{\sim}{A}\subseteq\underset{\sim}{A}$

(2) 反对称律　若$\underset{\sim}{A}\subseteq\underset{\sim}{B}$，$\underset{\sim}{B}\subseteq\underset{\sim}{A}$，则$\underset{\sim}{A}=\underset{\sim}{B}$。

(3) 交换律　$\underset{\sim}{A}\cup\underset{\sim}{B}=\underset{\sim}{B}\cup\underset{\sim}{A}$，$\underset{\sim}{A}\cap\underset{\sim}{B}=\underset{\sim}{B}\cap\underset{\sim}{A}$

(4) 结合律　$(\underset{\sim}{A}\cup\underset{\sim}{B})\cup\underset{\sim}{C}=\underset{\sim}{A}\cup(\underset{\sim}{B}\cup\underset{\sim}{C})$；$(\underset{\sim}{A}\cap\underset{\sim}{B})\cap\underset{\sim}{C}=\underset{\sim}{A}\cap(\underset{\sim}{B}\cap\underset{\sim}{C})$

(5) 分配律　$\underset{\sim}{A}\cup(\underset{\sim}{B}\cap\underset{\sim}{C})=(\underset{\sim}{A}\cup\underset{\sim}{B})\cap(\underset{\sim}{A}\cup\underset{\sim}{C})$；$\underset{\sim}{A}\cap(\underset{\sim}{B}\cup\underset{\sim}{C})=(\underset{\sim}{A}\cap\underset{\sim}{B})\cup(\underset{\sim}{A}\cap\underset{\sim}{C})$

(6) 传递律　若$\underset{\sim}{A}\subseteq\underset{\sim}{B}$，$\underset{\sim}{B}\subseteq\underset{\sim}{C}$，则$\underset{\sim}{A}\subseteq\underset{\sim}{C}$。

(7) 幂等律　$\underset{\sim}{A}\cup\underset{\sim}{A}=\underset{\sim}{A}$，$\underset{\sim}{A}\cap\underset{\sim}{A}=\underset{\sim}{A}$

(8) 吸收律　$(\underset{\sim}{A}\cap\underset{\sim}{B})\cup\underset{\sim}{A}=\underset{\sim}{A}$，$(\underset{\sim}{A}\cup\underset{\sim}{B})\cap\underset{\sim}{A}=\underset{\sim}{A}$



(9) 对偶律　$\overline{\underset{\sim}{A}\cup\underset{\sim}{B}}=\overline{\underset{\sim}{A}}\cap\overline{\underset{\sim}{B}}$，$\overline{\underset{\sim}{A}\cap\underset{\sim}{B}}=\overline{\underset{\sim}{A}}\cup\overline{\underset{\sim}{B}}$，也称德·摩根定律。

(10) 对合律　$\overline{\overline{\underset{\sim}{A}}}=\underset{\sim}{A}$，即双重否定律。

(11) 定常律　$\underset{\sim}{A}\cup U=U$，$\underset{\sim}{A}\cap U=\underset{\sim}{A}$，$\underset{\sim}{A}\cup\varnothing=\underset{\sim}{A}$，$\underset{\sim}{A}\cap\varnothing=\varnothing$

(12) 一般地，互补律不成立　$\underset{\sim}{A}\cup\overline{\underset{\sim}{A}}\neq U$，$\underset{\sim}{A}\cap\overline{\underset{\sim}{A}}\neq\varnothing$

## 7.3　模糊关系与模糊矩阵

两个元素之间具有的关系的程度用［0，1］间的某个数即隶属度来表示即得到模糊关系。模糊关系是普通关系的推广。

### 7.3.1　模糊关系的定义

$X\times Y$中的（二元）模糊关系$\underset{\sim}{R}$是$X\times Y$中的模糊集合，其隶属函数用$\mu_{\underset{\sim}{R}}(x,\ y)$表示。若$X=Y=U$，则称$\underset{\sim}{R}$是$U$中的模糊关系。$\mu_{\underset{\sim}{R}}(x,\ y)$在闭区间［0，1］上取值，其大小反映了$(x,\ y)$具有关系$\underset{\sim}{R}$的程度。

由于模糊关系是一种模糊集合，所以模糊集合仍可进行相等、包含、并、交等操作。

设$\underset{\sim}{R}_1$和$\underset{\sim}{R}_2$是$X\times Y$中的模糊关系，若对$\forall(x,\ y)\in X\times Y$，都有$\mu_{\underset{\sim}{R}_1}(x,\ y)=\mu_{\underset{\sim}{R}_2}(x,\ y)$，则称$\underset{\sim}{R}_1$和$\underset{\sim}{R}_2$相等，记为$\underset{\sim}{R}_1=\underset{\sim}{R}_2$；若对$\forall(x,\ y)X\times Y$，都有$\mu_{\underset{\sim}{R}_1}(x,\ y)\leqslant\mu_{\underset{\sim}{R}_2}(x,\ y)$，则称$\underset{\sim}{R}_2$包含$\underset{\sim}{R}_1$，记为$\underset{\sim}{R}_1\subseteq\underset{\sim}{R}_2$。

## 7.3.2　模糊关系的表示

### 1. 模糊矩阵表示法

当 $X$ 和 $Y$ 都是有限论域时，模糊关系 $\underset{\sim}{R}$ 也可以表示为矩阵形式。设 $X=\{x_1, x_2, \cdots, x_i, \cdots, x_m\}$，$Y=\{y_1, y_2, \cdots, y_j, \cdots, y_n\}$，则 $\underset{\sim}{R}$ 对应的矩阵表示形式为

$$\boldsymbol{M}_{\underset{\sim}{R}}=(r_{ij})_{m\times n} \tag{7-8}$$

其中，$r_{ij}=\mu_{\underset{\sim}{R}}(x_i,y_j)\in[0, 1]$。

$\boldsymbol{M}_{\underset{\sim}{R}}$ 也称为模糊矩阵。模糊矩阵是普通关系矩阵的推广。为简便起见，模糊关系 $\underset{\sim}{R}$ 的模糊矩阵仍用 $\underset{\sim}{\boldsymbol{R}}$ 表示。即在矩阵表示时，$\underset{\sim}{\boldsymbol{R}}=\boldsymbol{M}_{\underset{\sim}{R}}$。

**例 7.5**　设 $X=Y=\{1, 2, \cdots, 6\}$，$X\times Y$ 中的模糊关系“远远大于”（记为 $x\gg y$）的模糊矩阵$\underset{\sim}{\boldsymbol{R}}$表示为

$$\underset{\sim}{\boldsymbol{R}}=\begin{array}{c}1\\2\\3\\4\\5\\6\\ \\\end{array}\!\!\begin{array}{c}\begin{pmatrix}0&0&0&0&0&0\\0&0&0&0&0&0\\0&0&0&0&0&0\\0.2&0&0&0&0&0\\0.8&0.6&0.3&0&0&0\\1&0.8&0.4&0.2&0&0\end{pmatrix}\\ \begin{matrix}1&\;\;2&\;\;3&\;\;4&\;\;5&\;\;6\end{matrix}\end{array}$$

其中 $\underset{\sim}{r}_{64}=\mu_{\underset{\sim}{R}}(6, 4)=0.2$ 表明，当 $x$ 较 $y$ 多 2 时，$(x, y)$ 对 $\underset{\sim}{R}$ 的隶属度为 0.2。其余可类推。

模糊矩阵$\underset{\sim}{\boldsymbol{R}}$的截矩阵$\underset{\sim}{\boldsymbol{R}}_\lambda$ 定义为$\underset{\sim}{\boldsymbol{R}}_\lambda=(c_{ij})_{m\times n}$，其中 $\lambda\in[0, 1]$，且 $c_{ij}=1$，若 $r_{ij}\geqslant\lambda$；$c_{ij}=0$，若 $r_{ij}<\lambda$。显然，模糊矩阵$\underset{\sim}{\boldsymbol{R}}$的截矩阵$\underset{\sim}{\boldsymbol{R}}_\lambda$ 是一个普通的关系矩阵。

### 2. 有向图表示法

模糊关系也可用有向图表示。

**例 7.6**　设 $\underset{\sim}{R}$ 为模糊关系“长相相似”，且有 $\underset{\sim}{R}$(张林，王磊)$=0.7$，$\underset{\sim}{R}$(张林，赵亮)$=0.6$，$\underset{\sim}{R}$(王磊，刘方)$=0.4$，$\underset{\sim}{R}$(刘方，赵亮)$=0.2$，$\underset{\sim}{R}$(赵亮，刘方)$=0.2$，自己与自己的相似度为 1，则 $\underset{\sim}{R}$ 可如图 7.3所示。

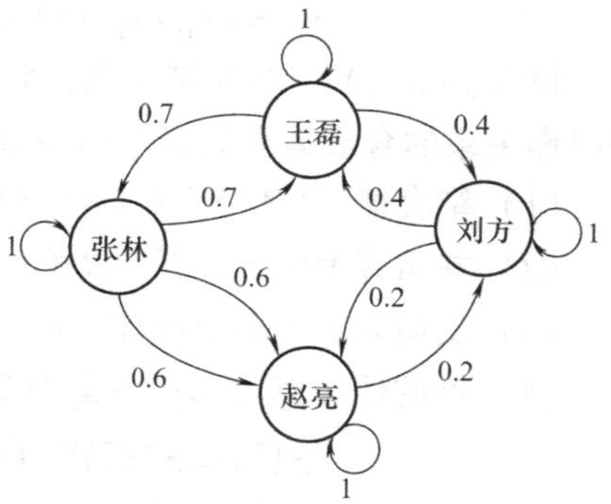

图 7.3　模糊关系的图形表示法示例图

## 7.3.3　模糊关系的运算

### 1. 模糊关系的合成运算

设 $\underset{\sim}{R}$ 是 $X\times Y$ 中的模糊关系，$\underset{\sim}{S}$ 是 $Y\times Z$ 中的模糊关系，定义 $\underset{\sim}{R}$ 和 $\underset{\sim}{S}$ 合成 $\underset{\sim}{T}=\underset{\sim}{R}\circ\underset{\sim}{S}$ 为 $X\times Z$ 中的模糊关系，且 $\underset{\sim}{T}$ 具有隶属函数

$$\mu_{\underset{\sim}{T}}(x,z)=\mu_{\underset{\sim}{R}\times\underset{\sim}{S}}(x,z)=\bigvee_{y\in Y}(\mu_{\underset{\sim}{R}}(x,y)\wedge\mu_{\underset{\sim}{S}}(y,z)),\ \forall x\in X,\ \forall z\in Z \tag{7-9}$$

当$\underset{\sim}{R}$是$X$中的模糊关系且$i>1$为正整数时，记

$$\underset{\sim}{R}^i=\underset{\sim}{R}^{i-1}\circ\underset{\sim}{R} \tag{7-10}$$

对于有限论域$X=\{x_1, x_2, \cdots, x_i, \cdots, x_m\}$，$Y=\{y_1, y_2, \cdots, y_j, \cdots, y_n\}$，$Z=\{z_1, z_2, \cdots, z_k, \cdots, z_p\}$，$\underset{\sim}{R}$是$X\times Y$中模糊关系，$\underset{\sim}{S}$是$Y\times Z$中模糊关系，$\underset{\sim}{R}$和$\underset{\sim}{S}$合成模糊关系$\underset{\sim}{T}=\underset{\sim}{R}\circ\underset{\sim}{S}$可用模糊矩阵合成运算完成：设$\underset{\sim}{\boldsymbol{R}}=(r_{ij})_{m\times n}$，$\underset{\sim}{\boldsymbol{S}}=(s_{jk})_{n\times p}$，$\underset{\sim}{\boldsymbol{T}}=\underset{\sim}{\boldsymbol{R}}\circ\underset{\sim}{\boldsymbol{S}}=(t_{ik})_{m\times p}$，则

$$t_{ik}=\bigvee_{j=1}^{n}(r_{ij}\wedge s_{jk}) \tag{7-11}$$

**例 7.7** 设

$$\underset{\sim}{\boldsymbol{R}}=\begin{pmatrix}0.2 & 0.6\\0.5 & 0.2\\0.4 & 0.7\\0.3 & 0.4\end{pmatrix}_{4\times2}, \quad \underset{\sim}{\boldsymbol{S}}=\begin{pmatrix}0.3 & 0.2 & 0.6 & 0\\1 & 0 & 0.7 & 0.4\end{pmatrix}_{2\times4}$$

则

$$\underset{\sim}{\boldsymbol{T}}=\underset{\sim}{\boldsymbol{R}}\circ\underset{\sim}{\boldsymbol{S}}=\begin{pmatrix}0.6 & 0.2 & 0.6 & 0.4\\0.2 & 0.2 & 0.5 & 0.2\\0.7 & 0.2 & 0.7 & 0.4\\0.4 & 0.2 & 0.4 & 0.4\end{pmatrix}_{4\times4}$$

其中

$$t_{ik}=\bigvee_{j=1}^{2}(r_{ij}\wedge s_{jk}),i=1,2,3,4;\ j=1,2;\ k=1,2,3,4$$

例如

$$t_{11}=(r_{11}\wedge s_{11})\vee(r_{12}\wedge s_{21})=(0.2\wedge0.3)\vee(0.6\wedge1)=0.6$$

$$t_{32}=(r_{31}\wedge s_{12})\vee(r_{32}\wedge s_{22})=(0.4\wedge0.2)\vee(0.7\wedge0)=0.2$$

设$\underset{\sim}{R}$为$X\times Y$中的模糊关系，$\underset{\sim}{S}$和$\underset{\sim}{T}$为$Y\times Z$中的模糊关系，$\underset{\sim}{P}$为$Z\times W$中的模糊关系，则模糊关系的合成运算具有下列性质。

(1) 结合律　$(\underset{\sim}{R}\circ\underset{\sim}{S})\circ\underset{\sim}{P}=\underset{\sim}{R}\circ(\underset{\sim}{S}\circ\underset{\sim}{P})$

(2) 并运算上的分配律　$\underset{\sim}{R}\circ(\underset{\sim}{S}\cup\underset{\sim}{T})=(\underset{\sim}{R}\circ\underset{\sim}{S})\cup(\underset{\sim}{R}\circ\underset{\sim}{T})$

(3) 交运算上的弱分配律　$\underset{\sim}{R}\circ(\underset{\sim}{S}\cap\underset{\sim}{T})\subseteq(\underset{\sim}{R}\circ\underset{\sim}{S})\cap(\underset{\sim}{R}\circ\underset{\sim}{T})$

(4) 单调性　$\underset{\sim}{S}\subseteq\underset{\sim}{T}\Rightarrow\underset{\sim}{R}\circ\underset{\sim}{S}\subseteq\underset{\sim}{R}\circ\underset{\sim}{T}$; $\underset{\sim}{S}\subseteq\underset{\sim}{T}\Rightarrow\underset{\sim}{S}\circ\underset{\sim}{R}\subseteq\underset{\sim}{T}\circ\underset{\sim}{R}$

$\underset{\sim}{S}\subseteq\underset{\sim}{T}\Rightarrow\underset{\sim}{S}^m\subseteq\underset{\sim}{T}^m$（$m>0$为任意正整数）

**2. 模糊关系的倒置运算**

设$\underset{\sim}{R}$为$X\times Y$中的模糊关系，$\underset{\sim}{R}$的倒置模糊关系为$Y\times X$中的模糊关系，记为$\underset{\sim}{R}^{\mathrm{T}}$，且其隶属函数定义为$\mu_{\underset{\sim}{R}^{\mathrm{T}}}(y, x)=\mu_{\underset{\sim}{R}}(x, y)$

### 7.3.4 模糊关系的自反性、对称性、传递性和传递闭包

**1. 自反性**

给定$X$中的模糊关系$\underset{\sim}{R}$，若对$\forall x\in X$都有$\mu_{\underset{\sim}{R}}(x, x)=1$，则称$\underset{\sim}{R}$具有自反性，为自反

的模糊关系。在自反的模糊关系对应的模糊矩阵中对角线元素均为 1。

**2. 对称性**

给定 $X$ 中的模糊关系 $\underset{\sim}{R}$，当且仅当对 $\forall x,\ y \in X$ 有 $\mu_{\underset{\sim}{R}}(x,\ y)=\mu_{\underset{\sim}{R}}(y,\ x)$，则称 $\underset{\sim}{R}$ 具有对称性，为对称的模糊关系。显然，$\mu_{\underset{\sim}{R}}(x,\ y)=\mu_{\underset{\sim}{R}}(y,\ x) \Leftrightarrow \mu_{\underset{\sim}{R}^{\mathrm{T}}}(x,\ y)=\mu_{\underset{\sim}{R}}(x,\ y)$。

当论域有限时，对称模糊关系 $\underset{\sim}{R}$ 的矩阵具有对称性，即 $\boldsymbol{M}_{\underset{\sim}{R}^{\mathrm{T}}}=\boldsymbol{M}_{\underset{\sim}{R}}$，模糊矩阵为对称阵。

**例 7.8**　设

$$\boldsymbol{M}_{\underset{\sim}{R}}=\begin{pmatrix}1 & 0.3 & 0.4\\ 0.3 & 1 & 0.2\\ 0.4 & 0.2 & 1\end{pmatrix}$$

易见，$\underset{\sim}{R}$ 既具有自反性，也具有对称性。

**3. 传递性**

设 $\underset{\sim}{R}$ 是 $X$ 中的模糊关系，若 $\underset{\sim}{R}\circ\underset{\sim}{R}\subseteq\underset{\sim}{R}$，则称 $\underset{\sim}{R}$ 具有传递性，为传递的模糊关系。传递性关系可以等价地表达为

$$\mu_{\underset{\sim}{R}}(x,z) \geqslant \bigvee_{y}(\mu_{\underset{\sim}{R}}(x,y) \wedge \mu_{\underset{\sim}{R}}(y,z)),\ \forall x,y,z \in X \tag{7-12}$$

例如，设 $X$ 为实数集，关系“$x$ 远大于 $y$”是具有传递性的模糊关系。

**4. 反自反性**

设 $\underset{\sim}{R}$ 是 $X$ 中的模糊关系，若对 $\forall x \in X$，均有 $\mu_{\underset{\sim}{R}}(x,\ x)=0$，则称 $\underset{\sim}{R}$ 具有反自反性，为反自反的模糊关系。



**5. 传递闭包**

模糊关系 $\underset{\sim}{R}$ 的传递闭包 $\hat{\underset{\sim}{R}}$ 定义为

$$\hat{\underset{\sim}{R}}=\underset{\sim}{R}\cup\underset{\sim}{R}^2\cup\cdots\cup\underset{\sim}{R}^m\cup\cdots=\bigcup_{n=1}^{\infty}\underset{\sim}{R}^n \tag{7-13}$$

可以由式(7-12)和式(7-13)证明得

$$\hat{\underset{\sim}{R}}\circ\hat{\underset{\sim}{R}}\subseteq\hat{\underset{\sim}{R}} \tag{7-14}$$

即模糊关系(不管它是否具有传递性)的传递闭包总是具有传递性的。

若 $\underset{\sim}{R}$ 是有限论域 $X=\{x_1,\ x_2,\ \cdots,\ x_n\}$ 中的模糊关系，我们可以证明，存在 $k \leqslant n$ 使

$$\hat{\underset{\sim}{R}}=\bigcup_{i=1}^{k}\underset{\sim}{R}^i \tag{7-15}$$

**例 7.9**　设

$$\underset{\sim}{\boldsymbol{R}}=\begin{pmatrix}0.6 & 0.2 & 0.4\\ 0.1 & 0.3 & 0.5\\ 0.7 & 0.4 & 0.8\end{pmatrix}$$

则可求得

$$\underset{\sim}{\boldsymbol{R}}^2=\begin{pmatrix}0.6 & 0.4 & 0.4\\ 0.5 & 0.4 & 0.5\\ 0.7 & 0.4 & 0.8\end{pmatrix},\ \underset{\sim}{\boldsymbol{R}}^3=\begin{pmatrix}0.6 & 0.4 & 0.4\\ 0.5 & 0.4 & 0.5\\ 0.7 & 0.4 & 0.8\end{pmatrix}$$

可见

$$\underset{\sim}{R}^2 = \underset{\sim}{R}^3$$

于是，可推得当 $n \geqslant 2$ 时，

$$\underset{\sim}{R}^{n+1} = \underset{\sim}{R}^n = \underset{\sim}{R}^2$$

故

$$\underset{\sim}{R} = \hat{\underset{\sim}{R}} = \underset{\sim}{R} \cup \underset{\sim}{R}^2 = \begin{pmatrix} 0.6 & 0.4 & 0.4 \\ 0.5 & 0.4 & 0.5 \\ 0.7 & 0.4 & 0.8 \end{pmatrix}$$

**6. 模糊相似关系**

$X$ 中同时具有自反性和对称性的模糊关系 $\underset{\sim}{R}$，称为模糊相似关系。

**7. 模糊等价关系**

$X$ 中同时具有自反性、对称性和传递性的模糊关系 $\underset{\sim}{R}$，称为模糊等价关系。

**8. 模糊关系之间的关系**

1）$X$ 上的一个模糊等价关系一定是自反的、对称的和传递的。

2）$X$ 上的一个模糊相似关系一定是自反的、对称的。

3）$X$ 上的一个模糊等价关系或模糊相似关系一定都不是反自反的。

4）$X$ 上的一个模糊等价关系一定也是一个模糊相似关系。

5）若 $\underset{\sim}{R}$ 是模糊等价关系，记它的补为 $\underset{\sim}{D}(=\underset{\sim}{R}^c)$ 一定是反自反的、对称的，而且有

$$\mu_{\underset{\sim}{D}}(x,z) \leqslant \max\{\mu_{\underset{\sim}{D}}(x,y), \mu_{\underset{\sim}{D}}(y,z)\}, \forall x,y,z \in X \tag{7-16}$$



因此，可将 $\mu_{\underset{\sim}{D}}(x, y) = 1 - \mu_{\underset{\sim}{R}}(x, y)$ 理解为距离函数。

6）若 $\underset{\sim}{R}$ 是模糊等价关系，则对 $\forall \lambda \in [0, 1]$，截矩阵 $\underset{\sim}{R}_\lambda$ 对应于一个普通等价关系的关系矩阵，或者说，由普通的关系矩阵 $\underset{\sim}{R}_\lambda$ 可确定一个等价关系。

进一步地，由该等价关系可对 $X$ 进行等价划分，得到 $X$ 的一个分类。若 $\lambda < \lambda'$，由 $\underset{\sim}{R}_{\lambda'}$ 得到的分类较之由 $\underset{\sim}{R}_\lambda$ 得到的分类更为精细。

## 7.4 模糊模式分类的直接方法和间接方法

### 7.4.1 直接方法——隶属原则

由元素直接计算隶属度来判断其类属的方法，称为直接模式分类隶属原则法。

若论域 $X$ 中模糊集 $\underset{\sim}{A}_i$ 对应的隶属函数为 $\mu_{\underset{\sim}{A}_i}(x)$，$i = 1, 2, \cdots, n$，且对任一 $x \in X$ 有

$$\mu_{\underset{\sim}{A}_i}(x) = \max\{\mu_{\underset{\sim}{A}_1}(x), \mu_{\underset{\sim}{A}_2}(x), \cdots, \mu_{\underset{\sim}{A}_n}(x)\} \tag{7-17}$$

则认为 $x$ 隶属于 $\underset{\sim}{A}_i$。

### 7.4.2 间接方法——择近原则

当识别的对象是论域 $X$ 中的一个模糊集而不是某一特定元素时，如何将其归类到 $n$ 个模糊集中的某一个，首先需要确定模糊集合之间接近程度的计算方法。两个模糊集

合间接近程度可通过距离和贴近度加以表达。有了接近度概念，模糊集的归类问题就可迎刃而解。

**1. 模糊集合间的距离**

距离度量是衡量模糊集之间接近程度的一种广泛使用的方法。

设论域 $X=\{x_1, x_2, \cdots, x_n\}$，$\underset{\sim}{A}$、$\underset{\sim}{B}$ 为 $X$ 中任意的两个模糊集合，$p$ 为正整数，则模糊集合 $\underset{\sim}{A}$ 与 $\underset{\sim}{B}$ 之间的明可夫斯基距离定义为

$$d_M(\underset{\sim}{A}, \underset{\sim}{B}) = \left(\sum_{i=1}^{n} |\mu_{\underset{\sim}{A}}(x_i) - \mu_{\underset{\sim}{B}}(x_i)|^p\right)^{1/p} \tag{7-18}$$

当 $X$ 是实数域 $\mathbf{R}$ 上的有限区间时，

$$d_M(\underset{\sim}{A}, \underset{\sim}{B}) = (\int_a^b |\mu_{\underset{\sim}{A}}(x) - \mu_{\underset{\sim}{B}}(x)|^p \mathrm{d}x)^{1/p} \tag{7-19}$$

当 $X$ 扩展为整个实数域时，区间边界 $a$、$b$ 分别用 $-\infty$ 和 $+\infty$ 替代。

当 $p=1$ 时称为曼哈顿距离或城市距离或海明距离，记为 $d_H(\underset{\sim}{A}, \underset{\sim}{B})$，即

$$d_H(\underset{\sim}{A}, \underset{\sim}{B}) = \sum_{i=1}^{n} |\mu_{\underset{\sim}{A}}(x_i) - \mu_{\underset{\sim}{B}}(x_i)| \tag{7-20}$$

当 $p=2$ 时称为欧几里得距离或欧氏距离，记为 $d_E(\underset{\sim}{A}, \underset{\sim}{B})$，即

$$d_E(\underset{\sim}{A}, \underset{\sim}{B}) = \sqrt{\sum_{i=1}^{n} |\mu_{\underset{\sim}{A}}(x_i) - \mu_{\underset{\sim}{B}}(x_i)|^2} \tag{7-21}$$

城市距离和欧氏距离是两种最常用的距离公式，它们也均称为绝对距离。实际应用中还可使用加权距离或相对距离等其他距离。



**2. 贴近度**

（1）贴近度度量的定义　两个模糊集合之间的接近程度还可用贴近度来衡量。

若映射

$$\sigma: 2^{\underset{\sim}{X}} \times 2^{\underset{\sim}{X}} \longrightarrow [0,1] \tag{7-22}$$

是将 $X$ 上的任意两个模糊集映射到［0，1］上的一个函数，且对论域 $X$ 中的任意三个模糊集 $\underset{\sim}{A}$、$\underset{\sim}{B}$ 和 $\underset{\sim}{C}$，满足下列性质：

1）
$$\sigma(\underset{\sim}{A},\underset{\sim}{A})=1; \tag{7-23}$$

2）
$$\sigma(\underset{\sim}{A},\underset{\sim}{B})=\sigma(\underset{\sim}{B},\underset{\sim}{A}); \tag{7-24}$$

3）对任意的 $x\in X$，如果 $\mu_{\underset{\sim}{A}}(x)\leqslant\mu_{\underset{\sim}{B}}(x)\leqslant\mu_{\underset{\sim}{C}}(x)$ 或 $\mu_{\underset{\sim}{A}}(x)\geqslant\mu_{\underset{\sim}{B}}(x)\geqslant\mu_{\underset{\sim}{C}}(x)$，那么

$$\sigma(\underset{\sim}{A},\underset{\sim}{C})\leqslant\sigma(\underset{\sim}{B},\underset{\sim}{C}) \tag{7-25}$$

则称 $\sigma(\underset{\sim}{A}, \underset{\sim}{B})$ 为模糊集合 $\underset{\sim}{A}$ 与 $\underset{\sim}{B}$ 之间的一种贴近度度量。

性质 1）表示模糊集自己和自己的贴近度最大。性质 2）说明贴近度度量映射具有对称性。性质 3）要求两个较“接近”的模糊集合间的贴近度大于“较远”的两个模糊集合间的贴近度。

满足贴近度度量的映射不唯一，所以模糊集合间的贴近度的具体表示形式也就有很多种。下面给出两种常用的具体贴近度度量形式。

（2）距离贴近度

$$\sigma(\underset{\sim}{A}, \underset{\sim}{B}) = 1 - c\,[d(\underset{\sim}{A}, \underset{\sim}{B})]^{\alpha} \tag{7-26}$$

其中，$c$ 和 $\alpha$ 为两个可选的参数常量。$d(\underset{\sim}{A}, \underset{\sim}{B})$ 表示距离，可有多种选择。当 $d(\underset{\sim}{A}, \underset{\sim}{B})$ 为城市距离即海明距离时，称为海明贴近度。当取 $c=1/n$，$\alpha=1$ 时，离散论域下的海明贴近度为

$$\sigma_H(\underset{\sim}{A},\underset{\sim}{B}) = 1 - \frac{1}{n}\sum_{i=1}^{n} |\mu_{\underset{\sim}{A}}(x_i) - \mu_{\underset{\sim}{B}}(x_i)| \tag{7-27}$$

式中，$n$ 为集合中元素的个数。

(3) 格贴近度

格贴近度是用内积、外积来加以表示的贴近度，定义为

$$\sigma(\underset{\sim}{A},\underset{\sim}{B}) = \frac{1}{2}[\underset{\sim}{A} \cdot \underset{\sim}{B} + (1 - \underset{\sim}{A} \odot \underset{\sim}{B})] \tag{7-28}$$

其中，$\underset{\sim}{A} \cdot \underset{\sim}{B}$ 称为 $\underset{\sim}{A}$ 与 $\underset{\sim}{B}$ 的内积，$\underset{\sim}{A} \odot \underset{\sim}{B}$ 称为 $\underset{\sim}{A}$ 与 $\underset{\sim}{B}$ 的外积，分别定义为

$$\underset{\sim}{A} \cdot \underset{\sim}{B} = \bigvee_{x \in X} [\mu_{\underset{\sim}{A}}(x) \wedge \mu_{\underset{\sim}{B}}(x)] \tag{7-29}$$

$$\underset{\sim}{A} \odot \underset{\sim}{B} = \bigwedge_{x \in X} [\mu_{\underset{\sim}{A}}(x) \vee \mu_{\underset{\sim}{B}}(x)] \tag{7-30}$$

(4) 其他贴近度

还可定义其他形式的贴近度，例如：

$$\sigma(\underset{\sim}{A},\underset{\sim}{B}) = 1 - (\max_{x \in X}\mu_{\underset{\sim}{A}}(x) - \min_{x \in X}\mu_{\underset{\sim}{A}}(x)) + (\underset{\sim}{A} \cdot \underset{\sim}{B} - \underset{\sim}{A} \odot \underset{\sim}{B}) \tag{7-31}$$

**3. 择近原则**

设论域 $X$ 中 $n+1$ 个已知模糊子集为$\underset{\sim}{A}_1$，$\underset{\sim}{A}_2$，…，$\underset{\sim}{A}_n$，$\underset{\sim}{B}$，若

$$\sigma(\underset{\sim}{B},\underset{\sim}{A}_i) = \max_{1 \leqslant j \leqslant n} \sigma(\underset{\sim}{B},\underset{\sim}{A}_j) \tag{7-32}$$

或

$$d(\underset{\sim}{B},\underset{\sim}{A}_i) = \min_{1 \leqslant j \leqslant n} d(\underset{\sim}{B},\underset{\sim}{A}_j) \tag{7-33}$$

则 $\underset{\sim}{B}$ 与$\underset{\sim}{A}_i$最接近，$\underset{\sim}{B}$ 归入$\underset{\sim}{A}_i$模式类。

按择近原则分类，就是计算两个模糊集合间距离或贴近度来进行一种群集分类的方法。

## 7.5 模糊聚类分析法

在模糊聚类中，模糊集合相应于模式类。模式或元素间的相似性通常用模糊关系、隶属度表示。这里介绍典型的模糊聚类分析方法。

### 7.5.1 基于模糊等价关系的聚类分析法

同时具有自反性、对称性和传递性的模糊关系为模糊等价关系，对应的模糊矩阵为模糊等价矩阵。模糊等价矩阵的截矩阵是传统的等价关系矩阵。可用模糊等价矩阵的截矩阵进行模式分类。按截矩阵进行分类的方法称为截矩阵分类法。

**定理 7.1** 设 $\boldsymbol{R}$ 是 $n$ 阶模糊等价矩阵，则对 $\forall \lambda \in [0, 1]$，截矩阵 $\boldsymbol{R}_\lambda$ 都是等价关系矩阵。

当 $\underset{\sim}{R}$ 为模糊等价关系，则对于给定的 $\lambda \in [0, 1]$ 都可得到一个相应的普通等价关系 $R_\lambda$，这意味着即得到了一个 $\lambda$ 水平的分类。

**定理 7.2**　若 $0 \leqslant \lambda \leqslant \mu \leqslant 1$，则按 $\boldsymbol{R}_\mu$ 所分出的每一类必是 $\boldsymbol{R}_\lambda$ 所分出的某一类的子类，或称 $\boldsymbol{R}_\mu$ 的分类是 $\boldsymbol{R}_\lambda$ 分类的“加细”。

若 $x_i$、$x_j$ 按 $\boldsymbol{R}_\mu$ 可归为一类，则按 $\boldsymbol{R}_\lambda$ 也必归为一类。

根据所需的类别数，通常可选择合适的 $\lambda$ 值进行分类，若相符，则得到相应的结果。将 $\lambda$ 自 1 逐渐降为 0，分类由细变粗，相当于逐步归并，形成一个动态聚类图。

**例 7.10**　设论域 $X=\{x_1, x_2, x_3, x_4, x_5\}$，给定模糊关系矩阵：

$$\boldsymbol{R}=\begin{pmatrix} 1 & 0.7 & 0.6 & 0.6 & 0.7 \\ 0.7 & 1 & 0.6 & 0.6 & 0.8 \\ 0.6 & 0.6 & 1 & 0.7 & 0.6 \\ 0.6 & 0.6 & 0.7 & 1 & 0.6 \\ 0.7 & 0.8 & 0.6 & 0.6 & 1 \end{pmatrix}$$

要求按不同 $\lambda$ 水平分类。

**解**：矩阵显然具有自反性、对称性。计算 $\boldsymbol{R} \circ \boldsymbol{R}$：

$$\boldsymbol{R} \circ \boldsymbol{R}=\begin{pmatrix} 1 & 0.7 & 0.6 & 0.6 & 0.7 \\ 0.7 & 1 & 0.6 & 0.6 & 0.8 \\ 0.6 & 0.6 & 1 & 0.7 & 0.6 \\ 0.6 & 0.6 & 0.7 & 1 & 0.6 \\ 0.7 & 0.8 & 0.6 & 0.6 & 1 \end{pmatrix} \circ \begin{pmatrix} 1 & 0.7 & 0.6 & 0.6 & 0.7 \\ 0.7 & 1 & 0.6 & 0.6 & 0.8 \\ 0.6 & 0.6 & 1 & 0.7 & 0.6 \\ 0.6 & 0.6 & 0.7 & 1 & 0.6 \\ 0.7 & 0.8 & 0.6 & 0.6 & 1 \end{pmatrix}$$

$$=\begin{pmatrix} 1 & 0.7 & 0.6 & 0.6 & 0.7 \\ 0.7 & 1 & 0.6 & 0.6 & 0.8 \\ 0.6 & 0.6 & 1 & 0.7 & 0.6 \\ 0.6 & 0.6 & 0.7 & 1 & 0.6 \\ 0.7 & 0.8 & 0.6 & 0.6 & 1 \end{pmatrix}=\boldsymbol{R}$$

因 $\boldsymbol{R} \circ \boldsymbol{R}=\boldsymbol{R}$，所以，$\boldsymbol{R}$ 也具有传递性。$\boldsymbol{R}$ 同时具有自反性、对称性和传递性，所以为一模糊等价矩阵。可根据不同 $\lambda$ 水平分类。

（1）$\lambda=1$：$\boldsymbol{R}_1=\begin{matrix} & x_1 & x_2 & x_3 & x_4 & x_5 \\ x_1 & 1 & 0 & 0 & 0 & 0 \\ x_2 & 0 & 1 & 0 & 0 & 0 \\ x_3 & 0 & 0 & 1 & 0 & 0 \\ x_4 & 0 & 0 & 0 & 1 & 0 \\ x_5 & 0 & 0 & 0 & 0 & 1 \end{matrix}$，此时共分为五类：$\{x_1\}$、$\{x_2\}$、$\{x_3\}$、$\{x_4\}$、$\{x_5\}$，为“最细”的分类。

（2）$\lambda=0.8$：$\boldsymbol{R}_{0.8}=\begin{pmatrix} 1 & 0 & 0 & 0 & 0 \\ 0 & 1 & 0 & 0 & 1 \\ 0 & 0 & 1 & 0 & 0 \\ 0 & 0 & 0 & 1 & 0 \\ 0 & 1 & 0 & 0 & 1 \end{pmatrix}$，此时分为 4 类：$\{x_1\}$、$\{x_2, x_5\}$、$\{x_3\}$、$\{x_4\}$。

(3) $\lambda=0.7$：$\boldsymbol{R}_{0.7}=\begin{pmatrix}1&1&0&0&1\\1&1&0&0&1\\0&0&1&1&0\\0&0&1&1&0\\1&1&0&0&1\end{pmatrix}$，此时分为2类：$\{x_1, x_2, x_5\}$、$\{x_3, x_4\}$。

(4) $\lambda=0.6$：$\boldsymbol{R}_{0.6}=\begin{pmatrix}1&1&1&1&1\\1&1&1&1&1\\1&1&1&1&1\\1&1&1&1&1\\1&1&1&1&1\end{pmatrix}$此时分为1类：5个元素全归为1类，即最粗的分类。

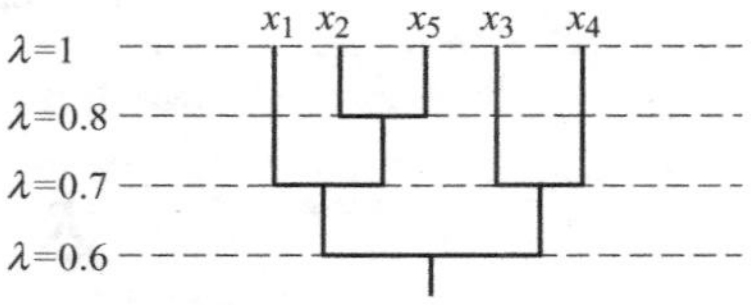

$x_1$ $x_2$ $x_5$ $x_3$ $x_4$

$\lambda=1$

$\lambda=0.8$

$\lambda=0.7$

$\lambda=0.6$

图7.4 动态聚类图

动态聚类图如图7.4所示。

## 7.5.2 模糊相似关系用于分类

**1. 模糊相似关系的截矩阵分类法**

不能用模糊相似关系对应的模糊相似矩阵直接用其截矩阵分类，但是可以由模糊相似矩阵生成模糊等价矩阵，然后对生成的等价矩阵利用截矩阵的办法进行分类。

**例7.11** 设模糊关系矩阵如下：

$$\boldsymbol{R}=\begin{array}{c}\begin{matrix}x_1&x_2&x_3&x_4&x_5\end{matrix}\\\begin{pmatrix}1&0.3&0.5&0.4&0.7\\0.3&1&0.6&0.5&0.8\\0.5&0.6&1&0.7&0.4\\0.4&0.5&0.7&1&0.6\\0.7&0.8&0.4&0.6&1\end{pmatrix}\end{array}\begin{matrix}x_1\\x_2\\x_3\\x_4\\x_5\end{matrix}$$

现要求按$\mu_{\underset{\sim}{R}}(x_i, x_j)\geqslant 0.8$，$i, j=1, 2, \cdots, 5$进行分类。

**解**：因为矩阵$\boldsymbol{R}$的主对角线上的元素全为1且为对称阵，所以$\boldsymbol{R}$具有自反性和对称性。现在来判断其是否具有传递性：

由于

$$\boldsymbol{R}^2=\boldsymbol{R}\circ\boldsymbol{R}=\begin{pmatrix}1&0.3&0.5&0.4&0.7\\0.3&1&0.6&0.5&0.8\\0.5&0.6&1&0.7&0.4\\0.4&0.5&0.7&1&0.6\\0.7&0.8&0.4&0.6&1\end{pmatrix}\circ\begin{pmatrix}1&0.3&0.5&0.4&0.7\\0.3&1&0.6&0.5&0.8\\0.5&0.6&1&0.7&0.4\\0.4&0.5&0.7&1&0.6\\0.7&0.8&0.4&0.6&1\end{pmatrix}$$

$$=\begin{pmatrix}1&0.7&0.5&0.6&0.7\\0.7&1&0.6&0.6&0.8\\0.5&0.6&1&0.7&0.6\\0.6&0.6&0.7&1&0.6\\0.7&0.8&0.6&0.6&1\end{pmatrix}$$

且 $\boldsymbol{R}^2$ 中第一行第二列的 0.7 不小于 $\boldsymbol{R}$ 中第一行第二列的 0.3，所以，$\boldsymbol{R}\circ\boldsymbol{R}\subseteq\boldsymbol{R}$ 不成立（$\boldsymbol{R}\circ\boldsymbol{R}\subseteq\boldsymbol{R}$ 是传递性满足的必要条件），所以，$\boldsymbol{R}$ 不具有传递性，故 $\boldsymbol{R}$ 仅是模糊相似矩阵。不能直接由模糊相似关系的截矩阵分类。设论域为 $X$，$\underset{\sim}{R}$ 为论域 $X$ 中的模糊相似关系，对应的模糊相似矩阵为 $\boldsymbol{R}$。下面介绍用模糊相似关系的截矩阵来进行分类的方法。

步骤 1：对模糊相似关系 $\underset{\sim}{R}$ 的矩阵 $\boldsymbol{R}$ 逐步平方：

$$\boldsymbol{R}\circ\boldsymbol{R}=\boldsymbol{R}^2,\boldsymbol{R}^2\circ\boldsymbol{R}^2=\boldsymbol{R}^4,\cdots$$

直至 $\boldsymbol{R}^{2k}=\boldsymbol{R}^k$ 为止，则 $\boldsymbol{R}^k$ 为模糊等价矩阵。一个模糊相似矩阵一定可以按此方法生成一个模糊等价矩阵。

步骤 2：根据步骤 1 得到的模糊等价矩阵的截矩阵进行分类。

**例 7.12**　对于例 7.11 中的模糊相似矩阵 $\boldsymbol{R}$，有

$$\boldsymbol{R}^4=\boldsymbol{R}^2\circ\boldsymbol{R}^2=\begin{pmatrix}1 & 0.7 & 0.6 & 0.6 & 0.7\\ 0.7 & 1 & 0.6 & 0.6 & 0.8\\ 0.6 & 0.6 & 1 & 0.7 & 0.6\\ 0.6 & 0.6 & 0.7 & 1 & 0.6\\ 0.7 & 0.8 & 0.6 & 0.6 & 1\end{pmatrix}$$

$\boldsymbol{R}^4$ 正好就等于例 7.10 中的模糊等价矩阵，接下来，$\boldsymbol{R}^4=\boldsymbol{R}^4\circ\boldsymbol{R}^4$。所以就可按例 7.10 中方法用 $\boldsymbol{R}^4$ 的截矩阵继续进行分类。

模糊等价关系的截矩阵分类法的正确性可以得到证明。同样也可以证明，对于 $n$ 阶自反模糊相似矩阵，最多只需 $(\log_2 n)+1$ 步矩阵二次方运算便可得到其模糊等价矩阵。如上例中，$(\log_2 5)+1=3$，最多 3 步运算即可得到等价矩阵。而实际上，它仅需 2 步运算就够了。一般地，矩阵运算的幂次的上界是矩阵的阶 $n$。

由于对模糊相似关系需要改造成为模糊等价关系才能利用截矩阵方法进行分类，而多次矩阵相乘运算，计算量大，所以人们纷纷寻找由模糊相似矩阵直接进行聚类的方法，下面介绍其中的一种方法：最大树法。

**2. 最大树法**

最大树法是一种直接用模糊相似矩阵中元素自大到小逐步画树进行分类的一种方法。具体步骤如下：

步骤 1：画出被分类的元素所对应的点。

步骤 2：从矩阵 $\boldsymbol{R}$ 中从大到小选择非 0 元素画出对应连接两点的边，并标上权重。若出现回路，则不画该边。直到所有点连通为止（可能不唯一）。

步骤 3：分类。取定 $\lambda$，剪掉权重低于 $\lambda$ 的边，将互相连通的点归为同类，即得分类。

**例 7.13**　设有多个家庭，每家 3～5 人，选每个人的一张照片，共 9 张，混放在一起，将照片两两对照，得出描述其“相似程度”的模糊相似关系矩阵。由于模糊相似关系矩阵是对角线上全为 1 的对称矩阵，所以仅需给出其下三角部分元素。见表 7.1。要求按相似程度聚类，希望把多个家庭分开。

**解**：这是一个模糊相似矩阵，下面根据这个矩阵用最大树法进行分类。

（1）在画出被分类的元素所对应的点后，按模糊相似矩阵，按 $r_{ij}$ 从大到小的顺序依次画出对应的两个点连接的边，构造“最大树”。

表 7.1 “相似关系”模糊矩阵

| $r_{ij}$ | 1 | 2 | 3 | 4 | 5 | 6 | 7 | 8 | 9 |
|---|---|---|---|---|---|---|---|---|---|
| 1 | 1 | | | | | | | | |
| 2 | 0 | 1 | | | | | | | |
| 3 | 0.6 | 0 | 1 | | | | | | |
| 4 | 0 | 0.6 | 0 | 1 | | | | | |
| 5 | 0.4 | 0 | 0.1 | 0 | 1 | | | | |
| 6 | 0 | 0.2 | 0 | 0.1 | 0 | 1 | | | |
| 7 | 0.2 | 0.8 | 0 | 0.1 | 0.1 | 0 | 1 | | |
| 8 | 0 | 0.1 | 0.1 | 0 | 0 | 0.6 | 0 | 1 | |
| 9 | 0 | 0 | 0 | 0 | 0 | 0.6 | 0 | 0.1 | 1 |

1）逐列画出最大的 $\mu=0.8$ 的对应边，并标出权重。

2）逐列画出次大的 $\mu=0.6$ 的对应边，并标出权重。

3）依次逐列画出 $\mu=0.4$、$\mu=0.2$、$\mu=0.1$ 对应的边，并标出权重。

当某条边画出时会形成回路，则以虚线绘出，以确保由实线连接的图构成一棵树。在图 7.5 中，构造的最大树如图 7.5a 中的实线连接部分所示，其中，虚线表示出现回路，可不需要画出。图 7.5b 则给出了进一步的操作示例。

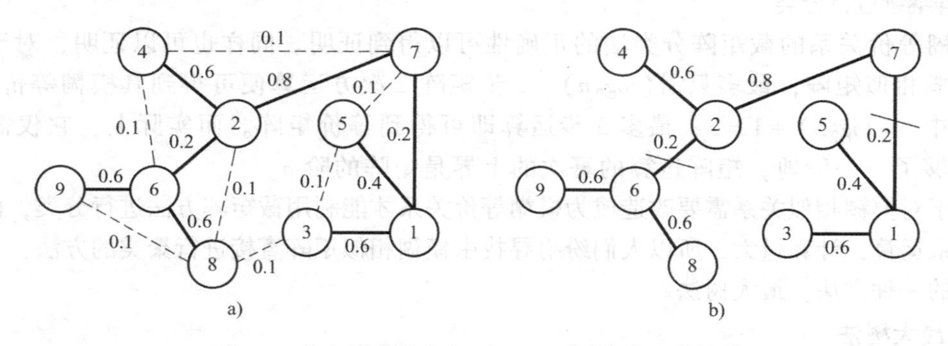

图 7.5　最大树和剪去小于 $\lambda=0.4$ 对应的边的结果

a) 实线连接的最大树　b) 去掉 a) 中虚线并剪去小于 $\lambda=0.4$ 对应的边

(2) 进行下列处理：

1）剪去小于 $\lambda=0.8$ 对应的边，得 8 个类：{1}，{2, 7}，{3}，{4}，{5}，{6}，{8}，{9}。

2）剪去小于 $\lambda=0.6$ 对应的边，得 4 个类：{1, 3}，{2, 4, 7}，{5}，{6, 8, 9}。

3）剪去小于 $\lambda=0.4$ 对应的边，得 3 个类：{1, 3, 5}，{2, 4, 7}，{6, 8, 9}，如图 7.5b 所示。

4）剪去小于 $\lambda=0.2$ 对应的边，得 1 个类：{1, 2, 3, 4, 5, 6, 7, 8, 9}。

5）剪去小于 $\lambda=0.1$ 对应的边，得 1 个类：{1, 2, 3, 4, 5, 6, 7, 8, 9}。

分析上述处理结果，只有第 3) 种符合“每个家庭有 3 ~ 5 人”的要求，所以分类结果为 {1, 3, 5}，{2, 4, 7}，{6, 8, 9}。

最大树可能不唯一，但剪去小于 $\lambda$ 后对应的边所构成的子树是相同的。

### 7.5.3 模糊 $K$-均值聚类算法

模糊 $K$-均值聚类算法是 $K$-均值聚类算法的推广。由于在 $K$-均值聚类算法的聚类过程中，每次得到的每个聚类是一个确定的子集，所以每个聚类的聚类中心由该聚类中当前所含样本求均值而得。而在模糊 $K$-均值聚类算法的聚类过程中，由于每次得到的每个聚类仍是一个模糊集(由每个样本属于该类的隶属度加以描述)，所以每类聚类中心的更新都必须要所有样本参与。模糊 $K$-均值聚类算法聚类的结果是 $K$ 个模糊集合。如果实际问题希望有一个明确的聚类结果，则可以对结果进行去模糊化，通过一定法则如最大隶属度法将模糊聚类转化为确定性聚类。

模糊 $K$-均值聚类算法的基本思想是，首先设定 $K$ 个类，给出每个样本从属于各类的隶属度，然后进行迭代，不断调整每个样本到各个类的隶属度，直至收敛。收敛条件是隶属度几乎不再变化为止。具体步骤如下：

1）确定模式类数 $K$，$1<K\leqslant N$，$N$ 为样本个数。

2）初始化 $K\times N$ 阶隶属度矩阵 $\boldsymbol{U}(0)=[\mu_{ij}(0)]$，其中 $\mu_{ij}(0)$ 表示第 $j$ 个样本对第 $i$ 个类的隶属度，$i$ 为类别编号、矩阵的行号，$j$ 为样本编号、矩阵的列号。$\mu_{ij}(0)$ 由先验知识确定。矩阵的第 $j$ 列对应第 $j$ 个样本，其对各类的隶属度构成矩阵的第 $j$ 列。矩阵的每列元素之和要求为 1。矩阵的第 $i$ 行对应于第 $i$ 类。所以，$i=1,2,\cdots,K$；$j=1,2,\cdots,N$。

3）求各类的聚类中心 $\boldsymbol{Z}_i(L)$，$L$ 为迭代次数，初值为 0。

$$\boldsymbol{Z}_i(L)=\frac{\sum_{j=1}^{N}[\mu_{ij}(L)]^m\boldsymbol{X}_j}{\sum_{j=1}^{N}[\mu_{ij}(L)]^m},\ i=1,2,\cdots,K;\ m\geqslant 2 \tag{7-34}$$

式中，参数 $m\geqslant 2$，是一个控制聚类结果模糊程度的参数。可以看出各聚类中心的计算必须用到全部的 $N$ 个样本，这是与一般(非模糊)$K$-均值聚类算法的区别之一。

4）计算新的隶属度矩阵 $\boldsymbol{U}(L+1)$，矩阵元素迭代计算如下：

$$\mu_{ij}(L+1)=\frac{1}{\sum_{p=1}^{K}\left(\frac{d_{ij}}{d_{pj}}\right)^{2/(m-1)}},\ i=1,2,\cdots,K,\ j=1,2,\cdots,N,\ m\geqslant 2 \tag{7-35}$$

式中，$d_{ij}$是第 $L$ 次迭代完成时，第 $j$ 个样本到第 $i$ 类聚类中心 $\boldsymbol{Z}_i(L)$ 的聚离。为避免分母为零，若 $d_{ij}=0$，则 $\mu_{ij}(L+1)=1$，$\mu_{pj}(L+1)=0(p\neq i)$。可见，$d_{ij}$越大，$\mu_{ij}(L+1)$越小。

5）若满足收敛条件：

$$\max_{i,j}\{|\mu_{ij}(L+1)-\mu_{ij}(L)|\}\leqslant\varepsilon \tag{7-36}$$

其中，$\varepsilon$ 为设定的一个较小正实数。满足条件则停止计算，即算法收敛；否则，回到 3)。

当算法收敛时，就得到了各类的聚类中心以及表示各样本对各类隶属程度的隶属度矩阵。这时，准则函数

$$J=\sum_{i=1}^{K}\sum_{j=1}^{N}[\mu_{ij}(L+1)]^m\|\boldsymbol{X}_j-\boldsymbol{Z}_i\|^2 \tag{7-37}$$

达到最小。

6）根据隶属度矩阵 $\boldsymbol{U}(L+1)$ 进行聚类，按照隶属原则进行划分，即若

$$\mu_{ij}(L+1)=\max_{1\leqslant p\leqslant K}\mu_{pj}(L+1),\ j=1,2,\cdots,N \tag{7-38}$$

则 $X_j\in\omega_i$ 类。

**例 7.14** 设有 4 个二维样本，分别是

$$X_1=(0,\ 0)^T, X_2=(0,\ 1)^T, X_3=(3,\ 1)^T, X_4=(3,\ 2)^T$$

取参数 $m=2$，利用模糊 $K$-均值聚类算法把它们聚为两类。

**解：**(1) 根据要求 $N=4$，$K=2$。

(2) 根据先验知识确定初始隶属度矩阵

$$U(0)=\begin{matrix} & X_1 & X_2 & X_3 & X_4 & \\ & \begin{pmatrix}0.9 & 0.8 & 0.7 & 0.1\\ 0.1 & 0.2 & 0.3 & 0.9\end{pmatrix} & & & & \begin{matrix}\omega_1\\ \omega_2\end{matrix}\end{matrix}$$

由 $U(0)$ 可知，倾向于 $X_1$，$X_2$，$X_3$ 为一类，$X_4$ 为一类。

(3) 计算聚类中心 $Z_1(0)$、$Z_2(0)$，取 $m=2$，有

$$Z_1(0)=\frac{0.9^2\times\begin{pmatrix}0\\0\end{pmatrix}+0.8^2\times\begin{pmatrix}0\\1\end{pmatrix}+0.7^2\times\begin{pmatrix}3\\1\end{pmatrix}+0.1^2\times\begin{pmatrix}3\\2\end{pmatrix}}{0.9^2+0.8^2+0.7^2+0.1^2}=\begin{pmatrix}0.77\\0.59\end{pmatrix}$$

$$Z_2(0)=\frac{0.1^2\times\begin{pmatrix}0\\0\end{pmatrix}+0.2^2\times\begin{pmatrix}0\\1\end{pmatrix}+0.3^2\times\begin{pmatrix}3\\1\end{pmatrix}+0.9^2\times\begin{pmatrix}3\\2\end{pmatrix}}{0.1^2+0.2^2+0.3^2+0.9^2}=\begin{pmatrix}2.84\\1.84\end{pmatrix}$$

(4) 计算新的隶属度矩阵 $U(1)$。取 $m=2$，分别计算 $\mu_{ij}(1)$，以 $X_3$ 为例有



$$d_{13}^2=(3-0.77)^2+(1-0.59)^2=5.14$$

$$d_{23}^2=(3-2.84)^2+(1-1.84)^2=0.73$$

得

$$\mu_{13}(1)=\frac{1}{\dfrac{d_{13}^2}{d_{13}^2}+\dfrac{d_{13}^2}{d_{23}^2}}=\frac{1}{\dfrac{5.14}{5.14}+\dfrac{5.14}{0.73}}=0.12$$

$$\mu_{23}(1)=\frac{1}{\dfrac{d_{23}^2}{d_{13}^2}+\dfrac{d_{23}^2}{d_{23}^2}}=\frac{1}{\dfrac{0.73}{5.14}+\dfrac{0.73}{0.73}}=0.88$$

类似地，可得到 $U(1)$ 中其他元素，有

$$U(1)=(\mu_{ij}(1))=\begin{pmatrix}0.92 & 0.92 & 0.12 & 0.01\\ 0.08 & 0.08 & 0.88 & 0.99\end{pmatrix}$$

若满足收敛条件 $\max\limits_{i,j}\{|\mu_{ij}(L+1)-\mu_{ij}(L)|\}\leqslant\varepsilon$，则迭代结束，否则返回(3)计算聚类中心。

假设此时满足收敛条件，迭代结束，则根据 $U(1)$ 进行聚类。

$$\mu_{11}(1)>\mu_{21}(1),\ \mu_{12}(1)>\mu_{22}(1)\Rightarrow X_1\in\omega_1,\ X_2\in\omega_1$$

$$\mu_{23}(1)>\mu_{13}(1),\ \mu_{24}(1)>\mu_{14}(1)\Rightarrow X_3\in\omega_2, X_4\in\omega_2$$

模糊 $K$-均值聚类算法代码如下：

```
function y = fuzzy_Kmeans(X,K,m,U,e)
K = 2;                                          % K 个类
X = [0 0;0 1;3 1;3 2];                          %样本
U = [0.9 0.8 0.7 0.1; 0.1 0.2 0.3 0.9];         %隶属度初始值
%初始化
m = 2;                                          %控制模糊程度的参数
e = 0.0001;                                     %达到收敛时最小误差
UL = membership(U,X,m);                         %求隶属度
err = abs(UL - U);                              %误差
while(max(err(1,:)) > e)                        %收敛条件没达到要求,则继续迭代
    temp = UL;                                  %保存先前的隶属度
    UL = membership(UL,X,m);                    %更新隶属度
    err = abs(UL - temp);                       %更新误差
end
UL                                              %输出最终的隶属度矩阵
%通过最终所获得的隶属度矩阵,判断样本所属类别
class = cell(K,1);                              %初始化类样本 class
for j = 1:size(X,1);
    [MAX,index] = max(UL(:,j));
    class{index} = cat(1,class{index},j);
end
celldisp(class);                                %显示 Kmeans 聚类结果
%子函数部分
function y = membership(U0,X,m)
%U0 初始隶属度矩阵,X 为需聚类样本
% m 为控制聚类结果的模糊程度,y 为返回的新的隶属度
classNum = size(U0,1);                          %求出类别数
for i = 1:classNum
    U0(i,:) = U0(i,:).^m;                       %隶属度各值二次方
end
Z = zeros(classNum,size(X,2));                  %聚类中心初始化
for  i = 1:classNum
    for j = 1:size(X,1)
        Z(i,:) = Z(i,:) + U0(i,j) * X(j,:);
    end
    Z(i,:) = Z(i,:)/sum(U0(i,:));                        %计算聚类中心
end
for j = 1:size(X,1)
    for i = 1:size(Z,1)
        d(i,j) = dist(X(j,:),Z(i,:)')^(2/(m-1));  %求距离
    end
end
```

```
[K,N] = size(d);
u = zeros(K,N);                                    %新的隶属度初始化
for i = 1:K
    for j = 1:N
        for p = 1:K
            u(i,j) = u(i,j) + d(i,j)/d(p,j);
        end
        u(i,j) = 1/u(i,j);                         %由隶属度更新公式
    end
end;
y = u;
运行结果如下:
UL =
    0.9784    0.9735    0.0266    0.0216
    0.0216    0.0265    0.9734    0.9784
class{1} =
    1
    2
class{2} =
    3
    4
```



### 7.5.4 模糊 ISODATA 算法

ISODATA 算法是由 $K$－均值算法发展而来的一种可以对类别进行合并、分裂和删除等操作的动态聚类算法。下面给出模糊 ISODATA 算法的一个简化描述。模糊 ISODATA 算法的基本步骤如下：

1）选择 $K$ 个初始聚类中心 $\boldsymbol{Z}_i(0)(i=1, 2, \cdots, K)$。

2）求隶属度矩阵 $\boldsymbol{U}$，它由各个样本分别到 $K$ 个聚类中心的隶属程度构成。$\boldsymbol{U}$ 的获得相当于模糊 $K$－均值算法中对 $\boldsymbol{U}$ 的迭代收敛计算。先计算各个样本到初始聚类中心 $\boldsymbol{Z}_i(0)$ 的距离 $d_{ij}$，然后用

$$\mu_{ij}(0) = \frac{1}{\sum_{p=1}^{K}\left(\frac{d_{ij}}{d_{pj}}\right)^{2/(m-1)}},\ i = 1,2,\cdots,K;\ j = 1,2,\cdots,N;\ m \geqslant 2 \tag{7-39}$$

得到初始的隶属度矩阵 $\boldsymbol{U}$（0），再用公式

$$\boldsymbol{Z}_i(L) = \frac{\sum_{j=1}^{N}[\mu_{ij}(L)]^m \boldsymbol{X}_j}{\sum_{j=1}^{N}[\mu_{ij}(L)]^m},\ i = 1,2,\cdots,K \tag{7-40}$$

更新聚类中心，其中 $L$ 表示步数。再计算距离，再更新得 $\boldsymbol{U}$（$L$），…，直到收敛。收敛条件同模糊 $K$－均值聚类算法中的收敛条件。相应的注意事项和要求已在模糊 $K$－均值聚类算法

中描述，这里不再赘述。即，经过此步，可得到 $K$ 个聚类中心 $\boldsymbol{Z}_i(i=1, 2, \cdots, K)$ 以及隶属度矩阵 $\boldsymbol{U}$。

3）类调整。

① 合并。若各聚类中心之间的平均距离为 $D$，则取合并阈值为

$$M=D(1-1/K^{\alpha}) \tag{7-41}$$

其中，$\alpha$ 是一个可选参数，如选 $\alpha=1$。

若聚类中心 $\boldsymbol{Z}_i$ 和 $\boldsymbol{Z}_j$ 间的距离小于 $M$，则合并 $\boldsymbol{Z}_i$ 和 $\boldsymbol{Z}_j$ 得到新的聚类中心 $\boldsymbol{Z}_L$，$\boldsymbol{Z}_L$ 为

$$\boldsymbol{Z}_L=\frac{\left(\sum_{p=1}^{N}\mu_{ip}\right)\boldsymbol{Z}_i+\left(\sum_{p=1}^{N}\mu_{jp}\right)\boldsymbol{Z}_j}{\sum_{p=1}^{N}\mu_{ip}+\sum_{p=1}^{N}\mu_{jp}} \tag{7-42}$$

式中，$N$ 为样本个数。$\boldsymbol{Z}_L$ 是 $\boldsymbol{Z}_i$ 和 $\boldsymbol{Z}_j$ 的加权平均，而所用的权系数是全体样本分别对每一类的隶属度之和。

② 分裂。首先计算各类在每个特征方向上的“模糊化方差”。对于第 $i$ 类的第 $j$ 个特征，模糊化方差的计算公式为

$$S_{ij}^2=\frac{1}{N+1}\sum_{p=1}^{N}\mu_{ip}^{\beta}(x_{pj}-z_{ij})^2,\ j=1,2,\cdots,n;\ i=1,2,\cdots,K \tag{7-43}$$

式中，$\beta$ 是可调参数，通常取 $\beta=1$。$x_{pj}$、$z_{ij}$ 分别表示样本 $X_p$ 和聚类中心 $Z_i$ 的第 $j$ 个特征值。$S_{ij}=\sqrt{S_{ij}^2}$，全体 $S_{ij}$ 的平均值记作 $S$，然后求阈值

$$F=S(1+K^{\gamma}) \tag{7-44}$$



其中，$\gamma$ 为可调参数，通常取 $\gamma=1$。再按以下两步进行处理：

第一步，检查各类的“聚集程度”。对于第 $i$ 类，取

$$Sum_i=\sum_{p=1}^{N}t_{ip}\mu_{ip} \tag{7-45}$$

其中，$t_{ip}=\begin{cases}0, & \mu_{ip}\leqslant\theta\\ 1, & \mu_{ip}>\theta\end{cases}$。然后，取

$$T_i=\sum_{p=1}^{N}t_{ip} \tag{7-46}$$

$$C_i=Sum_i/T_i \tag{7-47}$$

其中，$\theta$ 为一参数，通常取 $\theta$ 满足 $0<\theta<0.5$。$C_i$ 表示第 $i$ 类的聚集程度。$Sum_i$ 表示舍去那些对第 $i$ 类的隶属度太小（$\leqslant\theta$）的样本，然后计算其他样本对第 $i$ 类的平均隶属度 $C_i$。若 $C_i>A$（$A$ 为某个阈值），则表示第 $i$ 类的聚集程度较高，不必分裂；否则要考虑分裂。

第二步，分裂。对于任一不满足 $C_i>A$ 的第 $i$ 类，考虑其每个 $S_{ij}$，若 $S_{ij}>F$，便在第 $j$ 个特征方向上对聚类中心 $Z_i$ 分别增加和减少 $kS_{ij}$（$k$ 为分裂系数，$0<k\leqslant1$），得到两个新的聚类中心。

③删除。按下列两个条件之一删除第 $i$ 类及第 $i$ 类聚类中心 $Z_i$。

条件 1：$T_i\leqslant\delta N/K$，$\delta$ 是参数，$T_i$ 见上式，它表示对第 $i$ 类的隶属度超过 $\theta$ 的点数。这一条件表示对第 $i$ 类的隶属度高的点很少，应该删除。

条件2：$C_i \leqslant A$，但第 $i$ 类不满足分裂条件，即对所有的 $j$，$S_{ij} \leqslant F$。这表明，在 $Z_i$ 的周围存在一批样本，其聚集程度不高，但也不非常分散。这时，则认为 $\boldsymbol{Z}_i$ 也不是一个理想的聚类中心，应该删除。

如果在第3步进行了类的合并、分裂或删除，则转到第2步重新迭代计算新的 $\boldsymbol{U}$，否则，计算停止。

## 习题 7

7.1　某疾病诊断的结果分为三级：严重、中等、轻微，均用模糊集的方式，依据体温高、心脏听音不规则、咽部发炎程度三个指标来决定，具体隶属度关系见表7.2。某人因患与该疾病相关的疾病且其观察的结果用模糊集合表达为：$A = 0.6/$体温高$+0.55/$心脏听音不规则$+0.5/$咽部发炎。问该人的诊断结论应该预报为哪一级？

表 7.2　某疾病诊断结论分三级的描述

| 疾病等级 | 对体温高的隶属度 | 对心脏听音不规则的隶属度 | 对咽部发炎程度的隶属度 |
|---|---|---|---|
| 严重 | 0.8 | 0.8 | 0.7 |
| 中等 | 0.6 | 0.5 | 0.5 |
| 轻微 | 0.4 | 0.4 | 0.3 |

7.2　设 $X = \{x_1, x_2, x_3, x_4, x_5\}$，模糊等价关系矩阵 $\boldsymbol{R}$ 为

$$\boldsymbol{R} = \begin{array}{c} \begin{array}{ccccc} x_1 & x_2 & x_3 & x_4 & x_5 \end{array} \\ \begin{pmatrix} 1 & 0.5 & 0.6 & 0.4 & 0.5 \\ 0.5 & 1 & 0.5 & 0.4 & 0.5 \\ 0.6 & 0.5 & 1 & 0.4 & 0.5 \\ 0.4 & 0.4 & 0.4 & 1 & 0.4 \\ 0.5 & 0.5 & 0.5 & 0.4 & 1 \end{pmatrix} \end{array} \begin{array}{c} \\ x_1 \\ x_2 \\ x_3 \\ x_4 \\ x_5 \end{array}$$

试用截矩阵法按不同 $\lambda$ 水平聚类，给出相应的动态聚类图。

7.3　试判断模糊相似矩阵 $\boldsymbol{R} = \begin{pmatrix} 1 & 0.4 & 0.6 & 0.2 \\ 0.4 & 1 & 0.2 & 0.5 \\ 0.6 & 0.2 & 1 & 0.3 \\ 0.2 & 0.5 & 0.3 & 1 \end{pmatrix}$ 是否为传递模糊矩阵。若不是传递模糊矩阵，则

（1）求其对应的模糊等价矩阵，然后用截矩阵法分类；

（2）直接用最大树法进行分类。

7.4　设论域 $X = \{x_1, x_2, x_3\}$，在 $X$ 中有模糊集合

$$\underset{\sim}{A}_1 = \{(0.4, x_1), (0.6, x_2), (0.8, x_3)\}$$

$$\underset{\sim}{A}_2 = \{(0.3, x_1), (0.5, x_2), (0.7, x_3)\}$$

试分别求它们的海明贴近度和格贴近度。

7.5　设论域 $X = \{x_1, x_2, x_3, x_4\}$，$\underset{\sim}{A}_1$ 和 $\underset{\sim}{A}_2$ 为论域 $X$ 中的模糊集合，分别为

$$\underset{\sim}{A}_1=\{0.2/x_1,0.4/x_2,0.6/x_3,0.1/x_4\}$$

$$\underset{\sim}{A}_2=\{0.5/x_1,0.3/x_2,0.6/x_3,0.2/x_4\}$$

定义一种采用内积、外积函数表示的贴近度

$$\sigma(\underset{\sim}{A}_1,\underset{\sim}{A}_2)=1-(\overline{\underset{\sim}{A}_1}-\underline{\underset{\sim}{A}_1})+(\underset{\sim}{A}_1\cdot\underset{\sim}{A}_2-\underset{\sim}{A}_1\odot\underset{\sim}{A}_2)$$

其中，$\overline{\underset{\sim}{A}_1}$、$\underline{\underset{\sim}{A}_1}$分别为模糊集 $\underset{\sim}{A}_1$ 中隶属度的最大值和最小值，求贴近度 $\sigma(\underset{\sim}{A}_1,\underset{\sim}{A}_2)$。

7.6　设有 4 个样本，分别为

$$\boldsymbol{X}_1=(1,0)^{\mathrm{T}},\ \boldsymbol{X}_2=(1,1)^{\mathrm{T}},\ \boldsymbol{X}_3=(3,4)^{\mathrm{T}},\ \boldsymbol{X}_4=(4,4)^{\mathrm{T}}$$

取 $m=2$，利用模糊 $K$-均值聚类算法把它们聚成两类，而初始的隶属矩阵为

$$\boldsymbol{U}=\begin{pmatrix}0.7 & 0.2 & 0.3 & 0.1\\ 0.3 & 0.8 & 0.7 & 0.9\end{pmatrix}$$

7.7　用 7.6 题中的数据加运行测试模糊 $K$-均值聚类算法。

7.8　编程实现模糊 ISODATA 聚类算法，并用下列数据分别在选取初始类数为 2、3、4 时加以运行测试。

$$\boldsymbol{X}=(0\ \ 0;\ \ 3\ \ 8;\ \ 2\ \ 2;\ \ 1\ \ 1;\ \ 5\ \ 3;\ \ 4\ \ 8;\ \ 6\ \ 3;\ 5\ \ 4;\ 6\ \ 4;\ 7\ \ 5)$$

# 第8章　神经网络模式识别法

## 8.1　人工神经网络概述

人的大脑里大约有$10^{12}\sim10^{14}$个神经元或称神经细胞，每一个神经元都是生物组织和化学组织的有机结合，每个神经元相当于一个微处理器，功能简单，但它们互连所构成的神经网络却可以解决相当复杂的问题。

科学家们对生物神经网络的工作机理研究表明，包括记忆在内的所有生物神经功能都存储在神经元和及其之间的连接上。学习被看作是在神经元之间建立新的连接或对已有的连接进行修改的过程。这便引出下面的一个问题：既然我们已经对生物神经网络有一个基本认识，那么能否利用一些简单的人工“神经元”构造一个小系统，然后对其进行训练，从而使它们具有一定有用的功能呢？答案是肯定的。本章就是要讨论有关人工神经网络工作机理的一些问题。

人工神经网络(Artificial Neural Networks，ANN)简称神经网络，是模拟人脑功能和结构以及信息处理机制的一种数学模型。神经网络通过模拟人脑神经细胞即神经元的工作特点、神经元的连接、信息和知识的分布式存储、自然的并行处理方式、自适应的调节连接权值即学习能力等，形成一种处理能力十分强大或者说类似于人脑智能工作的“智能体”，能够解决很多领域的实际问题。

神经网络的发展到目前为止已经历了四个主要阶段：萌芽阶段、低谷阶段、复兴阶段和应用发展阶段。

(1) 萌芽阶段　1943年心理学家M. McCulloch和数学家W. H. Pitts提出了形式神经元数学模型，简称为MP模型，这标志着神经网络初始研究阶段的开始。1949年心理学家D. O. Hebb提出了神经元之间的突触连接是可变的假说，也就是后人认可的Hebb学习律的基础。代表性的成果是单层感知器。

(2) 低谷阶段　1969年，M. Minsky和S. Papert在其《感知器》(Perceptions)中指出单层感知器甚至不能处理异或这样简单的非线性划分问题，加上此时冯·诺依曼计算机正处于全盛发展期，人工智能正迅速发展并取得了很多研究成果，所以人们不再重视神经网络的研究，使神经网络的研究处于低潮期。但这一时期仍有不少学者坚持研究，取得一些相应的成果，如Arbib的竞争模型、Kohonen的自组织映射、Grossberg的自适应共振模型(ART)、Fukushima的新认知机、Rumelhart等人的并行分布处理模型(PDP)。

(3) 复兴阶段　1982年美国加州工学院物理学家J. Hopfield提出循环网络(称为Hopfield神经网络)，将Lyapunov函数引入神经网络，作为网络性能判定的能量函数，用非线性动力学的方式来研究神经网络，并用于解联想记忆和优化计算问题，标志着神经网络复兴阶段开始。1986年D. E. Rumelhart和J. L. McClelland领导的研究小组出版了《并行分布处理》，提出多层前向网络的反向传播算法，将感知器模型发展到更具严密数学基础的BP网络，极大地推进了神经网络的复兴研究。此外，1985 年，Hinton、Sejnowsky、Rumelhart 等还将随机机制引入 Hopfield 神经网络，提出了玻尔兹曼机。

（4）应用发展阶段　20 世纪 80 年代以后神经网络被大量应用于模式识别、机器学习等需要人类智能解决的问题领域，弥补了传统串行机及基于符号处理的人工智能在解决这类问题时的不足。特别是近年来以神经网络作为基础模型，在大数据、深度学习问题等方面，通过建立模仿人类大脑的计算模型如卷积神经网络，解决了大量的工程应用问题，如计算机视觉问题，使神经网络得到更深入的研究、应用和发展，形成神经网络研究热潮。

目前，神经网络已被广泛应用于信号处理、智能控制、计算机视觉、优化计算、专家系统、生物信息科学、模式识别等领域。神经网络在模式识别中的应用导致形成了模式识别的一个重要分支——神经网络模式识别。通过建立不同的神经网络模型，模式分类或聚类都可以使用不同的神经网络来加以处理。由于神经网络具有一些明显的特点，所以神经网络模式识别法不同于传统的模式识别方法，具有相应明显的优点。

神经网络模式识别法的主要功能特点如下：

1）容错性，即使待识别的模式带有噪声或发生一定畸变，它也能正确识别。

2）自适应性，通过训练学习，调整网络结构或神经元的连接强度，神经网络模式识别能力可得到增强。

3）鲁棒性，信息或知识分布式记忆，网络本身具有较强的可靠性。

4）并行性，神经元的工作方式为并行处理方式。

5）既能做识别，也能做聚类。

6）具有联想记忆能力。

## 8.2　神经网络的基本概念



### 8.2.1　生物神经元与神经网络

由于人工神经网络是根据生物神经网络工作原理的某些启发发展而来的，所以首先要考虑人脑神经网络系统的组成和基本的工作机理。

人脑含有大量的生物神经元。生物神经元也称神经细胞，是生物神经系统的基本单元。每个神经元具有独立接收、处理和传递电化学信号的能力。生物神经元由细胞体(Cell Body 或 Soma)、树突(Dendrite)、轴突(Axon)和突触(Synapse)组成。细胞体又由细胞核(Nucleus)、细胞质(Cytoplasm)和细胞膜(Membrane)组成。树突用于接收其他神经元传递过来的信号，长度较短，通常不超过 1mm。轴突用来传出细胞体产生的输出信号，长度最长，有些可达 1m 以上。轴突末端形成许多细的分枝，叫作神经末梢。突触是两个神经元之间进行接触的部位，处于神经元的神经末梢部位。每一条神经末梢可以与其他神经元形成功能性动态连接。所谓动态连接是指随时间变化的连接。

树突接收其他神经元由突触传来的兴奋电位，在突触的接收侧，信号被送入胞体，胞体的所有信号经过综合，当综合结果超过某个阈值时，神经元会因激发而兴奋，同时产生输出脉冲，并由其轴突传递给其他神经元。传入的信号有的较强，可对接收神经元起到刺激(Excite)，有的较弱，起不到刺激作用，甚至起到抑制(Inhibit)作用。同一神经元发出同样的信号，但对接收的不同神经元起到的效果不一定相同，这取决于两个神经元连接处的突触。突触连接强度越大，接收的信号就越强，反之就越弱。突触的连接强度可受系统训练而改变。

神经元只有兴奋和抑制两种状态。如果认为神经元兴奋时发出脉冲，抑制时不发出脉冲，则可认为神经元可表达二值逻辑信号。而神经元兴奋时往往不只发出一个脉冲，而是发出一串脉冲，如果把这一串脉冲看成是一个调频信号，脉冲的密度是可以表达连续量的。

由此可见，生物神经系统有以下 6 个特征：

1)有大量神经元，神经元之间有连接；

2)神经元之间的连接有强弱，连接强度可随训练而改变；

3)信号在传递途中会因连接强度改变；

4)信号本身有强弱之分，强的起刺激作用，弱的可能起抑制作用；

5)一个神经元接收到的信号综合决定该神经元的状态；

6)每个神经元都可以有一个阈值。

图 8.1 中给出了生物神经元的基本结构及两个神经元的连接示意图。

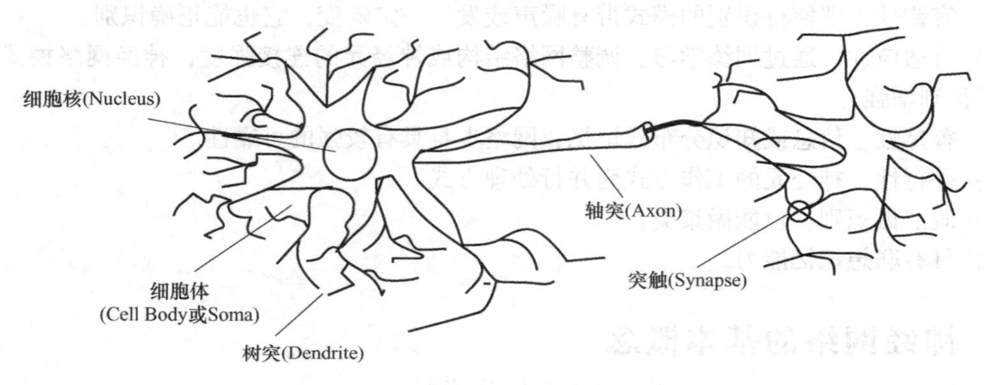


图 8.1　生物神经元的基本组成



## 8.2.2　人工神经元

一个人工神经元实质就是一个生物神经元的简化数学模型。一个人工神经元也称为一个处理单元。由大量处理单元进行加权连接所构成的拓扑网络称之为人工神经网络。人工神经单元之间连接的权值表示神经元之间连接的强度。

最早的人工神经元模型是 MP 人工神经元模型，或简称为 MP 模型，如图 8.2 所示，它是由 McCilloch 和 Pitts 共同提出的。

MP 模型描述如下：设 $x_1$，$x_2$，…，$x_p$ 为当前第 $i(i=1, 2, \cdots, n)$ 个神经元要接收的来自于外界或其他神经元的输入信息，$w_{i1}$，$w_{i2}$，…，$w_{ip}$ 为分别输入与当前神经元连接的权值($p$ 为某个正整数)，输入综合采用它们的点积，神经元的阈值为 $\theta_i$，激励函数为 $f_i$，神经元的输出为 $y_i$，则

$$net_i = \sum_{j=1}^{p} w_{ij}x_j - \theta_i \qquad (8\text{-}1)$$

$$y_i = f_i(net_i) \qquad (8\text{-}2)$$

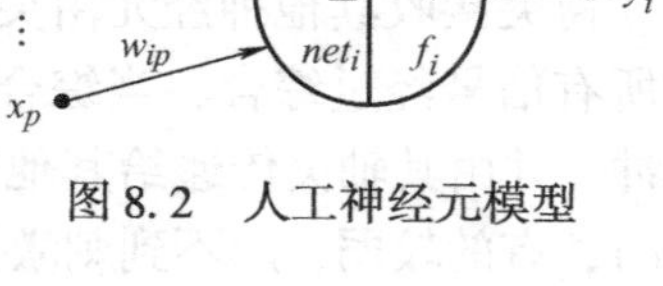

图 8.2　人工神经元模型

激励函数 $f_i$ 也称为输出函数或作用函数。在 MP 模型中，输

出 $y_i$ 为

$$y_i = f_i(net_i) = \begin{cases} 1, & net_i \geqslant 0 \\ 0, & net_i < 0 \end{cases} \tag{8-3}$$

或

$$y_i = f_i(net_i) = \begin{cases} 1, & net_i \geqslant 0 \\ -1, & net_i < 0 \end{cases} \tag{8-4}$$

显然，$net_i \geqslant 0$ 等价于 $\sum_{j=1}^{p} w_{ij}x_j \geqslant \theta_i$。当 $\sum_{j=1}^{p} w_{ij}x_j \geqslant \theta_i$ 时，$y_i = f_i(net_i) = 1$，其物理意义就是，当输入信号综合，即输入信号加权求和大于或等于神经元 $i$ 的阈值时，神经元的输出为 1。

从 MP 模型来看，有两个方面可以推而广之加以考虑和进一步推广。那就是，采用什么输入综合策略(又称为集成函数)和什么样的激励函数。由此而产生很多其他与 MP 模型不同的神经元模型。

**1. 输入集成函数**

(1) 加权组合

$$net_i = f_1(\boldsymbol{W}_i, \boldsymbol{X}, \theta_i) = \sum_{j=1}^{p} w_{ij}x_j - \theta_i \tag{8-5}$$

(2) 二次函数(Quadratic function)

$$net_i = f_2(\boldsymbol{W}_i, \boldsymbol{X}, \theta_i) = \sum_{j=1}^{p} w_{ij}x_j^2 - \theta_i \tag{8-6}$$

(3) 球形函数(Spherical function)

$$net_i = f_3(\boldsymbol{W}_i, \boldsymbol{X}, \theta_i) = \sum_{j=1}^{p} (x_j - w_{ij})^2 - \theta_i \tag{8-7}$$

(4) 多项式函数(Polynomial function)

$$net_i = f_4(\boldsymbol{W}_i, \boldsymbol{X}, \theta_i) = \sum_{j=1}^{p}\sum_{k=1}^{p} (w_{ijk}x_jx_k + x_j^{\alpha_j} + x_k^{\alpha_k}) - \theta_i \tag{8-8}$$

其中，$w_{ijk}$表示由 $w_{ij}$和 $w_{ik}$得到的一种混合值，$\alpha_j$ 和 $\alpha_k$ 分别为可选参数，通常选为大于或等于 2 的整数。

这里，$\boldsymbol{W}_i = (w_{i1}, w_{i2}, \cdots, w_{ip})^{\mathrm{T}}$，$\boldsymbol{X} = (x_1, x_2, \cdots, x_p)^{\mathrm{T}}$ 分别表示权向量和输入向量。当集成函数仅含输入量 $x_j$ 的一次项时，称所构成的神经元是线性神经元或一阶神经元，而含有 $x_j$ 的平方项 $x_j^2$ 或更高次项或者混合项时，称所构成的神经元是高阶神经元，构成的网络也相应地分别称为线性神经网络(或一阶神经网络)以及高阶神经网络。

MP 模型及大多数其他神经网络中神经元集成函数都采用加权求和即线性集成函数。

**2. 激励函数**

激励函数可有多种形式。

(1) 跳跃函数　跳跃函数(Step function)又称阶跃函数、阈值型函数或硬限函数。如图 8. 3a 所示，函数只取值为 1 或 0 两个值。函数的表达形式为

$$y_i = f(net_i) = \mathrm{sgn}\left(\sum_{j=1}^{p} w_{ij}x_j - \theta_i\right) = \begin{cases} 1, & \sum_{j=1}^{p} w_{ij}x_j - \theta_i \geqslant 0 \\ 0, & \sum_{j=1}^{p} w_{ij}x_j - \theta_i < 0 \end{cases} \tag{8-9}$$

MP 模型采用的激励函数就是硬限函数。硬限函数在 MATLAB 中用 hardlim 表示。有时也称跳跃函数为单极跳跃函数。

（2）对称跳跃函数　对称跳跃函数又称为双极跳跃函数、双极硬限函数、硬限双极函数或硬限对称函数，函数只取值为 1 或 -1 两个值。

$$y_i = f(net_i) = \mathrm{sgn}\left(\sum_{j=1}^{p} w_{ij}x_j - \theta_i\right) = \begin{cases} 1, & \sum_{j=1}^{p} w_{ij}x_j - \theta_i \geqslant 0 \\ -1, & \sum_{j=1}^{p} w_{ij}x_j - \theta_i < 0 \end{cases} \tag{8-10}$$

在 MATLAB 中用 hardlims 表示硬限对称函数。

（3）S 形函数　S 形函数实际上就是 Sigmoid 函数，也称为单极函数(Polar function)。如图 8.3b 所示，其最大饱和值为 1，最小饱和值为 0。函数的表达形式为

$$y_i = f(net_i) = \frac{1}{1 + \mathrm{e}^{-\lambda \cdot net_i}} \tag{8-11}$$

其中，$\lambda$ 是一个可选参数，例如，可选 $\lambda = 1$。S 形函数是非线性的，且处处连续可导。S 形函数是一个较好的增函数。在 $net_i$ 的绝对值 $|net_i|$ 较小时，其导数 $f'(net_i)$ 较大，即增长较快。在 $net_i$ 的绝对值 $|net_i|$ 较大时，其导数 $f'(net_i)$ 较小，即增长较慢。这为防止神经元进入饱和状态提供了良好的支持，所以 S 形函数是神经元激励函数的常用形式。在 MATLAB 中用 logsig 表示 S 形函数。



（4）线性函数　线性函数(Linear function)最简单，一般使用下列形式：

$$y_i = f(net_i) = net_i \tag{8-12}$$

注意：这里相当于普通的线性函数形式 $a \cdot net_i + b$ 中取 $a = 1$，$b = 0$，一般没做其他选项。在 MATLAB中用 purelin 表示线性函数。

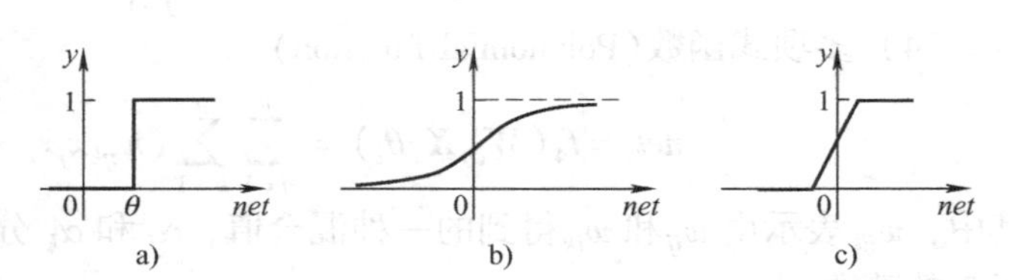

图 8.3　常用的三种激励函数的形式
a) 跳跃函数　b) S 形函数　c) 饱和函数

（5）伪线性函数　伪线性函数(Pseudo linear function)是一种在一定的区间输入和输出呈线性关系的函数。又称为非线性斜面函数(Ramp function)。有时也称为饱和函数(Saturate function)，如图 8.3c 所示，其最大饱和值为 1，最小饱和值为 0。函数的表达形式为

$$y_i = f(net_i) = \begin{cases} net_i, & -1 \leqslant net_i \leqslant 1 \\ 1, & net_i > 1 \\ 0, & net_i < 0 \end{cases} \tag{8-13}$$

在 MATLAB 中用 satlin 表示饱和函数。相应地，对称饱和函数用 satlins 表示，它在自变量小于 -1 时取值为 -1，大于 +1 时取值为 +1，而在 -1 和 +1 之间时，函数值就等于自变

量的值。

（6）双曲正切函数　双曲正切函数也称为双极 Sigmoid 函数(Bipolar sigmoid function)。其最大饱和值为 1，最小饱和值为 -1。函数的表达形式为

$$y_i = f(net_i) = \tanh(net_i) = \frac{e^{net_i} - e^{-net_i}}{e^{net_i} + e^{-net_i}} \tag{8-14}$$

它也是一个无限可微函数。在 MATLAB 中用 tansig 表示双曲正切函数。

（7）扩充平方函数　扩充平方函数的表达形式为

$$y_i = f(net_i) = \begin{cases} \dfrac{net_i^2}{1 + net_i^2}, & net_i > 0 \\ 0, & net_i \leqslant 0 \end{cases} \tag{8-15}$$

在上述函数中，除一个为线性函数外，其余都是非线性函数。

采用非线性函数作为激励函数构成人工神经元，由大量人工神经元连接而成的一个神经网络形成一个非线性数学模型。

为数学上表达方便起见，通常设 $\theta_i = -w_{i(p+1)}$，这样 $net_i$ 就可直接表示为向量内积(又称点积)的形式：

$$net_i = \boldsymbol{W}^{\mathrm{T}}\boldsymbol{X} \tag{8-16}$$

其中，$\boldsymbol{W} = (w_{i1}, w_{i2}, \cdots, w_{ip}, w_{i(p+1)})^{\mathrm{T}}$，$\boldsymbol{X} = (x_1, x_2, \cdots, x_p, 1)^{\mathrm{T}}$。而且由于 $w_{i(p+1)} = -\theta_i$，可以让 $w_{i(p+1)}$ 与其他权值一样进行动态学习调整，从而阈值 $\theta_i$ 也就可以被学习调整了。有时，令 $b_i = -\theta_i$，且称 $b_i$ 为偏置。

### 8.2.3　神经网络的训练学习

学习的主要方法分为有导师的学习、无导师的学习和强化学习三类。

有导师的学习要求给出的训练数据集或称训练集中的每个样本既有输入也有相应的输出结果。一旦将输入数据输入系统，要求系统输出相应的结果。如果不相同，则要改进系统的某些参数或结构使之相同，从而改进输出结果，直到相同为止。

在无导师学习中，训练数据集中的每个数据没有相应的类别标志与之对应，完全由系统根据内在的相似性得到数据的聚类结果，或系统本身经过运行达到系统稳定后得到某个稳态，从而得出某种记忆的结果。

在强化学习中，训练数据集中的每个数据也没有相应的类别标识与之对应。在数据输入后，通过对系统得到的输出结果加以评价，确认其好坏，再确定系统进一步如何处理。

神经网络主要采用有导师的学习和无导师的学习这两种方法来训练网络。所谓训练网络就是用训练数据集，按一定的训练规则，又称学习规则或学习算法，来修正神经元之间的连接强度或改变网络拓扑结构。神经网络中有导师的学习方法主要采用的是误差学习方法或称 $\delta$ 学习律，无导师的学习方法主要采用的是 Hebb 学习律。其中 Hebb 学习律是最早提出的一种学习方法，而且有比较好的易被人们接受的生物学依据。

**1. Hebb 学习律**

Hebb 学习规则是一种无导师的学习方法。Hebb 学习律认为，两个神经元都处于兴奋状

态时，它们之间的连接强度加强。

假设 $t$ 时刻第 $j$ 个和第 $i$ 个神经元的输出分别为 $y_j(t)$，$y_i(t)$，$j \neq i$，$i$，$j=1$，2，…，$n$。其中 $n$ 为神经元总数。权值为 $w_{ji}(t)$，则在 $t+1$ 时刻，按 Hebb 学习规则调整由 $i$ 到 $j$ 的连接权值 $w_{ji}(t+1)$ 的公式为

$$w_{ji}(t+1) = w_{ji}(t) + \eta y_i(t) y_j(t) \tag{8-17}$$

式中，$\eta$ 为学习因子。

**2. $\delta$ 学习律**

$\delta$ 学习律实际上就是误差修正学习法。以单层神经网络为例，在 $t$ 时刻，设 $x_i(t)$ 为第 $i$ 个输入，$i=1$，2，…，$R$。$x_i(t)$ 也是将送到第 $j$ 个神经元的信息。$d_j$ 为第 $j$ 个神经元的期望输出即教师值，$y_j(t)$ 为第 $j$ 个神经元的实际输出，$j=1$，2，…，$n$；$n$ 为该层上神经元总数。$w_{ji}(t)$ 为由第 $i$ 个输入端到第 $j$ 个神经元的连接权值，如图 8.4 所示。

在 $t+1$ 时刻，按 $\delta$ 学习律调整由 $i$ 到 $j$ 的权值公式为

$$w_{ji}(t+1) = w_{ji}(t) + \eta(d_j - y_j(t)) x_i(t) \tag{8-18}$$

其中，$\eta$ 为学习因子。

上述两种学习方法中的学习因子都可选为常数，一般在 0.01 ~ 0.96 内，也可选为随迭代步变化的动态数。

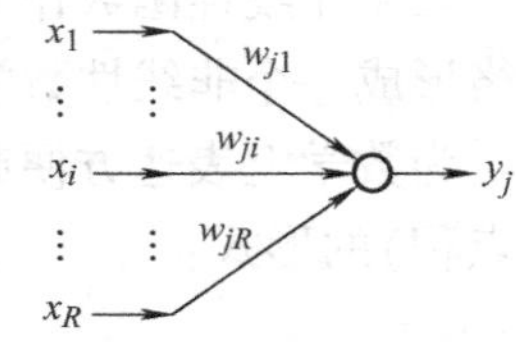


图 8.4　从输入端到神经元的连接权值标记

**3. 竞争学习律**

竞争学习律是一种无监督的学习方法，主要用于竞争神经网络和自组织映射神经网络。在多个神经元具有竞争的情况下，只有获胜神经元(有时其周围的神经元)的连接权值才有调整修改的权力。设第 $j$ 个神经元获胜，则与其连接的权值按如下方式修改：

$$w_{ji}(t+1) = w_{ji}(t) + \eta(w_{ji}(t) - x_i(t)) \tag{8-19}$$

其特点是让竞争获胜的神经元的权值向量记住输入模式向量或其均值向量。



## 8.2.4　人工神经网络及分类

按照神经网络的功能、学习方式、结构等，可从不同角度对神经网络按不同方式分类。

**1. 按功能划分**

按功能划分可将神经网络分为用于分类的神经网络、用于聚类或数据分析的网络、用于联想记忆与求最优化问题的网络。

如感知器网络、BP 网络、RBF 网络等主要属于用于分类的神经网络；

而竞争网络、Kohonen 自组织映射网络则属于用于聚类或数据分析的网络；

Hopfield 神经网络则主要用于联想记忆与求最优化问题的网络。

**2. 按学习方式划分**

按学习方式大类上可划分为有导师学习的神经网络和无导师学习的神经网络。

有导师学习的神经网络有感知器、BP 网、RBF 网络等。

无导师学习的神经网络有竞争网络、Hopfield 神经网络等。

而从权值学习算法上又可分为按 $\delta$ 学习律学习的网络和按 Hebb 律学习的网络。按 $\delta$ 学习律学习的网络主要是有导师学习的神经网络，如 BP 网。而按 Hebb 律学习的网络则主要

是有无导师学习的神经网络，如 Hopfield 神经网络。

**3. 按连接结构划分**

按连接结构划分可将神经网络分为两大类：层次结构与全连接结构。

层次结构将神经元分组构成若干个层次，前后相邻层中的神经元由后往前连接。又进一步分为层内有连接和层内无连接两种形式。

层内无连接的层次结构的神经网络，信息自输入层输入后，向下一层传递，每一层中的神经元根据接收到的信息加以综合并计算出神经元输出结果，再送入下一层，再加以综合和计算下一层中神经元的输出结果，…，直到输出层，最后得到输出层中神经元的输出结果，也就是网络的输出结果。这一类网络通常称为前向网络。在层次结构网络中，除输入层和输出层外，其他层都称为隐含层。如感知器网络、BP 网络、RBF 网络甚至 Kohonen 自组织 SOFM 网络都属于前向网络。此外，即使是在层次结构的神经网络中，除了前后相邻层中的神经元由后往前有连接外，层内也可能有全连接或部分连接，起侧抑制反馈作用，如竞争网络中的汉明网络(Hamming network)就属于此类。

也有输出神经元到隐层单元甚至输入神经元，或者由隐含层单元到隐含层单元的反馈连接的网络。例如，Jordan 网络将输出延迟作为下一时刻的输入，Elman 网络将第一隐含层上的输出延迟作为下一时刻的内容再另外加权综合作为下一时刻隐层单元的输入等，都有反馈的特性。

全连接结构则没有明显的层次划分，任意两个神经元之间都是相互连接的，如 Hopfield 神经网络就是全连接结构网络。Hopfield 神经网络中每个神经元在本时刻的输出作为下一时刻神经元的输入，系统自输入后自动按串行或并行方式运行直到达到稳定为止，具有反馈特性，所以也称为全连接反馈网络。

具有反馈的网络都称为反馈网络或回馈网络。没有反馈的前向网络也可称为纯前向网络。全连接反馈 Hopfield 神经网络又称为全反馈网络或循环网络。仅层内有反馈或部分层内有反馈的网络一般用专门的命名表示，如汉明网络、Jordan 网络、Elman 网络。结构或学习算法或者功能特殊的网络一般也会专门起名来表示。



由此可见，使用层次结构、全连接结构或反馈网络划分的方法仍难以将某种网络决然划分为属于某一个具体的类别。例如，汉明网络兼具有层次结构和反馈两种特性。

图 8.5 给出了结点较少的两个神经网络结构。图 8.5a 所示是一个每层 3 个神经元的 3 层前向网络，图 8.5b 所示是 3 个神经元全连接且权值对称($w_{ij}=w_{ji}$，$w_{ii}=0$，$i$，$j=1$，2，3)的 Hopfield 网络。其他结构形式的网络可见相应网络中的介绍。

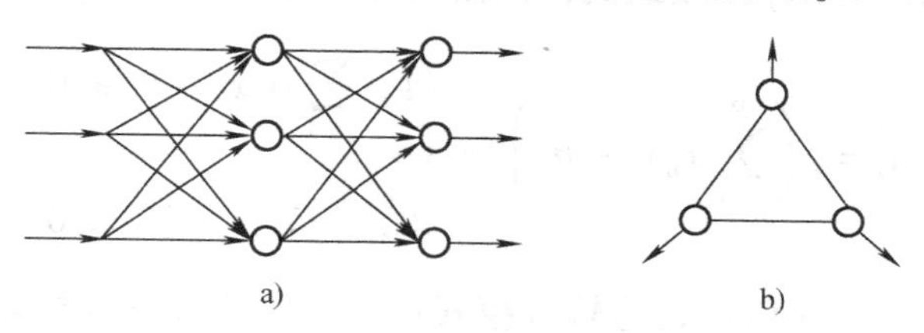


图 8.5　结点较少的两个神经网络结构

a) 每层 3 个神经元的 3 层前向网络　b) 3 个神经元全连接权值对称的 Hopfield 神经网络

## 8.3 前向神经网络

### 8.3.1 感知器网络

感知器(Perceptron)是由美国计算机科学家罗森布拉特(Rosenblatt)于1957年提出的一种神经网络模型，是一种没有反馈的纯前向网络。

**1. 单层感知器网络**

图8.6给出了一个单层神经网络模型。

注意：对于该前向网络，虽然在图中画出的是两层结构，但由于输入层上的每个结点并不是神经元结点，没有神经元的功能，仅作为数据的输入端口，所以，该图是一个单层的感知器网络。但因为该图直观上看似由输入层和神经元层两层所构成，所以，也有人将其看成是两层网络。但不管怎样，它只有一个神经元层。

感知器神经网络的输入既可以是离散量，也可以是非离散量即连续量。从输入层每个单元到输出层每个单元之间均存在有向连接，连接权值可调。输入层单元将外部输入模式传给输出层单元，输出层单元对所有输入数值加权求和，经阈值型输出函数产生一组输出模式。

一个感知器可以解决两类模式线性划分问题，因为每个感知器神经元的激励函数都采用阈值函数，而阈值函数只有两个值，所以感知器可以将输入向量分为两类。一个感知器神经元可通过对连接到该神经元的权值加以训练，使感知器神经元的输出能对输入模式进行二分类，图8.7所示为感知器神经元模型。

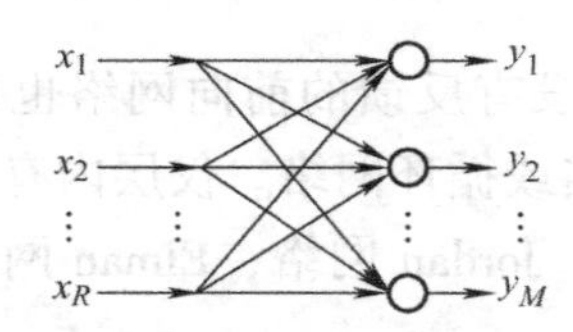


图8.6 单层神经网络模型

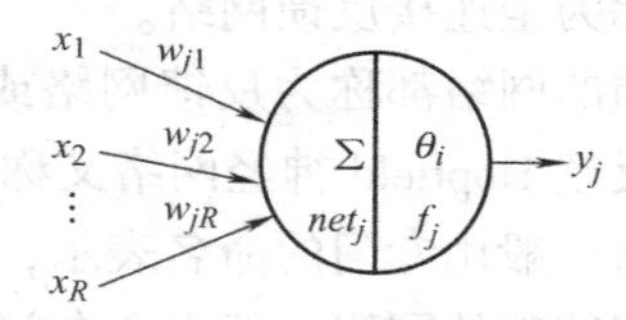


图8.7 感知器神经元模型

由多个神经元构成的单层感知器网络模型可用于解决多类线性划分问题。若输入模式有$M$类，则输出层有$M$个神经元。

设输入为$R$维模式向量$\boldsymbol{X}=(x_1, x_2, \cdots, x_R)^{\mathrm{T}}$，有$M$个模式类$\omega_1, \omega_2, \cdots, \omega_M$，则输出层第$j$个神经元对应着第$j$个模式类，其输入为各输入模式分量的加权和，输出为

$$y_j = f\left(\sum_{i=1}^{R} w_{ji}x_i - \theta_j\right) = \begin{cases} 1, & \sum_{i=1}^{R} w_{ji}x_i - \theta_j \geqslant 0 \\ 0, & \sum_{i=1}^{R} w_{ji}x_i - \theta_j < 0 \end{cases} \tag{8-20}$$

式中，$\theta_j$是第$j$个神经元的阈值；$w_{ji}$是输入模式第$i$个分量与输出层第$j$个神经元间的连接权值。若将$\theta_j$看成一个权值，可令$\theta_j = -w_{j(R+1)}$，则与第$j$个神经元相连的权值构成向量

$$\boldsymbol{W}_j = (w_{j1}, w_{j2}, \cdots, w_{j(R+1)})^{\mathrm{T}}$$

此时$\boldsymbol{X}$使用增广向量形式$\boldsymbol{X}=(x_1, x_2, \cdots, x_R, 1)^{\mathrm{T}}$，那么式(8-20)可写成

$$y_j = f\left(\sum_{i=1}^{R} w_{ji}x_i - \theta_j\right) = f\left(\sum_{i=1}^{R+1} w_{ji}x_i\right) = f(\boldsymbol{W}_j^{\mathrm{T}}\boldsymbol{X}) = \begin{cases}1, & \boldsymbol{W}_j^{\mathrm{T}}\boldsymbol{X} \geqslant 0 \\ 0, & \boldsymbol{W}_j^{\mathrm{T}}\boldsymbol{X} < 0\end{cases} \tag{8-21}$$

于是，$M$ 类问题的判别规则，也即神经元的输出函数定义为

$$y_j = f(\boldsymbol{W}_j^{\mathrm{T}}\boldsymbol{X}) = \begin{cases}1, & \boldsymbol{W}_j^{\mathrm{T}}\boldsymbol{X} \geqslant 0 \\ 0 & \boldsymbol{W}_j^{\mathrm{T}}\boldsymbol{X} < 0\end{cases}, 1 \leqslant j \leqslant M \tag{8-22}$$

权值可以按 $\delta$ 学习律加以调整，在 $t+1$ 时刻，由 $i$ 到 $j$ 的权值 $w_{ji}(t+1)$ 的更新公式为

$$w_{ji}(t+1) = w_{ji}(t) + \boldsymbol{\eta}(d_j - y_j(t))x_i(t) \tag{8-23}$$

其中，$\boldsymbol{\eta}$ 为学习因子，$0 < \boldsymbol{\eta} \leqslant 1$，可以设置为常数或者随迭代步而变化的量。

当网络训练结束后，权值矩阵（含阈值）如下：

$$\boldsymbol{W} = \begin{pmatrix} w_{11} & w_{12} & \cdots & w_{1R} & w_{1(R+1)} \\ w_{21} & w_{22} & \cdots & w_{2R} & w_{2(R+1)} \\ \vdots & \vdots & & \vdots & \vdots \\ w_{M1} & w_{M2} & \cdots & w_{MR} & w_{M(R+1)} \end{pmatrix} \tag{8-24}$$

$\boldsymbol{W}$ 中的第 $j$ 行是所有连接到第 $j$ 个神经元的权值，可记为 $\boldsymbol{W}_j$。$\boldsymbol{W}$ 中第 $R+1$ 列第 $j$ 行元素

$$w_{j(R+1)} = -\theta_j \tag{8-25}$$

设训练数据集为 $D = \{ <\boldsymbol{X}_i, \boldsymbol{d}_i> \mid i = 1, 2, \cdots, Q\}$，即训练数据集输入部分构成的集合为 $\boldsymbol{X} = \{\boldsymbol{X}_1, \boldsymbol{X}_2, \cdots, \boldsymbol{X}_Q\}$，$\boldsymbol{X}_i = (x_{i1}, x_{i2}, \cdots, x_{iR})^{\mathrm{T}}$，$\boldsymbol{d}_i = (d_{i1}, d_{i2}, \cdots, d_{iM})^{\mathrm{T}}$ 为 $0-1$ 向量，对应于 $\boldsymbol{X}_i$ 的期望输出（也称为教师值）：如果 $X_i \in \omega_j$ 类，$d_{ij} = 1$；如果 $X_i \notin \omega_j$ 类，$d_{ij} = 0$。单层感知器即 $d$ 仅为标量 0 或 1 时算法可粗略描述如下：

1）初始化权值向量 $\boldsymbol{W}$；

2）重复下列各步，直到训练结束：

对训练集中的每一样本 $(\boldsymbol{X}, d)$，重复如下过程：

① 输入 $\boldsymbol{X}$；

② 计算输出 $y = f(\boldsymbol{W}^{\mathrm{T}}\boldsymbol{X})$；

③ for j = 1 to M 执行下列操作：

```
if   y≠d then
  if y  =0   then
     for   i =1 to R
       wji =  wji + xi
  else
     for   i =1 to R
       wji =  wji - xi
```

而当 $d$ 不为标量，也就是在有多个感知器构成单层感知器网络时，如何重复训练，而且对输入样本集中的样本全部加以选取，则应更加细化算法。下面给出单层感知器网络算法较为细化的步骤：

1）初始化权值 $w_{ji}(0)$ $(j = 1, 2, \cdots, M; i = 1, 2, \cdots, R+1)$。学习因子 $\boldsymbol{\eta} = 1$。通常，

给 $w_{ij}(0)$ 赋以较小的随机非零值。因 $w_{j(R+1)}(0)=-\theta_j(0)$，所以会得到 $\theta_j(0)=-w_{j(R+1)}(0)$。迭代步 $t=0$，样本号 $k$ 赋初值 $k=0$。一轮数据计算过程中权值先置更新标志 flag =0，若有更新，则置 flag =1。一轮计算结束后，若 flag =0，则表示没有更新；若 flag =1 表示有更新。

2）设置 flag =0，对每一样本 $\boldsymbol{X}_k=(x_{k1}, x_{k2}, \cdots, x_{kR})^{\mathrm{T}}$ 和它的希望输出 $d_k(k=1, 2, \cdots, Q)$，计算每一神经元的实际输出并做必要的权值保持和更新。设与第 $j$ 个神经元相连的权向量为 $\boldsymbol{W}_j(t)=(w_{j1}, w_{j2}, \cdots, w_{j(R+1)})^{\mathrm{T}}(j=1, 2, \cdots, M)$，则

① 对第 $j$ 个神经元 $(j=1, 2, \cdots, M)$ 的输入综合，即输入的加权求和为

$$net_j=\boldsymbol{W}_j^{\mathrm{T}}(t)X_k=w_{j1}x_{k1}+w_{j2}x_{k2}+\cdots+w_{jR}x_{kR}+w_{j(R+1)}$$

② 第 $j$ 个神经元在 $t$ 时刻的实际输出为

$$y_j(t)=f(net_j)=f(\boldsymbol{W}_j^{\mathrm{T}}(t)\boldsymbol{X}_k),\ 1\leqslant j\leqslant M$$

③ 修正权 $\boldsymbol{W}_j$。

若 $y_j(t)=d_{kj}$，则不做权值修改，即 $w_{ji}(t+1)=w_{ji}(t)$，$i=1, 2, \cdots, R+1$；

若 $y_j(t)\neq d_{kj}$，则

置 flag =1；

若 $y_j(t)=0$，则 $w_{ji}(t+1)=w_{ji}(t)+x_{ki}$，$i=1, 2, \cdots, R+1$；

否则，$w_{ji}(t+1)=w_{ji}(t)-x_{ki}$，$i=1, 2, \cdots, R+1$。

若flag =1，或者 $k<Q$，则 $k=k+1$，$t=t+1$，转2）。否则即 flag =0 且 $k=Q$，停止计算，此时 $W$ 已收敛。

学习因子 $\eta(0<\eta\leqslant 1)$ 用于控制权值的修正速度，也称为比例系数。上述感知器学习算法中，取 $\eta=1$。若取为大于 0 且小于 1 的常数，则权值修正公式部分中对应的

$w_{ji}(t+1)=w_{ji}(t)+x_{ki}$ 就要改为 $w_{ji}(t+1)=w_{ji}(t)+\eta x_{ki}$；

对应地，$w_{ji}(t+1)=w_{ji}(t)-x_{ki}$ 就要改为 $w_{ji}(t+1)=w_{ji}(t)-\eta x_{ki}$。



通常 $\eta$ 要选得适当。若太大，则可能会导致 $W$ 振荡。若太小，则会使 $W$ 的收敛速度过慢。实际中，可设 $\eta=\rho/t$，$\rho$ 为一个常数，随着 $t$ 的增大，$\eta$ 可动态变小。

单层感知器神经网络不能解决线性不可分的分类问题。由于在训练数据中，有时不能直观判断输入数据是线性可分的，所以算法在遇到不可线性划分问题的数据用单层感知器网络算法训练运行时，执行步数就会很大，甚至根本就不收敛。此时，可在算法中设置迭代步 $t$ 的上界。迭代步 $t$ 达到上界时让算法结束，并让算法报出相应的信息。

**2. 多层感知器**

Minsky 等人指出，用单个神经元构成的单层感知器网络无法解决异或问题这样的非线性划分问题，所以设想用多层感知器来解决线性不可分问题。多层感知器在输入层和输出层之间加入一层或多层神经元，形成两层或三层以上神经元层的前馈网络。隐含层和输出层中任一神经元的输入等于其低一层中神经元的输出进行加权求和的结果。隐含层单元的作用相当于特征检测器，提取输入模式中的有效信息。相当于输出层的输出结果是由低层的线性划分结果再加以组合，最终实现线性不可分问题的解决。图 8.8 给出了两层感知神经元构成的

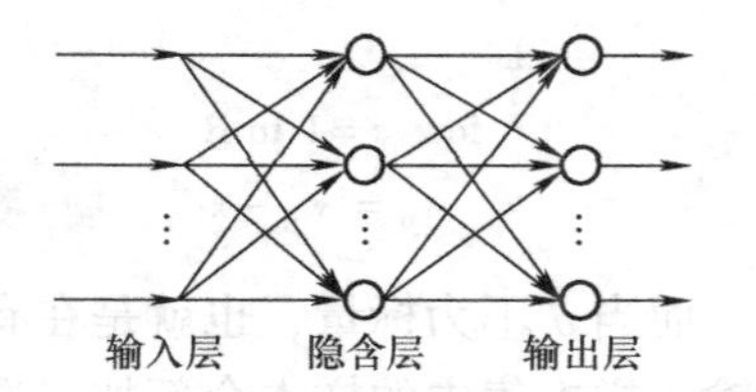


图 8.8　由两层感知神经元构成的一个多层感知器网络结构

一个多层感知器网络结构。

多层感知器允许学习只能发生在与输出神经元相连接的权值上。这是因为阈值函数是不可微分的函数，输出误差缺乏从后一层回传到前一层的数学理论依据。因而，除了到最后一层的连接权值可根据网络实际输出与期望输出的误差来调整学习修改外，其他连接权值只能随机产生。尽管如此，按这种方法，仍然可解决线性不可分问题，也不失为一个有效的办法。Rumelhart 等人通过将激励函数改用连续可微函数并提出 BP 算法，使多层神经网络相关理论得到发展，学习算法也变得更加成熟。

**3. MATLAB 中重要的感知器神经网络函数的使用方法**

对于感知器的初始化、创建、训练、仿真，在 MATLAB 神经网络工具箱中提供的相关函数有 newp( )、trainp( )、sim( )等函数。

创建感知器网络函数 newp( )的调用格式为 newp(PR, n)，其中 PR 给出输入样本每一维的上下界列表，n 为感知器神经元的个数。例如，

```
net = newp([ -1,1;0,1],2);
```

或

```
PR =[ -1,1;0,1];
n =2;
net = newp(PR,n);
```

前一条语句和后面三句构成的语句段都可根据输入样本为二维的向量，第一维的下界是 -1，上界是 1，第二维的下界是 0，上界是 1，建立一个由 $n=2$ 个感知器神经元形成的一个单层感知器网络。newp 的第一个参数也可通过对输入矩阵使用 minmax 函数自动计算各维的上下界。例如，

```
P = [ -1  0
       1  1]
```

则可用下列形式来建立同一个单层感知器网络结构：

```
net = newp( minmax( P) ,2) ;
```

用 newp 是 MATLAB 自动建立的一个用于描述感知器网络的对象化的结构变量赋给 net，确定了感知器网络的输入维长、每维的上下界、输出层神经元个数等。

net. iw{1} 是输入层到第一层神经元连接的权值矩阵。

net. b{1} 是感知器层上所有神经元的偏置构成的偏置向量。

仿真函数 sim( )主要用于计算网络输出。对给定的输入模式 p，计算网络的输出可用下列形式的语句：

```
a = sim( net,p)
```

**4. 感知器神经网络应用举例**

为了便于理解感知器神经网络，下面给出一个具体的问题进行分析。

**例 8.1**　设有两种蠓虫 Af 和 Apf，已由生物学家 W. L. Grogan 与 W. W. Wirth(1981)根据它们触角长和翼长加以区分，见表 8.1，其中有 9 只 Af 蠓虫和 6 只 Apf 蠓虫的数据。根据给出的触角长和翼长可识别出一只标本是 Af 还是 Apf。

表 8.1　螺虫 Af 和 Apf 数据表

| Af 的数据 | | | | | | | | | |
|---|---|---|---|---|---|---|---|---|---|
| 触角长 | 1.24 | 1.36 | 1.38 | 1.378 | 1.38 | 1.40 | 1.48 | 1.54 | 1.56 |
| 翼　长 | 1.72 | 1.74 | 1.64 | 1.82 | 1.90 | 1.70 | 1.70 | 1.82 | 2.08 |
| Apf 的数据 | | | | | | | | | |
| 触角长 | 1.14 | 1.18 | 1.20 | 1.26 | 1.28 | 1.30 | | | |
| 翼　长 | 1.78 | 1.96 | 1.86 | 2.00 | 2.00 | 1.96 | | | |

（1）给定一只 Af 或者 Apf 族的螺虫，如何正确地区分它属于哪一族？

（2）对于触角长和翼长分别为$(1.24, 1.80)^T$、$(1.28, 1.84)^T$、$(1.40, 2.04)^T$的三个标本进行归类。

**解**：输入向量为

```
p = [1.24 1.36 1.38 1.378 1.38 1.40 1.48 1.54 1.56 1.14 1.18 1.20 1.26 1.28 1.30;
   1.72 1.74 1.64 1.82 1.90 1.70 1.70 1.82 2.08 1.78 1.96 1.86 2.00 2.00 1.96 ]
```

目标向量为 t = [1 1 1 1 1 1 1 1 1 0 0 0 0 0 0]

在图 8.9 中，将目标值 1 对应用“+”、目标值 0 对应用“o”来表示。

```
plotpv(p,t)
```

为解决该问题，利用函数 newp 构造两个输入量在［0，2.5］之间的感知器神经网络模型：

```
net = newp([0 2.5;0 2.5],1)
```

初始化网络：

```
net = init(net)
```

利用函数 adapt 调整网络的权值和阈值，直到误差为 0 时训练结束：

```
[net,y,e] = adapt(net,p,t)
```

训练结束后可得图 8.10 所示的分类方式，可见感知器网络将样本正确地分成两类。

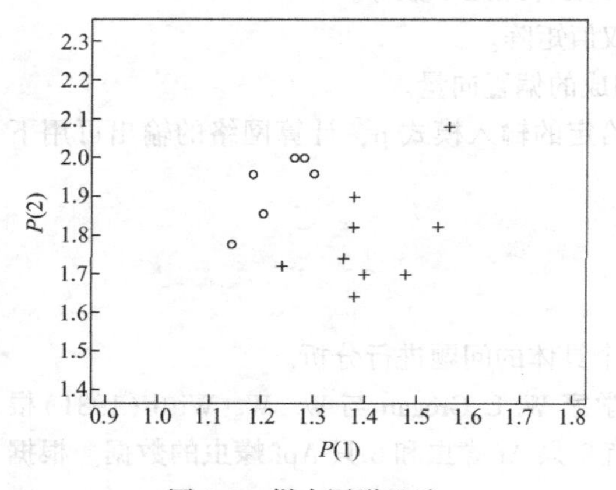


图 8.9　样本图形显示

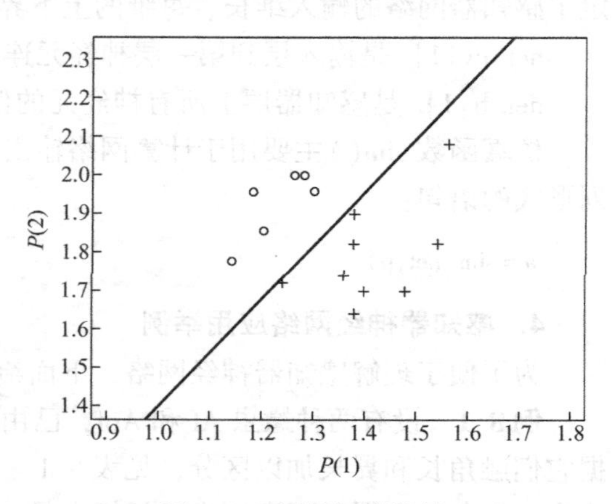


图 8.10　网络训练结果

感知器网络训练结束后，可以利用函数 sim 进行仿真，解决实际的分类问题：

```
p1 = [1.24;1.80]
a1 = sim(net,p1)
p2 = [1.28;1.84]
a2 = sim(net,p2)
p3 = [1.40;2.04]
a3 = sim(net,p3)
```

网络仿真结果为

```
a1 =0   a2 =0   a3 =0
```

## 8.3.2　BP 网络

BP(Back-Propagation)网络及其学习算法是 Rumelhart 等于 1985 年提出的一种重要人工神经网络，具有较坚实数学基础支撑，在神经网络界有重大影响并在工程界得到广泛应用。

BP 网络是一种多层前向神经网络，其神经元的激励函数采用连续可导函数如 S 形函数或线性函数，因此输出量为连续量，从而实现输入输出任意非线性映射。BP 算法是一种监督学习算法。由于其权值的调整是利用实际输出与期望输出之间的误差，对网络的各层连接权值由输出层往回到输入层逐层进行误差传播校正的计算方法，故称为反向传播学习算法，简称为 BP 算法。BP 算法主要是利用输入、输出样本集进行相应训练，使网络实现给定的输入输出映射函数关系。

BP 算法常分为两个阶段：

第一阶段：网络正向计算过程。用样本信息从输入层经隐含层至输出层逐层计算各单元的输出值。

第二阶段：误差反向传播过程。在输出层计算期望输出与实际输出的误差。如果输出层的实际输出与期望输出(教师值)相同，结束学习算法。如果输出层的实际输出与期望输出(教师值)不同，则使用梯度下降法进行误差反向传播，调整各层神经元的权值和阈值。误差反向传播是逐层回向传播误差的。每回传一层，将修正相应后一层的权值。通过多轮调整，始终希望使下次输出层实际输出与期望输出的误差得到减小。BP 网络主要用于函数逼近、模式识别、分类以及数据压缩等方面。

BP 学习算法是 $\delta$ 学习律和梯度下降法的结合。下面详细讨论 BP 算法的学习过程。

**1. BP 算法**

下面以由输入层、隐含层和输出层构成的前向神经器网络为例，说明 BP 算法。图 8.11 所示为其网络结构。

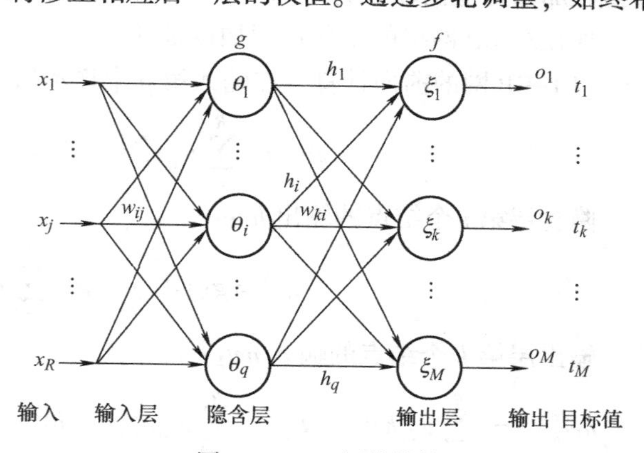


图 8.11　BP 网络结构

**2. BP 算法学习原理**

在图 8.11 中，主要符号表示如下：

$x_j$ 表示输入层第 $j$ 个结点对应的训练样本的输入，$j=1, 2, \cdots, R$；

$w_{ij}$表示隐含层第 $i$ 个结点到输入层第 $j$ 个结点之间的权值；

$\theta_i$ 表示隐含层第 $i$ 个结点的阈值，偏置 $b_i=-\theta_i$；

$g(x)$表示隐含层的激励函数，隐含层中所有神经元的激励函数相同，都是 $g$；

$w_{ki}$表示隐含层第 $i$ 个结点到输出层第 $k$ 个结点之间的权值，$i=1, 2, \cdots, q$，$k=1, 2, \cdots, M$；

$\xi_k$ 表示输出层第 $k$ 个结点的阈值，偏置 $b_k=-\xi_k$；

$f(x)$表示输出层的激励函数，输出层中所有神经元的激励函数相同，都是 $f$；

$h_i$ 表示隐含层中第 $i$ 个隐单元的输出；

$o_k$ 表示输出层第 $k$ 个结点的输出；

$t_k$ 表示输出层第 $k$ 个结点的期望值(教师值)，$k=1, 2, \cdots, M$；

此外，还用到 $v_i$ 和 $net_k$，它们的含义为：

$v_i$ 表示隐含层中第 $i$ 个隐单元的加权求和输入；

$net_k$ 表示输出层中第 $k$ 个输出神经元的加权求和输入。

上述标记符号具有一般性。由于网络计算是根据输入样本进行的，所以，为了明确起见，在输入为第 $p$ 个样本时，相应地将有关标记符号增加一定的上标来加以区分表示，例如对应地有 $x_i^{(p)}$、$v_i^{(p)}$、$h_i^{(p)}$、$o_k^{(p)}$、$net_k^{(p)}$、$t_k^{(p)}$ 等。显然，$o_k^{(p)}=f(net_k^{(p)})$为在输入为第 $p$ 个样本时网络的实际输出。

上述表记中，仅由下标不同来区分神经元所在层次不同或连接层的不同，如 $w_{ij}$、$w_{ki}$、$b_i$、$b_k$。因而，更为细化的办法是，用 $w'_{ij}$代替 $w_{ij}$，表示输入层到隐含层相应的连接权，用 $w''_{ki}$代替 $w_{kj}$，表示隐含层到输出层相应的连接权。而用 $b_i^{(1)}$ 代替 $b_i$，表示隐含层第 $i$ 个神经元的阈值，用 $b_k^{(2)}$ 代替 $b_k$，表示输出第 $k$ 个神经元的阈值。在图 8.11 中，为简便起见，相应的上标实际上没有标出。

在加权求和中，如果将阈值看成是权值，那么对应的输入为 $-1$，但如果将偏值看成是权值，那么对应的输入为 $+1$。

现在对 BP 网络的工作过程加以推导。

(1) BP 网的前向计算　在输入第 $p$ 个样本后，隐含层第 $i$ 个结点的输入 $net_i^{(p)}$：

$$v_i^{(p)}=\sum_{j=1}^{R} w_{ij}x_j^{(p)}-\theta_i=\sum_{j=1}^{R} w_{ij}x_j^{(p)}+b_i^{(1)} \tag{8-26}$$

隐含层第 $i$ 个结点的输出 $h_i$：

$$h_i^{(p)}=g(v_i^{(p)})=g\left(\sum_{j=1}^{R} w_{ij}x_j^{(p)}+b_i^{(1)}\right) \tag{8-27}$$

输出层第 $k$ 个结点的输入 $net_k$：

$$net_k^{(p)}=\sum_{i=1}^{q} w_{ki}h_i^{(p)}-\xi_k=\sum_{i=1}^{q} w_{ki}h_i^{(p)}+b_k^{(2)}=\sum_{i=1}^{q} w_{ki}g\left(\sum_{j=1}^{R} w_{ij}x_j^{(p)}+b_i^{(1)}\right)+b_k^{(2)} \tag{8-28}$$

下面主要用偏置来推导计算。因为偏置和阈值的关系仅仅只是符号相反。

输出层第 $k$ 个结点的输出 $o_k^{(p)}$：

$$o_k^{(p)} = f(net_k^{(p)}) = f\left(\sum_{i=1}^{q} w_{ki}h_i^{(p)} + b_k^{(2)}\right) = f\left(\sum_{i=1}^{q} w_{ki}g\left(\sum_{j=1}^{R} w_{ij}x_j^{(p)} + b_i^{(1)}\right) + b_k^{(2)}\right) \tag{8-29}$$

（2）误差的反向传播和权值偏置的修改

1）总误差准则函数的确定。由输出层计算输出层上每一神经元的输出误差这样计算：对于每一个样本 $p$，产生的二次型误差准则函数为 $E^{(p)}$：

$$E^{(p)} = \frac{1}{2}\sum_{l=1}^{M}(t_l^{(p)} - o_l^{(p)})^2 \tag{8-30}$$

系统对 $Q$ 个训练样本的总误差准则函数为

$$E = \sum_{p=1}^{Q} E^{(p)} = \frac{1}{2}\sum_{p=1}^{Q}\sum_{l=1}^{M}(t_l^{(p)} - o_l^{(p)})^2 \tag{8-31}$$

为了避免每次用单一样本学习修改权值和偏置可能带来它们的摆动，这里是按批处理方式来进行修正的。

2）输出层的权值和偏置修正。按误差梯度下降法来依次计算连接到输出层的权值修正量 $\Delta w_{ki}$ 和偏置修正量 $\Delta b_k^{(2)}$：

$$\Delta w_{ki} = -\eta\frac{\partial E}{\partial w_{ki}} = -\eta\frac{\partial\sum_{p=1}^{Q}E^{(p)}}{\partial w_{ki}} = -\eta\sum_{p=1}^{Q}\frac{\partial E^{(p)}}{\partial w_{ki}}$$

$$= -\eta\sum_{p=1}^{Q}\frac{\partial\left(\frac{1}{2}\sum_{l=1}^{M}(t_l^{(p)} - o_l^{(p)})^2\right)}{\partial w_{ki}}$$

因为在 $o_1^{(p)}$，$o_2^{(p)}$，…，$o_k^{(p)}$，…，$o_M^{(p)}$ 中只有 $o_k^{(p)}$ 含有 $w_{ki}$，所以，其他项的偏导数为 0，只保留第 $k$ 项，故

$$\Delta w_{ki} = -\eta\sum_{p=1}^{Q}\frac{\partial\left(\frac{1}{2}\sum_{l=1}^{M}(t_l^{(p)} - o_l^{(p)})^2\right)}{\partial w_{ki}}$$

$$= -\eta\sum_{p=1}^{Q}\frac{\partial\left(\frac{1}{2}(t_k^{(p)} - o_k^{(p)})^2\right)}{\partial w_{ki}}$$

$$= \eta\sum_{p=1}^{Q}(t_k^{(p)} - o_k^{(p)})\frac{\partial o_k^{(p)}}{\partial w_{ki}}$$

于是

$$\Delta w_{ki} = \eta\sum_{p=1}^{Q}(t_k^{(p)} - o_k^{(p)})\frac{\partial o_k^{(p)}}{\partial w_{ki}}$$

$$= \eta\sum_{p=1}^{Q}(t_k^{(p)} - o_k^{(p)})\frac{\partial o_k^{(p)}}{\partial net_k^{(p)}}\frac{\partial net_k^{(p)}}{\partial w_{ki}}$$

$$\Delta b_k^{(2)} = -\eta\frac{\partial E}{\partial b_k^{(2)}} = \eta\sum_{p=1}^{Q}(t_k^{(p)} - o_k^{(p)})\frac{\partial o_k^{(p)}}{\partial net_k^{(p)}}\frac{\partial net_k^{(p)}}{\partial b_k^{(2)}}$$

因为

$$\frac{\partial o_k^{(p)}}{\partial net_k^{(p)}} = f'(net_k^{(p)})$$

$$\frac{\partial net_l^{(p)}}{\partial w_{ki}} = h_i^{(p)}$$

$$\frac{\partial net_k^{(p)}}{\partial b_k^{(2)}} = 1$$

所以

$$\Delta w_{ki} = \eta \sum_{p=1}^{Q} (t_k^{(p)} - o_k^{(p)}) f'(net_k^{(p)}) h_i^{(p)} \tag{8-32}$$

$$\Delta b_k^{(2)} = \eta \sum_{p=1}^{Q} (t_k^{(p)} - o_k^{(p)}) f'(net_k^{(p)}) \tag{8-33}$$

记

$$\delta_k^{(p)} = -\frac{\partial E^{(p)}}{\partial net_k^{(p)}} = -\frac{\partial E^{(p)}}{\partial o_k^{(p)}} \frac{\partial o_k^{(p)}}{\partial net_k^{(p)}} = (t_k^{(p)} - o_k^{(p)}) f'(net_k^{(p)})$$

则

$$\Delta w_{ki} = \eta \sum_{p=1}^{Q} \delta_k^{(p)} h_i^{(p)}$$

$$\Delta b_k^{(2)} = \eta \sum_{p=1}^{Q} \delta_k^{(p)}$$

这里 $\delta_k^{(p)}$ 实际上是第 $p$ 个样本在输出层第 $k$ 个结点处的误差相对于输入累加和的负梯度方向。



于是输出层权值和偏置的调整公式为

$$w_{ki}(t+1) = w_{ki}(t+1) + \eta \sum_{p=1}^{Q} \delta_k^{(p)} h_i^{(p)}$$

$$b_k^{(2)}(t+1) = b_k^{(2)}(t) + \eta \sum_{p=1}^{Q} \delta_k^{(p)}$$

3）隐含层权值和偏置的修正。隐含层权值的修正量 $\Delta w_{ij}$ 以及隐含层偏置的修正量 $\Delta b_i^{(1)}$ 计算如下：

$$\begin{aligned}
\Delta w_{ij} &= -\eta \frac{\partial E}{\partial w_{ij}} = -\eta \frac{\partial \sum_{p=1}^{Q} E^{(p)}}{\partial w_{ij}} = -\eta \sum_{p=1}^{Q} \frac{\partial E^{(p)}}{\partial w_{ij}} \\
&= -\eta \sum_{p=1}^{Q} \frac{\partial \left( \frac{1}{2} \sum_{l=1}^{M} (t_l^{(p)} - o_l^{(p)})^2 \right)}{\partial w_{ij}} \\
&= \eta \sum_{p=1}^{Q} \sum_{l=1}^{M} (t_l^{(p)} - o_l^{(p)}) \frac{\partial o_l^{(p)}}{\partial w_{ij}} \text{（注意：} o_1^{(p)}, o_2^{(p)}, \cdots, o_k^{(p)}, \cdots, o_M^{(p)} \text{ 中的每一个都含 } w_{ij}\text{）} \\
&= \eta \sum_{p=1}^{Q} \sum_{l=1}^{M} (t_l^{(p)} - o_l^{(p)}) \frac{\partial o_l^{(p)}}{\partial net_l^{(p)}} \frac{\partial net_l^{(p)}}{\partial w_{ij}}
\end{aligned}$$

$$= \eta \sum_{p=1}^{Q} \sum_{l=1}^{M} (t_l^{(p)} - o_l^{(p)}) \frac{\partial o_l^{(p)}}{\partial net_l^{(p)}} \frac{\partial net_l^{(p)}}{\partial h_i^{(p)}} \frac{\partial h_i^{(p)}}{\partial v_i^{(p)}} \frac{\partial v_i^{(p)}}{\partial w_{ij}} \tag{8-34}$$

$$\Delta b_i^{(1)} = -\eta \frac{\partial E}{\partial b_i^{(1)}} = \eta \sum_{p=1}^{Q} \sum_{l=1}^{M} (t_l^{(p)} - o_l^{(p)}) \frac{\partial o_l^{(p)}}{\partial net_l^{(p)}} \frac{\partial net_l^{(p)}}{\partial h_i^{(p)}} \frac{\partial h_i^{(p)}}{\partial v_i^{(p)}} \frac{\partial v_i^{(p)}}{\partial b_i^{(1)}} \tag{8-35}$$

又因为

$$\begin{aligned} \frac{\partial net_l^{(p)}}{\partial h_i^{(p)}} &= w_{li} \\ \frac{\partial h_i^{(p)}}{\partial v_i^{(p)}} &= g'(v_i^{(p)}) \\ \frac{\partial v_i^{(p)}}{\partial w_{ij}} &= x_j^{(p)}, \quad \frac{\partial v_i^{(p)}}{\partial b_i^{(1)}} = 1 \end{aligned} \tag{8-36}$$

所以最后得到以下公式：

$$\Delta w_{ij} = \eta \sum_{p=1}^{Q} \sum_{l=1}^{M} (t_l^{(p)} - o_l^{(p)}) \cdot f'(net_l^{(p)}) \cdot w_{li} \cdot g'(v_i^{(p)}) \cdot x_j^{(p)} \tag{8-37}$$

$$\Delta b_i^{(1)} = \eta \sum_{p=1}^{Q} \sum_{l=1}^{M} (t_l^{(p)} - o_l^{(p)}) \cdot f'(net_l^{(p)}) \cdot w_{li} \cdot g'(v_i^{(p)}) \tag{8-38}$$

记

$$\begin{aligned} \delta_i^{(p)} &= -\frac{\partial E^{(p)}}{\partial v_i^{(p)}} = -\sum_{p=1}^{Q} \frac{\partial \left( \frac{1}{2} \sum_{l=1}^{M} (t_l^{(p)} - o_l^{(p)})^2 \right)}{\partial v_i^{(p)}} \\ &= \sum_{l=1}^{M} (t_l^{(p)} - o_l^{(p)}) \frac{\partial o_l^{(p)}}{\partial v_i^{(p)}} \\ &= \sum_{l=1}^{M} (t_l^{(p)} - o_l^{(p)}) \frac{\partial o_l^{(p)}}{\partial net_l^{(p)}} \frac{\partial net_l^{(p)}}{\partial h_i^{(p)}} \frac{\partial h_i^{(p)}}{\partial v_i^{(p)}} \\ &= \sum_{l=1}^{M} (t_l^{(p)} - o_l^{(p)}) \cdot f'(net_l^{(p)}) \cdot w_{li} \cdot g'(v_i^{(p)}) \\ &= \sum_{k=1}^{M} \delta_k^{(p)} \cdot w_{ki} \cdot g'(v_i^{(p)}) \end{aligned} \tag{8-39}$$

这里 $\delta_i^{(p)}$ 实际上是第 $p$ 个样本在隐含层第 $i$ 个结点处误差相对于输入累加和的负梯度方向。于是

$$\begin{aligned} \Delta w_{ij} &= \eta \sum_{p=1}^{Q} \sum_{k=1}^{M} (t_k^{(p)} - o_k^{(p)}) \cdot f'(net_k^{(p)}) \cdot w_{ki} \cdot g'(v_i^{(p)}) \cdot x_j^{(p)} \\ &= \eta \sum_{p=1}^{Q} \delta_i^{(p)} \cdot x_j^{(p)} \\ \Delta b_i^{(1)} &= \eta \sum_{p=1}^{Q} \sum_{k=1}^{M} (t_k^{(p)} - o_k^{(p)}) \cdot f'(net_k^{(p)}) \cdot w_{ki} \cdot g'(v_i^{(p)}) \\ &= \eta \sum_{p=1}^{Q} \delta_i^{(p)} \end{aligned} \tag{8-40}$$

这样，隐含层连接权和阈值修改公式为

$$w_{ij}(t+1)=w_{ij}(t)+\eta\sum_{p=1}^{Q}\delta_i^{(p)}\cdot x_j^{(p)}$$

$$b_i^{(1)}(t+1)=b_i^{(1)}(t)+\eta\sum_{p=1}^{Q}\delta_i^{(p)}$$

$\delta_i^{(p)}$ 与 $\delta_k^{(p)}$ 的关系如图 8.12 所示，它体现的是输出单元的误差经过一定的加权求和后，回向传播。与此类似，如果 BP 神经网络含有更多的隐含层，这种传播机制还可以进一步将误差的某种加权计算求和逐层回传到后面的层上的神经元。

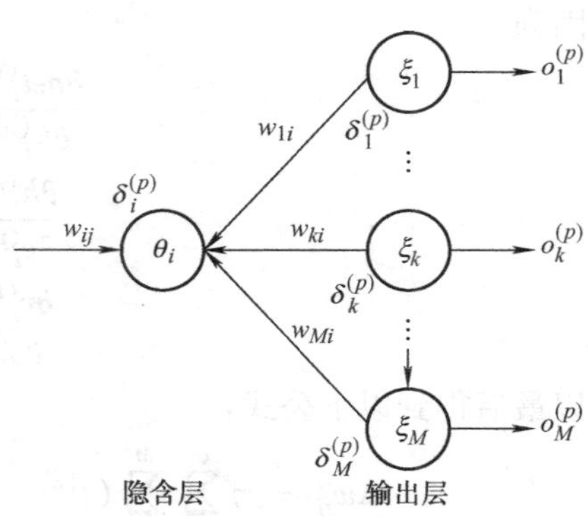


图 8.12 BP 算法误差的反向传播

在 $\delta_k^{(p)}$ 中，输出函数的导数 $f'(net_k^{(p)})$ 并没有直接给出，$\delta_i^{(p)}$ 中隐层单元的激励函数的导数 $g'(v_i^{(p)})$ 也没有直接给出，它们完全取决于所构造的 BP 网络所选定的相应激励函数。如果输出层的激励函数采用 $f(x)=\dfrac{1}{1+e^{-x}}$，因 $f'(x)=\left(\dfrac{1}{1+e^{-x}}\right)'=f(1-f)$，那么，$f'(net_k^{(p)})=o_k^{(p)}(1-o_k^{(p)})$。

如果输出层的激励函数采用 $f(x)=\tanh(x)=\dfrac{e^x-e^{-x}}{e^x+e^{-x}}$，因 $f'(x)=\left(\dfrac{e^x-e^{-x}}{e^x+e^{-x}}\right)'=2f(1-f)$，那么，$f'(net_k^{(p)})=2o_k^{(p)}(1-o_k^{(p)})$。

如果输出层的激励函数采用 $f(x)=x$，因 $f'(x)=(x)'=1$，那么，$f'(net_k^{(p)})=1$。

隐含层的激励函数 $g(x)$ 采用什么具体形式，完全可以与上述 $f(x)$ 类似分析。

但必须注意，由于输出函数 $f(x)$ 取不同形式时，函数的值域范围是不同的，单极 S 形函数是(0, 1)，双极 S 形函数是(−1, +1)，而线性函数是(−∞, +∞)，这就要求对样本的教师值做必要的规范化处理，以保证能正确训练，最终得到正确结果。



**3. BP 算法步骤**

以激励函数全部取 $f(x)=g(x)=\dfrac{1}{1+e^{-x}}$ 为例，则 BP 算法步骤详细描述如下：

1）置各权值和偏置的初始值：$w_{ij}(0)$，$w_{ki}(0)$，$b_i^{(1)}(0)$，$b_k^{(2)}(0)$ 为小的随机数。

2）对所有训练样本：输入矢量 $\boldsymbol{X}^{(p)}$，期望输出 $t_k^{(p)}$，$p=1, 2, \cdots, Q$；$k=1, 2, \cdots, M$，对全部输入样本进行下面3)到6)的迭代。

3）计算隐含层各神经元的输入综合和输出：

$$v_i^{(p)}=\sum_{j=1}^{R}w_{ij}x_j^{(p)}+b_i^{(p)}$$

$$h_i^{(p)}=f(v_i^{(p)}),\ p=1,2,\cdots,Q;\ i=1,2,\cdots,q$$

4）计算输出层各神经元的输入综合和输出：

$$net_k^{(p)}=\sum_{i=1}^{q}w_{ki}h_i^{(p)}+b_k^{(p)}$$

$$o_k^{(p)}=f(net_p^{(p)}),\ p=1,2,\cdots,Q;\ k=1,2,\cdots,M$$

5）计算 $\delta_k^{(p)}$ 和 $\delta_i^{(p)}$：

因 $f'(net_k^{(p)}) = o_k^{(p)}(1 - o_k^{(p)})$，$g'(v_i^{(p)}) = h_i^{(p)}(1 - h_i^{(p)})$，$k = 1, 2, \cdots, M$；$p = 1, 2, \cdots, Q$；$i = 1, 2, \cdots, q$，所以

$$\delta_k^{(p)} = (t_k^{(p)} - o_k^{(p)}) \cdot o_k^{(p)} \cdot (1 - o_k^{(p)}), p = 1,2,\cdots,Q; \ k = 1,2,\cdots,M$$

$$\delta_i^{(p)} = \sum_{k=1}^{M} \delta_k^{(p)} \cdot w_{ki} \cdot h_i^{(p)} \cdot (1 - h_i^{(p)}), \quad p = 1,2,\cdots,Q; \ i = 1,2,\cdots,q$$

6）修正权值和偏置：

$$w_{ki}(n+1) = w_{ki}(n) + \Delta w_{ki}, \text{其中 } \Delta w_{ki} = \eta \sum_{p=1}^{Q} \delta_k^{(p)} h_i^{(p)}$$

$$b_k^{(2)}(n+1) = b_k^{(2)}(n) + \Delta b_k^{(2)}, \text{其中 } \Delta b_k^{(2)} = \eta \sum_{p=1}^{Q} \delta_k^{(p)}$$

$$w_{ij}(n+1) = w_{ij}(n) + \Delta w_{ij}, \text{其中 } \Delta w_{ij} = \eta \sum_{p=1}^{Q} \delta_i^{(p)} \cdot x_j^{(p)}$$

$$b_i^{(1)}(n+1) = b_i^{(1)}(n) + \Delta b_i^{(1)}, \text{其中 } \Delta b_i^{(1)} = \eta \sum_{p=1}^{Q} \delta_i^{(p)}$$

若要得到每个神经元的阈值，则由偏置取负就可立即求得。

7）直到权值和偏置稳定，则结束。

**4. BP 算法的优缺点**

优点：

1）具有强泛化性能：使网络平滑地学习函数，能够合理地响应被训练以外的输入。

2）应用广泛，如：函数逼近、模式识别和分类、数据压缩等。

缺点：

1）需要较长的训练时间。

2）BP 算法可以使网络权值收敛到一个解，但它并不能保证所求为误差超平面的全局最小解，很可能是一个局部极小解。

3）只对被训练的输入/输出最大值范围内的数据有较好的泛化性能，即网络具有内插值特性，不具有外插值特性。超出最大训练值的输入必将产生大的输出误差。

4）如何选取隐层单元的数目尚无一般性指导原则，以及新加入的学习样本会影响已学完样本的学习效果。

对于隐含层数目的问题，Lippman 做了简单的论证。可以证明，包含两个隐含层的多层感知器能形成任意复杂的判别界面。第一个隐含层形成一些超平面，第二个隐含层形成一些判别区，并根据第一个隐含层形成的超平面进行“与”运算，输出层进行“或”运算。即使同类模式处于模式空间几个不连通的区域中，这种网络也能进行正确的判决。一般而言，隐含层越多，网络的学习能力越强。有研究发现，若隐层单元的数目以指数规律增加，则学习异或问题的速度呈线性增加；另有研究发现，在某些学习问题中，学习速度会随隐含层数目的增加而减小。

**5. MATLAB 中与 BP 神经网络有关的函数及使用方法**

在 MATLAB 的神经网络工具箱中提供了很多函数，如 newff( )等。下面主要对 newff( )的使用加以说明。创建 BP 网络函数 newff( )的调用格式为 newff(PR，$n$)，其中 PR 给出输入

样本每一维的上下界列表，$n$ 为感知器神经元的个数。例如，

```
net = newff([ -1,1;0,1],2);
```

或

```
PR=[ -1,1;0,1];
n=2;
net = newff(PR,n);
```

这两种方法都可根据输入样本为二维的向量，第一维的下界是 -1，上界是 1，第二维的下界是 0，上界是 1，建立一个由 $n=2$ 个神经元形成的一个单层 BP 网络。newff 的第一个参数也可通过对输入矩阵使用 minmax 函数自动计算各维的上下界。例如，

```
P=[ -1  0
     1  1]
```

则可用下列形式来建立同一个单层 BP 网络结构：

```
net=newff(minmax(P),2);
```

其中，net 是一个感知器网络对象变量，可看成仅为一个框架结构，其确定了输入的维长，输出层神经元个数。

net. iw{1} 是输入层到第一层神经元连接的权值矩阵。

net. b{1} 是第二层上所有神经元的偏置构成的偏置向量。

如果要指定第二层及以后各层上神经元的个数，则可通过一个表来给出；也可同时再给出各层中每个神经元所使用的不同激励函数，还可同时指定所采用的学习算法，即权值调整的策略。语句为



```
net=newff(minmax(P),[8,1],{'tansig','logsig'},'traingdx');
```

**例 8.2** 建立的 BP 前向网络在隐含层上指定有 8 个神经元，采用激励函数是双曲正切函数 tansig，输出层有 1 个神经元，采用的激励函数是 S 形函数 logsig，使用带动量项的权值调整算法 traingdx。traingd 表示一般的梯度下降调整算法。

**解：**根据上述设计和分析方法，可直接得到代码如下：

```
P= -pi:0.1:pi;
T=sin(P);
s=8;
plot(P,T,'*')
net=newff(minmax(P),[s,1],{'tansig','logsig'},'traingdx');
net.trainParam.epochs=100000;
net.trainParam.goal=0.001;
net=train(net,P,T);
y=sim(net,P);
hold on
```

```
plot(P,y)
P1 = -pi:0.05:pi;
y = sim(net,P1);
hold on
plot(P1,y,'k--')
```

运行结果如图 8.13 所示。

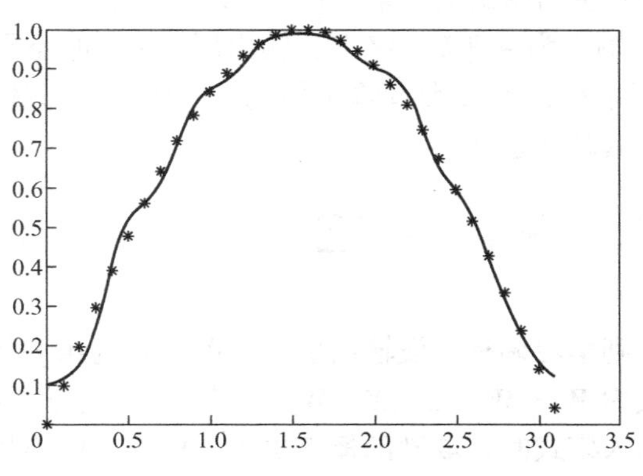

图 8.13　在 MATLAB 中用 BP 算法逼近函数曲线

## 8.4　竞争学习神经网络

竞争学习神经网络是无指导学习的训练型网络。最后仅一个神经元成为竞争的胜者。学习时只需要给定一个训练模式集，通过训练学习，竞争层各神经单元竞争对训练模式的响应，与获胜神经元相关的各连接权朝着有利于它竞争的方向调整。即使模式类别未知，网络也能自行组织训练，将其分为不同的类别。获胜的神经元表示对训练模式的分类。当输入需要分类的待分类模式时，竞争层上获胜神经元所表示的类别就可作为输入模式的类别。

竞争网络多为两层前馈网络，输出层被设为竞争层。在输出层即竞争层有时会加上侧抑制。基本的竞争网络采用全局直接竞争的方式进行竞争，而非基本的竞争网络可带有一定的侧抑制方式加以竞争。

侧抑制是指在输出层各单元到其他神经元的连接用负权值输入到对方，而自己到自己的连接则采用正权值连接。这种互连构成了加强自身的正反馈，对他方的抑制，使每个神经元充满竞争性。所以该输出层才称为竞争层。

竞争层中具有输入总和最大的神经元为胜者，其输出状态为 1，其他单元的输出都为 0。

在权值调整时，与胜者连接的权值具有调整资格。

改进的方式是，除与胜者连接的权值具有优先调整资格外，与胜者相邻较近的神经元连接的权值也有一定的调整机会。

在使用竞争网络前，可以将要记忆的典型模式或样本构成训练样本集，特别是可以将聚类的中心样本或代表样本构成训练样本集，从而在训练学习时比较有效地进行竞争学习，使网络较快完成竞争学习任务。即使训练样本集事先没有任何设定，竞争网络也能自组织地进行聚类，使对应胜者记忆相应的聚类中心，从而完成聚类任务。当待分类样本到来时，竞争网络也能根据胜者确定其所归属的类别。竞争网络的这种学习能力使神经网络在模式识别、分类、聚类等方面的应用更加宽广。

## 8.4.1 基本的竞争学习网络结构

基本的竞争学习网络结构是两层前馈网络，在输出层上神经元之间没有侧抑制，采用全部神经元参与竞争的策略。

设输入样本为 $X$，输入层到输出层上第 $j$ 个神经元对应的权向量为 $\boldsymbol{W}_j$，无阈值，则第 $j$ 个神经元的“加权”累积输入为 $-\|\boldsymbol{X}-\boldsymbol{W}_j\|$，输出层第 $j$ 个神经元的激励函数的值即输出值按最大者为胜者的法则求得，即最大者输出值为1，其他的都输出为0。显然，“加权”累积输入值越大，意味着其越接近0。

$$y_j = 1, -\sqrt{\sum_{i=1}^{n}(x_i - w_{ji})^2} > -\sqrt{\sum_{i=1}^{n}(x_i - w_{ki})^2}\,(k = 1,2,\cdots,n;\ k \neq j)$$

否则，$y_j=0$。

胜者其连接的取值得到学习调整。设输出层上当前胜者为第 $j$ 个神经元，则基本的竞争学习网络的权值调整公式为 $\boldsymbol{W}_j=\boldsymbol{W}_j+\alpha\,[\boldsymbol{X}-\boldsymbol{W}_j]$。其中，$\alpha$ 为学习因子。这样，取胜的第 $j$ 个神经元在下次遇到该输入模式时，取胜的概率更大，所对应的连接权向量将进一步得到调整。可见，训练学习，可直到 $\boldsymbol{X}$ 与 $\boldsymbol{W}_j$ 相等为止。反过来看，$\boldsymbol{W}_j$ 记忆了 $\boldsymbol{X}$。

在 MATLAB 中，通过使用 newc 来创建竞争网络。例如，

```
net = newc(minmax(P),10,0.1)
```

表示，按样本矩阵 P 确定输入样本每个分量的上下界，建立竞争层含 10 个神经元的竞争网络，学习因子为 0.1(默认的学习因子为 0.01)。下面的语句可分别设置学习训练的最大步数、用 P 训练网络、对 P 进行仿真计算、将 P 输入后得到的输出结果转换为类标号。



```
net.trainParam.epochs = 400;
net = train(net,P);
Y = sim(net,P)
T = vec2ind(Y)
```

下面通过一个例子来说明 newc 的应用。

**例 8.3** 设将训练的样本以列向量的形式构成样本矩阵 P 后，用 newc 建立竞争网络。在竞争层设有 2 个神经元，经过运行计算最后得到样本的分类结果。

**解**：根据设计方法，可得到代码如下：

```
P = [ 0   0   0   1   1   1  -1  -1  -1;
      0   1  -1   0   1  -1   0   1  -1;
      1   1  10  10   1   1   1  10   1 ];
net = newc([ -1 1; -1 1;1 10],2);
net = train(net,P);
y = sim(net,P);
yc = vec2ind(y)
```

输出的结果：

```
yc =1  1  2  2  1  1  1  2  1
```

说明样本被分为两类，一类标号为1，另一类标号为2。

如果有待分类的样本要加以分类，则将其组成如上的矩阵P，例如设为G，则将其送入网络运行，就可得到G中每一样本的分类。即以下列步骤加以使用：

```
y = sim(net,G);
yc = vec2ind(y)
```

### 8.4.2　汉明竞争神经网络

汉明网络是专门为求解二值模式识别问题而设计的(输入向量的每个分量元素只能是 -1 或 +1 这两个可能值中的一个)。它同时采用了前馈子网和反馈子网，并且第一层的神经元数目和第二层的神经元数目相同。汉明网络结构如图8.14所示。

前馈子网又称为匹配子网，反馈子网又称为最大子网(也称竞争子网)。匹配子网中第$j$个神经元与最大子网中的第$j$个神经元用权值1直接相连。最大子网中的第$j$个神经元的输出对应第$j$个类。在设计汉明竞争神经网络时可假定要训练的数据集由$M$个典型模式或标准模式($s_1^{(j)}$，$s_2^{(j)}$，…，$s_n^{(j)}$)($j=1$，2，…，$M$)构成。典型模式可能也代表类，所以也称其为模式类向量。第$i$个模式向量的第$j$个分量$x_j^{(i)}$只取1或 -1 两个值。$M$个神经元对应$M$个模式类。在最大子网中每个神经元的输出通过值为1的权值反馈连接输入到自身，同时又通过一个负值权与最大子网中其他神经元横向连接，构成自身加强横向抑制的竞争机制。

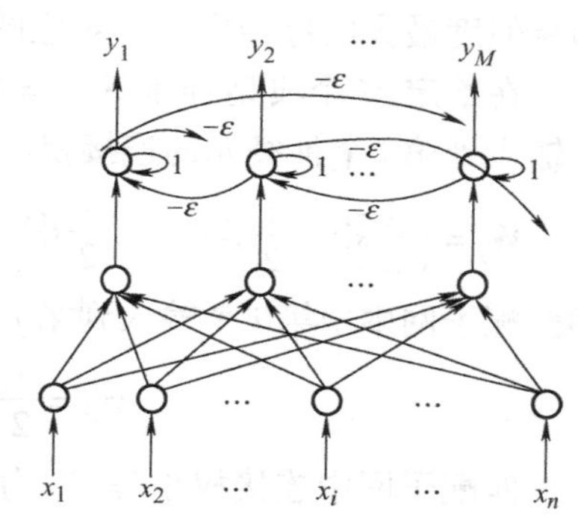


图 8.14　汉明网络结构



典型样本代表某模式类。在汉明网络中，匹配子网通过学习训练将多个典型样本分布记忆存储在神经元的连接权中。当要对当前的输入样本加以归类时，匹配子网计算它和各典型样本的匹配程度，并作为初值送入竞争子网，由竞争子网经过特定函数迭代计算，确定最大输出值，最大输出值对应的神经元所代表的类别就是当前的输入样本的类别。实际上就是找到输入样本在基于汉明距离的相似度达到最大的标准样本的类别，从而实现了模式识别和分类。其特点是，查找过程具有很强的自动性，不需要人工干预。

所以其工作原理是，先建立相应的竞争网络，然后将训练样本加以训练学习，形成可对训练数据正确自动分类的稳定网络结构，再对输入样本，计算或判定其最接近于哪个典型模式向量(有可能是某些样本的聚类均值向量或模式类中心向量)。两层计算分述如下：

**1. 匹配子网**

前馈层的主要功能是计算输入模式与各个标准模式之间的相似度。两个长度均为$n$分量取值 -1、+1 的列向量$\boldsymbol{X}$和$\boldsymbol{Y}$的汉明距离定义为

$$HD(\boldsymbol{X},\boldsymbol{Y})=\frac{1}{2}(n-\boldsymbol{X}^{\mathrm{T}}\boldsymbol{Y}) \tag{8-41}$$

$0\leqslant HD(\boldsymbol{X},\boldsymbol{Y})\leqslant n$。当$\boldsymbol{X}$和$\boldsymbol{Y}$的分量均对应相同时，$\boldsymbol{X}$和$\boldsymbol{Y}$之间的汉明距离为0。当$\boldsymbol{X}$

和 $\boldsymbol{Y}$ 的分量均对应相异时，$\boldsymbol{X}$ 和 $\boldsymbol{Y}$ 之间的汉明距离为 $n$。最大距离为 $n$，最小距离为 0。例如，$\boldsymbol{X}=(-1,\ 1,\ 1,\ -1,\ 1,\ 1)$ 和 $\boldsymbol{Y}=(1,\ 1,\ -1,\ -1,\ 1,\ 1)$，则 $HD(\boldsymbol{X},\ \boldsymbol{Y})=\frac{1}{2}(6-2)=2$。

两个长度均为 $n$ 的 $-1$、$+1$ 分量的列向量 $\boldsymbol{X}$ 和 $\boldsymbol{Y}$ 的基于汉明距离的相似度定义为

$$Sim(\boldsymbol{X},\boldsymbol{Y})=n-HD(\boldsymbol{X},\boldsymbol{Y})=n-\frac{1}{2}(n-\boldsymbol{X}^{\mathrm{T}}\boldsymbol{Y})$$

$$=\frac{1}{2}(n+\boldsymbol{X}^{\mathrm{T}}\boldsymbol{Y})=\frac{1}{2}n+\frac{1}{2}\boldsymbol{X}^{\mathrm{T}}\boldsymbol{Y} \tag{8-42}$$

其中，$0\leqslant Sim(\boldsymbol{X},\ \boldsymbol{Y})\leqslant n$。当 $\boldsymbol{X}$ 和 $\boldsymbol{Y}$ 的分量均对应相同时，$\boldsymbol{X}$ 和 $\boldsymbol{Y}$ 之间的相似度为 $n$。当 $\boldsymbol{X}$ 和 $\boldsymbol{Y}$ 的分量均对应相异时，$\boldsymbol{X}$ 和 $\boldsymbol{Y}$ 之间的相似度为 0。最大相似度为 $n$，最小相似度为 0。例如，对 $\boldsymbol{X}=(-1,\ 1,\ 1,\ -1,\ 1,\ 1)$ 和 $\boldsymbol{Y}=(1,\ 1,\ -1,\ -1,\ 1,\ 1)$，则 $Sim(\boldsymbol{X},\ \boldsymbol{Y})=n-HD(\boldsymbol{X},\ \boldsymbol{Y})=6-2=4$。

根据这个特点，前馈层具有最大输出的神经元正好对应于输入模式与之汉明距离最小，即相似度最大的标准模式所对应的类。这就是“汉明网络”的来由。

在给定 $M$ 个典型样本 $\boldsymbol{S}^{(j)}=(s_1^{(j)},\ s_2^{(j)},\ \cdots,\ s_n^{(j)})^{\mathrm{T}}(j=1,\ 2,\ \cdots,\ M)$ 下，匹配子网中从输入到第 $j$ 个神经元的连接权向量置为

$$\boldsymbol{W}_j=\left(\frac{1}{2}s_1^{(j)},\frac{1}{2}s_2^{(j)},\cdots,\frac{1}{2}s_n^{(j)}\right)=\frac{1}{2}(s_1^{(j)},s_2^{(j)},\cdots,s_n^{(j)})=\frac{1}{2}\boldsymbol{S}^{(j)\mathrm{T}}(j=1,2,\cdots,M) \tag{8-43}$$

即匹配子网中由第 $i$ 个输入到第 $j$ 个神经元连接权值为

$$w'_{ji}=\frac{1}{2}s_i^{(j)},\ j=1,2,\cdots,M;\ i=1,2,\cdots,n \tag{8-44}$$

匹配子网中连接权矩阵 $\boldsymbol{W}_S$ 为

$$\boldsymbol{W}_S=\begin{pmatrix}\frac{1}{2}s_1^{(1)} & \frac{1}{2}s_2^{(1)} & \cdots & \frac{1}{2}s_n^{(1)}\\ \frac{1}{2}s_1^{(2)} & \frac{1}{2}s_2^{(2)} & \cdots & \frac{1}{2}s_n^{(2)}\\ \vdots & \vdots & & \vdots\\ \frac{1}{2}s_1^{(M)} & \frac{1}{2}s_2^{(M)} & \cdots & \frac{1}{2}s_n^{(M)}\end{pmatrix}_{M\times n}$$

$$=\frac{1}{2}\begin{pmatrix}s_1^{(1)} & s_2^{(1)} & \cdots & s_n^{(1)}\\ s_1^{(2)} & s_2^{(2)} & \cdots & s_n^{(2)}\\ \vdots & \vdots & & \vdots\\ s_1^{(M)} & s_2^{(M)} & \cdots & s_n^{(M)}\end{pmatrix}_{M\times n}=\frac{1}{2}\begin{pmatrix}\boldsymbol{S}^{(1)\mathrm{T}}\\ \boldsymbol{S}^{(2)\mathrm{T}}\\ \vdots\\ \boldsymbol{S}^{(M)\mathrm{T}}\end{pmatrix}_{M\times n} \tag{8-45}$$

即假定第 $j$ 个典型样本与第 $j$ 个神经元相关。第 $j$ 个神经元的偏置为 $b'_j=n/2$，$j=1,\ 2,\ \cdots,\ M$。即各个神经元的偏置都相同，均为 $n/2$。如图 8.15 所示。神经元的个数为 $M$。当输入样本 $(x_1,\ x_2,\ \cdots,\ x_n)^{\mathrm{T}}$ 时，第 $j$ 个神经元的累积输入为

$$\sum_{i=1}^{n}w'_{ji}x_i+b'_j=\sum_{i=1}^{n}\frac{1}{2}s_i^{(j)}x_i+\frac{n}{2}=Sim(\boldsymbol{S}^{(j)},\boldsymbol{X}) \tag{8-46}$$

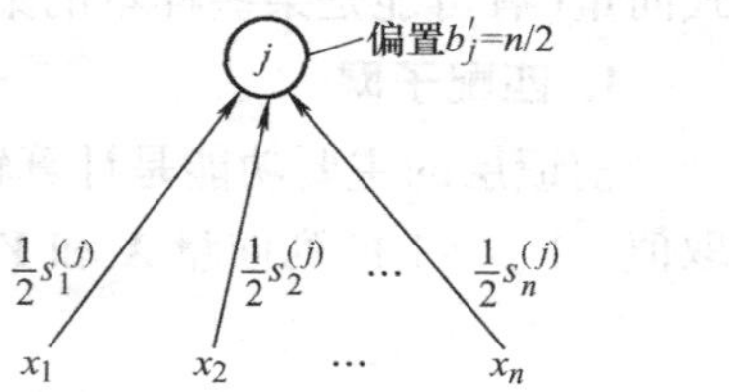

图 8.15　匹配层中第 $j$ 个神经元的连接权值

即第 $j$ 个样本的累积输入正好就是样本与第 $j$ 个典型样本的相似度。

匹配子网第 $j$ 个神经元的激励函数 $f_1(x)=x$。这样

$$f_1\left(\sum_{i=1}^{n} w'_{ji}x_i + b'_j\right) = f_1\left(\sum_{i=1}^{n} \frac{1}{2}s_i^{(j)}x_i + \frac{n}{2}\right) = \sum_{i=1}^{n} \frac{1}{2}s_i^{(j)}x_i + \frac{n}{2} = Sim(\boldsymbol{S}^{(j)},\boldsymbol{X}) \tag{8-47}$$

这就是说，匹配子网第 $j$ 个神经元的累积输入值和输出值都是输入样本与第 $j$ 类典型样本的相似度。若样本与第 $j$ 个典型样本的相似度最大，其对应的在竞争子网中的第 $j$ 个神经元取胜的可能性就最大。

**2. 竞争子网**

竞争子网又称为最大子网层、递归层或竞争层。“竞争”层中的各个神经元相互竞争以决定谁是胜利者，最后只有一个神经元的输出值不是0，对应于输入样本的类别。竞争层中每个神经元到自身的连接权值为1，表示加强，而到其他神经元的连接权值设为 $-\varepsilon$，表示侧抑制，其中，$\varepsilon$ 满足条件：$0<\varepsilon<n/2$，是一个常数。所以竞争层的权值矩阵 $\boldsymbol{W}_M$ 为

$$\boldsymbol{W}_M = \begin{pmatrix} 1 & -\varepsilon & \cdots & -\varepsilon \\ -\varepsilon & 1 & \cdots & -\varepsilon \\ \vdots & \vdots & & \vdots \\ -\varepsilon & -\varepsilon & \cdots & 1 \end{pmatrix}_{M\times M} \tag{8-48}$$

$\boldsymbol{W}_M$ 的主对角线上的元素全为1，而其他元素全为 $-\varepsilon$。即竞争层中任意两个神经元之间的连接权值 $w''_{ji}$ 满足条件：

$$w''_{ji} = \begin{cases} 1, & i=j \\ -\varepsilon, & i\neq j \end{cases} \tag{8-49}$$

其中，$i$，$j=1$，2，…，$M$。神经元数和前馈层相同，也是 $M$。各个神经元的偏置为

$$b''_j=0,\ j=1,2,\cdots,M$$

匹配子网的输出作为最大子网中神经元的输入初值。也可看成匹配子网中第 $j$ 个神经元与最大子网中第 $j$ 个神经元以 1 为权值直接连接。最大子网中第 $j$ 个神经元的激励函数是

$$f_2(x) = \begin{cases} 1, & x>1 \\ x, & 0\leqslant x\leqslant 1 \\ 0, & x<0 \end{cases} \tag{8-50}$$

如图 8.16 所示。匹配子网中第 $j$ 个神经元输出作为最大子网中第 $j$ 个神经元初值 $y_j(0)$，其中，括号内的0表示初值的意思。

最大子网中所有神经元接收到匹配层的输入初值后，并不是直接送入激励函数加以计算，而是启动竞争迭代方式进行运算。第 $j$ 个神经元竞争迭代运算按如下方式进行：

$$\begin{aligned} y_j(k+1) &= f_2\left(\sum_{i=1}^{M} w''_{ji}y_i(k) + b''_j\right) \\ &= f_2\left(y_j(k) - \varepsilon\sum_{\substack{l=1\\ i\neq j}}^{M} y_l(k)\right),\ j=1,2,\cdots,M \end{aligned} \tag{8-51}$$

即

$$y_j(k+1)=f_2\left(y_j(k)-\varepsilon\sum_{\substack{l=1\\l\neq j}}^{M}y_l(k)\right),\ j=1,2,\cdots,M \tag{8-52}$$

其中，$k$ 表示迭代步。该公式表示，第 $j$ 个神经元在第 $k+1$ 步的输出，是由所有神经元经过自己增强其他侧抑制整合后的结果作为第 $k$ 步的输入，再通过激励函数 $f_2$ 进行计算的。可以看成匹配子网的输出一旦作为最大子网的输入初始值，此后撤掉输入初值，最大子网进入迭代计算。根据这种竞争机制加以迭代运算，最后只要匹配子网各神经元的输出稍有差别，最大子网最终能使 $M$ 个神经元中只有一个具有正输出，而其余神经元输出均为零。这样，直到迭代收敛，将具有正输出的神经元的输出置为 1，其他神经元的输出置为 0，就得到样本对应的模式类。它实现了标准模式样本的记忆。对于未知类别的样本输入到汉明网络，按照上述过程加以运行，最后获胜的神经元所代表的类别就是未知类别样本的类别。

上述方法是建立在给定所有训练标准样本就是所要记忆的样本或分类模式样本的基础上的。当训练标准样本不一定代表完全相异类且样本数较多时，如果知道类别数 $M$，那么仍可设计匹配子网和最大子网分别含 $M$ 个神经元的汉明神经网络进行竞争学习，实现样本自动组织分类和记忆。只是匹配子网中的连接权值可在初始时设定为随机的较小数值，保证到第 $j$ 个神经元的所有权值之和为 1，即对第 $j$ 个神经元的权向量 $\boldsymbol{W}_j$（这里仍记为 $\boldsymbol{W}_j$，但其取值与前面记忆典型样本的设置方式已有所不同），置

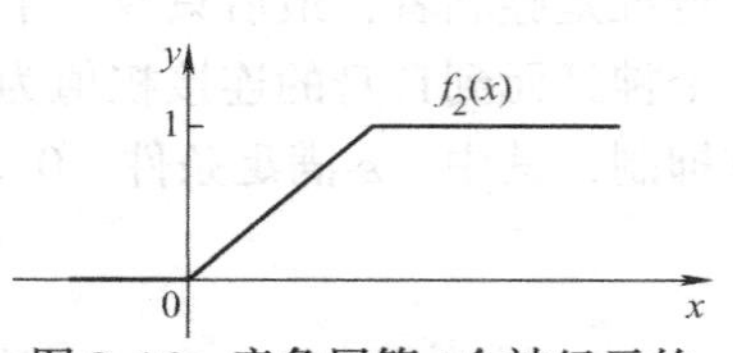

图 8.16 竞争层第 $j$ 个神经元的激励函数采用的伪线性函数

$$\boldsymbol{W}_j=(w_{j1},w_{j2},\cdots,w_{jn})^{\mathrm{T}},\ j=1,2,\cdots,M \tag{8-53}$$

且保证



$$\sum_{i=1}^{n}w_{ji}=1,\ j=1,2,\cdots,M \tag{8-54}$$

并对竞争获胜的神经元 $j$ 的权值做学习调整，调整公式为

$$w_{ji}(k+1)=w_{ji}(k)+\eta(x_{ji}-w_{ji}(k)),\ j=1,2,\cdots,M;\ i=1,2,\cdots,n \tag{8-55}$$

其中，$\eta$ 为学习因子，$0\leqslant\eta<1$。

现将汉明网络用于记忆识别典型样本的具体算法步骤描述如下：

第一步，初始化：设 $M$ 个典型样本 $\boldsymbol{S}^{(j)}=(s_1^{(j)},\ s_2^{(j)},\ \cdots,\ s_n^{(j)})^{\mathrm{T}}(j=1,\ 2,\ \cdots,\ M)$ 构成训练用的典型样本集 $S$，每个样本的分量元素均为 $-1$ 或 1。

匹配子网的权值

$$w'_{ji}=\frac{1}{2}s_i^{(j)},\ j=1,2,\cdots,M;\ i=1,2,\cdots,n \tag{8-56}$$

最大子网的权值

$$w''_{ji}=\begin{cases}1,\ i=j\\-\varepsilon,\ i\neq j\end{cases} \tag{8-57}$$

$\boldsymbol{Y}(n)=(y_1(n),\ y_2(n),\ \cdots,\ y_M(n))^{\mathrm{T}}$ 为实际输出。$k$ 为最大子网迭代过程中的迭代步数，初值取为 0，而 $N$ 为预设的最大的训练次数。样本号 $j$ 取为 1。

第二步，取第 $j$ 个训练样本 $\boldsymbol{X}=(x_1,\ x_2,\ \cdots,\ x_n)^{\mathrm{T}}\in S$。

第三步，计算匹配子网神经元的输出并作为最大子网的初始输入：

$$y_j(0) = f_1\left(\sum_{i=1}^{n} w'_{ji}x_i + b'_j\right) = \sum_{i=1}^{n} \frac{1}{2}s_i^{(j)}x_i + \frac{n}{2},\ j = 1,2,\cdots,M \tag{8-58}$$

第四步，最大子网进行迭代计算：

$$y_j(k+1) = f_2\left(y_j(k) - \varepsilon\sum_{l\neq j} y_l(k)\right),\ j = 1,2,\cdots,M \tag{8-59}$$

第五步，观察最大子网的输出。一般设第 $j$ 个样本对应第 $j$ 个神经元。对当前样本，当其输出使得只有一个神经元的输出为正，其余为零，例如第 $j$ 个神经元输出为 1，其余神经元输出为 0，则转第六步，否则 $k \leftarrow k+1$，转到第四步继续迭代。

第六步，将输出最大的神经元 $j$ 定为获胜神经元，并将其输出 $y_j(k)$ 置为 1，其他神经元的输出置为 0，实现“胜者为王”。

第七步，$j \leftarrow j+1$，转第二步，对下一个样本进行训练，直到所有样本训练完为止。

第八步，输入未知类型样本 $X$，将其送入汉明网络，直接计算

$$y_j = f_1\left(\sum_{i=1}^{n} w'_{ji}x_i + b'_j\right) = \sum_{i=1}^{n} \frac{1}{2}s_i^{(j)}x_i + \frac{n}{2},\ j = 1,2,\cdots,M \tag{8-60}$$

$\boldsymbol{X}$ 归属使 $y_j$ 达到最大者所对应的典型样本所代表的模式类。

如果不能保证训练集中每个典型样本代表的是某个模式类，但知道类别数为 $M$，则需要对汉明网络中的匹配层上连接权值加以动态学习调整。此时在第一步中需要首先对匹配层上连接权值随机初始化使之满足约束条件

$$\sum_{i=1}^{n} w'_{ji} = 1,\ j = 1,2,\cdots,M \tag{8-61}$$

并设定最大迭代次数 $N$。设定学习速率 $\eta$，当前训练次数 $n$(初值为 0)。在每个典型样本迭代训练完或每次训练后，更新获胜神经元(假定第 $c$ 个神经元获胜)对应在匹配子网中的权值：

$$w_{ci}(k+1) = w_{ci}(k) + \eta(x_i - w_{ci}(k)),\ i = 1,2,\cdots,n \tag{8-62}$$

并判断网络的当前训练次数 $n$ 是否大于 $N$，如果小于，则 $n \leftarrow n+1$，继续进行训练，否则结束训练过程。

汉明网络模仿了生物神经网络“自我加强，侧向抑制”的功能，它通过计算未知类别样本与网络内记忆的模式类向量之间的汉明距离，确定与之汉明距离达到最小的即与之匹配的那个模式类向量所代表的类作为其类别。

### 8.4.3　自组织特征映射神经网络

自组织特征映射神经网络(Self-Organizing Feature Map，SOFM)，简称为 SOFM 网或 SOM 网，又称 Kohonen 网络，是由芬兰赫尔辛基大学(University of Helsinki)神经网络专家 T. Kohonen 教授于 1981 年提出的一种神经网络。它是一种竞争学习网络。生物学研究表明，在人脑感觉通道上，神经元的组织原理是有序排列的，输入模式接近，对应的兴奋神经元也相近。大脑皮层中神经元这种相应特点不是先天形成的，而是后天学习自组织形成的。神经元的有序排列以及对外界信息的连续作用的响应，在自组织特征映射网中也有反映，当外界输入不同的样本时，网络中哪个位置的神经元兴奋在训练开始时是随机的，但自组织训练后会在竞争层形成神经元的有序排列，功能相近的神经元非常靠近，功能不同的神经元离得较

远。这一特点与人脑神经元的组织原理十分相似。自适应特征映射网络采用的自组织特征映射算法与人脑的自组织特征十分相似，是一种非监督的聚类方法。与传统聚类方法相比，它形成的聚类中心能映射到一个平面或曲面上，并且保持拓扑结构不变。下面我们通过对自组织特征映射网络的论述来介绍自组织网络。

通过神经元之间的竞争实现大脑神经系统中的“近兴奋远抑制”功能，并具有把高维输入映射到低维的能力(拓扑保形特性)。Kohonen 认为，一个神经网络接受外界输入模式时，将会分为不同的对应区域，各区域对输入模式具有不同的响应特征，而且这个过程自动完成。

**1. SOFM 网的拓扑结构**

SOFM 网共有两层：输入层和输出层。输出层又称为竞争层。输入层的神经元数与样本维数相等，用于接收样本，而竞争层对输入样本进行分类。输入层的每个神经元到输出层的每个神经元均有连接，即它们全连接。有时竞争层各神经元之间还有侧抑制连接。基本的 SOFM 网中竞争层上各神经元之间不考虑侧抑制连接。这里主要介绍基本的 SOFM 网。在基本的 SOFM 网的竞争层中，神经元的排列有多种形式，如一维线阵、二维平面阵和三维栅格阵，常见的是一维和二维的。一维最简单，每个竞争层的神经元之间都有侧向连接。输出按二维平面阵组织，它是 SOFM 网最典型的组织方式，更具有大脑皮层形象，输出层每个神经元同它周围的其他神经元侧向连接，排列成棋盘状平面。如图 8.17 所示。

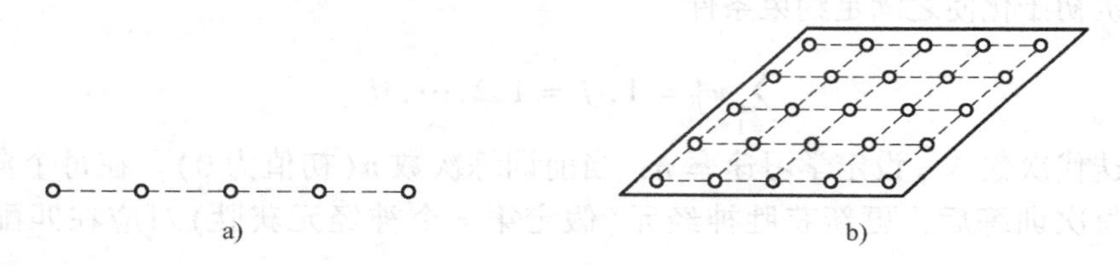




图 8.17　SOFM 网竞争层上神经元的排列示意图

a) 一维线阵　b) 二维平面阵

基本的 SOFM 网络结构如图 8.18 所示，由输入层和输出层组成，输入模式是连续模式向量。输入层神经元接受输入模式，每个神经元通过连接权与输出层的所有神经元相连，输出层神经元之间局部连接，形成一种格阵形式。

竞争获胜的那个神经元 $c$ 的兴奋程度最高，并使 $c$ 周围区域(记为 $Nc$)内的神经元都以不同的程度得到兴奋，而在 $Nc$ 区域以外的神经元都受到不同程度的抑制(基本的 SOFM 网一般不考虑抑制)，即形成图 8.19 所示的墨西哥帽(Mexican Hat)函数形状的兴奋区域。

区域 $Nc$ 可以是任何形状的，但一般是均匀对称的，例如正方形或六角形等。$Nc$ 是时间的函数，也可用 $Nc(t)$ 表示，随 $t$ 增加，$Nc(t)$ 的范围不断减小，最后得到的 $Nc(t)$ 区域反映了它所对应的输入模式的属性。

**2. 权值调整**

SOFM 网采用的学习算法称为 Kohonen 算法，是在胜者为王算法基础上加以改进而成的，其主要的区别在于调整权向量与侧抑制的方式不同。在胜者为王学习规则中，只有竞争获胜的神经元才有权调整其权向量，其他神经元均无权调整权向量，因此它对周围所有神经元的抑制是“封杀”式的。而在 SOFM 网中，对于获胜神经元，不仅获胜神经元本身在其学习算法中要调整权向量，它周围某个邻域范围内的邻近神经元在其影响下也要在不同程度上调整权向量。即获胜神经元及围绕其周围的神经元的权系数的调整幅度按空间分布呈不同的形式，如图6.19所示。获胜神经元具有最大的权值调整量，邻近的神经元有稍小的调整量，离获胜神经元距离越大，权的调整量越小，直到某一距离$R$时，权值调整量才为0，而当距离再远一些时，权值调整量略负，更远时又回到0。根据策略区分为墨西哥帽函数、大礼帽函数和厨师帽函数三种不同的分布方式调整。Kohonen本人提出的是墨西哥帽函数分布形式。墨西哥帽函数表现出的特点与生物系统的十分相似，但计算复杂性影响网络训练的收敛性。因此，在SOFM神经网络中，常使用与墨西哥帽函数类似的简化函数，称为大礼帽函数的分布方式进行调整。

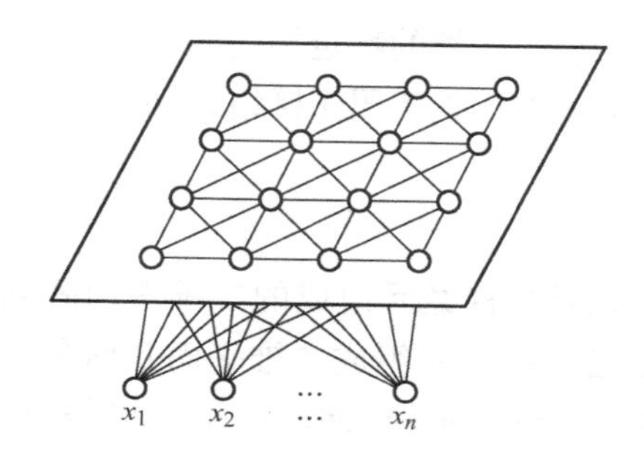

图8.18　基本的SOFM网络结构

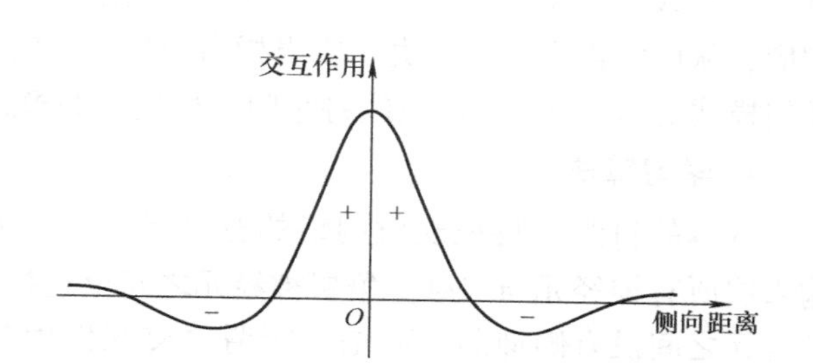

图8.19　神经元之间交互作用与距离的关系

以获胜神经元为中心设定一个邻域半径，该半径圈定的范围称为优胜邻域。在SOFM网学习网络算法中，优胜邻域内所有神经元均按其离开获胜神经元的距离远近程度不同地调整权值。优胜邻域开始定得大一些，但其大小随着训练次数的增加不断收缩，最终收缩到半径为零。自组织特征映射网络的激励函数为二值型函数。在竞争层中，每个神经元都有自己的邻域，图8.20所示为一个在二维层中的主神经元。主神经元具有在其周围增加直径的邻域。一个直径为1的邻域包括主神经及它的直接周围神经元所组成的区域；直径为2的邻域包括直径为1的神经元以及它们的邻域。图中主神经元的位置是通过从左上端第一列开始顺序从左到右，从上到下找到的。

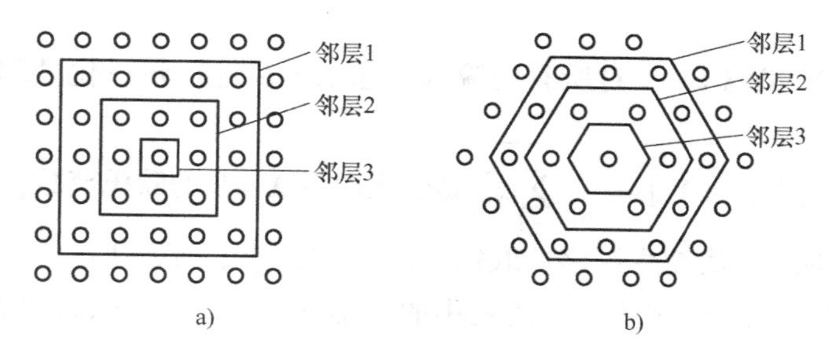

图8.20　竞争层神经元二维结构中围绕获胜点的不同层邻域示意图
a)正方形邻域　b)六角形邻域

**3. 自组织特征映射网的运行原理**

SOFM网的运行分训练和工作两个阶段。在训练阶段，对网络随机输入训练集中的样本，对某个特定的输入模式，输出层会有某个神经元产生最大响应而获胜，而在训练开始阶段，输出层哪个位置的神经元将对哪类输入模式产生最大响应是不确定的。当输入模式的类别改变时，二维平面的获胜神经元也会改变。获胜神经元周围的神经元因侧向相互兴奋作用产生较大响应，于是，获胜神经元及其邻域内的所有神经元所连接的权向量均向输入向量的方向做程度不同的调整，调整力度依邻域内各神经元距获胜神经元的近远而逐渐衰减。网络通过自组织方式用大量训练样本调整网络的权值，最后使输出层各神经元成为特定模式类敏感的神经元，使对应的内星权向量成为各输入模式类的中心向量，并且当两个模式类的特征接近时，代表这两类的神经元在位置上也接近，从而在输出层形成能够反映样本模式类分布情况的有序特征图。

SOFM 网训练结束后，输出层各神经元与各输入模式类的特定关系就完全确定了，因此可用作模式分类器。当输入一个模式时，网络输出层代表该模式类的特定神经元将产生最大响应，从而将输入自动归类。应当指出的是，当向网络输入的模式不属于网络训练时用过的任何模式类时，SOFM 网只能将它归入最接近的模式类。

**4. 学习算法**

基本的自组织特征映射网络的竞争层是一个由 $M = m^2$ 个神经元组成的二维平面阵列，输入层所有神经元与二维竞争层神经元之间全连接。输出层神经元组成二维平面几何分布，神经元之间没有侧抑制，而是用所谓“交互作用”函数代替。SOFM 网络的学习也是一种 Kohonen 竞争学习算法，具体步骤如下：

第一步：设置变量和参量。$\boldsymbol{S} = \{\boldsymbol{X}_1, \boldsymbol{X}_2, \cdots, \boldsymbol{X}_N\}$ 为训练样本向量集，其中 $\boldsymbol{X}_q = (x_1^{(q)}, x_2^{(q)}, \cdots, x_n^{(q)})^{\mathrm{T}}$，$q = 1, 2, \cdots, N$，$N$ 为总的训练样本向量数，$\boldsymbol{W}_j = (w_{j1}, w_{j2}, \cdots, w_{jn})^{\mathrm{T}}$ 为从输入层到竞争层第 $j$ 个神经元的权值向量，$j = 1, 2, \cdots, M$。设置迭代总次数为 $L$，定义输出层神经元的邻域 $N(0)$。



第二步：初始化。对输出层每个神经元 $j$ 各权向量赋值小随机数，$\boldsymbol{W}_j(0) = (w_{j1}^{(0)}, w_{j2}^{(0)}, \cdots, w_{jn}^{(0)})^{\mathrm{T}}$，并进行归一化处理：$\boldsymbol{W}_j'(0) = \dfrac{\boldsymbol{W}_j(0)}{\|\boldsymbol{W}_j(0)\|}$，其中，$\|\boldsymbol{W}_j(0)\| = \sqrt{\sum_{i=1}^{n}[w_{ji}^{(0)}]^2}$ 是权值向量欧氏范数。建立初始优胜邻域 $N_c(0)$；学习率赋初始值 $\eta(0)$。当前迭代步 $k$ 置为 0，即 $k = 0$。对所有的输入向量 $\boldsymbol{X} \in \boldsymbol{S}$ 进行归一化处理：$\boldsymbol{X}_q' = \dfrac{\boldsymbol{X}_q}{\|\boldsymbol{X}_q\|}$，$q = 1, 2, \cdots, N$，其中，$\|\boldsymbol{X}\| = \sqrt{\sum_{i=1}^{n} x_i^2}$ 是输入向量 $\boldsymbol{X} \in \boldsymbol{S}$ 的欧氏范数，形成 $\boldsymbol{S}'$。

第三步：样本训练。从 $\boldsymbol{S}'$ 中顺序选取每一样本 $\boldsymbol{X}'$，做下列处理：

1）寻找获胜神经元。通过欧氏距离最小的标准 $\|\boldsymbol{X}' - \boldsymbol{W}_c'\| = \min\limits_j \|\boldsymbol{X}' - \boldsymbol{W}_j'\|$，$j = 1, 2, \cdots, M$ 来选取获胜神经元 $c$，从而实现神经元的竞争过程。以获胜神经元 $c$ 为中心确定在第 $k$ 步时需要调整权值的神经元所属的邻域 $N_c(k)$。一般初始邻域 $N$ 较大，训练过程中 $N$ 随着训练时间逐渐收缩。

2）权值更新。对获胜神经元 $c$ 拓扑邻域 $N_c(k)$ 内兴奋神经元 $j$，以 Hebb 学习规则

$$\boldsymbol{W}_j'(k+1) = \boldsymbol{W}_j'(k) + \eta(k)(\boldsymbol{X}' - \boldsymbol{W}_j'(k)) \tag{8-63}$$

更新神经元的权值向量，从而实现神经元的权值更新，并对学习后的权值重新进行归一化处理：

$$W_j'(k+1)=\frac{W_j(k+1)}{\| W_j(k+1) \|} \tag{8-64}$$

3）更新学习速率 $\eta(k)$ 及拓朴邻域，为下一轮样本训练做准备。

$$\eta(k+1)=\eta(k)\left(1-\frac{k}{L}\right) \tag{8-65}$$

$$N_c(k+1)=\phi[N_c(k)] \tag{8-66}$$

这里，$N_c(k+1)=\phi\ [N_c(k)]$ 表示由第 $k$ 步的邻域去确定和构造第 $k+1$ 步时的邻域，如在正方形邻域情况下，初始的邻域由半径 $r=5$ 给出，则下次就可以是4，逐次减1，直到0为止。$\eta$ 也可设计为是训练步 $k$ 和邻域内第 $j$ 个神经元与获胜神经元 $c$ 之间的拓扑距离的函数，该函数一般有以下规律：随着 $k$ 值的增加和距离的增大，$\eta$ 下降。

第四步：结束检查。判断迭代次数 $k$ 是否大于 $L$，如果小于等于 $L$，则 $k=k+1$，回到第三步。进行新的一次训练，否则结束网络训练过程。

算法收敛后，在输出层神经元中形成的模式类聚类中心反映了输入模式空间中模式类的拓扑结构，权值的修改和组织使拓扑结构上相互接近的神经元对相似的输入模式最敏感。

SOFM 网的训练不存在类似 BP 网中输出误差概念，因为是非监督学习，训练何时结束是以学习速率 $\eta(k)$ 是否衰减到 0 或某个预定正小数为条件，不满足结束条件则回到第三步。

SOFM 网可应用于保序映射，即能将输入空间的样本模式类有序地映射在输出层，还可应用于数据压缩、特征抽取等领域。

**5. MATLAB 中的自组织特征映射函数**

MATLAB 中主要用 newsom 函数来建立自组织特征映射网络。下面通过一个例子来说明其应用方法。

**例 8.4**　以图 8.21 所示的数据，设计自组织特征映射网实现样本的分类。

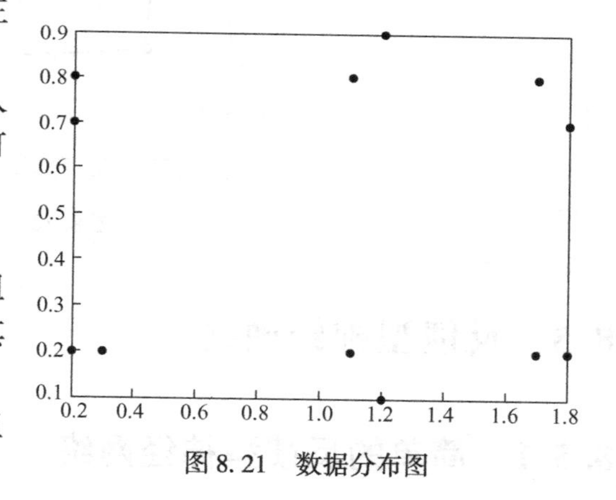


图 8.21　数据分布图

**解**：图 8.21 中的数据：

```
P=[0.2 0.3 1.1 1.2 1.8 1.7 0.2 0.2 1.2 1.1 1.8 1.7;
   0.2 0.2 0.2 0.0 0.2 0.2 0.8 0.8 0.9 0.8 0.7 0.8]
```

根据前述说明的方法，可得到代码如下：

```
pos = gridtop(3,2);
plotsom(pos)                              % 绘制 3×2 栅格形特征映射图
net = newsom([0 2;0 1],[3 2],'gridtop');
        % 创建 SOFM 网络
plot(P(1,:),P(2,:),'.k','markersize',20);
```

```
                                            %绘制输入样本
net.trainParam.epochs = 50;                 % 设置最大训练步数
net = train(net,P);                         % 训练网络
hold on
plotsom(net.iw{1,1},net.layers{1}.distances);  % 绘制训练后的特征映射图
hold off
y = sim(net,P);                             % 仿真运算
yc = vec2ind(y)                             % 输出仿真结果
```

输出结果：

```
yc =   1   1   2   2   3   3   4   4   5   5   6   6
```

gridtop 指定竞争层神经元的排列为第一维为 3，第二维为 2 的形式。除 gridtop 外，还有 hextop 和 randtop 等。运行结果如图 8.22 所示。

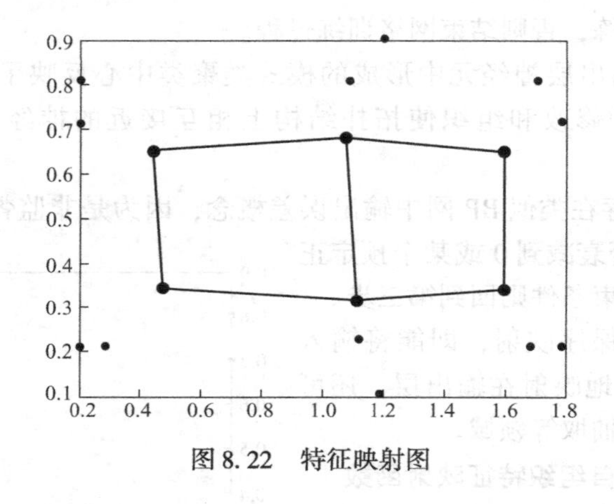


图 8.22　特征映射图



## 8.5　反馈型神经网络

### 8.5.1　简单的反馈型神经网络

简单的反馈型神经网络主要有两种：Elman 神经网络和 Jordan 神经网络。这里主要以 Elman 神经网络为例来介绍。

Elman 神经网络是 J. L. Elman 于 1990 年首先针对语音处理问题而提出来的，是一种典型的局部回归网络。Elman 网络可以看作是一个具有局部记忆单元和局部反馈连接的递归神经网络。

Elman 神经网络具有与多层前向网络相似的多层结构。网络的结构如图 8.23 所示。

它的主要结构是前馈连接，包括输入层、隐含层、输出层，其连接权可以进行学习修正；反馈连接由一组“结构”单元构成，用来记忆前一时刻的输出值，其连接权值是固定的。在这种网络中，除了普通的隐含层外，还有一个特别的隐含层，称为关联层(或联系单元层)。该层从隐含层接收反馈信号，每一个隐含层结点都有一个与之对应的关联层结点连

接。关联层的作用是，通过连接记忆，将上一个时刻的隐含层状态连同当前时刻的网络输入一起作为隐含层的输入，相当于状态反馈。隐含层的传递函数仍为某种非线性函数，一般为 Sigmoid 函数，输出层为线性函数，关联层也为线性函数。

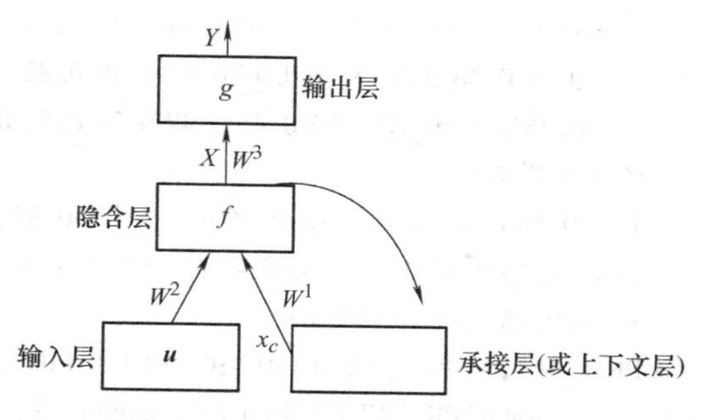

图 8.23　Elman 网络结构的抽象描述

输入层、隐含层、输出层的连接类似于前馈网络，输入层的单元仅起信号传输作用，输出层单元起线性加权作用。

隐含层单元的传递函数可采用线性或非线性函数。承接层又称为上下文层或状态层，它用来记忆隐含层单元前一时刻的输出值，可以认为是一个延时算子。

Elman 神经网络的特点是隐含层的输出通过承接层的延迟与存储，再连到隐含层进行输入，这种自联方式使其对历史状态的数据具有敏感性。内部反馈网络的加入增加了网络本身处理动态信息的能力，从而达到了动态建模的目的。

按图 8.23，Elman 神经网络的非线性状态空间表达式为

$$\boldsymbol{x}_c(k) = \boldsymbol{x}(k-1) \tag{8-67}$$

$$\boldsymbol{x}(k) = f(w^1 x_c(k) + w^2(\boldsymbol{u}(k-1))) \tag{8-68}$$

$$\boldsymbol{y}(k) = g(w^3 \boldsymbol{x}(k)) \tag{8-69}$$

式中，$y$ 表示 $m$ 维输出结点向量；$x$ 为 $n$ 维中间层结点单元向量；$u$ 为 $r$ 维输入向量；$x_c$ 为 $n$ 维反馈状态向量；$w^3$ 为表示中间层到输出层连接权值；$w^2$ 为输入层到中间层连接权值；$w^1$ 为承接层到中间层的连接权值；$g(\,)$ 为输出神经元的传递函数，是中间层输出的线性组合；$f(\,)$ 为中间层神经元的传递函数，常采用 S 形函数。

Elman 神经网络也采用 BP 算法进行权值修正，学习目标函数采用误差平方和函数

$$E(w) = \frac{1}{2}\sum_{k=1}^{n} [\boldsymbol{y}_k(w) - \hat{\boldsymbol{y}}_k(w)]^2 \tag{8-70}$$

其中，$\hat{\boldsymbol{y}}_k(w)$ 为目标输出向量，$w$ 代表所有的权值构成的向量。

在 MATLAB 中，与使用 Elman 网络有关的函数有：

创建 Elman NN 的函数：newelm。

例如，可用

```
net = newelm(P,T,10)
```

创建一个有 10 个隐结点 Elman 神经网络。

下面给出一个使用 Elman 网络的例子。

**例 8.5**　用 Elman 网络进行数据拟合。

```
clear;
close all;
clc
```

```
P=[0.44 0.47 0.69 0.81 0.43 0.46 0.69 0.80 0.45 0.47 0.70 0.82;
    0.43 0.46 0.69 0.80 0.45 0.47 0.70 0.82 0.45 0.47 0.70 0.82;
    0.45 0.47 0.70 0.82 0.45 0.47 0.70 0.82 0.46 0.48 0.71 0.82]';
% 3个样本数据
T=[0.45 0.47 0.71 0.82;0.46 0.48 0.71 0.82;0.46 0.48 0.71 0.83]';   % 目标数据
P1=[0.45 0.47 0.71 0.82 0.46 0.48 0.71 0.82  0.46 0.48 0.71 0.83]';   % 测试数据
T1=[0.46 0.48 0.72 0.83]';                                             % 测试数据
PR=[0 1;0 1;0 1;0 1;0 1;0 1;0 1;0 1;0 1;0 1;0 1;0 1];               % 设置每个变量取值范围
net=newelm(PR,[17,4],{'tansig','purelin'});                           % 建立网络
net.trainparam.epochs=1000;                    % 迭代最大次数1000
net.trainparam.goal=0.0001;                    % 迭代目标误差
net=init(net);                                 % 初始化网络
[net,tr]=train(net,P,T);                       % 训练网络
Y=sim(net,P1);                                 % 仿真运行
X=[1,2,3,4];
plot(X,Y,'r*',X,T1,'bo');
title('o为真实值,*为预测值');
```

另一种简单反馈型网络是Jordan神经网络，与Elman神经网络不同的是，承接层接收的是来自输出层的反馈信号，承接层的输出再送入隐含层，其工作原理与Elman神经网络的工作原理有些类似，这里就不做进一步介绍了。

## 8.5.2 全反馈神经网络



Hopfield神经网络模型是一种反馈型神经网络，从输出到输入均有反馈连接，每一个神经元跟所有其他神经元相互连接，又称为全互联网络。

Hopfield神经网络是一种模拟人脑联想记忆功能的神经网络，具有存储记忆和联想功能，分为连续型和离散型两种不同的Hopfield神经网络。这里主要介绍离散型Hopfield神经网络。

在Hopfield神经网络模型中，采用能量函数描述系统的稳定性。在网络结构和权值初始化后，要训练外界信息或记忆样本输入网络后，网络中的神经元以异步或同步方式工作，网络由初始状态向稳定状态演化，当系统稳定时，能量函数达到局部极小，神经元之间的连接权分布存储记忆样本。新的待识别样本送入网络后，网络系统以同样方式加以运行，达到稳定状态时，得到的可能就是所存储的记忆结果。这个过程可看成是寻找记忆的过程，它模拟了人类神经系统的记忆及回想记忆方式。

Hopfield最早提出的离散型Hopfield神经网络是一种单层二值的全互联神经网络，每个神经元的激励函数为阶跃函数，输入、输出只取0或1，或双极值函数，输入、输出只取-1或1。所输出的离散值1和0(或1和-1)分别表示神经元处于激活状态和抑制状态。

在离散型Hopfield网络中，在初始输入给定后，每一个神经元接收的输入都是所有其他神经元输出反馈加权整合的结果。设神经元$j(j=1, 2, \cdots, n)$的阈值为$\theta_j$；$w_{ji}$为神经元$i$到神经元$j$的连接权值。到达神经元$j$的所有权值构成权向量$\boldsymbol{W}_j=(w_{j1}, w_{j2}, \cdots, w_{jn})^{\mathrm{T}}$。最基本的离散型Hopfield神经网络中连接权是对称的且自己到自己的连接权为0。图8.24所示为其网络结构。

所谓网络的稳定状态，可看成是网络存储的记忆信息。稳定状态就是指满足条件 $\boldsymbol{X}=f(\boldsymbol{W}^{\mathrm{T}}\boldsymbol{X}-\theta)$ 的 $\boldsymbol{X}$。而渐进稳定状态或渐进稳定点，又称为网络吸引子，是指其有一个邻近区域，当任何从该区域中出发的点都会在网络运行后都收敛到该渐进稳定点。一般的稳定点不一定就是渐进稳定点，因为其不一定存在这样的邻近区域。让网络从接受了输入的初始部分信息（初始的信息可能含噪声）后进行演变到达稳定状态，可看成是一个联想回忆过程。

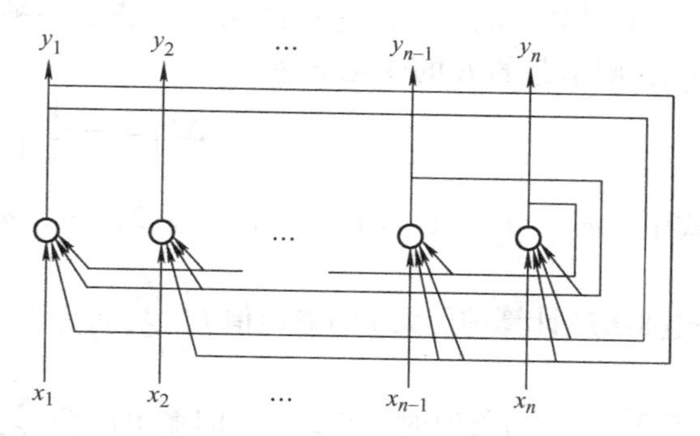


图 8.24　离散型 Hopfield 神经网络结构

设代表 $M$ 个类的记忆样本为 $\boldsymbol{X}^{(q)}=(x_1^{(q)},\ x_2^{(q)},\ \cdots,\ x_n^{(q)})^{\mathrm{T}}$，$q=1,\ 2,\ \cdots,\ M$；$x_i^{(q)}$ 取 $-1$ 或 1，$i=1,\ 2,\ \cdots,\ n$。为了使得它们能够成为网络的 $M$ 个稳定状态，即存储这 $M$ 个记忆样本，一般采用外积方式来设计神经元 $i$ 到神经元 $j$ 的权值 $w_{ji}$：

$$w_{ij}=\begin{cases}\sum_{q=1}^{M}x_j^{(q)}x_i^{(q)}, & i\neq j\\ 0, & i=j\end{cases},\ i,j=1,2,\cdots,n \tag{8-71}$$

连接权值的对称性是指，从神经元 $i$ 到神经元 $j$ 的权值 $w_{ji}$ 与即从神经元 $j$ 到神经元 $i$ 的权值相等，即 $w_{ji}=w_{ij}(i\neq j;\ i,\ j=1,\ 2,\ \cdots,\ n)$。此外，一般有 $w_{jj}=0$，$j=1,\ 2,\ \cdots,\ n$，即自身无反馈输入。

设当前输入记忆样本为 $\boldsymbol{X}=(x_1,\ x_2,\ \cdots,\ x_n)^{\mathrm{T}}$，则神经元 $j$ 输出为 $y_j$（神经元 $i$ 的状态）可得到一个初始值 $y_j(0)$，或称 $j$ 处于初始状态。设当前步为第 $k$ 步（初始步时，$k=0$），神经元 $j$ 的下一步输出为 $y_j(k+1)$，则有

$$y_j(k+1)=f\left(\sum_{i=1}^{n}w_{ji}y_i(k)\right) \tag{8-72}$$

式中，函数 $f(\cdot)$ 定义为符号函数，即

$$f(u_i)=\begin{cases}+1, & u_j\geqslant 0\\ -1, & u_j<0\end{cases} \tag{8-73}$$

理论上，按上述计算方式，不论是异步还是并行方式，在一定的迭代步后，网络趋于稳定。也就是说，对要记忆的样本都会记忆下来。所谓并行方式就是所有神经元在迭代计算时每一步内输入整合及输出都同时计算。而异步方式是，可先计算一个神经元的输入和输出，此时其输出可能已发生变化，然后一个一个地计算其他神经元的输入和输出。

对一个未知类别的样本 $\boldsymbol{X}$，同样按上述步骤加以计算，网络以 $\boldsymbol{X}$ 为初始状态开始演化计算，最终趋向一个稳定状态，该稳定状态就可看成与未知类别样本 $\boldsymbol{X}$ 相似的一个记忆样本。称此过程为联想记忆回想 $\boldsymbol{X}$ 的过程。这可通过定义能量函数来说明这一过程是可以达到的。

对给定的 $\boldsymbol{X}$，当其输入网络后，进入其对应的神经元 $j$ 的输出 $y_j$ 将进入迭代计算。定义能量函数

$$E=-\frac{1}{2}\sum_{j=1}^{n}\sum_{i=1}^{n}w_{ij}y_iy_j \tag{8-74}$$

$E$ 是随 $y_j$ 的变化而变化的函数。若某一神经元 $j$ 的状态即输出值在两步间产生变化量 $\Delta y_j$，则引起的 $E$ 的变化量为

$$\Delta E_j = -\frac{1}{2}\left(\sum_{i=1}^{n} w_{ji}y_i\right)\Delta y_j \tag{8-75}$$

式中，$w_{ij}=w_{ji}$，$w_{jj}=0$，$i$，$j=1$，2，…，$n$。当式(8-75)中的 $\sum_{i=1}^{n} w_{ji}y_i$ 为正值时，按式(8-67)计算神经元 $j$ 的输出值 $f\left(\sum_{i=1}^{n} w_{ji}y_i\right)$ 为正，$\Delta y_j$ 也是正值(从 $-1$ 变到1，$\Delta y_j=2$)；当 $\sum_{i=1}^{n} w_{ji}y_i$ 为负值时，神经元 $j$ 的输出值 $f\left(\sum_{i=1}^{n} w_{ji}y_i\right)$ 也为负，$\Delta y_j$ 也为负值(从1变到 $-1$，$\Delta y_j=-2$)。也就是说，当 $y_j$ 随迭代步变化时，$E$ 的变化量总是小于零，因其前面有一个负号。因为 $E$ 是有界的，所以算法最终使网络达到一个不随迭代步变化的稳定状态。

离散型 Hopfield 神经网络算法步骤为：

第一步，置神经元的连接权初值。设 $\boldsymbol{X}^{(q)}=(x_1^{(q)}, x_2^{(q)}, \cdots, x_n^{(q)})^{\mathrm{T}}$，$q=1$，2，…，$M$ 是第 $q$ 个记忆样本，则神经元 $i$ 到神经元 $j$ 的权值 $w_{ji}$ 为

$$w_{ji}=\begin{cases}\sum_{q=1}^{M} x_j^{(q)}x_i^{(q)}, & i\neq j\\ 0, & i=j\end{cases}\quad ,i,j=1,2,\cdots,n \tag{8-76}$$

第二步，输入未知类别的模式 $\boldsymbol{X}=(x_1, x_2, \cdots, x_n)^{\mathrm{T}}$，用 $\boldsymbol{X}$ 设置网络的初始状态。若 $y_j(k)$ 表示神经元 $j$ 在第 $k$ 步的输出状态，则 $y_j(k)$ 的初始值为

$$y_j(0)=x_j,\ j=1,2,\cdots,n \tag{8-77}$$

第三步，采用迭代算法计算 $y_j(k+1)$，直到算法收敛。$y_j(k+1)$ 按下式计算：

$$y_j(k+1)=f\left(\sum_{i=1}^{n} w_{ji}y_i(k)\right),\ j=1,2,\cdots,n \tag{8-78}$$

当迭代收敛时，神经元的输出即为与未知模式匹配最好的记忆样本。

第四步，转第二步去识别或联想记忆新的样本。

离散型 Hopfield 神经网络的神经元之间连接权值没有学习修正能力。记忆的样本可能不是渐进稳定点，甚至可能是非稳定点，这可通过正交化方法设计网络的权值来加以改进。离散型 Hopfield 神经网络的权值量比汉明网络的权值量多，计算量偏大。

上面介绍的离散型 Hopfield 神经网络的神经元都没有设计阈值，在具体的网络中是可以考虑含阈值的。

在 MATLAB 神经网络工具箱中，对 Hopfield 神经网络的设计和仿真分别提供了函数 newhop()和函数 sim()。并将权值根据记忆样本进行正交化设计纳入到了函数 newhop 之中，所以使用起来特别简单方便。

**例 8.6** 一个简单的记忆两个样本的 Hopfield 神经网络的创建及其仿真运行。

**解**：根据前面的分析，可得到代码如下：

```
T = [ -1 -1 1;1 -1 1]';
net = newhop(T);                    % 创建 Hopfield 网络
Y = sim(net,2,[ ],T);               % 仿真运行
Y
```

输出结果：

```
Y = T = [ -1 -1 1;1 -1 1]'
```

**例 8.7**　设计 Hopfield 神经网络，记忆 2、4、6、8 的 10×9=90 二值图像（神经元），并对数字 4 的含噪二值图像进行识别。

**解**：利用 MATLAB 神经网络工具箱提供的 newhop( ) 和 sim( ) 等函数，编写如下的代码程序。其中，figt( ) 用于绘制数值图像，对数字 0 相应地画一个黑方块，对数字 1 相应地画一个白方块。运行结果如图 8.25 所示。

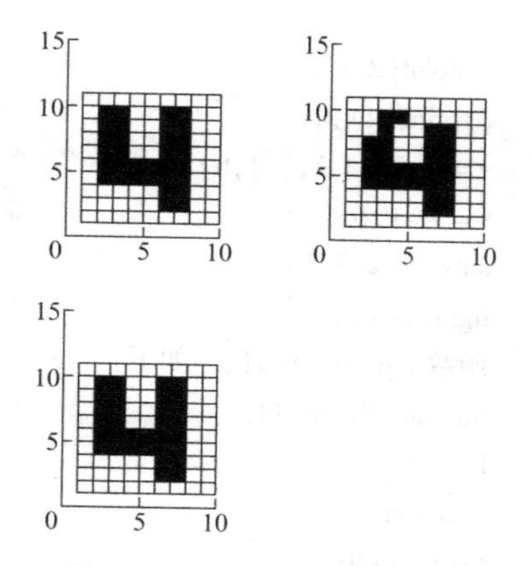


图 8.25　例 8.7 的运行结果

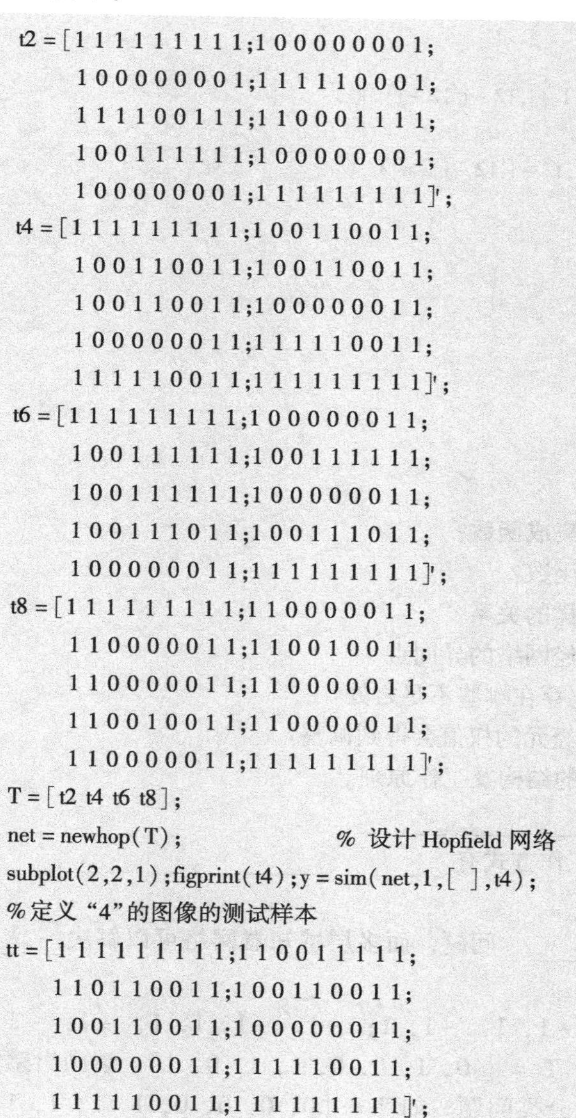

```
t2 = [1 1 1 1 1 1 1 1 1;1 0 0 0 0 0 0 0 1;
      1 0 0 0 0 0 0 0 1;1 1 1 1 1 0 0 0 1;
      1 1 1 1 0 0 1 1 1;1 1 0 0 0 1 1 1 1;
      1 0 0 1 1 1 1 1 1;1 0 0 0 0 0 0 0 1;
      1 0 0 0 0 0 0 0 1;1 1 1 1 1 1 1 1 1]';
t4 = [1 1 1 1 1 1 1 1 1;1 0 0 1 1 0 0 1 1;
      1 0 0 1 1 0 0 1 1;1 0 0 1 1 0 0 1 1;
      1 0 0 1 1 0 0 1 1;1 0 0 0 0 0 0 1 1;
      1 0 0 0 0 0 0 1 1;1 1 1 1 1 0 0 1 1;
      1 1 1 1 1 0 0 1 1;1 1 1 1 1 1 1 1 1]';
t6 = [1 1 1 1 1 1 1 1 1;1 0 0 0 0 0 0 1 1;
      1 0 0 1 1 1 1 1 1;1 0 0 1 1 1 1 1 1;
      1 0 0 1 1 1 1 1 1;1 0 0 0 0 0 0 1 1;
      1 0 0 1 1 1 0 1 1;1 0 0 1 1 1 0 1 1;
      1 0 0 0 0 0 0 1 1;1 1 1 1 1 1 1 1 1]';
t8 = [1 1 1 1 1 1 1 1 1;1 1 0 0 0 0 0 1 1;
      1 1 0 0 0 0 0 1 1;1 1 0 0 1 0 0 1 1;
      1 1 0 0 0 0 0 1 1;1 1 0 0 0 0 0 1 1;
      1 1 0 0 1 0 0 1 1;1 1 0 0 0 0 0 1 1;
      1 1 0 0 0 0 0 1 1;1 1 1 1 1 1 1 1 1]';
T = [t2 t4 t6 t8];
net = newhop(T);                    % 设计 Hopfield 网络
subplot(2,2,1);figprint(t4);y = sim(net,1,[ ],t4);
%定义“4”的图像的测试样本
tt = [1 1 1 1 1 1 1 1 1;1 1 0 0 1 1 1 1 1;
      1 1 0 1 1 0 0 1 1;1 0 0 1 1 0 0 1 1;
      1 0 0 1 1 0 0 1 1;1 0 0 0 0 0 0 1 1;
      1 0 0 0 0 0 0 1 1;1 1 1 1 1 0 0 1 1;
      1 1 1 1 1 0 0 1 1;1 1 1 1 1 1 1 1 1]';
```

```
subplot(2,2,2);
figprint(tt);                      % 绘制测试样本二值化图像
y = sim(net,1,[ ],tt);             % 网络仿真
y = y > 0.5;                       % 二值化
subplot(2,2,3);
figprint(y);                       % 画出仿真输出二值化图像
函数 figprint( ) 的代码如下:
function figprint(t)
hold on
axis square
for j = 1:10
    for i = 1:9
        if t((j-1)*9+i) == 0
            fill([i i+1 i+1 i],[11-j,11-j,12-j,12-j],'k')
        else
        fill([i i+1 i+1 i],[11-j,11-j,12-j,12-j],'w')

        end
    end
end
```

## 习题 8



8.1 简述人工神经网络的概念。

8.2 神经网络有哪几种主要的输入集成函数?

8.3 神经网络有哪几种主要的激励函数?

8.4 神经元的阈值和偏置具有什么样的关系?

8.5 请比较前馈神经网络与反馈神经网络的异同点。

8.6 BP 算法的主要思想是什么?它存在哪些不足之处?

8.7 竞争学习神经网络中,哪个神经元的权值会得到调整?

8.8 试述离散型 Hopfield 神经网络的结构及工作原理。

8.9 神经网络的学习方式有________、________。

8.10 离散型 Hopfield 神经网络的工作方式有________、________、________。

8.11 感知器算法只适用于________。

8.12 单层感知器网络用于解决________问题,而多层感知器网络可以解决________问题。

8.13 设 P = [ -1, 1, -1, 1, -1, 1, -1, 1; -1, -1, 1, 1, -1, -1, 1, 1; -1, -1, -1, -1, 1, 1, 1, 1], T = [ 0, 1, 0, 0, 1, 1, 0, 1]。请画出感知器网络结构图,并编写 MATLAB 程序解该分类问题。如 T = [0, 0, 0, 0, 1, 1, 1, 1; 0, 0, 0, 0, 1, 1, 1, 1],请画出感知器网络结构图,并编写 MATLAB 程序解该分类问题。

8.14　构建一个有两个输入一个输出的单层感知器，实现对下列数据进行分类，设感知器的阈值为 0.6，初始权值均为 0.1，学习率为 0.6，误差值要求为 0，感知器的激励函数为硬限幅函数，计算权值 $w_1$ 与 $w_2$。

| $x_1$ | $x_2$ | $y$ |
| --- | --- | --- |
| 0 | 0 | 0 |
| 0 | 1 | 0 |
| 1 | 0 | 0 |
| 1 | 1 | 1 |

8.15　已知在单层感知器网络中，有 4 个输入。给定三个训练样本如下：

$$\boldsymbol{X}_1=(-1,1,-2,0)^{\mathrm{T}},\ y_1=-1;\ \boldsymbol{X}_2=(-1,0,1.5,-0.5)^{\mathrm{T}},$$
$$y_2=-1;\ \boldsymbol{X}_3=(-1,-1,1,0.5)^{\mathrm{T}},\ y_3=1$$

设初始权向量 $\boldsymbol{W}(0)=(0.5,\ 1,\ -1,\ 0)^{\mathrm{T}}$，$\eta=0.1$。试根据感知器学习规则训练该感知器。

8.16　一个有三个输入的单层线性网络(Adaline)对下列样本数据进行处理：P=[2，3，2.4，-0.6；-2，4，6，-1；4，2，-3.2，1.8]，T=[1，6，-4.4，2.8；2.2，-2.4，3.4，-0.8；6，0.4，-3.6，-0.8；-2，0.2，-2，1.2]。

8.17　设 P=[-1：0.1：1]；T=[-0.96，-0.577，-0.0729，0.377，0.641，0.66，0.461，0.1336，-0.201，-0.434，-0.5，-0.393，-0.1647，0.0988，0.3072，0.396，0.3449，0.1816，-0.0312，-0.2183，-0.3201]。试用 MATLAB 编程同时设计和实现分别含 6~12 个隐单元的三层前馈 BP 神经网络，并通过计算误差，确定选择哪种隐单元个数的网络可得到相对最好的 BP 网络。

8.18　设计一个 BP 神经网络对下列样本数据进行训练。输入向量 P=[-3，2]，目标向量 T=[0.4，0.8]。

8.19　设 P=[0.1，0.3，1.2，1.1，1.8，1.7，0.1，0.3，1.2，1.1，1.8，1.7；0.2，0.1，0.3，0.1，0.3，0.2，0.8，0.8，0.9，0.9，0.7，0.8]。试建立 3×2 的栅格型自组织映射网络实现对样本的自动聚类。

8.20　设计一个三元的 Hopfield 神经网络，使网络存储的目标平衡点为 T=[1，1；-1，1；-1，-1]。

# 第9章　决　策　树

## 9.1　什么是决策树

决策树又称分类树或判定树，是一种十分常用的分类方法。它是一种监督学习，所谓监督学习就是给定一组训练样本，每个样本都有一组属性和一个类别，这些类别是事先确定的。通过学习建立一棵决策树，即得到一个分类器，树中每个内部结点表示一个属性上的测试，每个分支代表一个测试输出，每个叶结点代表一种类别或类的分布。这个分类器能够对新出现的对象给出正确的分类，所以，决策树也是一个预测模型。这样的机器学习就被称之为监督学习。从数据产生决策树的机器学习技术叫作决策树学习。

一棵决策树由分支结点、分支和叶结点构成。分支结点又称决策结点。

**例9.1**　图9.1给出了一个购买计算机的决策树。从中可以看出，一个人是否购买计算机。用它也可以预测某个人购买计算机的意向。

这棵决策树是根据现有的销售记录建立起来的，它归类了一个人是否购买计算机的意向。每个分支结点(用方框表示)代表对某个属性的测试，每个叶结点(用椭圆表示)代表一个类：买或不买。训练样本即销售记录含属性：年龄、学生、收入、购买。对于一个潜在的客户，只需给出其属性：年龄、学生、收入的值，就可根据该决策树测试其是买还是不买意向。也就是进行购买意向的预测，或称将其归类。例如，一个样本在年龄为青，且是学生时买计算机，另一个样本在年龄为中，也买计算机等。

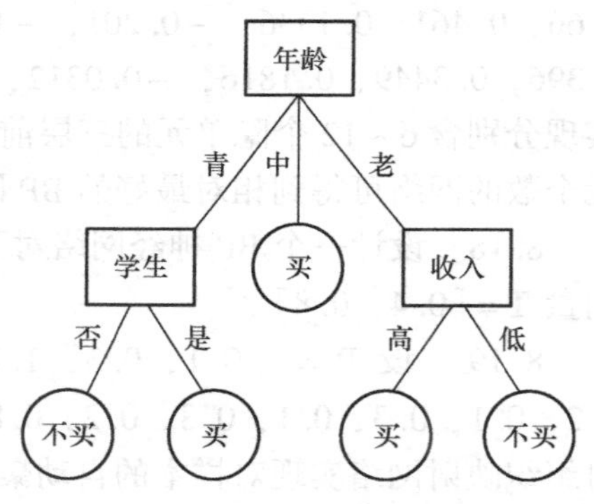

图9.1　买计算机问题的决策树

通过训练数据构建决策树，可以高效地对未知的数据进行分类。决策树有两大优点：

1）决策树模型可读性好，具有描述性，有助于人工分析。

2）效率高。决策树只需要一次构建，反复使用，每一次预测的最大计算次数不超过决策树的深度。

决策树采用自顶向下方法递归构造。构造的基本方法是：从根结点开始，如果训练集中所有样本都属同一类，则将之作为当前结点，也是叶结点，其类别标记作为当前结点的标记。否则，根据某种策略选择一个属性，按照属性的不同取值，将数据集分割为若干个不同子集，使得每个子集中的样本在该属性上具有相同属性值，并形成相应的分支，每个分支对应一个不同的值。具有相同属性值的数据子集作为结点的内容，作为当前结点的一个孩子结点。再一次考察当前结点的所有孩子结点，并任选一个作为当前结点。直到所有当前结点均为叶结点。所以这一过程是一个递归过程。这种思想也称为“分而治之”。构造的决策树既可以是二叉树也可以是多叉树，完全取决于每个属性值的取值个数。

决策树的属性值变量可以有两种：

（1）数值型(Numeric) 变量类型是整数或浮点数，如前面例子中的“收入”，其采用的是数值型数据表示。可选定某个值作为分割点，用“>=”“>”“<”或“<=”该值作为分割的条件，并可改变该值的大小，也可取多个不同的分割点，根据分割结果，选取优化分割，以提高算法性能。

（2）名称型(Nominal) 类似编程语言中的枚举类型，变量只能从有限的选项中选取，比如前面例子中的“学生”，只能是“是”或“否”，使用“=”来分割。

如何选取分割属性，使得得到的决策树尽量矮或平衡，同一类的记录较多，这就是决策树算法设计的出发点。构建决策树的算法研究起源于概念学习系统(Concept Learning System，CLS)，一般采用启发式方法，如贪心算法。目前基本的算法有ID3算法、C4.5算法、CART算法、SLIQ算法和SPRING算法等。如ID3算法采用信息论中的信息增益度量，C4.5算法采用信息增益比率作为属性选择的依据。C4.5算法还能处理连续属性值。

在决策树创建后，还可进行剪枝优化，也可在生成决策树的过程中进行剪枝优化。

所谓剪枝就是剪掉树的一个子树。剪枝分为先剪枝和后剪枝。

先剪枝：就是在建树过程中进行剪枝。例如，在下列情况下可进行剪枝：

- 当在某个结点上的数据子集大部分都属于同一类时，不再继续向下分割。这样直接就得到一个叶结点，也就允许含有一定的错误分类或说允许有一定的噪声存在。
- 设置树的高度限制，当达到一定深度时，停止分割。
- 设置一个阈值，在选取未被选择过的属性时，当所有属性的某种度量都在阈值范围内或超过时停止继续分割。

后剪枝：待决策树建完后，再考察结点数据集，若两结点数据集相差很小，可合并之。

剪枝可看成是消噪处理，认为数据中夹杂一定的不一致数据，需要一定的容差对待。

从决策树的根到每个叶结点都可提取一条决策规则。利用这些规则可以对待识别的样本进行决策或分类。

使用决策树进行决策或分类可以概括为两个步骤：

1）利用训练数据集构造决策树。剪枝优化可发生在建树后或建树中。

2）对待识别的样本，通过比较其与决策树从根沿着分支对应属性相等的值到某个叶结点，得到其类标号，或决策结果，完成其分类。也可以说就是用决策树得到的决策规则，对待识别样本进行预测分类。

## 9.2 属性选择的几个度量

在信息论中，衡量信息划分的某种均衡程度或纯度一般用一些度量来表示。决策树建立过程中，选择属性的依据就是根据某种度量来挑选的。这里先介绍相应的一些度量。

**1. 期望信息或信息熵**

信息论中广泛使用的一个度量标准，称为期望信息或信息熵或熵(Entropy)，它刻画了任意样本集的纯度(Purity)。设$D$为数据集合(含有$s=|D|$个样本)，类别属性具有$m$个不同值$v_i(i=1,2,\cdots,m)$，即分为$m$个类：$\omega_i(i=1,2,\cdots,m)$。$s_i$是$\omega_i$类中的样本数，

$s_i = |\omega_i|$，$p_i$是任意样本属于类$\omega_i$的概率，$p_i$用$s_i/s$估计，即$p_i = s_i/s$，$s = s_1 + s_2 + \cdots + s_m$，则样本分类的期望信息为

$$Info(D) = I(s_1, s_2, \cdots, s_m) = E(p_1, p_2, \cdots, p_m) = -\sum_{i=1}^{m} p_i \log_2 p_i = -\sum_{i=1}^{m} \frac{s_i}{s} \log_2 \frac{s_i}{s} \quad (9\text{-}1)$$

此式可推广到对任意的一组值$s_1$，$s_2$，…，$s_m$进行计算。

注：在有关熵的所有计算中，定义$\log_2 0 = 0$。

从数学上可以证明，函数$E$满足下列特性：

（1）非负性

$$E(p_1, p_2, \cdots, p_n) \geqslant 0 \quad (9\text{-}2)$$

（2）确定性

$$E(1,0) = E(0,1) = E(0,1,0,\cdots) = 0 \quad (9\text{-}3)$$

（3）上凸性

$$E(\lambda p + (1-\lambda) q) > \lambda E(p) + (1-\lambda) E(q) \quad (9\text{-}4)$$

式中，$0 < \lambda < 1$。

**2. 属性熵**

属性熵(Attribute entropy)是指该属性为非类别属性情况下划分数据集为子集而计算的一种度量。设非类别属性$A$具有$v$个不同值$\{a_1, a_2, \cdots, a_v\}$。利用$A$将数据集合$D$划分为$v$个子集：$S_1$，$S_2$，…，$S_v$，其中，$S_j$包含$D$中在属性$A$上取值为$a_j$的样本。记$s_{ij}$是子集$S_j$中属于类$\omega_i$的样本数，即$s_{ij} = |\{x | x \in S_j \wedge x \in \omega_i\}|$，$s = |D|$。非类别属性$A$的熵：

$$E(A, D) = \sum_{j=1}^{v} \frac{s_{1j} + s_{2j} + \cdots + s_{mj}}{s} I(s_{1j}, s_{2j}, \cdots, s_{mj}) \quad (9\text{-}5)$$

式中

$$I(s_{1j}, s_{2j}, \cdots, s_{mj}) = -\sum_{i=1}^{m} \frac{s_{ij}}{s_j} \log_2 \frac{s_{ij}}{s_j} \quad (9\text{-}6)$$

**3. 信息增益**



有了熵作为衡量训练样例集合纯度的标准后，现在来定义属性分类训练数据效力的度量标准。这个标准被称为“信息增益(Information gain)”。简单地说，一个属性的信息增益就是由于使用这个属性分割样例而导致的期望熵降低(或者说，样本按照某属性划分时造成熵减少的期望)。更精确地讲，一个属性$A$相对样例集合$D$的信息增益Gain($A$)被定义为

$$Gain(A, D) = Info(D) - E(A, D) = I(s_1, s_2, \cdots, s_m) - E(A, D) \quad (9\text{-}7)$$

**例9.2** 假定$D$是一有关是否适合户外运动的训练样本，见表9.1。属性有天气、温度、湿度、风况和运动。$D$包含14个样本，按是否适合户外“运动”，分为两类：$\omega_1$——适合运动，$\omega_2$——不适合运动。有时也称它们分别为正例和反例。有9种情况下是适合，5种情况下是不适合。即$|\omega_1| = 9$，$|\omega_2| = 5$。所以，按“运动”作为分类，得到的期望信息为

$$Info(D) = I(s_1, s_2) = I(9,5) = -\frac{9}{14}\log_2\left(\frac{9}{14}\right) - \frac{5}{14}\log_2\left(\frac{5}{14}\right) = 0.9403$$

**表9.1 判断是否适合从事户外打球运动**

| 天气 | 温度/°F | 湿度 | 风况 | 运动 |
|---|---|---|---|---|
| 晴 | 85 | 85 | 无 | 不适合 |
| 晴 | 80 | 90 | 有 | 不适合 |
| 多云 | 83 | 78 | 无 | 适合 |
| 有雨 | 70 | 96 | 无 | 适合 |
| 有雨 | 68 | 80 | 无 | 适合 |
| 有雨 | 65 | 70 | 有 | 不适合 |
| 多云 | 64 | 65 | 有 | 适合 |
| 晴 | 72 | 95 | 无 | 不适合 |
| 晴 | 69 | 70 | 无 | 适合 |
| 有雨 | 75 | 80 | 无 | 适合 |
| 晴 | 75 | 70 | 有 | 适合 |
| 多云 | 72 | 90 | 有 | 适合 |
| 多云 | 81 | 75 | 无 | 适合 |
| 有雨 | 71 | 80 | 有 | 不适合 |

“风况”属性只有两个属性值：有和无。在这14个样本中，正例中有6个且反例中有2个的风况值为无，同时正例和反例中各均分别有3个的风况值为有。由于按照属性“风况”分类14个样例得到的“风况”的属性熵为

$$E(\text{风况},D)=\frac{8}{14}I(6,2)+\frac{6}{14}I(3,3)=0.8922$$

按“风况”得到信息增益为

$$Gain(\text{风况},D)=I(s_1,s_2)-E(\text{风况},D)=0.0481$$

而对于“天气”属性，它有3个取值：晴、多云、有雨。可将它的每个取值在正例和反例中的取值情况列成表，见表9.2。

**表9.2 “天气”属性在正例和反例中不同取值个数及产生的信息量**

| | $\omega_1$ | $\omega_2$ | $I(p_i, n_i)$ |
|---|---|---|---|
| 晴 | 2 | 3 | 0.971 |
| 多云 | 4 | 0 | 0 |
| 有雨 | 3 | 2 | 0.971 |

于是，按“天气”求得的属性熵为

$$E(\text{天气},D)=\frac{5}{14}I(2,3)+\frac{4}{14}I(4,0)+\frac{5}{14}I(3,2)=0.694$$

按“天气”得到信息增益为

$$Gain(\text{天气},D)=Info(D)-E(\text{天气},D)=I(s_1,s_2)-E(\text{天气},D)=0.9403-0.694=0.2463$$

对于温度属性，因为它是数值属性，按$E\leqslant70.5$，$70.5<E\leqslant77.5$和$77.5<E<100$，即$[0,\ 70.5]$，$(70.5,\ 77.5]$和$(77.5,\ 100)$分为3个范围，得到

$$E(\text{温度},D)=\frac{5}{14}I(1,4)+\frac{5}{14}I(2,3)+\frac{4}{14}I(2,2)=0.7376$$

$$Gain(\text{温度},D)=0.2027$$

对于湿度属性，由于它也是数值属性，按75将其取值分为两个范围，得到

$$E(湿度,D)=\frac{5}{14}I(1,4)+\frac{9}{14}I(5,4)=0.7415$$

$$Gain(湿度,D)=0.1988$$

在风况、天气、温度、湿度所得到的信息增益 0.0481、0.2463、0.2027、0.1988 中，0.2463 最大，对应的是天气属性，所以，若要选信息增益最大的属性来对数据集进行分割，则就应选天气属性作为当前选取的属性。当然，对于数值属性，如何选择分割点，可能要根据数据的实际情况来决定，目前只能有些经验性方法，见后面的介绍。

**4. 信息增益比**

它衡量属性分裂数据的广度和均匀性。

一个属性的分裂信息定义为

$$SplitInfo(A,D)=-\sum_{i=1}^{v}\frac{|S_i|}{|D|}\log_2\frac{|S_i|}{|D|} \tag{9-8}$$

其中，$S_1$，$S_2$，…，$S_v$是属性 $A$($v$ 个值)分割 $D$ 而形成的 $v$ 个子集。实际上，分裂信息是 $D$ 关于属性 $A$ 的各值的熵。

一个属性的信息增益比(Information gain ratio)定义为

$$GainRatio(A,D)=\frac{Gain(A,D)}{SplitInfo(A,D)} \tag{9-9}$$

在户外运动的例子里，可计算得到

$$SplitInfo(天气,D)=-\frac{5}{14}\log_2\frac{5}{14}-\frac{4}{14}\log_2\frac{4}{14}-\frac{5}{14}\log_2\frac{5}{14}=1.57$$

属性天气的增益比为

$$GainRatio(天气,D)=\frac{0.246}{1.57}=0.156$$

同理，可计算得到

$$SplitInfo(风况,D)=-\frac{6}{14}\log_2\frac{6}{14}-\frac{8}{14}\log_2\frac{8}{14}=0.8979$$

$$GainRatio(风况,D)=\frac{0.0481}{0.08979}=0.0536$$

在构建决策树时，取属性增益比最大的属性作为当前分割属性。

**5. 基尼指标**

数据集 $D$ 包含来自 $m$ 个类的样本，基尼指标(Gini index)定义为

$$Gini(D)=\sum_{j=1}^{m}p_j(1-p_j)=1-\sum_{j=1}^{m}p_j^2 \tag{9-10}$$

式中，$p_j$为类 $j$ 出现的频率，通常有 $p_j=|S_j|/|D|$。

基尼指标主要在 CART 算法中使用。用于二分情况的选择。

如果按属性 $A$ 将数据集 $D$ 划分成两个子集 $S_1$和 $S_2$，则分割后的 $Gini_{split}$是

$$Gini_{split}(D)=\frac{N_1}{N}Gini(S_1)+\frac{N_2}{N}Gini(S_2) \tag{9-11}$$

式中，$N_1=|S_1|$，$N_2=|S_2|$，$N=|D|$。

**例 9.3** 对表 9.3，对年龄属性：计算 $Gini_{split(27.5)}(D)$。

$S_1$: Age < 27.5, $Gini(S_1) = 1 - \left(\frac{3}{3}\right)^2 = 0$

$S_2$: Age > 27.5, $Gini(S_2) = 1 - \left[\left(\frac{1}{3}\right)^2 + \left(\frac{2}{3}\right)^2\right] = 0.44$

表 9.3 年龄数据分布

| 编号 | 年龄 | 类 |
|---|---|---|
| 1 | 17 | 高 |
| 5 | 20 | 高 |
| 0 | 23 | 高 |
| 4 | 32 | 低 |
| 2 | 43 | 高 |
| 3 | 68 | 低 |

于是，有

$$Gini_{split(27.5)}(D) = \frac{N_1}{N}Gini(S_1) + \frac{N_2}{N}Gini(S_2)$$
$$= \frac{3}{6} \times 0 + \frac{3}{6} \times 0.44 = 0.22$$

同理可计算得

$$Gini_{split(18.5)}(D) = 0.4$$
$$Gini_{split(37.5)}(D) = 0.417$$

所以，取使得最小的值对应的点作为分割阈值。即取 $t = 27.5$。

一般选最小 $Gini_{split}$ 值所对应的属性作为分割属性。

信息增益偏向于选择多值属性。增益比调整了这种偏向，但是它偏向于产生不平衡的划分，其中一个划分子集比其他划分子集小得多。基尼指标偏向于多值属性，并且当类数较多时会有困难，它还偏向于导致相等大小的划分子集。

对于离散属性，可能的分割按属性值取值不同进行分割，每个子集中的样本在该属性上的取值相同。

而对于连续属性，因取值较多，所以，可按属性值取值不同先加以值聚类。可能的分割点是两个类的属性值的中间点。

把连续值属性的值域分割为离散的区间集合。例如，创建新的基于阈值 $t$ 的布尔属性 $A_t$：

If $A < t$ then $A_t$ 为真, else $A_t$ 为假

选取合适的阈值。

候选阈值是相应的 $A$ 值处在不同类之间的中间值，见表 9.4，如 $(48+60)/2 = 54$ 或 $(80+90)/2 = 85$。然后计算候选属性按温度 $t<54$ 和 $t>54$ 进行分割后的信息增益，以及温度 $t<85$ 和 $t>85$ 进行分割后的信息增益。通过比较，看哪种分割产生的信息增益大，则取相应的分割点值作为属性分割参考值。可以计算，选择最好的温度属性的分割点是 $t = 54$。

当样本数据出现某些属性值为空时，可用该属性值出现的频繁值、均值或中心值代替。

表 9.4 假设的数据取值和类别情况

| 温度/℉ | 40 | 48 | 60 | 72 | 80 | 90 |
|---|---|---|---|---|---|---|
| 运动 | no | no | yes | yes | yes | no |

## 9.3 决策树的建立算法

**1. 最基本的决策树建树算法**

最早的决策树建立算法在每一步不使用任何原则来挑选属性。其基本思想如下：

1）将所有数据放在根结点，任取一属性作为根结点的标记，并将根结点作为当前结点。

2）按当前结点上属性的所有不同取值建立不同分支，每一分支接上一个具有相同属性值的子数据集结点。如果所有子结点上的数据都属于同一类，则以该类的标记标志这个结点，且该结点就是一个叶结点，即不再向下增长树了。

3）否则，选择一个子结点作为当前结点，并选择从根到当前结点的路径上没有出现的属性标记当前结点，重复2）和3），直到没有需要扩展的结点为止。

此方法是ID3算法和C4.5算法的基础。但这样建立的决策树不一定是最优的。选取属性的次序不同，生成的决策树的形态和高度就不同。因此如何适当选取属性，使生成的决策树是简单或优化的，就成为一个研究话题。ID3算法根据信息增益，C4.5算法根据增益比并处理连续属性，CART算法采用基尼指标来选择属性，它们是通过使用某种启发信息来创建决策树的方法。根据表9.1中天气情况决定是否户外运动的数据，得到分类决策树如图9.2所示。

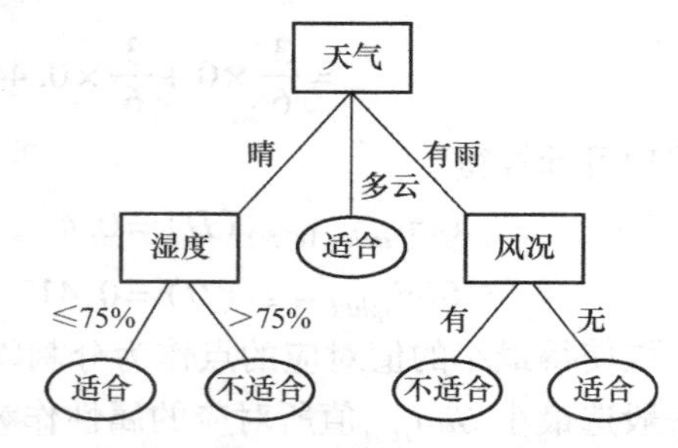

图9.2 按是否符合户外运动数据建立的决策树

**2. ID3算法**

期望信息越小，信息增益越大，从而纯度越高。ID3算法的核心思想就是以信息增益度量进行属性选择，选择信息增益最大的属性进行分裂。该算法采用自顶向下的贪婪法构造决策树，信息增益是用来衡量给定的属性区分训练样例的能力，ID3算法在增长树的每一步使用信息增益从候选属性中选择属性。

ID3（Iterative Dichotomiser 3，迭代二分3代）算法是由Ross Quinlan发明的用于构建决策树的算法。这个算法是建立在越是小型的决策树越优于大的决策树的思想观念基础上的。尽管如此，该算法也不是总是生成最小的树形结构，而是一个启发式算法。

**3. C4.5算法**

C4.5算法是对ID3算法的改进。C4.5算法是机器学习算法中的另一个分类决策树算法，用信息增益比来选择属性。它能处理非离散数据，也能够处理不完整数据。C4.5算法克服了ID3算法用信息增益选择属性时偏向选择取值多的属性的不足。



**4. CART算法**

CART算法采用基尼指标来进行属性选取。

选取属性的方法还有$\chi^2$检验法、C－SEP法（在某些情况下，它比信息增益和基尼指标法更好）和G－统计量法（非常类似于$\chi^2$检验法，它本身是一种信息论中的度量）。

**5. 例程代码**

用MATLAB工具可实现决策树的建立和对待识样本的预测分类。代码如下：

```
function [result] = DecisionTree(X,Y,Z)
% X为二维矩阵,每行代表一个样本
% Y为单元矩阵,每个元素为单字符型,如y={'1' '1' '2' '2'}
% Z为待识样本,为行向量,其长度与X每行的长度相同
```

```
t = classregtree(x,y);            % 建立决策树
result = treeval(t,Z)             % 对待识样本 Z 进行分类
sfit = t.classname(result);
result = str2num(sfit{1,1})       % 获得分类结果
treedisp(t);                      % 显示分类结果
```

# 习题 9

9.1　决策树基本由________、________、________部分组成。

9.2　决策树学习通常包括三个步骤：________、________、________。

9.3　在属性 $A$ 上分支获得的信息增益表示为________。

9.4　基尼指数是一种数据的不纯度的度量方法，其公式为________。

9.5　在建立决策树时，为了降低噪声影响，可进行________和________两种剪枝操作。

9.6　简述使用决策树进行分类的步骤。

9.7　简述决策树分类器的主要优点。

9.8　简述 ID3 算法的基本思想以及基于信息增益的属性选择度量方法。

9.9　假设某大学要从学生中挑选男子篮球运动员。要求是：身高超过 180cm，体重超过 75kg，篮球课成绩在 85 分以上，请画出根据要求从学生登记表中挑选出符合条件的男同学的决策树。

9.10 对于表 9.5 给出的训练数据，计算期望信息、非决策属性部门、职位、年龄和收入的信息增益、信息增益比、基尼指标。

**表 9.5　某公司员工购买计算机的训练数据表**

| 部门 | 职位 | 年龄/岁 | 收入 | 类别 |
| --- | --- | --- | --- | --- |
| 劳资部 | 高 | 31 | 高 | 买 |
| 劳资部 | 低 | 25 | 低 | 不买 |
| 市场部 | 高 | 40 | 高 | 不买 |
| 市场部 | 中 | 35 | 中 | 买 |
| 财务部 | 高 | 38 | 高 | 不买 |
| 财务部 | 低 | 28 | 低 | 买 |
| 仓储部 | 高 | 31 | 高 | 不买 |
| 仓储部 | 中 | 45 | 中 | 买 |

9.11　根据表 9.5 给出的训练数据，用信息增益选择属性即 ID3 算法建立一棵决策树，并归纳出决策规则，且对待识别样本(财务部，高，38 岁，高)进行判别分类。

9.12　用信息增益比选择属性即 C4.5 算法建立表 9.5 的决策树，并对(财务部，高，38 岁，高)进行判别分类。

9.13　用基尼指标选择属性即 CART 算法建立表 9.5 的一棵决策树，并对待识别样本(财务部，高，38 岁，高)进行判别分类。

9.14 试用 MATLAB 编程建立表 9.5 中训练的决策树。注意：为适应数据的处理，要将符号数据做一定的编码处理。

9.15 根据表 9.6 所给的训练数据集，利用信息增益比(C4.5 算法)生成决策树。其中，$A_i$，$i=1$，2，3，4，分别代表年龄、工作情况、住房情况、信贷情况；$C$ 代表类别。$A_1$ 的取值 1，2，3 分别代表青年、中年和老年；$A_2$，$A_3$ 的取值 1，2 分别代表有和无；$A_4$ 的取值 1，2，3 分别代表一般、好和非常好；$C$ 的取值 0，1 分别代表好和差。

**表 9.6 某公司员工购买计算机的训练数据表**

| 编号 | 年龄($A_1$) | 工作情况($A_2$) | 住房情况($A_3$) | 信贷情况($A_4$) | 类别($C$) |
|---|---|---|---|---|---|
| 1 | 1 | 2 | 2 | 1 | 0 |
| 2 | 2 | 1 | 2 | 1 | 0 |
| 3 | 2 | 1 | 1 | 2 | 1 |
| 4 | 1 | 1 | 2 | 3 | 1 |
| 5 | 3 | 1 | 1 | 2 | 1 |
| 6 | 3 | 2 | 1 | 2 | 0 |

# 第 10 章　支持向量机

## 10.1　支持向量机的理论基础

支持向量机(Support Vector Machine，SVM)是 Vapnik 等人于 1995 年提出的一种通用的分类器设计方法。它以训练误差作为优化问题的约束条件，以置信范围值最小化作为优化目标，即 SVM 是一种基于结构风险最小化准则的学习方法，其推广能力明显优于一些传统的学习方法。传统的统计模式识别方法只有在样本趋向无穷大时，其性能才有理论的保证。统计学习理论(STL)研究有限样本情况下机器学习问题。SVM 的理论基础是统计学习理论。

传统的统计模式识别方法在进行机器学习时，强调经验风险最小化。而单纯的经验风险最小化会产生“过学习问题”，其推广能力较差。推广能力是指将学习机器(即预测函数，或称学习函数、学习模型)对未来输出进行正确预测的能力。“过学习问题”是指某些情况下，当训练误差过小反而会导致推广能力的下降。

传统统计模式识别方法的提法：已知 $N$ 个观测样本 $\langle \boldsymbol{X}_1^{\mathrm{T}}, y_1\rangle$，$\langle \boldsymbol{X}_2^{\mathrm{T}}, y_2\rangle$，…，$\langle \boldsymbol{X}_N^{\mathrm{T}}, y_N\rangle$，求最优函数 $y=f(\boldsymbol{X}, \boldsymbol{W})$，满足条件：期望风险最小。这里，$\boldsymbol{X}_1$，$\boldsymbol{X}_2$，…，$\boldsymbol{X}_N$ 均为样本，$y$，$y_1$，$y_2$，…，$y_N$ 均为标量。$\boldsymbol{X}=(x_1, x_2, \cdots, x_n)^{\mathrm{T}}$，$\boldsymbol{W}=(w_1, w_2, \cdots, w_n)^{\mathrm{T}}$ 表示权向量。

期望风险表示为损失函数 $R(W)$：

$$R(\boldsymbol{W})=\int L(y, f(\boldsymbol{X}, \boldsymbol{W}))\,\mathrm{d}F(\boldsymbol{X}, y) \tag{10-1}$$

$$L(y, f(\boldsymbol{X}, \boldsymbol{W}))=\begin{cases}0, & y=f(\boldsymbol{X}, \boldsymbol{W})\\ 1, & y\neq f(\boldsymbol{X}, \boldsymbol{W})\end{cases} \tag{10-2}$$

期望风险 $R(W)$ 依赖联合概率 $F(\boldsymbol{X}, y)$ 的信息，实际问题中无法计算。一般用经验风险 $R_{\mathrm{emp}}(\boldsymbol{W})$ 代替期望风险 $R(\boldsymbol{W})$：

$$R_{\mathrm{emp}}(\boldsymbol{W})=\frac{1}{N}\sum_{i=1}^{N} L[y_i, f(X_i, \boldsymbol{W})]=\frac{\text{错分数}}{N} \tag{10-3}$$

一方面，经验风险最小，不等于期望风险最小，不能保证分类器的推广能力。另一方面经验风险只有在样本数无穷多，才趋近于期望风险，需要非常多的样本才能保证分类器的性能。而基于经验风险最小化准则的学习方法只强调了训练样本的经验风险最小误差，没有最小化置信范围值，因此其推广能力较差。根据统计学习理论，学习机器的实际风险由经验风险值和置信范围值两部分组成。由于 SVM 的求解最后转化成二次规划问题的求解，因此 SVM 的解是全局唯一的最优解。SVM 在解决小样本、非线性及高维模式识别问题中表现出许多特有的优势，并能够推广应用到函数拟合等其他机器学习问题中。

## 10.2 线性判别函数和判别面

SVM是从线性可分情况下的最优分类面发展而来的。在简单情况下，即样本线性可分。基本思想可用图10.1所示的二维情况说明。图10.1中，$H$为分类线，$H_1$、$H_2$分别为过各类中离分类线最近的样本且平行于分类线的直线，它们之间的距离叫作分类间隔(Margin)。

所谓最优分类线就是要求分类线不但能将两类正确分开(训练错误率为0)，而且使分类间隔最大。推广到高维空间，最优分类线就变为最优分类面。也就是要寻找最优分类面，既能线性可分，又具有最大分类间隔(Margin)，实现间隔最大化。

SVM问题的数学表示：已知$N$个观测样本：$\langle \boldsymbol{X}_1^{\mathrm{T}}, y_1\rangle$，$\langle \boldsymbol{X}_2^{\mathrm{T}}, y_2\rangle$，…，$\langle \boldsymbol{X}_N^{\mathrm{T}}, y_N\rangle$

目标：求最优分类面

$$\boldsymbol{W}\cdot\boldsymbol{X}+w_0=0 \tag{10-4}$$

满足条件：首先是分类面，其次要经验风险最小(错分最少)，推广能力最大(空白最大)。

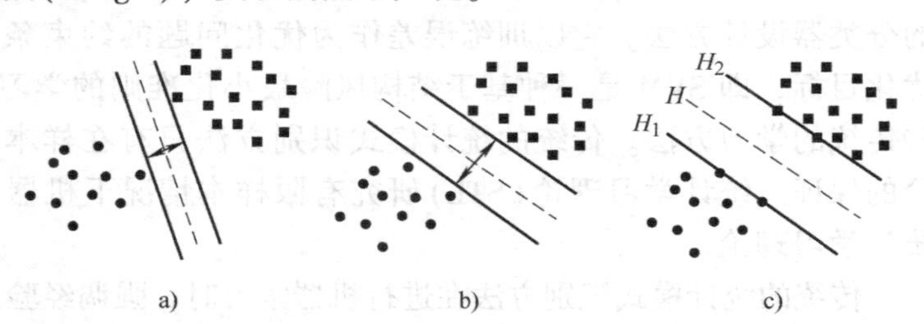


图10.1　二维情况下间隔最大化示意图

a)间隔小　b)间隔最大　c)支持向量

为便于推演，对于线性可分情况，可设线性可分的样本集为

$$\{\langle \boldsymbol{X}_i^{\mathrm{T}}, y_i\rangle\}, i=1,2,\cdots,N;\ y_i\in\{-1,1\}, \boldsymbol{X}_i^{\mathrm{T}}\in\mathbf{R}^n \tag{10-5}$$

要求$n$维空间中的线性判别函数：

$$g(\boldsymbol{X})=\boldsymbol{W}\cdot\boldsymbol{X}+w_0 \tag{10-6}$$

设

$$H:\ \boldsymbol{W}\cdot\boldsymbol{X}+w_0=0$$

对$\langle \boldsymbol{X}_i^{\mathrm{T}}, y_i\rangle$，代入线性判别函数应有

$$\begin{cases} y_i=1,\ g(\boldsymbol{X}_i)=\boldsymbol{W}\cdot\boldsymbol{X}_i+w_0\geqslant 1 \\ y_i=-1,\ g(\boldsymbol{X}_i)=\boldsymbol{W}\cdot\boldsymbol{X}_i+w_0\leqslant -1 \end{cases} \tag{10-7}$$

即

$$y_i(\boldsymbol{W}\cdot\boldsymbol{X}_i+w_0)\geqslant 1,\ i=1,2,\cdots,N \tag{10-8}$$

间隔的大小：

$$\begin{aligned} \text{margin} &= H_1\text{上样本点到直线}H_2\text{的距离} \\ &= 2\times H\text{上点到直线}H_1\text{的距离} \\ &= \frac{2}{\|\boldsymbol{W}\|} \end{aligned} \tag{10-9}$$

求$\max\frac{2}{\|\boldsymbol{W}\|}$可等价地用$\max\frac{2}{\|\boldsymbol{W}\|^2}$代替。进一步地，等价地用

$$\min\frac{\|\boldsymbol{W}\|^2}{2} \tag{10-10}$$

代替。

要分类面对所有样本正确分类，就是要满足$y_j(\boldsymbol{W}\cdot\boldsymbol{X}_i+w_0)\geqslant 1$，$i=1, 2, \cdots, N$，使

等号成立的样本点称为支持向量。

求最优分类面(最大间隔法)描述为：

已知：
$$\{\langle \boldsymbol{X}_i^{\mathrm{T}}, y_i\rangle\},\ i=1,2,\cdots,N;\ y_i \in \{-1,1\};\ \boldsymbol{X}_i^{\mathrm{T}} \in \mathbf{R}^n \tag{10-11}$$

求：
$$\min \frac{1}{2}\|\boldsymbol{W}\|^2 \tag{10-12}$$

$$\text{s. t.}\quad y_i(\boldsymbol{W}\cdot\boldsymbol{X}_i + w_0) \geqslant 1 (i=1,2,\cdots,N) \tag{10-13}$$

目标实际上就是求最优分类面 $\boldsymbol{W}\cdot\boldsymbol{X}+w_0=0$ 中的 $W$ 和 $w_0$。

这是一个二次凸规划问题，由于目标函数和约束条件都是凸的，根据最优化理论，这一问题存在唯一全局最小解。

最优分类面如何求解？首先建立拉格朗日函数：

$$L(\boldsymbol{W},w_0,\lambda) = \frac{\|\boldsymbol{W}\|^2}{2} - \sum_{i=1}^{N}\lambda_i[y_i(\boldsymbol{W}\cdot\boldsymbol{X}_i + w_0) - 1] \tag{10-14}$$

$$\Rightarrow \max_{\lambda\geqslant 0} L(\boldsymbol{W},w_0,\lambda)$$

按 Karush-Kuhn-Tucher 条件：

条件 1：

$$\frac{\partial L(\boldsymbol{W},w_0,\lambda)}{\partial \boldsymbol{W}} = 0, \frac{\partial L(\boldsymbol{W},w_0,\lambda)}{\partial w_0} = 0 \tag{10-15}$$

条件 2：

$$\lambda_i[y_i(\boldsymbol{W}\cdot\boldsymbol{X}_i + w_0) - 1] = 0 \tag{10-16}$$

条件 3：

$$\lambda_i \geqslant 0,\ i=1,2,\cdots,N \tag{10-17}$$

由条件 1 可得

$$\frac{\partial L(\boldsymbol{W},w_0,\lambda)}{\partial \boldsymbol{W}} = 0 \Rightarrow \boldsymbol{W} - \sum_{i=1}^{N}\lambda_i y_i \boldsymbol{X}_i = 0 \Rightarrow W = \sum_{i=1}^{N}\lambda_i y_i \boldsymbol{X}_i$$

$$\frac{\partial L(\boldsymbol{W},w_0,\lambda)}{\partial w_0} = 0 \Rightarrow \sum_{i=1}^{N}\lambda_i y_i = 0$$

拉格朗日对偶问题成为

$$\max_{\lambda\geqslant 0} L(\boldsymbol{W},w_0,\lambda) = \frac{\|\boldsymbol{W}\|^2}{2} - \sum_{i=1}^{N}\lambda_i[y_i(\boldsymbol{W}\cdot\boldsymbol{X}_i + w_0) - 1] \tag{10-18}$$

条件 1：

$$\boldsymbol{W} = \sum_{i=1}^{N}\lambda_i y_i \boldsymbol{X}_i, \sum_{i=1}^{N}\lambda_i y_i = 0 \tag{10-19}$$

条件 2：

$$\lambda_i[y_i(\boldsymbol{W}\cdot\boldsymbol{X}_i + w_0) - 1] = 0 \tag{10-20}$$

条件 3：

$$\lambda_i \geqslant 0,\ i=1,2,\cdots,N \tag{10-21}$$

将 $\boldsymbol{W} = \sum_{i=1}^{N}\lambda_i y_i \boldsymbol{X}_i$ 和 $\sum_{i=1}^{N}\lambda_i y_i = 0$ 代入得

$$L(\boldsymbol{W},w_0,\lambda)=\frac{1}{2}\sum_{i=1}^{N}\sum_{j=1}^{N}\lambda_i\lambda_j y_i y_j \boldsymbol{X}_i\cdot\boldsymbol{X}_j-\sum_{i=1}^{N}\sum_{j=1}^{N}\lambda_i\lambda_j y_i y_j \boldsymbol{X}_i\cdot\boldsymbol{X}_j+\sum_{i=1}^{N}\lambda_i$$
$$=-\frac{1}{2}\sum_{i=1}^{N}\sum_{j=1}^{N}\lambda_i\lambda_j y_i y_j \boldsymbol{X}_i\cdot\boldsymbol{X}_j+\sum_{i=1}^{N}\lambda_i$$
$$=\sum_{i=1}^{N}\lambda_i-\frac{1}{2}\sum_{i=1}^{N}\sum_{j=1}^{N}\lambda_i\lambda_j y_i y_j \boldsymbol{X}_i\cdot\boldsymbol{X}_j \tag{10-22}$$

即对偶问题表示为

$$\max Q(\lambda)=\sum_{i=1}^{N}\lambda_i-\frac{1}{2}\sum_{i=1}^{N}\sum_{j=1}^{N}\lambda_i\lambda_j y_i y_j \boldsymbol{X}_i\cdot\boldsymbol{X}_j \tag{10-23}$$

寻找最大化目标函数 $Q(\lambda)$ 的拉格朗日乘子$\{\lambda_i\}_{i=1}^{N}$，满足约束条件：

(1) $\sum_{i=1}^{N}\lambda_i y_i=0$ (10-24)

(2) $\lambda_i\geqslant 0,\ i=1,2,\cdots,N$

于是，由对偶问题解得 $\boldsymbol{\lambda}^*=(\lambda_1,\ \lambda_2,\ \cdots,\ \lambda_N)^{\mathrm{T}}$，然后依 Karush-Kuhn-Tucher 条件就有

$$\boldsymbol{W}^*=\sum_{i=1}^{N}y_i\lambda_i^*\boldsymbol{X}_i \tag{10-25}$$

且由于 $\lambda_i[y_i(\boldsymbol{W}\cdot\boldsymbol{X}_i+w_0)-1]=0$，所以可取 $\forall j\in\{i|\lambda_i^*>0\}$，得

$$w_0^*=y_j-\sum_{i=1}^{N}y_i\lambda_i^*\boldsymbol{X}_i\cdot\boldsymbol{X}_j \tag{10-26}$$

(因 $y_j^2=1(y_j\in\{1,-1\},y_j(\boldsymbol{W}\cdot\boldsymbol{X}_j+w_0)-1\Rightarrow y_j(\boldsymbol{W}\cdot\boldsymbol{X}_j+w_0)=1$

$\Rightarrow\boldsymbol{W}\cdot\boldsymbol{X}_j+w_0=y_j\Rightarrow w_0=y_j-\boldsymbol{W}\cdot\boldsymbol{X}_j\Rightarrow w_0^*=y_j-\sum_{i=1}^{N}y_i\lambda_i^*\boldsymbol{X}_i\cdot\boldsymbol{X}_j$)

最后得到的最优分类面是

$$\boldsymbol{W}^*\cdot\boldsymbol{X}+w_0^*=0 \tag{10-27}$$

**例 10.1** 考虑线性可分情况下的两类问题。两类样本如下：

$$\omega_1:(1,1)^{\mathrm{T}},(1,-1)^{\mathrm{T}};\ \omega_2:(-1,1)^{\mathrm{T}},(-1,-1)^{\mathrm{T}}$$

使用 SVM 方法，通过拉格朗日乘子求得最优的分界面为 $x_1=0$。



**解**：首先建立拉格朗日函数

$$Q(\lambda)=\sum_{i=1}^{N}\lambda_i-\frac{1}{2}\sum_{i=1}^{N}\sum_{j=1}^{N}\lambda_i\lambda_j y_i y_j \boldsymbol{X}_i\cdot\boldsymbol{X}_j$$

为求 $Q(\lambda)$，给出了求 $y_i y_j\boldsymbol{X}_i\cdot\boldsymbol{X}_j$ 的值见表 10.1。

**表 10.1　$y_i y_j X_i\cdot X_j$ 的计算结果**

| $y_iy_jX_i\cdot X_j$ | $X_1=(1,\ 1)^{\mathrm{T}}$ $y_1=1$ | $X_2=(1,\ -1)^{\mathrm{T}}$ $y_2=1$ | $X_3=(-1,\ 1)^{\mathrm{T}}$ $y_3=-1$ | $X_4=(-1,\ -1)^{\mathrm{T}}$ $y_4=-1$ |
|---|---|---|---|---|
| $X_1=(1,\ 1)^{\mathrm{T}}$ $y_1=1$ | 2 | 0 | 0 | 2 |
| $X_2=(1,\ -1)^{\mathrm{T}}$ $y_2=1$ | 0 | 2 | 2 | 0 |

（续）

| $y_iy_j\boldsymbol{X}_i\cdot\boldsymbol{X}_j$ | $X_1=(1,1)^{\mathrm{T}}$ $y_1=1$ | $X_2=(1,-1)^{\mathrm{T}}$ $y_2=1$ | $X_3=(-1,1)^{\mathrm{T}}$ $y_3=-1$ | $X_4=(-1,-1)^{\mathrm{T}}$ $y_4=-1$ |
|---|---|---|---|---|
| $X_3=(-1,1)^{\mathrm{T}}$ $y_3=-1$ | 0 | 2 | 2 | 0 |
| $X_4=(-1,-1)^{\mathrm{T}}$ $y_4=-1$ | 2 | 0 | 0 | 2 |

于是得到

$$\begin{aligned}Q(\boldsymbol{\lambda}) &= \sum_{i=1}^{N}\lambda_i - \sum_{i=1}^{N}\sum_{j=1}^{N}\lambda_i\lambda_jy_iy_j\boldsymbol{X}_i\cdot\boldsymbol{X}_j \\ &= \sum_{i=1}^{4}\lambda_i - \frac{1}{2}(2\lambda_1\lambda_1+2\lambda_1\lambda_4+2\lambda_2\lambda_2+2\lambda_2\lambda_3+2\lambda_3\lambda_2+2\lambda_3\lambda_3+2\lambda_4\lambda_1+2\lambda_4\lambda_4) \\ &= \sum_{i=1}^{4}\lambda_i - (\lambda_1\lambda_1+\lambda_2\lambda_2+\lambda_3\lambda_3+\lambda_4\lambda_4+2\lambda_1\lambda_4+2\lambda_2\lambda_3)\end{aligned}$$

按约束条件，由$\frac{\partial Q(\lambda)}{\partial\lambda}=0$，有

$$\frac{\partial Q(\lambda)}{\partial\lambda_1}=0\Rightarrow 1-(2\lambda_1+2\lambda_4)=0$$

$$\frac{\partial Q(\lambda)}{\partial\lambda_2}=0\Rightarrow 1-(2\lambda_2+2\lambda_3)=0$$

$$\frac{\partial Q(\lambda)}{\partial\lambda_3}=0\Rightarrow 1-(2\lambda_3+2\lambda_2)=0$$

$$\frac{\partial Q(\lambda)}{\partial\lambda_4}=0\Rightarrow 1-(2\lambda_4+2\lambda_1)=0$$

$$\sum_{i=1}^{N}\lambda_iy_i=0\Rightarrow\lambda_1+\lambda_2-\lambda_3-\lambda_4=0$$

$$\lambda_i\geqslant 0$$

$$\Rightarrow$$

$$\lambda_1+\lambda_4=\frac{1}{2}$$

$$\lambda_2+\lambda_3=\frac{1}{2}$$

$$\lambda_1+\lambda_2-\lambda_3-\lambda_4=0$$

$$\lambda_i\geqslant 0$$

这是含 4 个未知数三个方程的联立方程组，有多组解。取 $\lambda_1=\lambda_2=\lambda_3=\lambda_4=\frac{1}{4}$即可构成其一个解。于是

$$\boldsymbol{W}^*=\sum_{i=1}^{N}y_i\lambda_i^*\boldsymbol{X}_i=\frac{1}{4}[(1,1)^{\mathrm{T}}+(1,-1)^{\mathrm{T}}-(-1,1)^{\mathrm{T}}-(-1,-1)^{\mathrm{T}}]=(1,0)^{\mathrm{T}}=(w_1,w_2)^{\mathrm{T}}$$

即

$$w_1=1,\ w_2=0$$

由 $w_0^* = y_j - \sum_{i=1}^{N} y_i \lambda_i^* (\boldsymbol{X}_i \cdot \boldsymbol{X}_j)$，$\forall j \in \{j \mid \lambda_j^* > 0\}$，取 $j=1$，则

$$w_0^* = 1 - \frac{1}{4}(1\times 2 + 1\times 0 + (-1)\times 0 + (-1)\times(-2)) = 1-1=0$$

得到最优分类面方程 $g(\boldsymbol{X}) = \boldsymbol{W}^{\mathrm{T}}\boldsymbol{X} + w_0 = 0$ 为

$$(w_1, w_2)(x_1, x_2)^{\mathrm{T}} + w_0 = 0 \Rightarrow (1,0)(x_1,x_2)^{\mathrm{T}} + 0 = 0$$

从而，最优分类面方程为 $x_1 = 0$

## 10.3 线性不可分下的判别面

在不一定能线性可分情况下，仍设计近似的线性最优分类面。如图 10.2 所示，训练用的特征向量落在以下三种不同的情况之一的范围中。

1）特征向量都落在带状之外且都能正确分类。满足

$$y_i(\boldsymbol{W} \cdot \boldsymbol{X}_i + w_0) \geqslant 1 \qquad (10\text{-}28)$$

2）有些向量落在带状内，但仍能正确分类。满足

$$0 \leqslant y_i(\boldsymbol{W} \cdot \boldsymbol{X}_i + w_0) < 1 \qquad (10\text{-}29)$$

3）有些向量被错误分类。满足

$$y_i(\boldsymbol{W} \cdot \boldsymbol{X}_i + w_0) < 1 \qquad (10\text{-}30)$$

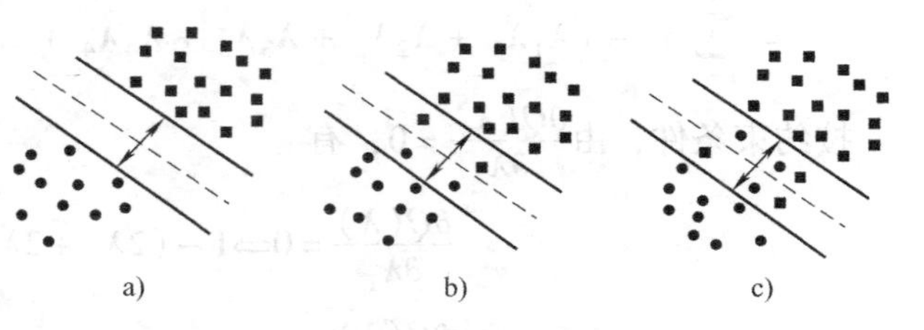


图 10.2　不一定线性可分情况下的最优分界面设计
a）线性可分　b）仍线性可分　c）有错分样本存在

此时，可以在条件 $y_i(\boldsymbol{W} \cdot \boldsymbol{X}_i + w_0) \geqslant 1$ 中增加一个松弛项 $\{\xi_i\}_{i=1}^N$，$\xi_i \geqslant 0$，使之成为 $y_i(\boldsymbol{W} \cdot \boldsymbol{X}_i + w_0) \geqslant 1 - \xi_i$。所有的这三种情况都可通过引进的松弛变量来处理。第一种情况对应 $\xi_i = 0$，第二种情况对应 $0 < \xi_i \leqslant 1$，第三种情况对应 $\xi_i > 1$。

问题描述为

已知：$\{\langle \boldsymbol{X}_i^{\mathrm{T}}, y_i \rangle\}$，$i = 1, 2, \cdots, N$；$y_i \in \{-1, 1\}$，$\boldsymbol{X}_i^{\mathrm{T}} \in \mathbf{R}^n$

求解：

$$\min J(\boldsymbol{W}, w_0, \boldsymbol{\xi}) = \left(\frac{1}{2}\|\boldsymbol{W}\|^2 + C\sum_{i=1}^{N}\xi_i\right) \qquad (10\text{-}31)$$



满足

$$y_i(\boldsymbol{W} \cdot \boldsymbol{X}_i + w_0) \geqslant 1 - \xi_i \quad (i = 1, 2, \cdots, N) \qquad (10\text{-}32)$$

$$\xi_i \geqslant 0 \qquad (10\text{-}33)$$

求最优分类面

$$\boldsymbol{W} \cdot \boldsymbol{X} + w_0 = 0 \qquad (10\text{-}34)$$

目标函数中折中考虑最少错分样本和最大分类间隔，将得到广义最优分类面，其中，$C > 0$ 是一个常数，它控制对错分样本惩罚的程度。

相应的拉格朗日函数为

$$L(\boldsymbol{W}, w_0, \boldsymbol{\xi}, \boldsymbol{\lambda}, \boldsymbol{\mu}) = \frac{1}{2}\|\boldsymbol{W}\|^2 + C\sum_{i=1}^{N}\xi_i - \sum_{i=1}^{N}\mu_i\xi_i - \sum_{i=1}^{N}\lambda_i[y_i(\boldsymbol{W} \cdot \boldsymbol{X}_i + w_0) - 1 + \xi_i] \qquad (10\text{-}35)$$

使得

$$y_i(\boldsymbol{W}\cdot\boldsymbol{X}_i+w_0)\geqslant 1-\xi_i,\ i=1,2,\cdots,N \tag{10-36}$$

$$\xi_i\geqslant 0,\ i=1,2,\cdots,N \tag{10-37}$$

对应的 Karush-Kuhn-Tucker 条件为

$$\frac{\partial L}{\partial \boldsymbol{W}}=\boldsymbol{W}-\sum_{i=1}^{N}\lambda_i y_i \boldsymbol{X}_i=\boldsymbol{0} \tag{10-38}$$

$$\frac{\partial L}{\partial w_0}=-\sum_{i=1}^{N}\lambda_i y_i=0 \tag{10-39}$$

$$\frac{\partial L}{\partial \xi_i}=C-\lambda_i-\mu_i=0 \tag{10-40}$$

$$\lambda_i[y_i(\boldsymbol{W}\cdot\boldsymbol{X}_i+w_0)-1+\xi_i]=0 \tag{10-41}$$

$$\mu_i\xi_i=0,\ \lambda_i\geqslant 0,\ \mu_i\geqslant 0,\ i=1,2,\cdots,N \tag{10-42}$$

即

$$\boldsymbol{W}=\sum_{i=1}^{N}\lambda_i y_i \boldsymbol{X}_i \tag{10-43}$$

$$\sum_{i=1}^{N}\lambda_i y_i=0 \tag{10-44}$$

$$C-\lambda_i-\mu_i=0 \tag{10-45}$$

$$\lambda_i[y_i(\boldsymbol{W}\cdot\boldsymbol{X}_i+w_0)-1+\xi_i]=0 \tag{10-46}$$

$$\mu_i\xi_i=0,\ \lambda_i\geqslant 0,\ \mu_i\geqslant 0,\ i=1,2,\cdots,N \tag{10-47}$$

把上述条件代入拉格朗日函数，得到对偶问题描述：

$$\max_{\lambda}\left(\sum_{i=1}^{N}\lambda_i-\sum_{i,j}\lambda_i\lambda_j y_i y_j \boldsymbol{X}_i\cdot\boldsymbol{X}_j\right) \tag{10-48}$$

满足

$$\begin{gathered}0\leqslant\lambda_i\leqslant C,\ i=1,2,\cdots,N\\ \sum_{i}\lambda_i y_i=0\end{gathered} \tag{10-49}$$

根据 $\boldsymbol{\lambda}$，求得 $W$、$w_0$，得到最优分类面

$$\boldsymbol{W}=\sum_{i=1}^{N}\lambda_i y_i \boldsymbol{X}_i \tag{10-50}$$

$$\lambda_i[y_i(\boldsymbol{W}\cdot\boldsymbol{X}_i+w_0)-1+\xi_i]=0 \tag{10-51}$$

## 10.4 非线性可分下的判别函数

10.3 节所得到的最优分类函数为

$$f(\boldsymbol{X})=\operatorname{sgn}\{\boldsymbol{W}^*\cdot\boldsymbol{X}+w_0^*\} \tag{10-52}$$

使得 $\operatorname{sgn}\left\{\sum_{i=1}^{N}\lambda_i^* y_i(\boldsymbol{X}_i\cdot\boldsymbol{X})+w_0^*\right\}=y_i$。该式只包含待分类样本与训练样本中的支持向量的内积运算，可见，要解决一个特征空间中的最优线性分类问题，我们只需要知道这个

空间中的内积运算即可。

对非线性问题，可以通过非线性变换转化为某个高维空间中的线性问题，在变换空间中求最优分类面。这种变换可能比较复杂，因此这种思路在一般情况下不易实现。

非线性可分的数据样本在高维空间有可能转化为线性可分。

在训练问题中，涉及训练样本的数据计算只有两个样本向量点乘的形式。

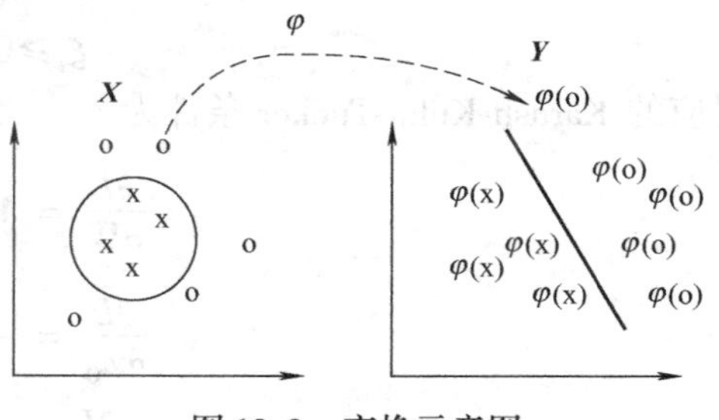


图 10.3　变换示意图

使用函数 $\varphi$：$\boldsymbol{X} \to \boldsymbol{Y}$，将所有样本映射到高维空间，如图 10.3 所示，其中“x”表示同一类中的样本点，“o”表示另一类中的样本点，一共只有两类。则新的样本集含样本：

$$\langle \varphi(\boldsymbol{X}_1), y_1 \rangle, \langle \varphi(\boldsymbol{X}_2), y_2 \rangle, \cdots, \langle \varphi(\boldsymbol{X}_N), y_N \rangle \tag{10-53}$$

设函数

$$K(\boldsymbol{X}_i, \boldsymbol{X}_j) = \varphi(\boldsymbol{X}_i) \cdot \varphi(\boldsymbol{X}_j) \tag{10-54}$$

非线性 SVM 的一般表示：

已知 $N$ 个观测样本：

$$\langle \boldsymbol{X}_1^{\mathrm{T}}, y_1 \rangle, \langle \boldsymbol{X}_2^{\mathrm{T}}, y_2 \rangle, \cdots, \langle \boldsymbol{X}_N^{\mathrm{T}}, y_N \rangle \tag{10-55}$$

求解

$$\max \sum_i \lambda_i - \frac{1}{2} \sum_{i,j} \lambda_i \lambda_j y_i y_j K(\boldsymbol{X}_i, \boldsymbol{X}_j) \tag{10-56}$$

$$0 \leqslant \lambda_i \leqslant C, \sum_i \lambda_i y_i = 0$$

先求出 $\lambda_i$，进而求出 $W$、$w_0$：

$$\boldsymbol{W} = \sum_{i=1}^{N} \lambda_i y_i \varphi(\boldsymbol{X}_i) \tag{10-57}$$

$$w_0 = y_j - \sum_{i=1}^{N} y_i \lambda_i^* \varphi(\boldsymbol{X}_i) \cdot \varphi(\boldsymbol{X}_j) \tag{10-58}$$



这里，$j$ 使得 $\lambda_j > 0$。

最优非线性分类面为

$$\begin{aligned} g(\boldsymbol{X}) = \boldsymbol{W} \cdot \varphi(\boldsymbol{X}) + w_0 &= \sum_{i=1}^{N} \lambda_i y_i \varphi(\boldsymbol{X}_i) \cdot \varphi(\boldsymbol{X}_j) + w_0 \\ &= \sum_{i=1}^{N} \lambda_i y_i K(\boldsymbol{X}_i, \boldsymbol{X}_j) + w_0 \end{aligned} \tag{10-59}$$

式(10-54)中的函数 $K$ 称为核函数，其中，$\varphi$ 是从输入空间到特征空间的映射：

$$\boldsymbol{X} = (x_1, x_2, \cdots, x_n)^{\mathrm{T}} \to \varphi(\boldsymbol{X}) = (\varphi_1(\boldsymbol{X}), \varphi_2(\boldsymbol{X}), \cdots, \varphi_m(\boldsymbol{X}))^{\mathrm{T}} \tag{10-60}$$

$\varphi$ 将输入空间映射到一个新的空间

$$\boldsymbol{F} = \{\varphi(\boldsymbol{X}) \mid \boldsymbol{X} \in D\} \tag{10-61}$$

例如，

$$(x_1,x_2)^{\mathrm{T}} \mapsto \varphi(x_1,x_2) = (1,x_1^2,x_2^2,x_1x_2,\sqrt{2}x_1,\sqrt{2}x_2)^{\mathrm{T}} \tag{10-62}$$

通常的核函数有：

（1）线性(Linear)核函数

$$K(\boldsymbol{X},\boldsymbol{X}_j) = \boldsymbol{X} \cdot \boldsymbol{X}_j \tag{10-63}$$

（2）二次(Quadratic)核函数

$$K(\boldsymbol{X},\boldsymbol{X}_j) = \boldsymbol{X} \cdot \boldsymbol{X}_j(\boldsymbol{X} \cdot \boldsymbol{X}_j + 1) \tag{10-64}$$

（3）多项式(Polynomial)核函数

$$K(\boldsymbol{X},\boldsymbol{X}_j) = [a(\boldsymbol{X} \cdot \boldsymbol{X}_j) + 1]^q \tag{10-65}$$

其中，$a$ 为常数，$q$ 为多项式阶数。当 $a=1$，$q=1$ 时即成为线性核函数。

（4）径向基(rbf)核函数：

$$K(\boldsymbol{X},\boldsymbol{X}_j) = \exp\left\{-\frac{\| \boldsymbol{X} - \boldsymbol{X}_j \|^2}{\sigma^2}\right\} \tag{10-66}$$

径向基核函数又称高斯基函数。其中 $\| \boldsymbol{X} - \boldsymbol{X}_j \|^2$ 为向量 $X$ 和 $X_j$ 之间的距离，$\sigma$ 为常数(有时称为幅宽)。

（5）S 形核函数(又称多层感知器 mlp 核函数)：

$$K(\boldsymbol{X},\boldsymbol{X}_j) = \tanh(a(\boldsymbol{X} \cdot \boldsymbol{X}_j) + c) \tag{10-67}$$

其中，$a$、$c$ 为常数，$a$ 称为尺度，$c$ 称为衰减参数。如取 $a=1$，$c=1$ 等。

对于求解如下问题：

$$\begin{cases} \max \sum_i \lambda_i - \frac{1}{2} \sum_{i,j} \lambda_i \lambda_j y_i y_j \boldsymbol{X}_i \cdot \boldsymbol{X}_j \\ 0 \leqslant \lambda_i \leqslant C,\ \sum_i \lambda_i y_i = 0 \end{cases} \tag{10-68}$$

设 $D = \{y_i y_j \langle \boldsymbol{X}_i, \boldsymbol{X}_j \rangle\}$，则 $D$ 的存储代价 $=0.5\times$(训练样本数)$^2\times$单元存储空间。例如，当训练样本数 $=7000$ 时，则所需要的存储代价 $=0.5\times(7000)^2\times 8 = 196\times 10^2$ 字节。根据泛函的有关理论，只要有一个核函数 $K(\boldsymbol{X}_i, \boldsymbol{X}_j)$，满足 Mercer 条件，它就对应某一变换空间中的内积。因此，在最优分类面中采用适当的内积函数就可实现某一非线性变换后的线性分类，而计算复杂度却没有增加。也就是说，原空间中两个样本映射到变换后的空间中的内积计算可通过核函数的计算直接完成，不必要额外存储样本变换后的变换向量，然后再去计算内积，减少了空间耗费，避免了像空间的内积计算。

Mercer 条件可用如下定理描述：

**定理**　对于任意的对称函数 $K(\boldsymbol{X}_i, \boldsymbol{X}_j) = (\boldsymbol{\Phi}(\boldsymbol{X}_i) \cdot \boldsymbol{\Phi}(\boldsymbol{X}_j))$，它是特征空间中的内积运算的充分必要条件是，对于任意的 $\varphi(x) \neq 0$ 且 $\int \varphi^2(x)\mathrm{d}x < \infty$，有

$$\iint K(x,x')\varphi(x)\varphi(x')\mathrm{d}x\mathrm{d}x' > 0 \tag{10-69}$$

这一条件并不难满足。前面给出的核函数都满足要求。

如果用内积 $K(\boldsymbol{X}_i, \boldsymbol{X}_j)$ 代替最优分类面中的内积，就相当于把原特征空间变换到了某一个新的特征空间，优化函数就变为

$$Q(\lambda) = \sum_{i=1}^{N} \lambda_i - \frac{1}{2} \sum_{i=1}^{N} \sum_{j=1}^{N} \lambda_i \lambda_j y_i y_j \boldsymbol{X}_i \cdot \boldsymbol{X}_j \tag{10-70}$$

相应的分类函数也变为

$$f(\boldsymbol{X}) = \operatorname{sgn}\left\{\sum_{i=1}^{N}\lambda_i^* y_i K(\boldsymbol{X}_i,\boldsymbol{X}) + w_0^*\right\} \tag{10-71}$$

算法的其他条件均不变。如图 10.4 所示。这就是支持向量机的主要思想。

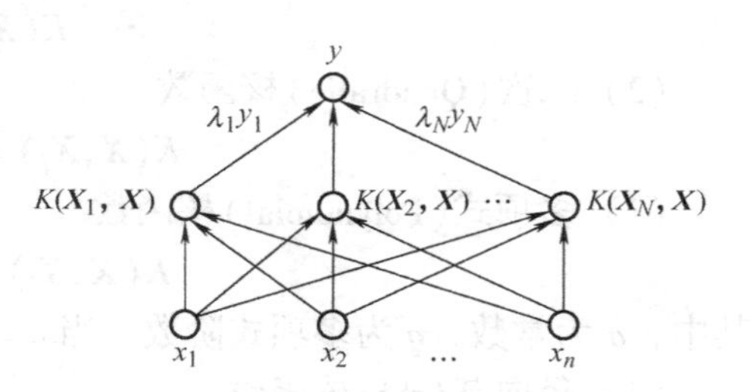

图 10.4　基函数作用示意图

概括地说，支持向量机就是首先通过用内积函数定义的非线性变换将输入空间变换到一个高维空间，在这个高维空间中求最优分类面。

SVM 分类函数形式上类似于一个神经网络，输出是中间结点的线性组合，每个中间结点对应一个输入样本与一个支持向量的内积，因此也就被叫作支持向量网络。

**例 10.2**　非线性可分情况下，SVM 方法的求解过程推演。设给定如下两类样本：

$$\omega_1:(1,1)^{\mathrm{T}},(-1,-1)^{\mathrm{T}};\omega_2:(-1,1)^{\mathrm{T}},(1,-1)^{\mathrm{T}}$$

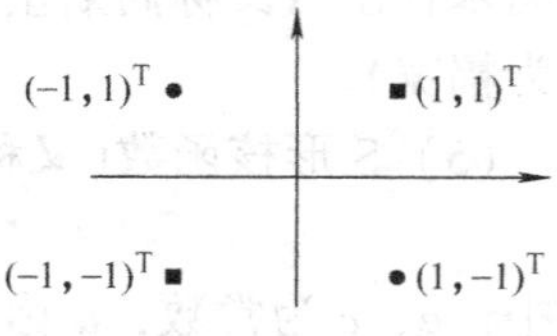

如图 10.5 所示。它是一个典型的线性不可分问题(类似于异或问题)。

图 10.5　样本分布示意图

对 $\omega_1$ 的样本，对应的 $y$ 值为 $-1$，对 $\omega_2$ 的样本，对应的 $y$ 值为 1，见表 10.2。

任意两点间的内积计算见表 10.3。变换之后的内积计算见表 10.4。

**表 10.2　训练样本表**

| | 样本向量 | 输出 |
|---|---|---|
| 1 | $(-1,\ -1)^{\mathrm{T}}$ | $-1$ |
| 2 | $(-1,\ 1)^{\mathrm{T}}$ | 1 |
| 3 | $(1,\ -1)^{\mathrm{T}}$ | 1 |
| 4 | $(1,\ 1)^{\mathrm{T}}$ | $-1$ |

**表 10.3　内积计算表**

| $\boldsymbol{X}_i^{\mathrm{T}}\boldsymbol{X}_j$ | $(-1,\ -1)^{\mathrm{T}}$ | $(-1,\ 1)^{\mathrm{T}}$ | $(1,\ -1)^{\mathrm{T}}$ | $(1,\ 1)^{\mathrm{T}}$ |
|---|---|---|---|---|
| $(-1,\ -1)^{\mathrm{T}}$ | 2 | 0 | 0 | $-2$ |
| $(-1,\ 1)^{\mathrm{T}}$ | 0 | 2 | $-2$ | 0 |
| $(1,\ -1)^{\mathrm{T}}$ | 0 | $-2$ | 2 | 0 |
| $(1,\ 1)^{\mathrm{T}}$ | $-2$ | 0 | 0 | 2 |



**表 10.4　变换后的内积计算表**

| $y_i y_j \boldsymbol{K}(\boldsymbol{X}_i,\ \boldsymbol{X}_j)$ | $(-1,\ -1)^{\mathrm{T}}$ $y_1=-1$ | $(-1,\ 1)^{\mathrm{T}}$ $y_2=1$ | $(1,\ -1)^{\mathrm{T}}$ $y_3=1$ | $(1,\ 1)^{\mathrm{T}}$ $y_4=-1$ |
|---|---|---|---|---|
| $(-1,\ -1)^{\mathrm{T}}$ $y_1=-1$ | 9 | $-1$ | $-1$ | 1 |
| $(-1,\ 1)^{\mathrm{T}}$ $y_2=1$ | $-1$ | 9 | 1 | $-1$ |
| $(1,\ -1)^{\mathrm{T}}$ $y_3=1$ | $-1$ | 1 | 9 | $-1$ |
| $(1,\ 1)^{\mathrm{T}}$ $y_4=-1$ | 1 | $-1$ | $-1$ | 9 |

选择多项式核函数：

$$
\begin{aligned}
K(\boldsymbol{X}_i,\boldsymbol{X}_j) &= \varphi(\boldsymbol{X}_i)\cdot\varphi(\boldsymbol{X}_j) = (1+\boldsymbol{X}_i^{\mathrm{T}}\boldsymbol{X}_j)^2 \\
&= (1+\boldsymbol{X}_i\cdot\boldsymbol{X}_j)^2 = [1+(x_{i1},x_{i2})(x_{j1},x_{j2})^{\mathrm{T}}]^2 \\
&= (1+x_{i1}x_{j1}+x_{i2}x_{j2})^2 \\
&= 1+2(x_{i1}x_{j1}+x_{i2}x_{j2})+(x_{i1}x_{j1}+x_{i2}x_{j2})^2 \\
&= 1+2x_{i1}x_{j1}+2x_{i2}x_{j2}+x_{i1}^2x_{j1}^2+2x_{i1}x_{i2}x_{j1}x_{j2}+x_{i2}^2x_{j2}^2
\end{aligned}
$$

格拉姆(Gram)矩阵为

$$
\boldsymbol{K} = [K(\boldsymbol{X}_i,\boldsymbol{X}_j)]_{4\times4} = \begin{pmatrix} 9 & 1 & 1 & 1 \\ 1 & 9 & 1 & 1 \\ 1 & 1 & 9 & 1 \\ 1 & 1 & 1 & 9 \end{pmatrix}
$$

$$
\begin{aligned}
\max Q(\lambda) &= \sum_{i=1}^{4}\lambda_i - \frac{1}{2}\sum_{i=1}^{4}\sum_{j=1}^{4}\lambda_i\lambda_j y_i y_j K(\boldsymbol{X}_i,\boldsymbol{X}_j) \\
&= \sum_{i=1}^{4}\lambda_i - \frac{1}{2}\sum_{i=1}^{4}\sum_{j=1}^{4}\lambda_i\lambda_j y_i y_j (1+\boldsymbol{X}_i^{\mathrm{T}}\boldsymbol{X}_j)^2 \\
&= \sum_{i=1}^{4}\lambda_i - \frac{1}{2}(9\lambda_1^2 - 2\lambda_1\lambda_2 - 2\lambda_1\lambda_3 + 2\lambda_1\lambda_4 + \\
&\quad 9\lambda_2^2 + 2\lambda_2\lambda_3 - 2\lambda_2\lambda_4 + 9\lambda_3^2 - 2\lambda_3\lambda_4 + 9\lambda_4^2)
\end{aligned}
$$

令$\dfrac{\partial Q(\lambda)}{\partial\lambda_i}=0(i=1,\ 2,\ 3,\ 4)$，得

$$
\begin{aligned}
9\lambda_1-\lambda_2-\lambda_3+\lambda_4&=1 \\
-\lambda_1+9\lambda_2+\lambda_3-\lambda_4&=1 \\
-\lambda_1+\lambda_2+9\lambda_3-\lambda_4&=1 \\
\lambda_1-\lambda_2-\lambda_3+9\lambda_4&=1
\end{aligned}
$$

所以

$$
\lambda_1=\lambda_2=\lambda_3=\lambda_4=\frac{1}{8}>0
$$

由此也可看出，所有的样本向量都是支持向量(因 $\lambda_i\neq0$，$i=1,\ 2,\ \cdots,\ 4$)。

$$
\max Q(\lambda)=\frac{1}{4}
$$

由 $K(\boldsymbol{X}_i,\ \boldsymbol{X}_j)=1+2x_{i1}x_{j1}+2x_{i2}x_{j2}+x_{i1}^2x_{j1}^2+2x_{i1}x_{i2}x_{j1}x_{j2}+x_{i2}^2x_{j2}^2$，取 $\varphi(\boldsymbol{X})=(1,\ x_1^2,\ \sqrt{2}x_1x_2,\ x_2^2,\ \sqrt{2}x_1,\ \sqrt{2}x_2)^{\mathrm{T}}$，则 $\boldsymbol{X}_i\to\varphi(\boldsymbol{X}_i)$为

$$
\begin{aligned}
\boldsymbol{X}_1&=(-1,-1)^{\mathrm{T}}\to(1,1,\sqrt{2},1,-\sqrt{2},-\sqrt{2})^{\mathrm{T}} \\
\boldsymbol{X}_2&=(-1,1)^{\mathrm{T}}\to(1,1,-\sqrt{2},1,-\sqrt{2},\sqrt{2})^{\mathrm{T}} \\
\boldsymbol{X}_3&=(1,-1)^{\mathrm{T}}\to(1,1,-\sqrt{2},1,\sqrt{2},-\sqrt{2})^{\mathrm{T}} \\
\boldsymbol{X}_4&=(1,1)^{\mathrm{T}}\to(1,1,\sqrt{2},1,\sqrt{2},\sqrt{2})^{\mathrm{T}}
\end{aligned}
$$

$$
w^* = \sum_{i=1}^{4}\lambda_i y_i \varphi(\boldsymbol{X}_i) = \frac{1}{8}[-\varphi(\boldsymbol{X}_1)+\varphi(\boldsymbol{X}_2)+\varphi(\boldsymbol{X}_3)-\varphi(\boldsymbol{X}_4)]
$$

$$= \frac{1}{8}[-(1,1,\sqrt{2},1,-\sqrt{2},-\sqrt{2})^{T} + (1,1,-\sqrt{2},1,-\sqrt{2},\sqrt{2})^{T} + (1,1,-\sqrt{2},1,\sqrt{2},-\sqrt{2})T - (1,1,\sqrt{2},1,\sqrt{2},\sqrt{2})^{T}]$$

$$= \left(0,0,-\frac{1}{\sqrt{2}},0,0,0\right)^{T}$$

由 $w_0^* = y_j - \sum_{i=1}^{l} y_i \lambda_i^* (\boldsymbol{X}_i \cdot \boldsymbol{X}_j)$，取 $\forall j \in \{j | \lambda_j^* > 0\}$。这里，取 $j=1$。得

$$\begin{aligned} w_0^* &= y_1 - \sum_{i=1}^{4} y_i \lambda_i^* (\boldsymbol{X}_i \cdot \boldsymbol{X}_1) \\ &= 1 - (-\lambda_1 \boldsymbol{X}_1 \cdot \boldsymbol{X}_1 + \lambda_2 \boldsymbol{X}_2 \cdot \boldsymbol{X}_1 + \lambda_3 \boldsymbol{X}_3 \cdot \boldsymbol{X}_1 - \lambda_4 \boldsymbol{X}_4 \cdot \boldsymbol{X}_1) \\ &= 1 - \frac{1}{8}(-2+0+0+2) = 0 \end{aligned}$$

最优分界面：

$$\boldsymbol{W}^{*T} \varphi(\boldsymbol{X}) + w_0^* = 0$$

即是

$$\left(0,0,-\frac{1}{\sqrt{2}},0,0,0\right) \begin{pmatrix} 1 \\ x_1^2 \\ \sqrt{2}x_1x_2 \\ x_2^2 \\ \sqrt{2}x_1 \\ \sqrt{2}x_2 \end{pmatrix} + 0 = 0$$

化简得 $-x_1x_2=0$。于是，有 $x_1x_2=0$。

SVM 方法的特点是：

1）非线性映射是其理论基础，它利用内积核函数代替向高维空间的非线性映射。

2）求特征空间划分的最优超平面是 SVM 的目标，最大化分类边界是该方法的核心。

3）支持向量是 SVM 的训练结果，在 SVM 分类决策中起决定作用的是支持向量。



SVM 是一种有坚实理论基础的新颖的小样本学习方法。它基本上不涉及概率测度及大数定律等，因此不同于现有的统计方法。从本质上看，它避开了从归纳到演绎的传统过程，实现了高效地从训练样本到预报样本的“转导推理”（Transductive Inference），大大简化了通常的分类和回归等问题。SVM 的最终决策函数只由少数的支持向量所确定，计算的复杂性取决于支持向量的数目，而不是样本空间的维数，这在某种意义上避免了“维数灾难”。少数支持向量决定了最终结果，这不但可以帮助我们抓住关键样本，“剔除”大量冗余样本，而且注定了该方法不但算法简单，而且具有较好的“鲁棒”性。

SVM 的“鲁棒”性主要体现在：

1）增、删非支持向量样本对模型没有影响。

2）支持向量样本集具有一定的鲁棒性。

3）在一成功的应用中，SVM 方法对核的选取不敏感。

SVM 本质上是两类分类器。常用的 SVM 多值分类器构造方法有：一对多方法、一对一

方法、SVM 决策树(SVM Decision Tree)方法。

(1) 一对多方法(One-Against-The-Rest)在第 $k$ 类与其他 $k-1$ 类之间构建超平面。在这种方式下，系统仅构建 $k$ 个 SVM。每一个 SVM 分别将某一分类的数据从其他分类的数据中鉴别出来。对第 $i$ 个 SVM 用第 $i$ 个类中的训练样本作为正训练样本，而将其他的样本作为负训练样本。

(2) 一对一方法(One-Against-One)为任意两个类构建超平面，共需训练 $k(k-1)/2$ 个二值 SVM 分类器。在这种方式下，是对 $k$ 个分类的训练集进行两两区分。测试时，常用投票法。得票最多(Max Win)的类为测试样本所属的类。该方法的缺点是分类器的数目随分类数的增加而迅速增加，导致在决策时速度很慢。

(3) SVM 决策树(SVM Decision Tree)方法　将 SVM 和二叉树结合起来，构成多类分类器。该方法的缺点是如果在某个结点上发生了分类错误，则会把分类错误延续到该结点的后续下一级结点上。

用 SVM 进行样本学习训练和待识样本识别的代码如下：

```
function SVM( )
x1 = [ -1  -1  1
        1   1  1];% 第一类样本,类别为 1(第 3 列)
x2 = [ -1   1  -1
        1  -1  -1
        1  -2  -1];% 第二类样本,类别为 -1(第 3 列)
x3 = [x1;x2];
x = x3(:,1:2);
y = x3(:,3);
str = {'线性核函数','二次核函数','多项式核函数','rbf 核函数','多层感知器核函数'};
kernelType = listdlg('ListString',str,'PromptString','选择核函数计算类型',
        'SelectionMode','Single','ListSize',[160,100],'Name','核函数选择对话框');
switch(kernelType)
  case 1
    kernel = 'linear';
  case 2
    kernel = 'quadratic';
  case 3
    kernel = 'polynomial';
  case 4
    kernel = 'rbf';
  case 5
    kernel = 'mlp';
end
svmStruct = svmtrain(x,y,'Kernel_Function',kernel);% 训练
msgbox('训练结束');
sample = [1 2];% 给出待识样本
z = svmclassify(svmStruct,sample) % 识别
end
```

## 习题 10

10.1　简述支持向量机原理。

10.2　简述支持向量机分类方法实现步骤。

10.3　现有一个点能被正确分类且远离决策边界。如果将该点加入到训练集，为什么SVM的决策边界不受其影响，而已经学好的逻辑斯蒂回归会受影响？

10.4　SVM是一种两类分类模型，其基本模型定义为特征空间上的________的线性分类器。

10.5　支持向量机利用________取代了高维特征空间中的内积运算，解决了算法可能导致的“维数灾难”问题。

10.6　用支持向量机方法对下列可线性划分问题建立分类器：$\omega_1$：(4，2)，(3，-2)；$\omega_2$：(-3，2)(-3，-5)。

10.7　对下列不可线性划分问题分别用带松弛项的支持向量机和高斯核函数的支持向量机方法建立分类器。

$$\omega_1:(4,2),(-1,-2);\ \omega_2:(-3,4),(3,-6)$$

10.8　编程实现上述两个题目中的分类器。

10.9　样本分布示意图如图10.6所示，回答下列问题：

(1) 采用留一交叉验证法得到的最大间隔分类器的预测误差估计是多少(用样本数表示即可)？

(2) 说法“最小结构风险保证会找到最低决策误差的模型”是否正确，并说明理由。

(3) 若采用等协方差的高斯模型分别表示上述两个类别样本分布，则分类器的VC维是多少？为什么？

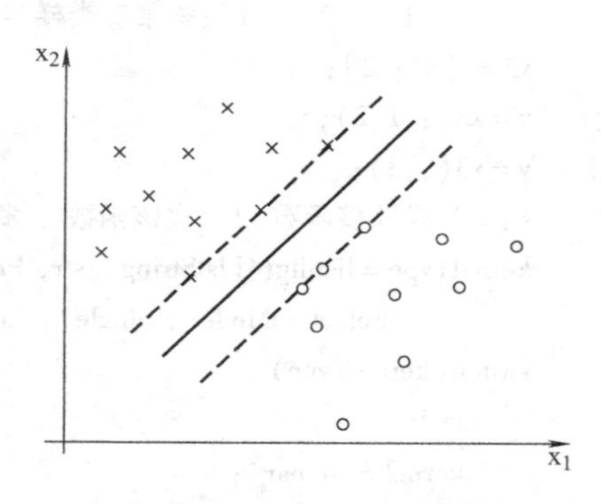


图10.6　训练集、最大间隔线性分类器和支持向量(粗体)

10.10　下面的情况，适合用原SVM求解还是用对偶SVM求解。

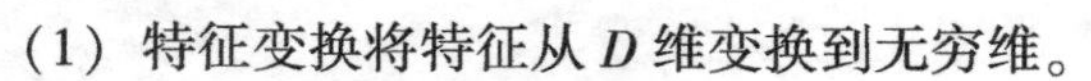

(1) 特征变换将特征从$D$维变换到无穷维。

(2) 特征变换将特征从$D$维变换到$2D$维，训练数据有上亿个并且线性可分。

10.11　在线性可分情况下，在原问题形式化中怎样确定一个样本为支持向量？

10.12　考虑图10.6给出的训练样本，我们采用二次多项式作为核函数，松弛因子为$C$。请对下列问题做出定性分析，并用一两句话给出原因。

(1) 当$C=\infty$时，决策边界会变成什么样？

(2) 当$C=0$时，决策边界会变成什么样？

(3) 你认为上述两种情况，哪个在实际测试时效果会好些？

# 第 11 章　粗糙集方法

粗糙集(Rough Set)理论是波兰数学家 Z. Pawlak 于 1982 年提出一种新的处理含糊性(Vagueness)和不确定性(Uncertainty)问题的数学工具。粗糙集理论的主要优势之一就在于它不需要关于数据的任何预备的或额外的信息。粗糙集理论已广泛应用于知识发现、机器学习、决策支持、模式识别、专家系统、归纳推理等领域。1991 年，Z. Pawlak 教授撰写了第一本关于粗糙集理论的专著《Rough Sets——Theoretical Aspects of Reasoning about Data》。

1992 年在波兰召开了第一届国际粗糙集研讨会，以后每年都有以粗糙集理论为主题的国际研讨会。1995 年，第 11 期的 ACM Communication 将粗糙集列为人工智能及认知科学领域新浮现的研究课题，并发表了 Pawlak 等人的《Rough Sets》一文。

## 11.1　基本概念

### 1. 基本定义

设 $U$ 为所讨论对象的非空有限集合，称为论域。$R$ 为建立在 $U$ 上的一个等价关系，称二元有序组 $AS=(U, R)$ 为近似空间(Approximate Space)。近似空间构成论域 $U$ 的一个划分。以 $[x]_R$ 表示 $x$ 的 $R$ 等价类，$U/R$ 表示 $R$ 的所有等价类构成的集合，即商集。$R$ 的所有等价类构成 $U$ 的一个划分，划分块与等价类相对应。

令 $T$ 为等价关系族，也就是说，$T$ 是由 $U$ 上的一些等价关系作为元素构成的一个集合，设 $P\subseteq T$，且 $P\neq\varnothing$，则 $P$ 中所有等价关系的交集称为 $U$ 上的 $P$ 不可分辨关系(Indiscernibility Relation)，记作 $IND(P)$，即有

$$IND(P)=\bigcap_{R\in P}R \tag{11-1}$$

显然 $IND(P)$ 也是等价关系，且

$$[x]_{\mathrm{IND}(P)}=\bigcap_{R\in P}[x]_R \tag{11-2}$$

其中，$[x]_R$ 和 $[x]_{\mathrm{IND}(P)}$ 分别为 $x$ 关于等价关系 $R$ 和 $IND(P)$ 的等价类。

粗糙集理论将分类方法看成知识，分类方法的族集是知识库。等价关系对应论域 $U$ 的一个划分，即关于论域中对象的一个分类，从而不可分辨关系对应论域 $U$ 上的知识。

称论域 $U$ 的子集为 $U$ 上的概念(Concept)，约定$\varnothing$也是一个概念，概念的族集称为 $U$ 上的知识。$U$ 上知识(分类)的族集构成关于 $U$ 的知识库，即知识库是分类方法的集合。

设 $U$ 为论域，$T$ 为 $U$ 上的等价关系族，$P\subseteq T$ 且 $P\neq\varnothing$，则不可分辨关系 $\mathrm{IND}(P)$ 的所有等价类的集合，即商集 $U/\mathrm{IND}(P)$ 称为 $U$ 的 $P$ 基本知识，相应等价类称为知识 $P$ 的基本概念。特别地，若等价关系 $Q\in T$，则称 $U/Q$ 为 $U$ 的 $Q$ 初等知识，相应等价类称为 $Q$ 初等概念。由于选取 $T$ 的不同子集 $P$ 可以得到 $U$ 上的不同知识，故称 $K=(U, T)$ 为知识库(Knowledge Base)。

为简单起见，用 $U/P$ 代替 $U/\mathrm{IND}(P)$。

设集合 $X\subseteq U$，$R$ 是一个等价关系，定义

$$\underline{R}(X)=\{x\mid x\in U \text{ 且 } [x]_R\subseteq X\} \tag{11-3}$$

$$\overline{R}(X)=\{x\mid x\in U \text{ 且 } [x]_R\cap X\neq\varnothing\} \tag{11-4}$$

分别称 $\underline{R}(X)$ 和 $\overline{R}(X)$ 为 $X$ 的 $R$ 下近似集(Lower Approximation)和上近似集(Upper Approximation)。

称集合

$$BN_R(X)=\overline{R}(X)-\underline{R}(X) \tag{11-5}$$

为 $X$ 的 $R$ 边界域。

$$POS_R(X)=\underline{R}(X) \tag{11-6}$$

为 $X$ 的 $R$ 正域。

$$NEG_R(X)=U-\overline{R}(X) \tag{11-7}$$

为 $X$ 的 $R$ 负域。

当 $BN_R(X)=\varnothing$ 时，即 $\underline{R}(X)=\overline{R}(X)$ 时，称 $X$ 是 $R$ 精确集(或 $R$ 可定义集)。当 $BN_R(X)\neq\varnothing$ 时，即 $\underline{R}(X)\neq\overline{R}(X)$ 时，称 $X$ 为 $R$ 粗糙集(或 $R$ 不可定义集)。

若集合 $X$ 是粗糙集，则 $X$ 对应一个粗糙概念，只能通过一对精确概念(即下近似集和上近似集)“近似”地描述。如图 11.1 所示。

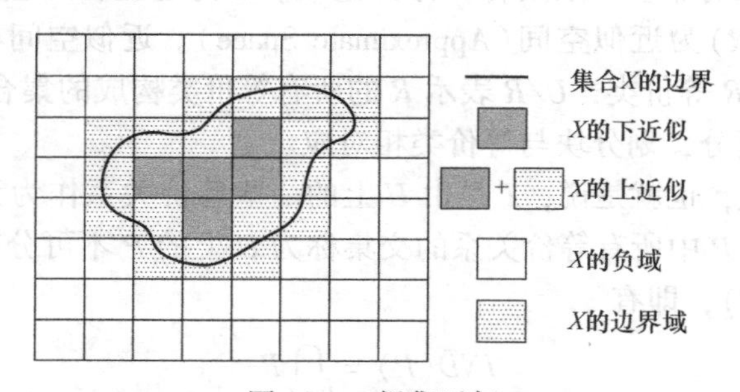


图 11.1　粗集近似

**2. 粗糙集的基本性质**

设 $R$ 是非空论域 $U$ 上的一个等价关系，$X$，$Y\subseteq U$，则

(1) $\underline{R}(X)\subseteq X\subseteq\overline{R}(X)$

(2) $\underline{R}(\varnothing)=\overline{R}(\varnothing)=\varnothing$；$\underline{R}(U)=\overline{R}(U)=U$

(3) $\overline{R}(X\cup Y)=\overline{R}(X)\cup\overline{R}(Y)$；$\underline{R}(X\cap Y)=\underline{R}(X)\cap\underline{R}(Y)$

(4) $X\subseteq Y\Rightarrow\underline{R}(X)\subseteq\underline{R}(Y)$；$X\subseteq Y\Rightarrow\overline{R}(X)\subseteq\overline{R}(Y)$

(5) $\underline{R}(X\cup Y)\supseteq\underline{R}(X)\cup\underline{R}(Y)$；$\overline{R}(X\cap Y)\subseteq\overline{R}(X)\cap\overline{R}(Y)$

(6) $\underline{R}(\sim X)=\sim\overline{R}(X)$；$\overline{R}(\sim X)=\sim\underline{R}(X)$

(7) $\underline{R}(\underline{R}(X))=\overline{R}(\underline{R}(X))=\underline{R}(X)$；$\overline{R}(\overline{R}(X))=\underline{R}(\overline{R}(X))=\overline{R}(X)$

这些性质均可通过用集合论的基本证明方法加以验证。

**3. 刻画粗糙集的方法**

有两种刻画粗糙集的方法：

1）用表示近似精度的数值表示粗糙集的数值特征。数值特征表示粗糙集边界域的相对大小，但没有说明边界域的结构。

2）用粗糙集的拓扑分类表示粗糙集的拓扑特征。拓扑特征给出边界域的结构信息，但没有给出边界域大小的信息。

（1）近似精度与粗糙度　由等价关系 $R$ 定义的集合 $X$ 的近似精度定义为

$$\alpha_R(X)=\frac{|\underline{R}X|}{|\overline{R}X|} \tag{11-8}$$

其中，$X\neq\varnothing$；$|X|$ 表示集合 $X$ 的基数,显然，$0\leqslant\alpha_R(X)\leqslant 1$。

$X$ 的 $R$ 粗糙度定义为

$$\rho_R(X)=1-\alpha_R(X) \tag{11-9}$$

粗糙度反映了利用知识 $R$ 近似表示 $X$ 的不完全程度。

（2）粗糙隶属函数　$R$ 粗糙隶属函数定义为

$$\mu_X^R(x)=\frac{|[x]_R\cap X|}{|[x]_R|} \tag{11-10}$$

显然，$\mu_X^R(x)\in[0,1]$。$\mu_X^R(x)$ 的值可解释为 $x$ 隶属于集合 $X$ 的不确定程度。

（3）拓扑特征　设 $X$ 是一个 $R$ 粗糙集，称 $X$ 是 $R$ 粗糙可定义的，当且仅当 $\underline{R}(X)\neq\varnothing$ 且 $\overline{R}(X)\neq U$。

称 $X$ 是 $R$ 内不可定义的，当且仅当 $\underline{R}(X)=\varnothing$ 且 $\overline{R}(X)\neq U$。

称 $X$ 是 $R$ 外不可定义的，当且仅当 $\underline{R}(X)\neq\varnothing$ 且 $\overline{R}(X)=U$。

称 $X$ 是 $R$ 全不可定义的，当且仅当 $\underline{R}(X)=\varnothing$ 且 $\overline{R}(X)=U$。

（4）数值特征和拓扑特征的联系　粗糙集的数值特征(近似精度)和拓扑特征之间有一定的联系：

若集合是内不可定义的或全不可定义的，则其近似精度为 0；

若集合是外不可定义的或全不可定义的，则其补集的近似精度为 0。

实际应用时，应综合考虑边界域的两种信息。

**4. 知识约简**

知识库中可能含有冗余的知识，知识约简研究知识库中哪些知识是必要的，以及在保持分类能力不变的前提下，删除冗余的知识。

知识约简是粗糙集理论的核心内容之一，在数据挖掘领域具有重要的应用意义。

（1）约简和核　设 $P$ 是一个等价关系族，$R\in P$，若有 $IND(P)=IND(P-\{R\})$，则称 $R$ 为等价关系族 $P$ 中可省略的或冗余的，否则称为不可省略的或非冗余的。若 $P$ 中任意一个等价关系 $R$ 都是不可省略的，则称 $P$ 是独立的，否则称为依赖的。

设 $Q\subseteq P$，若 $Q$ 是独立的，且 $IND(Q)=IND(P)$，则称 $Q$ 是等价关系族 $P$ 的一个约简。$P$ 中所有不可省关系的集合称为等价关系族 $P$ 的核(Core)，记作 $CORE(P)$。

显然，$P$ 可以有多个约简，以 $RED(P)$ 表示 $P$ 的所有约简的集合。

(2) 约简和核的关系

**定理 11.1** 等价关系族 $P$ 的核等于 $P$ 的所有约简的交集，即有

$$CORE(P) = \cap Q(Q \in RED(P)) \tag{11-11}$$

**证明** (1)先证 $CORE(P) \subseteq \cap Q(Q \in RED(P))$。设 $R \in CORE(P)$。若 $R \notin \cap Q(Q \in RED(P))$，则存在某个 $Q \in RED(P)$ 使得 $R \notin Q$，从而有 $Q \subseteq P - \{R\}$，$IND(Q) \supseteq IND(P - \{R\}) \supseteq IND(P)$。因 $Q$ 是 $P$ 的一个约简，所以，$IND(Q) = IND(P)$。故 $IND(Q) = IND(P - \{R\}) = IND(P)$。这说明 $R$ 是 $P$ 中可省略的，即 $R \notin CORE(P)$，矛盾。

(2) 再证 $\cap Q(Q \in RED(P)) \subseteq CORE(P)$。设 $R \in \cap Q(Q \in RED(P))$。若 $R \notin CORE(P)$，则 $R$ 是 $P$ 中可省略的，即 $IND(P - \{R\}) = IND(P)$。因约简总是存在的，设 $Q$ 是 $(P - \{R\})$ 的一个约简，则 $IND(Q) = IND(P - \{R\}) = IND(P)$。所以，$Q$ 也是 $P$ 的一个约简，$R \notin Q$。于是 $R \notin \cap Q(Q \in RED(P))$。矛盾。

该定理的意义在于：核可以作为所有约简的计算基础，并且计算是直接的。

核可以解释为知识库中最重要的部分，是知识约简时不能消去的知识。

(3) 相对约简和相对核 相对约简和相对核的概念反映了一个分类与另一个分类的关系。相对约简的概念是通过相对正域定义的。

1) 相对正域。设 $P$ 和 $Q$ 为论域 $U$ 上的等价关系，$Q$ 的 $P$ 正域记作 $POS_P(Q)$，定义为

$$POS_P(Q) = \bigcup_{X \in U/Q} \underline{P}(X) \tag{11-12}$$

$Q$ 的 $P$ 正域是 $U$ 中所有可以根据分类(知识) $U/P$ 的信息，准确分类到关系 $Q$ 的等价类中去的对象所构成的集合。

2) 等价关系的可省略性。设 $P$ 和 $Q$ 为论域 $U$ 上的等价关系族，$R \in P$，若

$$POS_{IND(P)}(IND(Q)) = POS_{IND(P-(R))}(IND(Q)) \tag{11-13}$$

则称 $R$ 为 $P$ 中 $Q$ 可省略的，否则称 $R$ 为 $P$ 中 $Q$ 不可省略的。若 $P$ 中的任一关系 $R$ 都是 $Q$ 不可省略的，则称 $P$ 是 $Q$ 独立的(相对于 $Q$ 独立)。

注意：为简便起见，可以用 $POS_P(Q)$ 代替 $POS_{IND(P)}(IND(Q))$。

3) 相对约简与相对核。设 $S \subseteq P$，称 $S$ 为 $P$ 的 $Q$ 约简，当且仅当 $S$ 是 $P$ 的 $Q$ 独立子族，且 $POS_S(Q) = POS_P(Q)$。$P$ 中所有 $Q$ 不可省略的原始关系构成的集合称为 $P$ 的 $Q$ 核，$P$ 的 $Q$ 核称为相对核，记为

$$CORE_Q(P) \tag{11-14}$$

$P$ 的 $Q$ 约简称为相对约简，$P$ 的所有 $Q$ 约简即相对约简构成的集合记为

$$RED_Q(P) \tag{11-15}$$

**定理 11.2** $P$ 的 $Q$ 核等于 $P$ 的所有 $Q$ 约简的交集

$$CORE_Q(P) = \cap Z(Z \in RED_Q(P)) \tag{11-16}$$

$P$ 的 $Q$ 核是知识 $P$ 的本质部分。为了保证将对象分类到 $Q$ 的概念中去的分类能力不变，$Q$ 核知识是不可消去的。

知识 $P$ 的 $Q$ 约简是 $P$ 的子集，该子集是 $Q$ 独立的，且具有与知识 $P$ 相同的分类能力(把对象分类到知识 $Q$ 的概念中去)。

4) 一般约简与相对约简的区别。请注意一般约简和相对约简的区别：一般约简是在不改变对论域中对象的分类能力的前提下消去冗余知识；而相对约简是在不改变将对象划分到

另一个分类中去的分类能力的前提下消去冗余知识。

（4）知识的依赖性

1）知识的完全依赖性。知识库中的知识并不是同等重要的，有些知识可以由其他知识导出。

设 $K=(U,\ T)$ 为知识库，$P$，$Q\subseteq T$，

知识 $Q$ 依赖于知识 $P$，记作 $P\Rightarrow Q$，当且仅当 $IND(P)\subseteq IND(Q)$；

知识 $P$ 与知识 $Q$ 等价，记作 $P\equiv Q$，当且仅当 $P\Rightarrow Q$，且 $Q\Rightarrow P$；

知识 $P$ 与知识 $Q$ 独立，记作 $P\neq Q$，当且仅当 $P\Rightarrow Q$ 与 $Q\Rightarrow P$ 均不成立；

当知识 $Q$ 依赖于知识 $P$ 时，也称知识 $P$ 可推导出知识 $Q$。$P\equiv Q$ 当且仅当 $IND(P)=IND(Q)$。

2）知识的部分依赖性。知识的依赖性也可能是部分的，也就是说，知识 $P$ 可部分地推导出知识 $Q$。知识 $Q$ 部分依赖于知识 $P$ 可由知识的正域来定义。

设 $K=(U,\ T)$ 为一个知识库，且 $P$，$Q\subseteq T$，令

$$k=\gamma_P(Q)=|POS_P(Q)|/|U| \tag{11-17}$$

称知识 $Q$ 依赖于知识 $P$ 的依赖度为 $k=\gamma_P(Q)$，记作 $P\Rightarrow_k Q$。

显然 $0\leqslant k\leqslant 1$。当 $k=1$ 时，称知识 $Q$ 完全依赖于知识 $P$，$P\Rightarrow_1 Q$ 也简记为 $P\Rightarrow Q$；

当 $0<k<1$ 时，称知识 $Q$ 部分依赖于知识 $P$；当 $k=0$ 时，称知识 $Q$ 完全独立于 $P$。

依赖度 $k$ 反映了根据知识 $P$ 将对象分类到知识 $Q$ 的基本概念中去的能力。当 $P\Rightarrow_k Q$ 时，论域中共有 $k|U|$ 个属于 $Q$ 的 $P$ 正域的对象，这些对象可以依据知识 $P$ 分类到知识 $Q$ 的基本概念中去。

## 11.2　信息系统和决策表及其约简

### 1. 信息系统

（1）信息系统的定义　称 4 元有序组 $S=(U,\ A,\ V,\ f)$ 为信息系统，其中，$U$ 为对象的非空有限集合，称为论域；$A$ 为属性的非空有限集合；$V=\bigcup\limits_{a\in A}V_a$，$V_a$ 为属性 $a$ 的值域；$f$：$U\times A\rightarrow V$ 是一个信息函数，对 $\forall x\in U$，$a\in A$，$f(x,\ a)\in V_a$。对于给定对象 $x$，$f(x,\ a)$ 赋予对象 $x$ 在属性 $a$ 下的属性值。信息系统也可简记为 $S=(U,\ A)$。信息系统可以用数据表格来表示，表格的行对应论域中的对象，列对应描述对象的属性（除第 1 列外）。一个对象的全部信息由表中一行属性的值来反映。

一个信息系统实例见表 11.1，其中，$U=\{x_1,\ x_2,\ \cdots,\ x_6\}$，属性集 $A=\{a,\ b,\ c,\ d\}$。

（2）不可分辨关系

1）属性子集 $P$ 导出的二元关系。设 $P\subseteq A$ 且 $P\neq\varnothing$，定义由属性子集 $P$ 导出的二元关系如下：

$$IND(P)=\{(x,y)\mid(x,y)\in U\times U,\forall a\in P,f(x,a)=f(y,a)\} \tag{11-18}$$

可以证明 $IND(P)$ 是等价关系，称其为由属性集 $P$ 导出的不可分辨关系。

若 $(x,\ y)\in IND(P)$，则称 $x$ 和 $y$ 是 $P$ 不可分辨的，即依据 $P$ 中属性无法将 $x$ 和 $y$ 区分开。

表 11.1　一个信息系统

| $U$ | $a$ | $b$ | $c$ | $d$ |
|---|---|---|---|---|
| $x_1$ | 0 | 0 | 0 | 0 |
| $x_2$ | 0 | 2 | 1 | 1 |
| $x_3$ | 0 | 1 | 0 | 0 |
| $x_4$ | 1 | 2 | 1 | 2 |
| $x_5$ | 1 | 0 | 0 | 1 |
| $x_6$ | 1 | 2 | 1 | 2 |

2）属性 $a$ 导出的等价关系。若定义由属性 $a \in A$ 导出的等价关系为

$$R_a = \{(x,y) \mid (x,y) \in U \times U, f(x,a) = f(y,a)\} \tag{11-19}$$

则 $P \subseteq A$ 导出的不可分辨关系也可定义为

$$IND(P) = \bigcap_{a \in P} R_a \tag{11-20}$$

给定信息系统 $S=(U, A)$，$A$ 的每个属性对应一个等价关系，而属性子集对应不可分辨关系。信息系统与一个知识库相对应，因此一个数据表格可以看成一个知识库。前几节讨论的知识依赖性、知识约简等问题，在信息系统中可以转化为属性依赖性、属性约简等问题。

（3）分辨矩阵　令 $S=(U, A, V, f)$ 为一信息系统，论域 $U$ 中元素的个数 $|U|=n$，$|A|=m$，$S$ 的分辨矩阵 $\boldsymbol{M}$ 定义为一个 $n$ 阶对称矩阵，其 $i$ 行 $j$ 列处元素定义为

$$m_{ij} = \{a \in A \mid f(x_i, a) \neq f(x_j, a)\},\ i,j = 1,\cdots,n \tag{11-21}$$

即 $m_{ij}$ 是能够区别对象 $x_i$ 和 $x_j$ 的所有属性的集合。

（4）分辨函数　对于每一个 $a \in A$，指定布尔变量，将信息系统的分辨函数定义为一个 $m$ 元布尔函数，形式如下：

$$f(a_1, a_2, \cdots, a_m) = \wedge \{\vee m_{ij} \mid 1 \leqslant j < i \leqslant n, m_{ij} \neq \varnothing\} \tag{11-22}$$

即 $f$ 为 $(\vee m_{ij})$ 的合取，而 $(\vee m_{ij})$ 为 $m_{ij}$ 中各属性对应的布尔变量的析取。

分辨函数的析取范式中的每一个合取式对应一个约简。

（5）实例信息系统的分辨矩阵与分辨函数　对于表 11.1 所给出的信息系统实例，可得到分辨矩阵见表 11.2。

对应的分辨函数（重复项省略）为

$$\begin{aligned} f(a,b,c,d) &= (b \vee c \vee d)(b)(a \vee b \vee c \vee d)(a \vee d)(a \vee b \vee c)(a \vee b \vee d) \\ &= b(a \vee d) = ab \vee bd \end{aligned}$$

**表 11.2　实例信息系统的分辨矩阵**

| | 1 | 2 | 3 | 4 | 5 | 6 |
|---|---|---|---|---|---|---|
| 1 | | | | | | |
| 2 | $b, c, d$ | | | | | |
| 3 | $b$ | $b, c, d$ | | | | |
| 4 | $a, b, c, d$ | $a, d$ | $a, b, c, d$ | | | |
| 5 | $a, d$ | $a, b, c$ | $a, b, d$ | $b, c, d$ | | |
| 6 | $a, b, c, d$ | $a, d$ | $a, b, c, d$ | | $b, c, d$ | |



（6）约简后的信息系统　信息系统有两个约简 $\{a, b\}$ 和 $\{b, d\}$，核是 $\{b\}$。得到两个约简的数据表格见表 11.3 和表 11.4。

**2. 决策表**

（1）决策表的定义　设 $S=(U, A, V, f)$ 为信息系统，若 $A$ 可划分为条件属性集 $C$ 和决策属性集 $D$，即 $C \cup D = A$，$C \cap D = \varnothing$，则称信息系统为决策表（Decision Table）。$IND(C)$ 的等价类称为条件类，$IND(D)$ 的等价类称为决策类。

（2）决策表的分类　称决策表是一致的当且仅当 $D$ 依赖于 $C$，即 $C \Rightarrow D$；称决策表是不

一致的当且仅当 $C \Rightarrow_k D(0<k<1)$。

（3）决策表实例　设论域 $U=\{x_1, x_2, \cdots, x_7\}$，属性集 $A=C\cup D$，条件属性集 $C=\{a, b, c, d\}$，决策属性集 $D=\{e\}$，见表 11.5。

（4）决策表的分辨矩阵　决策表的分辨矩阵是一对称 $n$ 阶方阵，其元素定义为

$$m_{ij}^* = \begin{cases} \{a \mid a\in C \wedge f(x_i,a)\neq f(x_j,a)\}, & (x_i,x_j)\notin IND(D) \\ \varnothing, & (x_i,x_j)\in IND(D) \end{cases} \tag{11-23}$$

（5）决策表的分辨函数　决策表的分辨函数定义如下：

$$f^* = \wedge\{\vee m_{ij}^*\} \tag{11-24}$$

函数 $f^*$ 的极小析取范式中各个合取式分别对应 $C$ 的 $D$ 约简。

**表 11.3　约简系统 1**

| $U$ | $a$ | $b$ |
|---|---|---|
| $x_1$ | 0 | 0 |
| $x_2$ | 0 | 2 |
| $x_3$ | 0 | 1 |
| $x_4$ | 1 | 2 |
| $x_5$ | 1 | 0 |
| $x_6$ | 1 | 2 |

**表 11.4　约简系统 2**

| $U$ | $b$ | $d$ |
|---|---|---|
| $x_1$ | 0 | 0 |
| $x_2$ | 2 | 1 |
| $x_3$ | 1 | 0 |
| $x_4$ | 2 | 2 |
| $x_5$ | 0 | 1 |
| $x_6$ | 2 | 2 |

**表 11.5　一个决策表**

| $U$ | $a$ | $b$ | $c$ | $d$ | $e$ |
|---|---|---|---|---|---|
| $x_1$ | 1 | 0 | 2 | 1 | 1 |
| $x_2$ | 1 | 0 | 2 | 0 | 1 |
| $x_3$ | 1 | 2 | 0 | 0 | 2 |
| $x_4$ | 1 | 2 | 2 | 1 | 0 |
| $x_5$ | 2 | 1 | 0 | 0 | 2 |
| $x_6$ | 2 | 1 | 1 | 0 | 2 |
| $x_7$ | 2 | 1 | 2 | 1 | 1 |

（6）实例决策表的分辨矩阵　对表 11.5 的实例决策表得到分辨矩阵见表 11.6。

**表 11.6　实例决策表的分辨矩阵**

| | 1 | 2 | 3 | 4 | 5 | 6 | 7 |
|---|---|---|---|---|---|---|---|
| 1 | | | | | | | |
| 2 | | | | | | | |
| 3 | $b, c, d$ | $b, c$ | | | | | |
| 4 | $b$ | $b, d$ | $c, d$ | | | | |
| 5 | $a, b, c, d$ | $a, b, c$ | | $a, b, c, d$ | | | |
| 6 | $a, b, c, d$ | $a, b, c$ | | $a, b, c, d$ | | | |
| 7 | | | $a, b, c, d$ | $a, b$ | $c, d$ | $c, d$ | |

（7）实例决策表的分辨函数　根据决策表的分辨函数定义，并将 $\wedge$ 简写为乘法，利用逻辑吸收率 $x(x\vee y)=x$，（重复项省略）可得到

$$\begin{aligned} f^* &= (b\vee c\vee d)(b)(a\vee b\vee c\vee d)(b\vee c)(b\vee d)(a\vee b\vee c)(c\vee d)(a\vee b) \\ &= b(c\vee d) = bc\vee bd \end{aligned}$$

（8）决策表的约简及决策规则

1）基于分辨矩阵的决策表的约简及决策规则。$C$ 的 $D$ 约简有两个，分别为 $\{b, c\}$ 和 $\{b, d\}$，$C$ 的 $D$ 核为 $\{b\}$。

实例决策表可以约简为表 11.7 和表 11.8。

**表 11.7 决策表的约简 1**

| $U$ | $b$ | $c$ | $e$ |
|---|---|---|---|
| $x_1$ | 0 | 2 | 1 |
| $x_2$ | 0 | 2 | 1 |
| $x_3$ | 2 | 0 | 2 |
| $x_4$ | 2 | 2 | 0 |
| $x_5$ | 1 | 0 | 2 |
| $x_6$ | 1 | 1 | 2 |
| $x_7$ | 1 | 2 | 1 |

**表 11.8 决策表的约简 2**

| $U$ | $b$ | $d$ | $e$ |
|---|---|---|---|
| $x_1$ | 0 | 1 | 1 |
| $x_2$ | 0 | 0 | 1 |
| $x_3$ | 2 | 0 | 2 |
| $x_4$ | 2 | 1 | 0 |
| $x_5$ | 1 | 0 | 2 |
| $x_6$ | 1 | 0 | 2 |
| $x_7$ | 1 | 1 | 1 |

决策规则：

设 $S=(U, A, V, f)$是决策表，$A=C\cup D$，$C$ 为条件属性集，$D$ 为决策属性集。令 $X_i$ 和 $Y_j$分别表示条件类和决策类。

$Des(X_i)$表示条件类 $X_i$的描述，定义为

$$Des(X_i) = \{(a,v_a) \mid f(x,a) = v_a, \forall a \in C\} \tag{11-25}$$

$Des(Y_j)$表示决策类 $Y_j$ 的描述，定义为

$$Des(Y_j) = \{(a,v_a) \mid f(x,a) = v_a, \forall a \in D\} \tag{11-26}$$

决策规则定义为

$$T_{ij}:Des(X_i)\rightarrow Des(Y_j),\text{当 } X_i\cap Y_j \neq \varnothing \tag{11-27}$$

规则 $T_{ij}$的确定性因子

$$cf_{ij} = \mu(X_i, Y_j) = \frac{|Y_j\cap X_i|}{|X_i|} \tag{11-28}$$

显然 $0 < cf_{ij} = \mu(X_i, Y_j) \leqslant 1$。

2）基于依赖度的决策表的约简及决策规则。设 $C$ 为决策表的条件属性集，$D$ 为决策属性集，$P\subseteq C$，$Q\subseteq D$，则

$$POS_P(Q) = \bigcup_{X\in U/Q} \underline{P}(X) \tag{11-29}$$

为条件属性子集 $P$ 相对于决策属性子集 $Q$ 的相对正域。$POS_C(D)$为条件属性集 $C$ 相对于决策属性集 $D$ 的相对正域。

$$k = \gamma_C(D) = |POS_C(D)|/|U| \tag{11-30}$$

称为决策属性集 $D$ 依赖条件属性集 $C$ 的依赖度。

属性重要度　设 $a\in C$ 为一个条件属性，则属性 $a$ 关于 $D$ 的重要度定义为

$$Sig(a,C,D) = \gamma_C(D) - \gamma_{C-\{a\}}(D) \tag{11-31}$$

其中 $\gamma_{C-\{a\}}(D)$表示在 $C$ 中去掉属性 $a$ 后条件属性子集 $C-\{a\}$对决策属性集 $D$ 的依赖程度。$Sig(a, C, D)$表示 $C$ 中去掉属性 $a$ 后，导致不能被准确分类的对象在系统中所占的比例。

基于属性重要度的约简　设 $C$ 为决策表的条件属性集，$D$ 为决策属性集，属性子集

$P(P \subseteq C)$ 是 $C$ 的一个约简，当且仅当

$$\gamma_P(D)=\gamma_C(D) \text{ 且对 } \forall P' \subset P,\ \gamma_{P'}(D) \neq \gamma_C(D) \tag{11-32}$$

即当 $P$ 是 $C$ 的一个约简时，$P$ 具有与 $C$ 同等的区分决策类的能力。

冗余属性　若

$$Sig(a,C,D)=\gamma_C(D)-\gamma_{C-\{a\}}(D)=0 \tag{11-33}$$

或者

$$\gamma_C(D)=\gamma_{C-\{a\}}(D) \tag{11-34}$$

则称属性 $a$ 是冗余的或可省略的。

核属性　若

$$Sig(a,C,D)=\gamma_C(D)-\gamma_{C-\{a\}}(D) \neq 0 \tag{11-35}$$

则称 $a$ 是核属性或不可省略属性。

决策表的一致性　对决策表的任意两个不同的对象 $X$ 和 $Y$，若 $f(X,\ C)=f(Y,\ C)$，则必有

$$f(X,D)=f(Y,D) \tag{11-36}$$

则称决策表是一致的或称决策表具有一致性。

在决策表进行条件属性的约简时，每约简一个条件属性，都要检查决策表的一致性。若决策表是一致的，则可以删除该属性，否则不可以删除该属性。

可以证明，这里给出的核属性、可省略的属性与前面的相关定义是等价的。

其他粗糙集模型

1）可变精度粗糙集模型（VPRS）。W. Ziarko 提出的可变精度粗糙集模型（Variable Precision Rough Set Model）是 Pawlak 粗糙集模型的扩展，主要体现在引进 $\beta(0 \leqslant \beta < 0.5)$ 作为错误分类率的限制。变精度粗糙集模型较好地解决了属性间无函数关系或存在不确定关系的数据分类问题。Katzberg 和 Ziarko 进一步提出了不对称边界的 VPRS 模型，即在上下近似的定义中 $\beta$ 可以取不同值，从而使此模型更具应用潜力。

2）容差粗糙集模型。Kryszkiewicz 提出的容差粗糙集模型是将 Pawlak 粗糙集模型扩展到不完备信息系统，并将不可分辨关系扩展到容差关系所建立的一种粗糙集模型，能够处理不完备信息系统和决策系统，从而推广了粗糙集的应用范围。王国胤则进一步引进了限制容差粗糙集模型。

3）相似模型。数据集中往往存在缺失的属性值，以不可分辨关系（不可分辨关系是等价关系）为基础的经典粗糙集模型（Pawlak 粗糙集模型）无法直接处理这种情况。用相似关系代替不可分辨关系，建立相应的粗糙集模型，是一个可以考虑的解决途径。基于相似关系的粗糙集模型具有比经典粗糙集模型更好的性能。不可分辨关系的等价类形成论域的划分，利用相似关系代替不可分辨关系产生的最主要变化是相似类之间有相互重叠的可能，即相似类不再形成论域的划分。

粗糙集理论建立在完善的数学基础之上，是处理含糊性和不确定性问题的数学工具。高效的约简算法是粗糙集理论应用于数据挖掘与知识发现领域的基础。

通过求核和约简计算，粗糙集可以用于特征约简或特征提取以及属性的关联分析。但是其计算量却很大，特别是约简的计算，是一个 NP-完全问题。

## 11.3 基于粗糙集的分类器设计

由决策表作为训练数据，先构造分类器，然后对待决策的样本进行决策预测，需要按下列步骤完成相应的工作。这里假定决策属性为单属性。

**1. 分类器设计**

分类器设计就是规则提取。利用粗糙集理论，对决策表进行条件属性约简、决策规则约简，获取分类规则，作为分类器使用。

（1）决策表的等价类、下近似集和依赖度的计算

1）计算决策表全部条件属性集 $C$ 的等价类。

2）计算决策属性集 $D$ 的等价类。

3）计算决策表的依赖度。

计算决策属性集 $D$ 的各等价类的下近似集，假定只有两个决策类，相应为 LowerSet1 和 LowerSet2。多类决策可由多个两类决策求解。

计算 $POS(C, D)$ 和 $\gamma_C(D)$：$POS(C, D) = \text{LowerSet1} \cup \text{LowerSet2}$，$\gamma_C(D) = |POS(C, D)| / |U|$

（2）属性约简

1）计算条件属性 $a$ 的重要度：①计算条件属性集 $C-\{a\}$ 的等价类；②计算 $POS(C-\{a\}, D)$ 和 $\gamma_{C-\{a\}}(D)$；③计算属性 $a$ 的重要度 $Sig(a, C, D) = \gamma_C(D) - \gamma_{C-\{a\}}(D)$。若 $Sig(a, C, D) = 0$ 或 $\gamma_C(D) = \gamma_{C-\{a\}}(D)$，则可考察属性 $a$ 是否可约简：若去掉属性 $a$ 列所有属性值后，决策表是一致的，则该属性可约简，可删掉该列，否则不可约简。

2）约简后的决策表的等价类的计算：①求约简后的决策表的条件属性集的等价类；②求约简后的决策表的决策属性集的等价类。

3）规则化简：若某一条件属性取全属性上的所有值都能得到相同的决策结果，则该属性的值可以泛化为任意值，不影响决策结果。去掉重复规则。

**2. 分类判断**

对待测试分类的样本，用其条件属性值，与分类规则的条件属性值进行比较，找到完全匹配的，则得到准确的分类结果，否则，近似匹配最相近的规则得到近似判断结果。

**3. 例程代码**

在下面的代码中用到下列功能文件或函数：

1）main. m：主控文件，准备决策表数据，删除重复的行和不一致的决策，按决策列排序决策表，进行多类分类器训练调用，对每一对象进行决策。

2）DelDup_ 1. m：删除重复的行和不一致的决策函数。

3）SortByLastCol. m：按决策列排序。

4）MClassifyTrain. m：多类分类器训练函数。

5）MClassify. m：对待测表中每行数据对象进行决策的文件。

6）NumOfDiffDec. m：求出每个不同决策具有的样本数。

7）Classify2Train. m：两类分类器训练函数。

8）Classify2. m：两类分类器函数。

9）LowerSet. m：求下近似集函数文件。

10）CalEquClass：求条件属性的等价类函数。

11）Consistent. m：检查决策表一致性函数。

12）CommanRule. m：求取规则函数。

13）Start12. m：计算两类分别的开始样本号函数文件。

具体代码如下：

```
%主控文件 main. m
global ruleStruct;
data = [ 2 1 1 1 0
         1 1 1 2 0
         1 0 2 3 0
         3 0 1 0 2
         0 1 3 0 2
         3 1 1 1 4
         1 2 1 2 4
         0 1 0 0 4
         1 1 1 1 4
         0 1 1 1 4];
%删除重复的行和不一致的决策
x = DelDup_1(data,0);     % 删除重复的行和不一致的决策
%按决策列排序
x = SortByLastCol(x);% 按决策列排序
save data x;
MClassifyTrain(x);
for i = 1:size(x,1)
    sample = x(i,1:4);
    result = MClassify(x,sample);
    fprintf('%d - th sample class:%d\n',i,result);
end
function x = DelDup_1(x,tag) %   DelDup_1. m
%根据 tag 的值删除重复行。tag == 1,去掉不考虑最后一列的重复行; %tag ~= 1,去掉重复行
[N,col] = size(x);
m = 1;
while(m <= N - 1)
    n = m + 1;
    while(n <= N)
      if tag == 1
            while(x(m,1:col - 1) == x(n,1:col - 1))
             x(n,:) = [];
```

```
            N = N - 1;
            if(n > N)
            break;
                end
            end
        else
            while(x(m,:) == x(n,:))
            x(n,:) = [];
            N = N - 1;
            if(n > N)
            break;
            end
            end
        end
        if(n > N)
         break;
        end
        n = n + 1;
    end
    if(m > N - 1)
      break;
    end
    m = m + 1;
  end
end
function [ b ] = SortByLastCol( a)   % 按最后一列即决策列重排决策表的行
[m,n] = size(a);
temp = zeros(1,n);
for i = 1:m - 1
    for j = 1:m - i
      if a(j,n) > a(j + 1,n)
          temp = a(j,:);
          a(j,:) = a(j + 1,:);
          a(j + 1,:) = temp;
      end
    end
end
b = a;
end
function   MClassifyTrain(x)   % MClassifyTrain. m
global ruleStruct;
n = size(x,2);
```

```
numc = NumOfDiffDec(x(:,n));    % 求出每个不同决策具有的样本数
c = size(numc,2);               % 求不同决策个数,即类数
save ruleStruct1 ruleStruct;
for i = 1:c                     % 进行两两分类决策规则的提取
    for j = 1:i-1
        if i ~ = j
            fprintf('i = %d,j = %d\n',i,j)
            ruleStruct(i,j).rule = Classify2Train(i,j,x,numc);
        end
    end
end
save ruleStruct ruleStruct;
msgbox('训练结束');
end
function  result = MClassify(x,sample)  % MClassify
   load  ruleStruct;
   c = 3;
   num = zeros(1,c);
   classnum = 0;
   for i = 1:c
     for j = 1:i-1
         if i ~ = j
             k = Classify2(sample,ruleStruct(i,j).rule);
             if(k == 0)
                 num(i) = num(i) +1;
             elseif(k == 1)
                 num(j) = num(j) +1;
             end
         end
     end
   end
  %统计决策值
  n = size(x,2);
  decVal = DelDup_1(x(:,n),0);
  [max_val,max_pos] = max(num);
  result = decVal(max_pos);
end
function result = Classify2(sample,rule)  % Classify2.m
   sample = ceil(sample);                 % 测试样本二值化
   [N,col] = size(rule);
   m = N - 1;                             % 规则数
   numConAttr = col - 1;                  % 条件属性数
```

```
    result = -1;
    for i = 1:m
      tag = true;
      for j = 1:numConAttr
          if(rule(i,j) ~= Inf &&sample(rule(N,j)) ~ =rule(i,j))
              tag = false;
              break;
          end
      end
      if(tag)
        result = rule(i,col);        % 精确决策结果
        break
      end
    end
    %无精确决策结果时,找近似决策结果
    if(result == -1)
        numUnSimRule = zeros(1,m);        % 计算每条规则的不匹配条件属性值的个数
        for i = 1:m
            for j = 1:numConAttr
              if(rule(i,j) ~= Inf &&sample(rule(N,j)) ~ =rule(i,j))
                  numUnSimRule(i) = numUnSimRule(i) +1;
                end
            end
        end
        [a b] = min(numUnSimRule);        % 求最近似匹配的规则
        result = rule(b,col);             % 近似决策结果
    end
end
function [Dnum] = NumOfDiffDec(x)        %统计矩阵 x 的每列中不同元素的个数
m = size(x,1); b = DelDup_1(x,0); n = size(b,1);
Dnum = zeros(1,n);
i = 1;j = 2;
Dnum(i) = 1;
while(j < = m)
  if(x(i) == x(j))
    Dnum(i) = Dnum(i) +1;
    j = j +1;
  else
    i = i +1;   x(i) = x(j);
    if(i > n)
          break;
    end
```

```
    end
   end
end
function [newRule] = Classify2Train(class1,class2,x,numc)
numAT = size(x,2);
numA = numAT - 1;
[start1,start2] = Start12(class1,class2,numc);
N1 = numc(class1);
N2 = numc(class2);
N = N1 + N2;
decision = zeros(1,N);
decision(1,1:N1) = 0;
decision(1,N1 + 1:N) = 1;
x = [x(start1:start1 + numc(class1) - 1,1:numA)
    x(start2:start2 + numc(class2) - 1,1:numA)];
x = [x,decision'];
% classX 为 N 阶条件等价类矩阵
% classNum 记录每个等价类中元素个数的向量
% c 等价类个数
%计算条件 X 的等价类
[classX,c,classNum] = CalEquClass(x(:,1:numA));
%决策 D 的等价类
classY1 = 1:N1; classY2 = N1 + 1:N;
%决策 D 的下近似集
[lowerD1, lowerD2] = LowerSet(classX,c,classNum,N1);
PosXD = [lowerD1 lowerD2];
rXD = size(PosXD,2)/(N);
%以下准备计算各属性的重要度
import = zeros(1,numA);
ReserveA = [];
for i = 1:numA  % 计算 X - i 的等价类
        tpx = [x(:,1:i - 1)x(:,i + 1:numA)];
        [classX,c,classNum] = CalEquClass(tpx);
        %计算决策 D 的决策类的下近似集
        [lowerD1 lowerD2] = LowerSet(classX,c,classNum,N1);
        %计算 Pos(X - i,D)和 r((X,D)
        PosXid = [lowerD1 lowerD2];
        import(i) = size(PosXid,2)/(N);
        if(rXD - import(i) == 0)
            if(Consistent(i,x,N1,N2) == 1)
                x(1:N,i) = 0;
            else
```

```
            ReserveA = [ReserveA i];
        end
    else    ReserveA = [ReserveA i];
    end
end
  %得到简化后的决策表
ReserveA = [ReserveA numAT];    % 将决策列也含在内
xNew = x(:,ReserveA);           % 新建决策表,含决策列
numAT = size(ReserveA,2);       % 属性个数,含决策列
rule = [];
%计算条件 X 等价类
[classX,c,classNum] = CalEquClass(xNew);
%获取规则
cf = [];
for i = 1:c
    temp = zeros(1,2);
    for j = 1:classNum(i)
        if(size(find(classY1 == classX(i,j)),2) ~ =0)
            temp(1,1) =1;
        end
        if(size(find(classY2 == classX(i,j)),2) ~ =0)
            temp(1,2) =1;
        end
        if(temp(1,1) ==1&&temp(1,2) ==1)
            cf = [cf i]; % 记录 cf 不为 1 的规则
            break;
        end
    end
end
temp = size(cf,2);
if(temp ~ =0)  % 舍去 cf 不为 1 的规则
    for i = 1:temp
        for j = 1:classNum(cf(i))
            xNew(classX(cf(i),j),numAT) =2;
        end
    end
    for i = 1:N
        while(x(i,numAT) ==2)
            xNew(i,:) = [];
            N = N -1;
            if(i >N)
                break;
```

```
            end
        end
        if(i > =N)
            break;
        end
    end
end
% 简化规则表,去掉重复规则以及矛盾规则
xNew = DelDup_1(xNew,1);  % 去掉重复规则以及矛盾规则
N = size(xNew,1);
N1 =0;
for m =1:N
    if(xNew(m,numAT) ==0)
        N1 = N1 +1;
    end
end
% N2 = N - N1;
for m =1:N
    a = [];
    for j =1:numAT
        a = [a xNew(m,j)];
    end
    rule = [rule;a];
end
% 规则化简
oldRule = rule; newRule = [];
ruleJ = [];                        % 统计可化简的规则
[newRule,ruleJ]  = CommanRule( N1,rule );
for i =1:N
    b = size(find(ruleJ ==i),2);
    if(b ==0)                      % 该规则不可化简
        newRule = [newRule;oldRule(i,:)];
    end
end
newRule = DelDup_1(newRule,1); % 去掉重复规则
newRule = [newRule;ReserveA];
end
function [start1,start2] = Start12(class1,class2,numc) % 计算两类分别的开始样本号
    if class1 ==1
            start1 =1;
    else
            start1 =0;
```

```
            for i = 1:class1 - 1
                start1 = start1 + numc(i);
            end
            start1 = start1 + 1;
        end
        if class2 == 1
            start2 = 1;
        else
            start2 = 0;
            for i = 1:class2 - 1
                start2 = start2 + numc(i);
            end
            start2 = start2 + 1;
        end
    end
    function [cons] = Consistent(num,x,ruleNumY1,ruleNumY2) % Consistent.m
      cons = 1; x(:,num) = 0;
      for i = 1:ruleNumY1
          for j = ruleNumY1 + 1:ruleNumY1 + ruleNumY2
              if(x(i,1:4) == x(j,1:4))
                  cons = 0;
              end
          end
      end
    end
    function [classX,c,classNum] = CalEquClass(x) % 计算条件属性构成的等价类
      [N,col] = size(x); classX = zeros(N,N); classNum = zeros(N,1);
      label = zeros(N,1);
      c = 0;
      for i = 1:N
        if( label(i) ~= 0)
          continue;
        else
          c = c + 1;
          label(i) = c;
          n = 1;
          classX(c,n) = i;
        end
        for j = i + 1:N
          if( label(j) ~= 0)
            continue;
          end
```

```
            if(x(i,:)==x(j,:))
                label(i)=c;
                n=n+1;
                classX(c,n)=j;
            end
        end
        classNum(c)=n;
    end
end
function [lower1,lower2]=LowerSet(classX,c,classNum,ruleNumY1) % 计算 X 的下近似集
    lower1=[];
    lower2=[];
    for i=1:c
        Y1=true;    Y2=true;
        for j=1:classNum(i)
            if(classX(i,j)>ruleNumY1) %不属于 lower1
                Y1=false;
            else
                Y2=false;
            end
            if(~Y1&&~Y2)
                    break;
            end
        end
        if(Y1)
            lower1=[lower1 classX(i,1:classNum(i))];
            break;
        end
        if(Y2)
            lower2=[lower2 classX(i,1:classNum(i))];
        end
    end
end
function [ newRule,ruleJ] = CommanRule( N1,rule ) % CommanRule.m
[N,numAT]=size(rule);
N2=N-N1;numA=numAT-1; DifX=zeros(1,numA);
for i=1:numA
    a=rule(:,i); b=DelDup_1(a,0); DifX(i)=size(b,1);
end
oldRule=rule; newRule=[];
ruleJ=[]; % 统计可化简的规则
CurrDifY1X=zeros(1,numA); CurrDifY2X=zeros(1,numA);
```

```
for i = 1:numA
    rule = oldRule;
    c1 = rule(1:N1,i);   c2 = rule(N1 + 1:N,i);
    bb1 = DelDup_1(c1,0);   bb2 = DelDup_1(c2,0);
    CurrDifY1X(i) = size(bb1,1);   CurrDifY2X(i) = size(bb2,1);
    rule(:,i) = 0;
    if  CurrDifY1X(i) == DifX(i)% 找1类的可化简的规则
        for m = 1:N1 - DifX(i) + 1
            tempJ = [m]; % 临时存储可约简的规则
            count = 1;
            for n = m + 1:N1
                if rule(m,:) == rule(n,:) %可能化简的
                   tempJ = [tempJ,n];   count = count + 1;
                end
            end
            if count == DifX(i)   %可化简
                disp('rule with inf _1');
                oldRule(m,i) = inf;
                newRule = [newRule;oldRule(m,:)];
                ruleJ = [ruleJ,tempJ];
            end
        end
    end
    if  CurrDifY2X(i) == DifX(i)% 找2类的可化简的规则
        for m = N1 + 1:N - DifX(i) + 1
            tempJ = [m]; % 临时存储可约简的规则
            count = 1;
            for n = m + 1:N
                if rule(m,:) == rule(n,:) %可能化简的
                   tempJ = [tempJ,n];   count = count + 1;
                end
            end
            if count == DifX(i)   %可化简
                disp('rule with inf_2');
                oldRule(m,i) = inf;
                newRule = [newRule;oldRule(m,:)];
                ruleJ = [ruleJ,tempJ];
            end
        end
    end
end
end
```

# 习题11

11.1　给出概念解释：上、下近似集，近似精度，正域，边界域，精确度，粗糙度，依赖度，约简和核。

11.2　设论域 $U=\{1,\ 2,\ 3,\ 4,\ 5\}$ 的二元关系 $R_1=\{\langle 2,3\rangle,\langle 3,2\rangle,\langle 3,5\rangle,\langle 5,3\rangle,\langle 5,2\rangle,\langle 2,5\rangle\}\cup I_U$，$R_2=\{\langle 4,2\rangle,\langle 2,4\rangle,\langle 2,3\rangle,\langle 3,2\rangle,\langle 4,3\rangle,\langle 3,4\rangle,\langle 1,5\rangle,\langle 5,1\rangle\}\cup I_U$，其中 $I_U$ 为 $U$ 上的恒等关系，则 $U/R_1=$________，$U/R_2=$________。

11.3　信息系统的四元组表达形式为________。

11.4　设论域 $U=\{1,2,\cdots,8\}$，$U$ 关于等价关系 $R$ 的商集 $U/R=\{\{1,3,6\},\{2,7\},\{4,5,8\}\}$，分别计算子集 $X_1=\{1,2,3,5,6,7\}$ 和 $X_2=\{2,4,5,7,8\}$ 的上近似和下近似。

11.5　设论域 $U=\{1,2,\cdots,8\}$，$R_1,R_2$ 为 $U$ 上的两个等价关系，且 $U/R_1=\{\{1,2\},\{3,4,5\},\{6,7,8\}\}$，$U/R_2=\{\{1,2,3,4\},\{5,6,7,8\}\}$。$R=R_1\circ R_2$ 也是 $U$ 上的一个等价关系。对给定的子集 $X=\{1,3,5,7\}$，分别求出 $X$ 关于 $R$ 的上近似、下近似、精确度和粗糙度。

11.6　对表11.9所示的疾病诊断信息表，其中，条件属性集 $C$ 含头痛、发热、酸痛，决策属性集 $D$ 仅含流感，表中，1表示是，0表示否。令属性子集 $A=\{C_1,C_2\}$，其中，$C_1=$头痛，$C_2=$发热。计算正决策样本子集 $X=\{X_1,X_2,X_5\}$ 的上近似集、下近似集、正域和边界域。

11.7　设论域 $U=\{X_1,X_2,\cdots,X_8\}$，$U/P=\{\{X_1,X_2\},\{X_3,X_4\},\{X_5,X_6\},\{X_7,X_8\}\}$，$U/Q=\{\{X_1\},\{X_2\},\{X_3,X_4\},\{X_5,X_6\},\{X_7\},\{X_8\}\}$ 求依赖度 $k=\gamma_P\ (Q)$。

11.8　根据表11.10所给的信息表，用分辨矩阵和分辨函数的方法求出它的所有约简和核。

11.9　在决策表11.11中，$a$，$b$，$c$，$e$ 为条件属性，$d$ 为决策属性。按分辨矩阵和分辨函数的方法计算其约简，并给出决策规则。

11.10　以表11.11为决策表数据，调试运行粗糙集决策程序，检验运行结果。

**表11.9　疾病诊断信息表**

| 对象 | 头痛 | 发热 | 酸痛 | 流感 |
|---|---|---|---|---|
| $X_1$ | 1 | 0 | 1 | 1 |
| $X_2$ | 1 | 1 | 1 | 1 |
| $X_3$ | 0 | 0 | 1 | 0 |
| $X_4$ | 0 | 1 | 0 | 0 |
| $X_5$ | 1 | 0 | 0 | 1 |

**表11.10　一个信息表**

| $U$ | $a$ | $b$ | $c$ |
|---|---|---|---|
| 1 | 0 | 0 | 3 |
| 2 | 3 | 2 | 3 |
| 3 | 3 | 3 | 3 |
| 4 | 2 | 0 | 0 |
| 5 | 2 | 3 | 2 |
| 6 | 1 | 2 | 3 |
| 7 | 1 | 2 | 0 |

**表11.11　一个决策表**

| $U$ | $a$ | $b$ | $c$ | $e$ | $d$ |
|---|---|---|---|---|---|
| 1 | 3 | 2 | 2 | 2 | 2 |
| 2 | 3 | 1 | 2 | 3 | 2 |
| 3 | 2 | 1 | 2 | 2 | 1 |
| 4 | 1 | 3 | 2 | 1 | 1 |
| 5 | 1 | 3 | 2 | 1 | 1 |
| 6 | 3 | 2 | 2 | 2 | 2 |

# 参考文献

[1] 边肇祺，张学工．模式识别［M］．北京：清华大学出版社，2000.
[2] 齐敏，李大健，郝重阳．模式识别导论［M］．北京：清华大学出版社，2009.
[3] TAN P N，STEINBACH M，KUMAR V. 数据挖掘导论［M］．范明，范宏建，等译．北京：人民邮电出版社，2006.
[4] VAPNIC V N. The Nature of Statistical Learning Theory［M］. New York：spring－Verlag，1995.
[5] DUDA R O，HART P E，STARK D G. 模式分类［M］．李宏东，姚天翔，等译．北京：机械工业出版社，2003.
[6] 杨纶标，高英仪．模糊数学原理及应用［M］．广州：华南理工大学出版社，2011.
[7] THEODORIDIS S，KOUTROUMBAS K. Pattern Recognition［M］. 4th ed. Amsterdam：Elsevier，2009.
[8] 杨淑莹．模式识别与智能计算［M］．北京：电子工业出版社，2009.
[9] 周开利，康耀红．神经网络模型及其 MATLAB 仿真程序设计［M］．北京：清华大学出版社，2005.